TRAITÉ

SUR LE

VER A SOIE DU MURIER

ET SUR

LE MURIER

PAR

E. MAILLOT	**F. LAMBERT**
ANCIEN DIRECTEUR	DIRECTEUR

DE LA STATION SÉRICICOLE DE MONTPELLIER

AVEC 3 PLANCHES HORS TEXTE ET 169 FIGURES DANS LE TEXTE

MONTPELLIER

COULET ET FILS, ÉDITEURS

5, Grand'Rue, 5

PARIS

MASSON ET Cⁱᵉ, ÉDITEURS

120, boulevard Saint-Germain

TRAITÉ

SUR LE

VER A SOIE DU MURIER

ET SUR

LE MURIER

TRAITÉ

SUR LE

VER A SOIE DU MURIER

ET SUR

LE MURIER

PAR

E. MAILLOT | **F. LAMBERT**
ANCIEN DIRECTEUR | DIRECTEUR

DE LA STATION SÉRICICOLE DE MONTPELLIER

AVEC 3 PLANCHES HORS TEXTE ET 169 FIGURES DANS LE TEXTE

MONTPELLIER
COULET ET FILS, ÉDITEURS
5, Grand'Rue, 5

PRÉFACE

Notre premier devoir est d'exprimer nos sentiments de reconnaissance à la veuve respectée de notre maître et prédécesseur, Mme Eug. Maillot, qui a bien voulu nous laisser toute liberté de revoir, remanier et amplifier l'œuvre de son mari.

MM. Coulet, nos éditeurs, nous avaient demandé une édition nouvelle, nous avons eu la prétention de faire un LIVRE NOUVEAU, et nous croyons y avoir réussi.

Notre part dans le nouvel ouvrage, les modifications et les amplifications que nous avons apportées à l'ancien nous ont paru assez considérables pour que nous nous soyons cru autorisé à en changer le titre, les *Leçons sur le Ver à soie du Mûrier* sont ainsi devenues le TRAITÉ SUR LE VER A SOIE DU MURIER ET SUR LE MURIER.

Nous n'insistons pas sur les suppressions de passages dans l'ancien texte et leur remplacement par des développements nouveaux, plus en rapport avec les résultats acquis dans cette période de vingt années qui nous sépare de l'apparition des *Leçons*, et avec les conditions dans lesquelles s'accomplit aujourd'hui le travail séricicole : la comparaison des parties corrigées de l'ancien livre avec celles correspondantes du livre nouveau les fera ressortir.

Quant aux additions et aux amplifications, leur importance et leur nombre sont tels que le *nombre des pages
s'en trouve plus que doublé* (600 au lieu de 269).

Voici le relevé, pour chaque partie, des paragraphes,
et principales subdivisions de paragraphes, ajoutés :

INTRODUCTION. — La soie ; les similaires de la soie ou
ses imitations. — Description des principales espèces de
vers à soie autres que celui du mûrier. — Influence du
climat et du sol sur les vers et leurs produits. — Sériciculture ; comparaison avec les autres branches de l'agriculture. — Bénéfice qu'il est possible de réaliser par
l'élevage des vers. — Le mûrier ; état actuel de sa culture en France.

PREMIÈRE PARTIE. — Origine des parties de l'œuf ; formation du germe. — Maladies et altérations des œufs. —
Résistance des graines à l'asphyxie ; capacités nécessaires pour leur conservation ou leur transport en vases
clos. — Description de trois nouveaux procédés pour
faire éclore artificiellement les graines nouvellement
pondues.

DEUXIÈME PARTIE. — Nouveaux organes de la lèvre supérieure (inédit). — Organes et particularités de la peau
(en partie inédit). — Distinction des sexes des larves. —
Manière dont la feuille est mangée par les vers. — Préparation du crin de Florence. — Maladie de la mouche.
— Confection des claies d'élevage. — Descriptions du
système Bonoris et du système Pasqualis pour l'élevage
aux rameaux. — Emploi des doubles vitres à ouvertures
contrariées dans la ventilation des magnaneries. — Choix

d'une pièce pour servir de magnanerie temporaire. — Description de la cheminée Susani pour le chauffage des magnaneries. — Emploi de la cheminée ventilatrice pour le chauffage et l'aération des magnaneries.

TROISIÈME PARTIE. — Etouffoirs-séchoirs. — Compteurs d'apprêt.

QUATRIÈME PARTIE. — Entretien du microscope. — Races et croisements (presque tout inédit). — Sélection dans le but de conserver les races et de créer des variétés meilleures. — Associations coopératives en sériciculture et filature.

Tous les passages en petits caractères dans le corps principal du texte sont également des additions.

La CINQUIÈME PARTIE, relative au *mûrier*, est entièrement nouvelle et nous paraît emprunter, à ces temps de crise aiguë que traverse la sériciculture en Europe, une importance spéciale.

Nous pensons, en effet, que l'un des moyens les plus efficaces d'encourager la sériciculture, est précisément de favoriser la culture du mûrier sans laquelle l'élevage des vers n'est pas possible. Le mûrier est à la base de l'industrie séricicole, et quand un propriétaire a des mûriers il cherche naturellement à en utiliser les feuilles, soit en les vendant, soit en les donnant pour un élevage à moitié produit, soit en les faisant lui-même consommer par les vers. On dira peut-être que les grandes éducations ne sont pas aujourd'hui économiquement possibles. Ceci est contestable et nous nous permettrons de penser le contraire. En tout cas, elles le seront toujours par l'association des cultivateurs de mûriers et des éducateurs de vers, cette combinaison fournissant le moyen de concilier le système avantageux des petits élevages avec celui non moins recommandable de la culture en grand des mûriers.

Nous nous sommes attaché à enrichir ce livre de figures nombreuses et nous avons apporté à ces figures tous nos soins. Dans un traité de science appliquée, les figures sont aussi importantes, sinon plus, que le texte qu'elles résument en quelque sorte et contribuent à rendre plus clair en même temps que plus agréable à consulter. C'est pourquoi nous avons tenu à les multiplier le plus possible. *Le nombre primitif en a été presque quintuplé (169 au lieu de 36).*

Toutes ces figures ont été exécutées par nous d'après nature, et notre unique souci, en les dessinant, a été la représentation exacte des objets dans leurs lignes les plus essentielles uni au désir d'être facilement compris.

Une autre amélioration qui sera sans doute bien accueillie, est l'adjonction, à l'unique table méthodique des matières de l'ancien livre, d'une table des figures et d'un index alphabétique, très détaillé, des matières et noms d'auteurs cités.

Enfin nous désirons, avant de clore cette préface, répondre par avance aux reproches que de savants spécialistes pourraient être tentés de nous adresser relativement à la nomenclature adoptée pour la classification des vers à soie. En effet, nous avons classé dans le même genre *Bombyx*, à côté du ver à soie du mûrier, les différents lépidoptères producteurs de matières soyeuses utilisables industriellement comme textile, dont nous avons cru utile de donner une brève description.

Cette nomenclature ne correspond que de loin, nous en convenons, aux classifications nouvelles. Mais elle a sur celles-ci la supériorité d'être, dans la pratique, d'un emploi très commode et, sans doute, les agriculteurs, auxquels ce livre est avant tout destiné, auraient manifesté quelque surprise à nous voir désigner le *Bombyx mori*, le ver à soie du mûrier, sous le nom de SERICARIA *mori* ; les vers à soie du chêne sous ceux d'ANTHERÆA *yamamaï, pernyi*, etc., au lieu de *Bombyx yama-maï, pernyi*, etc. ; celui de l'ailante et du ricin sous les noms de PHILOSAMIA *cynthia* et *ricini*, au lieu de *Bombyx cynthia* et *ricini* ; celui de l'aubépine sous la dénomination de SAMIA *cecropia*, au lieu de *Bombyx cecropia*.

D'ailleurs pas mal de savants naturalistes estimant l'ancienne classification suffisante s'en sont contentés. Nous ferons de même. Elle présente, en outre, le précieux avantage de réunir, dans le même groupe générique, des animaux exploités dans un but économique commun : la *production industrielle de la soie*.

Montpellier, le 20 août 1905.

F. LAMBERT.

INTRODUCTION

La soie. Les similaires de la soie ou ses imitations. — Avant de parler du ver à soie, il est naturel de dire tout d'abord quelques mots de la *soie* et des produits qui s'en rapprochent.

La soie peut être définie, un filament continu plus ou moins long, lisse, brillant et tenace, sécrété par les chenilles de diverses espèces d'insectes Lépidoptères et par quelques sortes d'araignées, ou même par d'autres animaux, en quantité assez grande pour pouvoir être utilisé industriellement comme textile.

La soie est surtout produite par des chenilles ou larves de Lépidoptères, et, parmi les chenilles productrices de soie, la plus importante de beaucoup à ce point de vue est la chenille qui mange la feuille du mûrier. On l'appelle *ver à soie* à cause de la forme cylindrique allongée de son corps qui la fait ressembler à un ver, quoique, en réalité, elle ne soit pas un ver véritable, puisque les vers n'ont point de pattes articulées, tandis que les chenilles, qui sont des insectes, en possèdent plusieurs, comme nous le dirons bientôt.

On donne aussi, par analogie, le nom de ver à soie à d'autres espèces de chenilles dont la soie est employée dans l'industrie textile concurremment avec celle de la chenille du mûrier. Mais le ver à soie véritable, le type des vers à soie, est la chenille du mûrier.

On tire, en outre, de certaines espèces d'*araignées* une sorte de soie qui se rapproche beaucoup de celle du ver à soie. Dans l'île de Madagascar, notamment, il existe une espèce d'araignée

(*Nephila Madagascariensis*), appelée vulgairement *Halabe* ou *Folilaba*, du corps de laquelle les indigènes tirent un filament soyeux de couleur jaune doré, avec lequel ils fabriquent des tissus spéciaux d'une grande solidité.

Signalons aussi, comme ayant de la ressemblance avec la soie, le filament (*byssus, soie marine, poil de nacre*) au moyen duquel certains mollusques s'attachent aux rochers du fond de la mer ; ce filament était autrefois beaucoup utilisé pour la fabrication de tissus de luxe ; il l'est encore de nos jours en Calabre et dans la Sicile pour la confection de gants, de cravates, etc., mais l'emploi en est restreint.

Enfin, on est parvenu, dans ces dernières années, à fabriquer, avec une pâte à base de cellulose, qu'on étire en fil, un textile nouveau, artificiel, que son aspect brillant fait ressembler à la soie et qu'on appelle, improprement, *soie artificielle*. Quelques-uns donnent aussi à ce nouveau fil le nom de *lustro-cellulose*. Ce filament est une imitation de la soie : ce n'est pas de la soie.

On le prépare de différentes manières. Le procédé le plus connu est celui du comte de Chardonnet, qui consiste à dissoudre la *nitro-cellulose* ou *fulmicoton* obtenue en traitant le coton, la paille, le bois, les vieux chiffons et, en général, la *cellulose*, qui est l'élément essentiel des tissus végétaux, par l'acide azotique, dans un mélange d'alcool et d'éther, de façon à obtenir un liquide d'une fluidité convenable, le *collodion*, espèce de colle que l'on étire ensuite en un fil fin. Ce fil est ensuite séché, puis plongé, pour le rendre ininflammable, dans un bain dénitrifiant composé de sulfures alcalins.

Dans d'autres procédés, au lieu de commencer par traiter la cellulose par l'acide azotique additionné d'acide sulfurique, pour la transformer en nitro-cellulose que l'on dissout ensuite, on la liquéfie directement en la plongeant dans des liquides spéciaux qui ont la propriété de la dissoudre. La solution de cellulose ainsi obtenue est ensuite étirée en fil.

Les fils que l'on fabrique en filant ces solutions de cellulose

ou de fulmicoton ont le défaut commun de perdre presque toute
leur force quand on les mouille. Leurs emplois sont nombreux
à côté de ceux de la soie. On les fait entrer, seuls ou en mélange avec la soie, le coton ou d'autres textiles, dans la fabrication d'étoffes pour ameublements, d'articles de passementerie
et d'autres tissus de ce genre, pour la confection desquels on
utilisait autrefois, presque exclusivement, les soies de déchets.

**Notions générales sur le ver à soie du mûrier et sur l'indus-
trie de la soie.** — Le ver à soie du mûrier est généralement
connu, dans le midi de la France, sous le nom de *magnan* ;
nous répétons que c'est une espèce de chenille qui se nourrit
des feuilles de mûrier.

Contrairement aux autres chenilles, que nous nous efforçons
de détruire parce qu'elles dévastent les bois, les vergers et les
champs, celle-ci est l'objet de nos soins les plus minutieux, et
nous l'élevons comme un animal du plus haut prix.

C'est qu'en effet cet animal produit, en abondance, la première des matières textiles, la soie, sur laquelle nous avons déjà
dit quelques mots dans le paragraphe précédent. Ajoutons que,
plus fin, plus régulier, plus tenace que les fibres végétales, le fil
de soie est en même temps plus brillant. En outre, la chenille
nous le fournit tout prêt à dévider, sous forme d'un peloton
continu qu'on appelle *cocon*, et qui en contient près d'un kilo-
mètre de longueur, il suffit, pour opérer le dévidage, de battre
les cocons dans l'eau chaude avec une vergette ou une brosse ;
on trouve ainsi l'origine du fil de chacun d'eux ; en réunissant
alors cinq ou six de ces bouts, on les tire ensemble ; le faisceau
ainsi obtenu s'appelle *soie grège*. La matière glutineuse des
divers brins n'a été que ramollie par l'eau chaude ; elle se sèche
rapidement sur la grège et forme de ce faisceau un fil unique.

Avant de filer son cocon, le ver à soie a dû consommer beaucoup de feuilles ; à plusieurs reprises, il a *mué*, c'est-à-dire s'est
dépouillé de la cuticule qui formait à la surface de sa peau une
sorte de carapace devenue trop étroite ; il a pu ainsi grossir

considérablement. Pendant cette période, qui dure une tren-
taine de jours, il a été une véritable *chenille* ou *larve*. Le cocon
dans lequel cette larve s'enferme représente pour elle une sorte
de nid, où elle peut en sécurité accomplir une nouvelle phase de
son existence ; elle subit dans ce cocon une mue pour devenir
chrysalide, puis une autre mue encore pour devenir *papillon*.
Sous cette dernière forme, l'animal s'échappe du cocon : il est
parvenu à l'état adulte ; les deux sexes s'accouplent ; puis, aussitôt après, les femelles pondent leurs œufs.

Plus tard, ces œufs éclosent, donnant ainsi une nouvelle génération de chenilles qui se comporteront comme les précédentes, et ainsi de suite.

Les cocons percés par les papillons ne peuvent plus être
dévidés aisément. On les carde ou plus exactement on les
peigne, et le produit du peignage, filé à la façon du coton, donne
la *filoselle*.

**Vers à soie de diverses espèces appartenant au genre Bom-
byx.** — La série de transformations que nous venons de décrire
chez la chenille du mûrier se rencontre généralement chez
toutes les espèces de chenilles. Toutes ont aussi des organes
produisant de la soie. Mais la plupart des espèces ont ces organes fort petits ; la quantité de soie minime qui en sort ne sert
à former qu'un point d'attache, ou d'autres fois un simple lien
pour la chrysalide ; d'autres fois encore, elle sert à agglutiner
des poils ou des poussières sous forme d'un grossier cocon.

Les seules espèces capables de fournir à notre industrie un
cocon utilisable, un cocon de soie plus ou moins semblable à
celui du ver à soie du mûrier, appartiennent, comme lui, au
genre *Bombyx* de Linné.

Ce genre comprend les papillons nocturnes qui sont munis
de très grandes antennes pectinées et dont les pièces buccales sont rudimentaires ; les ailes inférieures affleurent ou débor-
dent même extérieurement les ailes supérieures. Leurs chrysalides n'ont pas de dentelures aux anneaux. Leurs chenilles ont

seize pattes et vivent à l'air libre, en dévorant les parties tendres des végétaux.

Les diverses espèces de Bombyx autres que le ver à soie du mûrier, dont la soie est utilisée comme textile, sont appelées *vers à soie sauvages*. Les plus connus se nourrissent du chêne (*B. yama-maï* ; *B. Pernyi*)) ; du jujubier (*B. mylitta*) ; de l'ailante (*B. cynthia*) ; du prunier (*B. cecropia*) ; du ricin (*B. arrindia* ou *ricini*).

Le *B. yama-maï* est cultivé au Japon, où il se trouve aussi à l'état sauvage ; sa chenille est verte ; son cocon est gros, entièrement fermé comme celui du *B. mori* et de couleur verte comme la chenille ; le papillon est de grande taille, il a les ailes supérieures et inférieures ornées d'une tache circulaire.

Le papillon du *B. Pernyi* a, comme celui du *B. yama-maï*, les ailes ornées d'ocelles ; il se distingue de ce dernier par son cocon de couleur grise ; la patrie de cette espèce est la Chine.

Le *B. mylitta* est répandu dans l'Inde ; les indigènes l'appellent *Tussah*, *Tussar*, *Tusser* ; de là, la dénomination de *Tussah*, *Tussar*, *Tusser*, sous laquelle on désigne la soie et les tissus fabriqués avec la soie des diverses espèces de vers à soie sauvages (1). La chenille du *B. mylitta* est annuelle comme les précédentes ; on la rencontre à l'état sauvage dans les jungles où elle vit sur plusieurs espèces d'arbres, principalement le badamier (*Terminalia*), le shorée (*Shorea robusta*), le jujubier (*Zizyphus jujuba*) ; elle mange aussi le chêne. Cette espèce est depuis longtemps domestiquée dans les Indes où elle est cultivée et soignée à l'entour des villages. Son cocon, également fermé, se distingue de ceux des espèces précédentes par la présence, à l'une de ses extrémités, d'une espèce de pédoncule ou cordelette en soie, terminé par une boucle, par lequel il était suspendu à une branche d'arbre ; sa couleur est ordinairement grise.

---

(1) Selon M. Geoghegan, *Tusser* viendrait du mot indou *«tusura»* qui signifie navette du tisserand (J. Geoghegan, *Silk in India*, 1880, p. 139), la soie de ces vers à soie, fait observer M. Rondot, étant presque toujours employée en trame dans la fabrication des tissus.

Le ver à soie de l'ailante (*B. cynthia*) et celui du ricin (*B. arrindia*) sont deux espèces assez rapprochées pour être considérées par quelques entomologistes comme des races ou des variétés d'une même espèce. Leurs cocons sont allongés, terminés en pointe et ouverts à l'un des bouts. Les ailes du papillon sont grandes, pourvues vers leur milieu d'une tache en forme de croissant à concavité tournée en dehors et d'une ocelle (tache discoïdale), dans l'angle antérieur de l'aile supérieure. Ces espèces sont polyvoltines : la première est commune dans plusieurs provinces de la Chine, la seconde se rencontre surtout dans l'Inde où elle est cultivée sur le ricin.

Quant au *B. cecropia* ou ver à soie du prunier, c'est une espèce du Canada et de l'Amérique du Nord. Son cocon est brun rougeâtre plus ou moins foncé, conique ; il est constitué par deux enveloppes soyeuses, concentriques, toutes les deux ouvertes à leur extrémité pointue.

Les cocons des *Bombyx cynthia*, *arrindia* et *cecropia* et en général de toutes les espèces à cocon ouvert sont indévidables industriellement dans les conditions ordinaires et par conséquent moins recherchés que ceux des espèces sauvages du chêne ou du jujubier.

Qualités spéciales du ver du mûrier. — Entre tous les Bombyx, celui du mûrier (*Bombyx mori*), que nous étudions ici, se distingue comme le plus utile et de beaucoup le plus avantageux à cultiver.

En effet, sa chenille n'est pas d'humeur vagabonde ; elle se tient tranquillement sur les feuilles de mûrier qu'on lui sert en pâture sur des claies ou des paniers plats ; cela permet d'en élever sans peine un grand nombre, sous nos toits, à l'abri du froid, de la pluie, du vent et des animaux destructeurs, tels que les oiseaux, les lézards, les fourmis, les ichneumons, etc. Dans de telles conditions, on peut proportionner la dépense de feuille au nombre des chenilles, surveiller les maladies, ce qui ne serait pas facile si on les logeait sur les mûriers. Aussi, l'élevage pratiqué dans ces locaux, qu'on nomme *magnaneries*, est-il bien plus lucratif qu'en plein air.

Ce mode d'élevage à l'air libre a rarement donné des résultats satisfaisants à ceux qui l'ont essayé et il faut décidément y renoncer sous nos climats. Dans une expérience qu'il fit, en 1840, d'un élevage dans ces conditions, sur une centaine de vers placés sur un mûrier, Robinet n'obtint pas un seul cocon, malgré le soin qu'il avait pris d'envelopper l'arbre d'un filet pour écarter les oiseaux et d'entourer le tronc d'une bande de coton pour arrêter les fourmis. Les vers se laissaient tomber à terre, où ils finissaient par périr les uns après les autres avant d'avoir pu former leurs cocons.

En dehors de l'avantage de s'accommoder très bien, grâce à son humeur sédentaire, de l'élevage sur claies en local fermé, le ver à soie du mûrier en présente un autre : c'est de produire un cocon fermé, facile à dévider au moyen de l'eau chaude, sans addition d'aucune substance alcaline, ni emploi d'aucun autre artifice pour rendre possible le tirage de *la soie*; en outre, la propriété qu'ont les fils de s'agglutiner au sortir de l'eau chaude est précieuse, en ce qu'elle permet de les manier plus aisément une fois qu'ils sont réunis.

Enfin le mûrier offre des commodités exceptionnelles, tant par la rapidité de sa croissance que par la façon dont il supporte la taille, sans compter la supériorité de ne servir de nourriture à aucune espèce de chenille autre que le ver à soie et de pousser dans des sols des plus médiocres. Seul, parmi les arbres, le saule, à cause de la facilité de sa multiplication, de la rapidité de sa croissance, de la promptitude avec laquelle il repousse, après avoir été taillé, pourrait lutter avec le mûrier (encore ne s'accommode-t-il pas, comme ce dernier, de toutes sortes de terrains); mais cet arbre ne nourrit pas de chenille dont la soie soit utilisée industriellement.

Aucun autre Bombyx ne réunit un tel ensemble de conditions favorables. Les uns ont des chenilles vagabondes, qu'on ne saurait tenir captives à moins de les loger sur des rameaux plongeant dans l'eau, disposition qui exige des locaux très vastes et des soins extrêmes quand on renouvelle les rameaux. Les autres, ainsi que nous l'avons dit, donnent des cocons difficiles ou même impossibles à dévider dans les conditions ordinaires, et qu'on est obligé de soumettre au cardage ou au peignage (1).

C'est pourquoi ces divers Bombyx, ou *vers à soie sauvages*, dont il a été parlé, ne sont élevés dans nos contrées que par de rares amateurs. Ce n'est guère que dans leurs pays d'origine : l'Inde, la Chine, le Japon, les États-Unis, l'Afrique, que l'on peut tirer bon parti de ces espèces, soit par l'élevage, soit par le ramassage des cocons dans les forêts.

A plus forte raison, négligeons-nous les chenilles qui vivent en société et font sur nos arbres des feutrages de filaments soyeux, comme le *Bombyx processionnaire du pin.*

Variétés du Bombyx mori dont l'élevage doit être recommandé. — Nous avons dit que les vers à soie sauvages n'étaient pas cultivés dans les contrées où le prix de la main-d'œuvre est trop élevé. Même dans l'espèce *Bombyx mori*, il y a des races dont la culture serait peu économique dans nos pays d'Occident. Ce sont les races dites *polyvoltines*, c'est-à-dire qui font plusieurs générations par an. Leurs cocons sont petits, grossiers, de peu de valeur. Il faudrait que la main-d'œuvre fût à vil prix et la feuille surabondante pour qu'on eût intérêt à élever ces races. Ce cas se présente, paraît-il, au Bengale, en Chine et au Japon, mais il en est tout autrement en Europe. Nous devons donc nous attacher exclusivement à l'élevage des races *annuelles*, dont les cocons sont de qualité supérieure.

D'ailleurs, les races dont il s'agit, dont certaines donnent, dans leur pays d'origine, jusqu'à huit et neuf générations, ne fournis-

---

(1) M. Levrat a employé avec succès l'action de la vapeur d'eau sous pression pour le dévidage des cocons des vers à soie sauvages ; il est parvenu, après les avoir soumis à ce traitement, à dépelotonner aisément des cocons de diverses espèces sauvages (ceux du *Bombyx pyri* notamment) d'un dévidage réputé jusqu'ici très difficile ou même impossible (D. Levrat ; *Dévidage des cocons sauvages.* Lyon, 1901).

sent plus, au bout d'un certain temps, sous nos climats, que deux récoltes, sans qu'il soit possible de dire pourquoi, perdant ainsi l'un des principaux avantages qui les font rechercher pour l'élevage en d'autres pays. Les vers de ces races ont cependant sur la plupart des vers annuels une supériorité : ils sont plus robustes et succombent moins souvent à la flacherie, qui est aujourd'hui la plus redoutée des maladies auxquelles les vers à soie sont sujets. Ils pourraient donc peut-être servir utilement pour des croisements, dont les produits seraient ensuite élevés dans les endroits où cette maladie, par sa fréquence, rend difficile l'élevage des races annuelles pures.

Parmi les races annuelles, il y en a dont les vers subissent *quatre mues* avant de faire leur cocon, tandis que d'autres font *trois mues* seulement. Les races à quatre mues sont de beaucoup les plus répandues dans nos contrées.

On en distingue de trois sortes, suivant que la couleur des cocons est jaune, verte ou blanche. Chacune de ces sortes présente en outre des variétés nombreuses, caractérisées par la forme ou par la taille des cocons, ou encore par la coloration ou les reliefs de la peau des vers. D'ailleurs, toutes ces races ou variétés peuvent se croiser entre elles et se modifient plus ou moins en changeant de climat ou de nourriture, de sorte qu'il serait impossible d'en faire une énumération complète.

En France, les variétés les plus recherchées sont tirées des régions montagneuses des Cévennes, des Pyrénées et du Var ; leurs cocons sont jaunes, de dimension moyenne ou au-dessous de la moyenne ; on estime moins celles des Alpes et du Cher, dont les cocons sont plus gros.

En Italie, les plus renommées sont celles des parties montagneuses du Piémont, des collines du Milanais ; il faut y joindre les variétés de la Ligurie, de l'Emilie, des Marches et des Abruzzes, cultivées au pied des Apennins. Citons aussi, en Autriche, la variété d'Istrie, dans le Levant, celle de Bagdad.

En Chine, il existe un grand nombre de variétés annuelles, bivoltines ou polyvoltines à cocons blancs ou jaunes, rarement à cocons verts. Au Bengale, on élève beaucoup les vers des races polyvoltines à petits cocons ovales, de couleur jaune dorée. Les races annuelles et les races bivoltines sont également répandues au Japon ; elles sont à cocons blancs et à cocons verts. Les variétés à cocons verts sont d'un mauvais rendement à la bassine et peu estimées des filateurs, aussi on les délaisse de plus en plus, même au Japon, malgré leur grande robusticité et leur résistance à la flacherie.

A une époque, en 1864, lorsqu'une maladie épidémique, la *pébrine*, dont nous aurons occasion de parler plus tard, eut détruit presque totalement les races jaunes d'Europe, on a cependant dû recourir à ces variétés du Japon à cocons verts malgré leur peu de valeur, mais, depuis lors, les races indigènes ont été reconstituées à l'aide des méthodes indiquées par Pasteur, et les races du Japon leur cèdent de nouveau la place partout où les conditions de milieu ne leur sont pas particulièrement contraires. En France, on élève encore les races du Japon dans quelques régions de l'Isère, de l'Ardèche et de la Drôme, où elles réussissent assez bien, tandis que les races d'Europe succombent souvent à la flacherie. De même, en quelques endroits de l'Italie, ces races, pures ou croisées avec les races du pays, sont toujours en faveur, surtout celles à cocons blancs. Les races de la Chine prennent, de leur côté, depuis quelques années, une importance croissante dans les élevages de la Lombardie et de la Vénétie, où elles servent pour faire des croisements réputés plus résistants à la flacherie que les races indigènes pures.

Influence du climat et du sol sur les vers et leurs produits.— Ainsi que nous l'avons dit, la qualité des cocons ne dépend pas seulement de la race ou de la variété des vers, mais du climat, de la feuille et de diverses autres circonstances. C'est ainsi qu'en ce qui concerne le milieu, les cocons de montagne sont réputés les meilleurs, et les graines provenant de ces régions sont les plus recherchées. Le ver à soie élevé à la montagne, dans un air plus élastique, dégagé des miasmes des plai-

nes, à l'abri des touffes si funestes aux élevages, réussit mieux
et file une soie plus fine, dit M. de Gasparin (1). La même opinion est exprimée par M. Natalis Rondot (2) : « Les éducations
faites sur les collines, écrit cet auteur, donnent non seulement
une soie de meilleure nature, mais aussi des cocons mieux
construits et plus gros. Un éleveur piémontais obtient des
cocons qui pèsent : provenant des collines, 2 kil. 250 le mille ;
provenant de la plaine, 2 kil. ». En France, dans les Hautes-
Alpes, le nombre de cocons nécessaire pour faire le poids d'un
kilogramme, au lieu de 500 qu'il est en moyenne pour les races
indigènes de diverses provenances, est seulement de 440.

Quand on cultive une race dans un milieu différent de celui
de son lieu d'origine, les cocons de cette race peuvent, sous
l'influence de la nourriture et des autres conditions de l'élevage, se modifier au point de devenir presque méconnaissa-
bles. Il résulte des données recueillies par M. Verson à ce
sujet, que le poids des cocons d'une même race de vers peut
différer du simple au double et quelquefois davantage, selon
le lieu de l'élevage (3). Ainsi, des vers de la race de Pérouse,
dans l'Ombrie, ont produit, selon les localités, en dehors de
cette province, où ils ont été cultivés, des cocons dont il a
fallu 397 ou 869 pour faire le poids d'un kilogramme.

La richesse soyeuse subit aussi des variations considérables.
Des cocons de la même race de Pérouse, par exemple, ont
donné 93 gr. de soie par kilogramme dans un cas et 146 dans
un autre, c'est-à-dire des quantités qui sont entre elles comme
100 est à 156, suivant les localités.

Des différences de même nature s'observent dans le même
lieu quand on fait varier la température de l'élevage, ou, d'une

(1) *Sur les moyens de déterminer la limite de la culture du mûrier.*
Paris, 1840.

(2) *Les soies.* Paris, 1885-1887.

(3) E. Verson.— *Influenza delle condizioni esterne di allevamento sulle
proprietà fisiche del bozzolo.* Padoue.

année à l'autre, avec les conditions météorologiques (1). Toutefois ces différences sont moins grandes ici, parce que les
conditions atmosphériques sont à peu près les seules qui soient
en jeu, tandis que dans le premier cas il y a les actions réunies
du sol (agissant par la nourriture) et du climat; elles ne sont
cependant pas négligeables. Nous avons, en effet, constaté, suivant l'année et la même année selon la température de la magnanerie, des différences de 97 à 137 gr. dans une race de la
Chine; de 94 à 145 gr. dans une race du Japon; de 148 à 244 gr.
dans une race du Khorassan; de 85 à 142 gr. pour une race du
Caucase et de 165 à 221 gr. pour la race des Cévennes, dans le
poids de 100 cocons.

Le poids et la richesse soyeuse ne sont pas les seuls éléments
qui, dans le cocon, soient susceptibles de céder à l'influence
du milieu ou des conditions de culture : les dimensions, la
forme, la structure de la coque, le grain, se modifient sous
leur action dès la première année, et quelquefois assez pour
qu'il devienne difficile de reconnaître dans le produit trans-
formé les caractères distinctifs du type d'origine. Ces changements n'ont pas échappé à l'œil des praticiens et, de tout temps
et partout, les meilleurs d'entre eux ont conseillé de renouveler la semence de temps en temps, estimant qu'au bout d'un
certain nombre d'années d'élevage dans le même milieu, en
dehors de son pays d'origine, une race a perdu ses qualités
propres et les signes qui la distinguent dans le cocon. Olivier
de Serres recommande expressément de «changer de graine
de quatre en quatre ans, ou d'autre terme en autre, selon la
raison des expériences».

Ainsi que nous le verrons, le milieu et la nourriture n'agissent pas que sur le cocon ; sous leur action, la larve subit, elle

----

(1) F. LAMBERT.— *Influence d'une faible diminution de la chaleur pendant les derniers jours de l'élevage.* Montpellier, 1899. — *Les variations
atmosphériques et l'élevage des vers à soie.* Paris, 1902.

aussi, dans ses caractères extérieurs, ses particularités de couleur ou de forme, etc., ses aptitudes, son tempérament, la durée et même le nombre de ses phases de développement, sa résistance aux maladies, des changements plus ou moins rapides et profonds, dont les producteurs de graines les plus intelligents tiennent justement compte dans l'organisation et la distribution géographique des éducations de reproduction.

Sériciculture. Comparaison de l'industrie séricicole avec les autres branches de l'agriculture. — Dans l'état de nature, les vers à soie sont exposés à des causes de destruction nombreuses et variées, telles que les intempéries atmosphériques, la poursuite des animaux destructeurs (oiseaux, araignées, fourmis, ichneumons, etc.), l'insuffisance possible de l'alimentation, etc.; sans compter que, dans ces conditions, la récolte des cocons au moment voulu (avant qu'ils soient percés par le papillon) est difficile et pénible, surtout lorsqu'ils sont suspendus aux branches d'arbre.

L'état de nature est donc un état défavorable à la multiplication des vers à soie, à leur conservation, ainsi qu'à la récolte de leurs produits.

Aussi, lorsque l'on eut reconnu la possibilité d'utiliser la soie industriellement comme textile, dut-on se préoccuper des moyens d'éviter ces inconvénients et de mieux préserver les précieuses «bestioles» des circonstances qui leur sont contraires, lorsqu'elles vivent à l'état sauvage.

Ainsi prit naissance la branche de l'agriculture que l'on appelle *sériciculture* (de *sericum*, soie, et *culture*, culture).

La *sériciculture* (proprement, l'art de produire la soie) est donc la branche de l'agriculture qui a pour objet la reproduction des vers à soie, leur élevage industriel et leur alimentation en vue de la réalisation d'un bénéfice convenable par la récolte et la vente des cocons.

Autrefois, les sériciculteurs dévidaient eux-mêmes chez eux les cocons qu'ils avaient récoltés (ce qui a lieu encore de nos

jours chez certains peuples de l'Extrême-Orient et de l'Afrique);
c'est pourquoi on a quelquefois compris sous le nom de séri-
culture la production et le dévidage des cocons. Actuellement,
ṭe dévidage des cocons constitue, sous le nom de *filature* ou
filage, une industrie spéciale, en dehors de l'agriculture, et le
mot sériciculture ne sert plus à désigner que la production
agricole de la soie par l'élevage des vers à soie et la culture des
plantes dont ces animaux se nourrissent (1).

Le travail de la sériciculture se réduit parfois, dans les pays
où des vers à soie vivent à l'état sauvage (la Chine, les Indes,
le Japon, l'Afrique), au ramassage ou à la cueillette des cocons
sur les végétaux, aux branches ou aux tiges desquels ils ont été
fixés par les chenilles fileuses.

L'élevage des vers à soie domestiques diffère des autres branches de l'agriculture sur divers points, dont les principaux
sont :

1° La facilité et le peu de durée (environ un mois) du travail ;
2° le faible effort qu'il requiert de la part des personnes qui s'y
livrent (ce qui en fait l'une des occupations qui conviennent
spécialement pour les femmes et pour les enfants); 3° l'insigni-
fiance des avances qu'il nécessite ; 4° la faculté qu'il a de pouvoir être intercalé sans difficulté aux autres travaux agricoles
du printemps ; 5° l'avantage de donner un produit d'une vente
assurée et toujours payé comptant, à un moment de l'année où
le besoin d'argent se fait souvent sentir à la campagne.

Bénéfice qu'il est possible de réaliser par l'élevage des vers. —
C'est, en outre, une source de bénéfices considérables qui
varient selon les conditions dans lesquelles il s'effectue et qui
sont plus ou moins élevés selon que ces conditions sont elles-
mêmes plus ou moins favorables.

Pour donner un aperçu des bénéfices qu'il est possible de

---

(1) Le mot *sériciculture* est d'invention relativement récente; il a été
proposé, vers 1836, par MM. Héricart de Thury et de Boullenois.

retirer de l'élevage des vers à soie dans les conditions économiques actuelles en Europe, nous considérerons les deux exemples suivants de culture d'une once (25 gr.) de graines :

1ᵉʳ CAS. — *Dans les conditions les moins favorables*, le cultivateur achète tout: graine, feuille et main-d'œuvre. Les dépenses
se répartissent alors comme il suit :

1 once (25 gr.) de graine...........................	10ᶠʳ »
1.000 kilogr. de feuille à 5 fr. les 100 kilogr.........	50 »

Main-d'œuvre pour 2 onces:

1 femme pendant 30 jours, à 1 fr. 50 par jour.	45ᶠʳ »	
1 homme pendant 15 jours à 3 fr. par jour....	45 »	
Total des frais de main-d'œuvre pour 2 onces.	90ᶠʳ »	
Soit pour 1 once.................................		45 »
Dépenses d'incubation............................		1 50
Papier à étendre sur les claies d'élevage.......... ...		6 »
Dépenses diverses (chauffage, éclairage, etc.)........		8 »
Total des dépenses...............		120ᶠ50

Aujourd'hui on peut obtenir de 25 grammes de graine, et
sans difficulté, 60 kilogr. de cocons.

En admettant seulement une récolte de 50 kilogr. à 3 fr., on
aurait un produit de 150 fr. Le bénéfice serait donc, dans les
conditions ci-dessus, les moins favorables, de 29 fr. 50 pour
une avance de 120 fr. 50, ce qui représente un intérêt de 24 o/o
environ pour un mois, qu'aucun autre placement ne pourrait
réaliser.

2ᵉ CAS. — *Dans les conditions les plus favorables*, celles de la
culture en famille, le cultivateur n'a presque rien à débourser.
Il produit sur son champ et ramasse sa feuille, prépare la
graine dont il a besoin, surveille et exécute personnellement les
opérations, aidé seulement des personnes de sa famille et sans
avoir besoin de main-d'œuvre étrangère. Dans ce cas, presque
tout est bénéfice et les avances se bornent aux frais de production de la graine et à quelques petites dépenses.

On a donc comme coût de production des cocons d'une éducation de 25 grammes de graine dans ce 2ᵉ cas :

1/2 kilogr. de cocons à 3 francs..	1ᶠʳ50
Dépenses d'incubation.....	1 50
Autres petites dépenses (papier, chauffage, éclairage, etc)	14 »
Total des déboursés..........	17ᶠʳ »

Bénéfice : 150 — 17 = 133 francs.

Dans ces conditions, les mille kilogrammes de feuille de mûrier employée par le sériciculteur et recueillie sur son terrain
sont payés à raison de 13 francs le quintal ; et comme sur un
hectare on peut facilement recueillir 8,000 kilogr. de feuille
fraîche par année, cela représente un produit par hectare de
plus de 1000 francs, et en supposant un produit seulement de
50 kilogr. de cocons.

Ainsi, tout en négligeant les autres bénéfices qui peuvent être
obtenus en utilisant les litières comme engrais ou dans l'alimentation du bétail et en employant comme fourrage les
feuilles de seconde pousse qui tombent quand arrivent les premiers froids en automne, on peut affirmer que, même avec le
prix actuel de vente de cocons, la sériciculture est l'une des
industries agricoles les plus rémunératrices.

Statistique des récoltes des cocons dans le monde entier. —
Il n'est pas facile d'évaluer d'une façon précise la quantité de
cocons récoltée annuellement dans le monde entier ; on ne peut,
en effet, obtenir des contrées d'Orient que des évaluations ap-
proximatives. En moyenne, on peut admettre les chiffres ci-
après (1) :

---

(1) Nous nous sommes servis, pour établir cette statistique des données
recueillies par MM. Natalis Rondot, Marius Morand, Bizot, Joanny Pey ; la
Maison Chabrières, Morel et Cⁱᵉ; l'Union des Marchands de soie de Lyon;
l'Association de l'Industrie et du Commerce des soies en Italie, de Milan ;
l'Association séricicole du Japon, de Tokio; nous avons aussi consulté les
chiffres des statistiques officielles publiées par les Ministères en France,
en Italie et au Japon.

COCONS DE VERS DU MURIER, EN ÉLEVAGE DOMESTIQUE

EUROPE :	Italie......................	52.444.000 kilogr.
	France......................	8.996.000
	Autriche-Hongrie...........	3.794.000
	Turquie d'Europe..........	2.520.000
	Espagne....................	984.000
	Grèce	532.000
	Portugal...................	250.000
	Suisse.....................	448.000
	Roumanie, Bulgarie, etc......	612.000
	Russie d'Europe............	120.000
	Total..........	70.500.000
ASIE :	Chine......................	140.000.000
	Japon......................	78.080.000
	Indo-Chine	15.000.000
	Inde	9.792.000
	Asie Centrale..............	5.500.000
	Russie d'Asie (Caucase et Turkestan)...................	5.200.000
	Turquie d'Asie.............	10.870.000
	Perse......................	3.870.000
	Corée	200.000
	Total........	268.487.000
AFRIQUE :	....	100.000
AMÉRIQUE:	Septentrionale..............	6.000
—	Centrale et Méridionale.......	30.000
	Total général..........	339.123.000 kilogr.

Cocons de vers a demi domestiques ou sauvages

Chine:	Vers du mûrier sauvages.....	420.000 kilogr.
	— Bombyx cynthia.....	440.000
	— Bombyx pernyi......	22.000.000
	— Bombyx pyretorum...	300.000
Inde :	Vers du Bombyx ricini.......	600.000
	— Bombyx assama et me-zankoria..........	1.100.000
	— Bombyx mylitta.....	10.000.000
Japon :	Vers du Bombyx yama-maï...	180 000
	Total..........	35.040.000 kilogr.

On récolte donc annuellement dans le monde entier près de 400 millions (374 millions) de kilogrammes de cocons. On en tire environ 30 millions de kilogrammes de soie grège, et, suivant les évaluations de M. Rondot, une quantité au moins égale de déchets, qui se partagent ainsi : le commerce européen dispose d'environ 18 millions de kilogrammes de grège et 15 millions de kilogrammes de déchets ; le reste est absorbé en Asie par les tissages indigènes.

Notions historiques sur le ver du mûrier. — Le ver à soie du mûrier est connu en Chine depuis un temps immémorial (1). Les annales les plus anciennes de ce pays attribuent à Silingchi, femme de l'empereur Hoang-Ti, qui vivait environ 2.600 ans avant l'ère chrétienne, l'honneur d'avoir élevé la première des vers à soie et dévidé leurs cocons. Mais les peuplades de la Chine n'occupaient alors qu'un territoire peu étendu, sur les bords de la mer Jaune, et elles n'avaient aucune communication avec l'Occident. C'est seulement au IIe siècle avant Jésus-Christ qu'elles exportèrent des soieries dans l'Asie occidentale,

---

(1) D'après M. Mukerji (*The genesis of the Silkworm*. Calcutta, 1890), c'est dans les régions montagneuses de l'Inde et non en Chine, contrairement à la croyance commune, qu'il faut rechercher le berceau véritable du ver à soie du mûrier et de ses nombreuses variétés.

d'où ces produits se répandirent en Europe. On les y payait au poids de l'or. Sous Marc-Aurèle (165 ap. J.-C.), une ambassade romaine pénétra jusqu'à la Chine. Mais le secret de la production de la soie y était gardé avec un soin jaloux. Ce n'est que par artifice, et au péril de sa vie, qu'une dame chinoise, femme du roi de Khotan (1), porta cette industrie dans ce dernier pays, en 419. Vers la même époque, sous le règne de Youriakou Tennô (en 462), le Japon aussi parvint à s'en emparer.

On ne saurait dire si l'Inde et la Perse l'ont aussi puisée à la même origine, ou si au contraire ces contrées ont connu la soie et le dévidage des cocons aussi tôt que les Chinois.

Quoi qu'il en soit, cette industrie était pratiquée au vi⁰ siècle, dans une région appelée alors *Sérinde*, limitrophe de la Perse; c'est de là que, en 552, deux moines rapportèrent à Constantinople des œufs de vers à soie qu'ils firent éclore et qu'ils nourrirent des feuilles de mûriers noirs qui existaient déjà dans le pays. Mais ni l'empereur Justinien, qui régnait alors, ni ses successeurs ne surent profiter de cet événement; ils ne créèrent dans l'empire byzantin aucun centre d'industrie séricicole capable de rivaliser avec les pays d'Orient.

Il faut arriver au viii⁰ siècle pour voir ce progrès s'accomplir; la gloire en revient entièrement aux Arabes. Dans toute l'étendue de leur immense empire, depuis la Perse et le Caucase jusqu'en Espagne, en Sicile, et tout le long de la côte africaine, ils répandirent la culture des mûriers et l'élevage des vers à soie.

De la Sicile et de l'Espagne, ces industries furent portées de 1000 à 1100 en Calabre, de 1100 à 1200 ou 1300 dans la Haute-Italie et en France. Vers l'an 1300, on élevait des vers à soie à Modène, Bologne, Florence ; en 1360, paraissait le premier traité connu sur ce sujet, écrit par Bonafido Paganino, en dialecte bolonais. Il est à peu près certain qu'à la même époque

---

(1) Le Khotan est situé au pied et au nord des monts Kouën-lun ; c'était autrefois un pays indépendant (royaume de Koustana), aujourd'hui il fait partie du Turkestan chinois, dont il forme une des divisions.

la Provence et le Comtat-Venaissin produisaient aussi une petite quantité de soie, et que cette soie était mise en œuvre à Avignon, Montpellier et Marseille. Là, comme en Italie, c'était le mûrier noir qui servait à la nourriture des vers. Le mûrier blanc fut importé du Levant assez tardivement ; la Toscane ne le posséda qu'en 1434 ; sous Charles VIII, en 1495, on le transporta de Naples en France.

Importance de l'industrie séricicole depuis Henri IV jusqu'à notre époque. — Louis XI, François Ier, Catherine de Médicis, Henri III, donnèrent quelques encouragements à cette culture. Mais l'industrie des vers à soie ne commença à prendre pied sérieusement en France que sous Henri IV. En 1599, sur la demande expresse de ce prince, le célèbre agronome Olivier de Serres publiait sa *Cueillette de la soie;* en 1601, il portait à Paris vingt mille pieds de mûriers blancs pour être plantés aux Tuileries. Laffémas, valet de chambre du roi et contrôleur du commerce de France ; Traucat, jardinier de Nîmes, aidèrent aussi à cette propagande ; le premier, par des brochures et des avis au Conseil de commerce ; le second, par la création de vastes pépinières d'où il se vante d'avoir tiré plus de 4 millions de mûriers dans l'espace de quarante ans. Le clergé et les nobles durent en planter partout pour être agréables au roi (1). Malheu-

---

(1) Un historien de cette époque, Palma Cayet, s'exprime comme il suit au sujet des entreprises de Henri IV :

« Et d'autant que les soyes ne se peuvent fournir pour les ouvrages susdits en quantité suffisante si non qu'il y en eust une continuelle production en France, Messieurs les commissaires du roy, pour le faict du commerce et des manufactures, donnèrent avis à S. M. de faire une ordonnance et commandement aux généralités de Paris, Orléans, Tours et Lyon, de faire des pepinières de meuriers pour nourrir les vers à soye ; et pour cet effect, par gens à ce commis, suivant l'édict qui en fut faict, il fut distribué à toutes les paroisses des dites généralités des meuriers blancs et des graines, avec un livre de la manière de les planter, et comme il faillait nourrir les vers à soye pour en faire des ouvrages. Les espreuves en avaient été faites dans le château de Madry, près Paris, où il y a grande quantité maintenant de vers à soye, de moulins et autres instruments pour leur donner toutes ses façons. Et depuis, en beaucoup d'endroits des dictes

reusement, la mort de celui-ci (1610) fit crouler toute l'entreprise.

Cinquante ans plus tard, Colbert la reprit à l'aide de moyens analogues ; des primes furent données aux planteurs de mûriers ; les protestants se distinguèrent surtout parmi les plus zélés dans la production de la soie. Mais survint la révocation de l'édit de Nantes (1685) : beaucoup de familles protestantes s'exilèrent alors, pour fuir les persécutions, et leurs talents profitèrent à l'Angleterre, à la Suisse, à l'Allemagne. La France ne produisait, à cette époque, pas plus de 15,000 kilogr. de soie grège, ce qui correspond à environ 200,000 kilogr. de cocons frais. Les manufactures de Lyon, Tours, Paris, etc., mettaient en œuvre environ 500,000 kilogr. de soie grège qui venaient principalement du Levant, de la Sicile et du reste de l'Italie.

Il fallut le rude hiver de 1709, qui gela les châtaigniers des Cévennes, pour obliger les paysans à chercher une ressource dans la plantation des mûriers. Depuis cette époque, l'éducation des vers à soie tint une grande place dans l'agriculture du Languedoc et y prit autant d'importance, pour le moins, que dans la Provence et le Dauphiné. Elle s'étendit aussi dans le Lyonnais, le Vivarais et la Gascogne.

Ni le reste de la France ni les autres pays d'Europe situés hors du versant méditerranéen n'ont réussi dans leurs tentatives pour s'emparer de cette culture ; en effet, elle ne convient pas aux pays qui sont trop pluvieux pendant la saison du printemps, ni à ceux qui sont trop froids pour que les mûriers sup-

---

généralités, on a planté force meuriers blancs et noirs pour avoir foison de nourriture aux dicts vers à soye, qui font leurs bobines et leurs œufs aussi heureusement qu'en Italie ou Avignon, et s'en tire de la soye aussi belle et fine qui se peut-dire, tant blanche que jaune, qui sont les espèces qui se procréent de la dicte nourriture. Et au lieu que telle industrie n'estait que pour Avignon et la Provence, à cause qu'ils sont plus exposés au midi, à présent en la voisinance de Paris qui est au septentrion, les vers à soye et les meuriers y croissent et produisent heureusement ». (*Chronologie septénaire*, 1603).

portent bien la taille souvent répétée, ni enfin à ceux où la main-d'œuvre, à l'époque des éducations, serait trop coûteuse.

De 1760 à 1780, la production annuelle de soie grège, en France, a été de 400 à 500.000 kilogr., soit environ 7 millions de kilogrammes de cocons. Ce chiffre s'est élevé, de 1820 à 1840, à 1 million de kilogrammes, et enfin à 2 millions de 1840 à 1855, correspondant à 24 millions de kilogrammes de cocons.

Durant cette dernière période, les éleveurs, enhardis par leurs succès et désireux, d'autre part, de réduire les frais de main-d'œuvre, qui allaient en s'élevant considérablement, commencèrent à donner plus d'importance à leurs chambrées, sans trop se soucier du choix des graines ni des exigences de l'hygiène. De là, l'extension rapide de diverses maladies épidémiques. Elles se manifestèrent d'abord en France, puis dans toutes les contrées séricicoles. Depuis lors, l'élevage des vers à soie n'a plus été qu'une lutte perpétuelle contre ces maladies. Il a fallu rechercher dans le monde entier, jusqu'au Japon, des graines saines. La production de la France (1) est tombée vers 1860 à 1865 à une moyenne de 500 à 600.000 kilos de soie grège ; celle de l'Italie s'est réduite de 4 millions à 2 millions de kilogrammes.

---

(1) Nous donnons ci-après (pag. 27) le tableau de la production de la France en cocons, dont les chiffres sont empruntés, jusqu'en 1856, à un Mémoire de M. Dumas inséré aux Comptes rendus de l'Académie des Sciences de Paris (1857); ensuite, jusqu'en 1871, à la Statistique de la France, par M. Block ; enfin, depuis 1871, aux Statistiques annuelles du Syndicat des marchands de soie de Lyon.

Les départements qui fournissent aujourd'hui nos récoltes de cocons sont ceux de la région sud-est, notamment le Gard (32 o/o), l'Ardèche (24 o/o), la Drôme (19 o/o) et Vaucluse (13 o/o), qui, réunis, font un peu plus des quatre cinquièmes (89 o/o) de la production totale de la France, d'après les moyennes de cinq années (1899-1904). Le reste provient du Var, des Bouches-du-Rhône, de l'Isère, de l'Hérault et des Basses-Alpes. Un faible appoint est encore donné par la Lozère, les Alpes-Maritimes, les Pyrénées-Orientales, le Tarn-et-Garonne, les Hautes-Alpes, le Tarn, la Savoie, la Corse, l'Aveyron, l'Ain, la Loire, la Haute-Garonne et le Rhône.

Cependant cette situation déplorable a été améliorée singulièrement, à la suite des travaux de M. Pasteur (1). On doit à cet illustre savant des moyens préventifs certains contre la *pébrine*: nos races jaunes sont reconstituées; les vers sont soignés d'une manière plus méthodique, et on arrive le plus souvent à éviter la maladie la plus redoutée, la *flacherie*, de sorte qu'il n'est pas rare de constater des rendements de 40, 50 et même 60 kilogr. de cocons à l'once de 25 grammes. Seulement

ANNÉES	PRODUCTION annuelle en kilogr.	PRIX MOYEN DU KILO		ANNÉES	PRODUCTION annuelle en kilogr.	PRIX MOYEN DU KILO	
		race indig.	race japon.			race indig.	race japon.
1760-1780	6600000	2 50	»	1874	11070000	5 07	4 23
1781-1788	6200000	3 »	»	1875	10770000	4 73	3 72
1789-1800	3500000	2 80	»	1876	2390000	5 »	4 14
1801-1807	4250000	3 20	»	1877	11400000	4 66	3 76
1808-1812	5140000	3 40	»	1878	7720000	4 84	4 19
1813-1820	5200000	4 10	»	1879	7770000	4 95	4 10
1821-1830	6900000	3 39	»	1880	9490000	4 26	3 74
1831-1840	14700000	3 70	»	1881	9255000	4 24	3 83
1841-1845	17500000	3 80	»	1882	9690000	4 20	3 35
1846-1853	24250000	3 78	»	1883	7660000	3 91	3 70
1853	26000000	4 50	»	1884	6236968	3 78	3 58
1854	21500000	4 65	»	1885	6618014	3 73	3 43
1855	19800000	5 »	»	1886	8261537	3 71	3 61
1856	7500000	7 60	»	1887	8980082	3 71	3 50
1857	7500000	7 60	»	1888	9549906	3 50	3 27
1858	11500000	8 »	»	1889	7409830	3 56	3 56
1859	11000000	5 30	»	1890	7799423	4 09	4 09
1860	11500000	7 15	»	1891	6883587	3 14	2 84
1861	8500000	7 25	»	1892	7680169	3 25	3 30
1862	9700000	5 32	»	1893	9987110	4 34	4 65
1863	9500000	5 32	»	1894	10584191	2 60	2 69
1864	8500000	5 90	»	1895	9300727	2 82	2 66
1865	5500000	8 »	»	1896	9348765	2 56	2 59
1866	16400000	6 »	»	1897	7760132	2 54	2 50
1867	14100000	7 »	»	1898	6893033	2 92	2 92
1868	10600000	8 »	»	1899	6993339	3 40	3 57
1869	8100000	7 45	»	1900	9180404	2 95	3 04
1870	10100000	6 45	»	1901	8450839	2 70	3 01
1871	10320000	6 20	4 15	1902	7287541	3 09	3 40
1872	9870000	7 87	6 37	1903	5985484	3 44	3 71
1873	8360000	6 94	6 25				

(1) Pasteur (Louis), né le 27 décembre 1822 à Dôle (Jura), mort le 28 septembre 1895 à Villeneuve-l'Etang (Seine-et-Oise).

on a dû restreindre l'importance des chambrées, par des motifs économiques que nous allons maintenant exposer. En Italie on est remonté à 3 millions de kilogrammes de soie grège de 1880 à 1883. La moyenne des 5 dernières années (1899-1903) est de 4.271.045 kilogr. En France, cette moyenne est de 598.800 kilogr. (1899-1903).

Conditions économiques actuelles de l'industrie séricicole. — A peine Pasteur avait-il fourni aux éducateurs de vers à soie les moyens de régénérer leur industrie et de la développer même au delà des limites où elle s'était jusqu'alors renfermée, qu'une difficulté nouvelle surgissait. A la suite de l'amoindrissement des récoltes de l'Occident par l'effet de la pébrine, les commerçants ont eu recours aux soies d'Orient ; les relations avec la Chine, les Indes, le Japon, ont été facilitées par l'ouverture du canal de Suez ; aussi, depuis 1869, des quantités énormes de ces soies ont-elles été apportées en Europe, et à des prix relativement très faibles. Les chiffres suivants montrent pour quelle énorme part ces soies figurent maintenant dans la consommation de l'Europe.

SOIE GRÈGE CONSOMMÉE ANNUELLEMENT EN EUROPE
(Moyennes de 1884 à 1904)

	1884-88 kil.	1889-93 kil.	1894-98 kil.	1899-03 kil.
Production de la France.	642.000	665.200	726 000	598.800
— l'Italie....	3.099.400	3.296.400	3.114.400	4.271 400
— l'Autriche.	219.600	256.400	262 000	300.200
— l'Espagne.	70.800	77.400	89.000	81 200
Production du Levant et du Caucase	671.400	778.800	1.253.200	1.681.200
Exportations de la Perse et du Turkestan	»	»	63.200(1)	402.200
Exportations de la Chine.	3.476.000	4.408.200	5.854.600	6.750.600
— du Japon.	1.762.600	2 526.000	3.224.500	4.309.000
— de l'Inde.	840.800	240 000	275 000	290.000
Totaux	10.782.600	12 250 400	14.861 900	18.684.600

(1) Les exportations de la Perse figurent dans les statistiques de l'Union

De 1884 à 1888, la consommation annuelle de la soie a été d'environ 10 millions de kilogr.; elle s'élève actuellement à 18 millions de kilogrammes, ayant ainsi presque doublé dans ces vingt dernières années. Sur ces 18 millions de kilogrammes de soie, 11 millions, ou 61 o/o environ, sont d'importation de l'Extrême-Orient (Chine, Japon, Inde).

Pour nous, comme pour les anciens, l'Orient est donc toujours le *pays de la soie;* mais, actuellement, c'est le bas prix de la main-d'œuvre qui lui crée ce privilège.

D'une part, le besoin de *paraître*, « cette sorte de passion de se donner les apparences du luxe », dit M. Rondot (1); d'autre part, le goût de l'élégance se sont répandus; un plus grand nombre de consommateurs veulent satisfaire ce besoin et ce goût, mais *au prix le moindre.*

Il en résulte naturellement une forte dépréciation de nos grèges indigènes. Car si la qualité des soies d'Orient est en général inférieure à celle des nôtres, elle est cependant bien suffisante pour la fabrication d'étoffes à bon marché, où entrent des fils de coton, ou d'autres matières textiles à bon marché et qu'on surcharge de substances chimiques plus ou moins tinctoriales ou simulant la soie. Or, la mode, dans ces derniers temps, s'est contentée de ces étoffes et a délaissé au contraire les belles soieries. Les grèges de premier ordre n'ont plus trouvé d'emploi, et bon nombre de filatures des Cévennes ont fermé leurs usines.

Le prix des cocons se maintient à un taux très bas, qui dédécourage beaucoup d'éleveurs. Ainsi, il n'y a pas plus de quinze ans, la France élevait encore près de 900.000 onces de graine; actuellement, ce chiffre est réduit à 216.538 (moyenne de 1896 à 1904).

---

des marchands de soie depuis 1896 ; celles du Turkestan ont été ajoutées en 1897. Le total des exportations de la Perse en 1895 et 1896 a été de 78.000 kilogr.; celui de la Perse et du Turkestan a été de 238.000 kilogr. en 1897 et 1898.

(1) *L'Art de la soie,* 1885.

Il serait donc à souhaiter, pour l'agriculteur comme pour le filateur, que la mode revînt promptement aux belles soieries.

Toutefois, il est juste de remarquer que l'agriculteur dispose d'une ressource dont il n'a pas tiré jusqu'ici tout le parti possible, et qui consiste à augmenter le rendement de ses éducations. Au taux de 50 à 60 kilogr. de cocons à l'once, les éducations seraient, ainsi que cela a été montré plus haut, très rémunératrices. Or, nous avons dit que de telles récoltes étaient non seulement possibles, mais encore se présentaient maintenant assez fréquemment. Le tout est qu'elles deviennent le cas ordinaire.

Nous avons la conviction qu'on y parviendra en donnant aux graines et aux vers des soins mieux entendus. A cette condition, l'élevage des vers peut redevenir aussi prospère qu'il y a un demi-siècle dans notre pays.

Le mûrier. État actuel de sa culture en France. — Mais, pour nourrir les vers, les mûriers sont indispensables, et si la culture de cet arbre peut se concevoir sans l'élevage des premiers, l'inverse n'est pas possible. On peut même dire que le mûrier et le ver sont nécessaires l'un à l'autre, car si le mûrier donne, en dehors de la soie, des produits qui pourraient justifier sa culture, toutefois ces produits sont regardés, à tort ou à raison, comme insuffisants par les agriculteurs et, en fait, quand la culture des vers disparaît ou décline, celle du mûrier la suit de près ou perd une grande partie de son importance. Ainsi on peut dire que le mûrier et le ver sont solidaires et que du sort de l'un dépend celui de l'autre : lorsque l'élevage des vers est à l'état de progrès, on soigne les mûriers qui existent et on en plante d'autres ; si c'est le contraire qui se produit, on commence par négliger les mûriers, ensuite on les arrache.

C'est l'histoire de ce qui s'est passé dans ces cinquante dernières années. De 1820 à 1850, avant que la pébrine exerçât ses ravages, lorsque l'industrie séricicole était devenue tellement florissante qu'on la regardait comme l'une des principales sources de richesse pour notre pays, tout le monde élevait des

vers, les mûriers étaient alors soignés avec une grande solli-
citude et on en plantait partout: le Nord, le Centre, l'Ouest
rivalisaient, à cet égard, de zèle avec le Midi. Lorsque, vers
1850, survinrent, avec les maladies, les insuccès dans l'élevage,
les mûriers furent d'abord négligés, puis on les arracha en
grand nombre. Après 1870, par suite de l'application du système Pasteur, les maladies ayant quasi disparu, on commença
à entrevoir le retour, pour la sériciculture, d'une ère nouvelle
de prospérité. Mais cet espoir, nous l'avons dit plus haut, fut de
courte durée: par suite de la concurrence des soies importées
des pays de l'Extrême-Orient, les heureux effets du procédé
Pasteur ne tardèrent pas d'être contre-balancés par l'avilisse-
ment du prix de vente des cocons, et la destruction des mûriers,
un moment retardée, se poursuivit alors dans tous les pays de
grande culture.

En 1874, M. de Pelet évalue aux deux tiers la proportion des
mûriers arrachés dans le département du Gard. Cette estimation n'est nullement exagérée. Malgré quelques plantations
faites dans les pays de grainage, elle nous paraît exacte, non
seulement pour le Gard, mais pour l'ensemble de la région séricicole en France : en effet, d'après les statistiques officielles,
nous n'avions plus, en 1887, que 213.727 tonnes de feuilles,
tandis qu'en 1857, M. Dumas calculait qu'on en possédait encore
600.000 ; c'est donc bien une disparition des deux tiers. Depuis
1887, la production est demeurée à peu près stationnaire ; elle
est, en effet, estimée à 190.334 tonnes, en 1902.

Cette dévastation des plantations des mûriers peut, à la
rigueur, se justifier par les nécessités économiques dans les
climats ou les situations, où l'inclémence fréquente des saisons,
ou d'autres circonstances défavorables, rendent trop incertaine
la réussite des vers ; ailleurs, là où la réalisation à peu près
régulière de rendement de 50 et de 60 kilogr. de cocons par
once est possible, et c'est le cas pour le territoire du versant
méditerranéen presque tout entier, cet abandon du mûrier
n'est pas justifié. Le prix des cocons n'est pas, il est vrai, ce qu'il
était il y a 40 et 50 ans, alors qu'ils se vendaient 5 et 6 fr. le

kilogramme. Mais, à cette époque, l'once rendait 30 kilogr. de cocons; aujourd'hui, les cocons se paient 2 fr. 50 et 3 fr., mais on en récolte 50 et 60 kilogr. par once au lieu de 30 kilogr., il y a donc compensation de l'infériorité des prix par la supériorité des rendements réalisés.

D'ailleurs, les cocons sont-ils le seul produit dont le prix de vente ait baissé? Les céréales, les fourrages et les autres denrées agricoles se vendent-ils dans de meilleures conditions? Est-ce que, pour la viticulture, la situation économique est plus brillante? Qui sait même si la réduction des surfaces plantées en vigne ne s'imposera pas, tôt ou tard, comme la seule solution possible à la crise économique dont souffre actuellement cette branche de la production du sol. Il nous paraît que la soie est encore celui des produits agricoles qui a le moins subi l'influence de la baisse générale des prix. C'est donc une faute d'avoir arraché les mûriers en si grand nombre, on a cédé trop facilement à un premier mouvement de découragement, et il est temps de réagir contre cette dévastation. On commence d'ailleurs à s'en apercevoir, et notre conviction est que le mûrier reprendra dans notre pays, à côté de la vigne, la place dont on n'aurait jamais dû l'exclure.

Dans le but de contribuer, pour notre part, à favoriser ce mouvement de reconstitution, que nous souhaitons dans l'intérêt de l'agriculture méridionale, et pour guider les agriculteurs qui seraient disposés à planter des mûriers ou ceux qui, ayant eu la prévoyance de conserver leurs arbres, voudraient leur donner des soins mieux entendus, nous avons ajouté, aux quatre parties dont cet ouvrage était primitivement composé, une cinquième partie consacrée spécialement au mûrier.

En effet, la culture de cet arbre a été tellement négligée dans ces derniers temps que l'on a presque désappris, dans beaucoup d'endroits, la manière de le multiplier, de l'élever et de le cultiver ensuite convenablement de façon, à lui faire produire la plus grande quantité possible de feuilles de la meilleure qualité.

Ce n'est pas qu'il manque d'ouvrages sur la matière, il en

existe un grand nombre, parmi lesquels d'excellents. Un des plus anciens, et des meilleurs, est dû au célèbre agronome Olivier de Serres. Après lui, l'abbé de Sauvages, Dandolo, Verri, Robinet, le comte de Gasparin et bien d'autres, dont le nom est moins connu, ont traité ce sujet.

Ce serait donc une entreprise bien téméraire, et peu utile, que de prétendre refaire encore ce qui a été fait déjà et bien fait. Mais la plupart de ces livres, ou de ces mémoires, soit à cause de leur rareté, soit parce qu'ils sont écrits en langue étrangère, sont peu commodes à consulter, il en résulte un embarras sérieux pour le plus grand nombre des agriculteurs qui voudraient le consulter, et d'ailleurs ils n'ont ni le temps, ni le moyen de déchiffrer et d'étudier tant de mémoires et d'en extraire les indications dont ils auraient besoin. Nous avons entrepris cette tâche à leur place, en nous efforçant de répondre surtout aux nécessités actuelles.

LEÇONS

SUR

LE VER A SOIE DU MURIER

PREMIÈRE PARTIE

DE L'ŒUF

I. — Anatomie et physiologie de l'Œuf. Sa conservation.

Notions générales sur les graines ou œufs de vers à soie. —
On appelle vulgairement *graines de vers à soie* les œufs pondus
par les papillons femelles du *Bombyx* du mûrier.

Ces œufs sont ovales, légèrement aplatis ; leur diamètre
moyen est d'environ 1 millimètre ; il varie quelque peu avec
les races : ainsi, celles du Japon et celles de la Chine ont des
dimensions un peu plus petites ; il en faut quelquefois plus
de 2.000 pour peser 1 gramme, tandis que 1.500 dans les races
milanaises, et 1.400 à 1.200 dans les races à gros cocons, suffisent pour former ce même poids.

Voici, à titre d'exemple, le nombre d'œufs, nécessaire pour faire le poids de 1 gramme, de quelques races :

Races de France (Roussillon), à cocons jaunes				1537
—	—	(Cévennes),	—	—	1431
—	—	—	—	blancs	1454
—	—	(Basses-Alpes)	—	jaunes	1434
—	—	(Var),	—	—	1408
—	—	(Corse),	—	—	1539
Races d'Italie (Fossombrone),		—	—	1303
—	—	(Gran-Sasso),	—	—	1525
—	—	(Toscane),	—	—	1527
—	—	(Brianza),	—	—	1496
Race de la Turquie (Bagdad),		—	blancs	1335
Race de Chypre,		—	jaunes	1236
Races de la Perse (Khorassan),		—	verts et blancs	1930
—	—	(Sebzevar),	—	jaunâtr. et verdâtr.	1176
Races du Japon (Shiro-ko-ishi-maru, de Shinano),		—	blancs	2175
—	—	(Kiu-Sei, de Shinano),	—	verts	2032

Races de Chine annuelles (Pai-pi-lung-chiao, de Ying-ching-chiao), à cocons blancs. 1760

   —   —   — (Tché-Kiang), à cocons blancs. 2057

   —   — polyvoltines (Pai-pi-tou-eul, de Hou-Kéou), à cocons blancs 2151

D'ailleurs, le nombre d'œufs d'une race, nécessaire pour faire un poids donné, est loin d'être constant ; il varie suivant le lieu de l'élevage (1) et, pour le même lieu, suivant l'année ; enfin, ainsi qu'on le verra plus loin, le poids des œufs diminue depuis la ponte jusqu'à l'éclosion. Les chiffres ci-dessus n'ont donc rien d'absolu.

Le poids spécifique des graines est un peu supérieur à celui de l'eau ; d'après Haberlandt, il est voisin de **1,08**.

---

(1) M. G. Amedo Corinaldi (*Influenze esterne che fanno variare il peso delle uova*. Padoue, 1885) a constaté dans le poids des œufs de la race de la Brianza des variations correspondant à une différence de plus de 1500 dans le nombre des graines par once de 25 grammes, suivant le lieu de culture des vers de cette race.

La couleur des œufs fraîchement pondus est jaune clair; puis elle vire graduellement, en cinq ou six jours, au gris cendré ou parfois au jaune terreux. Les œufs non fécondés demeurent jaune clair et bientôt se dessèchent.

Au sortir du corps du papillon, les œufs sont enduits d'un vernis gommeux qui les colle aux objets voisins; dans l'état de nature, ils seraient déposés sur l'écorce des mûriers; dans nos magnaneries, on les reçoit sur des toiles.

La plupart des éleveurs les conservent en cet état, en ayant seulement la précaution de suspendre les toiles au plafond d'une chambre exposée au nord, ou bien dans une cage d'escalier. Pendant l'hiver, ils détachent les œufs en plongeant pendant quelques minutes les toiles dans un baquet d'eau froide; puis, les raclant avec un couteau à tranchant émoussé, les œufs tombent au fond de l'eau; on décante, en laissant perdre ce qui surnage; puis on change encore d'eau deux ou trois fois; et finalement, quand les graines paraissent bien propres, on les met à sécher sur un linge dans une chambre sans feu. Quelques jours après, on les divise par lots de 25 grammes dans autant de sachets ou de boîtes de carton percées de petits trous, ou bien on les étale en couche très mince sur des cadres à fond de toile, et on les laisse ainsi jusqu'au printemps dans une chambre exposée au nord et sans feu.

Mais ces règles sommaires ne peuvent nous suffire. En effet, pour apprécier la valeur de ces divers procédés, ne faut-il pas connaître les raisons qui les justifient, savoir modifier ces procédés quand les circonstances l'exigent, et se rendre compte des accidents imprévus, afin de les éviter dans la suite? Il faut, par conséquent, reprendre d'une manière plus approfondie l'étude de l'œuf, et analyser les effets que produisent sur lui les agents extérieurs, notamment l'air, l'eau et la chaleur.

Structure de l'œuf. — L'œuf récemment pondu présente deux parties: une coque solide et un contenu semi-liquide.

La coque. Le vernis. — La coque (C, fig. 1) est une pellicule

mince, translucide, ayant la nature et la consistance de la
corne; elle est soluble dans la potasse et contient du soufre,
ce qui la différencie complètement de la chitine; celle-ci,

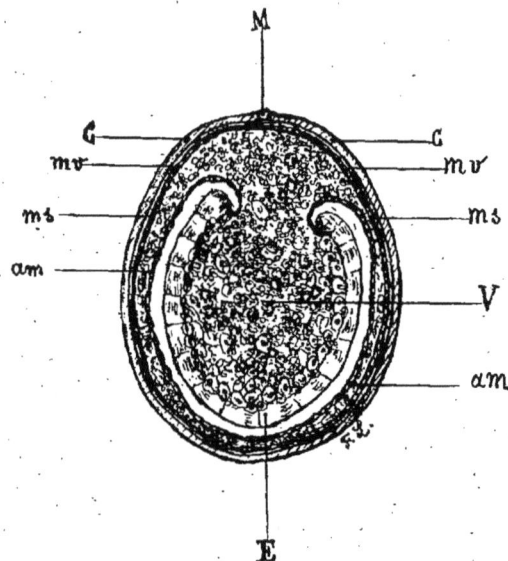

Fig. 1. — Coupe théorique à travers l'œuf grossi (avant l'incubation).
C. Coque. — M. Micropyle. — V. Vitellus. — E. Embryon, ou germe, à l'état
de bandelette. — mv. Membrane vitelline. — ms. Séreuse. — am. Amnios.

d'ailleurs, est moins riche en azote. On a en effet la composition
centésimale suivante pour ces deux substances :

	Matière de la coque d'après Verson (1)	Chitine d'après Péligot (2)
Carbone................	50.9	47.38
Hydrogène	7.1	7.02
Azote.................	17.2	6.15
Oxygène	19.3	39.45
Soufre :..............	4.4	»
Cendres...	1.0	»

(1) E. VERSON. — La composizione chimica dei gusci nelle uova del Filugello. Padoue, 1884.

(2) E. PÉLIGOT. — Sur la composition de la peau des vers à soie. Paris, 1858.

La matière de la coque, ayant été sécrétée dans l'ovaire par les cellules épithéliales, n'est pas constituée en cellules ; elle a seulement conservé à sa surface des empreintes qui figurent des dessins celluloïdes (C C, fig. 2). A l'extrémité pointue de

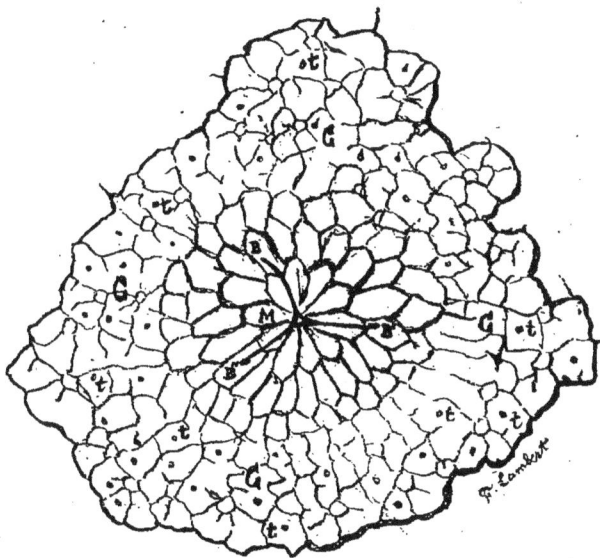

Fig. 2. — Fragment de la coque de l'œuf au petit bout — Gross.: 500.
M. Micropyle et ses trois branches B, B, B. — C. Dessins celluloïdes ; à la pointe extrême de l'œuf, ces espaces polygonaux sont plus allongés et ils ont une forme plus régulière ; ils font comme une triple collerette autour du micropyle. — t, t, t. Canaux microscopiques.

l'œuf, ces espaces polygonaux ont une forme plus régulière, ils constituent autour de la petite dépression dont il va être parlé comme une triple collerette. La paroi de la coque est perforée de nombreux canaux microscopiques (t, t, fig. 2). Au petit bout de l'œuf, on voit une légère dépression au sommet d'une petite surélévation : c'est la trace d'une ouverture de laquelle partent trois prolongements qui paraissent être des conduits ; cette ouverture, appelée *micropyle* (M, B, B, B, fig. 2), existait encore dans la coque un moment avant la ponte ; par

elle le liquide fécondant a pénétré dans l'œuf, puis ce passage
s'est fermé ; c'est précisément cette partie de la coque que
ronge le petit ver quand il éclôt (fig. 12, p. 66).

La surface extérieure de la coque est, en outre, revêtue du
vernis gommeux dont nous avons déjà parlé ; ce vernis se
gonfle dans l'eau mais ne s'y dissout que très peu, car, d'a-
près Haberlandt, les œufs ne perdent que 0,63 o/o de leur
poids par les lavages à l'eau. On s'explique par là qu'on puisse
les tenir impunément sous l'eau pendant plusieurs jours.

M. A. Carretta (1) a fait, à ce sujet, sur diverses graines, en
août, septembre, octobre, novembre et décembre 1898, des
essais intéressants dont nous extrayons les résultats ci-
dessous :

*Nombre de jours d'immersion dans l'eau que des graines ont pu
supporter, pendant les cinq derniers mois de l'année, sans en
souffrir sensiblement, d'après M. Carretta :*

Nature des graines	Août 1re moy. 25°5	Septembre 1re moy. 22°	Octobre 1re moy. 16°6	Novembre 1re moy. 10°5	Décembre 1re moy. 6°1	Décembre 1re moy. 0°
Bivoltin à coc. blancs.	»	3	7	11 à 12	»	29 à 30
Japon — blancs .	5	4 à 5	0	11	»	8
— — verts...	»	4	6	11	»	25 à 30
Corée — blancs .	5 à 6	4	5	12	»	8
Italie (Brianza) jaunes.	»	4	6	11	»	25 à 30
France (Pyrénées)...	2	»	»	»	12	21 à 22
Croisement (mâle à cocons jaune doré, femelle Corée à cocons blancs)......	»	5	5	11	10	22 à 23

Les acides faibles et beaucoup de solutions salines agissent
comme l'eau. Les œufs se montrent, au contraire, sensibles à
l'action de certaines autres substances, telles que l'essence de

----

(1) A. CARRETTA.— *Intorno alla tolleranza che il seme bachi manifesta
per immersioni prolungata nell'acqua comune.* Padoue, 1898.

térébenthine (1), surtout s'ils ont déjà subi un commencement d'incubation. Ils sont aussi altérés plus ou moins rapidement par les alcalis caustiques qui dissolvent rapidement le vernis en question et attaquent même, quoique plus lentement, la coque sous jacente.

La destruction de cette dernière a lieu au bout d'un **temps qui** n'est pas le même pour les graines des diverses sortes, peut-être à cause d'une différence d'épaisseur de cette enveloppe. **Voici,** d'après M. Quajat, le temps d'immersion nécessaire **pour une** dissolution complète de la coque :

Œufs de vers japonais	1 h.	3/4
— de la Corée	2 h.	1/4
— bivoltins	2 h.	1/4
— indigènes	3 h.	(2)

Autres parties de l'œuf. — La surface interne de la coque est tapissée par une membrane très mince, qui enclôt tout le liquide de l'œuf: on l'appelle *membrane vitelline* (*mv*, fig. 1).

Le contenu (V. fig. 1), semi-fluide, de l'œuf présente au microscope une infinité de globules assez semblables à ceux du jaune des œufs d'oiseaux; ces globules vitellins sont de grandeurs diverses, chacun entouré de matière plasmatique; ils tendent à se réunir en grandes boules visqueuses semblant des cellules sphériques à plusieurs noyaux; elles sont en suspension dans un liquide albumineux, et cet ensemble compose le *vitellus*, matière nutritive du germe. Le germe, après la ponte, n'est qu'un amas de cellules formant une sorte de bandelette ou ruban, plongeant par une extrémité dans la masse vitelline, et émergeant ensuite de cette masse pour se tenir à la surface, du côté opposé au micropyle. Les cellules du germe se mul-

---

(1) QUAJAT.— *Influenza della trementina sulla vitalita del seme.* Padoue, 1903.

(2) *Bollettino mensile di Bachicoltura,* 1895.

tiplient aux dépens du vitellus, et c'est ainsi que s'organise le corps de l'embryon (voir fig. 1, E et fig. 10, p. 64).

Le premier signe le plus apparent de cette organisation est la formation, au-dessous de la membrane vitelline, de cellules pigmentaires (fig. 3), de couleur violacée ou grisâtre, qui

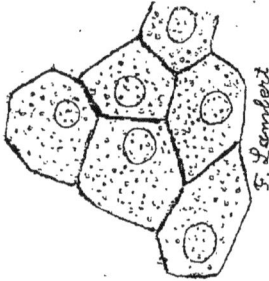

se juxtaposent en une couche mince à la périphérie du vitellus. La membrane pigmentaire ainsi produite, dénommée *séreuse*, étant éclairée par transparence à travers la coque, donne à l'œuf la couleur qu'on lui voit extérieurement et qui varie, comme nous l'avons dit plus haut, du jaune clair au gris cendré, ou au gris-bleuâtre, ou parfois au jaune terreux.

Fig. 3.— Cellules de la membrane séreuse remplies de pigments violets.— Grossissement : 500.

Origine des parties de l'œuf. Formation du germe. — Pour bien comprendre cette structure des parties de l'œuf, il est nécessaire de remonter à leurs origines.

Ovaire. Cellules germinatives. — L'œuf prend naissance dans l'ovaire qui consiste, chez le papillon, en des tubes (les tubes ovariques), au nombre de huit, disposés en deux groupes de quatre. Chacun de ces groupes se continue par un seul conduit, la *trompe*, et les deux trompes se réunissent pour former un tube unique qui est l'*oviducte*, dont l'orifice extérieur, situé au-dessous de l'anus, à l'extrémité postérieure du corps du papillon, donne issue à l'œuf. Le long de l'oviducte débouchent les conduits de la poche copulatrice et de la poche séminale et celui des glandes du vernis. L'origine et la formation des parties de l'œuf dans l'ovaire chez les différents groupes d'insectes ont fait l'objet de recherches nombreuses et on commence à les connaître assez bien, dans leurs grandes lignes, chez le ver à soie (1). Au début, l'œuf n'est qu'une simple cellule ou noyau entouré de protoplasma, confondue parmi une multitude de cellules semblables entre elles, en apparence tout au moins ; cet amas de cellules, dites *germinatives*, c'est-à-dire *capables de devenir des œufs*, est confondu avec l'épithélium formant le fond des tubes ovariques (fig. 4). A peu de

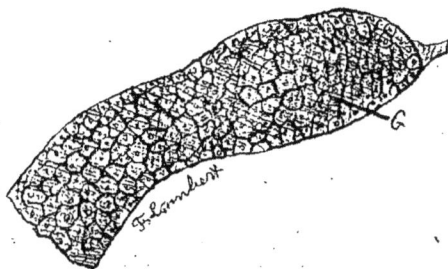

Fig. 4 — Extrémité d'un des tubes ovariques dans les capsules génératrices d'une larve au cinquième âge. — Gross. : 500.
G. Cellules germinatives

distance de cette région, où les vrais œufs sont encore indistincts, on en voit qui ont grossi, ont un noyau à nucléole visible et sont entourés d'un groupe de cellules à noyau, sans nucléole apparent, tombées sous la dépendance de cet œuf central : les unes (V, fig. 5) le nourrissent et constitueront la plus grande partie du vitellus de l'œuf quand elles auront été absorbées par lui, les autres (E, fig. 5) délimiteront le groupe en formant autour une enceinte appelée *follicule*. Dans la chambre enclose par le follicule, on trouve en avant la *cellule-œuf*, en arrière les cellules nutritives. La première grossit

_____

(1) Parmi les études de ce genre, publiées dans ces derniers temps, il faut ranger à côté des plus complètes et des meilleures celle de M. Tichomiroff sur l'*Embryogénie du ver à soie*. (*Histoire du développement du Bombyx mori dans l'œuf*. 1re édition, en russe. Moscou, 1882. 2e édition, en français. Lyon, 1892).

aux dépens des dernières qui lui déversent leur protoplasma, leur noyau se ride et elles finissent par disparaître. A ce moment précis, les cellules épithéliales enferment l'œuf, et la sécrétion du *chorion*, ou *coque*, commence. Cette matière, molle quand elle vient d'être sécrétée, durcit peu à peu en conservant les empreintes des cellules épithéliales ; elle entoure l'œuf partout, excepté en un endroit du petit bout où il reste un étroit espace non fermé, le *micropyle*, par où la fécondation aura lieu. Quand la sécrétion du chorion est terminée, l'enveloppe épithéliale se crève pour laisser passer l'œuf dans la partie oviducte du tube ovarique. Les débris de la chambre de l'œuf se détruisent sur place.

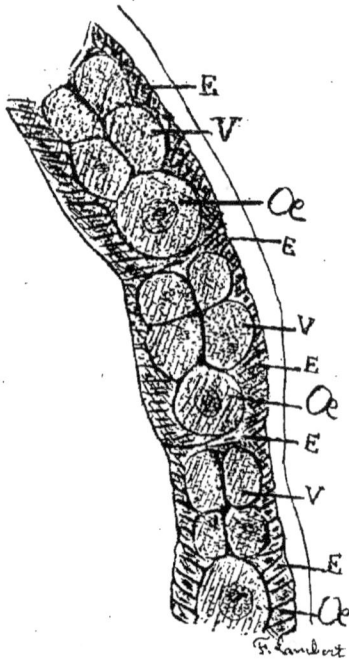

Fig. 5.— Portion d'un des tubes ovariques à quelque distance de l'extrémité (larve au cinquième âge). — Grossiss. : 500.
OE. Œuf. — V. Cellules vitellines dites aussi vitelloformatives. — E. Epithélium du tube ovarique.

Membrane blastodermique. Formation du germe et de ses enveloppes. — L'œuf, ou plus exactement l'ovule, mûr est ainsi formé d'un chorion, ou coque, qui l'entoure, excepté à l'endroit du micropyle, et d'une grande provision de vitellus entourant un noyau. A ce moment la fécondation a lieu. Le noyau se divise en corpuscules étoilés épars à travers le vitellus ; chaque corpuscule représente un noyau nouveau accompagné de protoplasma, sorte de cellule naissante sans limites fixes. A la périphérie de la masse vitelline, ces cellules acquièrent rapidement un champ délimité, une portion propre de vitellus et font des *cellules blastodermiques*. Vingt-quatre heures après la fécondation, la *membrane blastodermique* est entièrement terminée et enferme toute la masse du vitellus.

Cette espèce de vessie donnera naissance au germe et à des membranes d'enveloppe Elle s'épaissit en une région ovale, assez peu étendue, qui s'enfonce dans le vitellus, tandis que le reste s'amincit et forme un plissement tout autour. Cette région épaissie, délimitée par un repli de la partie mince du blastoderme, constitue la première ébauche du germe. Les bords du repli s'avancent peu à peu en direction opposée, au-dessus de la zone du germe, où ils finissent par se rencontrer: puis ils se soudent, constituant ainsi comme une double cloison verticale qui ensuite se résorbe et disparaît. On a, finalement, à l'extérieur, une mince membrane, la *séreuse*, à l'intérieur, le *germe* ressemblant à une *bandelette*, et une membrane extrêmement fragile qui s'étend comme un pont au-dessus de la bandelette du germe, l'*amnios*. (Voir fig. 1, p. 38).

Dès que la séreuse forme un sac fermé, elle remplit ses cellules d'un pigment violet qui, vu par transparence à travers la coque blanche, donne à l'œuf fécondé sa couleur grise.

Pendant ce temps, les corpuscules de l'intérieur, plongés dans la masse du vitellus, qui n'ont pas participé à la formation du blastoderme, se sont aussi entourés d'une portion délimitée de protoplasma et font des *cellules* dites *vitellines*; ces cellules ont souvent plusieurs noyaux. Elles ont la même origine que celles du blastoderme; elles participent, avec les cellules de ce feuillet primitif, à la formation des organes de l'embryon. On les appelle quelquefois blastoderme interne.

A partir de cette phase, le germe demeure sans changement apparent, c'est-à-dire à l'état de bandelette (fig. 1, E et fig. 10, p. 64), jusqu'après l'hiver. Rien, en apparence, ne se modifiera plus dans l'œuf jusqu'à l'époque où la graine ayant subi l'action du froid, l'embryon sera redevenu capable de développement sous l'influence de la chaleur pendant l'incubation.

L'étude précédente permet de s'expliquer d'une manière satisfaisante l'aspect extérieur de la coque ainsi que sa structure; elle permet de comprendre comment il se fait que l'œuf, bientôt après avoir été fécondé, et plus tard, au moment de l'éclosion, change de couleur ; elle rend, en outre, facile à concevoir la possibilité de la transmission des parasites de la pébrine par le papillon à une portion de ses œufs.

Composition chimique de l'œuf. — M. Péligot (1) a trouvé que 100 grammes d'œufs de vers à soie soumis à l'incinération laissent 1 gr. 285 de cendres qui ont la composition suivante :

Acide phosphorique 53.8
Potasse.......... . ... 29.5
Magnésie 10.3
Chaux........................... 6.4

Il a fait remarquer combien ces cendres ressemblent à celles des grains de blé ; M. Boussingault a obtenu, en effet, pour ceux-ci les chiffres suivants :

Acide phosphorique 47.0
Potasse 29.5
Magnésie 15.9
Chaux 2.9

Maladies et altérations des œufs. — *Corpuscules.* — En observant au microscope, à un grossissement de 400 à 500 diamètres, le contenu de l'œuf, on y trouve parfois certains corpuscules ovoïdes, brillants, qu'on a reconnus pour être des parasites. Comme ces parasites se trouvent, chez certains papillons malades, en nombre plus ou moins considérable dans les tissus des tubes ovariques, il n'est pas étonnant que les œufs de ces papillons, qui sont des éléments détachés de ces tubes, renferment eux-mêmes des corpuscules. Les petits vers qui naîtront

---

(1) Eug. Péligot. — *Études chimiques et physiologiques sur les vers à soie*, p. 34 à 36. Paris, 1853.

d'œufs ainsi infectés périront infailliblement par la pébrine
avant d'avoir accompli leurs diverses mues ; il est par conséquent indispensable que l'éleveur sache se procurer des graines
exemptes de cette maladie. Nous verrons plus loin comment on
y arrive avec la plus entière certitude.

Pour s'assurer qu'une graine est exempte des parasites dont il
s'agit, on prélève sur toute la masse un échantillon de cette
graine que l'on soumet à l'incubation, et lorsque les petits vers
sont éclos, on les examine un à un au microscope. M. Duclaux a
observé que les premiers sortis de l'œuf sont toujours moins
corpusculeux que les derniers éclos et que la proportion des sujets malades y est moindre que dans les graines au jour de la
ponte, ce qui prouve que la formation de l'embryon se trouve
retardée par la présence des corpuscules dans l'œuf. En outre, la
multiplication des parasites n'a lieu qu'avec le développement de
l'embryon ; par conséquent, tant que celui-ci demeure à l'état de
bandelette, c'est-à-dire depuis l'époque de la ponte jusqu'au printemps, le nombre des parasites ne paraît pas s'accroître. Dans
l'examen d'un échantillon de graines en vue d'y déterminer la
proportion des œufs malades et leur degré d'infection, la recherche des parasites devra donc porter non seulement sur les vers
éclos tout d'abord, mais aussi, et même de préférence, sur les
derniers venus ou sur ceux qui, n'ayant pu éclore, sont morts à
l'intérieur de l'œuf.

Tendance à la flacherie. — Un autre défaut grave que les œufs
peuvent présenter, c'est, lorsqu'ils ont été pondus par des
papillons atteints de la flacherie, d'avoir une certaine tendance
à contracter la même maladie. Les vers provenant de tels œufs
apportent en naissant une prédisposition marquée à devenir
flats, sans que d'ailleurs cette très fâcheuse disposition se manifeste par aucun signe visible ni en dedans ni au dehors de
l'œuf. Toutefois, le fait, déjà soupçonné (1), que des œufs

_____

(1) ANTONIO GREGORI. — *Ricerche intorno all'ereditarietà della flaccidezza* (Mémoire du 3ᵉ Congrès international de sériciculture. Rovereto,
1873) ; — Dʳ LUIGI MACCHIATI. — *Lo streptococcus bombrycis e la flaccidezza
del baco da seta*, 1892.

pondus par des papillons provenant d'un élevage où il y a eu
de la flacherie puissent renfermer des germes de cette maladie,
paraît aujourd'hui hors de doute depuis les recherches de
MM. Sawamura, au Japon ; Lo Monaco et Giorgi, en Italie (1).

Graine avariée. Œufs morts. — Il peut arriver également
que les œufs aient subi, après l'hivernation, au printemps, des
élévations auxquelles ont succédé des abaissements de la température ; ces états successifs de chaleur et de froid ont un
mauvais effet sur la santé du ver dans l'œuf. Sous l'influence de
la chaleur, le germe progresse dans son développement, puis
il s'arrête sous l'action du froid. Ces alternatives de progrès,
suivies d'arrêts dans son développement, ont pour conséquence
d'affaiblir le germe au point de le faire périr dans l'œuf ou
bientôt après l'éclosion. En dehors de l'éclosion, le seul moyen
de s'assurer que les œufs n'ont pas subi l'influence dangereuse
des variations de température au printemps, consiste à en
ouvrir un certain nombre pour s'assurer que l'embryon n'a pas
dépassé dans son évolution intraovulaire le stade de bandelette
où il doit se retrouver encore au moment de commencer
l'incubation, si la graine a été bien conservée.

Nous avons parlé des œufs stériles ; de même que les œufs
non fécondés, les œufs morts qui peuvent se rencontrer dans
une masse de graines se reconnaissent à ce qu'ils se dessèchent et s'aplatissent sans éclore quand on les met en incubation.

Influence de l'air. Respiration des œufs. — La coloration des
œufs récemment pondus ne se fait pas sans absorption d'oxygène ; l'énergie de cette action est telle qu'on pourrait se servir d'œufs de vers à soie à cette période, au lieu d'agents chimiques, pour faire une analyse d'air. Il y a en même temps
exhalation de vapeur d'eau et d'acide carbonique ; c'est donc

---

(1) SAWAMURA.— *Investigations on flacherie.* Tokio, 1903 ; — D. LO MO-
NACO et M. GIORGI. — *Sulla flora batterica del Bombyx mori.* Rome, 1903.

une véritable respiration. Ce phénomène se poursuit encore lorsque la coloration ne paraît plus varier. On s'en assure par l'analyse de l'air contenu dans des récipients où on a enfermé une certaine quantité de graines.

Variation de l'activité respiratoire. Perte du poids de l'œuf. — C'est ce qu'a fait M. Duclaux (1), et, après lui, plusieurs autres savants, notamment M. Quajat. A diverses époques, à partir des premiers jours d'août 1868, M. Duclaux a introduit 1 gramme de graine dans un flacon de 16 centimètres cubes et analysé l'air de ce flacon au bout d'un certain temps variant depuis 1 jour jusqu'à 20 jours ; il a obtenu les résultats suivants :

Age de la graine	Temps de la respiration	Degré centigrade	Acide carbonique produit	Oxygène restant
1 jour	1	21	5.17	12.71
2 —	1	21	12.46	8.08
3 —	1	20.5	9.65	11.03
4 —	1	20	4.50	15.91
6 —	1	21	2.14	17.14
7 —	2	21	4.22	15.84
13 —	2	21	4.25	15.60
23 —	2	20	2.56	16.49
1 mois......	2	21	1.78	17.14
2 —	6	20	5.07	13.04
3 —	6	16	4.17	13.20
5 —	10	11	1.46	15.22
7 —	20	7	7.41	8.15
9 —	7	8	6.59	10.76
Veille de l'éclosion	1	28	17.70	0.00

L'activité respiratoire de la graine, c'est-à-dire le temps qu'il lui faut pour absorber un poids donné d'oxygène, se déduit de ces chiffres. En prenant celles du mois de janvier pour unité, M. Duclaux a dressé le tableau suivant :

Age de la graine	Activité respiratoire	Age de la graine	Activité respiratoire
1 jour.....	13.8	1 mois...................	3.2
2 —	26.0	2 —	2.3
3 —	19.0	5 1/2...............	1.0
4 —	8.9	7 —	1.4
6 —	7.0	9 —	2.9
7 —	4.5	Veille de l'éclosion.......	48.0
13 — ....'.......	4.7	Lendemain...............	300 (?)
23 —	3.8		

(1) DUCLAUX.— Mémoire inséré aux *Annales scientifiques de l'École normale supérieure*, t. VI, 1869.

Ces résultats se traduisent graphiquement'par une courbe qui
s'élève brusquement de l'origine, passe par un maximum et redescend ensuite, pour ne se relever que vers son extrémité,
comme on le voit ci-dessous.

Fig. 6. — Courbe représentant les variations de l'activité respiratoire de
l'œuf depuis la ponte jusqu'à l'éclosion.

Perte de poids des œufs. — La respiration des graines peut-
être constatée encore plus simplement par la diminution continuelle de leur poids ; cette diminution est indiquée à peu près
par les nombres suivants :

Perte du poids de l'œuf

Pendant le 1er mois après la ponte...   2 o/o du poids primitif
Pendant le 2e mois après la ponte....   1   —   —
Pendant les six mois suivants (hiver). 1   —   —
Pendant le 10e mois jusqu'à la veille
  de l'éclosion....................   9   —   —
                    Total.........   13 o/o environ.

Comme on le voit, la respiration de la graine est très active
quand elle est fraîchement pondue, et plus encore à l'époque
du printemps, sous l'action de la chaleur ; c'est alors surtout

qu'il ne faut pas entasser les œufs dans des récipients trop petits. Pendant l'hiver, la respiration est moins énergique, elle a
lieu cependant, et il faut y pourvoir.

Voilà pourquoi les sachets où l'on conserve la graine doivent
être très perméables à l'air (en mousseline claire, de 10 cent.
sur 15 pour une once) et tenus à plat, sans être superposés.
Les fioles de verre, les boîtes métalliques hermétiquement
closes, ne peuvent servir qu'à la condition d'être de dimensions assez grandes.

**Résistance des graines à l'asphyxie. Capacités nécessaires
pour leur conservation sur place ou leur transport en vases
clos.** — La capacité nécessaire pour la conservation des graines en vases clos hermétiquement n'a jamais été déterminée
avec précision. Elle dépend de diverses circonstances telles
que l'âge des œufs, la température, la graine. Il est cependant
possible de la calculer d'après les expériences de M. Duclaux
sur la respiration. Tout d'abord, il résulte de ces expériences
que, en ce qui concerne la respiration, à la condition que
l'acide carbonique ne dépasse pas une certaine proportion,
d'ailleurs assez élevée, les graines se comportent, dans l'air
en quantité limitée, comme pour l'aération indéfinie. Ainsi, de
la graine âgée de 3 jours, mise en égales quantités dans les
flacons de 16 c. c., de 80 c. c. et de 133 c. c., a absorbé au bout
d'un jour les volumes suivants d'oxygène :

Oxygène absorbé	Proportion d'acide carbonique produit
1cc 4	8,57 p. 100
2cc 2	2,87 —
2cc 6	1,83 —

La respiration des graines en espace limité reste donc normale tant que la proportion d'acide carbonique produit égale
au plus 3 o/o.

Il faut, en outre, que la capacité du récipient soit telle que
les graines enfermées ne soient pas exposées à souffrir du
manque d'oxygène ou d'une proportion insuffisante de ce gaz
à un moment donné. M. Duclaux a démontré qu'à ce point de

vue encore les graines sont très tolérantes ; selon l'époque de l'année et la température, non seulement elles respirent bien dans l'air confiné, malgré la raréfaction de l'oxygène, mais qu'elles résistent plus ou moins longtemps à l'asphyxie. Elles se comportent de la façon suivante : elles absorbent d'abord tout l'oxygène de l'air qui est à leur disposition dans le flacon, puis elles continuent à exhaler de l'acide carbonique jusqu'à leur mort finale, qui arrive plus ou moins tôt, selon l'âge de la graine et selon la température. La durée de cette période d'exhalation d'acide carbonique mesure donc la résistance à l'asphyxie des œufs. Or, voici les données obtenues en août, le lendemain de la ponte, au moment où la respiration est en pleine activité, puis 20 jours après, au moment où l'activité respiratoire, après être passée par un maximum, va en décroissant de jour en jour, puis en janvier, alors qu'elle est voisine du minimum, et enfin en avril, époque où elle redevient plus grande, pour 1 gramme de graine placée dans des flacons de 13 c. c., 17 c. c. et 16 c. c. pendant un temps variable aux 4 époques principales de la vie de l'œuf :

Age de la graine	Température	Durée de la respiration	Oxygène restant	Acide carbonique produit	Vers éclos sur 1000 graines	Cocons sur 1000 gr.
1 jour (août)......	20° à 21°	1 jour	12 71	5.17	»	»
		2 —	0.0	18 96	»	»
		3 —	0.0	21.08	»	»
		4 —	0 0	21 20	»	»
		7 —	0.0	22.00	»	»
20 jours (août).....	22° à 23°	2 —	14 40	4 30	864	770
		4 —	9 40	7 00	»	»
		6 —	4 10	11.40	»	»
		8 —	3.05	12.65	666	607
		10 —	1.70	13.20	»	»
		14 —	0 0	16.30	666	590
		20 —	0.0	18.72	»	»
5 mois 1/2 (janvier)	8°5 à 12°	5 —	18.3	0 0	888	800
		10 —	15 22	1.46	»	»
		15 —	14.23	3.00	861	750
		30 —	6 47	7.91	888	790
		45 —	0.74	12.68	750	670
		50 —	0.0	13.79	500	409
		55 —	0.0	15.07	»	»
		65 —	0.0	13 30	111	92
9 mois (avril)......	8° à 10°	7 —	10 76	6.59	200	153
		18 —	0.0	17.37	»	»
Graine normale					875	820

Ainsi, la graine ayant changé de couleur continue à vivre sans oxygène pendant 10 jours en août et 20 jours en janvier, sans que les œufs aient paru souffrir du manque d'oxygène, puisque 1000 œufs de graine asphyxiée ont donné à peu près le même nombre de vers éclos que 1000 œufs de graine normale et qu'on a presque la même proportion de cocons pour 100 vers éclos. Dans le cas d'un séjour trop prolongé, dans un milieu privé d'oxygène, l'effet de l'asphyxie paraît être de tuer des graines; celles qui ont résisté semblent intactes, puisque pour 100 vers éclos on a presque autant de cocons que pour le même nombre de vers éclos de graine normale.

C'est sur les graines tout récemment pondues et, au printemps, sur les plus âgées que l'effet du manque d'oxygène est surtout à craindre. Les graines qui n'ont pas encore changé de couleur ne résistent pas au delà de 4 jours; déjà au 4ᵉ jour il y en a de tuées et au 7ᵉ jour toutes sont mortes. En avril, avec de la graine âgée de 9 mois, au bout de 7 jours l'air est aussi vicié qu'en août après 4 jours, avec de la graine âgée de 20 jours, et qu'en janvier, après 30 jours, avec de la graine âgée de 5 mois.

L'air est donc vicié par la présence de l'acide carbonique bien avant que toute la provision d'oxygène soit épuisée et que l'effet de l'asphyxie ait pu se faire sentir. *Ainsi il suffit, pour que les graines conservées en vases clos respirent à leur aise, que la capacité des caisses soit telle que l'acide carbonique produit pendant la durée du séjour n'outrepasse pas 3 o/o.* Dans ces conditions, en effet, non seulement la proportion d'acide carbonique produit ne sera pas trop grande, mais il n'y aura nul danger d'altération des graines par manque d'oxygène.

Il est facile, avec les données réunies dans le tableau précédent, de calculer la capacité à donner aux vases pour qu'il en soit ainsi, c'est-à-dire pour que l'acide carbonique existant atteigne au plus 3 o/o pour une certaine quantité de graines à conserver pendant un temps déterminé à une époque donnée. Voici, en prenant pour base les quantités d'acide carbonique

produit, quelle devra être cette capacité pour une once et une
vie d'un mois aux trois époques principales de l'année où l'on
peut avoir à faire voyager les graines, ou à les enfermer dans
des récipients clos :

En août (graine de 20 jours, pour 1 jour 13 c. c. ou pour

   30 jours......................... $13 \times 30 = 390$ c. c.

En janvier (graine de 5 mois 1/2), pour 15

   jours 16 c. c. ou pour 30 jours........ $16 \times 2 = 32$ c. c.

En avril (graine de 9 mois), pour 3 jours

   16 c. c. ou pour 30 jours............. $16 \times 10 = 160$ c. c.

   Ce qui fait au minimum, pour 25 grammes pendant 30 jours :

     En août.................... 9 litres 750
     En janvier................. 0 litres 800
     En avril .... 4 litres

Influence de l'humidité. — Il importe aussi de ne pas laisser
séjourner les graines dans un air trop humide : l'exhalation de
vapeur d'eau qui doit s'opérer à la surface de chaque œuf se
trouverait empêchée. Des moisissures pourraient aussi se développer sur les œufs et en altérer le contenu.

Il n'y a au contraire aucun inconvénient à tenir l'air presque
sec en mettant des fragments de chaux vive dans la chambre
ou dans le récipient où l'on conserve les graines. Pour reconnaître si le degré de siccité convenable est obtenu, on place à
côté des graines un hygromètre à cheveu. L'expérience a appris
que cet instrument indique 75° quand la fraction de saturation
de l'air est environ 1/2; ce degré de sécheresse est bien suffisant pour la bonne tenue des graines. Dès que l'aiguille outrepasse 85°, il faut remettre de la chaux neuve.

Si l'on exagère le degré de siccité de l'air en employant, au
lieu de chaux ordinaire, du chlorure de calcium fondu, l'évaporation des liquides de l'œuf est plus grande et l'incubation
plus difficile à bien conduire. M. C. Beauvais a reconnu qu'en

pareil cas il faudrait l'effectuer dans un air saturé d'humidité (1).

Influence des variations de température. Estivation. Action du froid

— Considérons enfin l'influence qu'ont sur les œufs les variations de température auxquelles ils peuvent être soumis depuis la ponte jusqu'à l'éclosion.

Graine pendant l'été. — Leeuwenhœk (1687), Loiseleur-Deslongchamps (1829), Duclaux (1869) ont constaté que les graines des vers à soie communément élevées en Europe, c'est-à-dire celles qu'on nomme annuelles, sont incapables d'éclore avant l'hiver, même quand on les expose à l'action prolongée de la chaleur; transportées au Bengale, au milieu de races polyvoltines, elles conservent encore la même propriété.

Cependant on observe quelquefois, chez des graines annuelles, des cas d'éclosion qui surviennent une quinzaine de jours après la ponte; mais le nombre de ces bivoltins accidentels est toujours fort restreint, et on présume que la chaleur n'y est pour rien. On peut donc laisser séjourner les graines tout l'été dans la salle même où elles ont été pondues, sans les porter dans un endroit froid, comme le font quelques éducateurs.

Cette période de la vie des graines, pendant laquelle elles ne peuvent éclore, dure jusqu'à l'époque où le froid vient agir sur elles, c'est-à-dire, dans nos climats, depuis juin jusqu'à novem-

---

(1) « Vers le milieu du mois de mai dernier, dit M. C. Beauvais, deux gros de graine de vers à soie furent retirés d'un flacon qui avait été déposé le 20 juillet 1834 dans la glacière de Neuilly; cette graine fut placée dans une étuve chauffée à 14° et élevée graduellement jusqu'à 24° du thermomètre de Réaumur. On augmenta aussi graduellement l'humidité, et pendant huit jours que dura l'éclosion, l'hygromètre de Saussure marquait depuis 80° jusqu'à 100°. Cela ne suffit pourtant pas, et il fallut couvrir la boîte dans laquelle les œufs étaient renfermés d'un linge qu'on arrosait d'heure en heure. Par ce moyen, l'éclosion, qui d'abord avait paru languir, se développa avec un ensemble qu'offre rarement la graine d'une année dans les circonstances ordinaires ». (*Comptes rendus de l'Académie des sciences*, 25 juillet 1836).

bre, mais elle peut se prolonger bien plus longtemps. Ainsi les graines importées du Chili en février ou mars, ayant été pondues en novembre, ou celles qui, étant produites en juillet ou en août dans nos pays, sont ensuite placées dans une chambre chauffée, où elles demeurent à l'abri du froid jusqu'au retour de la saison chaude, n'éclosent que l'année d'après, en avril, à moins que dans l'intervalle on ne les expose, pendant un temps suffisamment long, à l'action du froid artificiel.

Estivation. — Nous verrons bientôt que l'éducateur peut avoir intérêt, dans certains cas, à prolonger artificiellement la période d'été. Cette prolongation artificielle du temps, pendant lequel les graines sont incapables d'éclosion, a été appelée *estivation* par M. Victor Rollat, de Collioure (Pyrénées-Orientales). Ce dernier avait eu la pensée de soumettre les graines, après la ponte, jusqu'à la fin de décembre, à des températures variant de 20° à 35°, prétendant que, par suite de ce traitement, qui a pour effet de priver, par évaporation, l'œuf d'une partie de son liquide, les vers sortant des graines sont plus vigoureux que les vers communément élevés : plus la matière de l'œuf est concentrée, suivant M. Rollat, plus les tissus du jeune animal sont fermes, plus le ver est vigoureux. L'effet le plus certain de l'estivation est une dessiccation plus ou moins prononcée, qui peut devenir nuisible lorsqu'elle est poussée au delà d'une certaine limite, et un retard plus ou moins considérable dans l'éclosion des vers.

La période *préhivernale*, qui peut être prolongée par l'*estivation*, peut, inversement, être raccourcie et réduite par exemple à quinze ou vingt jours, comme l'a fait voir M. Duclaux ; il suffit pour cela de porter les graines dans une glacière quinze ou vingt jours après la ponte.

Graine pendant l'hiver. Effet du froid. — Après la période *préhivernale*, vient ensuite la période d'*hivernation*, pendant laquelle la graine subit l'action du froid. On suppose que cette action consiste en quelque changement moléculaire des liquides du vitellus, à la suite duquel ce corps devient plus apte à s'oxyder ; mais on ignore entièrement la nature des modifications ainsi produites. D'ordinaire, cette période de froid dure

depuis novembre jusqu'à février ou mars dans nos contrées;
mais on peut la prolonger, artificiellement, un an et plus à
l'aide d'appareils frigorifiques. On peut, d'autre part, la raccourcir d'autant plus que la graine est plus vieille. M. Duclaux
a constaté qu'il suffit de quelques jours de froid pour rendre
aptes à l'éclosion les graines âgées de six mois, tandis qu'il faut
cinquante à soixante jours de froid à des graines qui n'ont que
deux ou trois semaines d'âge.

De même, le séjour prolongé à une chaleur modérée, servant de transition entre la température de l'été et celle de
l'hiver, permet de réduire la durée de l'hivernation. M. Quajat
a fait, en 1898 et 1899, sur diverses graines, des expériences
d'où il résulte qu'une hivernation de trente jours à 0 degré,
venant après une période de soixante jours, à partir du 15
novembre, pendant laquelle la température avait été entretenue entre 10° et 12° au dessus de zéro, donnait les mêmes
résultats que quatre-vingts jours de froid au même degré,
avec une période de transition commençant à la même époque, mais finissant plus tôt de façon à être réduite de moitié (1).
Quant au degré de froid, M. Duclaux a trouvé que le plus convenable pour l'hivernation des graines est au voisinage de
zéro.

Résistance de la graine au froid. — Cependant, des froids plus
intenses ne font pas périr les œufs, à la condition de n'être pas
trop prolongés; Spallanzani, Loiseleur, Bonafous et plusieurs
autres savants en ont exposé à — 18°, — 20°, — 30°. M. Raoul
Pictet prétend même qu'on en aurait placé à une température
de — 40°, sans qu'ils aient été tués (2).

Toutefois, si les graines supportent, sans paraître en être in-
commodées, de tels abaissements de la température, quand ils
sont de peu de durée, un froid de quelques degrés au-dessous
de zéro, ou même de 0 degré, prolongé au delà d'un certain

_____

(1) E. QUAJAT.— *Sulla svernaturaed incubazione delle uova del filugello.*
Padoue, 1899.

(2) *Revue scientifique*, tome LII.

temps, finit par les détériorer au point de les faire périr. Des expériences faites par M. Quajat en 1882, 1900 et 1901 (1), il résulte que des séjours de 35 jours à — 20°, de 50 jours à —10° et de 214 jours (7 mois) à 0 degré, sont suffisants pour tuer de 23 à 75 o/o des œufs, suivant les races. Les graines originaires de la Chine sont, de toutes les espèces de graines dont M. Quajat s'est servi pour ses expériences, celles qui ont le mieux supporté l'action des froids persistants sans en souffrir ; viennent ensuite les graines indigènes, puis les graines japonaises. Ces dernières se sont montrées plus sensibles aux effets nuisibles des températures basses trop prolongées (2).

Durée de l'hivernation. — Il ne faut donc pas laisser séjourner trop longtemps les graines au froid ; *une hivernation de 3 mois au voisinage de 0 degré est suffisante.* Lorsqu'on prévoit qu'on aura besoin de prolonger cette période au printemps, le mieux est d'augmenter la durée de la période préhivernale par l'estivation dont il a été parlé page 55, afin de reculer l'hivernation et de maintenir ainsi cette période dans des limites convenables.

Graine au printemps. Préparation à l'incubation. — Pendant que les graines sont en état d'hivernation, elles sont pour ainsi dire engourdies ; l'excès d'humidité, le manque d'air, les agitations mécaniques qui, à d'autres moments, leur feraient subir de graves altérations sont sans influence. C'est pourquoi on cherche à prolonger ou à reculer cette période et à réduire, au contraire, à son minimum celle que nous allons maintenant décrire.

Dans cette période, qu'on pourrait appeler *posthivernale*, la

---

(1) E. QUAJAT. — *Dell' influenza delle basse et medie temperature sulle nascite dei bachi.* Padoue, 1882. — *Effetti di una prolungata svernatura sulle uova del filugello.* Padoue, 1903.

(2) Au mois de mars 1839, Robinet mit des graines Sina dans une glacière ; il les y laissa jusqu'à la fin du mois de juillet, c'est-à-dire 4 à 5 mois ; après ce temps, il les mit en incubation : les éclosions n'eurent lieu que dans la proportion de 32 o/o, soit un tiers à peine ; d'autres graines retirées un mois plus tard ne donnèrent que quelques vers. Il est probable que, dans les expériences de M. Robinet, à l'effet d'un froid d'une durée trop longue, est venue s'ajouter l'action nuisible d'une humidité excessive.

graine est devenue capable de respirer plus activement lorsque la chaleur s'élève et d'arriver ainsi à éclore. Aussi cette période, qui dure habituellement de février à avril ou mai, est-elle la plus difficile de toutes pour la bonne tenue des graines. Il faut que la marche de la température y soit progressivement ascendante pour que le développement de l'embryon dans l'œuf s'effectue graduellement, sans temps d'arrêt sensible; s'il y a au contraire des chaleurs précoces, suivies de retour de froid, l'embryon subit des accélérations et des arrêts dans sa formation, et il naît chétif ou même périt dans l'œuf, ainsi que nous l'avons déjà dit. La durée minimum de cette période est déterminée par le nombre de jours qu'il faut pour passer de la température de la chambre froide à celle de l'air de la chambre d'incubation, à raison de 1/2 degré par jour à peu près. Si donc on veut commencer l'incubation à 16°, le 10 avril par exemple, et que la chambre froide soit à 5°, il faudra en tirer les graines le 20 mars au plus tard. Jusque-là, elles resteront au froid.

Chambres d'hivernation. — *Hivernation sur les sommets.* — Il y a longtemps que les éducateurs soigneux ont remarqué les inconvénients d'une hivernation trop tôt interrompue. En 1814, Dandolo signalait déjà l'insuccès des graines qui avaient subi des chaleurs précoces suivies d'un retour de froid. En 1869, Duseigneur-Kléber proposait d'éviter ces accidents en hivernant les graines à une altitude assez élevée, pour leur procurer le froid nécessaire jusqu'en avril. Depuis lors, divers éleveurs ont suivi ce conseil, et avec grand succès. A Bergame, on envoie les graines dans l'Engadine. Depuis 1880, une chambre froide a été aménagée dans l'Ardèche, à Notre-Dame-des-Neiges, par les Syndicats des filateurs et mouliniers de Valence et d'Aubenas. Des chambres d'hivernation existent également aux Observatoires météorologiques du Ventoux et de l'Aigoual.

Hivernation artificielle sur place. Machines frigorifiques. — Mais ces locaux, situés à des altitudes élevées, ont l'inconvénient d'être peu accessibles durant une partie de l'année : la surveillance des graines est donc difficile ; de plus, on n'est pas maître d'y gouverner à volonté l'état hygrométrique ni la température. Il était à souhaiter qu'on établît des chambres de conservation où aucune des circonstances capables d'agir sur les graines ne serait abandonnée au hasard. C'est ce qu'a réalisé le premier, en 1878, M. Susani, habile ingénieur, le plus grand éducateur de vers à soie de la Lombardie, mort il y a quelques années.

Son établissement est construit à Rancate, près Albiate ; c'est un grand bâtiment rectangulaire d'environ 30 mètres sur 36 mètres, qui renferme dans son intérieur et enclôt de toutes parts la chambre froide ; celle-ci a 20 mètres de longueur sur 5 de largeur et 4 de hauteur ; elle peut loger 100.000 onces ; ses murs sont doubles, l'extérieur a 70 centimètres et l'intérieur 15 centimètres ; entre eux est une épaisseur d'air de 15 centimètres ; le sol est formé par une couche de béton et un lit de ciment hydraulique ; le sol et les murs sont revêtus de bitume. Le plafond, en fer et briques, est chargé d'un lit de sable sur lequel est un plancher, recouvert lui-même d'une grande masse de sciure de bois. A ce plafond sont suspendues trois longues caisses de fer galvanisé dans lesquelles circule une dissolution très concentrée de chlorure de magnésium, qui ne gèle qu'à − 20° ; c'est ce liquide qui va se refroidir dans la machine frigorifique et vient refroidir ensuite la chambre de conservation. L'air contenu dans celle-ci est maintenu sec par une masse de chaux vive étalée dans des caisses en bois ; cet air se renouvelle par les fissures des portes et des fenêtres, et en outre l'on a soin, un peu avant le lever du soleil, d'ouvrir un instant les fenêtres qui donnent dans l'espace clos environnant.

La machine frigorifique est une machine à acide sulfureux, système Pictet. Le récipient dans lequel l'acide sulfureux se gazéifie est entièrement plongé dans la dissolution saline, qui se refroidit par conséquent à mesure que l'appareil fonctionne. Cette dissolution refroidie est lancée au moyen d'une pompe dans les bacs du plafond. En même temps une autre pompe reprend le gaz sulfureux et le liquéfie dans un deuxième récipient, duquel on le fait écouler de temps en temps dans le premier.

Pour assurer le fonctionnement régulier de la chambre froide, deux machines Pictet sont utiles, afin qu'elles servent alternativement et se suppléent en cas d'accident survenu à l'une d'elles.

Ce dispositif a permis à M. Susani d'hiverner en toute sécurité, ainsi qu'il s'était flatté de le faire, des quantités de graines considérables, qu'on peut estimer à plus de 60.000 onces par an; le succès de ces graines est toujours des plus satisfaisants.

La chambre de conservation que nous venons de décrire a été imitée par plusieurs industriels italiens. MM. Gobbato, à Volpago, près de Trévise, en ont installé une dans laquelle

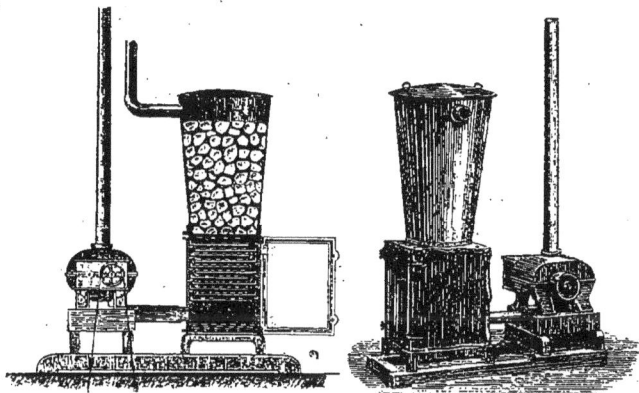

Fig. 7. — Machine Honerla, adoptée par M. Pietro Motta, dans son établissement de Campocroce, pour entretenir le froid autour des graines de vers à soie. (Dessin communiqué par M. Motta).

la réfrigération de l'air est produite par la machine très ingénieuse de MM. Giffard et Berger; ici, l'air est condensé dans un récipient par une puissante pompe à vapeur, puis ramené à la température ambiante, purgé de son eau, et enfin abandonné à son expansion naturelle dans la chambre même que l'on veut refroidir. Ce procédé semble préférable à la réfrigération par des liquides.

Chez M. Pietro Motta, à Campocroce, près Magliano, le froid est entretenu dans la chambre d'hivernation à l'aide d'une machine du système Honerla, de Hambourg, consistant (fig. 7) en un récipient rempli de fragments de glace à travers lesquels l'air du dehors, ou de la chambre même, aspiré au moyen d'une roue à ailettes, est refoulé par le même appareil dans le local des graines (fig. 7 et fig. 8).

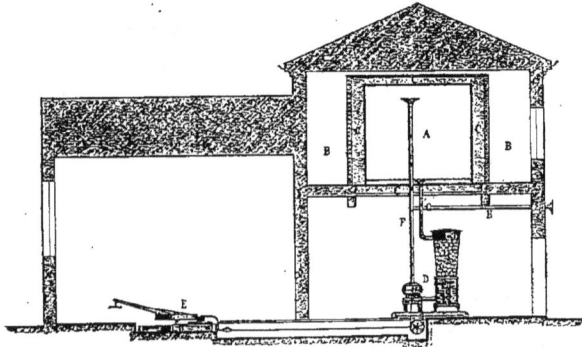

Fig. 8. — Dispositif employé chez M. P. Motta pour l'hivernation des graines. A. Chambre d'hivernation. — B. Couloir d'isolement entourant la chambre. — C. Double paroi (cloison extérieure en briques creuses, intérieure en planches) avec intervalle rempli de matières mauvaises conductrices de la chaleur. — D. Frigorifère Honerla. — F. Tube d'aspiration d'air. — G. Tube d'émission d'air froid dans la chambre des graines. — H. Tube d'aspiration de l'air extérieur. — E. Moteur à cheval (d'après un dessin de M. Motta).

Meubles-glacières. — A côté de ces installations adoptées pour la conservation de grandes quantités de graines, ou de quantités déjà un peu considérables, nous mentionnerons aussi les meubles-glacières créés par divers inventeurs, par exemple par M. Orlandi, M. Verson, M. Vanuccini, etc., plus spécialement à l'usage des cultivateurs désirant conserver leurs graines chez eux ou des petits producteurs de graines.

Le volume de ces appareils arrive à peine à un mètre cube; ils ont tous à peu près la même disposition : une chambre à air, sorte de caisse dont la double paroi contient des corps mauvais conducteurs de la chaleur, comme la laine, la paille, etc.; ensuite, pour former le plafond supérieur de cette

caisse, un réservoir en métal où l'on met de la glace ou bien
un mélange réfrigérant (fig. 9).

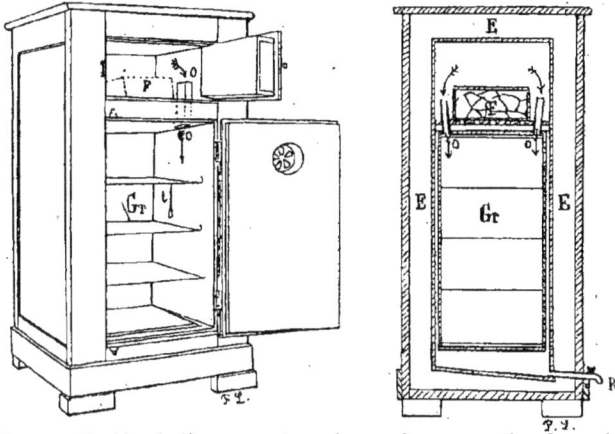

Fig. 9. — Meuble-glacière pouvant servir pour la conservation des graines
au froid.
Gr. Compartiment avec rayons pour recevoir les œufs. — F. Boîte métallique renfermant de la glace ou un mélange réfrigérant — O. Conduits
amenant l'air froid dans le compartiment des graines. — E. Double paroi
avec matières mauvaises conductrices de la chaleur. — R. Robinet pour
l'écoulement de l'eau de condensation. — t. Thermomètre.

*Glacières. Précautions pour conserver les graines en local ordi-
naire.* — On peut encore se servir de grandes boîtes en zinc
dont le couvercle est assujetti hermétiquement par une bande
de caoutchouc; dans ces boîtes, on met quelques morceaux de
chaux vive et, à côté, les sachets de graine, en assez petit
nombre pour que l'air inclus dans la boîte suffise à la respiration (voir, pour le calcul de la capacité qu'il faut donner aux
boîtes, ce qui a été dit p. 50 à 53) ; les boîtes ainsi préparées
peuvent être mises en glacière et visitées seulement une ou
deux fois, de novembre à avril.

Nous ne possédons en France aucun grand établissement
d'hivernation qui soit installé comme ceux d'Italie. On peut
regretter certainement que nos départements séricicoles ne
soient pas pourvus de locaux où chaque éleveur puisse entreposer ses graines jusqu'au jour où il lui convienne de s'en
servir.

Cependant ce regret est atténué lorsqu'on considère le succès assez satisfaisant des graines que l'on conserve sans locaux spéciaux, mais avec les précautions qu'inspire la connaissance plus exacte des besoins auxquels il faut satisfaire. L'exclusion de l'humidité, surtout, réalise un grand progrès. Qu'on y joigne un renouvellement d'air abondant; qu'on évite, après l'hiver, d'employer des locaux trop exposés au soleil, ou si l'on ne peut faire autrement, que l'on ait soin de protéger d'une manière quelconque la surface de mur qui regarde le midi, et avec ces simples précautions on aura déjà singulièrement amélioré les conditions de conservation des graines.

II. — Incubation. Éclosion

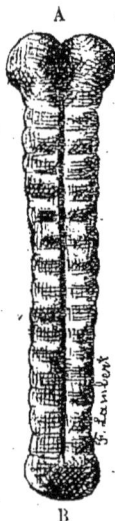

Fig. 10. — Le ver dans l'œuf avant l'incubation (état de bandelette). — Grossissement: 50 fois.
A. Côté de la tête. —
B. Extrémité postérieure.

Développement de l'embryon. — Si l'on examine l'œuf peu de jours après la ponte, lorsqu'il a acquis sa couleur normale, on lui trouve à peu près les mêmes apparences, à l'intérieur, qu'à la fin de l'hivernation. Sous la membrane pigmentaire (séreuse), le germe se présente alors comme un petit ruban blanc collé à l'opposite du micropyle, et découpé par une strie longitudinale médiane et de nombreuses segmentations transversales; les deux extrémités de ce ruban s'élargissent un peu et leurs cellules se confondent avec celles de la masse du jaune (fig. 10).

Mettre l'œuf en incubation, c'est le placer dans des conditions favorables pour que l'embryon poursuive son développement et passe de la phase indiquée ci-dessus à celle de l'éclosion.

Sans entrer dans les détails de ce développement, qui commencent à être assez bien connus depuis les études récentes de MM. Selvatico, Tichomiroff, Verson, disons seulement que la face de l'embryon tournée à l'extérieur, au-dessus de laquelle s'étend l'*amnios*, devient la face ventrale du corps du ver, de sorte que le jaune est comme porté sur son dos (A, fig. 11); ce jaune communique du reste. constamment avec la poche formée par la partie médiane du ruban blastodermique, poche qui représente l'estomac, ou intestin moyen. Les extrémités anale et buccale de l'intestin sont formées par des invaginations de la face interne du blastoderme; les deux cavités ainsi déterminées (intestin postérieur et intestin

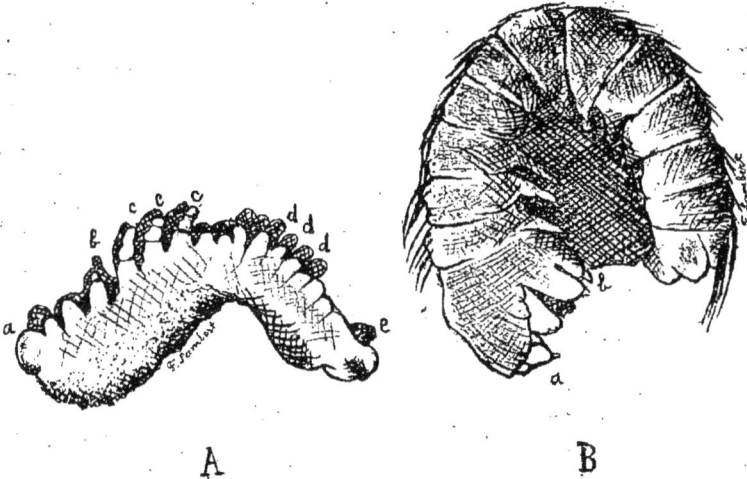

Fig. 11. — Ver dans l'œuf pendant l incubation. — Grossissement : 50 fois.
A. Après quelques jours d'incubation. — B. Dans les derniers jours de la l'incubation, après le retournement. — De *a* à *b*. Ebauche des pièces de la bouche. — *c, c, c*. Jambes articulées ou thoraciques. — *d, d, d*. Jambes abdominales. — *e*. Jambes anales.

antérieur) iront s'aboucher avec l'intestin moyen. L'intestin postérieur offre deux diverticules qui deviendront les tubes de Malpighi. Quant aux segments transverses, les cinq premiers appartiendront à la tête, les trois suivants à la partie thoracique, et les autres à l'abdomen (A, fig. 11). Quand la résorption du vitellus est assez avancée, l'embryon exécute une demi-révolution autour de son axe longitudinal, de façon que le côté ventral

soit tourné vers le dedans de l'œuf et le dos vers l'extérieur
(B, fig. 11). Peu de temps après, le tube intestinal s'achève;
l'ombilic se ferme et l'animal commence à se nourrir par la
bouche. Les glandes salivaires, celles de la soie, les trachées,
commencent par de petites fossettes de la membrane blastodermique. Les ganglions nerveux eux-mêmes dérivent de la
même membrane, mais s'en différencient de très bonne heure.
Peu à peu, toutes les parties du corps s'achèvent; la jeune
larve mange ce qui reste du jaune, ainsi que toutes les membranes d'enveloppe; ensuite elle attaque la coque qu'elle perfore à l'endroit du micropyle; puis elle sort par cette ouverture,
la tête étant la partie du corps qui se montre la première au
dehors et l'éclosion a lieu (fig. 12).

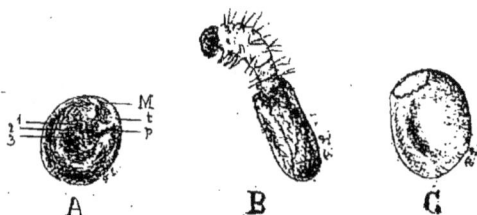

Fig. 12. — A. Ver dans l'œuf la veille de l'éclosion, vu par transparence à
travers la coque. — M. Micropyle. — t. Tête. — 1, 2, 3. Jambes articulées.
— p. Extrémité postérieure du ver. — B. Ver sortant de l'œuf. — C. Coque
après l'éclosion. — Grossissement: 20.

L'approche de ce moment est indiquée à l'extérieur par l'aspect de l'œuf, qui devient blanchâtre à mesure que l'animal
s'isole de la coque et par suite de la disparition de la séreuse.
On peut alors, en examinant, à l'aide d'une loupe, une graine
éclairée par transparence, distinguer, à l'intérieur de celle-ci,
le petit ver couché en demi-cercle, occupant presque tout le
pourtour de l'enveloppe cornée. La tête a l'aspect d'une petite
boule noire (fig. 12, A); elle est appliquée contre la face interne
de la coque, du côté de l'extrémité pointue de l'œuf.

Éclosion spontanée.—L'éclosion des œufs s'effectuerait toute
seule en se bornant à les sortir de la chambre froide pour les

exposer à la chaleur naturelle du printemps ; mais ce procédé donnerait des naissances très tardives, échelonnées sur un long intervalle de temps (1), et, de plus, on a remarqué que les vers seraient alors très fréquemment débiles, sujets à périr prématurément, peut-être parce que la substance de l'œuf ne peut pas suffire à une combustion respiratoire trop prolongée. Aussi a-t-on recours à l'incubation artificielle, qui rend l'éclosion plus précoce, plus simultanée, et la détermine à peu près au moment voulu.

Époque de l'éclosion. — En général, on s'arrange pour que l'éclosion ait lieu à l'époque où les mûriers ont développé leurs premières feuilles, afin que les jeunes vers trouvent une pâture appropriée à leur âge : aux environs d'Alais, dans les basses Cévennes, dans la vallée du Rhône, la Provence, c'est, en moyenne, vers le 20 avril. Si la saison est plus précoce que de coutume, on se risque quelquefois à devancer l'époque ordinaire ; mais alors on tient de la graine en réserve au froid, pour le cas où la gelée viendrait détruire les feuilles, et ruiner par conséquent les chambrées aventurées. Quand on ne veut pas courir le risque des gelées, on retarde au contraire les éducations, mais on ne peut pas les retarder beaucoup, parce

---

(1) Loiseleur-Deslongchamps a noté les éclosions d'œufs mis à l'air libre du 1er novembre 1836 au 31 juin 1837. Les naissances ont commencé le 6 juin et fini le 16 ; elles ont duré par conséquent 10 jours. Il y a eu :

Vers éclos avant 5 heures du matin.......................... 443
—   de 5 heures à 11 heures.......................... 150
—   de 11 heures du matin à 10 heures du soir.......... 8
             Total des vers éclos 601

De plus, 95 œufs ont péri avant la formation des vers et dans 56 les vers formés n'ont pu sortir.

Dans une autre expérience, des graines pondues en juillet 1836 furent laissées dans une chambre jusqu'à l'éclosion ; celle-ci commença le 10 mai 1837 et dura jusqu'au 3 juin, c'est-à-dire pendant 24 jours.

En 1823, le même observateur avait vu l'éclosion d'une once d'œufs, abandonnés à eux-mêmes, durer 75 jours, soit *2 mois et demi*.

que les feuilles deviendraient trop dures, indigestes pour les vers jeunes, et que, d'autre part, trois semaines après, les vers devenus grands, se trouveraient dans la saison des orages et des touffes, qui leur est fréquemment funeste.

On commence ordinairement les élevages aux époques suivantes :

En février: Dans la Chine méridionale (région de Canton), les vers de la 1re récolte (1).

Du 25 mars au 1er avril : En Espagne.

Vers le 5 avril : Dans les plaines, aux environs de Beyrouth (Syrie).

Du 15 au 20 avril : Dans les provinces méridionales de l'Italie (dans la Sicile, la Calabre, les environs de Naples).

Vers le 20 avril: 1° Dans la régions les plus précoces de la France (la basse vallée du Rhône, les basses Cévennes, la Provence, le Roussillon); 2° Dans les régions montagneuses aux environs de Beyrouth; 3° Au Turkestan, dans le Caucase et en Perse.

Du 25 avril au 1er mai: 1° En France, dans les régions les moins avancées (dans les hautes Cévennes, les parties montagneuses de la Drôme, de l'Ardèche, les Basses-Alpes, l'Isère, les Hautes-Alpes); 2° Dans l'Italie centrale (la Toscane, l'Émilie et les Duchés, les Marches et l'Ombrie).

Vers le 1er mai : 1° Dans l'Italie du Nord (la Lombardie, la Vénitie, le Frioul, les régions montagneuses du Centre, le bas Piémont); 2° En Autriche, dans les plaines du Trentin.

Du 5 au 10 mai: 1° En Italie, dans la Briance, le haut Piémont; 2° Dans la partie montagneuse du Trentin (Autriche) ; 3° Dans les régions montagneuses aux environs de Brousse (Turquie); 4° Au Japon, on commence les élevages du printemps.

Du 15 au 20 mai : En Hongrie (Autriche).

Vers le 5 juillet: Au Japon, commencent les élevages d'été des vers de la 2e génération des bivoltins élevés en mai et de la 1re génération de bivoltins hivernés en montagne jusqu'au 15 juin.

_____

(1) A partir de cette époque, les élevages se succèdent de mois en mois presque sans interruption, jusqu'en automne.

Vers la fin août: Début des élevages d'automne au Japon (2ᵉ génération des bivoltins hivernés jusqu'en juin).

En octobre: On fait éclore, en Chine, les vers de la dernière récolte (8ᵉ ou 9ᵉ récolte).

Conditions de l'incubation. — Les conditions générales d'une bonne incubation sont connues: il faut aux graines de l'*air*, de la *chaleur*, et, dans certains cas au moins, *un peu d'humidité* ; mais on est loin d'être fixé sur les proportions d'air, de chaleur et d'humidité qui seraient les plus convenables aux divers moments, depuis le commencement de l'incubation jusqu'à sa fin ; et cependant il n'y a pas de doute que ces circonstances n'aient une grande influence sur la robusticité des vers, et par suite sur le succès des éducations.

Procédés anciens pour faire éclore les vers. — Autrefois on ne se préoccupait guère de ces détails : selon Procope, les moines de Justinien avaient appris à faire éclore les graines à la chaleur du fumier; Vida, Gallo, Olivier de Serres, l'abbé de Sauvages, mentionnent, comme étant communément usitée de leur temps, la *couvée au nouet*, c'est-à-dire qu'on mettait les graines dans des nouets ou sachets qui étaient portés par des femmes sous leurs vêtements ou déposés dans des lits bien bassinés ; même aujourd'hui, ces derniers procédés sont encore pratiqués, malgré leurs imperfections évidentes. C'était déjà un progrès d'employer, comme l'indique l'abbé de Sauvages, les *gloriettes* des boulangeries pour y suspendre les sachets. Les Chinois, d'ailleurs, agissent à peu près de même en suspendant leur carton de graines dans des locaux où ils maintiennent une douce chaleur.

Étuve de Sauvages. — Tous ces procédés ont un vice commun, qui est de manquer d'indicateur exact du degré de chaleur. L'abbé de Sauvages fut un des premiers à conseiller l'usage du thermomètre; il imagina aussi une étuve d'une disposition assez commode: c'était une pièce longue et étroite s'élevant jusqu'à la toiture, et munie, à chacune de ses extrémités, d'un foyer alimenté de tan ; le panier de graines glissait à volonté le long d'une tringle, et pouvait ainsi être rapproché ou éloigné des foyers, de façon à prendre exactement le degré de chaleur voulu. On chauffait cette salle progressivement depuis 15° R. jusqu'à 28°, et, quand les deux tiers des vers étaient nés à cette dernière température, on poussait la chaleur pendant quelques heures jusqu'à 30° et même 32°, afin d'achever l'éclosion.

Chambres d'éclosion. — Depuis cette époque, tous les bons éleveurs ont adopté l'usage des chambres d'éclosion, mais en les chauffant beaucoup moins que l'abbé de Sauvages.

Température. — Dandolo, par exemple, veut qu'on élève la température de 1° par jour jusqu'à 22° R.

La tendance actuelle est de prolonger les premiers temps de l'incubation, et de l'accélérer vers sa fin. Ainsi, Haberlandt propose de tenir les graines 8 jours à 6° R., 8 jours à 8°, 4 jours à 10°, 4 jours à 12°, 2 jours à 16°, 2 jours à 18°, 2 jours à 20° ; total 30 jours d'incubation, correspondant à une somme de 308°, qui, dit-il, amène l'éclosion presque à jour fixe.

M. Susani veut que les graines hivernées dans son établissement séjournent au moins 6 jours à 10° R., puis emploient 6 jours pour arriver à 14° ; viennent ensuite 2 jours de stationnement à 14°, puis 6 jours pour passer de 14 à 17°, 2 jours pour arriver à 19° jusqu'à l'apparition des premiers vers ; à ce moment, élévation à 20°, puis 21°, température qu'on ne dépasse pas.

M. Meloni propose d'amener peu à peu les graines à 15 ou 16° R. et de les y laisser jusqu'à l'apparition des premiers vers ; alors on chaufferait à 17 ou 18° au maximum.

Enfin, M. Clerici (1) conseille de poursuivre l'hivernation jus-

(1) F. CLERICI. — *Bachi da seta e Gelsi.* Milan, 1893.

qu'au moment de faire éclore, de retirer alors les graines du
froid pour les exposer, sans transition, à une température de
18° R. et de maintenir ce degré sans changements jusqu'à la
fin de l'éclosion. On éviterait ainsi les difficultés que l'on
éprouve pour obtenir une élévation graduelle de la température. Mais M. Verson et M. Quajat ont montré (1) que pour que
l'éclosion soit satisfaisante, dans ces conditions, il faut que
l'hivernation ait eu lieu à un froid modéré, par exemple entre
0° et 8° centigrades au-dessus de zéro, ou que les graines après
avoir été hivernées à basse température demeurent quelques
jours entre 10 et 12° avant d'être mises en incubation, c'est-
à-dire passent par une période de transition. Si on les expose
brusquement de la température de zéro à celle de 18° R., sans
les faire passer par une période de préparation, l'éclosion
laisse à désirer.

Quelle que soit la marche qu'on adopte, il est nécessaire que
les graines soient étalées en couche très mince, afin que leur
respiration se fasse dans un air pur; il faut aussi les remuer
de temps en temps, afin que toutes respirent également et
arrivent par là à éclore simultanément autant que possible. On
emploie, pour 25 grammes de graine, une boîte plate ayant
une surface d'au moins 2 décimètres carrés.

Humidité. — Jusqu'à ces dernières années, les éleveurs ont
cru à propos de maintenir un certain degré d'humidité dans la
chambre d'incubation; mais des expériences faites en Italie
par M. Verson (2) l'ont conduit à recommander plutôt un air
sec. Pasteur (3) avait aussi, à la suite de quelques premiers
essais, émis l'avis que le séjour des vers, au moment de l'éclosion, dans une atmosphère sèche est plus utile que nuisible pour les fortifier et leur donner de la résistance contre

---

(1) *Annuario d. Staz. di Bachi.*, vol. xxvii, 1899, et vol. xxix, 1901.
(2) E. Verson.— *Intorno alla covatura dei semi.* Padoue, 1874.
(3) L. Pasteur.— *Étude sur la maladie des vers à soie*, t. I, p. 276.
Paris, 1870.

les maladies accidentelles. Cependant l'humidité est certainement utile quand les graines ont été gardées longtemps à la sécheresse. Il semble donc probable que le degré de siccité convenable durant l'incubation dépende de celui qui a été maintenu durant l'hivernation et doive servir parfois de correctif à celui ci. En tenant l'état hygrométrique constamment au voisinage de 1/2 durant les deux périodes, on évite toute difficulté.

Couveuses. — Les éleveurs qui ne disposent pas d'une pièce appropriée pour l'incubation, ou qui ne veulent mettre à éclore qu'une petite quantité de graines, font usage d'étuves portatives appelées couveuses ou incubatrices.

Castelet des Cévennes. — Il y en a de divers modèles. Les

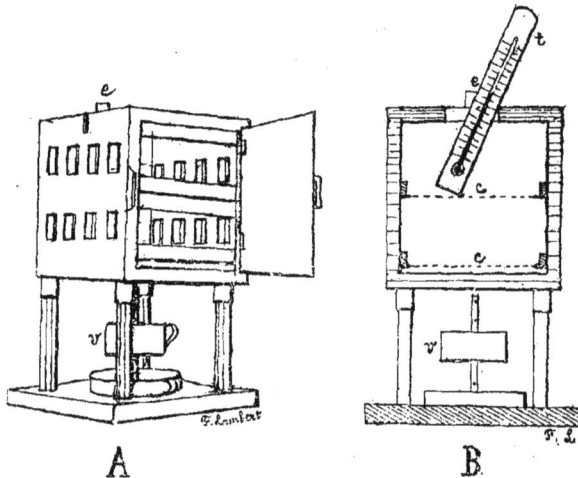

Fig. 13. — Castelet des Cévennes
A. Vue, en perspective, de l'appareil.— B. Coupe verticale du même. — *v.* Veilleuse. — *c.* Tube pour verser l'eau dans les doubles parois. — *c, c.* Cadres mobiles pour recevoir les boîtes de graines. — *t.* Thermomètre. — Réduction : 1/10.

plus simples sont des étuves en tôle à doubles parois, assez semblables à l'étuve de Gay-Lussac; des lucarnes sont per-

cées sur les côtés, afin que l'air s'y renouvelle ; on les chauffe
par dessous avec une ou plusieurs veilleuses ; comme elles
renferment 4 à 5 litres d'eau dans les doubles parois, elles
offrent par là une très grande constance de température. Ces
couveuses sont connues dans les Cévennes sous le nom de *cas-
telets*.

L'appareil (fig. 13) est porté sur quatre pieds fixés aux quatre
angles d'une planchette par l'intermédiaire de laquelle il repose
sur une table, une étagère ou un autre support. Entre les pieds se
trouve le support des veilleuses consistant en une petite colonne
creuse verticale en fer étamé, percée de trous de distance en distance, et qui fait corps par son extrémité inférieure avec un large
disque à rebord également en fer servant de base. Le long de la tige
peut se déplacer un godet annulaire contenant de l'huile à la surface de laquelle flottent les veilleuses. Ce godet repose, par son
fond, sur un bout de fil de fer passé, en travers, dans l'un des trous
situé à la hauteur convenable sur la colonne du support. Au moyen
de ce petit appareil de chauffage très simple, la température à
l'intérieur de la couveuse peut être réglée de deux façons : 1° par
l'augmentation ou la diminution du nombre des veilleuses ; 2°
par la modification de la distance du godet au fond de l'étuve.
Le haut de l'étuve est pourvu, en son centre, d'une large ouverture circulaire pour l'installation d'un thermomètre.

Il existe un autre modèle de castelet dans lequel les parois
percées d'ouvertures sont remplacées par des tubes cylindriques
creux mettant en communication la base à doubles parois de
l'étuve avec la partie supérieure également à double fond. Ces
deux côtés de l'étuve, le haut et le bas, forment deux réservoirs communiquant entre eux par les tubes verticaux. L'eau
chaude circule dans les tubes de bas en haut et inversement
allant d'un réservoir à l'autre. Deux ou trois cadres à claire-voie,
d'une surface d'environ deux décimètres carrés, disposés en
tiroirs à l'intérieur de la couveuse, servent pour recevoir les
graines, ou les boîtes contenant les graines. Les soudures étant
moins nombreuses et moins incommodes à faire dans le castelet
à colonnes, cet appareil est moins cher que le castelet ordinaire ;
il est en outre d'un entretien plus facile et moins coûteux à cause
de la plus grande simplicité de sa construction.

Couveuses en bois. — D'autres n'ont pas de réservoir d'eau : ce sont des armoires en bois. Ces armoires sont ordinairement à parois simples traversées du haut en bas par une ou plusieurs cheminées de tôle sous lesquelles on met les veilleuses, comme celle représentée ci-dessous (fig. 14) ; d'autres fois, les

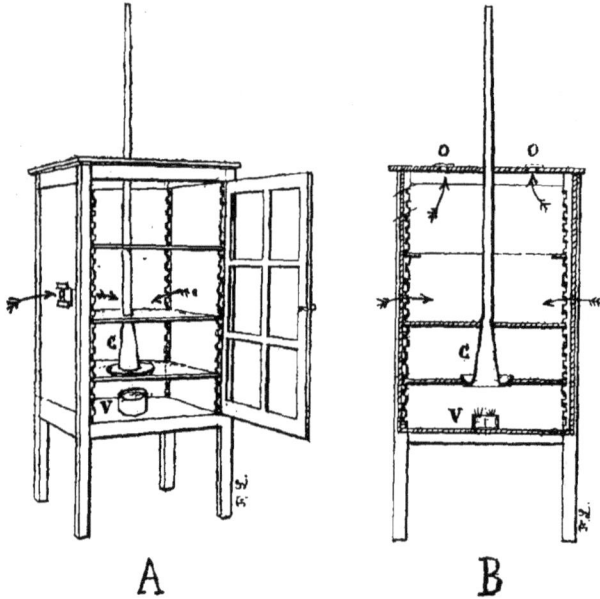

Fig. 14. — Incubatrice en bois.

A. Couveuse vue en perspective. — B. Coupe du même appareil, suivant un plan vertical passant par l'axe du tuyau en tôle. — V. Veilleuse ou lampe pour le chauffage. — C. Tuyau en tôle, servant de cheminée, au-dessus de la veilleuse ou de la lampe. — o, o. Trous pour l'aération. — Les flèches indiquent l'entrée et la sortie de l'air.

parois, au lieu d'être simples, sont doubles et entre elles circule de l'air chaud, comme dans la couveuse Haberlandt et Bolle ; des étagères intérieures reçoivent les boîtes de graines. Ces couveuses en bois exigent plus de surveillance que les premières pour le chauffage, mais l'aération s'y fait mieux, à raison de leur plus grande capacité.

Toute couveuse est pourvue d'un ou plusieurs thermomètres.
Quelquefois on y met un *avertisseur électrique :* c'est un thermomètre à mercure (ou bien un thermomètre à lame bimétallique
et à cadran) que l'on a disposé de façon que l'extrémité de la
colonne de mercure (ou celle de l'aiguille) rencontre, au point
convenable, un buttoir de métal, de manière à fermer un cir-
cuit électrique contenant une sonnerie. Le surveillant est ainsi
averti que la température sort de la limite fixée.

On ferait bien d'introduire aussi dans la couveuse un hygromètre ; mais, en général, on se contente de mettre une sou-
coupe d'eau à côté des graines quand on veut faire l'incubation
dans un air humide, et un bocal de chaux vive dans le cas contraire.

Manière de recueillir les vers éclos. — La levée des vers
nouvellement éclos se fait généralement avec des feuilles tendres de mûrier ; mais quand on veut éviter que les vers s'accumulent trop et qu'une partie de ceux qui se trouvent sous les
feuilles n'y périssent écrasés ou emprisonnés, on emploie de
préférence des feuilles déjà âgées, qu'on roule en forme de ci-
gare et qu'on découpe en travers ; les rubans en spirale ainsi
obtenus se garnissent de vers et peuvent être transportés à
l'aide d'une petite pince sur le papier destiné à recevoir la levée,
sans qu'on perde un seul ver ; on distribue ensuite là-dessus
des repas de feuilles très tendres hachées en menus morceaux.

Les feuilles, tendres ou dures, employées pour la levée sont
mises en contact immédiat avec les graines quand celles-ci
sont adhérentes à un carton ou une toile ; quand elles sont détachées, on a soin d'interposer un morceau de tulle.

L'éclosion se fait, du reste, aussi facilement dans un cas que
dans l'autre. Le tulle sert à rompre les fils de soie que les jeunes
vers émettent au sortir de l'œuf ; sans cela, on emporterait
avec les feuilles de mûrier des graines non écloses.

Moment des éclosions. — Les naissances ont lieu générale-

ment au lever du soleil et dans la matinée avant 5 heures (voir
la note de la page 67) ; il y en a peu le premier jour, beaucoup
le deuxième et le troisième jour, et ordinairement fort peu le
quatrième jour, de sorte que le reste est négligeable. L'éclosion n'est bien simultanée que quand tous les œufs ont également respiré. Il importe peu qu'ils appartiennent ou non à
une ponte unique, qu'ils soient des premiers ou des derniers
pondus ; l'épaisseur de la coque, l'épaisseur du vernis qui la
couvre, l'orientation de la coque, qui rend plus ou moins
grande la surface exposée à l'air, ont une influence bien plus
grande. C'est pourquoi les œufs détachés par le lavage, et étalés
à l'air en couche mince, éclosent avec plus de simultanéité
que les œufs adhérents à un carton.

Évaluation des vers éclos. — Il est utile que le magnanier
sache à peu près combien il a levé de vers à l'éclosion, afin qu'il
puisse préparer d'avance l'espace et la feuille nécessaires.

Pour cela, il n'a qu'à peser la graine mise en incubation et
l'épuiser par des levées successives.

Mais il peut aussi ne faire qu'une seule levée sur un poids de
graine plus considérable et estimer la valeur de cette levée. En
effet, on a reconnu que, si on pèse les graines avant l'éclosion et
après que les vers sont sortis, le poids de 25 grammes de graine,
comprenant environ 36,000 œufs, se décompose ainsi.

Poids des jeunes vers	17 gram.
— des coques vides.	5 —
— de l'eau évaporée.	3 —
	25 gram.

Par conséquent, une perte de poids de 20 grammes subie par
un tas de graine en éclosion correspond, à peu de chose près, à
une once de 25 grammes.

On pourra donc évaluer le nombre approximatif des vers
sortis, en pesant d'abord la graine surmontée d'un tulle ; puis
on mettra sur le tulle des feuilles de mûrier tendres, qui se

chargeront de vers, et qu'on enlèvera aussitôt (avant que les
vers aient laissé d'excréments); on attendra que le tulle ait
perdu l'humidité prise au contact des feuilles et on fera une
nouvelle pesée de la graine surmontée de ce tulle.

Ce dernier procédé est suivi par les propriétaires qui prennent soin eux-mêmes de l'éclosion et qui livrent à leurs divers
fermiers les levées successives; c'est un usage général dans la
Haute-Italie; il offre des avantages assez évidents pour qu'il
soit inutile de les énumérer ici.

III. — Bivoltinisme. Action du frottement, de l'élec-tricité, des acides, de la chaleur et de l'oxygène

Bivoltins accidentels. — Il est très ordinaire de voir, dix ou
douze jours après la ponte des graines de races annuelles, une
partie de ces graines éclore sans cause apparente. En général,
ces éclosions sont très limitées et cessent d'elles-mêmes sans
qu'on ait besoin de rien faire pour les arrêter. On en obtient
surtout quand la ponte se fait dans une salle sèche et chaude.
On remarque aussi que les œufs offrant ces cas de bivoltinisme
sont produits bien souvent par les premiers papillons qui sortent des cocons. En opérant les pontes cellulairement, on peut
constater que tantôt c'est la ponte entière d'un papillon qui
éclôt ainsi, tantôt c'en est une partie seulement, le reste de-
meurant jusqu'au printemps suivant sans offrir aucun changement.

Il n'est pas moins digne de remarquer que de semblables
éclosions arrivent presque toujours plus abondamment précisément les années où la température se fait remarquer par des
écarts plus ou moins forts et répétés vers la fin de l'été et
avant l'hiver ; qu'en outre, les graines des races du Japon, des
races de la Chine et celles issues du croisement de ces races
avec les races indigènes se montrent beaucoup plus sensibles
aux excitations dues à ces actions thermiques que les graines

des races européennes ; aussi, à mesure que la production des graines de croisement a pris une importance plus grande, les accidents de ce genre sont-ils devenus plus fréquents.

Toutefois, ces phénomènes sont encore inexpliqués, et on n'est pas maître de les reproduire à volonté.

Hivernation artificielle. — Nous avons vu, au contraire, que l'hivernation artificielle des œufs de races annuelles fournit un moyen très sûr pour déterminer l'éclosion de ces œufs dans l'été ou l'automne de l'année même. Mais ce moyen n'est pas le seul ; il y en a de plus rapides et qu'il est tout au moins curieux de connaître.

Ce sont : 1° les actions mécaniques, brossage, percussion, etc.; 2° l'action de l'électricité ; 3° l'action des acides ; 4° l'action des hautes températures ; 5° l'immersion dans l'eau chaude et dans l'eau froide alternativement ; 6° l'action de l'oxygène.

Effet du brossage. — L'éclosion des œufs soumis au brossage est connue à Bergame depuis 1856, ses conditions ont été étudiées depuis 1870 par MM. Terni, Verson, Susani, Duclaux. Les œufs doivent être pondus sur un carton ; on les brosse vivement ou bien on les percute à de brefs intervalles avec une brosse rude, pendant cinq à dix minutes ; quinze jours après, les éclosions commencent. On peut aussi disposer les œufs à éclore en les malaxant sous l'eau pendant dix minutes environ.

Ces opérations provoquent jusqu'à 40 ou 50 o/o d'éclosions si elles sont faites sur des œufs très frais, c'est-à-dire âgés de 1, 2, 3 jours ; des œufs âgés de 4 ou 5 semaines ne donneraient plus que 5 o/o, tout au plus, d'œufs capables d'éclore.

Ces éclosions se prolongent toujours très longtemps ; les premiers jours on a très peu de vers ; puis les nombres des vers éclos augmentent, passent par un maximum et décroissent ensuite lentement ; la série des nombres suivants en fournit un exemple pour quarante jours consécutifs : 2, 6, 9, 15, 32, 64, 90, 104, 112, 106, 102, 79, 60, 55, 42, 32, 28, 19, 12, 8, 6, 5, 2, 4, 2, 4, 9, 2, 0, 1, 2, 5, 7, 4, 2, 0, 3, 0, 5, 4.

Effet de l'électricité. — L'éclosion des œufs par l'électricité a été découverte en 1874 par M. Verson (1). Ce savant imagina d'exposer les œufs à une pluie d'étincelles tombant d'un pinceau métallique suspendu à une machine électrique de Holtz.

Il reconnut que, sur des œufs de 3 ou 4 jours, une pluie de dix minutes provoque l'éclosion de tous les œufs au bout d'une dizaine de jours. On voit que l'action de l'électricité s'exerce avec plus d'uniformité que celle du frottement. Elle semble, d'autre part, être moins efficace sur les œufs âgés de plus de 1 mois, car on n'obtient alors quasi plus du tout d'éclosions.

Voici, au surplus, les observations faites à ce sujet par M. Duclaux (*Congrès séricicole de Milan*, 1876):

«L'électricité statique, dit-il, est la seule active. De plus, pour qu'elle agisse, il faut qu'il y ait combinaison des électricités positive et négative. On n'obtient rien en mettant la graine sur une machine électrique chargée, tandis qu'on obtient l'éclosion en mettant la graine sur le trajet d'étincelles électriques nombreuses, ou bien en la plaçant en face d'un peigne métallique, d'où l'électricité s'écoule en vertu du pouvoir bien connu des pointes.

»L'étincelle peut être fournie indifféremment par une machine électrique quelconque ou par un appareil d'induction. Seulement, avec ce dernier, il faut éviter que la décharge ne soit si chaude qu'elle brûle la graine mise en expérience (2). Cet inconvénient existe moins pour l'étincelle des machines.

---

(1) VERSON et QUAJAT.— *Sullo strofinamento e sulla svernatura artificiale, allo scopo di anteciparе lo schiudimento delle uova del baco da seta.* Padoue, 1874. — *Note interno allo schiudamento anticipato delle uova del baco da seta.* Padoue, 1875.

(2) M. Duclaux a évité cet inconvénient en déposant les graines entre deux plaques de verre qui portaient extérieurement deux disques de papier d'étain, en rapport avec les deux pôles de la bobine. Une graine de deux jours, après un quart d'heure de séjour entre les deux plaques polaires, a donné 50 o/o d'éclosions au bout de quatre jours. L'ozone, qui se produit abondamment dans ces conditions, n'est pour rien dans ce résultat, car, employée seule, elle ne donne rien.

»Le temps que doit durer l'action de l'électricité est aussi
d'autant plus court que la graine est plus jeune au moment de
l'opération. De plus, ce temps ne doit pas dépasser une certaine limite, au delà de laquelle la graine traitée éclôt moins
bien et périt en quantité plus ou moins considérable.

»La naissance est d'autant plus rapide et plus complète qu'on
opère sur la graine plus jeune, d'autant plus lente et moins
complète que la graine est plus âgée. Le plus loin que l'on
puisse attendre, c'est que la graine ait 15 à 20 jours, et, dans
tous les lots, les œufs qui restent sans éclore éclosent au printemps suivant, comme la graine normale (abstraction faite des
œufs morts pendant l'opération, et qui sont généralement peu
nombreux si l'opération est bien faite).

»Ces caractères existent aussi pour la graine soumise au frottement et pour la graine soumise à une hivernation artificielle
plus ou moins complète.

»Voici encore d'autres ressemblances entre les effets provenant de causes si diverses.

»Quand on opère sur une graine jeune, de l'âge par exemple
de 1 ou 2 jours (moment où l'on peut considérer tous les œufs
comme étant absolument dans des conditions identiques), qu'on
agisse par l'action du frottement ou de l'électricité, on observe
à peu près le même intervalle entre le moment du traitement
et le commencement de l'éclosion. En d'autres termes, la
graine, de quelque manière qu'on la traite, quand elle est
jeune, a à peu près exactement le même âge quand l'éclosion
se produit, et cet âge est d'environ 10 à 12 jours. Il est singulier que cet âge soit aussi le même auquel se produisent les
bivoltins accidentels dans la graine annuelle. Il n'est pas moins
singulier que, quand les naissances des bivoltins se produisent dans les pontes isolées de race annuelle, ces naissances
soient d'autant plus rapides qu'elles sont plus complètes,
comme cela a lieu dans le cas du frottement et de l'électricité.

»En présence de ces ressemblances, on est invinciblement
conduit à croire que le phénomène produit est le même dans

tous les cas, que la cause efficiente en est la même et que la cause occasionnelle seule varie. En d'autres termes, l'électricité, le frottement, l'hivernation artificielle, sont probablement des moyens divers de mettre en jeu un même mécanisme physiologique, qui, une fois ébranlé, fonctionne avec régularité. Mais comment se fait la communication du mouvement ? Quel est, suivant la question du programme, l'agent physique important dans les actions physiques diverses qui peuvent provoquer l'éclosion précoce ? C'est ce que les résultats connus jusqu'ici ne permettent pas encore de dire.

»**Effet des acides.** — Tous les moyens employés jusqu'ici n'ont en effet entre eux aucune ressemblance, et en voici un autre qui diffère encore plus de tous les autres : on peut provoquer l'éclosion précoce de la graine en la plongeant dans l'acide sulfurique au maximum de concentration. La graine supporte très bien un bain de deux minutes dans cet acide, tandis que le tissu auquel les œufs s'attachent est complètement détruit. Mais il n'est pas nécessaire d'aller si loin : trente secondes d'immersion, suivies d'un lavage à grande eau, suffisent pour rendre la graine apte à éclore. Je n'ai pas obtenu beaucoup de vers par ce moyen, ayant opéré sur une graine trop âgée, mais j'ai constaté le phénomène d'une façon indubitable».

En 1877 et 1878, M. Bolle et MM. Verson et Quajat ont obtenu des éclosions plus abondantes en opérant avec l'acide chlorhydrique, l'acide nitrique et même l'eau distillée chauffée à 50°; les œufs n'avaient que 12 à 24 heures d'âge. Avec l'acide chlorhydrique spécialement, cinq minutes d'immersion ont suffi pour obtenir 90 o/o d'œufs aptes à éclore ; l'éclosion a commencé le onzième jour et s'est prolongée durant neuf jours.

Températures élevées. — En exposant pendant des temps très courts les œufs d'une ponte à une température élevée, à

60° par exemple, pendant une minute, MM. Bellati et Quajat (1)
ont aussi obtenu jusqu'à 20 o/o de naissances. Ils ont remarqué
que les éclosions dans ces conditions sont provoquées précisément par une température telle que si elle était un peu plus
élevée les graines seraient tuées.

Immersion dans l'eau chaude et froide alternativement. — Ils
ont aussi eu des éclosions dans des proportions variant de 94
à 96 o/o et même, dans quelques cas, des éclosions complètes,
en plongeant des œufs à dix reprises consécutives dans l'eau
chaude et dans l'eau froide alternativement. Voici quelques-uns
des résultats obtenus sur diverses sortes de graines :

	Température de l'eau		
	chaude	froide	Naissances
Graine chinoise, à cocons blancs.	60°5	23°	complète
— japonaise, — — .	59°	26°	94 o/o
— — — — .	60°	18°	complète
— chinoise, à cocons jaunes.	60°2	23°5	complète
— indigène, — — .	60°2	26°	complète

Il faut opérer sur des œufs n'ayant pas encore changé de
couleur ; si l'on attend qu'ils soient devenus gris, le traitement
n'a pas d'efficacité.

Action de l'oxygène. — Le séjour, pendant au moins 24 heures, dans une atmosphère d'oxygène, d'œufs âgés au plus de
24 à 30 heures, a donné aux mêmes expérimentateurs des éclosions plus ou moins complètes.

Tous les œufs ne sont pas également sensibles à l'action de
l'oxygène, pas plus d'ailleurs qu'à celle des autres agents
essayés ; en outre, suivant la race, l'éclosion est plus ou moins
rapide, et le procédé le plus efficace, pour une sorte de

---

(1) BELLATI et QUAJAT. — *Sullo schiudimento estemporaneo delle uova
del baco da seta.* Venise, 1892; Turin, 1896.

graine, n'est pas toujours celui qui réussit le mieux avec une autre : ainsi, des œufs de race chinoise, à cocons jaunes, qui s'étaient montrés les plus sensibles à l'action de l'électricité, des acides, etc., ont été, au contraire, trouvés plus réfractaires à celle de l'oxygène. MM. Bellati et Quajat(1) ont aussi remarqué que la chaleur favorise toujours l'action de l'agent employé pour obtenir l'éclosion des graines non hivernées, quel que soit d'ailleurs cet agent.

Les divers procédés d'éclosion que nous venons d'énumérer rendent plus faciles les essais d'éducations automnales ; ils peuvent également être utiles à ceux qui étudient les croisements et à qui il tarde naturellement de pouvoir apprécier la valeur des produits.

(1) Bellati et Quajat. — *Loc. cit.*

DEUXIÈME PARTIE

DE LA LARVE

I. — Étude anatomique de la larve

Croissance rapide de la larve. Ses différents âges. — Le ver à soie, au sortir de l'œuf, est une petite chenille longue de 3 millim. environ et qui ne pèse guère plus d'un demi-milligramme. Sa tête est d'un noir luisant; tout le corps est hérissé de longs poils bruns groupés en touffes sur le dos et les flancs.

Cet animal se met aussitôt à dévorer les parties les plus tendres des feuilles de mûrier, et, si on le nourrit convenablement, il grandit fort vite. Il lui faut aussi, pour cela, un certain degré de chaleur; nous supposerons qu'on le tienne, comme on le fait d'ordinaire, entre 20° et 25° C. Au bout de quatre à cinq jours dans ces conditions, on voit son appétit diminuer, ses mouvements se ralentissent, sa peau devient distendue et luisante; enfin, il demeure la tête levée, quasi immobile, jusqu'à ce que toute la pellicule superficielle de la peau se soit détachée du corps : ce dépouillement s'appelle *la première mue*. Le temps écoulé de l'éclosion à la sortie de cette mue est le *premier âge*, sa durée est de cinq à six jours. (Voir la Planche I).

Une fois sorti de mue, le ver a la tête plus large, les poils plus courts, la peau ridée et mate. Durant cette nouvelle période, il se comporte comme durant la première, c'est-à-dire qu'il se met à manger, assez peu d'abord, puis davantage ; puis, au bout de quelques jours, cette voracité se calme, et le ver se dispose à une nouvelle mue en s'immobilisant comme la première fois. Ce deuxième âge dure quatre ou cinq jours.

Après la 2ᵉ mue commence le 3ᵉ âge qui, dans les mêmes conditions, dure six à sept jours ; puis, après la 3ᵉ mue, le 4ᵉ âge qui dure sept à huit jours, et enfin, après la 4ᵉ mue, le 5ᵉ âge qui dure onze à douze jours.

Les périodes où l'animal montre le plus de voracité s'appellent périodes de *frèze* ; celle du 4ᵉ âge est la *petite frèze,* et celle du 5ᵉ âge la *grande frèze.*

C'est pendant le 5ᵉ âge que le ver atteint ses plus grandes dimensions ; il a alors 8 à 9 centimètres de longueur et pèse de 4 à 5 gr., c'est-à-dire 8.000 à 9.000 fois plus qu'à sa naissance.

Après la grande frèze, le ver a acquis sa taille maximum ; il ne fait plus ensuite que diminuer de poids, en évacuant une énorme quantité d'excréments ; on dit alors qu'il *mûrit.*

Voici les dimensions moyennes d'un ver de race jaune, dont le cocon pèse environ 2 gr. (500 au kilogr.) :

	LONGUEUR	LARGEUR	SURFACE
A l'éclosion.............	3ᵐᵐ	1ᵐᵐ00	3ᵐᵐq
A la sortie de la 1ʳᵉ mue..	8	1 25	10
— 2ᵉ mue..	15	2 00	30
— 3ᵉ mue..	28	3 20	90
— 4ᵉ mue..	40	5 50	220
Au maximum de taille ...	80	7 50	600

La variation de poids, aux divers âges, est donnée par les chiffres suivants, calculés d'après ceux de Dandolo ; on remarquera qu'il s'agit de vers d'assez grande taille, 472 cocons suffisant pour faire le kilogramme.

Le nombre de 36.000 est celui des vers issus de 25 gr. de graine.

POIDS DE 36.000 INDIVIDUS

A la naissance			17 gram.
A la sortie de 1re mue...	17 ×	15 =	255 —
— 2e mue...	17 ×	94 =	1598 —
— 3e mue...	17 ×	400 =	6800 —
— 4e mue...	17 ×	1628 =	27676 —
A la plus grande taille...	17 ×	9500 =	161500 —
A la maturité	17 ×	7760 =	131920 —
Cocons (472 au kilogr.)..	17 ×	4485 =	76250 —
Chrysalides seules......	17 ×	3900 =	66300 —

$$\text{Papillons (moitié de chaque sexe)} \quad 17 \times \frac{1700 + 2990}{2} = 39865 \ —$$

Description des organes extérieurs. — Observons le ver parvenu à sa plus grande taille : voici les détails qu'il nous sera facile de remarquer.

Forme du corps. Organes de la locomotion. — Son corps a la forme d'un cylindre assez allongé présentant douze renflements, ou anneaux, sans compter la tête et l'appendice anal (1)

Fig. 15. — Ver à soie de la 4me mue. — Grossissement linéaire : 3.

(fig. 15). Les trois premiers anneaux sont munis chacun d'une paire de jambes appelées *jambes* (ou *pattes*) *antérieures*, ou

---

(1) L'appendice anal a tous les caractères d'un anneau rudimentaire ; le corps du ver a donc en réalité 13 anneaux au lieu de 12. (F. Lambert).

écailleuses, ou encore *jambes vraies*, lesquelles ont trois articles et un ongle terminal pointu. Les deux segments suivants
n'ont pas d'appendice ; les quatre qui viennent après, c'est-à-
dire les 6e, 7e, 8e et 9e, ainsi que le 12e, portent chacun une
paire de *jambes membraneuses* qu'on nomme aussi *fausses pattes* : ce sont des mamelons rétractiles, au sommet desquels on
aperçoit, à l'aide d'une loupe, une double rangée de petits crochets recourbés du côté de la ligne médiane du ventre.

M. Verson (1) a observé que, lorsque la durée de l'incubation
est de 18 à 20 jours, ces petits ongles crochus commencent à se
montrer, au sommet des jambes de l'embryon dans l'œuf, le
14e jour de l'incubation, sous la forme de petits poils coniques ;
deux jours avant l'éclosion, ces petits poils sont devenus de
véritables crochets. Le nombre de ces crochets n'est pas le
même à tous les âges : il augmente d'une mue à l'autre (nous
verrons bientôt qu'il en est de même pour les dentelures des
mandibules et les poils de la peau) dans les proportions suivantes :

Nombre de crochets aux fausses pattes (d'après Verson).

Au 1er âge	13 à 15
2e —	23 à 28
3e —	37 à 44
4e —	43 à 46
5e —	39 à 62

C'est principalement à l'aide de ces petits crampons que
l'animal se soutient ; les pattes antérieures servent à serrer la
feuille qu'il est occupé à manger.

La tête. Les appendices de la tête. — La tête a la forme glo-
buleuse ; sa paroi est durcie par une épaisse couche de chi-

---

(1) VERSON.— *L'Armatura delle zampe addominali nel baco da seta.* Padoue, 1892. — *Sull' armatura delle zampe spurie nella larva dell filugello.*
Padova, 1901.

tine. Vue par dessus, elle offre deux squames pariétales et une
squame frontale ; à celle-ci s'attache un appendice médian
large et court nommé *labre*.

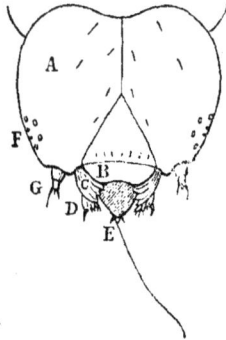

Le labre, ou lèvre supérieure, présente en avant une échancrure dans
laquelle la feuille s'engage par son bord;
il concourt ainsi, avec les jambes antérieures, à maintenir la feuille devant la
bouche du ver pendant que celui-ci la
mange. Cet organe porte à sa face supérieure (fig. 17, A, B et fig. 18, C) des poils
dont le nombre augmente, ainsi que sur
toutes les autres parties du corps, du
premier au second âge ; il est, en outre,
pourvu à sa face interne de six petits
mamelons, coniques, inarticulés, lisses,
transparents (fig. 18, D); trois de chaque
côté près du bord de la lèvre ; ces petites papilles labiales sont peut-être des
organes olfactifs et tactiles (1)

Fig. 16 — Tête de ver à soie
sortant de la 4ᵐᵉ mue. —
Grossissement linéaire : 10.
A. Crâne. — B. Labre. — C.
Mandibules.—D. Mâchoires.
E Lèvre et trompe soyeuse.
— F. Yeux.

Les squames pariétales présentent, du côté antérieur, cha-

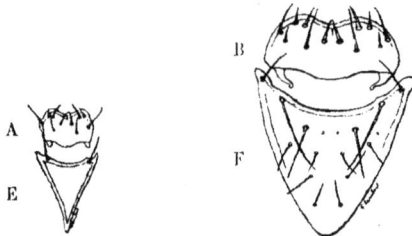

Fig. 17. — Lèvre supérieure et écaille frontale chez la larve.
A. Lèvre sup. au 1ᵉʳ âge (10 poils). — B. La même au 2ᵐᵉ âge (12 poils). —
E. Ecaille frontale au 1ᵉʳ âge (2 poils). — F. La même au 2ᵐᵉ âge (14
poils). — Grossissement : 50.

(1) Je crois être le premier à signaler la présence de ces appendices
coniques de la lèvre supérieure, ainsi que l'augmentation du nombre des
poils de la peau pendant le passage du premier au second âge. (F. Lambert).

cune une espèce d'échancrure livrant passage à des organes
tactiles qui sont formés de trois articles cylindriques, et qu'on
appelle *antennes;* enfin, sur le bord externe de ces mêmes
échancrures, sont placées six paires d'yeux simples.

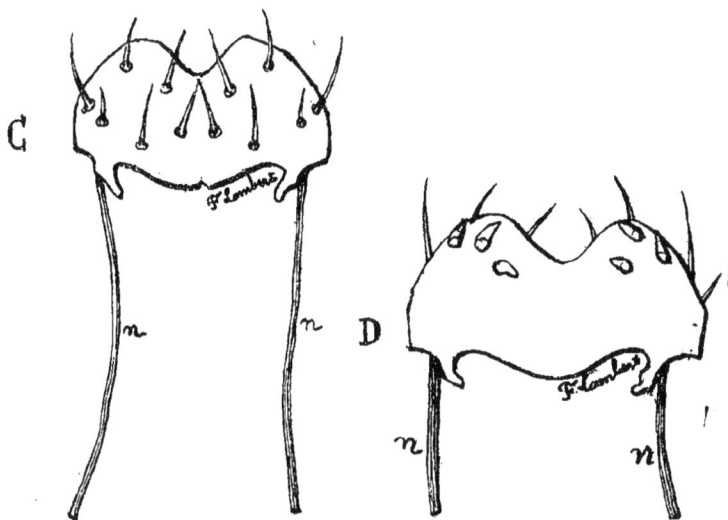

Fig. 18. — Lèvre supérieure de la larve au 5ᵐᵉ âge.
C. Face supérieure ou externe. — D. Face inférieure ou interne avec les
six petits mamelons, ou papilles, coniques. — *n.* Nerfs labiaux. — M.
Echancrure du labre. — Grossissement: 50.

En dessous et en avant, la tête porte trois paires d'appendices qui sont homologues des pattes, c'est-à-dire qu'on peut les
regarder comme étant des pattes d'anneaux élémentaires soudés entre eux pour former la tête (fig. 16). Ce sont, en allant de
haut en bas : 1° les *mandibules* ; 2° les *mâchoires* ; 3° la *lèvre inférieure.*

Les *mandibules* sont des pièces dures, dentelées, qui se
meuvent transversalement sous l'action de muscles puissants
logés dans la tête et découpent ainsi très bien la feuille du mûrier.

Le nombre des dents, qui s'observent sur les bords amincis des

mandibules, change à chaque mue (fig. 19 et 20); nous en avons
compté les nombres suivants, aux divers âges d'un ver, par
mandibule (1) :

Nombre de dents par mandibule

De la naissance à la 1re mue....... 5
— 1re mue à la 2e — 7
— 2e — — 3e — 9
— 3e — — 4e — 8
— 4e — — montée................ 4

Fig. 19. — Mandibules de ver à soie aux trois premiers âges.
Grossissement : 50.
A. Mandibule de ver au 1er âge (5 dents bien visibles). — **B.** Mandibule de
ver au 2me âge (7 dents bien visibles). — **C.** Mandibule de ver au 3me âge
(9 dents).

Les *mâchoires* sont des tubercules rigides, légèrement mo-

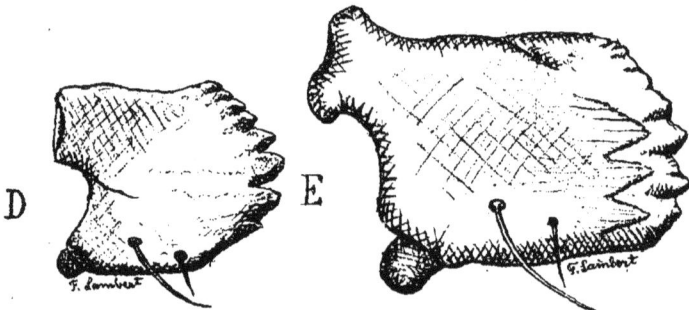

Fig. 20. — Mandibules de ver à soie aux deux derniers âges.— Grossis. : 50.
D. Mandibule de ver au 4me âge (8 dents). — **E.** Mandibule de ver au
5me âge (4 dents bien visibles).

---

(1) Aucun auteur, à ma connaissance du moins, n'avait, avant moi, fait
connaître cette particularité curieuse, de la variation du nombre des dents
des mandibules. Cette observation est à rapprocher de celle de M. Verson
sur l'augmentation du nombre des griffes des jambes membraneuses. (F.
Lambert).

biles dans le sens transversal; chacun de ces organes est garni de gros poils courts et se prolonge latéralement par une pièce tactile, triarticulée, appelée *palpe maxillaire*.

La *lèvre inférieure* est une pièce médiane constituée par deux corps mous accolés ensemble et soutenus sur leurs bords par un cadre solide, en chitine, que M. Blanc (1) appelle *lyre*, à cause de sa forme. Ces deux corps, qui, par leur réunion, forment la lèvre inférieure, sont prolongés chacun par un organe tactile articulé, appelé *palpe labial*.

Enfin, par dessous la lèvre inférieure, on voit un petit mamelon conique, qui est la *trompe soyeuse* ; à son sommet, se trouve l'orifice du canal qui donne issue au fil de soie.

Organes et particularités de la peau. — *Tubercules et taches. Masque* (2). — Les tubercules chargés de longs poils qui s'observent sur la peau des vers quand ils viennent de naître (fig. 21) sont disposés régulièrement autour du corps: il y en a six sur le 1er anneau ; huit sur les 2e et 3e anneaux (4 dorsaux) ; six, de nouveau, sur le 4e et les 9 suivants (2 dorsaux

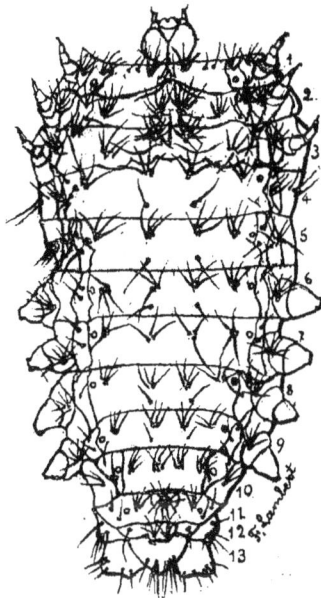

Fig. 21. — Peau de ver à soie à la naissance, montrant la distribution des touffes de poils et des poils isolés.— 1 à 13. Anneaux.— Grossissement : 20.

(1). Louis Blanc. — *La tête du Bombyx mori à l'état larvaire.* Lyon, 1891.

(2) F. Lambert. — *Sur l'ornementation de la peau des vers.* (Travail inédit).

et 4 latéraux : un au-dessus et un au-dessous de chaque stigmate) ; trois sur le 11e (1 dorsal, 2 latéraux) ; deux sur le 12e et deux sur l'appendice anal qui est en réalité un anneau rudimentaire, ainsi que nous l'avons dit.

Ces tubercules hérissés de poils s'effacent aux âges suivants chez les vers de race ordinaire ; il subsiste seulement deux tubercules dorsaux sur les 2e et 3e anneaux, le tubercule dorsal du 11e anneau, les deux tubercules du 12e anneau et ceux de l'appendice anal. Le tubercule dorsal du 11e anneau, qui résulte vraisemblablement de la fusion des deux tubercules dorsaux de cet anneau, s'allonge et donne naissance à la corne inclinée d'avant en arrière appelée *éperon*.

Il existe cependant une race de vers chez lesquels, contrairement à ce qui a lieu pour les vers ordinaires, les tubercules dorsaux des anneaux de l'abdomen persistent pendant toute la vie de la larve en donnant lieu à deux lignes de bosses, plus ou moins saillantes, tout le long du dos du ver. Ces vers à bosses sont appelés par les Chinois «*lung-chiao tsan*», ce qui veut dire : «vers cornes de dragon» (*lung*, dragon ; *chiao*, corne ; *tsan*, ver). Élevés dans nos pays, ces vers perdent au bout de quelques générations, leur caractère distinctif et leur peau devient lisse comme chez les vers ordinaires.

En même temps que les tubercules s'effacent, les poils deviennent plus courts et plus clairsemés à mesure que la surface du corps augmente d'étendue, ce qui donne au corps de la larve, déjà grosse, cet aspect lisse et uni bien connu de tous les éleveurs de vers à soie.

Dans le passage du premier au second âge, le nombre des poils de la peau s'accroît par toute la surface du corps ; ces poils secondaires demeurent plus courts que les poils primitifs et ils ne sont pas disposés par touffes comme ces derniers, mais dispersés (1).

---

(1) Sur le frontal il existe, au premier âge, 4 poils *lisses* situés près du bord antérieur de cette pièce ; après la 1re mue j'en ai compté jusqu'à 16.

On voit aussi sur le 5e et sur le 8e anneau deux taches en forme de croissant ; sur le 8e anneau, ces taches, au lieu d'être en forme de croissant, sont quelquefois circulaires ou en forme d'ocelle.

Il y a des vers qui ont des taches de ce genre non seulement sur les 5e et 8e anneaux, mais sur tous les anneaux depuis le 4e ou le 5e jusqu'au 8e ou au 9e. On les appelle, en Chine, « vers fleuris ».

Les taches en forme de croissant des 5e et 8e anneaux existent aussi dans la pellicule qui tombe à la mue.

Au contraire, les zébrures et marques brunes ou noires de la peau des vers appartenant à certaines variétés sont dues à un pigment intérieur qui ne passe pas dans la dépouille.

Souvent on voit en arrière de la tête une large tache noire trapézoïdale ; cette tache, coupée de rayures longitudinales d'une belle couleur chamois dans le milieu et d'un beau rose près des bords, s'étend comme un *masque* sur la face dorsale du 2e anneau, depuis son bord antérieur jusqu'aux deux tubercules dorsaux de ce segment du thorax.

Particularités de la peau chez quelques variétés de vers. — Les vers à peau rayée et les vers moricauds, c'est-à-dire dont la peau est parsemée de petites taches noires très approchées, ce qui la fait paraître grise ou presque noire, ont toujours un masque plus ou moins foncé. Le masque du 2e anneau correspond aux lunules des 5e et 8e anneaux dont il n'est qu'une modification. Ordinairement, les vers qui ont un masque très coloré, comme les vers japonais, ont aussi de larges lunules fortement colorées composées d'une bande de couleur blanche-bleuâtre entourée d'une autre bande de couleur jaune chamois veloutée, bordée de noir. Quelquefois, sur le 8e anneau, ce n'est plus une tache en forme de croissant, mais une ocelle, consis-

---

Sur les autres parties du corps, l'augmentation, autant que j'ai pu m'en assurer, se fait à peu près dans le même rapport pendant le passage du premier au second âge. (F. Lambert).

tant en une tache circulaire jaune chamois, placée au centre, entourée de dedans en dehors de quatre bandes concentriques : blanc-bleuâtre, jaune chamois et noire.

Stigmates. — Enfin, pour terminer cette description sommaire des parties extérieures du ver, nous n'avons plus qu'à mentionner dix-huit petites taches noires, qui sont très apparentes sur les flancs : on les nomme *stigmates ;* ce sont autant d'ouvertures qui correspondent aux conduits respiratoires, et dont nous aurons à reparler plus loin.

Description des organes intérieurs servant à la nutrition. — *Divisions du tube digestif. Glandes salivaires.* — Parmi les organes intérieurs du ver à soie, le plus apparent au premier abord est le tube digestif, canal à peu près rectiligne, allant de la

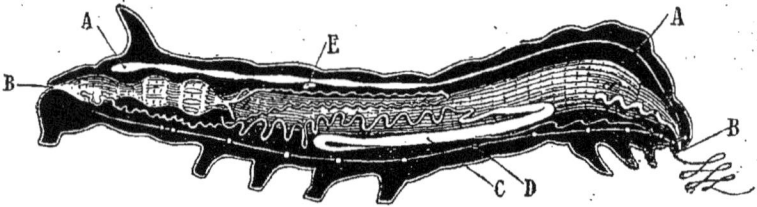

Fig. 22. — Structure du ver à soie.
A, A. Vaisseau dorsal. — B, B. Tube digestif. — *a.* Glandes salivaires. — *b.* Vaisseau de Malpighi. — C. Glandes soyeuses. — D. Ganglions nerveux. — E. Organes reproducteurs.

bouche à l'anus (fig. 22). On y distingue trois régions qui sont : l'*œsophage*, l'*estomac*, l'*intestin*.

L'*œsophage*, dans lequel on distingue quelquefois deux parties, le *pharynx* et l'*œsophage* proprement dit, aboutit au fond de la bouche ; il s'étend un peu au delà de la ligne de jonction du premier avec le second anneau. Cette portion du tube digestif est flanquée de deux glandes cylindriques allongées, appelées *glandes salivaires*.

Après l'œsophage, vient l'*estomac* proprement dit, ou *ventricule*, qui va du bord antérieur du deuxième anneau jusqu'à la

hauteur de la quatrième paire de jambes abdominales, dans le
9ᵉ anneau. Sa paroi recèle de nombreuses cellules glanduleuses
sécrétant un suc alcalin propre à digérer la feuille ; ces glandes
sont beaucoup plus nombreuses dans les deux tiers antérieurs
du ventricule que dans le reste de son étendue.

Enfin, faisant suite à l'estomac, on trouve l'*intestin*, divisé en
deux dilatations (*cæcum* et *rectum*), où séjournent les excréments avant d'être évacués.

Tubes de Malpighi. — Dans la partie étranglée qui sépare l'estomac de l'intestin, débouchent deux conduits qui se ramifient
chacun en trois tubes fort longs, repliés en anses à la face dorsale
et à la face ventrale de l'estomac et, après de nombreux replis,
allant finir en cul-de-sac dans la région anale : ce sont les tubes
de Malpighi, ou *vaisseaux urinaires*, ou encore *urino-biliaires ;*
ils contiennent des cristaux tubulaires semblables à ceux qui
recouvrent la peau au sortir des mues ; on y trouve aussi des
cristaux octaédriques d'oxalate de chaux. Il est à remarquer
que quand la mue est accomplie, les vaisseaux urinaires sont
presque vides, tandis qu'auparavant ils étaient pleins de cristaux.

Structure du tube digestif. — La paroi musculaire du tube
digestif est doublée en dedans par une couche de cellules qui
sécrètent une pellicule chitineuse faisant suite a celle de la
peau ; cette pellicule d'ailleurs est sujette à la mue comme
celle-ci ; dans la région œsophagienne, elle est plissée, adhérente aux couches externes, et couverte de petites épines. Les
mêmes petites aspérités se remarquent à la surface de la cuticule de la lèvre supérieure ; dans la partie stomacale, elle est
au contraire presque flottante et absolument lisse ; enfin, dans
le cæcum, elle est de nouveau solidement fixée et hérissée
d'épines microscopiques, comme dans l'œsophage et la bouche, puis redevient lisse ou légèrement plissée dans le rectum.

Extérieurement aux couches musculeuses du tube digestif,

on trouve une membrane très mince qui enveloppe le tout et
se prolonge à la façon d'un péritoine sur tous les organes de la
cavité viscérale ; c'est pourquoi quelques auteurs l'appellent
membrane *péritonéale*.

Sang. Vaisseau dorsal. — Dans ses replis est accumulée une
masse de liquide assez considérable qu'on appelle le *sang*. Les
produits absorbables de la digestion viennent enrichir ce liquide en traversant par endosmose les parois
de l'estomac. Aussi ce sang tient-il de la nature
du chyme ; on y trouve une foule de globules
pâles (fig. 23), de forme et de grandeur variables, pourvus chacun d'un ou de plusieurs
granules intérieurs, puis de cellules huileuses ;
tout cela flotte dans un liquide parfaitement
limpide, incolore, ou légèrement jaunâtre ou
verdâtre.

Fig. 23. — Glo-
bules du sang
de ver à soie.
Grossisse-
ment : 500.

La couleur jaunâtre ou verdâtre du sang est due à la présence
dans ce liquide de matières colorantes regardées comme identiques à celles qui colorent les couches superficielles de la soie ;
d'où on en a conclu que la soie tient sa couleur du sang même,
dont les matières colorantes passeraient, par osmose, à travers
les parois des glandes soyeuses où elles viendraient se mélanger à la soie contenue dans ces organes. Ce qu'il y a de sûr, c'est
que les vers à sang jaune forment des cocons de même couleur ;
que ceux à sang vert donnent des cocons de couleur verte, tandis
que les vers chez lesquels ce liquide est incolore, ou paraît incolore, produisent des cocons de couleur blanche ; de sorte que l'on
peut reconnaître à la couleur du sang vu par transparence à travers la peau d'un ver quelle sera la couleur du cocon que ce ver
formera.

Quant aux matières colorantes contenues dans le sang, certains
les considèrent comme des produits d'élaboration de ce liquide,
tandis que d'autres, se basant sur la similitude qui existe entre
ces principes et les pigments jaunes ou verts des feuilles, les regardent comme venant directement de ces dernières. Après avoir
traversé les parois de l'estomac, ces matières, qui étaient conte-

nues (toutes formées) dans les feuilles de mûrier ingérées par le
ver, pénètreraient dans la cavité générale du corps, où elles se
mêleraient au sang en même temps que les produits assimilables
extraits des aliments par la digestion.

On avait plusieurs fois essayé, mais sans succès bien établi,
de colorer la soie à l'intérieur des glandes soyeuses en nourrissant les vers avec des feuilles chargées de matières colorantes
diverses. Récemment, MM. Levrat et Conte (1), plus heureux que
leurs devanciers, seraient parvenus à des résultats meilleurs en
se servant d'une couleur d'aniline voisine de la safranine, le
rouge neutre, et du bleu de méthylène. En outre, pour prouver
que la paroi de l'estomac et celle des glandes soyeuses sont perméables à certaines matières colorantes, ils ont injecté, à travers
la peau d'une des pattes membraneuses, dans le corps d'un ver
mûr, du rouge neutre, en solution, et le ver ainsi injecté a produit
une soie colorée ou rose.

L'hypothèse de la coloration de la soie par le passage des matières colorantes de la feuille du mûrier de l'intérieur du tube digestif dans la cavité générale du corps, où elles viendraient se
mêler au sang, d'où elles pénètreraient ensuite par endosmose
dans les organes producteurs de soie, n'aurait donc rien d'absolument inadmissible. Le rôle de l'intestin et des organes producteurs
de soie se bornerait alors à une certaine faculté d'élection vis-à-vis
des substances colorantes contenues dans la feuille de mûrier :
ces organes, chez les vers à cocons jaunes, laisseraient passer la
matière colorante jaune et arrêteraient la matière colorante verte
qui serait éliminée ; chez les vers à cocons verts, la matière
verte passerait au contraire seule, tandis que dans les vers blancs,
les deux principes colorants seraient rejetés, c'est-à-dire que,
suivant la variété des vers, l'intestin et les organes producteurs
de la soie se laisseraient traverser par l'un ou l'autre des principes colorants de la feuille de mûrier ou, dans le cas de vers à
soie à cocons blancs, par aucun de ces principes.

Le sang est neutre ou légèrement acide. Il noircit à l'air. Les

---

(1) A. CONTE et D. LEVRAT. — *Coloration artificielle de la soie, dans
l'organisme du ver.* Lyon, 1904. — *Recherches sur les matières colorantes
naturelles des soies de Lépidoptères.* Lyon, 1904.

contractions musculaires de l'animal le ballottent irrégulièrement de côté et d'autre.

Mais il existe en outre, sous la peau du dos, un appareil spécial de circulation qui contient un sang moins chargé de globules : c'est un long tube à parois musculaires fort minces appelé *vaisseau dorsal* ; quelques fibres musculaires, vestiges des *ailes du cœur*, si développées chez d'autres insectes, maintiennent ce vaisseau en place, en l'attachant à droite et à gauche aux parois des anneaux. Il n'a ni orifices latéraux ni valvules ; il paraît même complètement fermé en arrière, de sorte que le sang n'y entre que par endosmose ; il s'ouvre en avant dans la tête. Ce vaisseau se contracte 40 à 50 fois par minute, d'arrière en avant, et fait ainsi cheminer dans sa cavité le liquide sanguin, qui vient ensuite se mêler à celui de la cavité générale.

Appareil respiratoire. — Dans ce trajet, le sang baigne les ramifications des *trachées* ou organes respiratoires, et subit ainsi le contact de l'oxygène. On a déjà signalé les stigmates comme étant les points où aboutissent ces organes : ce sont des tubes ramifiés, dont le calibre décroît depuis le tronc principal, qui peut avoir 1/3 de millim. dans le ver adulte, jusqu'aux plus petites branches, qui sont microscopiques ; leur paroi est formée extérieurement par une membrane mince se confondant avec la membrane dite péritonéale ; en dedans, existe une membrane chitineuse qui fait suite à celle de la peau et subit comme elle la mue ; dans les trachées, elle offre des replis ou épaississements affectant la forme de spires assez régulières et caractéristiques, qui cessent d'exister quand le diamètre de la trachée est plus petit que 1/900 de millim. ; les spires sont également absentes en certains points interstigmatiques, là où ces troncs doivent se rompre à l'époque des mues. Sous chaque stigmate existe une cavité arrondie, sorte de vestibule d'où partent trois tubes interstigmatiques peu ou point ramifiés et qui vont, l'un en avant, le second en arrière, l'autre enfin au stigmate du flanc opposé ; du même vestibule sortent encore trois ou quatre troncs qui se ramifient à l'infini, les uns du côté dorsal, les autres du côté ventral de l'animal, soit aux viscères, soit sous la peau.

Comme la fente stigmatique, à cause de sa rigidité, est toujours béante, il semble que l'air puisse toujours s'introduire librement dans le vestibule trachéen. Mais il n'en est pas ainsi, car sous cette fente existent deux prolongements membraneux en forme de lèvres, qui ferment le vestibule en appliquant leurs bords libres, l'un contre l'autre, et cette fermeture persiste, dans l'état ordinaire, par l'effet de l'élasticité du revêtement chitineux des membranes. Pour que ces lèvres s'entr'ouvrent et que l'air puisse passer, il faut que l'animal contracte de petits muscles insérés sur ces armatures chitineuses (1).

Glandes soyeuses. — Quand on écarte le tube digestif dans un ver adulte, on rencontre deux longs boyaux brillants (fig. 24), contournés en nombreux replis; c'est dans ces organes que s'accumule la soie. On distingue dans ces tubes trois parties. La partie postérieure, d'aspect mat, incolore ou à peine teintée en jaune, est celle qui passe pour sécréter le liquide soyeux proprement dit; elle a la forme d'un tube cylindrique de 1 millimètre de diamètre offrant de nombreux replis dont le développement atteint de 14 à 15 centimètres de longueur. La partie moyenne, plus renflée, est également limpide chez les vers à cocons blancs, mais elle est colorée en jaune vif chez les vers à cocons jaunes; elle sécrète le *grès*, matière glutineuse spéciale qui enveloppe la soie proprement dite et lui donne ainsi la couleur verte ou jaune ; elle a environ 3 millimètres de diamètre et 6 à 7 centimètres de long.

D'après M. B'anc, la soie se revêt, en outre, dans cette portion de la glande soyeuse, d'une substance particulière à laquelle il a

---

(1) E. VERSON. — *Il mecanismo di chiusura negli stimmati del Bombix mori.* Padoue, 1887.

donné le nom de *mucoïdine*, laquelle s'étend en une couche mince

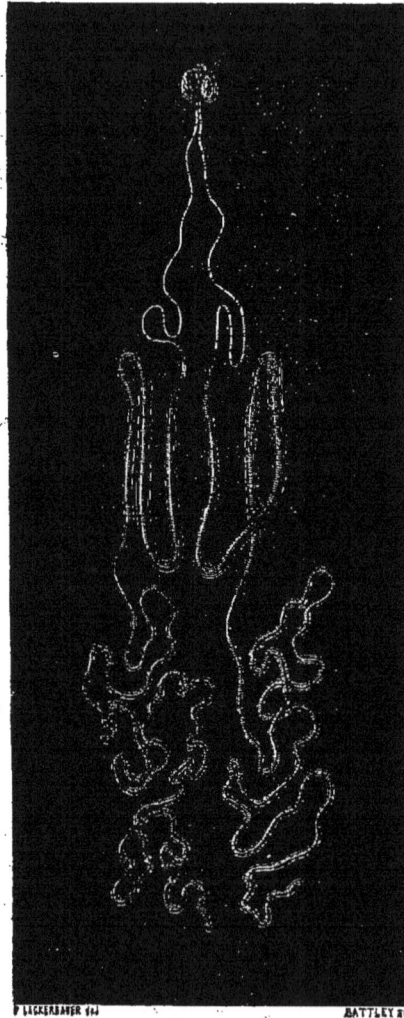

Fig. 24. — Glandes de la soie chez un ver mûr.

au-dessus du grès dont elle se distingue par une avidité plus grande à s'emparer des matières colorantes qu'elle fixe énergiquement. Le rôle de la mucoïdine consisterait à faciliter l'allongement de la matière soyeuse et son glissement dans la partie suivante des glandes.

Enfin la partie antérieure des glandes soyeuses est formée par deux tubes longs de 3 à 4 centimètres et de 0 millim. 3 de diamètre à leur origine ; leur calibre va en décroissant peu à peu à mesure qu'ils approchent de la trompe soyeuse ; immédiatement avant d'y aboutir, ils se réunissent en un tube unique.

A ce point de jonction débouchent deux petites glandes découvertes par De Filippi, sur le rôle et la signification desquelles les auteurs diffèrent d'opinions. D'après certains, elles serviraient à lubréfier le canal de la trompe soyeuse en même temps qu'à revêtir le fil de soie d'une espèce de vernis cireux ; Tichomiroff (1), se basant sur des analogies de structure et d'origine, les considère comme des glandes soyeuses rudimentaires ne servant à rien.

Les deux tubes fins, appelés *tubes excréteurs*, fonctionnent comme de véritables filières ; c'est dans leur intérieur que les fils soyeux prennent leur forme et leur consistance. Il s'ensuit qu'à sa sortie de la trompe, le *brin du cocon*, ou *bave*, se trouve composé de deux fils élémentaires cylindriques accolés parallèlement en une sorte de lanière plate, dont les replis sont encore assez gluants pour adhérer entre eux en formant le cocon ; mais cette couche superficielle se ramollit assez dans l'eau chaude pour que le dévidage du cocon soit très facile. Par dessous le vernis et la couche de *mucoïdine*, chaque fil soyeux présente donc : 1° une enveloppe colorée qui est soluble dans l'eau de savon bouillante : c'est le *grès*, recouvert de sa couche de *mucoïdine* ; 2° un axe massif et incolore beaucoup plus résistant à l'action des alcalis : c'est la vraie soie ou fibroïne.

---

(1) A. Tichomiroff. — *Éléments de sériciculture* (en langue russe). Moscou, 1891.

Les parois dès glandes soyeuses sont formées par de grandes cellules hexagonales, dont deux suffisent pour enclore le tube; ces cellules sont pourvues de gros noyaux remarquables par leurs ramifications longues et tortueuses. De nombreuses trachées se portent à leur surface, d'où elles pénètrent, d'après M. Tichomiroff (1), par leurs extrémités les plus ténues dans l'épaisseur même des parois des glandes jusqu'au voisinage de la face interne de ces parois.

La paroi, dans les tubes excréteurs, a un revêtement de chitine épais qui paraît continu; c'est précisément là que se durcit la matière soyeuse; tant qu'elle est dans les deux autres parties des glandes, elle reste molle. Dans la partie postérieure sécrétrice et dans le réservoir, le revêtement chitineux offre sous le microscope un aspect particulier : au lieu d'apparaître, comme dans la partie antérieure excrétrice, sous la forme d'une cuticule épaisse et compacte, il se montre constitué, selon M. Blanc (2), par un ensemble de fils de chitine disposés circulairement autour du tube, fils d'où partent de petits prolongements ramifiés de même nature qui s'enchevêtrent entre eux dans tous les sens, de manière à former un réseau spongieux et perméable très propre à favoriser l'écoulement à l'intérieur des tubes des produits sécrétés dans cette partie des glandes.

Un brin de cocon ordinaire a environ 0 millim. 02 de largeur sur 0 millim. 01 d'épaisseur; mais la bave émise par un ver jeune, et surtout un ver nouvellement éclos, est bien plus ténue encore; cependant la ténacité de ces fils est telle qu'à tout âge un brin soyeux peut porter le ver : il faudrait un poids presque double pour amener sa rupture.

Tissu graisseux. Glandes diverses. — Tous les viscères dont nous avons parlé jusqu'ici ont leur surface parcourue par des

---

(1) A. Tichomiroff. — *Loc. cit.* Moscou, 1891.
(2) L. Blanc. — *Etude sur la sécrétion de la soie.* Lyon, 1887.

ramifications de trachées qui contribuent avec des ligaments spéciaux à les maintenir dans leurs positions respectives. Dans les interstices de ces viscères se logent des lobules d'une matière particulière, d'aspect blanchâtre : c'est le tissu appelé *graisseux*, amas de cellules adipeuses groupées sur un arbre trachéen qui en est comme le support; ces lobes sont revêtus par la membrane péritonéale. Leur abondance augmente pendant la période larvaire; il se forme ainsi dans le corps de l'animal une sorte de réserve d'aliments respiratoires, grâce auxquels il peut vivre à l'état de chrysalide et de papillon, tout en ne prenant plus aucune nourriture.

Le tissu graisseux qui avoisine le vaisseau dorsal semble avoir une nature et des fonctions différentes. Ces lobules, d'un jaune plus foncé que les autres, seraient, d'après quelques savants, des glandes jouant le rôle de foie. D'autres éléments analogues existent autour des trachées. D'autres encore, remarquables par leurs grandes dimensions, sont situés, par groupes, dans la peau, au-dessous et un peu en arrière de chaque stigmate abdominal du ver : ils ont été étudiés par M. Verson et Mˡˡᵉ Bisson (1) qui les ont appelés *glandes hypostigmatiques*. Le rôle de ces divers éléments glandulaires n'est pas encore bien connu.

Il existe aussi, dans la peau, d'autres petites glandes qui paraissent remplir des fonctions importantes à l'époque des mues et dont il sera parlé un peu plus loin.

Signalons enfin les éléments que M. Verson (2) distingue sous le nom d'*hypogastriques*, qui apparaissent dans les 3ᵉ, 4ᵉ et 5ᵉ segments abdominaux parmi les cellules déjà en décrépitude de l'hypoderme larvaire, dans la région ventrale, à l'époque où le ver file son cocon et se dispose à la nymphose,

(1) E. VERSON et E. BISSON. — *Cellule glandulari ipostigmatiche nel Bombyx mori.* Padoue, 1891.
(2) E. VERSON. — *Altre cellule glandulari di origine post larvale.* Padoue, 1892.

éléments qui se multiplient et deviennent plus gros pendant la phase suivante et pourraient bien ne pas être étrangers aux phénomènes d'*histolyse* et d'*histogénèse* dont le corps du ver devient, en ce moment, le siège et sur lesquels nous aurons, plus loin, l'occasion de revenir.

Organes servant aux fonctions de relation. — Pour terminer cet aperçu sommaire de la structure du ver à soie, il nous reste à parler des organes spéciaux du mouvement et de la sensibilité, savoir : les muscles et les nerfs.

Muscles. — Les muscles, dont il a été question précédemment, font partie des viscères ; leurs contractions sont indépendantes de la volonté de l'animal. Les suivants, au contraire, lui obéissent ; ce sont des faisceaux affectant la forme de rubans et composés de fibres parallèles striées ; les extrémités de ces rubans s'insèrent sous la peau. Les plus courts vont d'un anneau à un anneau voisin, ou même ne sortent pas des limites d'un anneau unique : ce sont les plus superficiels ; ils sont généralement très obliques, ou même transverses. Viennent ensuite des faisceaux un peu plus longs, et obliques, qui produisent des mouvements de torsion du corps. Enfin, les muscles les plus profonds, les plus voisins par conséquent de la cavité viscérale, sont longitudinaux ; ils vont d'un anneau au voisin et se font suite les uns aux autres sur toute la longueur du corps. Cornalia a compté dans le corps du ver, non compris la tête, 268 muscles courts, 168 muscles moyens et 110 muscles longs ; d'ailleurs chacun de ces rubans musculaires contient en moyenne 8 faisceaux musculaires ; on arrive ainsi à un total de plus de 4.000 muscles élémentaires.

Système nerveux. — Les mouvements de tous ces muscles, aussi bien que ceux des muscles des viscères, sont sous la dépendance du système nerveux. On appelle ainsi des amas de cellules particulières d'où émanent des filaments qui vont d'une cellule à une autre, ou bien d'une cellule à un muscle, ou à quelque point de la périphérie du corps. Les amas de cellules nerveuses se nomment *ganglions ;* les filaments qui en sortent sont les *nerfs.*

Le système nerveux de la vie animale, dans le ver à soie, se compose de 13 ganglions réunis par des cordons conjonctifs ; la tête contient 2 de ces ganglions, situés l'un au-dessus de l'œsophage, le ganglion sus-œsophagien ou *cerveau,* l'autre au-dessous de l'œsophage, le ganglion sous-œsophagien (fig. 22). Les cordons conjonctifs de ces deux masses nerveuses forment le *collier œsophagien.* Viennent ensuite les 3 ganglions thoraciques, situés sous le tube digestif, dans les 3 premiers anneaux ; puis les 8 ganglions abdominaux, situés également sous le tube digestif, dans les anneaux suivants ; le 8e et dernier ganglion est logé à côté du 7e dans le 7e anneau abdominal.

Le système nerveux, qui gouverne le tube intestinal et le cœur, est distinct du précédent ; il se compose de 2 ou 3 petits ganglions impairs, d'autant de paires de très petits ganglions latéraux placés sur la face dorsale de l'œsophage reliés entre eux et aux 2 lobes cervicaux, ou cerveau, par des filets nerveux. Le premier des ganglions impairs, appelé *ganglion frontal,* est situé en avant des 2 lobes cervicaux auxquels il se rattache par deux filets partant des bords externes de ces 2 lobes ; les autres se trouvent en arrière (sur la ligne médiane dorsale) et communiquent entre eux, et avec le ganglion frontal, par un long cordon nerveux appelé *nerf récurrent,* qui, partant du bord postérieur de ces ganglions, passe au-dessous des 2 lobes cervicaux et descend en arrière, suivant la ligne médiane dorsale du tube intestinal. D'autres filets nerveux, se détachant des ganglions latéraux, relient ces derniers au ganglion frontal, aux lobes du cerveau et au nerf récurrent. De ces divers centres et du nerf récurrent partent des branches qui vont se ramifier au tube intestinal, aux glandes salivaires et au vaisseau dorsal.

Signalons aussi les nerfs dits *respiratoires* qui vont aux stigmates et émanent, selon M. Blanchard, d'une file de petits renflements, situés à chaque anneau, entre les ganglions et la chaîne principale. Ces nerfs se rendent aux muscles qui agissent sur le vestibule pour en ouvrir ou en fermer l'entrée.

Organes de la reproduction. — Les fonctions de reproduction sont nulles chez les vers à soie à l'état de larve. Néanmoins on trouve déjà chez eux les corps qui deviendront plus tard, en se développant davantage, les organes de la reproduction dans les papillons ; ces corps s'appellent *capsules génératrices*, ou encore *corps réniformes*. Ils sont déjà visibles dans la larve avant la première mue ; ce sont deux petits globules blanchâtres ou jaunâtres logés près du vaisseau dorsal, vis-à-vis la suture des anneaux qui portent la 2ᵉ et la 3ᵉ paire de jambes membraneuses. Dans la larve à maturité, ces globules ont grossi ; ils ont pris la forme de reins, ayant 2 à 3 millimètres de long.

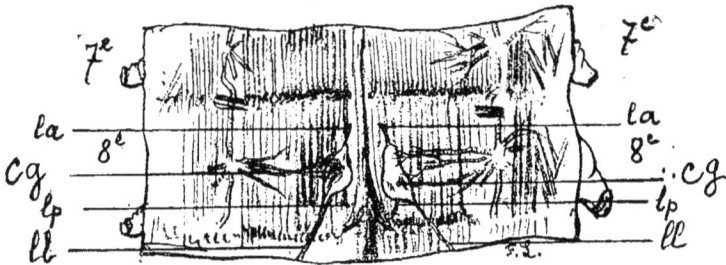

Fig. 25. — Capsules génératrices femelles dans le 8ᵉ anneau d'un ver au 5ᵉ âge. Grossissement : 6.

cg. Capsules. — *la*. Ligament court antérieur. — *lp*. Ligament court postérieur. — *ll*. Ligament long.

On peut alors reconnaître, comme l'a fait Hérold, qu'ils sont tenus en place par des trachées émanées des stigmates de la 6ᵉ paire, dans le 8ᵉ anneau, et en outre par des ligaments spéciaux, savoir : deux paires de ligaments courts, aboutissant aux tissus cutanés voisins, et une paire de ligaments longs qui sortent du milieu de leur face interne et vont se réunir dans la ligne médiane sous le rectum, contre la peau du 11ᵉ anneau (fig. 25, *ll*.).

En examinant au microscope le contenu de ces capsules,

on trouve qu'il y en a de deux sortes, suivant les sujets d'où on les tire.

Capsules génératrices mâles. — Les unes, qui caractérisent les individus mâles, sont divisées, intérieurement, en quatre petits sacs triangulaires, par trois cloisons qui partent du milieu du bord interne et vont, en s'éloignant l'une de l'autre, aboutir au bord opposé de la capsule. Chaque compartiment renferme, au début, une matière semi-fluide granuleuse, où se forment des cellules à noyau ; plus tard apparaissent de grosses cellules dont le contenu est un amas serré de sphérules également nuclées ; plus tard encore, ces grosses cellules s'allongent au point de devenir cylindriques et leur contenu est strié dans le sens de la longueur, on dirait des paquets de filasse (fig. 26). Il existe, en outre, au fond de chaque compar-

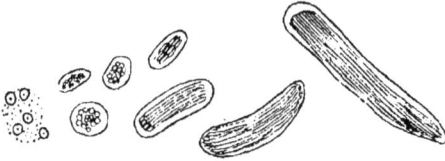

Fig. 26. — Contenu des capsules génératrices mâles (d'après Cornalia).

timent de la capsule une cellule remarquable par les grandes dimensions de son noyau ainsi que par l'étendue et la disposition frangée de son protoplasma. D'après M. E. Verson (1), qui le premier, en 1889, a signalé sa présence, ce serait cette cellule à prolongements, située au fond des sacs capsulaires, qui, par la fragmentation et la régénération continuelle de son noyau, donnerait naissance aux éléments cylindriques dont il vient d'être parlé. Les petites portions de noyau, séparées du noyau principal de la grande cellule à protoplasma frangé de Verson, s'éloigneraient de la cellule-mère dans la direction du point d'où part le ligament long, puis, après s'être

(1) E. Verson. — *La spermatogenesi nel Bombyx mori*. Padoue, 1889.

éloignées, elles s'entoureraient chacune d'une portion de pro-
toplasme et deviendraient ainsi de véritables cellules qui, en
passant par les phases diverses décrites précédemment, abou-
tiraient finalement à la formation des éléments cylindriques.

Tels sont les éléments qui coexistent dans les capsules
lorsque les vers sont arrivés à maturité.

Capsules femelles. — Dans les capsules femelles, la matière
granuleuse se groupe en petits amas qui deviendront les œufs ;
dès le deuxième âge, on peut reconnaître dans chaque capsule
quatre tubes dont les nombreux replis sont serrés les uns
contre les autres et qui renferment les œufs en voie de forma-

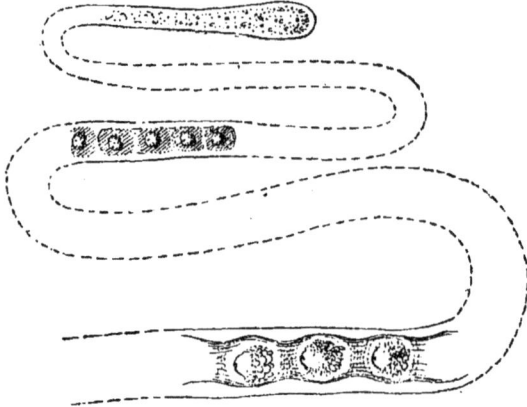

Fig. 27.— Tubes ovariques sortis des capsules génératrices] femelles
(d'après Cornalia).

tion. Dans le ver adulte, ces tubes ovariques sont très accu-
sés ; au fond de chacun d'eux, il n'y a qu'une matière granuleuse continue où on distingue de petites cellules à noyau ;
plus loin, à des distances à peu près égales, se sont formés
des groupements distincts, dont chacun deviendra un œuf. Ce
qui paraît être, dans chaque groupement, le centre d'attrac-
tion, c'est une grosse cellule que sa transparence fait ressortir
au milieu de l'amas granuleux opaque qui l'entoure ; cette

grosse cellule, appelée *vésicule germinative*, a un noyau très
distinct. Enfin, plus loin encore dans le tube ovarique, on
trouve les œufs les plus avancés; ici, l'amas granuleux, qu'on
appelle quelquefois l'*auréole vitelline*, s'est augmenté, vers
l'arrière, d'un certain nombre d'autres cellules nommées *cellules vitellines*, destinées, ainsi que l'auréole vitelline, à nourrir
la vésicule principale; de plus, chaque œuf est séparé de l'œuf
suivant par une matière claire, et l'épaisseur des parois du
tube ovarique est devenue très visible (fig. 27 et fig. 5 et 7).

Distinction des sexes des larves. — *Caractères anatomiques
internes.* — Ces détails prouvent que l'observation au microscope
du contenu des capsules génitales de la larve permet de reconnaître son sexe de très bonne heure. On peut y parvenir
aussi par une dissection soignée de la partie ventrale du 11e
anneau; en effet, M. Cobelli a observé que, dans les larves
mâles, les ligaments longs des capsules se réunissent sur un
petit corps bilobé, qu'il a nommé l'*organe de Hérold*, et qui est
situé tout à fait à l'arrière de la ligne médiane de l'anneau
susdit. Ce corps, à la suite de modifications successives, dont
les phases ont été suivies minutieusement dans leurs détails
par M. Verson et Mlle Bisson (1), aboutira finalement à la formation du pénis et des armures copulatrices du papillon mâle,
comme nous le verrons plus loin. Dans les femelles, au contraire, les deux ligaments se rapprochent vers l'extrémité antérieure de la ligne médiane du 11e anneau, puis s'écartent de
1 millimètre environ, pour aboutir, vers l'extrémité postérieure, à une première paire de corps globuleux, séparés l'un
de l'autre, situés près de la ligne de séparation de cet anneau
et du 12e. Un peu plus en arrière, dans le 12e anneau, se trouvent deux autres corps globuleux semblables aux premiers.
M. Verson et Mlle Bisson (2) ont reconnu en ces quatre excrois-

---

(1) E VERSON et E. BISSON. — *Sviluppo postembrionale degli organi sessuali accessori nel maschio del B. mori.* Padoue, 1895.

(2) E. VERSON et E. BISSON. — *Sviluppo postembrionale degli organi ge-
nitali accessori nella femmina del B. mori.* Padoue, 1896.

sances hypodermiques internes, lesquelles représentent ici l'organe de Hérold, des sortes de bourgeons, ou disques imaginaux, qui, en se développant pendant le passage du ver de l'état de larve à celui de chrysalide et de ce dernier à celui de papillon, contribueront pour une part à la formation des organes accessoires à l'appareil génital femelle : tubes ovariques, poches copulatrice et séminale, glande du vernis.

Caractères extérieurs. — Les caractères anatomiques précédents étaient les seuls connus auxquels on puisse recourir jus-

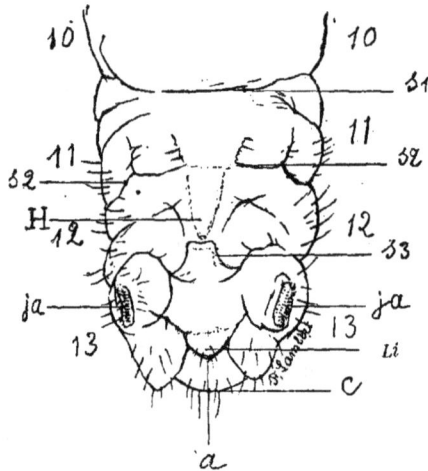

Fig. 28. — Extrémité postérieure du corps d'une larve de ver à soie *mâle* 5ᵐᵉ âge (côté ventral). Grossissement linéaire : 6.

10, 11, 12, 13. Les trois derniers anneaux de l'abdomen et le segment anal (rudimentaire). — *s1* à *s3*. Lignes de délimitation des anneaux. — *ja.* Jambes anales. — Li. Lobe délimitant l'anus du côté ventral. — *s3.* Pli sinueux en forme de pince-nez. — *s2.* Plis de la peau sur la limite des 11ᵉ et 12ᵉ anneaux. — *a.* Anus.

qu'ici pour distinguer avec certitude les sexes des larves. Tout dernièrement, un Japonais, M. Ishiwata, de Kioto (1), a décou-

---

(1) S. ISHIWATA. — *Sur les marques extérieures des sexes du ver à soie.* Tokio, 1904.

vert un moyen non moins sûr de faire cette distinction à la
seule inspection attentive de la peau sur le côté ventral, dans
les 11e et 12e anneaux, à l'extérieur.

Si on examine du côté ventral les deux derniers anneaux et
l'appendice terminal (13e anneau rudimentaire) d'un ver quelconque, après la 4e mue (fig. 28 et 29), voici ce que l'on pourra
voir, même à l'œil nu : à droite et à gauche, tout près de l'anus,
sur les côtés, les deux jambes membraneuses de la dernière

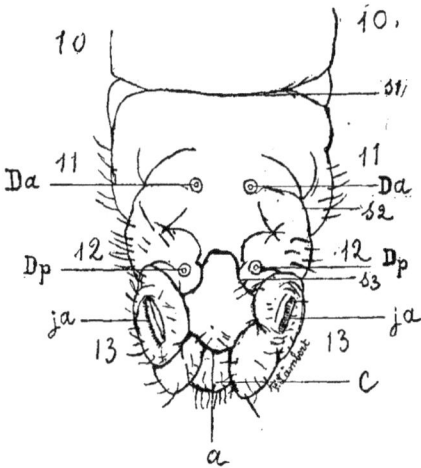

Fig. 29. — Extrémité postérieure du corps d'une larve de ver à soie
femelle au 5ᵐᵉ âge (côté ventral). Grossissement linéaire : 6.
10 à 13. Trois derniers anneaux abdominaux et segment anal. — *s1 à s3.*
Replis interannulaires. — *ja.* Jambes anales. — *s3.* Pli sinueux en forme
de pince-nez. — *s2.* Plis séparant le 11e anneau du 12e. — *a.* Anus. —
Da, Dp. Petits ronds antérieurs et postérieurs caractéristiques des larves
femelles et visibles à l'extérieur.

paire ou jambes anales, avec leur double rangée de crochets ;
entre ces deux appendices locomoteurs, il existe un espace,
figurant une sorte d'écusson, et qui paraît correspondre à la
face ventrale du segment terminal rudimentaire. Cet espace est
limité en avant par un pli, s3, de la peau qui peut être comparé, à
cause de ses sinuosités, à la partie recourbée en arc de cercle
d'une monture de lunettes, ou au ressort d'un pince-nez. On

pourrait même, en poussant plus loin la comparaison, considérer les deux bases ovales des jambes anales, qui s'étendent du
milieu du 12e anneau jusqu'au voisinage de l'anus, comme les
verres du pince-nez ou des lunettes. Ce pli antérieur, en forme
de pince-nez, nous apparaît comme la ligne qui sépare, du côté,
ventral, le 12e segment de l'appendice anal ou 13e segment
(rudimentaire). La pointe extrême, Li, de cet espace, qui s'étend
entre les deux jambes anales, délimite par dessous l'ouverture
de l'anus.

Un peu plus en avant, dans le 12e anneau, sur les côtés, au
voisinage des flancs et vis-à-vis les jambes anales, se voient
deux petits creux en forme d'entonnoir (un de chaque côté),
d'où partent, en directions divergentes, 3, 4 ou 5 petits plis de
la peau ; un peu plus en avant, toujours en allant du côté de la
tête, on trouve la ligne de séparation, $s2$, des 11e et 12e anneaux ;
enfin, plus loin encore dans la même direction, celle, $s1$, des 10e
et 11e segments.

La ligne de séparation des 11e et 12e anneaux est marquée
par un pli de la peau interrompu dans le milieu, à droite et à
gauche de la ligne médiane antéro-postérieure, sur un espace
à peu près égal au cinquième de la largeur totale du segment
en cet endroit. Dans cet espace, le pli de la peau est remplacé
par un fin pointillé en forme d'arc de cercle à convexité tourné
en arrière.

Ces plis, ces pointillés de la peau, ainsi que les petites con-
cavités infundibuliformes, où aboutissent plusieurs courts replis, sont communs aux larves des deux sexes.

Prenons maintenant une larve femelle (fig. 29) ; examinons
attentivement, à l'aide d'une loupe, les 11e et 12e segments de
cette larve du côté ventral, sur la limite, $s2$, de ces anneaux,
tout près de la ligne médiane antéro-postérieure. De chaque côté
de cette ligne, juste à l'endroit où les plis transversaux de la
peau finissent et où commence, entre ces deux plis, la ligne en
pointillé, nous distinguerons deux petits ronds grisâtres, Da,
un de chaque côté, entourés chacun d'un anneau de teinte plus

claire. Ces anneaux ressortent par leur teinte plus pâle sur le
fond, de couleur plus foncée, de la peau. Changeons notre loupe
de place et portons-la un peu plus en arrière dans le 12e anneau, sur le pli contourné en forme de pince-nez : un peu en
dehors des branches montantes de ce pli, entre ces branches
et la base des jambes anales, auxquelles ces plis aboutissent
et que nous avons comparées aux verres du pince-nez nous
trouverons deux autres petits ronds, Dp, semblables aux premiers, mais un peu moins rapprochés de la ligne médiane.

Ces *quatre petits ronds*, entourés d'un anneau plus clair,
deux antérieurs, à la limite des 11e et 12e anneaux, deux postérieurs, près des jambes anales, *ne se rencontrent jamais sur les
sujets mâles*, ce sont donc des marques certaines auxquelles on
pourra toujours facilement reconnaître les larves femelles. Ces
petits ronds de couleur foncée, entourés d'un anneau de teinte
plus claire, correspondent aux deux paires de disques imaginaux qui, par des transformations et des changements successifs,
aboutiront, ainsi que nous l'avons dit, à la formation d'une
partie des organes conducteurs et copulateurs de l'appareil
générateur du papillon femelle.

On les distingue facilement sur les larves vivantes au 5e âge,
moins bien sur celles du 4e âge. On les voit aussi sur les vers
morts conservés à l'alcool depuis plus ou moins longtemps,
mais moins facilement. Nous avons fait la remarque que dans
ce cas, lorsque la peau du ver est mouillée, les petits ronds deviennent beaucoup plus visibles ; il ne faut donc pas attendre
pour les rechercher que l'alcool se soit évaporé. Si on laisse la
peau du ver se dessécher, il est ensuite difficile de retrouver
les petits ronds ; il faut donc faire l'observation, quand il s'agit
de sujets conservés à l'alcool, sur le ver encore mouillé ou le
mouiller de nouveau si l'alcool s'est évaporé.

Avec un peu d'habitude, on arrive à reconnaître la présence
des petits ronds caractéristiques de femelles, même à l'œil nu,
sans le secours d'instrument grossissant.

En se servant de ces marques distinctives visibles à l'extérieur sur le côté ventral des 11e et 12e anneaux, M. Ishiwata est parvenu, en opérant sur des larves au 5e âge, vivantes, à faire la séparation de 500 femelles en une heure.

II. — Physiologie de la larve

Structure de la peau. Mue et sécrétions diverses. — Nous avons vu avec quelle rapidité et dans quelles proportions énormes s'effectue la croissance de la larve, lorsqu'on lui fournit les aliments convenables. Il faut que le renouvellement de la peau marche du même pas, aussi bien que l'activité des fonctions nutritives en général.

Glandes cutanées. Éléments de l'hypoderme. — La peau présente deux couches bien distinctes. L'une profonde, appelée *hypoderme*, est formée de cellules qui représentent la portion vivante de la peau; l'autre, superficielle et morte, appelée *cuticule*, est composée de lames chitineuses très minces, d'aspect homogène, sécrétées, selon toute apparence, par les cellules précédentes; cette dernière couche est soumise à la mue, c'est-à-dire qu'elle tombe périodiquement.

Les cellules de l'*hypoderme* sont les unes arrondies et remplies de granules de pigment, les autres polyédriques et à contenu plus clair; parmi elles rampent des trachées et des nerfs, et le sang vient les baigner en passant entre les muscles situés sous elles.

Entre ces diverses cellules de l'hypoderme il s'en trouve certaines autres reconnues par M. Verson (1) comme étant des éléments glandulaires auxquels, à cause du rôle spécial qu'il leur attribue, il a donné le nom de *glandes cutanées de la mue.* Ces glandes de la peau sont situées des deux côtés du corps du ver, à l'intérieur

---

(1) E. VERSON. — *Di una serie di nuovi organi escretori scoperti nel filugello.* Padoue, 1890.

duquel elles forment de petites saillies disposées sur une ou sur deux rangées, selon les régions du corps où elles sont placées. M. Verson a compté quinze paires de ces petites glandes formées d'une seule cellule : deux paires par anneau, dans le thorax; une paire par anneau, dans le sept anneaux suivants de l'abdomen et, de nouveau, deux paires dans le 8e anneau abdominal. Selon M. Verson, ces glandes amassent, d'une mue à l'autre, un liquide spécial qu'elles déverseront ensuite par leur conduit excréteur dont l'orifice s'ouvre à la surface de la peau, au moment des mues, entre la nouvelle cuticule et l'ancienne dont la chute deviendrait ainsi plus facile. Les glandes cutanées auraient un autre rôle, celui de remplacer les vaisseaux de Malpighi, dont les fonctions paraissent suspendues au moment de la mue.

Mue. — De la superposition et de la soudure des lames chitineuses, sécrétées par les cellules de l'hypoderme, résulte une pellicule, la *cuticule*, coriace, fort résistante, quoique assez flexible et bien propre à servir de point d'appui aux muscles qui viennent s'y implanter. On remarquera que la lame la plus extérieure est hérissée de petites aspérités microscopiques qui la font paraître comme chagrinée ou même veloutée chez les vers de certaines variétés à peau noire rayée de blanc ; elle porte en outre, çà et là, des poils droits qu'on aperçoit à l'œil nu, avec un peu d'attention, et dont le nombre, ainsi que nous l'avons dit, augmente beaucoup pendant le passage du premier au second âge. Il est évident, d'après la manière dont est formée la pellicule chitineuse, qu'elle s'endurcit de plus en plus et impose une limite nécessaire à la croissance de la chenille ; si cette limite doit être franchie, il faut que cette pellicule tombe. D'ailleurs, ainsi que M. Tichomiroff le fait très justement observer, la cuticule est une substance morte, ce qui suffit à expliquer la chute périodique de cette pellicule. C'est précisément ce phénomène qui constitue la mue.

Il se prépare de la façon suivante: sous la pellicule de chitine apparaît une nouvelle lame de même nature revêtue d'aspérités et de poils qui formera la nouvelle surface libre du corps; entre elle et la vieille pellicule s'amasse le liquide spécial sécrété par les éléments glandulaires de la peau où flottent des cristaux en forme de tablettes rectangulaires semblables à ceux que l'on trouve dans les vaisseaux de Malpighi ; peu à peu, par suite de l'interposition du liquide des glandes de la peau, aidé des mouvements du ver qui se trouve gêné dans une enveloppe devenue trop étroite pour le contenir, la dépouille s'isole ainsi du corps ; à un moment donné, l'animal peut retirer sa nouvelle boîte cranienne en arrière et, en la gonflant, pousser le vieux masque et le faire tomber ; il ne lui reste plus alors qu'à sortir du fourreau qui l'enveloppe ; cette opération est facilitée par les petits crampons des fausses pattes (aidés de fils de soie) qui maintiennent la dépouille en place, tandis que le ver chemine pour s'en débarrasser.

Toute la surface du ver, au sortir de la mue, est couverte de petits cristaux provenant du liquide dont nous avons parlé plus haut. On en trouve aussi au dedans de la dépouille, surtout dans des cavités claires qui marquent les points où les muscles étaient insérés. Notons enfin que par les dix-huit stigmates sont sortis des rameaux de vieilles trachées qui font partie de la dépouille ; de même aussi, à la région anale, adhère un bout de membrane qui provient de l'intestin postérieur, et au masque la cuticule de la bouche et celle de l'intestin antérieur.

Rôle de la peau dans la respiration. Exhalations et sécrétions diverses cutanées. — Réaumur a montré que les vers à soie soumis à l'action du vide n'augmentent pas de volume. Cela prouve que leur peau est très perméable à l'air. Aussi joue-t-elle un rôle très important dans la respiration. On remarquera aussi que la raréfaction, même poussée très loin, et maintenue pendant plusieurs jours, ne fait pas périr ces animaux. Remis dans l'air ordinaire, ils reprennent leurs mouvements comme auparavant. Nous aurons à revenir plus loin sur les exhalations gazeuses de la peau (vapeur d'eau, acide carbonique, etc.).

Mais les cellules hypodermiques produisent une autre sorte de sécrétions dont la découverte est due à M. Vlacovich : ce sont des urates, surtout de l'urate d'ammoniaque, qui s'y rassemblent en forme de granules sphéroïdes, et en outre des cristaux tubulaires ayant la composition de l'oxalate de chaux. Ces derniers, en tout semblables à ceux qu'on trouve dans les tubes de Malpighi, sont peut-être un produit de l'oxydation incomplète des urates; l'oxydation complète produirait de l'acide carbonique. M. Vlacovich a fait remarquer que les urates abondent dans la peau tant que les vers ont un régime végétal; quand ils cessent de manger et deviennent *autophages*, et par conséquent *carnivores*, les urates disparaissent de la peau. Précisément, pendant la première période, les tubes de Malpighi n'offraient pas d'urates, mais seulement des oxalates; dans la seconde, ils regorgent d'urates; ils semblent donc avoir des fonctions complémentaires de celles de la peau.

En résumé, chitine, acide carbonique, vapeur d'eau, acide oxalique, acide urique, tels sont les produits remarquables de la vie des cellules hypodermiques de la larve.

Circulation du sang. Température du corps. Action du froid et de la chaleur. — On a cru pendant longtemps que le sang, chez les insectes, étant pénétré par les ramifications des trachées, n'avait pas besoin de circuler et ne circulait réellement pas. Aujourd'hui, le fait de la circulation est hors de doute, mais on discute sur la manière dont l'air est mis en rapport avec le sang. Suivant M. Blanchard, il y aurait circulation du sang autour du fil spiral des trachées sous la membrane dite péritonéale; le vaisseau dorsal servirait à l'y injecter, pour ainsi dire, par ses pulsations. Si cela était, la mue des trachées produirait un changement complet des canaux circulatoires, ce qu'il est bien difficile d'admettre.

Mais nous pouvons, sans trancher cette question, étudier les pulsations du vaisseau dorsal: chez un ver adulte elles sont, suivant Hérold, au nombre de 30 à 40 par minute, à des températures comprises entre 20° et 25° C. et de 6 et 8 seulement à 12° ou 15°; les larves plus jeunes ont, dit-il, les pulsations un peu plus fréquentes. MM. Maillot et Bernard ont observé qu'à des températures voisines de 20°, le nombre des pulsations, chez le ver sorti de 4ᵉ mue, est de 30 en moyenne quand l'animal est immobile, et s'élève à 45 et même 50 quand il se met à manger ou à se mouvoir; il peut atteindre 60 à 65 lorsque le ver file son cocon. M. Maillot a pris un ver prêt à filer et battant 55 pulsations; en le distendant légèrement avec les doigts pour mieux voir les pulsations, leur nombre s'est élevé à 94; l'animal abandonné à lui-même en faisait encore 66 au bout de cinq minutes, et cinq minutes plus tard, 50; une heure après, 50: il avait entrepris son cocon, et, dix heures après, il n'a plus compté que 44 pulsations. Il y a donc des variations énormes dans l'activité des battements. En voici un autre exemple. Un ver très mûr, retiré de la légère enveloppe de soie qu'il commençait à se former, restait immobile, semblant devenir *court*, et ne donnait que 9 pulsations par minute, d'avant en arrière (cette inversion est un fait normal dans le passage de l'état de la larve à l'état de chrysalide); un moment après, il parut se réveiller, se mit à marcher et donna 50 pulsations par minute, dirigées d'arrière en avant.

Lorsqu'on approche du corps d'un ver à soie un thermomètre très délicat, on constate que sa température ne diffère pas sensiblement de celle de l'air ambiant; M. Girard a trouvé que les écarts en plus ou en moins atteignent au plus 1 degré. Il y a donc compensation presque exacte entre la chaleur dégagée par la combustion respiratoire et la chaleur utilisée pour les exhalations qui ont lieu à la surface du corps. Ces quantités de chaleur sont probablement très différentes aux diverses températures auxquelles peuvent vivre les vers à soie; elles ont été évaluées par MM. Regnault et Reiset pour la température ordinaire des mois de juin et juillet, c'est-à-dire 20°; dans ce cas spécial, elles sont aussi grandes que pour des animaux à sang chaud. Voici, en effet, les quantités d'oxygène qu'ils ont trouvées consommées en une heure pour des poids d'un kilogramme des animaux suivants :

Chien..	1 gr 248
Lapin.......................................	0 985
Poule......................................	1 239
Vers à soie au 3e âge..................	1 170
— à maturité......................	0 840
— —	0 687

On ne possède pas d'expériences faites à des températures qui s'écartent notablement de 20°.

C'est d'ailleurs de 20 à 25° que la plupart des éleveurs ont l'habitude de gouverner leurs vers ; la durée de la vie de la larve est alors de 30 à 35 jours. Mais cette période pourrait être prolongée jusqu'à 40, 50 jours, et même plus longtemps, en tenant les vers à 18°, 16° ou au-dessous : le froid, en effet, ralentit l'activité de l'insecte, sans porter de préjudice visible à sa santé, au moins quand ce froid ne dépasse pas certaines limites d'intensité et de durée.

Ces limites sont plus reculées qu'on ne pourrait le croire. En 1753, Justi (1) a exposé des vers à un froid tel que leur corps durci se brisait comme du verre ; en les réchauffant lentement, il les a vus revivre, manger et filer leur cocon (2). En 1837, Loiseleur-Deslongchamps a fait la même épreuve sur des vers pris au sortir de l'œuf ; ils ont supporté une température de — 5° pendant 10, 15 et 20 minutes ; ceux qui furent exposés à ce froid pendant 25 minutes succombèrent. Le même expérimentateur prit 200 de ces vers après 8 minutes de séjour à — 5° R. ; il les ranima en les portant à 17° ; puis, sans rien leur donner à manger, ils les tint pendant dix jours à 4° ; après ces épreuves, ces vers, nourris comme d'habitude, donnèrent encore 97 cocons. Une autre fois, il laissa 160 vers fraîchement éclos, pendant dix-huit jours, sans nourriture, à zéro, puis les porta à 24° C. et

---

(1) DUNDER. — *Seindenzucht*. Vienne, 1854.

(2) Audouin a fait la même chose avec des larves de hanneton, de pyrale et de callidie. Blumenbach cite des faits analogues.

les alimenta régulièrement ; il eut 50 cocons. Dans son mémoire, il cite beaucoup d'autres expériences du même genre prouvant la force de résistance du ver. Enfin M. Charrel assure qu'il a vu les vers à soie pendant le premier et le deuxième âge se mouvoir et manger à partir de 7° à 8°, et pendant les âges suivants à partir de 10° à 12° ; mais il reconnaît qu'il leur faut de 15° à 20° pour développer leur agilité et leur appétit.

En élevant la chaleur au-dessus de 25°, on exalte ces fonctions de plus en plus ; les vers mangent plus souvent, et la durée de leur vie diminue en conséquence. L'abbé de Sauvages a fait des éducations très bien réussies entre 30° et 37°, et qui n'ont duré que vingt-quatre jours. Camille Beauvais a répété cette épreuve et, en multipliant le nombre des repas, a fini l'élevage en 21 jours. Enfin, au Congrès de Rovereto, on a cité un cas d'éducation à 45° terminée en quatorze jours. M. Cantoni a porté des vers à 47° dans une étuve sans voir chez eux aucun signe de souffrance.

Fonctions respiratoires. — Les vers à soie ont besoin d'air pour respirer. Cet air entre par les stigmates. Si, en effet, on bouche ces ouvertures en les enduisant d'huile à l'aide d'un pinceau, comme l'a fait Malpighi, l'animal meurt au bout de peu de minutes.

Il peut, au contraire, rester sous l'eau pendant plusieurs heures sans périr. On explique cette différence en remarquant que l'eau ne mouille pas les orifices stigmatiques, qui sont gras et revêtus de poils, de sorte que les bulles d'air logées dans ces orifices suffisent à l'entretien de la respiration.

Néanmoins, on ne peut s'empêcher d'être surpris de la promptitude avec laquelle périt l'animal dont les stigmates sont mouillés d'huile (1).

---

(1) De Filippi a fait quelques recherches intéressantes à ce propos. Il a remarqué que si l'on bouche les stigmates de trois anneaux consécutifs, l'anneau du milieu devient complètement paralysé ; si l'on bouche tous les

L'expiration de l'air paraît avoir lieu, non seulement par les stigmates, mais par toute la superficie du corps, car Réaumur a fait voir qu'en plongeant dans l'eau ou dans l'alcool un ver à soie vivant, des bulles d'air se forment sur tout son corps, sans que les stigmates en donnent plus que toute autre partie.

En 1849, MM. Regnault et Reiset ont recherché la quantité d'oxygène absorbée par les vers à soie dans l'acte de la respiration. Ils ont trouvé que pendant une heure, les vers pesant 1 kilo avaient consommé :

Exp. 1. Vers au 5ᵉ âge (423 vers prêts à filer)..... 0gr,840 d'oxygène
Exp. 2. — 4ᵉ — (461 —)..... 0 687 —
Exp. 3. — 3ᵉ — (1050 —).. .. 1 470 —

D'après cela, les vers d'une once, supposés au nombre de 30.000 (correspondant à 60 kilos de récolte), consommeraient dans les trois cas précédents, en une heure, 59 grammes, 44 grammes et 33 grammes d'oxygène, ce qui représente, en

stigmates, le ver doit par conséquent être totalement paralysé, et c'est de là que vient sa mort rapide.

Le même savant a observé que si l'on bouche tous les stigmates de l'un des flancs, en laissant ouverts ceux de l'autre, aucune altération n'a lieu ni dans les mouvements, ni dans la sensibilité du ver. Cependant les masses musculaires d'un côté tout entier sont privées de la libre circulation de l'air, car l'air des trachées, venant du côté non huilé, ne peut pas aller aux trachées de l'autre côté par les rameaux interstigmatiques, ceux-ci ayant, aussi bien que ceux d'un même flanc, un *manchon*, où le fil spiral est remplacé par des poils qui obstruent le passage de l'air. Il n'y a qu'une série d'organes où il y ait des anastomoses libres entre les trachées de droite et celles de gauche : c'est sur les ganglions nerveux ; chaque ganglion reçoit, en outre, quelques ramifications trachéennes venues des ganglions les plus voisins.

Il résulte évidemment de là que la paralysie produite par l'oblitération des stigmates résulte de ce que l'afflux d'air aux ganglions nerveux a été empêché.

De Filippi a fait voir, en outre, que la paralysie partielle ou totale, provoquée comme on vient de le dire, s'étend aux muscles volontaires et au vaisseau dorsal, mais non pas aux fibres du tube intestinal, lesquelles continuent à se contracter violemment, surtout dans la région de l'œsophage.

24 heures, 983 litres, 733 litres et 550 litres, quantités moindres que 1 mètre cube.

En partant de ce chiffre de 1 mètre cube, qui, comme on le
voit, est exagéré, et en supposant encore que cet oxygène soit
complètement remplacé, au bout des vingt-quatre heures, par
de l'acide carbonique, combien faudra-t il fournir d'oxygène
aux vers pour qu'ils vivent dans de bonnes conditions de santé ?
Il serait difficile de répondre avec précision à une telle question, parce qu'on ignore la dose d'acide carbonique que ces
insectes peuvent tolérer. Cette dose est certainement plus
élevée que celle que supporterait l'homme, car on voit les vers
insensibles à des proportions d'acide sulfureux, de chlore, etc.,
qui nous feraient vivement souffrir (1). Mais comme le service
des vers est fait par des ouvriers, il est clair que, dans la pratique, il faut traiter ces insectes à notre point de vue et comme
s'ils avaient les mêmes besoins d'air pur que nous. Or, il est
de règle, dans la ventilation de nos chambres d'habitation,
qu'on ne doive pas tolérer plus de 1 litre d'acide carbonique
sur 1,000 litres d'air. On devra par conséquent fournir aux vers
d'une once 1 000 mètres cubes d'air en vingt-quatre heures. Si
la salle qu'ils occupent a 100 mètres cubes de capacité, espace
convenable pour une once, l'air en sera donc renouvelé intégralement dix fois en vingt-quatre heures.

Il est nécessaire encore de faire remarquer que les expériences de MM. Regnault et Reiset plaçaient les vers dans des
conditions peu favorables au bon exercice de leurs fonctions.
Les vers, en effet, étaient logés dans un gros tube de verre
fermé à ses deux bouts par des montures de laiton bien mas-
tiquées; de ces montures partaient quatre tubes, dont deux

---

(1) Loiseleur-Deslongchamps cite une expérience du Dr Parent du Châ-
telet, dans laquelle il mit des vers dans un conduit au-dessus d'une fosse
d'aisance. Ces vers vécurent au milieu des odeurs qui montaient de la
fosse, sans qu'ils aient paru en être sensiblement incommodés, et après
avoir franchi, avec succès, leurs phases successives, ils formèrent leurs
cocons.

conduisaient à un réservoir contenant de la potasse exactement
dosée, destinée à absorber l'acide carbonique produit par la
respiration, et les deux autres à deux tubes manométriques
dont l'un contenait de l'oxygène qu'on refoulait au fur et à mesure du besoin dans l'atmosphère des vers, et dont l'autre
servait à recueillir les gaz à analyser. Le tube des vers était
donc saturé de vapeur d'eau, circonstance fâcheuse pour leur
santé.

Malgré cela, nous croyons utile de rapporter ici les nombres
trouvés dans ces trois expériences, en y joignant ceux d'une
quatrième qui a porté sur des chrysalides ; pour cette dernière, on s'est borné à analyser l'air dans lequel elles avaient
séjourné. (Voir tableau p. 124).

On remarquera que l'oxygène absorbé n'a pas été employé
tout à la formation de l'acide carbonique; une fraction a servi
à former d'autres combinaisons.

Une autre observation à faire sur ces chiffres, c'est qu'ils doivent dépendre tous de la température du milieu ambiant, que
les expérimentateurs n'ont pas indiquée : il est à présumer
qu'elle s'écartait peu de 20° à 25°, températures ordinaires des
mois de juin et juillet.

Exhalation d'eau. — La peau du ver n'exhale pas seulement
de l'acide carbonique, elle laisse encore exhaler une énorme
quantité de vapeur d'eau.

Cette vapeur d'eau provient en partie de la combustion respiratoire, mais elle est aussi indubitablement le principal
moyen par lequel s'échappe de l'organisme la plus grande
partie de l'eau ingérée dans les voies digestives.

Quantités d'eau exhalées par les vers d'une once. — D'après
Dandolo, 30.000 vers arrivés à maturité ont consommé effectivement, c'est-à-dire digéré, environ 420 kilog. de feuille fraîche
(ou 14 grammes par ver) et laissé perdre de la même feuille
sous forme de litière (dans les procédés ordinaires) plus de
300 kilos. Or, cette feuille fraîche renferme en moyenne

Chiffres des expériences de MM. REGNAULT *et* REISET

	Exp. 1	Exp. 2	Exp. 3	Exp. 4
Nombre des individus	18 vers	18 vers	42 vers	25 chrysalides
Age —	prêts à filer	prêts à filer	3e âge	»
Poids total	42gr,5	39gr,0	40 gram.	21 gram.
Durée de l'expérience	5 h. 40	7 h. 50	4 h. 20	6 h. 30
Composition du gaz à la fin de l'expérience. { Acide carboniq. %	5.89	4 10	7.95	13 58
Oxygène %	16.10	16.51	14.42	1.16
Azote %	78.01	79.39	77.63	85.26
Poids P de l'oxygène consommé	0gr,202	0gr,201	0gr,203	0gr,033
Poids de l'acide carbonique produit	0 220	0 225	0 207	0 029
Poids P' de l'oxygène contenu dans l'acide carbonique	0 160	0 163	0 150	0 021
Poids P'' de l'azote absorbé	0 00201	0 00028	0 0027	exhalé 0gr,00025
Rapport de P' à P	0.792	0.814	0 739	0.639
Rapport de P'' à P	0.010	0.0014	0.0133	— 0.0075
Poids de l'oxygène consommé par heure	0gr,0357	0gr,0268	0gr,0468	0gr,00508
Poids de l'oxygène consommé en 1 h. par 1 kilogr. de l'animal	0 840	0 687	1 170	0 243

65 o/o d'eau; les 30.000 vers, ne faisant aucun excrément liquide, doivent donc exhaler par la peau, de l'éclosion à la montée, 273 kilog. d'eau.

Si on veut répartir cette quantité entre les âges du ver, on peut partager la consommation totale, 420 kilos, en parties proportionnelles aux poids des repas servis effectivement à chaque âge, poids qui sont représentés à peu près par 3, 9, 28, 84 et 512; on a ainsi :

	FEUILLE ingérée	EAU CONTENUE 65 °/₀	EAU EXHALÉE par jour
1er âge (3 jours)....	2 k.	1ᵏ30	0ᵏ260
2e âge (4 jours)....	6	3 90	0 975
3e âge (6 jours)....	20	13 00	2 166
4e âge (7 jours)....	56	36 40	5 200
5° âge (10 jours)...	336	218 40	21 840
	420	273 00	

Calcul des volumes d'air nécessaires pour évacuer la vapeur d'eau en excès dans les magnaneries. — Il n'y a pas d'autre moyen économique d'éliminer toute cette vapeur d'eau, que d'opérer une ventilation énergique avec de l'air aussi sec que possible; cet air dissoudra, en passant, un certain poids d'eau et s'échappera au dehors. Mais l'action dissolvante de l'air dépend aussi de sa température (1); au voisinage de 23° C., un

---

(1) Voici les poids de vapeur d'eau que peut dissoudre un mètre cube d'air, à saturation, aux diverses températures :

0 deg.	4 gr	9	11 deg.	10 gr.	0	21 deg.	18 gr.	3
1 —	5	2	12 —	10	6	22 —	19	2
2 —	5	6	13 —	11	3	23 —	20	4
3 —	6	0	14 —	12	0	24 —	21	6
4 —	6	4	15 —	12	7	25 —	22	8
5 —	6	8	16 —	13	5	26 —	24	1
6 —	7	2	17 —	14	4	27 —	25	5
7 —	7	7	18 —	15	2	28 —	27	0
8 —	8	2	19 —	16	2	29 —	28	5
9 —	8	8	20 —	17	1	30 —	30	1
10 —	9	4						

mètre cube d'air ne peut en dissoudre que 20 grammes environ. De plus, il arrive fréquemment que l'air dont on dispose, c'est-à-dire l'air ordinaire du dehors ou des pièces attenantes à la magnanerie, est déjà à demi-saturé; enfin il s'échappera le plus souvent avant sa saturation complète, de sorte qu'au lieu de 20 grammes, on peut admettre que son effet utile se réduira, en moyenne, à emporter 5 grammes d'eau seulement; dans cette supposition, il faudrait, pour évacuer les poids d'eau calculés ci-dessus :

Au 1er âge.....	52 mètres cubes d'air en 24 heures
2e âge.....	195 — —
3e âge.....	433 — —
4e âge.....	1040 — —
5e âge.....	4368 — —

Mais les litières, pour peu qu'on les laisse s'accumuler, exhalent aussi des quantités considérables de vapeur d'eau; il pourra arriver, dans les cas les plus défavorables, qu'elles en fournissent autant que les vers; il faudrait donc doubler les volumes d'air précédents.

Enfin, en supposant la présence constante d'un ouvrier dans la magnanerie, il convient de lui attribuer environ 1.440 mètres cubes d'air en vingt-quatre heures (1). On arrive donc en définitive aux chiffres suivants, comme représentant approximativement les volumes d'air nécessaires :

---

(1) Voici les données relatives à l'homme, empruntées à un travail de M. Wazon, intitulé *Chauffage et ventilation* (tome IV de la collec. Lacroix : *Études sur l'Exposition de 1878*) :

Pendant une heure, un homme de 20 ans produit 58 grammes de vapeur d'eau s'il est en repos, et jusqu'à 118 grammes s'il travaille; on peut prendre les chiffres de 60 grammes et 120 grammes comme des maxima. Quant à l'acide carbonique, il en exhale 15 à 20 litres dans l'état de repos et 40 litres pendant le travail. Il convient de lui accorder dans le premier cas 40 mètres cubes d'air et dans le second 80.

Au 1er âge.   52 $\times$ 2 + 1440 =   1554 m. cubes en 24 h.

2e âge.   195 $\times$ 2 + 1440 =   1730   —

3e âge.   433 $\times$ 2 + 1440 =   2306   —

4e âge.   1040 $\times$ 2 + 1510 =   3520   —

5e âge.   4368 $\times$ 2 + 1440 = 10276   —

Ainsi, en résumé, il convient que la ventilation de la magnanerie soit capable de fournir au dernier âge, par once et par vingt-quatre heures, environ 10.000 mètres cubes d'air à un état hygrométrique moyen.

Si la capacité du local est de 100 mètres cubes, ce qui est suffisant pour une once, l'air en sera renouvelé cent fois en vingt-quatre heures. C'est le décuple du chiffre que nous avons trouvé en étudiant la ventilation au point de vue de la quantité d'oxygène utile. On voit, par conséquent, qu'il n'y aura pas à se préoccuper de ce dernier point si on a veillé à l'évacuation de l'humidité, puisque celle-ci exige une ventilation si énergique.

Cette condition, de *renouveler intégralement l'air tous les quarts d'heure*, est précisément celle que d'Arcet a prise pour programme dans ses recherches sur la ventilation des magnaneries ; nous verrons plus loin comment il a résolu ce problème.

Remarquons auparavant qu'elle ne s'écarte guère de celle que doivent s'imposer les architectes pour les salons de réunions, car, d'après le général Morin, le renouvellement doit s'y effectuer quatre ou cinq fois par heure. Néanmoins, le but qu'on poursuit n'est pas tout à fait le même dans les deux cas ; pour les vers à soie, il s'agit, en effet, principalement d'évacuer de la vapeur d'eau : on recherche donc ici la sécheresse de l'air ; au contraire, pour l'homme, la considération de l'état hygrométrique ne vient que bien après celle de la pureté de l'air sous le rapport des miasmes, auxquels l'acide carbonique sert de mesure, à défaut d'autre.

Alimentation du ver à soie. — Parmi tous les aliments qu'on peut offrir aux vers, la feuille de mûrier est celui qu'ils préfèrent ; on n'aurait que de chétifs résultats en les nourrissant, comme l'ont fait quelques auteurs, de feuilles de ronce, de scorsonère, de laitue, d'orme, de rose, d'érable, de camomille, de bignonia, etc.

Les feuilles de *maclura*, qu'on emploie, il paraît, aux États-Unis, ne valent guère mieux ; les vers les mangent, il est vrai, volontiers, mais il arrive souvent qu'à la suite de cette alimentation ils meurent en si grand nombre à l'époque de la montée que très peu réussissent à former leurs cocons. A l'époque des mues, il s'en perd aussi beaucoup qui périssent sans parvenir à se débarrasser de leur vieille cuticule ; il est très remarquable que ces vers, nourris avec la feuille de maclura, ont la peau verdâtre, luisante, comme vernie. A l'époque des mues, la cuticule au lieu de se détacher du corps d'une seule pièce, comme un fourreau, se déchire et tombe par lambeaux. Les plus atteints ont le sang trouble, rempli de granules polyédriques, comme les vers gras ; ils finissent par périr (1).

La feuille de *Broussonetia papyrifera* et celle du *Cudrania triloba*, qui ont été également essayées, ne sont pas plus recommandables.

Le mûrier leur est préférable à tous égards.

Jusqu'à l'époque d'Olivier de Serres, le mûrier noir a été presque exclusivement cultivé en Europe pour l'élevage des vers à soie ; aujourd'hui, il est devenu rare ; le mûrier blanc l'a supplanté partout, sauf dans les pays chauds comme la Sicile, où la végétation trop hâtive du mûrier blanc l'exposerait trop

---

(1) F. Lambert. — *Sur l'alimentation des vers avec le Cudrania triloba et le Maclura aurantiaca (Bull. de la Soc. nation. d'agric.* Paris, 1893). — *Influence de la feuille sur la résistance des vers à certaines maladies accidentelles (Bull. de la Soc. nation. d'agric.* Paris, 1896).

F. Lambert et C. Salmaslian. — *Nouvelles expériences d'alimentation des vers à soie avec la feuille de Maclura (Journal de l'agricult.* Paris, 1896).

aux gelées du printemps. En France, ce risque, quoique
moindre, existe encore ; cependant on a préféré le mûrier blanc
à cause de sa croissance rapide et de sa feuille plus abondante
et plus délicate. Cet arbre a été importé du Levant à une époque
assez récente, en 1434 en Toscane, et vers 1495 en France. Il y
en a beaucoup de variétés : les plus précoces sont le *multicaule* et les *sauvageons ;* parmi les variétés plus tardives, on en
distingue à feuille mince et fine, comme le *mûrier rose* et le
colomba, et d'autres à feuilles épaisses, fortes et pesantes,
comme le *mûrier romain*, le *mûrier d'Espagne*, etc.

Composition des feuilles de mûrier. — Les différences que
peuvent présenter les feuilles de mûrier dépendent non seulement des variétés auxquelles appartiennent les pieds d'arbres
qui les ont fournies, ainsi que de la nature du sol, des engrais,
de l'époque de la taille, de l'exposition, mais encore de l'âge de
ces feuilles et de leur situation sur les rameaux.

Par âge des feuilles, on veut dire le temps écoulé depuis
qu'elles sont sorties des bourgeons. A mesure que cet âge augmente, la proportion d'eau, qui pouvait s'élever d'abord jusqu'à 80 o/o du poids de la feuille, diminue jusqu'à 65 o/o ; en
moyenne, on peut admettre que 100 kilos de feuilles fraîches
laissent 26 à 29 kilos de matière sèche, et que celle-ci contient
de 3 à 5 o/o de son poids d'azote.

La composition des parties solides change aussi, la proportion des éléments minéraux augmentant avec l'âge ; la feuille
devient plus siliceuse, plus calcaire et relativement plus pauvre
en acide phosphorique, en magnésie et en potasse. Voici, par
exemple, les résultats trouvés par M. Péligot, en analysant les
cendres de feuilles de mûrier rose greffé, récoltées le 28 avril,
le 28 mai et le 10 juin, aux environs de Montpellier :

	28 avril	28 mai	10 juin
Silice	5.6	15.6	20.6
Chaux	20.2	36.9	38.8
Phosphate de magnésie	22.7	13.2	13.3
Acide phosphorique	30.9	1.6	1.2
Acide carbonique potasse, etc.	20.2	32.7	26.1

Entre les feuilles de la cime d'une branche et celles de la base, on trouve des différences analogues : ainsi, des feuilles cueillies le 5 octobre sur le même arbre ont donné à M. Péligot :

	Cime	Bas des branches
Silice	12.8	40
Chaux..........	28.2	31
Phosphate de magnésie..... ..	16.4	4
Acide phosphorique	1.6	»
Acide carbonique, potasse, etc...	41.0	24

Cette transformation d'une feuille riche en phosphate en une feuille surchargée d'éléments calcaires et siliceux est plus ou moins rapide, suivant l'activité de la végétation. Le mûrier sauvageon donne l'exemple des différences les plus notables, soit entre les feuilles d'un même rameau, soit entre les feuilles cueillies à deux époques différentes; le mûrier rose et le multicaule présentent des différences moindres, comme on le voit par les chiffres suivants, tirés des Mémoires de M. Robinet (1840); ces chiffres indiquent la proportion pour cent de matière solide des feuilles, le reste étant de l'eau :

	Sauvageon	M. rose	Multicaule
Feuille cueillie le 13 juin..	34.0	32.8	30:5
— le 4 juillet.......	38.8	33.2	32.1
Sommet d'un rameau (en juillet)..	21.2	23.5	25.0
Base — — ..	41.8	36 4	30.5

On voit par là combien il est difficile de comparer au point de vue alimentaire et de classer par ordre de mérite les diverses variétés de mûriers ; à une même date de l'année, ils ne sont pas à la même phase de leur végétation, et en outre on peut choisir des feuilles présentant des différences du même ordre. C'est probablement pour cela que les divers expérimentateurs ne s'accordent pas sur le choix des meilleures variétés. D'après Dandolo, la meilleure feuille, la plus nutritive sous un poids donné, est celle des sauvageons; il a tiré une livre de cocons de 9 $^3/_4$ livres de cette feuille, tandis qu'il en fallait 13 $^1/_2$ de feuille de mûriers greffés, et en outre les premiers cocons étaient, dit-il, plus riches en soie que les derniers, dans le rapport de 7 à 6; les vers lui semblaient aussi d'une santé plus robuste, ce qui paraît résulter également d'une expérience relative à l'influence de la feuille sur la résistance de ces animaux aux maladies accidentelles faite par l'un de nous en 1893 (1).

M. Robinet met en première ligne le mûrier rose et relègue bien loin le sauvageon; mais il fait lui-même cette observation, que peut être la feuille de sauvageon sur laquelle il a expérimenté était déjà trop âgée, trop dure, trop indigeste, et qu'il est d'usage, dans le Midi, de la cueillir *pour commencer les éducations* et non pour les terminer; cet usage, s'il en est ainsi, serait parfaitement judicieux : on devrait *commencer avec le sauvageon* et *continuer avec le mûrier rose*. Le multicaule, plus précoce encore que le sauvageon, s'incruste aussi lentement que le mûrier rose : il aurait donc l'avantage de pouvoir servir en tout temps, mais offrirait l'inconvénient d'être, à poids égal, notablement moins riche en éléments nutritifs que les deux sortes précédentes.

Ce n'est pas seulement la variété des plants de mûriers qu'il importe de considérer; il faut aussi tenir compte des engrais plus ou moins abondants qu'on aura fournis au terrain où ils végètent; un sol fertile donne évidemment une feuille plus nourrissante qu'un sol épuisé.

Il faut enfin avoir égard à l'exposition du terrain, qui est plus ou moins favorable à la durée de l'insolation quotidienne des feuilles. En effet, M. Gasparin a trouvé que, toutes choses égales d'ailleurs, la feuille d'un pied exposé de toutes parts à la lumière donnait 45 o/o de résidu solide, celle d'un pied en-

---

(1) F. LAMBERT. — *Sur l'influence de la feuille dans la résistance des vers à soie à certaines maladies* (*Bull. de la Soc. nation. d'agric.* Paris, 1896).

soleillé seulement jusqu'à 1 heure du soir 36 o/o, enfin celle d'un pied tenu toujours à l'ombre et frappé seulement par la lumière diffuse 27 o/o.

Ce qui précède nous prouve déjà que toutes les parties solides des feuilles ne sont pas d'une égale importance. Pour distinguer parmi elles les éléments véritablement nutritifs, nous devons rechercher ce qu'elles deviennent, une fois ingérées par le ver.

C'est donc le choix effectué par l'organisme du ver à soie sur les diverses substances composant la feuille de mûrier qui nous apprendra quelles sont celles de ces substances dont il exige des doses plus ou moins élevées et celles, au contraire, qu'il tend à éliminer sous forme de déjections.

Répartition des matières minérales. — Voici comment M. Péligot a effectué cette recherche pour ce qui regarde les matières minérales de la feuille. Il a soumis à l'incinération un poids de feuilles égal à celui qui a été distribué aux vers ; il a ensuite pesé et analysé ces cendres aussi bien que les cendres laissées par les vers, par leur litière et par leurs déjections.

Voici des chiffres tirés du Mémoire de M. Péligot. Dans une éducation faite en 1851, il a donné à des vers, du 12 juin au 11 juillet, 1.052 grammes de feuilles fraîches, représentant 265 grammes de feuilles à l'état sec. Les vers, qui ne pesaient au début que 1 gr. 078, pesaient à la fin de l'expérience 144 gr. 690 ; la différence, réduite à l'état sec, égale 20 gr. 160. On a enfin recueilli 136 grammes de litières sèches et 98 grammes de déjections sèches. En défalquant les litières, il reste :

		Cendres
Feuille employée .	128ᵍʳ31 à 11.6 °/₀ de cendres =	15.0
Vers secs..........	20 16 à 9.0 °/₀ — =	1.9
Déjections........	98 00 à 13.8 °/₀ — =	13,5

Voici la répartition des matières minérales dans ces cendres :

	Feuilles	Vers	Déjections
Silice	2.64	0.07	2.70
Acide carbonique.	2.89	0.20	2.43
Acide phosphorique . . .	1.55	0.55	1.03
Acide sulfurique	0.23	0.03	traces
Chlore	0.18	0.02	0.16
Oxyde de fer.	0.09	traces	0.09
Chaux.	3.95	0.15	4.01
Magnésie	0.87	0.17	0.85
Potasse	3.76	0.68	2.29
	16.16	1.87	13.56

De la comparaison de ces résultats, il ressort que les substances trouvées en plus grande quantité dans les litières que dans les feuilles, et qui sont par conséquent éliminées, sont la *silice*, le *sulfate* et le *carbonate de chaux*; celles au contraire que les larves s'approprient sont : l'*acide phosphorique*, l'*acide sulfurique*, la *potasse* et la *magnésie*. Dès lors, on comprend la différence que les vers doivent trouver entre une feuille jeune, riche des éléments qu'ils recherchent, et une feuille vieille, surchargée de matières calcaires et siliceuses ; c'est surtout quand ils sont jeunes, en plein développement, ayant besoin par conséquent d'aliments très nourrissants, que cette différence doit produire les effets les plus marqués.

Répartition des matières organiques. — M. Péligot a étudié de la même manière la répartition des matières organiques : deux lots de vers à soie ont été pris aussi identiques que possible; l'un a été desséché et analysé, afin de retrancher les poids de ses éléments des poids auxquels ceux du second lot sont parvenus à la fin de l'expérience. Ce second lot a été nourri avec des feuilles pesées, et on a gardé des poids égaux des mêmes feuilles afin de les analyser; finalement, on a recueilli les vers, les litières, les déjections, et on les a encore analysés. Parmi les diverses expériences citées par l'auteur, nous rapporterons la première, qui concerne l'éducation de 1851 déjà mentionnée plus haut :

Poids des feuilles (moins les litières)..... $128^{gr}31$

Vers...... $20^{gr}16$..................⎫

Déjections.. 98 00..................⎭   118 16

Différence.......... ...   10 15

Cette différence est due à l'acide carbonique produit par la respiration des vers ; seulement elle ne peut lui servir de mesure exacte, à cause des erreurs inévitables dans un si grand nombre de pesées.

Tableau de la composition en centièmes

	Feuilles	Vers	Déjections
Carbone..........	43.73	48 10	42.00
Hydrogène........	5.91	7.00	5.75
Azote	3.32	9.60	2.31
Oxygène..........	35.44	26.30	36.14
Matières minérales..	11.60	9.00	13.80

Ce tableau permet de calculer la répartition cherchée, savoir :

	Feuilles	Vers	Déjections
Carbone.....	56.41	9.69	41.16
Hydrogène........	7.63	1.41	5.62
Azote	4.28	1.93	2.26
Oxygène..........	45.62	5.30	35.41
Matières minérales..	20.93	1.81	13.52
	128.87	20.14	97.97

On constate tout d'abord qu'il y a une *déperdition de carbone* égale à peu près à la moitié du carbone fixé par l'animal; cette perte correspond à la *production d'acide carbonique* par la respiration.

Il y a également *perte d'hydrogène et d'oxygène* dans les proportions qui correspondent à la formation d'un certain poids de *vapeur d'eau*.

La quantité d'azote contenue dans les feuilles consommées

paraît précisément égale à celle qu'on retrouve dans les vers et
les déjections ; seulement celles-ci sont relativement *plus pauvres en azote* (2.31 o/o au lieu de 3.32 o/o), tandis que *c'est l'inverse pour les vers* (9.60 o/o au lieu de 3.32 o/o). La différence
serait encore plus marquée si l'on prenait des vers à la montée ; étant dépouillés par d'abondantes déjections, ils contiennent alors 12 à 14 o/o d'azote.

Enfin les matières minérales de la feuille (11.6 o/o) ont été
éliminées en partie par les vers, qui n'en ont plus que 9 o/o,
et sont accumulées dans les déjections (13.8 o/o).

Ces déjections sont plus oxydées que les vers et que les feuilles. Si, au lieu de vers de composition moyenne, il s'agissait
de vers prêts à filer, le chiffre de 9 o/o de cendres se réduirait
à 4 o/o, et ces cendres auraient la composition :

Phosphate de magnésie et acide phosphorique.   40.7
Chaux.. ....   14.1
Phosphate et carbonate de potasse..........   45 2

Par compensation, la proportion des cendres des déjections
s'élèverait jusqu'à 18 et même 24 o/o.

Ces restrictions n'ôtent rien à l'intérêt des conclusions générales formulées plus haut ; elles montrent seulement, comme
l'a fait du reste remarquer M. Péligot, que les chiffres cités ont
une valeur seulement relative, et non pas absolue et constante.

Les phénomènes chimiques accomplis durant la digestion
des feuilles dans l'estomac nous sont inconnus. On sait seulement que le suc gastrique est très riche en carbonate de potasse.

On ignore également l'effet que produisent les ingrédients
divers dont on a eu parfois l'idée de saupoudrer la feuille, soit
en vue de guérir quelque maladie, soit pour fortifier l'animal
ou rendre la sécrétion soyeuse plus abondante. Rien n'est resté
de tous les essais tentés dans cette voie, si ce n'est qu'on a
constaté l'indifférence, ou, si l'on veut, la voracité avec laquelle
le ver avale indistinctement une foule de produits : sel, sucre,
amidon, alcool, cendres, poussières minérales diverses.

Consommation totale de feuille. — Le poids total de feuille consommée par un ver, de l'éclosion à la montée, se déduit des quantités trouvées par les éleveurs praticiens qui ont opéré sur les vers issus de 25 grammes de graine. L'un des plus exacts, Dandolo, dans une expérience faite en 1813, a trouvé que les vers qui lui avaient produit 57 kilogrammes de cocons, et dont le nombre était d'environ 27.000, avaient mangé 360 kilogrammes de feuille. Cela fait 13 gr. 33 par chaque ver; c'est le chiffre que l'un de nous a obtenu dans une expérience, faite en 1891, avec des vers de deux races, une de la Chine, à vers à bosses et à cocons blancs, l'autre indigène des Cévennes, à vers d'aspect ordinaire et à cocons jaunes.

| | Poids de la feuille ingérée par 100 vers [1] | | | |
| | de la race chinoise à cocons blancs | | de la race indigène à cocons jaunes | |
	Poids réel	Poids en feuille adulte	Poids réel	Poids en feuille adulte
De la naissance à la 1re mue.	6gr,06	18gr,18	4gr,16	12gr,48
De la 1re mue à la 2e mue..	13 95	27 90	11 95	23 90
De la 2e à la 3e mue.......	30 05	45 07	43 78	65 67
De la 3e à la 4e mue.......	103 86	155 79	154 20	231 30
De la 4e mue à la montée.	863 92	863 92	1143 10	1143 10
Totaux..............	1017 84	1110 86	1357 69	1476 35
Feuille mangée par un ver de race chinoise....... 10 gr. 18				
— — indigène ...... 13 gr. 57				

Ainsi, le poids total de feuille ingérée par un ver n'est pas tout à fait le même pour les vers de diverses races. Ces chiffres, qui correspondent aux conditions ordinaires de la pratique, n'ont

---

[1] F. LAMBERT. — *Recherches sur l'alimentation des vers.* Montpellier, 1891.

d'ailleurs rien d'absolu, même lorsqu'il s'agit de vers appartenant à la même race, nourris avec la même feuille. Ainsi on
a reconnu qu'à partir du cinquième jour après la 4ᵉ mue, on
peut faire jeûner les vers : ils mûrissent quand même et font
un cocon, mais ce cocon est naturellement plus léger que si le
ver avait mangé à sa fantaisie ; aussi, c'est une mauvaise économie que d'épargner la feuille, et on ne le fait que contraint
par la nécessité.

Manière dont la feuille est mangée par le ver. — La façon
dont la feuille est mangée est intéressante à observer ; elle varie
avec l'âge du ver. De la naissance à la première mue, il l'attaque
par les faces du limbe dont il détache à l'aide de ses mandibules,
agissant comme des pinces, des petites portions dans les parties
les plus tendres de la surface, sans même arriver jusqu'au bord
opposé du parenchyme ; ce dernier apparaît bientôt comme cri-
blé de petits trous à travers lesquels on voit le jour (fig. 30); de

Fig. 30 — Feuilles mangées par des vers de la naissance à la 1ʳᵉ mue. —
Grandeur naturelle.

la première mue jusqu'à la quatrième, il l'attaque, soit par les
faces du limbe dont il enlève des morceaux comme au premier
âge, mais plus gros, soit par les bords qu'il découpe en fragments dont la largeur se trouve limitée par la profondeur de
l'échancrure de la lèvre supérieure ainsi que par les dimensions

des mandibules (fig. 31 à 33); après la quatrième mue, le limbe est le plus souvent rongé par les bords (fig. 34); la voracité du

Fig. 31. — Feuilles mangées par des vers au 2ᵉ âge.— Réduction : 1/3.

ver est alors devenue telle que, pendant la grande frèze, il avale indifféremment toutes les parties même les plus dures de la feuille, les plus grosses nervures et le pétiole. On trouve souvent aussi, durant cette dernière période de la vie de la larve, des

Fig. 32. — Feuilles mangées par des vers entre la 2ᵉ et la 3ᵉ mue. — Réduction : 1/3.

fruits mangés par elle, et même quelquefois des pédoncules de fruits entamés plus ou moins profondément sur une partie de leur longueur.

Maturité du ver. — Sept ou huit jours après la 4ᵉ mue, le ver

atteint son poids maximum, qui égale environ 3 gr. 5 pour les
petites races, 4 grammes pour les races moyennes, et dépasse
5 gr. 5 pour celles de la plus grande taille.

Fig. 33. — Feuilles mangées par des vers de la 3ᵉ à la 4ᵉ mue. —
Réduction : 1/3.

A partir de ce moment, il ne mange plus guère et semble

Fig. 34. — Feuilles entamées par des vers après la 4ᵉ mue. — Grandeur
naturelle.

surtout occupé à digérer ; ses réservoirs soyeux se gonflent et s'agrandissent jusqu'à occuper la majeure partie de la cavité du corps dans les six premiers anneaux de l'abdomen. La teinte verte de la feuille, qui se voyait sous le blanc perlé de la peau, disparaît graduellement à mesure que cette feuille est évacuée à l'état d'excréments, et le corps tout entier, selon l'expression d'Olivier de Serres, transluit *comme un raisin mûrissant.* Quand les dernières portions de feuille sont expulsées, une grosse goutte d'un liquide alcalin les accompagne ; c'est l'unique moment où le ver à l'état sain rejette un excrément liquide.

D'après M. Péligot, cette matière est formée de bicarbonate de potasse pur.

En cet état, le ver est arrivé à maturité. Par suite de l'évacuation des excréments et de l'usure des tissus (autophagisme), son poids a diminué de près d'un gramme ; son corps aussi s'est aminci et allongé.

Confection du cocon. — Devenu mûr, le ver refuse la feuille ; il vague çà et là, en agitant sa tête et allongeant le museau comme s'il cherchait à s'élever au-dessus de la litière ; effectivement, dès qu'il rencontre une paroi verticale, il monte, tant qu'un obstacle ne l'arrête pas ; chemin faisant, il vomit son fil soyeux, qui s'attache aux aspérités des corps environnants et se durcit quasi immédiatement. On voit des vers perdre ainsi de côté et d'autre toute leur soie ou en revêtir des surfaces planes ; ces vers irréguliers sont appelés *vers tapissiers ;* ils deviennent *courts* et se chrysalident à nu, ou bien périssent (1). Mais d'ordinaire, à force d'errer et de balancer sa tête de tous côtés, le ver rencontre un coin favorable pour l'installation de son cocon : on lui facilite cette recherche en plantant des rameaux de bruyère sur les claies : il tend autour de lui un

---

(1) Chez certaines variétés de vers à soie de la Chine on observe un grand nombre de ces vers *tapissiers* qui, après avoir répandu leur soie, en pure perte, de divers côtés, finissent par se chrysalider à nu au milieu de la litière.

réseau irrégulier de fils qu'on appelle la *blase* ou la *bourre*, et délimite ainsi un espace ovoïde où son corps demeure enfermé, espace qu'il continue à tapisser activement ; au bout de cinq à six heures de travail, la forme précise du cocon se trouve indiquée ; la soie qui constitue ces premières couches est blanche, même chez les races à cocons colorés. Bientôt, le ver continuant à déposer son fil soyeux en nombreux replis à l'intérieur de cette loge, l'épaisseur du cocon devient assez grande pour dérober l'animal à la vue ; le troisième jour, si la température est convenable, le cocon est terminé.

Sécrétions diverses. — Nous avons vu déjà, en parlant des fonctions de la peau, que cette partie du corps doit compter parmi les organes sécréteurs les plus importants.

Les tubes urinaires, ou tubes malpighiens, ont été également mentionnés, ainsi que les glandes salivaires, les glandes de l'estomac et celles de la peau. A côté de toutes ces glandes, il faut placer celles de la soie.

Sécrétion de la soie. — Si l'on étudie le développement des glandes soyeuses dans l'embryon, on voit que ces organes sont homologues des glandes salivaires et des trachées.

La soie est, pour l'animal, une sorte d'excrétion dont il se débarrasse, à un moment donné, pour ainsi dire en une seule fois, au lieu de la déverser à mesure qu'elle se forme. Il ne serait pourtant pas exact de dire que toute la soie produite sert à la formation du cocon. En effet, à peine le ver est il éclos que déjà ses glandes soyeuses fonctionnent ; il émet quelques fils de soie. Il en émet encore à toutes les mues, pour amarrer sa dépouille aux corps voisins.

Cependant, jusqu'à la 4ᵉ mue, les lobes soyeux sont assez peu développés ; ils ne pèsent que 0 gr. 01 chez un ver sortant de 4ᵉ mue, dont le poids est de 1 gramme. Il y a loin de là à l'énorme dimension qu'ils atteignent quand la maturité approche ; chez un ver mûr pesant de 3 à 4 grammes, leur poids peut dépasser 0 gr. 80 ; celui de la soie évacuée est encore plus

grand que ces chiffres ne l'indiquent : M. Péligot a observé
en effet que, chez des vers mûrs dont les lobes pesaient à l'état
sec 0 gr. 10, le poids moyen de la soie d'un cocon s'élevait à
0 gr. 16. Cette augmentation du poids de la soie vient, dit-il,
de ce que la sécrétion se continue durant le temps même de
la confection du cocon. A l'appui de l'opinion ci-dessus, nous
citerons l'observation faite par l'un de nous que si l'on prolonge la durée de la montée à la bruyère, en abaissant un peu
la température au-dessous du degré habituel, au moment où
les vers deviennent mûrs et se disposent à former leurs cocons,
on a des cocons plus lourds sans qu'il y ait diminution de la
richesse soyeuse qui aurait même plutôt, au contraire, semble-
t-il, tendance à devenir plus élevée (1). Donc il y a augmentation
du poids de la matière soyeuse. Un tel résultat est facile à
concevoir si l'on admet l'émission par le ver d'un poids plus
grand de soie résultant d'une sécrétion plus prolongée de cette
matière. M. Péligot ajoute que l'augmentation dont il s'agit
pourrait peut-être venir encore d'une oxydation du fil à sa
sortie de la trompe soyeuse.

Il est difficile d'expliquer le durcissement du fil soyeux dans
son passage par les tubes excréteurs ; y aurait-il là quelque
sécrétion particulière agissant sur la soie, ou bien serait-ce
l'office des petites glandes de Filippi ? Ou bien encore, comme
le pense M. R. Dubois (2), se passerait-il, dans cette solidification de la matière soyeuse, quelque chose d'analogue à ce qui
a lieu dans le phénomène bien connu de la coagulation spontanée du sang en dehors des vaisseaux ? Ce qu'il y a de sûr,
c'est que, dans les réservoirs, la matière soyeuse est une masse
gluante sans consistance. Si on crève leurs parois sous l'eau,
cette masse s'écoule comme un liquide visqueux, qui se durcit

---

(1) F. LAMBERT. — *Influence d'une faible diminution de la chaleur pen-
dans les derniers jours de l'élevage sur les cocons du ver à soie*. Montpellier, 1899.

(2) Dʳ RAPHAEL DUBOIS. — *Sur la solidification du fil de soie à la sortie
de la glande séricigène du Bombyx mori*. Lyon, 1891 et 1899.

en bloc, sans la moindre trace de structure filamenteuse.
Plongés dans l'acide acétique étendu, les lobes soyeux durcissent peu à peu, et peuvent, à un certain moment, être distendus
chacun en un fil assez long, très tenace, connu des pêcheurs
à la ligne sous le nom de *crin de Florence ;* dans cette opération, la partie périphérique, le grès, est arrachée; il ne reste
que l'axe de fibroïne.

Préparation du crin de Florence. — Voici d'ailleurs quelques
détails sur la manière dont on prépare ce fil. Quand les vers
sont mûrs, c'est-à-dire lorsqu'ils se disposent à former leurs
cocons, on les prend et on les jette dans un bain d'acide acétique ; là, ils ne tardent pas à mourir. On les y laisse macérer
quelques heures : 12 à 24 heures ou même, selon Dubet (1),
seulement 3 à 6 heures. Après ce temps, on retire les vers un
par un du bain et les saisissant avec les doigts, par les deux
extrémités, on tire en sens contraire sur le corps, de manière
à le partager en deux en déchirant la peau en travers. Les
lobes soyeux étant ainsi mis à nu, on les extrait, puis, les
prenant l'un après l'autre, on les retire doucement jusqu'à ce
qu'on obtienne un fil ayant le degré voulu de finesse (les fils
ordinaires ont 35 à 45 centimètres de longueur). Il ne reste plus
qu'à faire subir au fil, ainsi préparé, divers traitements successifs, mécaniques et physiques, dans le but de rendre sa surface tout à fait nette, d'augmenter son poli, sa souplesse, et
de le rendre aussi peu visible que possible sous l'eau. Cette
sorte de finissage consiste essentiellement en bains dans l'huile
ou dans la glycérine et en frictions à la surface du fil. La fabrication du crin de Florence a, en Europe, ses principaux centres
dans la province de Murcie, en Espagne, où elle constitue une
industrie spéciale qui a son importance.

Nous renvoyons à la troisième partie de cet ouvrage les
détails relatifs aux fils de soie et aux cocons.

---

(1) A. DUBET. — *La murio-metrie.* Lausane et Grenoble, 1770.

Fonctions de relation. — Dans l'état de domesticité où nous avons réduit les vers à soie, ils ne quittent jamais les litières de feuilles de mûrier, sauf quand ils sont mûrs, prêts à filer, ou qu'ils sont atteints de quelque maladie mortelle ; parfois aussi quelques-uns vont muer à une faible distance de ces litières.

Quand on les nourrit sur des branchages, on constate qu'un grand nombre se laissent tomber ou ne vont pas à la recherche de la feuille, comme le feraient des chenilles sauvages.

Ce n'est qu'à la montée à la bruyère qu'ils semblent retrouver un peu d'agilité ; encore y en a-t-il toujours quelques-uns qui tombent, ne sachant pas se cramponner aux brindilles des cabanes.

Mais dans la confection du cocon, ils font preuve d'un si merveilleux instinct qu'on n'oserait plus les taxer de stupidité. Quelquefois ils se mettent deux ou trois dans un même cocon ; il y a des races où ces cocons, appelés *doubles*, sont assez fréquents pour diminuer de beaucoup la valeur de la récolte. Il existe même dans l'île de Riu-Kiu, au Japon, une race dont les cocons, qui sont de couleur jaune, sont presque tous doubles ; les cocons simples qui se rencontrent parmi les doubles étant, au contraire, en très petit nombre. M. C. Sasaki, qui a étudié cette *race à cocons doubles* (1), a trouvé à l'intérieur des cocons jusqu'à 7 et 8 chrysalides ; ordinairement ils en renferment plus de deux. Les cocons doubles dont il s'agit sont très grands ; ils atteignent jusqu'à 7 centimètres de longueur et ils ont, comme d'ailleurs cela se voit parmi les cocons doubles des races ordinaires, des formes très variées ; on tire de ces cocons un fil grossier qui est utilisé dans le pays.

Les organes du toucher, dans les vers, sont principalement les extrémités des antennes, des palpes maxillaires et des palpes labiaux ; là se trouvent des poils courts qui ont à leur basé

---

(1) CHUJIRO SASAKI. — *Double cocoon Race of silk worms*. Tokio, 1904.

des filets nerveux. Il est probable que sur toute la surface du corps on rencontrerait des poils analogues, mais plus clairsemés (1).

Le goût est localisé sur les parois de la bouche (2).

L'odorat, s'il existe, doit avoir pour siège l'orifice buccal ou les stigmates. En tout cas, il n'est pas d'une grande délicatesse, car on peut nourrir les vers dans une épaisse fumée aussi bien que dans les vapeurs de chlore, d'acide sulfureux, etc., qui seraient insupportables pour nous.

L'ouïe paraît nulle ; les bruits les plus intenses n'émeuvent les vers en aucune manière. Quand on accuse le tonnerre de les troubler à la montée, on attribue à ce bruit un effet qui est dû à la diminution de pression ou à la stagnation de l'air.

Quant aux yeux, on ne saurait dire s'ils en font réellement usage pour distinguer les objets, même à de courtes distances ; la lumière ne les attire ni ne les repousse. On croirait parfois qu'ils fuient les embrasures des fenêtres ; mais, si on les abrite bien des courants d'air et des rayons calorifiques du soleil, ils cessent de manifester aucune répulsion pour ce côté de leurs claies.

III. — Maladies de la Larve

Éventualité de maladies diverses. — Il n'est malheureusement pas rare que les vers à soie, en dépit de tous les soins, deviennent malades et périssent dans un court délai, comme si quelque peste les avait frappés ; une telle éventualité est même considérée comme assez probable pour constituer un

---

(1) Il existe chez les vers au premier âge, parmi les poils barbelés, des poils *lisses* qui sont probablement des organes tactiles (F. Lambert).

(2) Les six petits mamelons coniques du labre dont il a été déjà question plus haut pourraient bien être des organes du goût et aussi des organes du toucher.

obstacle sérieux au développement de l'industrie séricicole dans nos contrées.

Nous n'avons pas de procédés curatifs pour combattre aucune des maladies auxquelles ces insectes sont sujets, mais en revanche nous possédons des moyens préventifs très efficaces contre la plupart d'entre elles, et le talent de magnanier consiste, pour une bonne part, à mettre ces moyens en pratique. C'est ce qu'il fera d'autant mieux qu'il aura mieux compris la nature des maladies dont il s'agit, et surtout leur mode de propagation. Nous allons donc étudier succinctement les principales de ces maladies, savoir : la *Muscardine*, la *Pébrine*, la *Flacherie*, la *Grasserie* et la *Maladie de la mouche*.

Muscardine. — *Caractères et causes. Propagation.* — Un ver à soie atteint de muscardine conserve, même quand sa mort est imminente, les apparences de la santé ; cependant son corps est mollasse et de couleur légèrement rosée. Son sang devient très acide et les battements du vaisseau dorsal plus accélérés qu'à l'état normal. Une fois mort, il durcit, en conservant les empreintes des formes environnantes : on dirait une pétrification ; sa couleur, dans un air sec, devient brunâtre ; mais dans un air humide, par exemple sous les litières, il se revêt d'une moisissure blanche. Lorsque l'animal meurt à l'état de chrysalide, celle-ci devient aussi dure et sèche, et sonne dans le cocon comme le ferait un caillou ; à l'air humide, elle blanchit aussi, comme le ver. Cet aspect praliné des muscardins leur a valu le nom vulgaire de *dragées*.

Ces faits bizarres, signalés par Vallisneri dès 1725 et longtemps inexpliqués, sont devenus intelligibles depuis la découverte du Dr Bassi. En 1835, ce savant démontra que les efflorescences blanches dont nous venons de parler ne sont autre chose que les filaments fructifères d'un champignon microscopique dont la végétation souterraine s'accomplit dans le corps de l'animal. Ce champignon a été nommé *Botrytis bassiana* (1).

---

(1) Le genre *Botrytis* a été défini comme il suit par Corda (1845) : Flocci

Balsamo Crivelli, Montagne, Audouin, Vittadini, l'ont étudié minutieusement.

On a reconnu que des myriades de semences ou *spores*, dont le diamètre est de 2 millièmes de millimètre, s'échappent des efflorescences blanches, emportées par l'agitation de l'air ; que ces spores, tombant sur des vers sains ou sur la feuille qu'ils mangent, trouvent fréquemment des conditions favorables à

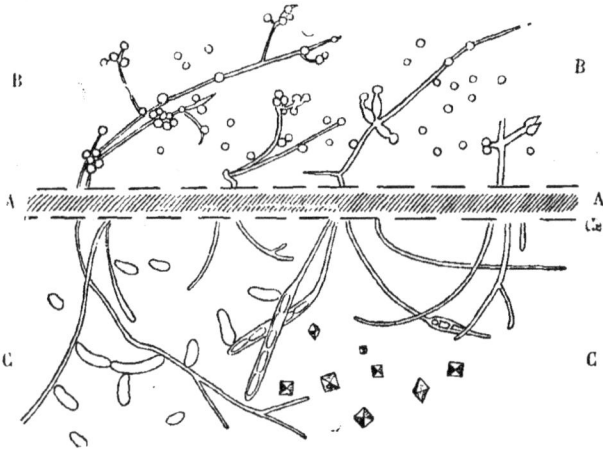

Fig. 35. — Dessin schématique de la végétation du *Botrytis bassiana*.—
Grossissement : 500 diamètres.
A, A. Epaisseur de la peau. — B, B. Filaments fructifères et spores. —
C, C. Mycélium, conidies et cristaux.

leur développement, de telle sorte que les filaments qui sortent de ces spores traversent les membranes du ver, grandissent aux dépens de ses tissus, notamment du tissu graisseux, et produisent dans tout le corps une foule de petits bulbes ou *conidies* capables d'émettre à leur tour de nouveaux filaments (fig. 35).

sporidiiferi erecti septati ramosi ; ramis ramulisque septatis ; capitulis sporarum nullis. Sporæ acrogenæ homogenæ, solitarim evolutæ, simplices, continuæ, ad apices vel latera ramulorum irregulariter accumulatæ vel inspersæ. — Montagne a ensuite caractérisé l'espèce *B. bassiana* : Botrytis Bassiana, floccis fertilibus candidis, erectis, simplicibus, dichotomis, breviter ramosis, ramis sparsis sporidiiferis, sporidiis globosis, circà apices ramorum parce collectis, tandem capitato-conglomeratis.

A part la matière soyeuse, qui en demeure exempte, et peut-être aussi le sang, toutes les parties se bondent de ces filaments, qu'accompagnent aussi de nombreux cristaux octaédriques. Le sang d'ailleurs devient de plus en plus rare et fortement acide; une goutte séchée sur une lame de verre donne des cristaux en forme de losange, comme ceux d'acide urique.

Le ver une fois mort, le champignon émet à l'extérieur des filaments fructifères blancs, d'aspect cotonneux, qui bientôt se chargent de spores semblables à celles qui ont été le point de départ de la maladie.

D'après Montagne, les spores se forment à l'intérieur des filaments fructifères et s'échappent de leur extrémité en se revêtant d'une membrane visqueuse, grâce à laquelle elles restent groupées par deux, trois, quatre, au bout ou le long des filaments principaux.

La formation de ce champignon n'est pas le dernier terme des altérations que présentent les vers muscardinés; si, en effet, on enlève les efflorescences du champignon, le cadavre se couvre encore d'une poussière saline et de cristaux dont la composition moyenne centésimale est la suivante, d'après M. Verson (1):

Eau	12,635
Acide oxalique	48,975
Ammoniaque................... .	22,365
Magnésie	1,9

La composition chimique de ces produits cristallins, émis par les vers muscardins, a amené M. Verson à les considérer comme formés d'un sel double d'ammoniaque et de magnésie.

Toutes les chenilles, en général, et beaucoup d'autres insectes sont susceptibles de périr de la maladie de la muscardine, en offrant les mêmes phénomènes que le ver à soie.

---

(1) E. VERSON. — *Dei prodotti cristallini che mette il baco calcinato.* Padoue, 1893.

Pour que le Botrytis se développe sur un de ces animaux, il ne paraît pas nécessaire que le sujet en question soit préalablement affaibli par une indisposition quelconque : les plus robustes en sont atteints comme les autres ; seulement on conçoit qu'il y en ait quelques-uns qui résistent plus que d'autres à cet envahissement. La quantité des spores, leur état de végétation, le degré de chaleur et d'humidité de l'air doivent aussi amener des différences dans les effets obtenus ; c'est pourquoi certains auteurs ont soutenu que la muscardine n'est pas contagieuse ; elle l'est évidemment, d'après ce qui précède, et au plus haut degré.

Le mal se répand à distance par la dissémination des spores ; par conséquent un ver muscardin n'est dangereux pour ses voisins que quand son cadavre a blanchi.

Il paraît qu'un air chaud et sec est une condition très favorable à la dissémination du champignon.

Entre l'époque de la chute des spores et celle de la mort des vers, il s'écoule généralement un intervalle d'une dizaine de jours : si donc la montée à la bruyère doit avoir lieu avant cette limite de temps, la récolte de cocons sera obtenue comme si les vers n'étaient pas malades, mais la mort les frappera dans ces cocons, qui dès lors n'auront pas le poids accoutumé. Les spores peuvent aussi être inoculées à l'aide d'une piqûre, et alors l'animal meurt au bout de trois ou quatre jours seulement.

La faculté de germer se conserve chez les spores pendant plus de trois ans dans l'air sec. Dans l'air humide, elles perdent rapidement leur faculté germinative (1). Elles sont capables de germer et de fructifier même sur des corps non organisés : sucre, gomme, colle, etc.

Le *Botrytis bassiana* n'est pas la seule espèce de champignons

_____

(1) F. LAMBERT. — *Sur la durée de la faculté germinative des spores de la muscardine* (Communication faite au Congrès intern. d'agricult. tenu à Rome du lundi 13 au vendredi 17 avril 1903).

qui soit susceptible de se développer en parasite sur le ver et de
causer sa mort ; d'autres espèces, appartenant au même genre
que le *Botrytis bassiana*, ou à des genres différents, peuvent
amener les mêmes effets. Ainsi, MM. Prillieux et Delacroix, en
France ; M. Susani, en Italie, ont montré que le *Botrytis tenella*,
dont l'emploi pour la destruction des hannetons a été conseillé
il y a quelques années, peut atteindre le ver à soie et le faire
périr en déterminant une *muscardine rose*. M. Lafont (1) a fait
une observation analogue en ce qui concerne un autre champignon microscopique appartenant au genre *Sporotrichum*, le *Sporotrichum globuliferum*, qui attaque diverses espèces d'insectes.

Moyens d'éviter la maladie et sa propagation. — On ne connait
aucun moyen de guérir les vers une fois qu'ils sont envahis
par le Botrytis. Par conséquent, tous les efforts doivent tendre
à prévenir cette maladie, ce qui ne peut se faire qu'en détruisant exactement tous les germes du fatal champignon dans le
local où on élève les vers.

C'est une tâche heureusement assez facile, car le gaz acide
sulfureux a la propriété de tuer spores et filaments; si donc
on développe ce gaz en quantité suffisante dans l'atmosphère
de la magnanerie, la plus grande partie des champignons
seront anéantis. Pour cela, avant l'éducation, on n'a qu'à
brûler dans le local clos, aussi exactement que possible, pour
100 mètres cubes, 2 à 3 kilos de soufre pilé avec 200 à 300
grammes de salpêtre. On peut se servir à cet effet de poêlons
en terre commune, qu'on met, de peur d'incendie, sur un lit de
sable ou de terre assez épais. Ensuite, on blanchit les murs à
la chaux (2). Pour faciliter la combustion, on peut adjoindre
tou'e autre substance facilement inflammable, l'arroser d'alcool
par exemple.

---

(1) F. LAFONT. — *Effets du Sporotrichum globuliferum sur le ver à soie.*
(Communic. à la Soc. nat. d'agric.). Paris, 1899.

(2) D'après MM. Lutz et Pettenkofer, la chaux peut, en absorbant l'acide
sulfureux, gêner l'action de ce gaz; c'est pour cette raison qu'il vaut mieux
faire le badigeonnage après avoir brûlé le soufre qu'avant. (F. LAMBERT.—
Désinfection des magnaneries. Montpellier, 1896, p. 25).

On arriverait probablement aux mêmes résultats pour la destruction des germes de la muscardine en mouillant, à l'aide d'une pompe à pulvériser les vignes, le plafond, les murs et le plancher de la magnanerie avec une solution de formol étendue d'eau. On prépare cette solution en versant dans 100 litres d'eau, 2 ou 3 litres de formol du commerce. Cette substance est un désinfectant très énergique et dont l'efficacité contre les spores du Botrytis a été reconnue en 1896 par M. Quajat (1) et après lui par plusieurs expérimentateurs, notamment par M. Pasqualis, en Italie, et par M. Bolle en Autriche.

Le formol présente, en outre, l'avantage de ne détériorer aucunement les objets avec lesquels il est en contact. Il faut environ de 30 à 40 litres de la solution ainsi préparée pour la désinfection d'un local de 100 mètres cubes. Ce désinfectant peut aussi être employé à l'état gazeux; pour cela on verse dans un récipient en cuivre 200 à 300 grammes de la solution du commerce que l'on chauffe doucement pour faire dégager le gaz. Les vapeurs de formol sont très irritantes pour les muqueuses, il faut donc avoir la précaution de sortir de l'appartement lorsqu'on a assuré le dégagement du gaz ou après avoir pulvérisé la solution ; on ferme le local et on le laisse clos pendant un jour entier (24 heures), afin de donner au gaz le temps d'agir ; on l'ouvre ensuite pour aérer.

Si au cours de l'élevage on voit un ver se muscardiner, on enlève les litières très soigneusement, en faisant le moins de poussière possible; puis, chaque jour après l'un des repas, on brûle, pour 100 mètres cubes de capacité, 25 à 30 grammes de soufre pilé avec 2 ou 3 grammes de salpêtre, ou bien encore arrosé d'alcool.

Des fumigations de formol ou de chlore produiraient la même action; on pourrait aussi employer la fumée du bois vert. Les vers ne souffrent d'ailleurs aucunement de ces diverses émanations. Toutefois on a remarqué que les vapeurs

(1) E. QUAJAT. — *Ricerche sperimentali sul calcino* (Boll. mens. di Bachi. Padoue, 1896 et 1897).

de soufre et celles de formol pouvaient nuire au rendement en soie des cocons en filature ; on devra donc cesser les fumigations avec ces substances quand les vers se disposeront à former leurs cocons.

Il n'y a pas lieu de poser la question de la transmission de la muscardine par hérédité, puisque tout ver muscardin meurt avant d'arriver à l'état de papillon.

Ce n'est que dans le cas où des spores se trouveraient à la surface des œufs que les vers pourraient, au moment de leur naissance, contracter cette maladie; aussi faut-il avoir la précaution, si l'on veut éviter ce danger, de bien laver les graines et de les conserver ensuite jusqu'à l'éclosion dans une chambre où il n'y ait pas eu de muscardine ou qui ait été désinfectée préalablement.

Pébrine. — *Caractères et cause.* — La maladie de la pébrine est indiquée extérieurement par le dépérissement et l'inégalité

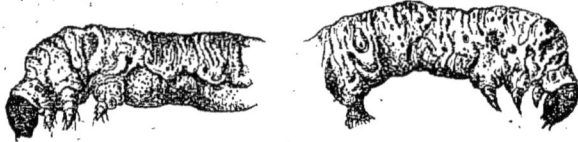

Fig. 36.— Vers tachés de pébrine, d'après L. Pasteur.— Grossissement : 2/1.

des vers; ils deviennent *petits*, c'est-à-dire que, mangeant peu,

Fig. 37.— Corpuscules de la pébrine. Grossissement: 500.

ils ne grossissent pas autant qu'à l'état normal. Au bout de quelques jours, on voit fréquemment des taches noires apparaître sur la peau, semblables à des piqûres ou à des brûlures (fig. 36); la pointe de l'éperon, les crochets des fausses pattes, les parties molles interannulaires, sont surtout le siège de ces taches noires. A l'intérieur du corps, l'observation microscopique permet de reconnaître la présence d'innombrables corpuscules ovoïdes (fig. 37), remplissant les cellules des parois stomacales, celles des glandes soyeuses, les muscles, le tissu graisseux, la peau, les nerfs, en un mot toutes les régions du corps ; souvent il y en a tant que les cellules

des glandes soyeuses en deviennent boursouflées, blanches (fig. 38), et paraissent à l'œil nu parsemées de tache crayeuses : le liquide soyeux en demeure toujours exempt, mais il est beaucoup moins abondant que dans l'état de santé.

Les corpuscules, observés dès 1840 par M. Guérin-Méneville, ont été étudiés par une foule de savants, notamment de Filippi, Cornalia, Frey, Lebert, Vlacovich, Villadini, Pasteur, Balbiani, Pfeiffer, Thélohan. Certains, les regardant comme des algues parasites unicellulaires, les ont rangés parmi les végétaux inférieurs ; ainsi Frey et

Fig. 38. — Glandes de la soie dans un ver très corpusculeux, d'après L. PASTEUR. — Grossissement : 2/1.

Lebert, en 1856, leur ont donné le nom de *Panhistophyton ovatum*, ce qui veut dire plante qui se trouve dans tous les tissus du corps ; plus tard, Nœgeli, après Frey et Lebert, les appela *Nosema bombycis* ; aujourd'hui, on les considère généralement comme étant des animaux unicellulaires se repro-

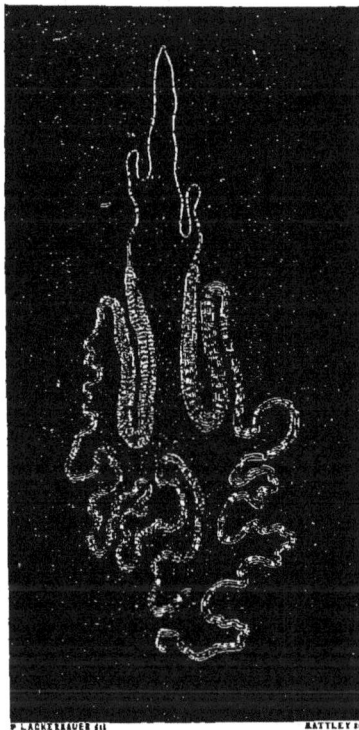

duisant par le moyen de spores (*Protozoaires sporozoaires*) qui appartiendraient au groupe des *Myxosporidies* (Bütschli), et, dans ce groupe, auquel ils ont été récemment réunis par Thélohan, à la section des *Microsporidies* (Balbiani). Leur grand axe est d'environ 3 à 4 millièmes de millimètre ; le petit axe est moitié plus court. Ni les acides, ni les alcalis, à l'état dilué, ne les dissolvent. A l'état jeune, ils sont très pâles, plus tard, ils semblent massifs et réfractent vivement la lumière. Quelques-uns, dans l'estomac des vers, affectent la forme de poires.

Vlacovich a calculé qu'il en faudrait plus de quatorze millions pour occuper l'espace d'un millimètre cube.

La surface des microsporidies est entièrement lisse. La membrane enveloppante renferme une masse sarcodique qui, d'après M. Balbiani, peut s'en échapper par une ouverture produite à l'un des pôles. Cette masse, douée de mouvements amiboïdes, serait une sorte de matrice pour les nouveaux corpuscules : « En effet, dit M. Balbiani, on y voit d'abord apparaître de petits globules pâles, qui grossissent et se transforment en corps ovalaires ou pyriformes, mais toujours plus larges que les corpuscules mûrs : ce sont les jeunes spores. Dans ces spores, on voit se former une ou deux grandes vacuoles pâles ; puis les spores se condensent, prennent plus de consistance ; les vacuoles s'effacent et tout le sarcode disparaît, absorbé par les éléments qui se sont formés dans son sein. Il ne reste alors qu'un petit amas de spores mûres qui s'éparpillent dans tous les sens, en raison de ce que la masse sarcodique disparue ne peut plus les retenir. Ils vont donc se développer ailleurs en d'autres masses sarcodiques, et c'est ainsi que l'organisme tout entier du ver se remplit de proche en proche de microsporidies ».

Début et marche de la maladie. Sa propagation. — C'est toujours par le tube digestif de l'animal que le parasite s'introduit. Il suffit que la feuille de mûrier servie à des vers sains soit salie au moyen d'une bouillie contenant des corpuscules frais, pour que ces vers, au bout de cinq ou six jours,

offrent tous les signes du mal. On ignore cependant comment
la pénétration du corpuscule s'effectue à travers la cuticule
anhiste de l'estomac. M. Pasteur, qui a fait le premier des
expériences de contagion de cette sorte, a reconnu que les
vers infectés après la quatrième mue font néanmoins leurs
cocons; mais les papillons qui en sortent sont horriblement
corpusculeux et un grand nombre de leurs œufs, portant en
eux les germes de l'infection, périront infailliblement lors de
leur éclosion; ils seront en même temps des causes de contagion pour les vers voisins, lesquels, infectés de très bonne
heure, périront avant la montée.

On voit par là combien il importe de n'avoir dans une éducation aucun ver pébriné; par leurs déjections, par les débris
de leurs cadavres, ils propagent le mal autour d'eux. On comprend aussi à quel point les papillons corpusculeux, par les
graines infectées qu'ils produisent, deviennent des agents efficaces de propagation pour cette terrible maladie, dans tous les
pays où ces graines sont élevées. Aussi les agglomérations trop
vastes et les grainages mal faits ont-ils été, de 1845 à 1865, les
principales causes de l'extension de la pébrine dans tous les
pays d'Occident.

Les poussières corpusculeuses, après la dessiccation qu'elles
subissent naturellement à l'air, deviennent improprss à propager la pébrine d'une année à l'autre. Cependant il se pourrait
qu'en un lieu humide, ou dans certaines autres conditions
spéciales favorables à leur conservation et qui ne sont pas
connues, les corpuscules, qui, à l'air sec, meurent rapidement, demeurent vivants pendant plus d'une année, peut-être
pendant deux années. Il arrive, en effet, quelquefois, que l'on
peut difficilement s'expliquer, autrement que par l'intervention
des vieilles poussières, l'apparition, dans un élevage, de la maladie de la pébrine.

Procédé préventif Pasteur. — On ne connaît aucun moyen
d'arrêter les progrès de la maladie corpusculeuse dans les
organes d'un ver, une fois qu'il est envahi par ce parasite. En

revanche, des procédés préventifs d'une efficacité certaine ressortent des observations qui précèdent, et la démonstration de ces procédés par M. Pasteur est un de ses titres de gloire. Ces procédés consistent à n'élever que *des graines absolument pures de corpuscules, dans des locaux purifiés et isolés.*

La préparation de telles graines se fait au moyen de la ponte en cellules et de la sélection microscopique des papillons : nous en donnerons plus loin tous les détails.

Le nettoyage des locaux s'effectue en lavant les murs, les plafonds, les claies, étagères et ustensiles servant aux vers, avec un lait de chaux fraîchement préparé, ou une solution de sulfate de cuivre ou de formol, ou encore par des fumigations de chlore. Le chlore a l'inconvénient de corroder les métaux, mais il est très actif pour détruire les corpuscules. Pour le produire d'une façon commode, on prépare un grand baquet d'eau acidulée, et, au moment de sortir du local où on l'a placé, on y dépose un nouet de toile grossière contenant du chlorure de chaux serré en masse assez compacte ; l'acide pénètre peu à peu jusqu'au centre du nouet et fait dégager le chlore à l'état gazeux.

L'isolement de la chambrée s'obtient en l'installant loin des magnaneries suspectes d'infection, en n'y laissant point pénétrer les personnes qui sortent de ces dernières, ni les feuilles des mûriers situés dans leur voisinage. Le vent peut, à la vérité, apporter de loin des poussières corpusculeuses, mais il y a peu de probabilité que cet accident arrive avant la 4ᵉ mue; après cette époque, les cas de pébrine qui en résulteraient ne compromettraient pas la récolte des cocons et ne porteraient préjudice qu'à leur qualité pour le grainage.

Ces moyens bien simples ont été appliqués depuis 1865 dans nos départements du Midi, et grâce à eux, la pébrine a disparu d'un grand nombre de localités où elle était jadis une cause de ruine ; elle n'existe plus que là où on néglige de la combattre.

Quand les graines qu'on veut élever ont été faites sans le secours de la sélection, comme c'est le cas pour les cartons du

Japon par exemple, il est bon d'en étudier une centaine d'œufs au microscope, après avoir amené ces œufs au point d'être prêts à éclore : suivant la proportion des sujets corpusculeux qu'on y trouve, on préjuge de la qualité de la graine à ce point de vue ; cette méthode, employée dès 1859 par Vittadini et Cornalia, est encore pratiquée en Italie.

Enfin si, malgré toutes les précautions employées, la pébrine apparaît dans une éducation, on profite d'une mue pour séparer les retardataires, qu'on jette au fumier, et on accélère la marche des vers qu'on a conservés, en chauffant, nourrissant copieusement, délitant souvent et donnant beaucoup d'espace. M. Pasteur a prouvé, en effet, que l'espacement, produisant plus d'isolement pour les vers, suffirait, à la rigueur, à lui seul pour amener à bonne fin les sujets demeurés sains. On ne saurait donc trop le recommander, depuis le commencement jusqu'à la fin de l'éducation.

Flacherie. Gattine. — *Flacherie proprement dite.* — Une troisième sorte de maladie, la *flacherie* ou maladie des *morts flats*, peut affecter les vers à soie. Non moins meurtrière que la pébrine et que la muscardine, elle est encore plus redoutée des éleveurs, à cause de la rapidité extrême de ses dégâts et aussi de l'incertitude qui plane sur ses causes premières.

En général, voici comment elle se présente : les vers arrivés à toute leur grosseur, ou même déjà au pied de la bruyère, deviennent languissants, paresseux dans leurs mouvements, puis s'allongent aux bords des claies ou le long des rameaux (fig. 39) dans une immobilité complète ; les battements du vaisseau dorsal se ralentissent peu à peu ; quelques vers font des excréments semi-liquides qui salissent l'orifice anal, et, en se desséchant, le ferment tout à fait. En cet état, on les croirait encore vivants lorsque déjà beaucoup sont inertes et sans vie ; peu d'heures après, les cadavres se comptent par centaines. Ces cadavres, d'abord assez fermes, deviennent rapidement flasques, puis tout à fait mous, en noircissant à la surface, exhalant une odeur infecte, en un mot présentant tous les signes de

la putréfaction. Il n'est pas rare que la chambrée entière périsse
de la sorte en un seul jour ; d'autres fois, le mal progresse plus
lentement ; mais, dans tous les cas, la récolte en cocons est singulièrement réduite ; la mortalité se poursuit même dans les
chrysalides, dont beaucoup pourrissent en salissant les cocons ;
on donne à ceux-ci le nom de *fondus*.

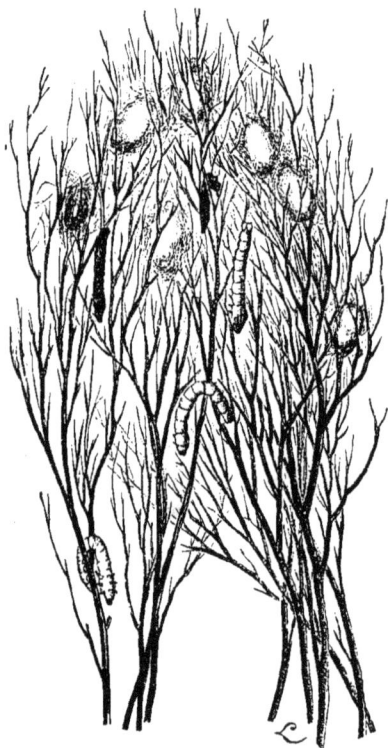

Fig. 39. — Vers atteints de flacherie, d'après L. Pasteur.

Ces caractères de la maladie des morts flats sont tellement
apparents qu'ils ont frappé les plus anciens observateurs :

Boissier de Sauvages (1763) (1), Nysten (1808) (2), les ont décrits, et ils n'ont pas manqué non plus de remarquer que l'encombrement, le défaut d'air, la chaleur humide, sont des conditions favorables au développement de ce fléau.

Mais l'étude approfondie des symptômes de la flacherie est de date récente; c'est en 1867 qu'elle a été commencée par M. Pasteur. D'après cet illustre savant, lorsque la mortalité par flacherie règne dans une chambrée, la plupart des vers qui sont encore vivants, mais déjà languissants, ont cessé d'accomplir d'une manière normale la digestion de la feuille qui remplit leur tube digestif; cette feuille est en train de fermenter ou même de se putréfier. La fermentation susdite est identique à celle qui survient dans une bouillie ou une décoction de feuille de mûrier abandonnée à l'air libre dans un vase de verre; elle est due au développement d'un organisme microscopique spécial, véritable ferment formant des chapelets de grains dont chaque article n'a pas plus d'un millième de millimètre de long (fig. 40), ferment auquel on a cru devoir

Fig. 40. — Organismes de la flacherie. — Grossissement: 500.
A. Ferment en chapelet de grains. — B. Vibrions.

donner, depuis, le nom latin de *Streptoccocus bombycis.* Quant à la putréfaction, elle est causée par des myriades de vibrions bacillaires ou de microbes punctiformes qui s'agitent avec vivacité dans le liquide qui humecte les fragments de feuilles dans l'estomac. Ainsi, des vers ayant encore extérieurement

_____

(1) B. DE SAUVAGES. — *Mémoires sur l'éducation des vers à soie.* Nîmes, 1763.

(2) P.-H. NYSTEN. — *Recherches sur les maladies des vers à soie.* Paris, 1808.

l'aspect de la santé ont déjà tout leur intérieur dans un état d'altération très grave; cette altération gagne rapidement la périphérie, et la mort de l'animal semble survenir d'une façon soudaine. Inutile de dire que tous les cadavres sans exception sont remplis de ferments en chapelet et de vibrions.

Ce mal est contagieux au dernier point. Si on met des vers mourants par flacherie parmi des vers sains, un grand nombre de ceux-ci offrent bientôt les mêmes signes de maladie.

Il en est de même si on fait manger à des vers sains des feuilles salies par des matières puisées dans l'estomac d'un ver flat, ou par ses excréments, ou encore par une bouillie de feuille de mûrier en fermentation, ou enfin par une matière putride quelconque (1). Il résulte évidemment de là que c'est aux organismes microscopiques de la fermentation et de la putréfaction qu'on doit attribuer les désordres survenus dans l'estomac des vers, d'où résulte fatalement leur mort. La présence de vers qui résistent à la contagion ou à l'infection artificielle est d'ailleurs facile à expliquer. En effet, les liquides sécrétés par les glandes salivaires et stomacales agissent pour empêcher la multiplication des ferments et des vibrions, peut-être même pour les tuer tout à fait. Ce n'est donc que quand ces liquides sont insuffisants en quantité ou en qualité que les organismes microscopiques prennent le dessus; jusque là, il n'y a pas, à proprement parler, *maladie*.

Aussi ne pouvons nous accepter l'opinion de l'École italienne (2), qui attribue la dénomination de flacherie à un état maladif des vers qui précéderait l'apparition des organismes. Assurément, un tel état peut exister, il existe même certainement quand la graine a été mal conservée; mais tant que les organismes

_____

(1) M. Krassilschtchik a rendu flats des vers en les nourrissant avec des feuilles salies par des déjections d'oiseaux; dans certains cas, les vers soumis à ce régime auraient, au lieu de la maladie la flacherie, contracté celle de grasserie (*C. R. de l'Ac. des sc.* Paris, 10 août 1896).

(2) G. P. VLACOVICH et E. VERSON. — *Indagini sulla malattia del baco denominata flaccidezza* (Mémoire du 3ᵉ Congrès intern de séricic.).

n'ont pas surmonté la résistance, si faible qu'elle soit, que leur opposent les sécrétions du ver, il n'y a pas de flacherie caractérisée. A l'appui de cette manière de voir, nous avons, non seulement l'autorité de M. Pasteur, mais encore les observations d'un savant médecin d'Apt, M. de Ferry de la Bellone (1), lequel a constaté que l'opacité de la tunique intestinale des vers flats est due à un amas considérable de ferments en chapelets de grains : cette opacité est donc consécutive à l'apparition des ferments ; en second lieu, M. de Ferry a reconnu qu'en injectant par l'anus à des vers sains quelques gouttes des liquides fermentés ou putrides propres à déterminer la flacherie, les vers succombent *sans exception*, avec les signes ordinaires de cette maladie ; dans ces conditions, en effet, la résistance à l'infection est nulle, et les exceptions signalées plus haut n'auraient pas de raison d'être.

L'explication de la flacherie par la multiplication des organismes n'offre pas seulement l'avantage de coordonner d'une manière satisfaisante pour l'esprit tous les faits connus, elle nous conduit encore à prévoir les circonstances où cette maladie pourra éclater, et les moyens d'y faire obstacle autant que possible.

En effet, il n'y a pas autre chose ici qu'une lutte pour l'existence entre le ver, d'une part, et, de l'autre, les organismes qui souillent la feuille ingérée. Toutes les conditions propres à débiliter le ver, à gêner ses fonctions digestives, ou à augmenter la quantité des organismes ingérés seront favorables à la flacherie ; les conditions inverses seront au contraire celles qu'il faudra réaliser pour le bon succès des éducations.

Or, ne voyons-nous pas la flacherie apparaître le plus fréquemment parmi les graines provenant d'une chambrée affaiblie par quelque maladie, ou parmi celles qui, étant saines et

---

(1) Dr C. DE FERRY DE LA BELLONE. — *Contribution à l'étude de la flacherie, causes et traitement* (Mémoire présenté au Congrès séricic. intern. tenu à Montpellier du 26 au 30 octobre 1874). Montpellier, 1875.

robustes d'abord, ont été détériorées par une mauvaise conservation? et aussi parmi les vers qu'un entassement excessif ou
une mauvaise aération a rendus débiles? Et, d'autre part, n'est-
il pas certain que, plus la voracité des vers est excitée par une
forte chaleur, plus ils sont sujets à la flacherie, surtout lorsqu'on leur donne une feuille malpropre ou avariée? Il n'y a pas
jusqu'à la nature même de la feuille mangée par le ver qui ne
soit capable de produire de tels effets. En voici une preuve : en
1893, dans le but de nous rendre compte de l'influence possible de la feuille sur la résistance des vers aux maladies accidentelles, nous avions réuni plusieurs groupes de ces insectes
appartenant à la même variété; nous les avions placés dans
des conditions propres à faire naître la flacherie. Chaque groupe
reçut en nourriture des feuilles de variétés différentes : feuilles
de mûrier non greffé petites et fines, feuilles de mûrier multicaule, grandes, bullées, retenant facilement la poussière ;
feuilles d'un mûrier du Tonkin parcheminées, durcissant vite et
s'incrustant rapidement d'éléments calcaires et siliceux; feuilles
de maclura seules ou associées à des feuilles de mûrier. Le
résultat fut que les vers nourris avec la feuille de *sauvageon*
résistèrent seuls et donnèrent une récolte correspondant à
52 kilog. de cocons par once; les vers des autres lots périrent
tous, sans exception, avant d'avoir pu former un seul cocon (1).
Il en est de même des conditions climatériques. Les chiffres
ci-dessous, d'une expérience de M. Zanoni (2), font bien ressortir les deux sortes d'influences (climatérique et de l'aliment).
D'une graine de race indigène à cocons jaunes, M. Zanoni forma
cinq lots, suivant que la graine avait été pondue par des papillons issus de cocons gros, moyens, petits, croisés entre eux ou
non croisés, son but étant d'étudier, en outre, l'influence pos-

(1) F. LAMBERT. — *Influence de la feuille sur la résistance des vers aux maladies accidentelles* (Comm. à la Soc. nat. d'agric.). Paris, 26 février 1896.

(2) U. ZANONI. — *La bachicoltura nei riguardi della flaccidezza.* Udine, 1904 et 1905.

sible de la taille des sujets sur le résultat final. Chaque lot fut subdivisé en quatre parties composées d'un même nombre d'œufs (750) chacune : deux parties furent élevées dans une localité A, voisine de Bergame, où la flacherie règne habituellement ; les deux autres dans une localité B, également peu éloignée de Bergame, mais plus saine et où cette maladie est relativement rare. Dans ces deux localités, une partie fut nourrie avec de la feuille de la localité même, l'autre partie avec de la feuille de l'autre localité. Les feuilles, tant dans la localité A que dans la localité B, étaient ramassées sur des arbres de la même variété garnis de branches de 2 ans ; les vers reçurent les mêmes soins. (Voir les résultats, p. 164).

Dans la localité A, où la flacherie règne habituellement, les vers, qu'ils fussent nourris avec la feuille de cette localité ou avec celle de la localité B, moins défavorable à l'élevage, périrent en grand nombre de la flacherie et donnèrent des rendements très inférieurs aux rendements obtenus dans la localité B (qui ne furent d'ailleurs pas très bons), et dans les deux localités ce furent toujours les vers alimentés avec la feuille récoltée dans la localité B qui eurent le moins à souffrir de la maladie et donnèrent les résultats les meilleurs. Notons, en outre, que les graines issues des sujets à cocons petits, purs ou croisés avec les sujets à cocons gros, ont mieux réussi que celles des sujets à cocons gros.

Si maintenant nous recherchons les procédés à l'aide desquels on est arrivé, depuis peu d'années il est vrai, à réduire les cas de flacherie dans une proportion considérable, nous y trouvons encore la confirmation de la théorie pastorienne. D'abord on a grand soin d'exclure de la reproduction toute chambrée affectée de flacherie. Ensuite on veille d'une manière plus intelligente à la bonne conservation des graines, depuis la ponte jusqu'à l'éclosion. On espace les vers dès leur jeune âge. On leur accorde un cube d'air suffisant et très souvent renouvelé. On se rapproche un peu des conditions naturelles en ne chauffant pas au delà de 18° R. (22° 1/2 C.). On choisit autant que

		ÉLEVAGES			
		Dans la localité A avec de la feuille de		Dans la localité B avec de la feuille de	
		A	B	A	B
1er Lot. Graine de papillons issus de cocons gros...	Nombre des cocons.	0	10	45	98
	Poids des mêmes...	0	24gr,5	121gr	282gr
2e Lot. Graine de papillons issus de cocons moyens.	Nombre des cocons.	2	31	80	131
	Poids des mêmes...	3gr,8	82gr,5	167gr	298gr
3e Lot. Graine de papillons issus de cocons petits	Nombre des cocons.	18	47	99	200
	Poids des mêmes...	29gr	75gr	17 gr	374gr,5
4e Lot. Graine de papillons femelles issus de cocons gros, accouplées avec des papillons mâles issus de cocons petits..........	Nombre des cocons.	17	49	81	183
	Poids des mêmes...	35gr	104gr	190gr	426gr
5e Lot. Graine du croisement inverse............	Nombre des cocons.	33	55	105	211
	Poids des mêmes...	67gr	112gr,5	219gr	444gr

possible la feuille saine (1) et propre, et on évite de la salir
par des balayages intempestifs. Les locaux, d'ailleurs, ont été
préalablement débarrassés de leurs poussières par des net-
toyages énergiques. Toutes ces précautions ne peuvent-elles
pas se résumer en cette formule : porter au maximum la robusticité du ver et réduire au minimum la quantité des poussières
malfaisantes !

C'est surtout à fortifier la constitution du ver qu'on doit
viser, car, dans les circonstances ordinaires, les microbes qui
salissent la feuille ne sont pas en quantité telle qu'un ver bien
portant ne puisse les digérer sans en être incommodé ; c'est
en effet ce qui arrive perpétuellement dans les chambrées en
bon état. Un ver déjà débile s'affaiblit au contraire de plus en
plus par cette ingestion quotidiennement répétée, et finit par
succomber. Notons aussi qu'il y a dans l'année des époques où
les organismes destructeurs du ver semblent plus abondants
ou d'une activité plus énergique, par exemple en juin et juillet ;
la saison aurait donc aussi sa part d'influence. Nous avons signalé déjà celle des conditions mêmes de l'élevage : tempéra-

---

(1) Les actes du Congrès séricicole international de Paris mentionnent
d'une manière très inexacte une communication faite par M. Maillot au
sujet des vers nourris de feuille avariée par le froid. Voici comment le
texte doit en être rétabli : « J'ai eu l'occasion d'observer que la même
graine donne des résultats différents suivant que les vers nourris de ces
feuilles qui ont souffert de la gelée sont gouvernés avec du feu ou sans
feu. Dans le premier cas, on a une flacherie générale ; dans le second,
très peu de flats. C'est que, si les vers ne sont pas chauffés, ils ne font que
deux repas ; si au contraire on les chauffe à 22 ou 24 degrés centigrades,
on est obligé d'augmenter le nombre des repas, de faire ingurgiter aux
vers une plus grande quantité de feuilles, et par suite une plus grande
quantité de germes et de sucs végétaux altérés ; or, l'action de ces germes est mortelle s'ils viennent à se multiplier, s'ils ne sont pas paralysés
par les sucs digestifs. Il résulte de là que les vers nourris de mauvaise
feuille peuvent être, avec avantage, menés lentement en étant tenus au
froid ». V. Congrès et conférences du palais du Trocadéro, N° 23 de la
série, p. 65. Paris, imprimerie Nationale, 1879.

MAILLOT-LAMBERT ; Ver à soie.   11

ture, aération, nombre, qualité et abondance des repas, etc. Si l'on songe qu'en outre les chambrées diffèrent par le degré de vigueur des vers, et que dans tel ou tel cas les poussières développeront, soit des ferments à l'exclusion des vibrions, soit des vibrions de telle ou telle espèce plus ou moins destructive, on comprendra que les effets résultant d'actions aussi complexes ne soient pas absolument identiques : ainsi s'explique très bien la rapidité si variable du développement de la flacherie. On pourrait presque dire : autant de cas particuliers, autant de variétés de flacherie.

Variétés de flacherie. Gattine. — Il est très probable que c'est parmi ces variétés qu'il faut ranger les vers appelés *arpians* ou *gattinés* : ils ressemblent aux flats ordinaires en ce que la membrane interne du tube digestif est épaisse et opaque, et que l'intérieur de ce tube abonde en ferments à chapelet ; mais ils en diffèrent en ce que ce tube contient peu de feuilles et peu de liquide ; en outre, au lieu de pourrir, ces vers s'amaigrissent et dépérissent lentement, à la façon des corpusculeux, sans cependant avoir aucun corpuscule. Les *lucettes* ou *clairettes* sont encore une variété de gattinés dont la peau devient translucide ; on n'a d'ailleurs pas d'études assez précises à leur sujet pour en parler plus explicitement.

Caractère héréditaire de la flacherie. Moyens d'éviter cette maladie. — Une autre conséquence qui ressort de ces explications sur les causes de la flacherie, c'est l'impossibilité de l'éviter avec une certitude absolue : il y a en effet une multitude de circonstances qui peuvent affaiblir les vers ou empoisonner la feuille, et on n'est jamais sûr d'avoir tout prévu. C'est pourquoi, outre les moyens préventifs signalés plus haut, on a cherché et on cherche encore des moyens curatifs de la maladie ; malheureusement, les antiseptiques appliqués à la feuille (acide phénique, acide salicylique, etc.) et les fumigations de chlore, qui semblent *à priori* les moyens les mieux appropriés, n'ont pas donné des résultats satisfaisants.

M. Lo Monaco (1) aurait obtenu des résultats meilleurs en immergeant pendant une demi-heure les feuilles dans une solution aqueuse de fluorure d'argent au titre de 1/100.000, avant de les donner aux vers. Il convient, toutefois, avant de se prononcer définitivement sur l'efficacité de ce procédé, d'attendre que de nouvelles épreuves soient venues confirmer les résultats de ces premières expériences.

Dans la pratique, ce qui, jusqu'à présent, paraît le mieux réussir quand la flacherie est bien déclarée, c'est de déliter, d'espacer les vers survivants et de les laisser jeûner quelque temps en élevant la température à 22° R. (27° 1/2 C.), ou même davantage ; cette opération présente plus de chances de succès si on la pratique dans un local neuf où on aura transporté les vers afin de les soustraire entièrement aux émanations et aux poussières de la première magnanerie.

La même diversité que nous avons reconnue dans les allures de la flacherie, en considérant les vers qui succombent à cette maladie, se retrouve encore dans la qualité des cocons produits par les vers qui ont survécu, si on considère ces cocons au point de vue de la reproduction. En général, on constate que les graines issues de cocons d'une chambrée où la flacherie a sévi ne donnent que des sujets débiles, qui deviennent flats très facilement : cela se comprend, puisque les mêmes causes qui ont fait périr une partie des vers de la première chambrée ont dû affaiblir plus ou moins les survivants. Mais, suivant la durée pendant laquelle ceux-ci ont subi ces influences déprimantes, leur affaiblissement est plus ou moins marqué ; on ne doit donc pas être surpris si parfois des graines issues de chambrées où on a vu des flats réussissent néanmoins. Toutefois, ces œufs, qui paraissent ne pas se ressentir de leur origine plus ou moins malsaine, ne se distinguent en rien de ceux qui sont les plus gravement atteints. Il résulte

---

(1) Dr D. Lo Monaco. — L'influenza fisiologica della parziale desinfezione degli alimenti, studiata sulle larve del Bombyx mori. Rome, 1903.

de cette constatation que les œufs de papillons *issus d'un élevage où il y a eu de la flacherie doivent être considérés comme mauvais*, et on agit très prudemment en excluant de la reproduction toute chambrée qui n'a pas été parfaitement exempte de flacherie de la 4ᵉ mue à la montée inclusivement.

D'ailleurs, MM. Gregori, Macchiati, Lo Monaco et Giorgi, en Italie; M. S. Sawamura, au Japon, auraient reconnu les organismes de cette maladie à l'intérieur des graines, et, selon eux, non seulement les jeunes vers hériteraient d'un état d'affaiblissement qui les prédisposerait à contracter la flacherie, mais ils pourraient naître aussi avec les germes mêmes de cette affection.

Grasserie. — Il nous reste à considérer une dernière maladie : la *grasserie*, qui, en comparaison des précédentes, est de peu d'importance. Mais son étude est des plus intéressantes, et il serait à souhaiter qu'elle fût plus complètement achevée qu'elle ne l'est encore. Au milieu d'une chambrée de vers en très bon état, il n'est pas rare, à l'approche d'une mue et surtout de la montée, de rencontrer çà et là quel-

Fig. 41. — Ver gras.

ques vers qui se traînent lentement, la peau luisante, amincie, distendue, les anneaux renflés; le corps d'un jaune vif dans les races jaunes, d'un blanc laiteux dans les races blanches; à travers la peau transsude un liquide trouble qui salit les feuilles et les vers sur lesquels passent les sujets malades. Ces vers s'appellent *gras, jaunes, porcs, vaches*, etc. (fig. 41).

Le liquide trouble qui suinte de leur corps, identique à celui qui remplit la cavité générale, présente au microscope une infinité de globules qui semblent au premier abord tout à fait sphériques, mais qui sont polyédriques et dont la nature chimique n'est pas déterminée. M. Bolle a reconnu qu'ils ont un diamètre moyen de 4 millièmes de millimètre (fig. 42, A), qu'ils se fendillent quand on les comprime et s'éclatent en fragments (fig. 42, B); qu'en présence des réactifs, ils se comportent à la façon des corps albumineux, bien que la résistance qu'ils montrent à la putréfaction empêche de les considérer

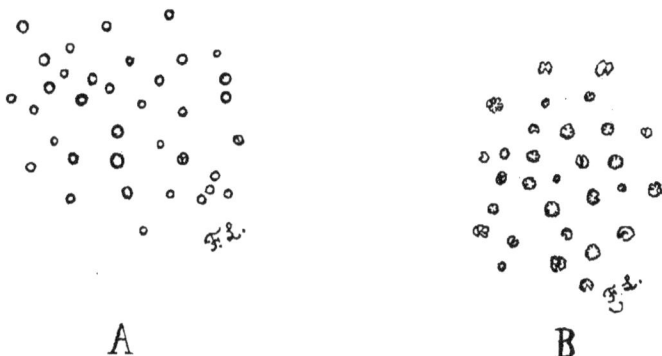

Fig. 42. — Globules polyédriques dans le sang de vers gras. — Grossissement: 500.
A. Globules normaux. — B. Globules écrasés.

comme tels; il a vu aussi que ces granules apparaissent en premier lieu dans le tissu graisseux et dans les plus petits rameaux trachéens, ce qui tend à faire croire qu'ils résultent d'une altération dans les fonctions respiratoires.

Un air humide, froid, stagnant, l'emploi dans l'alimentation de feuilles de mûrier à un état de développement peu en rapport avec celui des vers, ou de feuilles qui ne leur conviennent pas très bien, comme la feuille de maclura, semblent favoriser la grasserie. Cette maladie ne paraît pas contagieuse: aussi les magnaniers n'en ont-ils guère souci ; il y en a même qui voient avec satisfaction apparaître quelques gras, croyant qu'ils présagent une bonne récolte. On a cependant des exemples de chambrées qui ont beaucoup perdu de vers par la grasserie. Ajoutons que les granules polyédriques sont considérés aujourd'hui par M. Bolle (1) comme étant des parasites et la véritable cause de la grasserie, et que d'autres, comme M. Forbes, inclinant également à croire à la nature microbienne de cette maladie, pensent qu'elle pourrait être due à des petits microbes ronds (*microcoques*), semblables aux grains des ferments en chapelets de la flacherie et de la gattine et n'ayant aucun rapport avec les corpuscules polyédriques. On est donc dans l'incertitude en ce qui concerne la cause vraie de la grasserie. Il n'est même pas certain qu'elle soit de nature parasitaire, mais il suffit qu'elle puisse l'être, pour qu'il soit sage d'enlever, lorsqu'on en rencontre, les sujets qui en sont atteints.

Ce mal ne paraît pas se transmettre par hérédité ; on ne s'inquiète des gras, à ce point de vue, que quand il y en a en nombre excessif, auquel cas il est prudent de renoncer à livrer les cocons au grainage.

Maladie de la mouche. — Signalons enfin, pour terminer, un dernier fléau dont les vers à soie sont fréquemment victimes dans les pays d'Orient, et qui est encore heureusement inconnu en Europe. A l'époque des éducations, il apparaît certaines espèces de mouches à 2 ailes, appelées au Japon *oudji*, au Bengale *silkworm fly* et *kuji* ; elles s'abattent sur les vers et déposent rapidement sur la peau de chacune de leurs victimes 1, 2 ou 3 œufs. De ces œufs sortent, au bout de quelques heures, de petites larves qui s'enfoncent sous la peau des vers, tout en restant à proximité de l'orifice qu'elles ont percé, ou près d'un stigmate, sans doute pour y puiser l'air nécessaire à leur respiration ; elles dévorent surtout le tissu graisseux du ver à soie.

Un ver qui héberge 3 ou 4 de ces énormes parasites meurt généralement à l'état de larve, sans filer de cocon ; s'il n'en nourrit que 1 ou 2, il peut arriver à tisser un cocon peu

---

(1) GIOVANNI BOLLE. — *Il giallume od il mal del grasso del baco da seta.* Goritz, 1894 et 1898.

fourni et succombe à l'état de chrysalide ; dans ce dernier cas,
les petites larves parasites perforent le cocon, se laissent tomber à terre et vont se chrysalider dans quelque recoin ou cre-
vasse. Quelques observateurs ont assuré que ces mouches pondent aussi sur les feuilles de mûrier, et que les œufs éclosent
dans l'estomac des vers.

M. C. Sasaki (1) a même fait la curieuse remarque suivante,
que les femelles seules fréquentent les mûriers ; jamais il n'a
rencontré de mâles dans les plantations. De son côté, M. Miné-
mura nous a dit qu'ayant emprisonné, au moyen d'un filet,
des mouches oudji en un espace planté en mûrier, en chênes
blancs et verts et en kakis sauvages, pour les faire pondre,
il trouva des œufs du parasite sur les feuilles de mûrier, et
absolument aucun sur celles des autres arbres plantés à côté
des mûriers. Quoi qu'il en soit, ces parasites causent des dégâts
énormes au Japon et au Bengale dans les magnaneries, et on
ne sait encore aucun moyen sûr pour s'en préserver.

M. C. Sasaki, qui est convaincu que le parasite, tout au
moins celui qui ravage les élevages au Japon, pénètre dans
l'estomac du ver avec la feuille, comme nous venons de le dire,
préconise les moyens suivants basés sur l'observation faite
par lui des mœurs de l'insecte : la mouche recherche pour y
pondre les lieux ombragés et humides et les arbres vieux, souffreteux, à feuillage épais. On devra donc : 1° choisir, autant
que possible, pour y planter les mûriers, les endroits secs,
bien ensoleillés ; 2° on adoptera, au lieu des plantations
serrées, les plantations à grand espacement, ou bien, si on a
de bonnes raisons de donner la préférence aux premières, on
établira, dans la cueillette des mûriers pendant l'élevage, un
système de roulement propre à rendre plus facile la circulation
de l'air, l'accès de la lumière et de la chaleur solaire à l'époque où la mouche dépose ses œufs sur les feuilles, ce qui a

---

(1) C. SASAKI. — On the Life-History of Ugimya Sericaria, Rondani.
Tokio, 1886.

lieu de mai à juin et le plus souvent vers la fin de mai, lorsque les vers sont entre la 3ᵉ et la 4ᵉ mue ; 3° on arrachera les vieux arbres rabougris à feuillage compact, ou tout au moins on commencera la cueillette des feuilles par ces arbres, de façon qu'ils soient dépouillés de leur feuillage avant la 3ᵉ mue, époque à partir de laquelle la mouche commence à pondre. On pourrait également cultiver de préférence les variétés de mûrier à feuilles très écartées sur les rameaux.

On recommande aussi de munir les ouvertures des magnaneries de toiles métalliques à mailles suffisamment fines pour empêcher les mouches d'entrer ; de ramasser les vers piqués et de les détruire ; d'établir des pièges à mouches devant les fenêtres ; d'entretenir dans les magnaneries une certaine obscurité, d'y brûler de temps en temps une pincée de soufre ; enfin de disposer, au-dessous des filanes de cocons réservés pour le grainage ou des claies servant de support à ces cocons, des vases remplis d'eau, dans lesquels les larves des mouches se laissent tomber à leur sortie des cocons et viennent se noyer (1).

IV. — Élevage industriel

Nécessité d'obtenir des rendements élevés. — Quand on veut élever des vers à soie industriellement, le problème à résoudre n'est pas seulement de mener à bonne fin le plus grand nombre possible des sujets éclos, mais encore de le faire assez économiquement pour réaliser un bénéfice raisonnable sur la vente des produits, c'est-à-dire des cocons, car nous laisserons pour le moment de côté les éducations faites en vue du grainage. Or, les frais qu'entraîne une chambrée d'une once (25 grammes), tant en feuille et main-d'œuvre qu'en achat de graine et autres

---

(1) Voir aussi sur les mesures à prendre contre la mouche parasite du ver à soie : N.-G. MUKERJI. — *Handbook of sericulture.* Calcutta, 1899.

menues dépenses, ne s'élèvent guère à moins de 100 francs
quand on achète la feuille et qu'on emploie la main-d'œuvre
étrangère. En ce cas, et en supposant les cocons à 3 fr. le
kilogramme, il faut donc récolter environ 35 kilogrammes
pour payer les frais de l'élevage ; cependant un grand nombre
d'éleveurs n'arrivent pas à ce chiffre, ce qui revient à dire
que leur industrie les met en perte.

Il est donc absolument nécessaire qu'ils y renoncent ou bien
qu'ils fassent en sorte d'arriver à des rendements élevés. Faire
peu, pour faire bien, voilà leur meilleure ressource. Que, par
exemple, au lieu d'aboutir avec une chambrée de trois onces à
un misérable total de 60 kilogrammes, ils obtiennent la même
récolte avec une once seulement : au lieu d'avoir perdu leur
temps et leur peine, ils auront au moins 30 kilogrammes de
bénéfice net.

On voit ainsi l'utilité qu'il y a pour les magnaniers de bien
connaître les conditions auxquelles une chambrée peut produire beaucoup.

Conditions de succès. — Ces conditions se ramènent à deux,
qui, à la vérité, sont très vastes et demandent des explications
étendues ; ce sont :

*Premièrement, que la graine, qui est le point de départ, soit
bonne.*

*Secondement, que les vers soient gouvernés suivant les règles
qu'observent les bons praticiens.*

Nous verrons, en parlant du papillon, comment on prépare
une graine qui ait toutes les qualités requises ; dès à présent,
on doit comprendre que, sans cette première condition, on ne
peut compter sur un bon succès.

Etudions la seconde, c'est-à-dire recherchons les règles de
l'élevage proprement dit.

Règles de l'élevage. — Lorsque les fonctions de nutrition du
ver à l'état normal seront mieux connues, ainsi que les diverses maladies auxquelles cet insecte est exposé, il sera peut-être

possible de tracer des règles précises pour son élevage en grand; mais, actuellement, on est loin de pouvoir seulement l'essayer. Comme l'a dit Pasteur, l'art d'élever les vers à soie est encore une industrie de tradition et de routine.

Nous commençons pourtant à pouvoir apprécier si telle des pratiques que nous ont léguées nos devanciers est avantageuse ou nuisible, ou tout simplement indifférente; et ce premier progrès, qui était à coup sûr le plus difficile à accomplir, nous le devons principalement aux études de l'illustre savant que nous venons de nommer.

Nous avons par conséquent deux sortes de guides : les praticiens, d'abord, qui dans des livres excellents, tels que ceux de l'abbé de Sauvages et de Dandolo, nous ont légué le fruit de leur expérience et les traditions anciennes; il y a évidemment beaucoup à prendre chez eux. Nous avons, d'autre part, les recherches plus récentes faite sur la physiologie, et principalement sur la pathologie des vers à soie : les §§ II et III de cette *Deuxième partie* en donnent un aperçu sommaire; il est possible, en se fondant sur ces recherches, de corriger certaines erreurs et d'améliorer de divers côtés le gouvernement des vers.

En associant de cette manière la pratique et la théorie, on arrive à des règles qui sont à l'abri de toute contradiction.

Il reste encore, il est vrai, à concilier ces règles avec les nécessités économiques; nous verrons que bien souvent c'est ce dernier problème qu'il est le plus difficile de résoudre.

Nous étudierons successivement : 1° la tenue générale des vers (principe de l'égalité) ; 2° l'espacement et les procédés de délitage et d'élevage sur claies et sur rameaux ; 3° la ventilation des locaux (dispositifs divers de magnaneries) ; 4° l'alimentation (récolte, distribution, propreté de la feuille) ; 5° le chauffage et l'éclairage des magnaneries ; 6° les procédés d'encabanage ; et enfin, pour terminer, 7° l'importance des chambrées (petites et grandes éducations).

Tenue générale des vers. Principe de l'égalité. — *Nécessité* *d'avoir des vers égaux.* — La vie de la larve se partage, comme on l'a vu, en cinq périodes d'activité qui correspondent aux mues. Durant les mues, on doit éviter de troubler l'animal, tandis que d'une mue à l'autre il faut lui apporter ses repas régulièrement, et de temps à autre enlever sa litière. Il résulte de là que, si on veut élever côte à côte sur une même claie un grand nombre de vers, comme c'est le cas dans les éducations industrielles, il ne convient pas que les uns soient en mue pendant que les autres mangent, car les retardataires se perdraient inévitablement en grand nombre dans les litières. On se figure à peine combien de vers sont perdus dans le jeune âge quand on met ensemble des levées faites à des heures différentes. Pour que tous les vers puissent arriver à bien, ce qui est la condition *sine qua non* des rendements élevés, il faut que ceux qui sont réunis sur une claie soient parfaitement *égaux en âge;* cela entraîne l'*égalité de taille,* quand l'alimentation a été bien dirigée.

Règles à observer pour avoir des vers égaux et les conserver tels. — La conservation de l'égalité des vers est une mesure essentiellement économique; c'est en vue d'y parvenir qu'on s'astreint à certaines règles pratiques que nous allons énumérer.

En premier lieu, on ne mêle jamais, à l'éclosion, les levées faites à des heures différentes; chaque levée est tenue et nourrie à part, et un numéro d'ordre est inscrit sur le papier qui la supporte. Il en est de même pour les levées qu'on fait au sortir de chaque mue, car chaque sortie de mue est comme une éclosion.

En deuxième lieu, on a soin de maintenir à la même température les vers, supposés égaux, qu'on veut garder tels, et leur feuille doit leur être distribuée aussi également que possible. En effet, les vers qui seraient plus fortement chauffés et plus abondamment nourris que les autres grossiraient et avanceraient en âge plus que ces derniers.

L'uniformité dans l'alimentation ne s'obtient pas sans certaines précautions. Ainsi, on ne donnera pas aux vers jeunes des feuilles *entières*, car elles ne seraient pas à la portée de tous, et, de plus, en se desséchant, elles emprisonneraient sous leurs replis beaucoup de vers qui seraient perdus au délitage ; on coupera par conséquent la feuille en brins très menus, qu'on sèmera doucement sur les vers. Mais, comme la feuille ainsi coupée se dessèche assez vite, il s'ensuit forcément qu'on devra donner des repas plus fréquents.

En troisième lieu, la distribution de la feuille doit cesser absolument quand on voit que les vers vont sortir de mue : en effet, si les premiers vers sortis trouvaient autour d'eux de la feuille fraîche, ils mangeraient et grandiraient, pendant que les retardataires seraient encore immobilisés dans la mue ; l'inégalité s'accuserait ainsi de plus en plus et entraînerait les inconvénients signalés plus haut. On attendra donc, avant de donner de nouveau la feuille, que la moitié au moins des vers aient achevé leur mue : ils formeront une première levée ; les retardataires formeront plus tard une deuxième levée, et, de la sorte, on aura toute facilité pour donner l'espacement qui convient. Si on avait laissé tous les vers sur l'ancienne litière en laissant jeûner les premiers sortis de mue jusqu'à la sortie des derniers, les premiers auraient pâti ; si, d'autre part, on leur avait distribué de la feuille, ils auraient été trop serrés et, de plus, inégaux.

Manière de rétablir l'égalité, ou d'égaliser deux groupes de vers d'âges différents. — C'est aussi par la séparation, au moment d'une mue, des vers les plus avancés de ceux qui sont en retard, qu'on remédie à l'inégalité.

Si, à l'éclosion ou au sortir des mues, on a deux levées qu'on veuille réunir afin de simplifier le travail, cela est facile : il suffit de donner à la levée qui est en retard une chaleur un peu plus forte et des repas plus fréquents, tandis que celle qui est en avance sera chauffée un peu moins et alimentée en conséquence ; quand les vers auront absorbé un même nombre de repas depuis la mue, on pourra les réunir.

Il ne faudrait pas se laisser entraîner à égaliser un trop grand

nombre de vers en vue de faciliter le travail ultérieur, car on
pourrait se trouver dans un grand embarras à l'époque de la
montée, lorsqu'il s'agirait de mettre la bruyère rapidement à
tous les vers arrivés à maturité; il convient de n'avoir, à un
jour donné, à la montée, que ce qu'on peut enramer sans précipitation avec le personnel dont on dispose.

En résumé, l'égalité des vers, condition indispensable d'une
forte récolte, entraîne la séparation des levées, l'uniformité des
températures et d'alimentation, la fréquence des repas et la
division de la feuille, au moins dans les premiers âges; enfin,
à toutes les mues, une certaine méthode dans la cessation et
la reprise des repas. Si on néglige l'une ou l'autre de ces pratiques, les vers ne seront pas aussi égaux qu'on pourrait le désirer; aussi est-ce à cet indice de l'égalité des vers qu'on reconnaît au premier coup d'œil un magnanier soigneux.

Espacement. — Il faut que les vers, sans se gêner mutuelle-
ment, puissent accomplir leurs fonctions de nutrition : se mouvoir, manger, respirer, exhaler par toute la surface de leur corps
une grande quantité de vapeur d'eau, enfin subir leurs mues
sans être troublés ; il s'ensuit qu'on doit leur ménager, outre la
surface qu'ils occupent chacun, un certain intervalle de l'un à
l'autre. Une autre raison oblige à ne pas faire cet intervalle
trop petit : c'est la crainte de la contagion en cas de maladie
épidémique ; l'expérience prouve, en effet, que les vers clairsemés conservent leur état de santé d'une façon remarquable, et
que le contraire arrive aux vers entassés dans un espace trop
étroit.

Pour avoir une idée de la surface nécessaire aux vers, on n'a
qu'à mesurer leurs dimensions moyennes et en déduire l'étendue qu'ils couvriraient s'ils étaient juxtaposés sans aucun intervalle. Nous avons donné plus haut (p. 85) le tableau de ces
dimensions.

En supposant qu'on attribue à chaque ver une surface triple
de celle qu'il occupe sur un plan horizontal, il faudra, pour
avoir les étendues de claies utiles aux divers âges, multiplier

les chiffres de la dernière colonne par 3 fois le nombre des vers, c'est-à-dire à peu près par 100.000, pour une once, puisqu'une once renferme 30.000 à 35.000 individus. On a ainsi :

A l'éclosion.......................... 0mo 30
A la sortie de 1re mue................. 1 00
— 2e — 2 00
— 3e — 3 00
— 4e — 22 00
Avant la montée..................... 60 00

Mais il faut remarquer qu'à chaque sortie de mue la surface des claies doit être égale, non pas seulement à la surface actuellement indispensable, mais à celle que les vers couvriront progressivement les jours suivants par suite de l'accroissement de leur taille, de telle sorte qu'on devra avoir pour la surface des claies :

De l'éclosion à la 1re mue....... 1 mètre carré
De la 1re mue à la 2e mue...... 3   —
De la 2e mue à la 3e mue...... 9   —
De la 3e mue à la 4e mue...... 22   —
De la 4e mue à la montée...... 60   —

Les anciens magnaniers n'ont jamais accordé autant de place aux vers, dans les derniers âges surtout. Ainsi, d'après l'abbé de Sauvages, les surfaces correspondantes aux âges ci-dessus seraient 1, 3, 6, 12 et 24 mètres carrés ; mais il faut remarquer que la récolte en cocons n'atteignait pas 30 kilogrammes à l'once. Les chiffres de Dandolo sont un peu plus élevés : réduction faite à l'once de 25 grammes, ils seraient de $1^{mc}3$, $2^{mc}6$, $6^{mc}2$, $14^{mc}6$ et $32^{mc}5$.

Mais aussi Dandolo récoltait environ 56 kilogrammes à l'once.

Les chiffres ci-dessous d'une expérience de M. Lafont (1) font ressortir d'une façon encore plus saisissante et plus complète les bons effets qui peuvent résulter de l'espacement :

---

(1) F. LAFONT. — *De l'espacement des vers à soie.* Montpellier, 1902.

	Poids des cocons récoltés par once	Nombre de cocons au kil.	Richesse soyeuse des cocons
Vers serrés à tous les âges..........	43 kil.	510	0.143
— — au début, espacés à la fin.	48 —	454	0.156
— espacés au début, serrés à la fin.	60 —	480	0.154
— — à tous les étages.......	70 —	442	0.160

L'exemple de Dandolo et les résultats obtenus par M. Lafont prouvent qu'on peut resserrer les vers un peu plus que le calcul fait précédemment ne l'indique, pour le dernier âge principalement ; en revanche, il conviendrait de les espacer davantage aux premiers âges. C'est, en effet, dans ce sens que les éducateurs les plus habiles de nos jours ont modifié les données qui précèdent ; on peut d'ailleurs se rendre compte de cette manière d'agir, en réfléchissant que les vers plus espacés dans le jeune âge deviennent plus robustes et sont ainsi mis en état de supporter dans la suite, sans inconvénient, un rapprochement plus marqué ; on satisfait ainsi à la fois aux exigences de l'hygiène et aux nécessités économiques. En conséquence, il faut, au lieu de 1 mètre carré à la première période, accorder aux vers jusqu'à 5 mètres carrés ; ensuite, avant la montée, on pourra se permettre de les resserrer sur 45 mètres carrés seulement, si on n'a pas de motif spécial pour les étendre sur une surface plus vaste. En résumé, les claies doivent avoir, en surfaces utilisables :

De l'éclosion à la 1re mue..... 5 mètres carrés
De la 1re mue à la 2e mue..... 10 —
De la 2e mue à la 3e mue..... 20 —
De la 3e mue à la 4e mue..... 40 —
De la 4e mue à la montée..... 45 à 60 —

Elevage sur claies. — *Agencement des claies, ou tables, pour l'élevage.* — Pour obtenir d'aussi grandes surfaces dans des constructions de dimensions généralement assez restreintes, il n'y a pas d'autre moyen que de superposer les claies ; de

l'un à l'autre de ces étages, on garde des distances verticales
de 35 à 40 centimètres ou davantage ; les claies ont toute la
longueur qu'on veut, mais la largeur ne doit pas excéder la

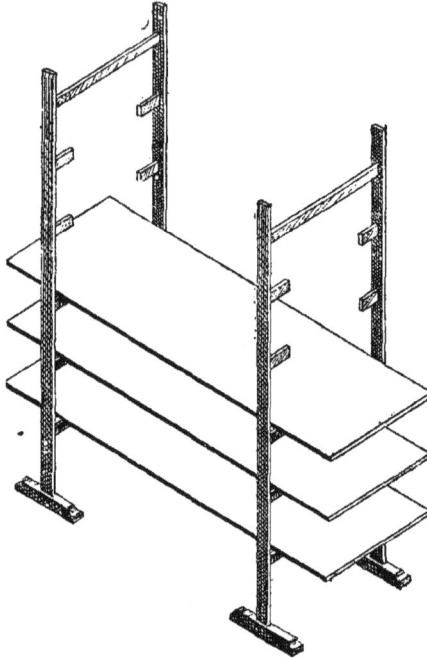

Fig. 43. — Étagère pour six claies de 2ᵐ40 sur 0ᵐ75 (trois claies seulement
sont figurées).

distance à laquelle le bras peut atteindre commodément, c'est-
à-dire 70 à 80 centimètres lorsqu'elles sont disposées de manière à n'être accessibles que d'un côté, ou au double de
cette longueur, c'est-à-dire 1 m. 40 à 1 m. 60, si les claies sont
accessibles des deux côtés. Il n'est pas rare de trouver dans les
Cévennes des magnaneries où il y a quinze ou vingt étages de
claies occupant toute la hauteur du bâtiment depuis le sol jusqu'aux toits ; en ce cas, il faut des échelles et un ou plusieurs

faux-planchers pour le service des claies supérieures ; les montants qui supportent les claies sont solides et fixés à demeure. Au contraire, quand l'appartement n'a que 3 à 4 mètres de haut et doit servir à d'autres usages, on peut, au lieu de poteaux fixes, se servir de poteaux munis de pieds et assemblés deux à deux par des traverses, ou encore de systèmes en forme de pliants qui se déplacent très facilement (fig. 43 et 44).

Dans tous les cas, des passages d'un mètre environ ou davantage doivent subsister tout autour des étagères.

Confection des claies. — Pour faire les claies, on se sert de planches reposant simplement sur les traverses qui relient les montants, ou de cadres en bois

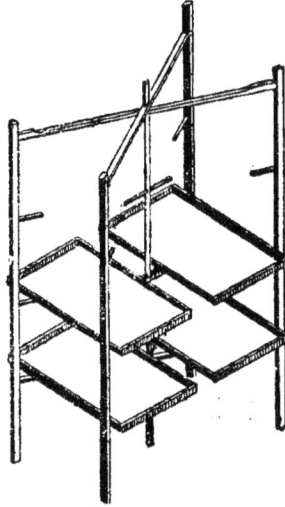

Fig. 44. — Étagère pour huit paniers de 0ᵐ 80 sur 0ᵐ 54 (quatre paniers seulement sont figurés).

sur lesquels on cloue à des distances convenables des liteaux de plafonnage, ou que l'on garnit avec des fils de fer allant d'un bord au bord opposé du cadre en s'entre-croisant perpendiculairement et fixés au moyen de clous enfoncés de distance en distance, le long des bords ; quelquefois on remplace les fils de fer par une toile métallique découpée suivant les dimensions du cadre et clouée sur ses bords. On fait aussi usage de claies en roseaux ; ceux-ci sont employés tantôt entiers et fixés côte à côte parallèlement dans le sens de la longueur de l'étagère, tantôt refendus, puis entrelacés de façon à former un tissu plus ou moins rigide, que l'on entoure quelquefois d'un cadre en planchettes. Les claies formées d'un cadre, garni d'une toile métallique ou de fils de fer, ont l'avantage d'être légères et de pouvoir être facilement désinfectées par le flambage ; les étages en planches ont l'inconvénient d'être peu favorables à l'évaporation de l'excès d'humidité retenue par les litières.

Une fois qu'on est pourvu d'un nombre de claies suffisant, on les garnit de papier afin que les excréments et les poussières ne tombent pas d'une claie sur l'autre.

Procédés d'espacement et de délitage. — Il reste à dire maintenant comment on pratique l'espacement des vers. Il y a pour cela plusieurs procédés.

D'abord, à l'éclosion, au fur et à mesure qu'on voit les feuilles de mûrier qui servent aux levées se garnir de vers en nombre suffisant, on les retire en les remplaçant par d'autres, on les dispose à la file sur un ou deux rangs pas trop serrés, au milieu d'une claie garnie de papier; les repas de feuille coupée, qu'on distribue ensuite, sont semés sur ces rangées de feuilles, et un peu à droite et à gauche, afin que les vers s'éparpillent de plus en plus.

Aux sorties des mues, quand on se sert de feuilles entières ou de petits rameaux, on procède d'une façon analogue.

Enfin, si l'on voit que les vers d'une claie s'y trouvent trop serrés, il est encore très facile de les espacer sans les prendre à poignées ni déchirer la litière; il suffit, au moment d'un repas, de semer çà et là quelques feuilles ou petits rameaux, et de les lever quand les vers sont montés dessus en assez grand nombre; ceux qui restent reçoivent ensuite leur repas sur l'ancienne litière, qu'ils couvrent bientôt tout entière.

Ces procédés demandent beaucoup de temps et de patience. Quand on veut aller plus vite, on se sert de feuilles de papier percées de nombreux trous ronds, d'un diamètre proportionné à la taille des vers; la figure 45 représente leur vraie grandeur pour le premier et le cinquième âge; on en fait aussi de grandeurs intermédiaires.

On donne à ces feuilles de papier les dimensions qu'on juge convenables, par exemple 25 centimètres sur 40 pour le premier âge, 50 sur 80 pour le dernier; on les étend sur les vers qu'on

veut déliter ou espacer, et on donne un repas dessus ; les vers
traversent les trous et montent sur les feuilles. Quand on juge
qu'il y en a assez, on emporte le papier ainsi chargé sur une
claie nouvelle ; les vers qui restent font l'objet d'une nouvelle

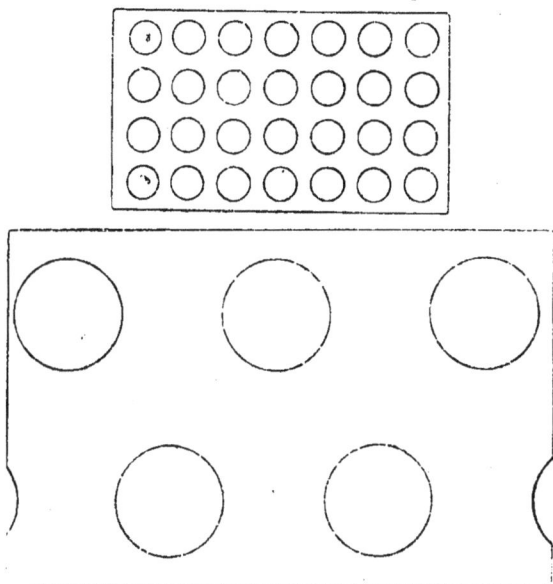

Fig. 45. — Papier à déliter. — Vraie grandeur pour le premier et le dernier
âge.

levée qu'on exécute par le même procédé. La litière se trouve
ainsi dégarnie de vers ; il n'y reste que quelques traînards,
qu'on détruit ou qu'on met à part. On enlève alors cette litière,
qu'on jette au fumier ou qu'on fait sécher pour la donner aux
brebis ou aux cochons.

L'opération précédente s'appelle *délitage* ou *délitement*.

Au lieu de papier à trous, on peut aussi employer des filets
à mailles carrées, qui ont l'avantage de se laver et durer
longtemps ; mais ils sont moins commodes à manier que le
papier.

On voit, par ce qui précède, que l'élevage des vers sur les

claies n'exige pas seulement de très vastes surfaces, mais
encore de perpétuelles manipulations pour déliter et espacer.
On s'est demandé s'il n'y aurait pas moyen de réduire ce travail,
qui est nécessairement très coûteux, et de diminuer en même
temps l'étendue des surfaces de claies. Ce problème, de prime
abord, semble bien difficile à résoudre. On y parvient cependant en reprenant, avec certains perfectionnements, un mode
d'élevage usité depuis bien des années dans tout le Levant :
l'élevage aux rameaux.

Élevage aux rameaux dans le Levant. — *Système persan
(élevage en tilimbar).* — Voici ce mode tout rustique, tel qu'il
est pratiqué en Perse, au rapport de M. Alexandre Chodzko,
ancien consul à Recht (1854) (1), et du Dr Orio (1863). Au milieu
des champs de mûrier, on plante six, huit ou dix poteaux, de
façon à délimiter un rectangle de 6 mètres sur 4; on les assemble, à 2 mètres du sol, par des traverses grossières, assez
solides pour porter un homme ; par dessus le tout, on dresse
un toit en paille de seigle ou de riz, dont le faîte s'élève à
5 ou 6 mètres environ; enfin, au-dessous des traverses sur
lesquelles l'ouvrier doit monter pour distribuer les branchages,
et qu'on appelle le *purd* (pont), on fait, à environ 50 centimètres de distance, un treillage grossier avec des perches,
et c'est sur ce treillage, dénommé *ket* (lit), qu'on dépose les
rameaux de mûrier chargés de vers à soie (2). Cette espèce de
hangar, appelé *tilimbar* ou *talembar*, est représenté en coupe
idéale dans la figure ci-après.

L'espace compris entre les deux étages est protégé à l'extérieur au moyen de nattes (tendues d'un étage à l'autre), que

---

(1) Voir *Magasin pittoresque*, 1854, p. 316.

(2) Une échelle mobile placée extérieurement, reposant par le pied sur
le sol et appuyée par son autre extrémité contre une traverse de l'étage
supérieur, permet à l'ouvrier d'accéder par l'extérieur à cet étage (*purd*)
pour surveiller les vers et leur distribuer la nourriture.

l'on peut ouvrir pour donner de l'air lorsque la chaleur est trop forte, et qui servent à abriter les vers contre les abaissements excessifs de la température ou la violence des vents.

Quand on y introduit les vers, ils sont généralement sortis de deuxième ou de troisième mue, quelquefois seulement de première. Chaque jour, matin et soir, on leur sert un repas de rameaux fraîchement cueillis qu'on met en travers des précédents; les vers se répartissent à différents niveaux, de sorte que les 24 mètres ainsi garnis équivalent au moins à 48 mètres carrés de claies; de là, l'économie de place; les excréments tombent à terre; il n'y a donc rien à déliter. A la longue, l'entassement des branchages finit par s'élever jusque sous les pieds de l'ouvrier;

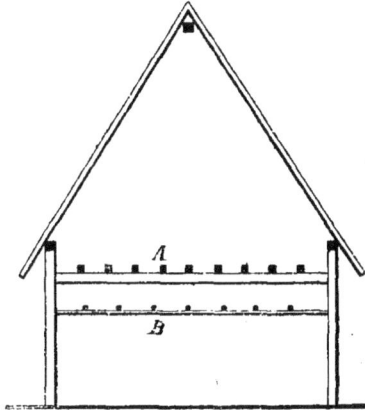

Fig. 46. — Tilimbar (largeur 4 mètres, hauteur 5m 60).
A. Supports (purd) pour l'ouvrier. — B. Supports (ket) pour les vers.

mais, à ce moment, les vers sont arrivés à maturité, il n'y a plus qu'à jeter sous le toit des broussailles et de la paille pour qu'ils fassent leurs cocons ; la toiture même leur fournit des logements commodes. Quelquefois, cependant, lorsque pendant l'élevage on juge l'espace compris entre le ket et le purd trop encombré, on pratique dans le plancher inférieur une ouverture par laquelle on fait tomber à terre une portion des vieux rameaux.

Tel qu'il est pratiqué en Perse, ce procédé donne de très faibles rendements, parce que la moitié des vers au moins se laissent tomber à terre et sont perdus; en outre, l'accumulation des branches finit par gêner la circulation de l'air; enfin, ce système paraît incompatible avec la superposition de plusieurs étages de vers, et conséquemment inférieure comme économie d'espace, au système des claies.

Élevage à la turque. — En Turquie, où on élève aussi les vers aux rameaux, mais dans les maisons, on a des cadres rectangu-laires munis de traverses supportant des lattes de manière à constituer une sorte de clayonnage grossier. C'est sur ce cadre garni de lattes, reposant directement sur le plancher de la cham-bre d'élevage, dont les fenêtres s'ouvrent au niveau du sol, qu'on place les vers à leur sortie de 2ᵉ et 3ᵉ mue et qu'on continue à les nourrir, jusqu'au moment où ils formeront leurs cocons, avec des rameaux de mûrier.

Au Frioul, on pratique le même système d'élevage qu'en Turquie, avec cette différence, toutefois, que les châssis sur les-quels se trouvent les vers et les rameaux, au lieu de reposer sur le sol, sont placés sur des tréteaux ou suspendus à quelques centimètres au-dessus du sol à l'aide de 4 fils de fer ou de 4 cordes solides attachés au plafond, de manière à se trouver au niveau du seuil des fenêtres.

On évite ainsi, en partie, les défauts du système persan; mais l'inconvénient résultant de l'accumulation des branches subsiste ainsi que l'infériorité de ce procédé au système de l'élevage sur claies, en ce qui concerne la meilleure utilisation de l'espace par la superposition dés étages.

Système Cavallo. — Voici par quelles dispositions, d'après M. Cavallo, toutes ces difficultés sont surmontées (fig. 47) :

Dans une magnanerie ordinaire ou dans une salle quelconque propre à en tenir lieu, on dresse des poteaux sur deux rangs, de façon qu'ils se correspondent deux à deux et délimitent ainsi des espaces rectangulaires de 1 m. 20 de long sur 0 m. 85 de large, ou à peu près. Ces poteaux sont munis de crochets à vis ou de chevilles, à des intervalles de 50 centimètres; sur ces crochets se placent des barres transversales d'environ 1 mètre de long; enfin sur ces barres reposent plusieurs lattes ou perches d'environ 1 m. 40, disposées parallèlement aux longs côtés du rectangle. C'est sur ces lattes que seront déposés les rameaux chargés de vers. On aura donc, à des distances verticales de 50 centimètres, autant d'étages de vers que l'on voudra.

Voici maintenant comment on enlève les vieux branchages quand leur accumulation forme un lit de 10 à 12 centimètres

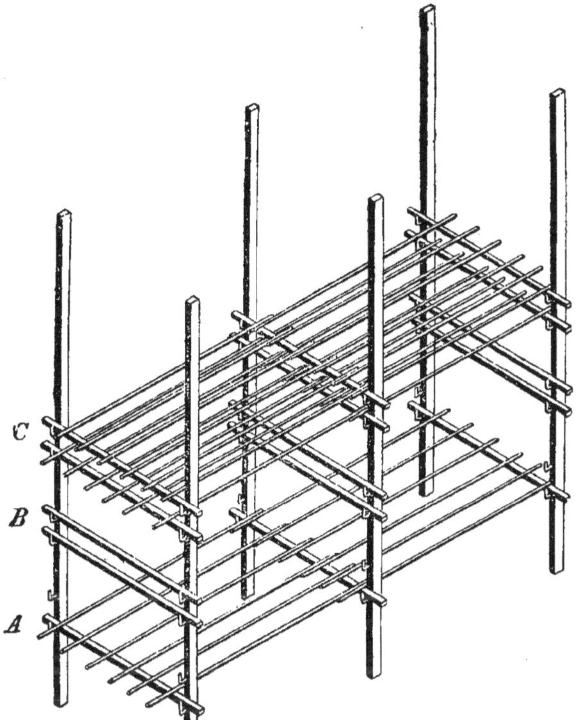

Fig. 47. — Bâti à trois étages, système CAVALLO.
A. Premier plan du premier étage. — B. Traverses pour le deuxième étage. — C. Troisième étage, avec ses lattes et traverses.

d'épaisseur. Précisément à 10 ou 12 centimètres au-dessus de chacun des crochets dont on a parlé, se trouve un second crochet; cette nouvelle série sert à supporter un système de tra-

verses et de lattes pareil au premier, mais qu'on n'installe que
quand les rameaux de mûrier arrivent à ce niveau; les nouveaux rameaux qu'on apportera seront donc placés sur ces
lattes, et, quand les vers y seront montés, on pourra retirer
les barres du lit inférieur : on fera ainsi tomber tous les vieux
branchages; si on a eu soin à l'avance de tendre au-dessous un
hamac, il sera facile d'emporter au dehors tous ces débris d'un
seul coup. Ensuite, on fera redescendre tout le système à la
place où était l'ancien, et on pourra plus tard recommencer,
si besoin est, la même opération.

Inutile d'insister sur le mode de jonction de deux travées :
les poteaux qui les séparent servent à l'une et à l'autre ;
le dessin ci-dessus représente deux travées de trois étages
chacune ; la surface horizontale de ces six étages est de
$6 \times 1^m20 \times 0^m85 = 6^m12$. A cause de l'éparpillement des vers
à plusieurs niveaux, ces six étages suffisent pour loger autant
de vers que 12 mètres carrés de claies. On a donc une économie de place réelle. Quant aux vers qui se laissent tomber, on
peut les recevoir sur des branches mises à terre et les remonter sur les étagères : il n'y a donc rien de perdu ; on peut ainsi
arriver à des rendements aussi élevés que par l'usage des claies,
et profiter des avantages économiques que présente l'élevage
aux rameaux sous le rapport de la main-d'œuvre principalement ; tous les éducateurs devraient faire l'essai de ce procédé
si simple et si avantageux.

A côté du système Cavallo et dans le même ordre d'idées, il
convient de signaler les systèmes inventés par deux autres
Italiens, M. Bonoris et M. Pasqualis.

Système Bonoris. — Le système imaginé par M. Bonoris
(fig. 48) consiste en des arcs A, B, C, d'un mètre de diamètre,
solidement amarrés au sol à la suite les uns des autres sur la
même ligne, à 1 m. 50 ou 2 mètres de distance. Autour de ces
arcs sont assujetties, à des distances égales l'une de l'autre,
5 chaines m, n, p, s, t, tendues dans le sens du rayon au
moyen de cordes u, v, x, y, z, fixées par un bout à l'extré-

mité des chaînes et attachées par l'autre bout au plafond. De
10 centimètres en 10 centimètres, ces chaînes présentent des

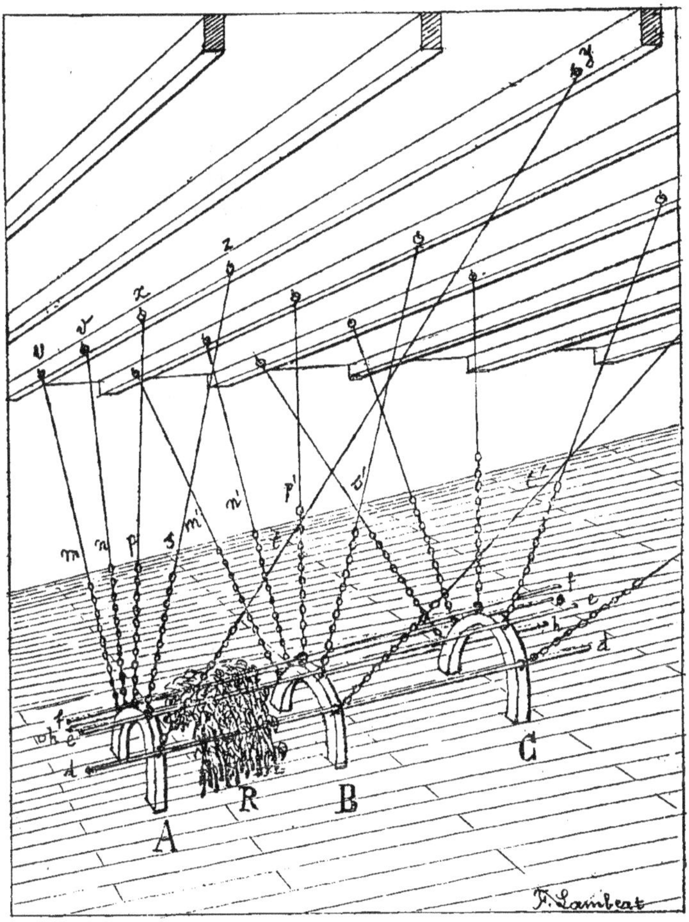

Fig. 48. — Dispositif Boxonis pour l'élevage des vers aux rameaux.

A, B, C. Arceaux fixés au plancher; autour de ces arceaux, cinq chaînes
m, *n*, *p*, *s*, *t*, sont tendues dans le sens du rayon au moyen de cordes
qui partent de l'extrémité libre des chaînes et vont s'accrocher, en *u*, *v*,
x, *z*. *y*, aux poutres du plancher ou de la charpente de la toiture. — *d*, *e*,
f, *o*, *h*. Tringles enfilées dans les anneaux des chaînes; ces tringles servent pour supporter les rameaux R de mûrier avec les vers.

chaînons circulaires qui ont un diamètre de 5 centimètres : on a donc 10 ou 12 de ces grands anneaux qui se succèdent le long de la même chaîne à des distances de 10 centimètres l'un de l'autre. En passant une tringle dans le premier anneau de chaque chaîne de l'un des arcs et dans l'anneau correspondant de chacune des chaînes de l'arc suivant, on obtiendra une claie de surface courbe, demi-cylindrique, *d, e, f, o, h*, contre laquelle les rameaux R de mûrier, chargés de vers, et reposant par leur pied sur le sol, viendront s'appuyer. Lorsque l'épaisseur de branches aura rejoint le niveau du deuxième chaînon circulaire, situé sur chaque chaîne à 10 centimètres du premier, on établira, au moyen d'une autre série de tringles, une seconde claie circulaire semblable à la première, mais plus étendue, que l'on couvrira de feuillage frais. Les vers ayant tous quitté leur ancien lit pour monter sur le nouveau, il ne restera plus pour effectuer le délitage qu'à retirer les tringles primitives qui retiennent les vieux rameaux, pour faire tomber à terre les rameaux anciens. Ensuite, au lieu de procéder comme dans le système Cavallo, c'est-à-dire de changer les vers, pour les remettre à la place qu'ils occupaient avant, on les laisse là où ils se trouvent, c'est-à-dire au-dessus du second anneau, jusqu'au jour où, la surface des rameaux inutiles ayant atteint la hauteur de l'anneau suivant, on procédera à un deuxième délitage, et ainsi de suite.

On voit que, dans ce système, l'espace circulaire sur lequel les chenilles sont réparties s'éloigne toujours davantage de son axe, et que la surface à la disposition des vers devient plus étendue à mesure que ces animaux exigent pour se développer une plus grande surface. Les vers s'espacent donc d'eux-mêmes.

On reproche à ce dispositif d'être encombrant et de nécessiter, pour son installation, des locaux de dimensions telles que les éleveurs ordinaires en ont assez rarement de semblables à leur disposition. L'inconvénient dont il s'agit peut être atténué par la substitution aux chaines de 5 fortes pièces de bois, ayant

1 m. 50 de longueur, munies, de distance en distance, d'anneaux ou de crochets pour supporter les tringles, et assujetties solidement aux arcs autour desquels elles rayonnent comme les rais autour du moyeu d'une roue.

Système Pasqualis. — Dans le système de M. Pasqualis, de Vittorio (Italie), on a deux longues claies inclinées, réunies par deux de leurs grands côtés et reposant sur le sol par les bords opposés (situés à 1 m. 50 l'un de l'autre). Aux extrémités de chaque claie sont deux colonnettes de 15 à 20 centimètres de longueur, reliées vers leurs extrémités libres par une traverse. Les claies sont formées par un cadre solide, garni en dessous de liteaux retenus simplement par des crochets et qu'on peut enlever à volonté. Les rameaux et les vers reposent sur les deux claies, ainsi adossées par leurs bords supérieurs, comme sur les claies demi-cylindriques dans le système Bonoris. Lorsque les rameaux, par leur accumulation, sont arrivés jusqu'aux traverses supportées par les colonnettes, on tend, d'une tringle à l'autre, des fortes ficelles, et, sur ces cordelettes, on distribue un repas de feuilles fraîches. Lorsqu'il n'y a plus un seul ver sur les vieux rameaux, on opère le délitage en retirant les liteaux mobiles qui les retenaient. Les litières sont ensuite emportées ; on remet les liteaux sur leurs crochets, on dénoue les cordes, et vers et rameaux n'étant plus retenus retombent sur le fond des claies dans la même situation où ils se trouvaient au début, comme dans le système Cavallo.

Ventilation des magnaneries. — Nous avons vu (p. 125) que l'aération est indispensable aux vers, non seulement pour leur fournir la quantité d'oxygène nécessaire à la respiration, mais encore pour évacuer hors de la magnanerie la vapeur d'eau, l'acide carbonique et les exhalaisons diverses des vers et des litières. Nous avons, à ce propos, signalé les avantages que présente *un air sec :* c'est un point sur lequel nous croyons à propos d'insister encore.

L'utilité d'un air sec, pour le bon succès des vers à soie, est reconnue par tous les praticiens éclairés. Voici, par exemple, ce qu'en dit Dandolo dans son excellent traité sur l'*Art de gouverner les vers à soie* :

« Si l'on voit tant de persistance chez les paysans à loger leurs vers dans des locaux détestables, c'est peut-être parce qu'ils y obtiennent parfois d'excellentes récoltes. Ils n'ont pas réfléchi que ces succès de hasard résultent de causes physiques exceptionnelles. Ce sera, par exemple, une année où la saison sera belle et surtout sèche parce que les vents soufflent du nord ; alors il est bien difficile que les vers n'aillent pas bien, tout en étant mal gouvernés. En ce cas, il règne toujours dans l'atmosphère une forte sécheresse, et justement cette sécheresse est le premier fondement d'une bonne hygiène pour les vers (*è appunto questo asciutto il fondamento primario del buon governo de' bachi*) ; l'air balsamique qui souffle alors se renouvelle partout, même dans les locaux fermés, et s'insinue parmi les vers amoncelés ; le ver respire et transpire suffisamment bien, et la litière ne peut fermenter parce qu'elle se dessèche beaucoup. Ainsi la sécheresse de l'air occupe une grande place dans l'hygiène des vers. Nous voyons l'effet de cet air sec et toujours agité, dans les chaumières où on tient les vers ; dans les pays montagneux, les vers y réussissent toujours mieux qu'à la plaine. Donc les paysans, ayant dans une pareille année de sécheresse fait une grande récolte de cocons, puis l'année d'après en ayant une très mauvaise, ne veulent pas croire, peut-être même ne peuvent pas croire que cela puisse tenir à ce local dont ils ont cru la bonté éprouvée par leur premier succès. Mais, pour nous, nous devons vouloir que les bonnes récoltes ne puissent jamais manquer, quelles que soient les influences météoriques ».

On ne peut pas mieux démontrer la nécessité de disposer les magnaneries pour que la ventilation en soit parfaite. Ce n'est en effet que par l'action dissolvante de l'air qu'on peut emporter au dehors d'une façon économique les masses d'eau

exhalées par les vers et les litières. Quelques éleveurs ont
pensé que des substances desséchantes, telles que la chaux
vive, pourraient quelquefois être employées pour suppléer à
l'insuffisance de la ventilation : plusieurs ont semé en effet de
la chaux, de la tourbe et autres matières analogues sur les vers
et les litières après la quatrième mue, dans le but de prévenir la muscardine ; les bons effets qu'ils ont obtenus de ce procédé s'expliqueraient donc simplement par la dessiccation de
l'air et des litières.

Mais en général de tels moyens seraient insuffisants ou trop
coûteux ; on préfère, à l'aide du feu, provoquer le mouvement
de l'air et augmenter son pouvoir dissolvant de la vapeur
d'eau.

Magnanerie des Cévennes. — Les dispositifs employés sont
très divers. Tantôt on introduit l'air du dehors et on le chauffe
sur place, tantôt on le chauffe à l'avance au moyen d'un calorifère.

Le premier système est le plus simple.

Voici comment il est pratiqué dans les Cévennes. Les magnaneries sont en général établies sur un cellier voûté, et s'élèvent de cette voûte jusqu'au toit ; le bâtiment est haut et étroit ;
aux quatre encoignures, on installe autant de fourneaux rustiques en maçonnerie où l'on brûle des mottes formées de débris
de houille agglomérés avec l'argile ; les murs ne sont percés
que d'étroites fenêtres, dont les vitres sont remplacées par des
feuilles de papier ; le toit, formé de tuiles en gouttière, est à
claire-voie sur une largeur de 50 à 60 centimètres le long du
faîte, de façon que l'air chaud et les vapeurs, en s'élevant,
puissent s'échapper par les interstices des tuiles ; quelques
lucarnes peuvent aussi s'y ouvrir à volonté (fig. 49).

L'air frais s'introduit par des trappes percées dans la voûte
du cellier. On voit que tout l'ensemble est assez comparable à
un énorme tuyau de cheminée dans lequel seraient logés les
vers. La ventilation s'y effectue donc de bas en haut, et d'une
manière d'autant plus facile que la température du dehors est

plus froide. Mais quand elle dépasse 25° centigrades et que l'air
est lourd, stagnant, on est fort embarrassé pour le faire circuler ; la plupart des magnaniers se décident alors à surchauffer,
pour obliger l'air à reprendre un mouvement ascensionnel.

Fig. 49. — Magnanerie des Cévennes, d'après L. Pasteur.

On évitera soigneusement de faire du cellier situé sous la
magnanerie un magasin pour la feuille, parce que cette feuille
serait une source d'humidité.

Magnaneries du Japon. — D'après une communication faite
au Congrès séricicole de Milan par M. Sasaki, voici comment
une magnanerie est installée au Japon.

Elle est au premier étage; au milieu de la pièce, une brasière reçoit l'air en dessous, du rez-de-chaussée; le plafond est

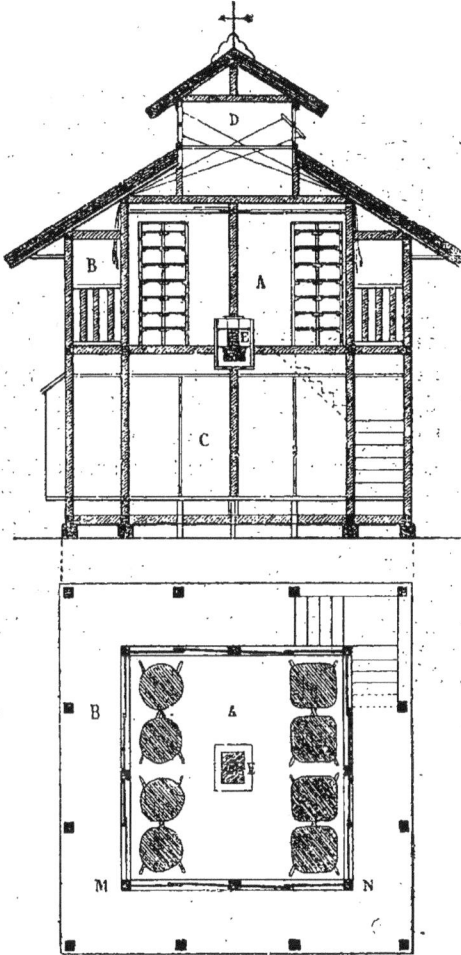

Fig. 50. — Plan et coupe d'une magnanerie japonaise (MN = 4 mètres).
A. Salle d'élevage et étagères. — B. Véranda. — C. Magasin. — D. Lanterneau. — E. Brasière.

percé de cinq trappes qu'on met à volonté en communication avec un lanterneau ; celui-ci peut d'ailleurs s'ouvrir, soit au nord, soit au midi, suivant que le vent souffle du midi ou du nord. Quant à l'introduction de l'air, elle se fait aussi largement qu'on veut, car les parois de la salle ne sont que de minces paravents glissant dans des coulisses, et qu'on peut enlever, de façon à ne laisser en place que les poteaux supportant la toiture ; celle-ci, comme le montre la figure 50, s'étend sur une galerie qui règne tout autour de la salle, et qu'on peut fermer aussi extérieurement par des cloisons, quand le vent ou le froid rendent cette protection nécessaire.

Magnaneries Dandolo. — Dandolo est le premier qui ait cherché à assurer la ventilation par tous les temps, à l'aide de dispositions calculées dans ce but : son système repose sur les propriétés des cheminées. On sait que les cheminées ordinaires, en tant qu'appareils de chauffage, sont loin d'être économiques, car elles versent sur les toits, avec l'air écoulé, les neuf dixièmes de la chaleur du foyer ; mais précisément l'énorme débit d'air qu'elles produisent est, dans la circonstance actuelle, l'effet utile que l'on recherche. Avec une section de 20 décimètres carrés et une vitesse de 2 mètres seulement par seconde, un tuyau de cheminée évacue 34.500 mètres cubes d'air en vingt-quatre heures. D'après M. Morin, 1 kilogramme de combustible brûlé correspond à un débit d'environ 140 mètres cubes à l'heure, si c'est du bois ; 200 mètres cubes, si c'est de la houille. Souvent même, sans aucun feu allumé, par le seul effet des différences de température à l'intérieur et à l'extérieur, une cheminée évacue plusieurs centaines de mètres cubes à l'heure. On comprend, d'après cela, que Dandolo ait muni ses magnaneries de nombreuses cheminées ; il les a destinées, non pas à chauffer la salle, mais à permettre d'y faire, par intermittence et quand il le faut, des flambées de sarments, de paille, de copeaux et autres combustibles légers, qui brûlent vite avec beaucoup de flamme, mettent l'air en mouvement et ne modifient guère la température à l'intérieur. Pour aider au renouvellement de l'air, Dandolo a encore percé des soupiraux au plafond, au plancher et dans les murs latéraux à toutes les expositions ; ces soupiraux sont tous munis de volets ou registres, afin qu'en les ouvrant, où et comme il convient, on puisse établir des courants de haut en bas ou inversement, ou même des courants transversaux. Quant au chauffage, il est effectué par un ou plusieurs poêles en maçonnerie complètement indépendants des cheminées.

Dandolo nous indique dans son livre les dimensions et l'agencement de plusieurs de ses magnaneries. La plus grande, destinée à élever vingt onces de graines, a 25 mètres de long, 10 mètres de large, et 6 mètres de hauteur sous le faîte ; il y a 5 fenêtres au nord, 5 au midi, 3 au couchant, et 3 portes au levant ; le sol est percé de 7 soupiraux ; le toit en a 8, et les murs 13, c'est-à-dire un sous chaque fenêtre ; enfin, il y a 6 cheminées et un grand fourneau. Les claies sont disposées sur trois rangs, et chaque rang a 1 m. 60 de large.

Une deuxième magnanerie, destinée à élever 5 onces, a pour dimensions 13 m. 20, 6 mètres et 4 m. 20 ; il y a 4 fenêtres, 4 soupiraux latéralement, 4 au toit, 5 cheminées et 2 fourneaux.

Enfin des modèles plus petits, faits pour 1, 2 ou 3 onces, ont 2 cheminées, 1 fourneau, 2 à 4 fenêtres, et 2 à 4 soupiraux au toit, ainsi qu'aux murs latéraux.

On voit donc que c'est par un système d'ouvertures nombreuses et un emploi simultané des cheminées et des poêles que Dandolo a pourvu à la ventilation de ses magnaneries. Ce système peut paraître de prime abord un peu compliqué, mais il a un avantage immense, qui est de s'adapter, sans beaucoup de dépense, à tout appartement déjà construit ; en outre, il n'exige aucune précision dans les ajustements des portes et des fenêtres ; il s'accommode très bien de fermetures grossièrement faites, et la première chaumière venue peut ainsi se transformer en magnanerie. Dans les campagnes de la Lombardie, on n'en voit guère que de cette sorte ; toujours l'appel d'air est obtenu par un foyer intérieur.

Cependant on trouve dans une note de la correspondance de Dandolo, pour l'an 1818, qu'un certain Tadini lui proposa de produire l'appel d'air au moyen d'un foyer extérieur, installé par exemple au-dessus du plafond de la magnanerie ; cette idée lui parut très juste. On produirait ainsi, dit-il, d'une manière continue et sans échauffer la salle, un effet que les flambées ne produisent que d'une façon intermittente, en donnant toujours plus ou moins de chaleur.

Mais Dandolo mourut l'année suivante, et, selon toute apparence, ne put faire l'essai de ce procédé.

Magnanerie Darcet. — Le système qui consiste à chauffer l'air destiné à la magnanerie dans un calorifère extérieur appartient, d'après M. Perris (1), à M. de Sinéty.

L'inventeur se bornait, paraît-il, à introduire dans la salle l'air chaud, amené par des conduits qui partaient du calorifère.

Cette idée fut reprise en 1836 par Darcet, qui la combina avec celle de la cheminée d'appel, et créa ainsi sa magnanerie *à ventilation forcée*, qu'il appela aussi *magnanerie saluble*. Ici, plus de cheminées ni de soupiraux dans les murailles. En revanche, le plancher et le plafond sont perforés de plusieurs rangées de trous dont les diamètres vont en décroissant d'un bout de la salle à l'autre ; ces trous conduisent à des gaines qui servent, celles du plafond à évacuer l'air vicié et celles du plancher à amener l'air neuf, qui est le plus souvent de l'air chaud. La prise d'air, en effet, a lieu dans une chambre spéciale placée sous la magnanerie et dans laquelle on mélange à volonté l'air chaud d'un calorifère, l'air froid d'une cave ou d'une glacière, et même l'air extérieur ; il suffit pour cela d'ouvrir ou de fermer les soupapes de conduits ménagés pour cela.

Les gaines d'air vicié aboutissent d'autre part à une puissante cheminée d'appel dont le tirage est déterminé par le foyer du

---

(1) PERRIS. — *Traité de la culture du mûrier, de l'établissement des magnaneries et de l'éducation des vers à soie.* Mont-de-Marsan, 1846.

calorifère, et d'un petit fourneau spécial qu'on allume au besoin. Enfin, si l'aspiration de la cheminée est insuffisante, un tarare lui vient en aide pour puiser l'air des gaines et le verser dans la cheminée. Tel est, en peu de mots, le système qu'a imaginé Darcet pour *obliger* l'air à traverser de bas en haut toute la magnanerie.

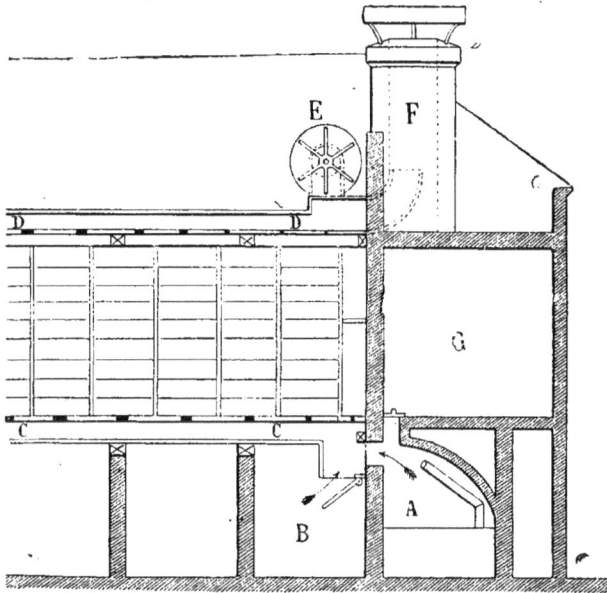

Fig. 51. — Magnanerie DARCET.

A. Calorifère. — B. Entrée de l'air frais. — C, D. Gaines pour l'entrée et la sortie de l'air. — E. Tarare. — F. Cheminée. — G. Salle d'incubation.

Dans le principe, il avait calculé les dimensions des appareils pour renouveler l'air de la magnanerie seulement deux fois par heure; mais il reconnut bientôt que ce ne serait pas trop, pour le Midi du moins, de doubler cette puissance de ventilation, et notamment de donner au tarare des dimensions telles qu'il fût aisé de porter la vitesse de l'air à 5 ou 6 mètres par seconde (*Annales de la Société séricicole*, t. IV, p. 150); une telle vitesse ne pourrait pas être obtenue par l'action seule de la cheminée, sans une forte consommation de combustible.

Quant aux dimensions des gaines et de la cheminée, voici comment Darcet les calcule. Soit A litres le volume de la magnanerie ; si on doit renouveler l'air tous les quarts d'heure, il faudra y faire entrer A litres en 900 secondes, ou A/900 litres par seconde. Si les gaines sont égales entre elles, qu'il y en ait trois, par exemple, et que la vitesse de l'air doive y être de 10 décimètres par seconde, la section de chaque gaine sera A/27.000 décimètres carrés. La somme des trous à percer sur chaque gaine sera égale à la section de la gaine, augmentée de 1/5 à cause des frottements. Enfin, la section de la cheminée sera le double de celle du conduit total où aboutit l'air vicié.

Le système de Darcet, en principe, est irréprochable. Il n'y a pas de doute que si l'air des gaines inférieures est plus chaud que celui de la salle, il montera de lui-même vers les orifices d'appel, et, s'il est plus froid, il sera encore forcé de monter de même, par l'action aspirante du tarare et de la cheminée.

Cependant, dans la pratique, on a été rarement satisfait du fonctionnement des magnaneries ainsi installées ; dans les cas de touffe, la ventilation a été presque toujours mauvaise. Les uns l'ont attribué à l'insuffisance des dimensions du tarare, les autres à la trop faible section des gaines ; d'autres encore à l'obstacle apporté par les claies à la circulation de l'air ; mais personne, croyons-nous, n'a remarqué la cause la plus probable de cet insuccès. M. Maillot l'attribue à la fermeture imparfaite des ouvertures latérales, portes et fenêtres, qui, en général, dans les magnaneries, sont mal closes, et pourtant doivent fermer hermétiquement partout dans le système de Darcet. Ces ouvertures fournissent de l'air, autant et peut-être plus que les gaines inférieures, et amoindrissent d'autant l'effet utile de celles-ci ; celles-ci, dans les cas de touffe, doivent même se trouver quasi annihilées, et la ventilation devenir très mauvaise dans la partie voisine du sol.

Magnanerie Robinet. — Si cette explication est exacte, elle rendra compte aussi de l'utilité d'une modification proposée par M. Robinet aux dispositions de Darcet. Au lieu de placer le tarare sous les combles, M. Robinet l'a établi dans la chambre à air et a mis des conduits qui amènent l'air du dehors vers l'axe de rotation de l'appareil, de sorte qu'alors le tarare agit par propulsion; l'air est ainsi chassé dans les gaines inférieures et pénètre forcément dans la magnanerie. La ventilation avec de l'air frais se fait par ce moyen aussi énergiquement que dans le dispositif Darcet avec l'air chaud. Une autre

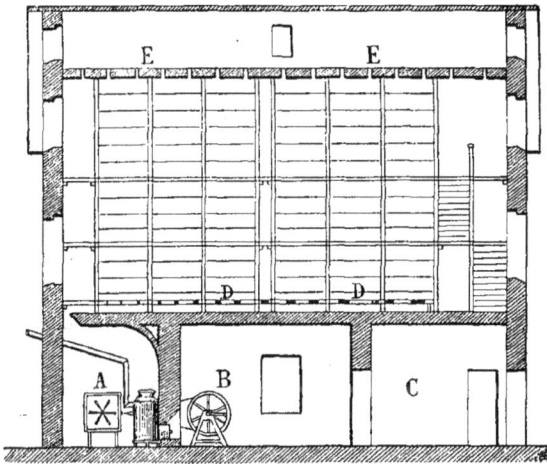

Fig. 52. — Magnanerie ROBINET.

A. Chambre d'air avec poêles et tarare. — B. Magasin pour la feuille. — C. Salle pour l'incubation. — D. Orifices pour l'entrée de l'air. — E,E. Orifices pour la sortie de l'air.

conséquence avantageuse de la modification imaginée par M. Robinet consiste dans la suppression des gaines supérieures et de la cheminée d'appel; il suffit que le plafond soit percé d'orifices convenables, et le comble supérieur de quelques lucarnes.

M. Robinet (1) a donné le plan d'une magnanerie disposée
pour 12 onces de graine : le plancher est à 3 m. 30 du sol, et le
plafond, à mi-toiture, se trouve porté à 10 m. 60 ; les murs ont
9 mètres de hauteur ; la longueur du bâtiment est de 13 m. 60
intérieurement, et sa largeur de 8 mètres. La chambre d'air a
3 mètres sur 8 ; elle est pourvue de deux poêles et d'un tarare
dont l'arbre a 1 m. 20 de long, et les palettes 1 mètre sur
0 m. 27, le vide autour de l'arbre étant de 0 m. 26 (fig. 52).

Magnanerie Aribert. — Dans les magnaneries de Darcet et
de M. Robinet, l'air, qu'il soit chaud ou qu'il soit froid, est toujours dirigé de bas en haut. M. Aribert, en 1852, a imaginé
d'appliquer aux magnaneries le système de la ventilation ren-
versée : toutes les ouvertures latérales étant fermées, l'air
chaud d'un calorifère est amené par un large conduit jusqu'au
plafond supérieur de la salle, où il se brise et s'étale en nappe
horizontale ; cette nappe, refoulée par celle qui lui succède,
descend ensuite peu à peu, et finalement arrive au sol, où elle
trouve le conduit d'aspiration d'une cheminée d'appel qui l'emporte au dehors. Quand la chambre à air, au lieu d'air chaud,
doit fournir de l'air froid, on bouche les conduits d'air chaud,
on ouvre une trappe ménagée à cet effet dans le plancher, et
on débouche en même temps près du plafond une ouverture
dans la paroi de la cheminée d'appel ; l'air froid est obligé de
monter de la trappe à l'ouverture en question. Ce système est,
comme celui de Darcet, très bon en principe, mais il a également l'inconvénient d'exiger beaucoup de précision dans les
ajustements des fermetures, et, de plus, il faut que le foyer de
la cheminée d'appel soit constamment allumé. Il faut, d'après
M. Aribert, que chaque mètre carré de surface de claies couvertes de vers reçoive 500 mètres cubes d'air en vingt-quatre
heures. En supposant 40 mètres carrés à l'once, cela fait
20.000 mètres cubes d'air, c'est-à-dire deux fois plus que n'exi-

---

(1) ROBINET. — *Manuel de l'éducation des vers à soie.* Paris, 1848.

gent les calculs faits plus haut pour l'appareil Darcet ; aussi
M. Aribert donne-t-il à tous les conduits des sections très fortes, et il porte à près de 3 mètres par seconde la vitesse d'écoulement dans la cheminée. Les éleveurs de l'Isère (1) qui ont
essayé son système en ont été, parait-il, très satisfaits.

Magnaneries économiques. — Entre tous les systèmes que
nous venons d'étudier succinctement, le choix n'est pas facile
quand on n'a pas égard au côté économique de la question ;
mais, dans l'état actuel de l'industrie séricicole, on est obligé
de tenir grand compte du prix de revient de l'installation ; dès
lors le dispositif des Cévennes et celui de Dandolo offrent des
avantages évidents ; viendrait ensuite celui de M. Robinet. On
pourrait encore adopter une combinaison des deux premiers
systèmes, qui consisterait à munir la magnanerie des Cévennes
d'un plafond percé de trappes assez larges, et d'une ou deux
cheminées à grande section ; le plafond aurait pour but de protéger la salle contre le froid ; les cheminées serviraient à la
ventilation dans les cas de touffe.

Enfin il y a un dernier moyen, qui est à la portée de tout le
monde, pour simplifier le problème de la ventilation : c'est de
n'introduire dans la salle que des quantités de vers assez restreintes relativement à sa capacité ; de cette façon, sans aucune
appropriation spéciale, un appartement quelconque peut servir
de magnanerie. En effet, non seulement la vaste capacité de
l'enceinte retarde le moment où l'altération de l'air atteint la
limite tolérable, mais encore le nombre et la grandeur des portes et fenêtres rendent la ventilation naturelle plus active. La
vaste surface des murs produit un effet analogue, qui n'est nullement négligeable, ainsi que nous allons le voir.

Porosité des murailles. Auvents. — Dans un article de la

---

(1) *Almanach agricole*, publié par la Société d'agriculture de Grenoble.
Grenoble, 1854.

Revue des Deux Mondes (1), M. Radau a bien fait ressortir l'heureuse influence de la porosité des murailles ; il cite des expériences de M. Pettenkofer, qui prouvent que l'air traverse avec une grande facilité les murailles en briques : ainsi, dans une chambre de 75 mètres cubes entièrement close, une différence de température de 19° avec celle de l'air ambiant a produit en une heure une évacuation égale à 75 mètres cubes, c'est-à-dire a renouvelé entièrement l'air ; une différence de 1° faisait passer en une heure 245 litres d'air par chaque mètre carré de la surface libre du mur.

Cette perméabilité de la brique et de tous les matériaux de construction doit être prise en considération dans les calculs sur la ventilation des édifices.

En ce qui regarde spécialement les magnaneries, il est intéressant de noter ce fait, que l'humidité des murailles diminue beaucoup leur perméabilité aux gaz ; c'est une raison de plus à ajouter à toutes celles que nous avons données pour expliquer le bon succès des éducations pendant les saisons sèches et froides, qui sont celles où aucune pluie ne vient mouiller les murailles des magnaneries.

Nous voyons par là combien il est avantageux de choisir des matériaux poreux pour la construction des murailles des magnaneries. Il n'importe pas moins de disposer les constructions de façon que cette perméabilité se conserve en temps de pluie, car c'est justement à ce moment qu'elle est le plus utile. Par conséquent, il convient que les toitures *se prolongent en forme d'auvents* pour abriter ces murailles contre la pluie. Chez beaucoup de paysans des Cévennes, un escalier extérieur couvert remplit parfaitement cet office, d'un côté au moins de l'édifice. La galerie couverte qui entoure la magnanerie japonaise est encore plus efficace.

Aucun constructeur, que nous sachions, n'a tenu compte de ces faits pour dresser le plan d'une magnanerie modèle. En

_____

(1) Numéro du 15 juillet 1883.

cela comme en bien d'autres choses, la pratique a su trouver

des combinaisons qu'on ne sait pas de prime abord apprécier autant qu'elles le méritent.

Doubles vitres à ouvertures contrariées. — Un autre moyen facile pour aider le renouvellement de l'air dans le local d'élevage et dont l'emploi a été proposé, et expérimenté avec succès, pour la ventilation des casernes, par M. Castaing(1), consiste à remplacer les carreaux des parties supérieures des fenêtres (fig. 53, 3) par deux vitres parallèles, séparées par un espace d'environ 1 centimètre, dont l'une, l'extérieure, est trop cour-

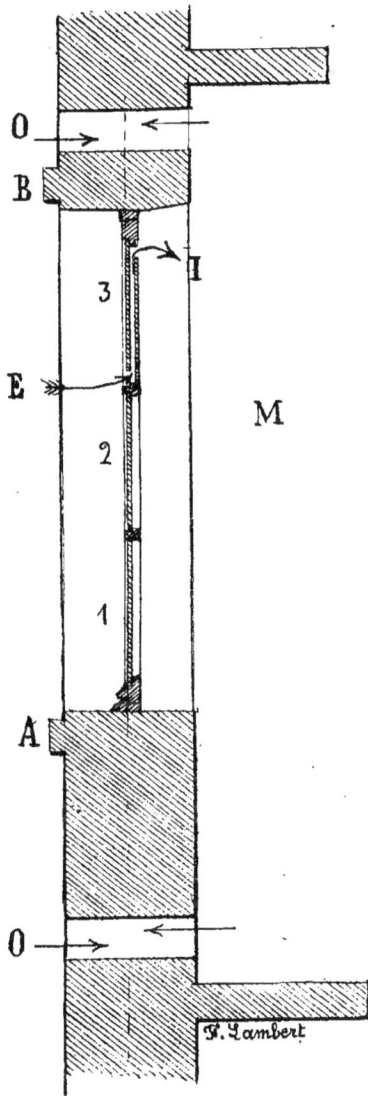

Fig. 53. — Fenêtre avec doubles vitres à ouvertures contrariées dans la partie supérieure.

A, B. Fenêtre (côté extérieur). — 1, 2. Carreaux inférieurs avec une seule vitre. — 3. Carreau supérieur avec deux vitres. — E. Ouverture au bas de la vitre extérieure, pour l'entrée de l'air du dehors. — I. Ouverture en haut de la vitre intérieure pour amener l'air dans la chambre d'élevage M. — O, O. Ventouses d'aération pratiquées dans le mur au-dessus et au-dessous des fenêtres. — M. Magnanerie.

(1) Voir l'*Illustration*, année 1893.

te par le bas d'environ 4 centimètres, tandis que l'autre est trop courte par le haut de la même longueur de 4 centimètres. L'air du dehors entre par l'ouverture E (fig. 53), située à la partie inférieure du carreau extérieur, s'échauffe légèrement au contact du carreau intérieur, le long duquel il s'élève, et s'écoule ensuite, par l'ouverture supérieure I, dans la pièce, sous forme d'une colonne brisée et sans force. D'après M. Castaing, l'air se renouvelle ainsi, sans que jamais, par les vents les plus forts et les plus violents, la moindre incommodité en soit résultée pour les personnes qui se trouvaient à l'intérieur du local, ni que jamais, par les pluies les plus abondantes accompagnées des plus fortes bourrasques, une goutte d'eau ait pénétré à l'intérieur des chambres. Ce système de ventilation présente en outre l'avantage de pouvoir être installé partout, presque sans frais et par le premier ouvrier venu.

Le même résultat peut être obtenu en remplaçant un ou plusieurs carreaux de vitre par des lames de verre disposées en forme de persienne.

Choix d'une pièce pour servir temporairement de magnanerie parmi les locaux ordinaires d'une ferme. — Les constructions élevées dans le but spécial de servir pour l'élevage des vers sont devenues moins communes à mesure que les avantages économiques des petites éducations, avantages sur lesquels nous insistons un peu plus loin, devenaient plus évidents. En France, les grandes magnaneries sont déjà presque rares et le plus souvent on utilise comme magnanerie des salles ou locaux de ferme qui servent en temps ordinaire, c'est-à-dire en dehors de la saison des élevages, à d'autres usages.

Parmi les différents locaux que comprennent les bâtiments d'une ferme, tous ne se prêtent pas également à ce genre d'emploi : il en est qui sont préférables et il convient d'être à même de les discerner. En nous inspirant des principes qui viennent d'être développés sur les conditions auxquelles une construction, destinée à une magnanerie, doit satisfaire et en tenant compte de l'opinion de praticiens éclairés, nous conseillons de prendre pour règle, dans le choix d'une pièce destinée à servir de magnanerie, de donner la préférence à une salle du premier étage (voir fig. 54, 55 et 56), haute d'environ 3 mètres et demi, située dans l'angle d'un bâtiment, avec au moins deux façades extérieures : une regardant le nord, le nord-est ou le nord-ouest ; l'autre l'est, le sud-est ou le nord-est. La pièce dont il s'agit sera pourvue d'autant de cheminées qu'elle mesurera de fois 100 mètres cubes de capacité ; ces cheminées serviront à la fois pour le chauffage et le renouvellement de l'air. Au besoin, si les circonstances l'exigeaient et si l'on arrivait difficilement à entretenir la température à un degré voulu, ce qui se présentera rarement sous nos climats à l'époque des élevages, il serait toujours facile d'installer un ou plusieurs poêles en faïence ou des fourneaux en maçonnerie qui aideraient à obtenir le degré nécessaire de chaleur. Elle sera, en outre, pourvue de ventouses aux trous d'air, placées les unes en bas près du plancher, les autres vers le haut au voisinage du plafond ; des trappes pourront aussi être percées dans le milieu du plancher supérieur pour mettre la salle en communication avec la pièce située au-dessus, dans les combles.

Des cheminées d'aération, qui partiraient du niveau de ce plancher et monteraient ensuite verticalement jusqu'à la toiture au-dessus de laquelle elles s'ouvriraient comme une cheminée ordinaire, rempliraient le même office. On pourrait aussi établir dans l'épaisseur des murs des gaines d'aération comme celles (fig. 61 et 62) que nous décrirons bientôt.

Les dessins ci-après (fig. 54, 55 et 56) représentent, en plan et en élévation, une petite ferme en un seul corps de bâtiment, où se trouve un local qui satisfait assez bien aux conditions énoncées ci-dessus. La façade principale est exposée au sud-est. La magnanerie est au premier étage, au-dessus d'un cellier, dans l'angle nord du bâtiment. Elle a trois façades extérieures : une au nord-ouest avec une fenêtre, la seconde au nord-est avec deux fenêtres, la troisième avec une porte au sud-est. Cette dernière façade donne sur une terrasse (fig. 55).

Sous cette dernière se trouve une petite pièce pouvant servir

de magasin pour la feuille, ainsi que le cellier (fig. 56) atte-
nant à cette pièce.

Fig. 54. — Petite ferme avec magnanerie en M.

Les claies d'élevage sont supportées par des montants mobiles semblables à ceux figurés page 180 et construites en liteaux ;

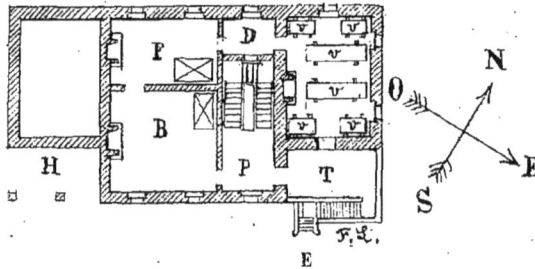

Fig. 55. — Plan de la petite ferme (1ᵉʳ étage) représentée en perspective
(fig. 54), avec salle servant temporairement de magnanerie.

v, v, v, v, v, v. Claies d'élevage. — D. Petite pièce avec porte d'accès à la
magnanerie. — P. Passage avec porte donnant sur la terrasse T, à
laquelle on peut également accéder au moyen d'un escalier extérieur E.
— T. Terrasse avec porte d'entrée dans la magnanerie. — B, F. Chambres
pouvant au besoin servir aussi pour l'élevage des vers. — H. Hangar. —
Sous la terrasse est un petit local pouvant servir, ainsi que le cellier à
côté, de magasin pour conserver la feuille. — Echelle : 2 millim. 1/2 par
mètre.

elles sont disposées en six travées ou étagères *v, v, v, v, v, v,*
(fig. 55 et 56), deux grandes dans le milieu de la salle, quatre

petites dans les angles. Les claies des travées du milieu ont
3 mètres de longueur ; celles des angles, 2 mètres de longueur.
Leur largeur est de 80 centimètres. Entre elles sont ménagés
des passages de 1 mètre.

On accède à la magnanerie de deux côtés : 1° du côté de la
façade principale, au moyen d'une porte ouvrant sur la terrasse T, à laquelle on peut arriver soit de l'intérieur par un
passage P ménagé devant l'escalier, soit du dehors directement
par un escalier extérieur E; 2° du côté de la façade nord, par
une porte intérieure de communication avec le petit cabinet D,
qui se trouve dans le fond, derrière l'escalier.

En ouvrant les deux portes opposées et les trois fenêtres, on
peut, à un moment donné, renouveler totalement l'air de la

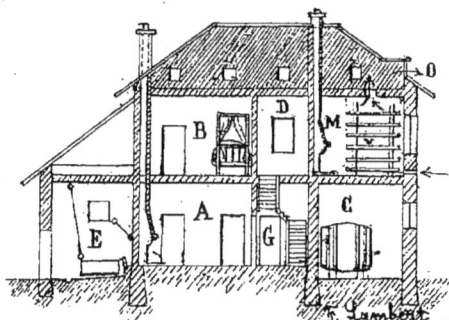

Fig. 56. — Coupe verticale du petit bâtiment de ferme avec magnanerie,
représenté en perspective dans la figure 54.

M. Magnanerie. — V. Étagères pour les vers. — O. Lucarne. Les flèches
indiquent des orifices, soupirail et trappe, pour le renouvellement de
l'air. — D. Petite pièce, entre la magnanerie et la chambre B. — B. Chambre pouvant au besoin servir de salle pour l'élevage des vers. — A. Cuisine. — G. Escalier. — C. Cellier sous la magnanerie. — E. Écurie. —
Echelle : 2 millim. 1/2 pour mètre.

salle en très peu de temps. Une cheminée sert pour le chauffage et l'aération en même temps. Un poêle, dont le tuyau
irait aboutir au conduit de la cheminée, pourrait, si c'était nécessaire, être adjoint à cette dernière pour aider au chauffage.

La petite terrasse T qui se trouve devant la magnanerie est
d'un grand secours, comme dégagement, soit au moment des

délitages pour entreposer les caisses renfermant les litières, soit pour faire sécher la feuille quand on a été contraint de la ramasser mouillée après une pluie, soit encore à l'époque de l'encabanage pour la préparation des branchages, ou, enfin, au moment du décabanage pour la récolte des cocons.

Les chambres F et B (fig. 55) pourraient aussi être utilisées comme magnaneries. Dans ce cas, le petit cabinet D servirait au besoin de chambre pour un surveillant. On trouverait encore, s'il le fallait, dans le passage P qui se trouve devant l'escalier, la place pour un second lit. La petite pièce D est aussi susceptible d'être employée comme pièce d'entrepôt, pour faire prendre à la feuille, avant de la distribuer aux vers, la température de la magnanerie, et pendant l'hiver, comme chambre pour la conservation des graines.

Des soupiraux percés dans les murs et une large ouverture rectangulaire pratiquée dans le milieu du plafond (fig. 56) aident à la ventilation. En outre, aux fenêtres, les carreaux supérieurs des châssis sont formés de doubles vitres à ouvertures contrariées (fig. 53, p. 205).

Les fenêtres sont pourvues extérieurement de volets à persiennes; les trappes et les ventouses peuvent être fermées par des portes à coulisses. Ces ouvertures sont, en outre, munies de cadres garnis de toile métallique, contre lesquels l'air vient se briser avant de pénétrer dans la salle; ils font aussi obstacle à l'entrée des souris ou des mouches.

Hygromètres. — Il n'est pas nécessaire d'apporter une grande précision dans l'évaluation du degré de sécheresse de l'air d'une magnanerie; ce degré peut varier entre des limites fort étendues sans que les vers en souffrent. Avec un peu d'attention, on voit, à l'aspect seul des litières, si l'air est trop sec ou trop humide. Dans les premiers âges surtout, il convient que la feuille ne se dessèche pas trop vite; aussi est-on fréquemment obligé à cette époque d'arroser le sol et de tenir des bassins d'eau sur les poêles. Dans les derniers âges, c'est le contraire : les litières et les vers ne mettent que trop d'humidité dans la salle ; c'est alors qu'on délite souvent et qu'on fait des flambées légères dans les cheminées, surtout lorsqu'il pleut.

Quand on veut être averti plus exactement de l'état hygro-métrique de l'air, il faut suspendre dans la magnanerie un ou plusieurs instruments servant à cet usage, et qu'on nomme *hygromètres*. Il est inutile d'avoir des hygromètres d'une exac-titude rigoureuse, comme ceux dont les physiciens font usage; on peut se contenter parfaitement de ceux qu'a inventés de Saussure, et qui sont fondés sur la propriété qu'ont les che-veux de s'allonger par l'humidité, et de revenir à très peu près à leur longueur primitive quand l'air revient au degré primitif de sécheresse. Tout le monde peut fabriquer un de ces instru-ments : il suffit de prendre un cheveu bien dégraissé, de le fixer par un bout, et d'attacher l'autre bout au petit bras d'un levier, de sorte que le long bras taillé en forme d'aiguille indi-que, en l'amplifiant, sur un arc divisé, l'allongement du cheveu; le petit bras doit être lesté pour que son poids dépasse un peu celui de l'aiguille. On peut aussi, au lieu d'un levier, employer une petite poulie sur laquelle le bout du cheveu vient s'en-rouler et s'attacher, tandis qu'un fil enroulé en sens contraire et tendu par un poids léger sollicite la poulie à tourner dans la direction opposée. Enfin, au lieu d'un cheveu, on peut prendre un crin de cheval, qui est moins sensible, mais plus résistant à la rupture.

Pour graduer un hygromètre ainsi fait, il faut noter le point où s'arrête l'index, quand l'instrument a séjourné au moins cinq minutes dans un air très sec, par exemple dans une caisse à demi-pleine de fragments de chaux vive; à ce point, l'humi-dité étant nulle, on marque zéro. On porte ensuite l'hygro-mètre sous un bocal mouillé d'eau, et au point où s'arrête l'index, l'air étant saturé, on marque 100. On divise l'arc com-pris entre 0 et 100 en cent parties égales. Mais il faut remar-quer que les chiffres de ces divisions n'indiquent pas immédia-tement la fraction de saturation, car, lorsque l'aiguille est entre 50 et 55, la fraction de saturation n'est que 1/3, c'est-à-

dire que l'air ne contient que le tiers de la vapeur d'eau qu'il
pourrait contenir; lorsqu'il en contient la proportion 1/2, l'aiguille marque de 73 à 75. Voici d'ailleurs le tableau de la correspondance des degrés avec les fractions de saturation :

Degrés des hygromètres à cheveu	Fraction de saturation, ou état hygrométrique
0	0
2 à 4	2 p. 100
14 à 19	9 —
35 à 40	19 —
51 à 56	31 —
58 à 61	35 —
65 à 68	44 —
71 à 72	48 —
76 à 78	54 —
83	62 —
86 à 87	68 —
91 à 93	77 —
100	100 —

M. Regnault a observé que les états hygrométriques 0,19;
0,48; 0,68 sont ceux qu'on obtient en vase clos, à 5° centigrades, dans les atmosphères qui surmontent les liquides ayant
les *compositions suivantes:*

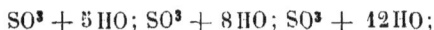

$$SO^3 + 5 HO; SO^3 + 8 HO; SO^3 + 12 HO;$$

ce sont autant de points de repère qu'un chimiste peut utiliser
pour la graduation des hygromètres à cheveu.

En général, on tâche de maintenir l'air de la magnanerie à
un degré de sécheresse tel que les aiguilles des hygromètres
ne dépassent pas les limites 65 d'une part et 95 de l'autre.

Alimentation. — Le nombre des repas à donner aux vers
chaque jour doit être en proportion de la chaleur et du degré
de sécheresse de l'air : plus l'air est chaud et sec, plus il faut
des repas nombreux.

En outre, suivant la variété de mûrier, les feuilles flétris-

sent plus ou moins rapidement et, pour la même variété, elles
fanent plus vite si elles sont coupées en morceaux que lorsqu'on
les sert entières aux vers : donc le nombre des repas à donner
aux vers doit varier non seulement avec la température et l'état
hygrométrique de l'air, mais aussi avec l'espèce de feuilles et
selon qu'elles sont servies coupées en morceaux plus ou moins
fins ou entières aux vers. Il convient de donner à ces animaux quand ils sont jeunes, c'est-à-dire de l'éclosion à la
deuxième ou même à la troisième mue, six à huit repas en
vingt-quatre heures ; après la troisième mue, on ne donne
plus que quatre repas, mais ils sont naturellement beaucoup
plus copieux ; d'ailleurs, on se règle, en cette matière, sur
l'appétit des vers. Afin de donner une idée des poids de feuilles que consomment chaque jour les vers issus de 25 grammes de graine, nous rapporterons ici les chiffres relevés par
Dandolo dans une des éducations qu'il fit, en 1813, à Varèse,
et ceux qui ont été obtenus par l'un de nous en 1890. Dandolo
donnait quatre repas par jour ; cette année-là, ses vers vécurent trente-deux jours, de l'éclosion à la montée, et la température, qui était d'abord de 25° centigrades, descendit progressivement à 21°. La récolte fut de 57 kil. 2 de cocons par
once de 25 grammes dans une chambrée d'environ 5 onces.
(Voir tableau p. 214).

Le poids total de la feuille détachée de l'arbre fut de 751 k.
100, il y eut donc 49 kilos de déchet, soit par évaporation, soit
autrement.

On retrouve dans la litière 275 k. 350 de feuille non mangée,
ce qui réduit à 360 k. 250 le poids de feuille réellement consommée, tandis qu'on en a servi sur les claies 635 k. 600. Les
excréments pesaient 72 k. 550. En retranchant de 360 k. 250
de feuille ingérée le poids des cocons et des excréments
57 k. 2 + 72 k. 550, la différence représente la perte en vapeur
d'eau et gaz divers, qui fut égale à 230 k. 5.

Tous ces chiffres se rapportent à une récolte de 57 k. 2, dont 56 kilos de première qualité ; ainsi il y a eu :

	Pour un kilo de cocons récoltés	
	sans choix	de 1re qualité
Feuille tirée de l'arbre.... ..	13 k. 1	13 k. 4
(751 k. : 57 k. 2)		
Feuille servie aux vers........	11 k. 1	11 k. 3
(635 k. 6 : 57 k. 2)		
Feuille ingérée..............	6 k. 3	6 k. 4
(360 k. 25 : 57 k. 2)		

Poids de feuille nécessaire pour une once, d'après DANDOLO

JOURS	1er AGE	2e AGE	3e AGE	4e AGE	5e AGE
1er..	0k 350	1k 680	2k 800	9k 100	16k 800
2e	0.560	2.800	8 400	14.000	25.200
3e	1.120	3.080	9.100	21.000	39.200
4e	0.630	0.840	4 900	23.800	50.400
5e	0.140		2.800	11.900	75.600
6e			0.000	4.200	91 000
7e					84.000
8e					61.600
9e					46.200
10e					22.400
TOTAUX........	2.800	8.400	28.000	84.000	512.400
Epluchures	0.700	1.400	4 200	12.600	47.600
TOTAUX........	3.500	9 800	32.200	96.600	560.000
Litière :					
Excréments.....	0 050	0.550	1.675	8 675	61.600
Feuille	0 650	1.550	7.425	19.325	246.400
TOTAUX.........	0.700	2.100	9.100	28.000	308.000

TOTAUX GÉNÉRAUX	Feuille employée..............	702k 100
	Excréments	72.550
	Feuille restée dans la litière............	275.350
	Litière totale (débris de feuilles et excréments).........................	347.900

Si on suppose, suivant les données de Dandolo, 472 cocons au kilo, il s'ensuit que le nombre des vers vivants à la montée n'était que de 27.000, tandis qu'à raison de 1.400 œufs au gramme, ce nombre aurait pu être de 35.000.

En admettant le nombre des vers de 30.000 à la montée, ce qui ferait 63 kilos de récolte, les chiffres de Dandolo devront être augmentés de 1/9 de leur valeur. On aura alors :

Poids de feuille nécessaire (pour 30.000 vers)

	Feuille mondée	Épluchures	Poids total
1er âge	3.11	0.78	3.89
2e —	9.33	1.55	10.88
3e —	31.10	4.66	35.76
4e —	93.30	14.00	107.30
5e —	569.30	52.90	622.20
Totaux.......	706.14	73.89	780.03
Eau évaporée et déchet..................			54.40
Poids total de la feuille détachée de l'arbre...			834.43

Et la balance d'entrée et de sortie sera donnée par les chiffres suivants :

Feuille ingérée ....   (entrée) 400 kil.

Poids des cocons .... 63 kil.⎫
Poids des excréments... 81 kil.⎭   (sortie) 144 kil.

Perte en eau et gaz..........   (différence) 256 kil.

Voici maintenant les poids obtenus par l'un de nous, avec des vers de deux races, dans une expérience en 1890 (1) :

JOURS	1er AGE		2e AGE		3e AGE		4e AGE		5e AGE	
	Vers chinois	Vers indigènes	Vers chinois	Vers indigènes	Vers chinois	Vers indigènes	Vers chinois	Vers indigènes	Vers chinois	Vers indigènes
	gr.	gr.	gr.	gr.	gr.	gr.	gr.	gr.	gr.	gr.
Poids de feuille fraîche ingérée par 100 vers										
1er.....	1.69	1.51	0.78	2.35	5.97	4.94	10.28	24.99	39.86	52.60
2e.....	0.85	0.00	5 44	3.84	10.76	11 19	26.02	26.67	75.41	84.59
3e.....	0.77	0.98	7.03	4 62	8.74	15 73	35.76	36.17	112.08	109 08
4e.....	0 70	1.06		4 14	4.58	11.93	31.80	56.06	148 98	129.30
5e.....	2.05	1.41						40.31	156.85	158.88
6e. ...									192.82	150.60
7e.....									137.92	233.67
8e.....										224.38
Totaux..	6.06	4.66	13.95	11.95	30.05	43.78	103.86	154.20	863.92	1143.10
Poids des excréments frais produits par les 100 vers ci-dessus										
1er.....	0.02	0.02	0.10	0.10	0.65	0.55	2.63	2.90	4.72	10.00
2e.....	0.02	0.05	0.25	0.27	1.77	1.55	4.55	4.55	13.83	13.50
3e.....	0.05	0 05	0.40	0.43	2.03	1.97	6.78	7.30	32.50	34.00
4e.....	0 50	0.10	0.20	0.23	0.85	2 18	6.98	8.68	26.00	35.40
5e.....	0.07	0 08						5.10	70.00	57.60
6e.....	0.05	0.05							65.00	69.50
7e.....									35.20	88.00
8e.....										58.50
Totaux..	0.71	0.35	0.95	1.03	5.30	6.26	20.94	27.93	247.30	366.50

D'après les chiffres précédents, les poids des feuilles ingérées et ceux des excréments seraient donc pour 30.000 vers:

_____

(1) F. LAMBERT. — *Loc. cit.*, p. 136.

	POIDS DE LA FEUILLE INGÉRÉE			POIDS DES EXCRÉMENTS		
	Vers chinois	Vers indigènes	Moyenne	Vers chinois	Vers indigènes	Moyenne
1er âge	1ᵏ 808	1ᵏ 398	1ᵏ 734	0ᵏ 213	0ᵏ 105	0ᵏ 159
2e âge...	4.185	3 495	3.767	0.285	0.309	0.272
3e âge..........	9.015	13.134	11.474	1.590	1.875	1.732
4e âge..........	31.158	46 260	38.204	6.282	8.379	7.330
5e âge	259.176	342.930	300.948	74.190	109.950	91.895
Totaux.....	305.342	407 217	356.127	82.560	120.618	101.388

Ainsi, nous sommes complètement d'accord avec Dandolo en ce qui concerne le poids de feuille ingérée par les 30.000 vers d'une once, de race indigène à cocons jaunes, mais non en ce qui concerne le poids des déjections pour lequel nous avons trouvé des chiffres plus élevés. En outre, dans nos expériences, les vers chinois ont absorbé 100 kilos de moins de feuille que les vers indigènes; mais si l'on observe qu'il y a environ 7000 vers de plus par once dans la race chinoise, et qu'au lieu de comparer les quantités absorbées par des groupes formés de nombres égaux de vers (30.000) des deux races, on compare le poids de feuille ingérée par les vers d'une once, dont le nombre est plus grand dans la race chinoise, la différence se réduit à peu de chose :

Poids de feuille ingérée par les vers d'une once

37.000 vers chinois....... 1 k. 01784 × 370 = 376 k. 640
30.000 vers indigènes..... 1 k. 35769 × 300 = 400 k. 307

soit un poids de feuille absorbé de 377 kilos au lieu de 400, ou une différence de 30 kilos par once de graine; et en ce qui concerne les poids des déjections :

Poids des déjections (vers d'une once)

37.000 vers chinois....... 0 k. 27520 × 370 = 101 k. 764
30.000 vers indigènes..... 0 k. 40206 × 300 = 120 k. 307

D'après les données de Dandolo, on a seulement 81 kilos d'excréments, mais il faut remarquer que dans nos expériences les crottins étaient séparés et pesés non seulement chaque jour, mais avant chaque repas, c'est-à-dire 6 fois par jour, de la naissance à la 3ᵉ mue, et ensuite 4 fois par jour, et qu'ils n'avaient pas le temps d'éprouver, dans l'intervalle, une diminution de poids sensible par évaporation.

D'autres auteurs, tels que Lambruschini, Haberlandt, Nenci, estiment la consommation à des quantités un peu plus grandes que ne le fait Dandolo. Il est évident qu'il ne peut y avoir rien d'absolu dans ces évaluations, car elles dépendent de la qualité des feuilles, de l'abondance des mûres et épluchures, de l'espacement et de la race des vers, enfin de la durée de l'éducation. Aussi ne faut-il user de ces chiffres qu'à titre de renseignement approximatif et se laisser guider toujours par l'appétit des vers. Dandolo recommande expressément *de ne pas donner de feuille neuve tant qu'il en reste qui paraisse mangeable.* Souvent les fermiers gaspillent la feuille dans le seul but d'avoir pour eux un plus grand poids de fumier. Une stricte surveillance est nécessaire si on veut agir avec économie.

Poids de feuille estimée adulte. — Les poids de feuille indiqués ci-dessus sont les poids *réels.* Lorsqu'on achète par avance les arbres, en estimant ce qu'ils donneront de feuille *adulte,* il faut prévoir que les arbres cueillis en premier lieu seront loin de fournir des poids aussi considérables ; les 200 kilogrammes nécessaires pour les quatre premiers âges correspondent bien à 400 kilogrammes de feuille adulte ; ajoutons-y 700 à 800 kilogrammes pour le dernier âge, et nous aurons un total de 1.100 à 1.200 kilogrammes de feuille adulte, correspondant à l'élevage d'une once.

Les rapports des poids réels de feuille employée au poids de feuille adulte sont assez exactement exprimés par les nombres ci-après pour chaque âge :

Pour le 1ᵉʳ âge : : 1 : 3

— 2ᵉ âge : : 1 : 2

— 3ᵉ âge $\Big\rbrace$: : 2 : 3

— 4ᵉ âge

— 5ᵉ âge : : 1 : 1

Au moyen de ces rapports, en prenant pour base de nos calculs les poids réels de feuille nécessaire pour 30.000 vers, tels qu'ils résultent des chiffres de Dandolo, nous trouvons, pour chaque âge, les quantités suivantes en feuille adulte, c'est-à-dire ayant acquis son entier développement :

Au 1ᵉʳ âge................ $3^k 89 \times 3 = 11^k 67$

Au 2ᵉ âge................ $10\ 88 \times 2 = 21\ 76$

Au 3ᵉ âge................ $35\ 76 \times \dfrac{3}{2} = 53\ 64$

Au 4ᵉ âge................ $107\ 30 \times \dfrac{3}{2} = 160\ 95$

Au 5ᵉ âge................ $622\ 20 \times 1 = \underline{622\ 20}$

Total.................... 870 22

Eau évaporée et déchet................... 54 40

Poids total de feuille adulte nécessaire pour

30.000 vers........................... 924 62

Ces évaluations concordent bien avec la règle pratique usitée dans les Cévennes, qui veut qu'à la quatrième mue il n'y ait encore *qu'un arbre sur trois* dépouillé de ses feuilles.

L'estimation sur l'arbre exige une grande habitude. D'après M. de Gasparin, voici les poids de feuille que donnent au printemps, sous le climat du Vigan, des mûriers plantés à 7 mètres de distance :

A 1 an.......	0ᵏ90	A 7 ans......	32ᵏ 7
2 ans......	0 0	8 ans......	42 6
3 ans......	3 2	9 ans......	48 3
4 ans......	11 4	10 ans......	52 8
5 ans......	17 9	11 ans......	64 6
6 ans......	25 7	12 ans......	69 90

A 13 ans......	75^k 1	A 18 ans......	94^k 3
14 ans......	77 6	19 ans......	96 5
15 ans......	84 5	20 ans......	98 2
16 ans......	88 6	21 ans......	99 0
17 ans......	91 8	22 ans......	100 0

A partir de 22 ans, le mûrier soutient sa production à ce chiffre de 100 kilogrammes pendant une vingtaine d'années, puis décline peu à peu, et meurt généralement peu après sa 60ᵉ année. Mais si les arbres étaient plus espacés et non soumis à la taille, ils vivraient 300 ans et plus.

Ajoutons encore, pour terminer ce qui a rapport à l'approvisionnement de feuille, que, pour la commodité de la cueillette, les arbres taillés de l'année précédente sont les plus avantageux, mais que, pour la finesse de la feuille, on doit préférer celle des arbres taillés depuis 3 ou 4 ans, ou davantage. Enfin, s'il s'agit d'acheter la feuille sur pied, on fera attention qu'il y a des pieds où les mûres sont en surabondance et occasionnent un gros déchet à la récolte.

La feuille sur pied se vend en moyenne 5 fr. les 100 kilos et 6 à 7 fr. toute ramassée.

Soins relatifs à la feuille. — La cueillette de la feuille se fait dans des sacs dont l'ouverture est maintenue béante à l'aide d'un cerceau ; la feuille y est froissée, tassée à outrance, et s'échauffe rapidement. Cependant on ne remarque pas que ce traitement la rende nuisible aux vers, à la condition cependant qu'on se soit hâté de la répandre en une couche de 20 à 30 centimètres seulement d'épaisseur, sur un sol bien propre, dans un local frais, et qu'on l'ait agitée avec des fourches, pour dissiper tout échauffement.

Si la feuille est fine et maigre, on peut la distribuer de suite après la cueillette ; mais si elle est forte, grasse, aqueuse, il faut la laisser s'amatir au moins vingt-quatre heures. Cette règle se trouve déjà dans un opuscule de Polfranceschi (1626). Dandolo non plus n'est pas d'avis que la feuille soit donnée fraîche ; un repos de vingt-quatre ou quarante-huit heures, dit-il, lui procure une maturité qu'elle ne possédait pas.

Beaucoup de bons magnaniers veillent aussi à ce que la feuille, avant d'être distribuée, ait pris une température peu différente de celle de la magnanerie; il suffit pour cela de l'y apporter un quart d'heure d'avance dans des corbeilles où elle ne soit pas tassée.

C'est surtout quand la feuille est dure, et en partie avariée par la gelée, qu'il faut aller lentement, tenant les vers à basse température, afin qu'ils mangent peu ; on gagne ainsi du temps, et la nouvelle feuille se développe encore assez tôt.

La feuille enduite de miellat doit être rejetée (1). On peut, au contraire, distribuer sans crainte celle qui offrirait quelques taches de rouille ; ces taches sont produites par une végétation cryptogamique (*Septisporia mori*) que les vers ont l'instinct de ne pas manger.

Si la pluie survient, Dandolo recommande que la feuille mouillée soit séchée avant d'être distribuée aux vers ; on l'étend pour cela sur des briques poreuses, ou on la secoue entre les plis d'une grande toile. Il vaut mieux, dit il, faire jeûner les vers, en abaissant la température, que de donner de la feuille mauvaise ou mouillée. Couper des branches garnies de feuilles afin de les faire sécher n'est pas pratique, si ce n'est pour de toutes petites éducations.

Coupe-feuilles. — Tant que les vers sont jeunes, c'est-à-dire jusqu'à la troisième mue, et même à la quatrième, on coupe la feuille en brins assez menus pour que les vers ne puissent pas se perdre au-dessous. On se sert pour cela de couteaux bien affilés et bien propres.

On peut employer des machines ; celle qui est en usage dans

---

(1) Cette matière, d'aspect jaunâtre cireux, est remplie de microbes semblables à ceux que l'on rencontre dans l'altération bactérienne des rameaux du mûrier (*Bacterium mori*) dont il sera parlé plus loin (Lambert).

la Lombardie est une des meilleures: elle se compose (fig. 57)
d'un auget rectangulaire A porté sur trois pieds, et qui reçoit
la feuille; à l'un des bouts, la paroi manque, et à sa place peut
se mouvoir un couteau à large lame B, articulé avec le levier C.
Sur l'auget, se rabat à volonté un couvercle D, en pivotant
autour d'une broche E, dont les extrémités sont retenues dans
deux rainures verticales; ce couvercle se manœuvre à l'aide
de la poignée F. La feuille étant tassée sous le couvercle, on

Fig. 57. — Coupe-feuilles.

commence à abattre à l'aide du couteau la portion qui déborde
de la caisse. Voici maintenant par quel mécanisme la feuille
progresse vers la lame, de quantités à peu près égales, à chaque
mouvement de va-et-vient du couteau.

La feuille placée dans l'auget repose dans le repli d'une
bande de toile, dont on voit une des extrémités G; l'autre extrémité se trouve en dessous de l'auget, et deux cordes la tirent

en s'enroulant sur un treuil qui fait corps avec la roue dentée H. Cette roue est mise en rapport avec le levier I K, et par suite avec le couteau, au moyen d'un encliquetage qui fonctionne quand le crochet L est détaché. Alors, en soulevant le couteau, le levier I K pousse la roue d'un certain nombre de dents ; les cordes, par suite, s'enroulent sur le treuil, diminuant d'autant la profondeur du cul-de-sac de la bande de toile et, par conséquent, obligeant la feuille à s'avancer vers la lame.

Quand l'auget se trouve vide, on remet en place le crochet L, afin que la roue dentée puisse tourner librement ; on ouvre le couvercle et on renouvelle la provision de feuilles.

Le point d'articulation de levier I K peut être transporté à volonté en l'un des points 1, 2, 3, 4, de sorte que chaque mouvement du couteau fasse tourner la roue de 1, 2, 3 ou 4 dents ; on coupe ainsi la feuille en lanières plus ou moins fines.

Si on n'a pas épluché la feuille avant de la mettre dans l'auget, il est bon de la jeter, une fois coupée, sur un tamis qui sépare les mûres et les petits fragments des queues dont le poids chargerait inutilement les litières.

Après la quatrième mue, ou même après la troisième, il y a beaucoup de personnes qui ne coupent plus la feuille, et même la distribuent non épluchée, adhérente aux petites brindilles détachées des arbres ; la litière se trouve augmentée d'autant, mais elle est moins compacte et, par suite, mieux aérée, et les vers profitent mieux des résidus de feuille tant qu'ils sont mangeables.

Économie par l'usage des rameaux. — Quand on élève les vers sur des claies, comme c'est l'usage dans nos contrées, il y a nécessairement une grande quantité de feuille perdue dans les litières ; ce n'est qu'avec une économie sévère que cette perte est limitée à 300 kilogrammes sur un total de 800 kilogrammes.

Par le système de l'élevage aux rameaux, on peut la réduire dans une forte proportion.

D'après M. Ottavi, qui a expérimenté à ce point de vue le système Cavallo, la consommation d'une once ne serait que de 500 kilogrammes, au lieu de 800 ; cette économie, n'étant fondée que sur une meilleure utilisation de la feuille par les vers, qui la trouvent toujours aérée et propre, est parfaitement admissible, et, si on considère, en outre, le grand avantage qu'il y a de ne pas déliter quotidiennement, on ne peut que conseiller l'essai de ce système. La taille annuelle des mûriers fût-elle même un peu plus préjudiciable à leur durée que la taille bisannuelle, ce qui n'est pas prouvé, au moins pour le Midi, on pourrait bien accepter cet inconvénient en faveur du profit immédiat qui en résulterait.

Mais, d'autre part, on objecte contre l'élevage aux rameaux qu'il est fort pénible de transporter des branches qui pèsent autant que les feuilles, qu'il est presque impossible de faire provision de ces rameaux pour le lendemain, parce que la feuille s'y flétrit bien plus vite que détachée ; dès lors, en cas de pluie, on est presque forcément à court de feuille. On ajoute que les vers, ne quittant pas tous à la fois les vieux branchages, deviennent inégaux, ce qui prolonge fort longtemps la durée de la montée à la bruyère, et qu'enfin il est difficile de surveiller les vers en ce qui concerne les maladies.

Il n'est donc pas encore prouvé que ce système vaille mieux que celui des claies, au moins dans nos contrées.

Propreté de la feuille. — Ce n'est pas tout d'avoir fait choix de beaux mûriers, d'en avoir cueilli et conservé la feuille avec tous les soins voulus ; il faut encore veiller à ce que cette feuille *soit propre et reste propre* pendant qu'on la distribue aux vers et que les vers la mangent. La feuille peut, en effet, être revêtue de poussières apportées par l'air, et qui renferment, outre les substances minérales, dont l'action sur le ver est généralement insignifiante, des germes organisés capables de lui porter grand préjudice : par exemple, des spores de muscardine, des corpuscules de la pébrine, des ferments et même des germes de vibrions.

Si l'on considère la feuille prise sur les mûriers, et s'il s'agit de mûriers en plein champ, le nombre des germes organisés qui peuvent la souiller est d'ordinaire tout à fait négligeable : ce qui le prouve, c'est que les vers mangent cette feuille sans aucun dommage pour leur santé. Il en est autrement des mûriers voisins des habitations ou près desquels on a jeté des litières de magnaneries ; on fait bien de cueillir la feuille de ces arbres dès qu'elle est sortie du bourgeon, ou d'attendre qu'une longue pluie l'ait bien lavée.

Mais ce n'est pas au dehors que la feuille de mûrier se charge le plus de poussières nuisibles : c'est d'habitude dans la magnanerie elle-même. Il est rare de trouver, dans les campagnes, des locaux nettoyés à fond, c'est-à-dire blanchis au lait de chaux, puis soumis à d'énergiques fumigations d'acide sulfureux, ou à l'action d'autres substances également énergiques. Les claies, paniers, montants et ustensiles de toutes sortes servant aux vers ont besoin aussi de lavages, soit au lait de chaux, soit au sulfate de cuivre, soit à l'eau phéniquée, soit au formol. Les corridors, greniers, celliers, d'où l'air peut venir dans la magnanerie, doivent être aussi nettoyés. Quand il y a eu de la muscardine surtout, les moindres recoins peuvent recéler les spores du fatal champignon. On aurait dû brûler de suite ou enfouir toutes les litières et bruyères ; au contraire, on les garde comme à plaisir dans l'angle d'une cour ou sous quelque hangar voisin ; cela suffit pour tout perdre l'année d'après. On ne saurait trop se pénétrer du danger qui peut provenir de ces vieilles poussières.

A ce sujet, il est bon de signaler la différence de vitalité des germes des diverses maladies. Pasteur a reconnu qu'au bout d'un an, ceux des corpuscules de pébrine sont devenus inertes, au moins dans les conditions ordinaires. Les spores ou kystes provenant des vibrions de la putréfaction vivent un nombre d'années indéfini ; du reste, leur présence est constante dans toutes les poussières, et, dès que ces germes rencontrent un milieu chaud et humide propre à leur développement, ils mettent en liberté des vibrions-bâtonnets qui se multiplient rapidement par scissiparité ; il résulte de là qu'on

peut obtenir la flacherie en faisant manger à des vers de la
feuille souillée de vieilles poussières corpusculeuses; ces
vieilles poussières contiennent des germes de vibrions, qui
sont seuls à se développer. On a vu (p. 149) que les spores de
la muscardine peuvent dans un air sec demeurer vivantes plus
de trois années.

Ce n'est pas assez que les locaux soient propres quand on y.
installe les vers. Il faut encore les maintenir propres pendant la
durée de l'élevage. Ainsi, il ne faut pas balayer en faisant des
tourbillons de poussière, surtout pendant que les vers mangent : le mieux serait d'éponger le sol de proche en proche et
de ne pas se servir de balais. Il ne faut pas non plus déliter en
précipitant les vieilles litières du haut en bas des claies, ni les
emporter dans des corbeilles d'osier qui sèment des poussières
partout. Mieux vaudrait ne pas déliter du tout. Pour bien procéder, il faut qu'un papier sans fin, ou au moins en grandes
feuilles, soit étendu sur les claies, afin que, lorsque les vers
ont été levés et qu'il ne reste que la litière, cette litière soit
roulée avec le papier, en commençant par un bout de claie et
allant jusqu'à l'autre bout. Le rouleau ainsi fait est déposé
doucement dans une caisse faite exprès, bien jointée, qui sert
à l'emporter hors de la magnanerie. Dans ses recherches au
Pont-Gisquet, Pasteur s'était astreint à emporter toujours hors
de la magnanerie et à déliter au dehors, un par un, tous
les paniers qui contenaient ses divers lots; c'était le meilleur
moyen d'éviter la contagion par les poussières.

Il ne faut pas non plus laisser s'approcher des vers les personnes qui sortent d'une magnanerie où il y a des vers malades. Elles peuvent apporter sur leurs vêtements et disséminer
autour d'elles des germes de maladie.

Enfin, recommandons encore une fois le large espacement
des vers, pour éviter la contagion, en cas de maladie.

Chauffage des magnaneries. — Nous avons vu que, dans des
limites assez étendues, ni le froid ni la chaleur ne portent
préjudice à la santé des vers. Mais cela ne veut pas dire que

dans la pratique il soit indifférent de les tenir à une température quelconque.

Du degré de chaleur le plus convenable dans les magnaneries.
— En effet, au-dessous de 20°, les éducations se prolongent
trop longtemps ; il y a beaucoup de journées d'ouvriers à payer,
beaucoup de feuilles restent perdues sur les claies ; et si quelque maladie à marche lente, comme la pébrine ou la muscardine, intervient, on risque de perdre beaucoup de vers. On ne
peut pas davantage conseiller de hautes températures, qui
s'écarteraient trop de la température ambiante, surtout pendant
la nuit ; les ouvriers seraient trop exposés à des variations
brusques de chaud et de froid ; quant aux vers eux-mêmes,
dans ces conditions, la moindre négligence au point de vue
de l'alimentation leur serait très préjudiciable ; enfin, d'après
Dandolo, les vers trop chauffés jettent leur soie avec tant de
précipitation qu'elle est très grossière : à longueur égale, elle
pèse plus que celle des cocons produits de 20 à 25° ; il y aurait
même du déchet, non seulement dans la qualité de la soie,
mais dans sa quantité. (Voir ce qui a été dit page 142 relativement à l'influence de la température sur la sécrétion de la soie).

En pesant ces diverses considérations, on ne peut qu'approuver les usages ordinaires, d'après lesquels on tient un juste
milieu entre les éducations trop ralenties et les éducations
trop accélérées. On ne doit pas hésiter néanmoins à sortir de
ces limites quand les circonstances l'exigent : à ralentir par
exemple la marche des vers si la saison trop froide ne déve-
loppait pas assez vite la feuille du mûrier ; à chauffer au
contraire davantage si, pour un motif quelconque, on voulait
gagner du temps ; l'essentiel est de gouverner les repas en
raison de la chaleur.

Quelques personnes ont proposé de faire éclore les vers à
16°, et d'élever progressivement la température de 16° à 25°,
de l'éclosion à la montée. On voit, par ce qui précède, qu'il n'y
a nul inconvénient à faire éclore à 25° et à ramener au bout de
quelques heures les vers à 18° et même à 16° ; dans l'état de

nature, ils auraient certainement à subir, du jour à la nuit, des transitions aussi fortes. Sous le climat de Paris, les minima pendant le mois de mai descendent à des moyennes mensuelles de 5° ou 6° et les maxima montent au dessus de 20°.

On ignore si ces oscillations diurnes doivent être imitées dans l'élevage industriel; il serait possible que les vers eussent par ce moyen une plus grande force musculaire. L'usage est cependant de tenir aussi cons-tante que possible la tempé-rature qu'on a une fois décidé de produire; cela est plus économique, et, à l'époque de la montée, cela est sûrement préférable pour la régularité du fil du cocon. Il ne manque pas cependant d'éleveurs qui, pour se dispenser d'alimenter les vers la nuit, laissent tom-ber le feu vers le soir et le ral-lument au lendemain en ve-nant donner le repas du ma-tin.

L'époque des mues n'est pas non plus sans difficulté : les uns veulent qu'à ce moment on surélève la température d'un ou deux degrés; les au-tres demandent le contraire. L'abbé de Sauvages dit à ce sujet qu'il s'était arrêté à ce parti de ne rien changer à la température de l'atelier, jus-

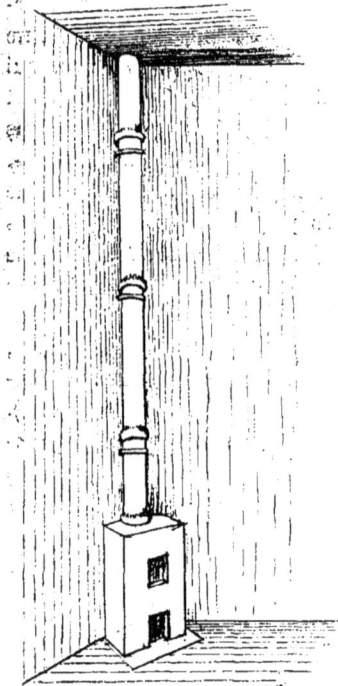

Fig. 58. — Fourneau en maçonnerie pour le chauffage des magnaneries.

qu'à ce que les deux tiers ou à peu près des vers fussent alités ; de cesser alors les repas ou plutôt ne jeter que quelques feuilles çà et là, et en même temps abaisser la température de 3° ou 4° jusqu'à ce que le dépouillement des premiers vers fût accompli;

de cette façon, dit-il, la mue ne se prolongeait pas au delà de vingt-quatre à trente heures.

Chauffage des magnaneries dans les Cévennes. Briquettes. — Les appareils de chauffage les plus usités dans les magnaneries des Cévennes sont des fourneaux rustiques en maçonnerie, assez hauts et étroits (fig. 58), occupant les encoignures de la salle ; étant très massifs, ils sont lents à s'échauffer comme à se refroidir ; par suite, les variations brusques de température sont moins à craindre. On les alimente avec des briquettes spéciales, formées de menus de houille agglomérés avec un peu d'argile.

Pour préparer les briquettes, on passe les menus sur un tamis afin d'écarter les gros morceaux. Ensuite on délaie dans l'eau un peu d'argile, ou de marne, de manière à obtenir un liquide ayant la consistance d'une bouillie claire et qui servira à lier les débris de houille. Puis, opérant absolument comme s'il s'agissait de préparer du mortier et par les mêmes procédés, on mélange intimement, à l'aide d'une pelle, le liquide argileux avec les menus, ou poussier de houille, de façon à avoir une pâte compacte. Il reste à façonner cette pâte en briquettes ; ce que l'on fait en se servant d'un moule prismatique en fer, semblable, par sa forme, à celui dont on se sert dans la fabrication des briques ordinaires. Les briquettes étant terminées, on les laisse sécher au soleil et, quand elles sont sèches, on les conserve à l'abri.

Fourneaux Susani. — En Lombardie, M. Susani a établi, pour le chauffage de ses magnaneries, des fourneaux en forme de voûte cylindrique, très massifs, dans lesquels on brûle du bois (fig. 59). De la partie supérieure de la voûte part un conduit à section carrée, construit en briques minces. Ce conduit, qui sert pour l'échappement de la fumée, se détache en saillie sur la paroi de la chambre, où il est fixé au moyen de brides en fer scellées dans le mur. Au lieu de s'élever verticalement, comme les tuyaux de cheminées ordinaires, dans la direction du plafond, il décrit, avant d'y arriver, un ou plusieurs zigzags, ce

MAILLOT-LAMBERT ; *Ver à soie.*   15

qui permet une meilleure utilisation du combustible pour le
chauffage. Avec une inclinaison de 4 centimètres par mètre,

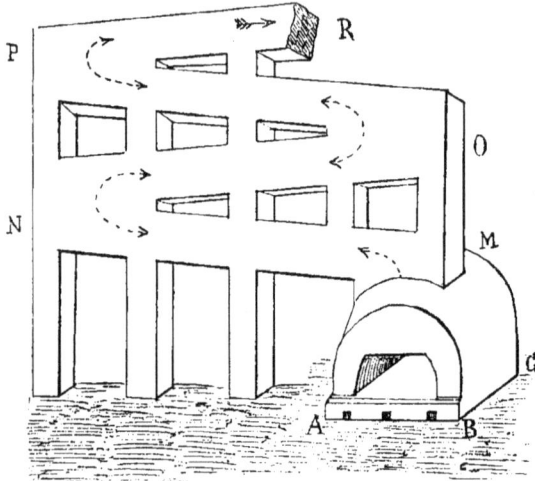

Fig. 59. — Fourneau Susani avec tuyau en zigzags.

A, B, C. Fourneau. — M, N, O, P, R. Conduit pour la fumée. Les flèches
indiquent le sens du mouvement des gaz de la combustion. (D'après un
dessin de M. Susani).

permettant d'obtenir un développement de tuyau de 15 à 20 mètres de longueur, on a encore, selon M. Susani (1), un tirage suffisant, permettant d'arriver à une économie considérable de
combustible. Mais il faut, en outre, avoir une ventilation suffisante, et M. Susani conseille, dans ce but, de s'en tenir, pour
100 mètres cubes du local, à un développement de 10 mètres de
tuyau (fig. 60), ce qui est suffisant pour assurer un chauffage
convenable de la pièce, tout en permettant le renouvellement
de l'air à raison de 600 mètres cubes par heure, ce qui est bien
suffisant. Ces petites cheminées à tuyau incliné et faisant saillie,
dans l'intérieur des pièces, sont très répandues dans tout le
nord de l'Italie pour le chauffage des magnaneries.

_____

(1) G. Susani — *Bacologia* (ouvrage inédit).

Au lieu d'un seul conduit, on en établit quelquefois deux munis chacun d'une clé : un vertical qui va droit au plafond, l'autre oblique qui vient s'embrancher sur le premier, un peu au-dessus de la partie supérieure du fourneau. En temps ordinaire, ou lorsqu'on a besoin à la fois de chaleur et de ventilation, on ferme le tuyau vertical et on ouvre le tuyau incliné ; dans le cas contraire, c'est-à-dire lorsque l'on a surtout besoin d'une ventilation énergique, on ouvre la cheminée verticale.

M. Susani conseille aussi, pour aider le renouvellement de l'air, d'établir une gaine verticale d'aération dans l'épaisseur du mur du côté opposé à celui où se trouve l'appareil de chauffage (fig. 61 et 62). Cette gaine ventilatrice s'ouvre inférieurement au dehors près du plancher et en haut au voisinage du plafond à l'intérieur. L'air extérieur entre par l'ouverture inférieure,

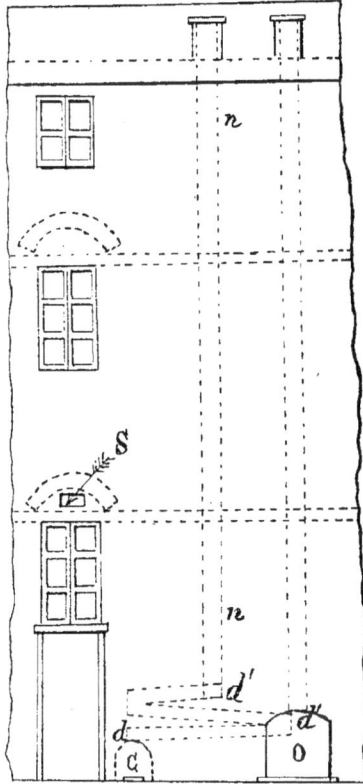

Fig. 60. — Coupe de magnanerie, d'après M. Susani.

C. Fourneau.— *d, d', d', n, n.* Tuyau de la fumée. — S. Soupirail. — O. Cheminée ordinaire de cuisine.

monte le long de la gaine et arrive à l'autre extrémité, d'où il s'écoule dans la salle par l'ouverture supérieure (fig. 62).

Souvent le fourneau, au lieu d'être placé sur l'un des côtés

de la salle d'élevage, est établi dans un angle de la magnanerie (fig. 63, C). De sa partie supérieure, ou de l'un des côtés,
part le conduit TT pour la fumée, lequel, après avoir contourné

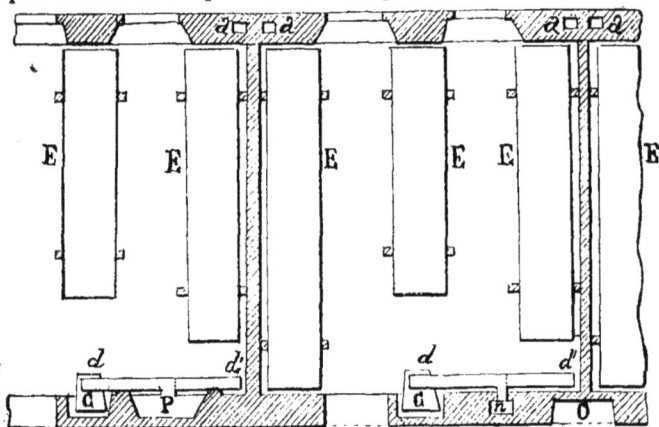

Portique

Fig. 64. — Plan de magnanerie, d'après M. Susani.

C. Fourneau. — d, d'. Tuyau de la fumée. — P. Cheminée ordinaire de
cuisine. — a, a. Gaines dans le mur, pour l'aération. — E. Claies d'élevage. — O. Cheminée extérieure. — n. Gaine de cheminée. Devant les
chambres d'élevage s'étend un portique.

une partie de la salle tout près du plancher, monte droit le
long de l'un des angles du côté opposé de la pièce, jusqu'au
plafond qu'il traverse pour aller ensuite s'ouvrir au-dessus de
la toiture.

Cheminée économique ventilatrice. — On a aussi conseillé
l'emploi, pour le chauffage des magnaneries, de la cheminée, dite
ventilatrice (fig. 64), décrite par Péclet, en 1828, dans son *Traité*

de la chaleur, et consistant en une cheminée ordinaire construite en *saillie* et munie, pour l'échappement de la fumée, d'un tuyau

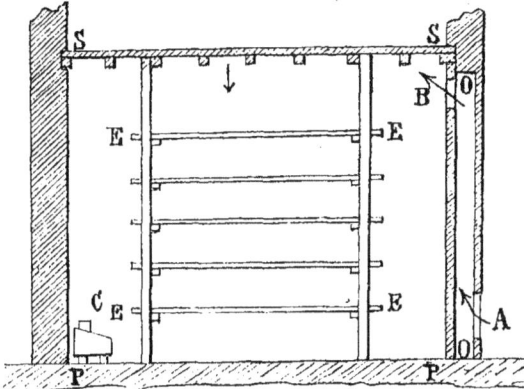

Fig. 62. — Coupe de magnanerie avec fourneau Susani et gaine ventilatrice.

C. Fourneau. — O, O. Gaine ventilatrice. — A. Entrée de l'air extérieur. — B. Arrivée de l'air extérieur dans la magnanerie. — E, E. Étagères pour les vers. — P, P. Plancher inférieur. — S, S. Plancher supérieur. Les flèches indiquent le sens du mouvement de l'air. (D'après un dessin de M. Susani).

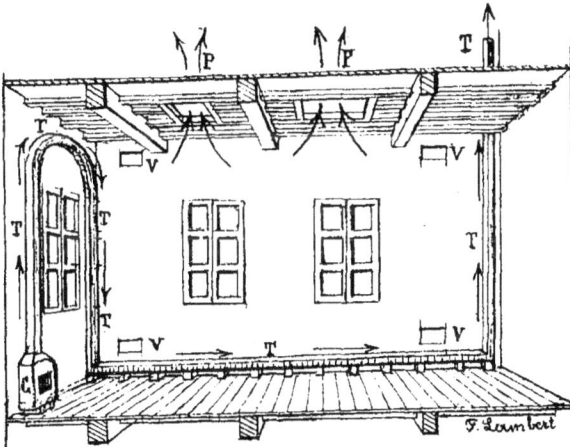

Fig. 63. — Salle d'élevage chauffée au moyen d'un fourneau en maçonnerie avec long conduit sinueux.

C. Fourneau. — T, T, T. Tuyau de la fumée. — V, V. Ventouses d'aération. — P, P. Trappes pour l'évacuation de l'air vicié.

en métal *m*, *n*, *o*, *p*, encastré dans le mur. Ce tuyau est entouré d'un espace vide allant depuis le sol jusqu'au plafond, et qui forme tout autour une gaine. Cet espace communique par le haut avec l'intérieur de l'appartement et par le bas avec le dehors, au moyen de deux ouvertures : une supérieure I, près du plafond, l'autre inférieure E, au voisinage du sol. L'air extérieur entre par l'ouverture inférieure, s'échauffe au contact du tuyau le long duquel il s'élève jusqu'à l'ouverture supérieure par laquelle il s'écoule dans la pièce. L'air vicié s'en va par l'ouverture du foyer. Avec ce dispositif, on arrive donc à une meilleure utilisation de la chaleur dégagée par le combustible qu'avec la cheminée ordinaire; mais les frais d'entretien de la cheminée ventilatrice sont plus élevés que dans la cheminée ordinaire, et le ramonage est rendu difficile à cause du tuyau métallique.

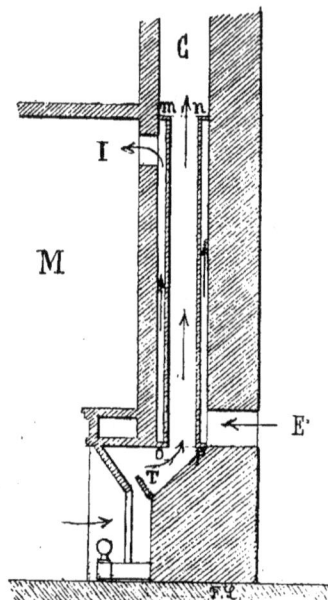

Fig. 64. — Cheminée ventilatrice.
M. Magnanerie. — *m*, *n*, *o*, *p*. Tuyau métallique.— C. Tuyau de cheminée. — E. Orifice pour l'entrée de l'air extérieur. — I. Orifice d'écoulement de l'air dans la chambre T.

Appareils divers de chauffage. — Les poêles en fonte peuvent aussi être utilisés, mais ils exigent plus de surveillance pour éviter les coups de feu. Enfin les cheminées qui sont faites pour les besoins de la ventilation peuvent servir comme appareils de chauffage, bien qu'elles soient peu économiques à ce point de vue. En somme, chacun se guide en cette matière d'après ses convenances; tous les appareils sont bons, pourvu qu'ils soient bien dirigés; ainsi, s'il y avait des exhalaisons de gaz asphyxiants, il faudrait que la ventilation fût assez active pour les réduire à des proportions insensibles ; à cette condition même, les brasières seraient tolérables.

Éclairage. — Beaucoup de magnaniers prétendent que les vers aiment l'obscurité. On peut leur objecter que, dans l'état de nature, ils vivaient sur les mûriers en pleine lumière ; d'ailleurs, dans bon nombre de magnaneries, on n'a pas craint de percer de hautes et larges fenêtres, sans que les vers s'en portent plus mal ; on se borne à les abriter par des rideaux contre les rayons directs du soleil, dont l'action calorifique pourrait être trop énergique.

On n'a cependant pas le droit de condamner absolument la pratique contraire tant que les expériences précises n'auront pas prouvé que la lumière plus ou moins vive est sans influence sur la sécrétion soyeuse.

Procédés d'encabanage sur place. — Quand le magnanier s'aperçoit que la maturité des vers est proche, il dispose tout pour la montée.

Encabanage aux rameaux. — Longtemps à l'avance, il a dû s'approvisionner des objets nécessaires. Dans les Cévennes, et dans la plupart des pays d'élevage, ce sont des rameaux de bruyère, de genêt, de ciste, d'airelle, de nerprun, de lavande, de santoline, de chêne, d'olivier, de sarments de vigne, des tiges de colza, et en général toutes sortes de broussailles sèches. Avec ces branches, on forme des haies dont le pied repose sur la claie où sont les vers, et dont la tête va d'ordinaire toucher la claie située au-dessus, en se courbant sous elle en forme de berceau ; ces haies, assez épaisses sans être trop touffues, doivent offrir aux vers des interstices nombreux pour y loger leurs cocons. On les aligne en travers des claies, à 35 ou 40 centimètres les uns des autres, de telle sorte que les repas et les délitages puissent être continués sans déranger les vers déjà montés ; il résulte de cette disposition une série de petites cabanes : de là le nom d'*encabanage*.

La pose des rameaux est rendue beaucoup plus facile quand, au préalable, on leur a préparé une sorte de charpente ; celle-ci est faite très économiquement avec des bouts de liteaux cloués

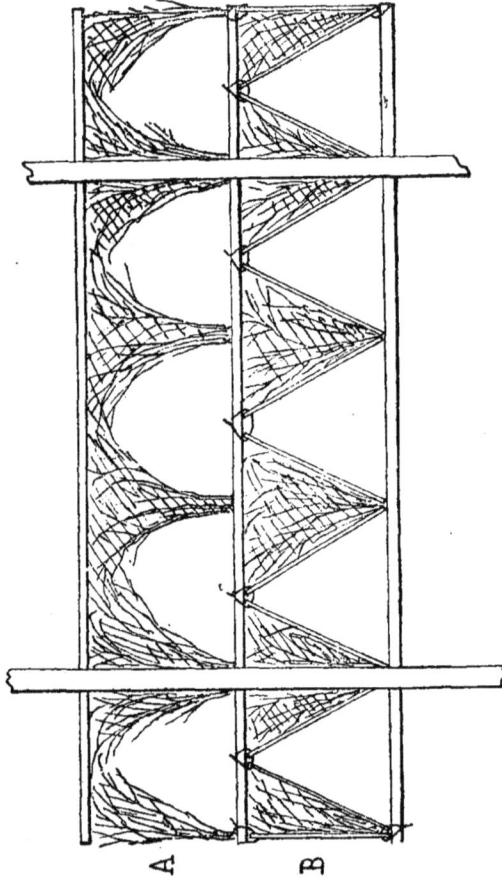

Fig. 65. — Encabanages.

A. Encabanage avec bruyère seule.— B. Encabanage avec la bruyère et les râteliers. (Échelle, 1 : 20).

en forme de râteliers ; on assemble deux à deux ces râteliers, on les attache aux claies avec des ficelles, et il n'y a plus qu'à remplir leur intervalle de broussailles ou de copeaux ; la figure 65 représente ce système.

M. Ostinelli, de Côme, a proposé l'emploi, dans le même but, de
petites claies fabriquées au moyen de tiges flexibles de canne
d'Inde (*Canna indica* ou balisier de l'Inde) ou de fil de fer entrelacés, ou de toile métallique, qu'il arrange, en les repliant sur eux-
mêmes de manière à délimiter des espaces ovales qu'il remplit
avec des broussailles, de la fibre de bois, des copeaux de menuiserie ou toute autre matière pouvant fournir aux vers des espaces
favorables pour y loger leurs cocons. Il ne reste plus qu'à disposer ces claies, ainsi garnies, deux à deux sur les étagères de la
même façon que les râteliers ci-dessus, la partie arrondie
tournée vers le haut.

Échelles Davril. — Il y a un autre système d'encabanage
encore plus rapide, dont le seul inconvénient est le prix assez
élevé : il consiste à disposer en travers des claies, verticalement ou mieux encore obliquement, des assemblages de liteaux
appelés échelles *Davril*, du nom de leur inventeur; on obtient
ces échelles en ajustant parallèlement des tringles en bois, à

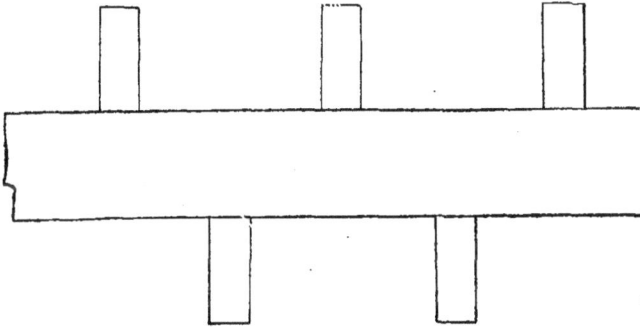

Fig. 66. — Section droite des échelles D.VRIL, en vraie grandeur.

environ 27 millimètres les unes des autres, puis on double le râtelier ainsi obtenu d'un second râtelier semblable, à une distance
d'environ 15 millimètres, de façon que les pleins du premier
répondent aux vides du second (fig. 66). Le dessin ci-dessus
représente en vraie grandeur la coupe transversale d'une de
ces échelles. L'inventeur les surmontait d'une claie horizontale faite sur le même modèle; mais une claie ordinaire sous

laquelle on mettrait quelques fascines remplirait le même but plus économiquement.

Quand on élève les vers à l'aide de rameaux et non plus sur des claies, on fait coconner les vers dans des brins de paille ou des fascines qu'on laisse couler verticalement entre les interstices des branchages; ceux-ci, au reste, offriront aussi des emplacements favorables à un grand nombre de vers qui y feront leurs cocons.

Encabanage en local séparé ou bosquet. — Enfin, on peut suivre encore, pour l'encabanage, une méthode différente usitée dans tout l'Orient et en quelques points de l'Italie, qui consiste à trier sur les claies les vers un par un, au fur et à mesure qu'ils sont arrivés à maturité, et à les porter dans les coconnières tout à fait indépendantes des claies. Ces coconnières, appelées *bosquets*, sont établies sous des hangars ou dans des locaux spéciaux ; elles consistent en branchages adossés les uns contre les autres, ou en faisceaux de paille ayant la forme de cônes renversés, posés sur des tablettes, ou encore en casiers de bois ou de carton offrant une petite loge pour chaque ver (1).

Il faut, dans tous les cas, éviter d'accumuler trop de vers sous la même bruyère, de peur qu'ils ne se réunissent deux ou même trois ensemble dans la fabrication de leur cocon; ces cocons, appelés *doubles*, sont indévidables dans les conditions ordinaires et mis à part pour la vente aux carderies ou aux filatures spéciales pour cocons doubles.

Tant que dure la montée des vers et jusqu'à ce que les cocons soient entièrement terminés, il convient de maintenir la température entre 22° et 25° C. ; un air plus froid engourdi-

---

(1) Ces casiers, recommandés en 1857 par M. Delprimo, et plus récemment, en 1882, par M. Sartori, sont les mêmes qu'a inventés vers l'an 1600 le Lucquois Guidoboni. Voir à ce sujet le *Traité des vers à soie* de Polfranceschi (Vérone, 1626). Ils sont trop coûteux et les vers ne s'y logent pas volontiers.

rait les vers et retarderait ou arrêterait même l'émission du fil
soyeux ; un air plus chaud rendrait cette émission trop précipitée, et il en résulterait des cocons plus grossiers.

On doit aussi veiller à ce que l'air circule constamment et
conserve un état de sécheresse suffisant.

Quand il ne reste plus sur les litières qu'un petit nombre de
vers, on les emporte pour les faire coconner à part et on débarrasse la magnanerie de toutes les litières. Sept à huit jours
après cette opération, on pourra récolter les cocons destinés à
la vente ; ceux qu'on voudra conserver pour le grainage resteront sur la bruyère quelques jours de plus, afin que la chrysalide ait le temps de s'affermir davantage.

Importance des chambrées. — Le nombre des vers qu'on
tient réunis dans un même local n'est point du tout chose
indifférente ; on se tromperait fort en considérant comme
équivalente une chambrée de dix onces, par exemple, et dix
chambrées d'une once chacune. Depuis longtemps, les avantages des petites éducations ont été reconnus ; le proverbe dit
avec raison : *Petite magnanerie, grande filature ;* et, en effet,
tandis que le rendement moyen des éducations d'une once et
au-dessous surpasse 50 kilogrammes, c'est tout au plus si celui
des éducations de plus de quatre ou cinq onces atteint la moitié
de ce chiffre.

Bien des causes concourent à produire ce résultat. D'abord,
à part des exceptions bien rares, on peut affirmer que, dans
les grandes chambrées, les précautions hygiéniques sont tout
à fait insuffisantes. Le personnel n'est pas assez nombreux,
les vers sont trop serrés, la feuille est souvent avariée ou malpropre, la ventilation laisse à désirer ; enfin, si les défauts précédents sont évités, il y en a un qui ne peut guère l'être : c'est
la réduction du cube d'air et des surfaces de murailles perméables à l'air à des proportions beaucoup plus restreintes que
dans les petits élevages. En d'autres termes, il y a aggloméra-
ration des vers dans une même enceinte. Cette condition suffit
pour que les maladies contagieuses aient plus de chances de

s'y développer. Car, quelque soin qu'on ait apporté à la sélection de la graine, au choix de la feuille, à l'égale distribution de la chaleur, il y a toujours probabilité plus ou moins grande de rencontrer parmi les vers quelques sujets chétifs, parmi les feuilles des parties avariées, et dans l'étendue de la salle des points frappés par quelque courant d'air plus froid ou plus humide que dans les autres parties ; plus la chambrée sera vaste, et par suite le nombre des claies et des vers plus considérable, plus augmentera la susdite probabilité ; conséquemment, plus il y aura de risques que des vers ne deviennent malades d'une quelconque des maladies auxquelles ces insectes sont sujets, et, au cas où cette maladie serait la flacherie, plus il y aura de chances que toute l'éducation succombe.

Avantages économiques des petites éducations. — Les petites éducations offrent une autre sorte d'avantages qu'il importe de faire ressortir, et qui est non moins décisif : c'est l'économie qu'elles permettent de réaliser sur la main-d'œuvre. En effet, tandis qu'une grande chambrée exige un personnel chèrement payé depuis le jour de l'éclosion jusqu'à la montée des vers, la petite éducation au contraire peut être confiée pendant les quinze ou vingt premiers jours aux personnes qui vaquent à d'autres travaux dans la maison, aux gens du ménage, aux femmes, aux enfants ; le travail des vers, intercalé parmi les autres, ne coûte pendant ce temps presque rien. C'est là une économie considérable. Ainsi envisagé, l'élevage des vers devient une industrie essentiellement domestique, praticable dans les moindres chaumières ; il n'y a plus de magnanerie : un coin de cuisine ou de grenier en tient lieu.

Le bénéfice d'une petite éducation de ce genre est presque assuré. Il est vrai qu'il est, d'une manière absolue, assez peu considérable ; mais rien n'empêche celui qui voudrait opérer sur une plus vaste échelle de s'intéresser à un grand nombre de chambrées : il pourrait, par exemple, fournir la graine et la feuille, et avoir droit au partage de la récolte. Cette combinaison offrirait même un avantage nouveau : celui de la culture des mûriers par des procédés économiques, en grandes plantations ; la feuille reviendrait ainsi à meilleur compte que si chaque éleveur la produisait sur son propre terrain. En résumé, le meilleur système qu'on puisse conseiller dans l'état actuel de la science et jusqu'à ce qu'on ait trouvé des moyens de surmonter les inconvénients des grandes agglomérations, c'est de faire des *éducations très petites, très nombreuses, avec des graines saines, et de les alimenter par de grandes plantations de mûriers.*

Ce système, déjà mis en pratique en certains points du Gard, de l'Hérault, du Var, etc., est préconisé par des gens compétents ; nous croyons que s'il était adopté d'une manière plus générale, la production de la France atteindrait de nouveau, dépasserait même peut-être les chiffres les plus élevés de nos récoltes d'autrefois.

Tableau synoptique. — Pour récapituler sommairement les notions relatives à l'élevage industriel des vers à soie, nous avons reporté sur un tableau synoptique (Pl. II) les données qui nous ont paru les plus immédiatement utiles à un magnanier débutant. C'est assez dire que ce tableau indique seulement la marche générale des travaux et ne peut donner sur aucun point des prescriptions absolues.

TROISIÈME PARTIE

DE LA CHRYSALIDE ET DU COCON

I. — Anatomie et physiologie de la Chrysalide

Transformation de la larve en chrysalide. — Si on ouvre un cocon trois ou quatre jours après que le ver a commencé à le former, on trouve l'animal gisant à l'intérieur dans un état d'immobilité presque complète. Son corps s'est raccourci par le plissement profond de la peau entre les anneaux; en outre, il est devenu d'un blanc laiteux qui rend très apparentes les cicatrices des égratignures et les taches de pébrine, quand il y en a. Le vaisseau dorsal est parcouru d'arrière en avant par des pulsations peu fréquentes. On remarque aussi un flétrissement très accusé des jambes membraneuses et de l'éperon, tandis que le 2e et le 3e anneau offrent, au contraire, sur leurs flancs deux renflements qui sont les premiers signes des ailes. Les organes intérieurs ont également subi des changements dont les plus apparents sont la réduction des vaisseaux soyeux et le raccourcissement de l'estomac. On peut enfin constater qu'une nouvelle cuticule épidermique se forme sous l'ancienne, ce qui est l'indice d'une mue prochaine.

En effet, trois jours environ après l'achèvement du cocon, cette mue s'accomplit. Mais l'animal qui se dégage de la dépouille n'est plus une larve allongée, munie d'appendices saillants, et capable de se mouvoir et de manger : c'est une masse ovoïde presque inerte, dont les parties appendiculaires sont collées au corps (fig. 67) ; cette forme nouvelle est appelée *chrysalide*. En raison de ce changement considérable, on désigne cette mue sous le nom de métamorphose. Il importe seulement

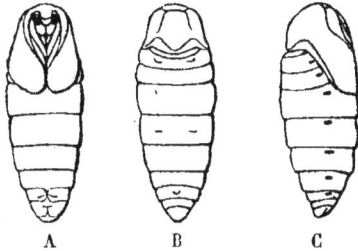

Fig. 67. — Chrysalide (grandeur naturelle).
A. Vue de face. — B. Vue de dos. — C. Vue de profil.

de remarquer que le passage de la forme de larve à celle de chrysalide s'est opéré par des gradations lentes et continues, conformément aux procédés ordinaires que l'on constate dans tous les actes de la nutrition des êtres vivants ; ce qui empêche qu'on n'aperçoive clairement ici les formes transitoires, c'est la rigidité et l'opacité des enveloppes de la peau ; lorsque la dépouille tombe, le travail accompli durant la période qui précède se manifeste tout d'un coup et simule, pour un œil inattentif, une métamorphose quasi instantanée.

Il est intéressant de voir comment la chrysalide se dépouille de la peau de larve dans laquelle elle est enfermée. Réaumur, qui est parvenu à saisir ce moment, le décrit ainsi. L'animal gonfle et allonge sa partie postérieure, puis la rétracte subitement ; son corps se dégage ainsi de la pellicule abdominale et n'occupe bientôt plus que la moitié antérieure du fourreau de chenille. Continuant à se gonfler et à se contracter alternativement, il fait éclater ledit fourreau sur la ligne dorsale, le repousse vers l'arrière et l'accumule au bout de l'abdomen sous forme d'un petit paquet chiffonné. On retrouve dans cette dépouille les dix-huit arbres trachéens avec leurs stigmates, et toutes les pièces buccales, ainsi que les écailles du crâne.

Chrysalide de formation récente. — A ce moment, la chrysalide est très molle ; toute sa surface est mouillée d'un liquide qui semble suinter du corps ; sa couleur est d'un jaune clair ; les stigmates ont la forme de cavités coniques béantes ; les battements du vaisseau dorsal poussent le sang tantôt en avant, tantôt en arrière ; enfin les appendices du corps, encore peu adhérents, peuvent, avec un peu de soin, être écartés et rendus flottants par l'immersion de l'animal dans un liquide ; c'est le moyen de bien voir la correspondance des parties de la larve avec celles du papillon. On peut ainsi reconnaître que les antennes sortent des cavités du crâne qui logeaient les muscles des mandibules ; les pattes, de la place même où étaient les pattes antérieures du ver ; et les ailes, des parties latérales des anneaux du thorax.

Quelques heures plus tard, le corps s'est affermi par la dessiccation de l'humeur superficielle, qui est devenue une espèce de vernis collant ensemble toutes les parties. C'est aussi à ce vernis qu'est due la coloration du corps, laquelle, du jaune clair, passe au jaune doré ou au brun : Réaumur a observé, en effet, qu'un vernis brun étendu sur un fond blanc d'argent imite le reflet de l'or. Il y a des espèces d'insectes où ce reflet est magnifique et justifie très bien la dénomination de *chrysalide* ou *aurélie* ; le terme vulgaire de *fève* s'applique mieux au cas du ver à soie.

En considérant cette fève ou chrysalide plus attentivement, on voit que la moitié antérieure seule est immobilisée par sa carapace, tandis que la moitié postérieure, formée d'anneaux, peut se courber un peu en tous sens. Sur ces anneaux, les traces des jambes membraneuses et de l'éperon ne sont accusées que par quelques poils ou crochets peu apparents ; les stigmates y subsistent toujours sous forme de fentes linéaires ; toutefois, ceux des 4e et 5e anneaux sont cachés sous les ailes, et ceux du 11e sont entièrement fermés. Les ailes cachent aussi toute la partie ventrale des 4e, 5e et 6e anneaux, et quelquefois le bord du 7e. Entre les ailes, on voit en haut une plaque blanchâtre qui correspond à la tête ; à côté sont les yeux, et plus en arrière l'insertion des antennes et la première paire de stigmates ; en avant et au-dessous sont les palpes maxillaires, puis les trois paires de pattes. Pour parler plus exactement, on ne voit pas ces organes eux-mêmes, mais seulement les étuis dans l'intérieur desquels ils vont se former.

En effet, sous cette enveloppe rigide, qui restera, jusqu'au papillonnage, identique à ce qu'elle est au premier jour, des changements considérables vont s'accomplir : on verra d'abord le tissu cellulaire sous-cutané, les lobes adipeux, les trachées et même les muscles, se désagréger en une infinité de globules microscopiques, véritable bouillie qui rappelle la substance vitelline de l'œuf ; cette destruction des tissus a été appelée *hystolyse* (Weismann). D'après des recherches récentes, certaines grosses cellules appelées *phagocytes* prennent une part active à cette destruction des tissus larvaires par l'absorption des éléments constitutifs de ces tissus dont ils se nourrissent. D'autres muscles, d'autres téguments se formeront aux dépens de cette substance des organes larvaires qui servira également à l'accroissement des corps reproducteurs, à la formation des nouvelles trachées, en un mot à tous les actes de nutrition. Ce travail de réorganisation, au moyen des matériaux provenant de la dissociation des tissus de la larve, s'appelle *histogenèse*. Les parties qui servent de centre de formation aux nouveaux organes ont reçu le nom de *disques imaginaux ;* ce sont, dans chaque anneau, des dépendances de l'hypoderme larvaire et on les reconnaît dans la tête et le thorax d'abord, puis, plus tard, dans l'abdomen.

Il existe des disques imaginaux partout où un organe nouveau, ou une modification d'organe, doit apparaître. Ainsi, il y en a dans la tête pour les antennes, les yeux composés, etc. ; dans le thorax pour les ailes, les jambes ; dans tous les anneaux pour les nouveaux téguments. Les capsules génératrices, les ligaments longs qui relient ces corps aux organes de Hérold, ces organes même sont en réalité de véritables disques imaginaux, ou centres pour la formation d'organes adultes (1).

Chrysalide âgée de 4 ou 5 jours. — Dans une chrysalide âgée de 4 à 5 jours, cette réorganisation de l'animal sur un plan nouveau est déjà commencée; voici en quel état se trouvent les parties internes.

La chaîne des ganglions nerveux est raccourcie dans la même proportion que la longueur du corps tout entier; les deux ganglions de la tête se sont rapprochés, les trois ganglions du thorax se sont rapprochés aussi, au point que les deux postérieurs sont réunis; enfin, les huit ganglions de l'abdomen sont réduits à quatre, par suite de l'atrophie du 1er, du 4e et du 6e et de la fusion des deux derniers en un seul. Les pulsations du vaisseau dorsal sont devenues rares et assez irrégulières; elles semblent partir de la région du tube situé dans le troisième anneau abdominal, et se propager à la fois en avant et en arrière.

L'estomac est devenu une poche ovale, à surface ridée, qui n'occupe qu'une faible partie de la cavité abdominale. L'œsophage forme un tube allongé portant latéralement un renflement ou jabot, dans lequel s'amasse un liquide alcalin que le papillon vomira pour percer le cocon. Enfin, l'intestin présente deux parties distinctes : en avant, c'est un tube assez long qui reçoit, non loin de l'estomac, les deux conduits auxquels aboutissent les six vaisseaux malpighiens : ceux-ci ont leurs replis

---

(1) V. VIALLANES. — *Recherches sur l'histologie des insectes (Ann. des Sc. natur.* Paris, 1882); *Études histologiques et organologiques sur les centres nerveux et les organes des sens des animaux articulés (Ann. des Sc. natur.,* 6e série; *Ann. Sc. natur.* Paris, 1892); — VERSON. — *La formazione della ali nella larva del Bombyx mori.* Padoue, 1890; — E. VERSON et E. BISSON. — *Sviluppo postembrionale degli organi sessuali del Bombyx mori.* Padoue, 1896 ; — GONIN (J.). — *Recherches sur la métamorphose des lépidoptères (Bull. de la Soc. vaudoise des Sc. natur.* Lausane, 1894), etc.

flottants dans la cavité du corps ; en arrière, l'intestin présente
une poche pyriforme volumineuse, qu'on appelle *poche cæcale :*
c'est là que s'accumule une matière excrémentitielle rouge
brique, riche en urates (fig. 68).

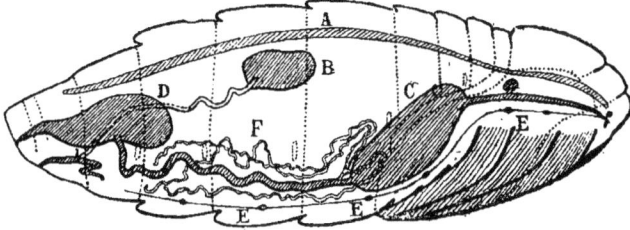

Fig. 68. — Chrysalide âgée de 4 à 5 jours. (Grossissement : 3).
Les lignes ponctuées représentent les plis de la peau et les stigmates. Les
lignes pleines correspondent à une section plane verticale. — A. Vaisseau
dorsal. — B. Testicule du côté gauche. — C. Poche stomacale. — D. Poche
cæcale. — E. Chaîne nerveuse. — F. Tubes de Malpighi.

Les glandes salivaires sont atrophiées. Les glandes soyeuses
sont presque vides, il n'en reste que deux paquets rougeâtres,
résidus des réservoirs de la soie, qui sont collés de chaque
côté de la poche stomacale.

Les trachées sont, les unes atrophiées, les autres encore
actives, entourées de cellules à noyaux qui formeront de nouveaux conduits trachéens plus amples que les anciens ; les
débris de ceux-ci seront éliminés à la 6e mue.

Les modifications que les organes génitaux rudimentaires
subissent dans leurs parties secondaires conductrices pendant
le passage du ver de l'état de larve à celui d'insecte parfait, pour
se changer en organes reproducteurs adultes du papillon, ont
été étudiées avec grand soin, dans ces dernières années, par
M. Verson et Mlle Bisson (1).

Les ligaments postérieurs, décrits précédemment, des capsu-

_____

(1) E. VERSON et E. BISSON. — *Sviluppo postembrionali degli organi sessuali accessori nel maschio e nella femmina del B. mari.* Padoue, 1895 et
1896.

les génératrices chez les sujets mâles se sont convertis en deux
longs tubes flexueux, qui se sont rejoints par leur extrémité
terminale postérieure : ces deux tubes sont les *conduits défé-*
rents. A leur point de jonction, les deux conduits déférents ont
formé en se dilatant deux petits réservoirs : ce sont les *vésicules*
séminales. En avant, ces derniers ont émis deux cæcums tubu-
leux appelés *glandes accessoires,* tandis qu'en arrière, dans la
direction de l'organe de Hérold, ils ont envoyé deux étroits canaux juxtaposés et accolés sur toute leur longueur par leurs
bords internes ; par la destruction de leurs parois accolées, ces
deux canaux se convertissent finalement en un conduit unique
appelé *éjaculateur.* En même temps, l'organe de Hérold donne
naissance à un autre conduit qui fait suite au conduit éjaculateur avec lequel il s'abouche, et qui est la *verge* ou *pénis.*

Chez les chrysalides femelles, les capsules génitales se rapprochent l'une de l'autre jusqu'à arriver finalement sur la ligne
médiane du corps, à la hauteur du 4ᵉ anneau abdominal ; en
même temps, elles se crèvent pour laisser échapper leurs tubes ovariques ; les origines de ces tubes, c'est-à-dire les extrémités un peu renflées, où les œufs sont à l'état de mucilage
homogène, restent en places réunies au fond des capsules ; les
extrémités opposées, qui sont celles où les œufs sont déjà bien
formés, descendent en suivant les ligaments longs postérieurs,
lesquels se raccourcissent et les amènent à l'organe de Hérold,
représenté ici, comme nous l'avons dit (p. 109), par quatre
petits boutons hypodermiques situés dans les 11ᵉ et 12ᵉ anneaux. En outre, ces deux ligaments se creusent, comme chez
les sujets mâles, en forme de conduits, appelés *trompes,* que
vient rencontrer un gros tube, l'*oviducte,* produit par l'organe
de Hérold. Enfin l'oviducte se complète par des *glandes acces-*
soires et divers cæcums, dont nous parlerons en décrivant le
papillon. Les tubes ovariques, d'abord rectilignes, se contour-
nent en nombreux replis à mesure que les œufs grossissent, et
bientôt ils distendent toute la cavité abdominale.

Chrysalide d'âge avancé. — A mesure qu'on examine la chrysalide à un âge plus avancé, on trouve les organes précédemment décrits plus affermis ; la circulation est devenue régulière et dirigée du thorax vers l'abdomen ; les muscles du futur papillon se sont formés ; les nouvelles trachées ont étendu leurs ramifications dans tout le corps ; les coques des œufs sont devenues dures et semblables à de la corne ; enfin le tissu épidermique a sécrété de son côté une pellicule chitineuse, qui diffère de celle de la chrysalide en ce qu'elle accuse toutes les formes définitives du papillon et qu'elle est couverte de poils écailleux. En résumé, il ne reste de l'ancienne chrysalide que la pellicule superficielle ; le papillon est tout formé sous cette enveloppe.

Physiologie de la chrysalide. — Il nous reste à considérer maintenant de plus près les actes physiologiques qui sont accomplis durant la période de chrysalide. En effet, l'insecte, malgré son état apparent d'inertie, est très vivant : il respire, son sang circule ; il assimile certaines substances, il en sécrète ou exhale d'autres ; il est sensible à l'action de la chaleur ; enfin certaines altérations peuvent se produire dans ses organes. Tous ces phénomènes ont de l'intérêt, non seulement pour le naturaliste, qui contemple les faits sans autre souci que de les bien connaître, mais encore pour le sériciculteur, qui songe à préparer des graines de la meilleure qualité possible, et qui doit, par conséquent, connaître les conditions les plus convenables pour la santé des sujets reproducteurs.

Fonctions respiratoires. — *Activité de la respiration chez la chrysalide.* — Et d'abord, la chrysalide a besoin d'air pour respirer. Le développement de son système trachéen est un premier indice de ce besoin. Mais on en a des preuves directes par les observations de Réaumur. Cet ingénieux expérimentateur a imaginé de plonger à demi dans l'huile, pendant une heure environ, soit le bout antérieur, soit le bout postérieur de chrysalides diverses : toujours les premières ont péri ; les autres n'ont aucunement souffert, excepté lorsqu'elles étaient

tout à fait fraîches. Cela prouve que les stigmates antérieurs
sont les seuls qui fonctionnent dans la chrysalide bien formée,
et que les stigmates postérieurs, encore ouverts au sortir de
la mue, se ferment rapidement dans les heures suivantes.

Réaumur a aussi immergé des chrysalides dans l'eau ; il a vu
qu'au bout de quelque temps des bulles d'air s'échappent des
stigmates, surtout des deux situés à l'origine des ailes postérieures. En raréfiant l'air au-dessus du vase, on accélère la sortie des bulles. Il faut conclure de là que, chez les chrysalides,
les stigmates servent à la fois à l'entrée et à la sortie de l'air.
On se souvient que, chez les larves, l'expiration a lieu non par
les stigmates, mais par toute la surface de la peau.

Quant à préciser la quantité d'air utile à la respiration des
chrysalides, c'est ce qu'on ne peut faire encore, faute d'expériences assez précises. Dans un air confiné et humide, et pour
1 kilogramme de ces insectes (1.190 chrysalides), il y aurait,
d'après MM. Regnault et Reiset, 242 milligrammes d'oxygène
consommé en une heure, et les 0.639 de cet oxygène serviraient à former de l'acide carbonique. Mais ces chiffres dépendent très probablement de l'âge des chrysalides, de leur activité respiratoire des jours précédents, de la température, et
enfin de l'état hygrométrique de l'air.

Conséquences pratiques des notions ci-dessus. — Tout ce que
nous avons dit du besoin d'air qu'ont les chrysalides s'applique
exactement aux cocons réservés pour le grainage, car l'enveloppe soyeuse du cocon est très perméable au gaz. Ainsi, des
cocons entassés dans un espace restreint, hermétiquement
clos, y périssent au bout de quelques jours, soit par défaut
d'oxygène, soit par l'effet asphyxiant de l'acide carbonique dégagé. On peut aussi tuer très rapidement des cocons en les
exposant dans une atmosphère de gaz acide sulfureux, ou de
gaz ammoniac, ou de gaz acide sulfhydrique, ou encore dans
un air saturé de vapeurs de sulfure de carbone, ou de vapeurs
d'alcool et de camphre, etc. La fumée de tabac est aussi très
nuisible aux chrysalides, et encore plus aux papillons.

Il semble donc que la chrysalide soit plus délicate que la larve en ce qui regarde les fonctions respiratoires. Dès lors, il n'est pas étonnant que des cocons mal aérés pendant un temps plus ou moins prolongé donnent naissance à des sujets affaiblis et, par suite, à des graines de médiocre qualité. A cet égard, on ne peut qu'approuver l'usage qui consiste à mettre en filanes les cocons destinés au grainage et à suspendre ces filanes à des distances convenables, dans des salles bien ventilées.

Les chrysalides exhalent non seulement de l'acide carbonique, mais encore de la vapeur d'eau en quantité notable.

C'est un fait que Réaumur a reconnu depuis longtemps; il a renfermé des chrysalides, dont la peau paraissait bien sèche, dans des tubes de verre bien scellés, et au bout de quelque temps il a vu des gouttelettes d'eau se déposer à l'intérieur de ces tubes.

Perte de poids des chrysalides. — De là vient la déperdition de poids que l'on constate soit sur des chrysalides mises à nu, soit sur les cocons gardés vivants.

D'après Dandolo, un ver mûr, prêt à filer, pèse en moyenne 3 gr. 66 (il s'agit ici d'une race d'assez grande taille, pour laquelle il y a 35.960 œufs à l'once de 25 grammes et 472 cocons au kilogramme); or, le cocon à l'état marchand, c'est-à-dire récolté au 8ᵉ jour, pèse 2 gr. 18, et sur ce poids la chrysalide entre pour 1 gr. 84. La perte subie par l'animal est donc, dans cet intervalle de temps, 1 gr. 48, c'est-à-dire presque égale au poids de la chrysalide.

A partir de ce moment, la déperdition devient moindre : en effet, le poids du papillon, suivant qu'il est mâle ou femelle, est en moyenne, d'après Dandolo, 0 gr. 80 ou 1 gr. 41, et la diminution du poids vient surtout du liquide que l'animal émet pour sortir du cocon.

A côté des résultats de Dandolo, qui forment la première ligne du tableau suivant, on lira ceux qu'a obtenus M. Cobelli, de Rovereto :

RACES	NOMBRE		POIDS			
	d'œufs pour 25 gram.	de cocons au kilog.	du ver mûr prêt à filer	du cocon au 8ᵉ jour	du papillon (moyenne)	du cocon percé
Dandolo, cocons grands	35960	472	3ᵍʳ66	2ᵍʳ18	1ᵍʳ10	0ᵍʳ40
Cobelii, cocons très grands....	34733	384	4.93	2 60	1.28	0.49
— moyens........	35276	473	3.93	2.11	0.90	0.38
— moyens........	35881	500	3.53	1.99	0.94	0.39
— petits........ .	44775	895	1.90	1.11	0.39	0.20

Les rapports des poids des cocons, ou de la soie, aux poids des vers mûrs sont d'ailleurs loin d'être constants, pour la même race. Nous avons déjà parlé (p. 14) de l'influence considérable du milieu sur les vers et leurs cocons ; Robinet (1) a enregistré les poids suivants de vers, de cocons et de matière soyeuse (moyennes pour trois races) selon que l'éducation avait été faite dans l'air sec, humide, ou dans des conditions hygrométriques normales :

Éducations	Nombre de cocons au kilog.	Poids du ver mûr prêt à filer	Poids du cocon	Poids de la matière soyeuse
Sèche	543	3ᵍʳ51	1ᵍʳ84	0ᵍʳ28
Normale.....	537	3ᵍʳ75	1ᵍʳ86	0ᵍʳ31
Humide......	500	4ᵍʳ10	2ᵍʳ07	0ᵍʳ34

Influence de la température. — L'activité de la respiration, et de tous les actes de la nutrition en général, est subordonnée à la température ambiante. En chauffant à 30 ou 35 degrés centigrades, dans un air un peu humide, les cocons récoltés au sixième jour de la montée, le papillonnage a lieu au bout de

---

(1) ROBINET. — *Notice sur les éducations de vers à soie, faites en 1840*, p. 89. Paris.

10 à 15 jours; de 20 à 25°, il n'a lieu qu'après 18 à 20 jours. Dans une cave, de 10 à 15°, dit Cornalia, les chrysalides hivernent jusqu'au printemps; à 2°, elles vivraient jusqu'à un an. Un froid plus intense leur serait nuisible s'il était trop prolongé. M. Raulin a vu qu'à zéro elles périssaient au bout de quatre mois.

Mais si le froid est de peu de durée, il peut descendre impunément beaucoup plus bas. En 1879, le Dr Colasanti a mis des cocons âgés de 10 à 12 jours dans des verres entourés de glace et de sel, et les a laissés quarante-huit heures à ce froid de — 10°; les ayant ensuite réchauffés peu à peu à 20°, ils ont papillonné après 20 ou 25 jours. Les papillons obtenus ont été remis pendant dix minutes à — 10°, ce qui les a durcis totalement; ensuite, exposés au soleil, ils ont repris leurs mouvements. Trois fois de suite ces alternatives ont été répétées, et ces papillons se sont accouplés néanmoins.

Ces faits curieux ne sont pas particuliers au Bombyx du mûrier; tous les hivers, des chrysalides et des papillons de diverses sortes résistent au froid, même quand il est très intense, et on voit ces insectes revivre au printemps absolument comme si l'hiver eût été des plus doux.

Le degré de chaleur nécessaire pour tuer les chrysalides instantanément paraît être de 75 à 80°; mais une chaleur de 50 à 60° suffit parfaitement si son action dure assez longtemps; même l'exposition au soleil est efficace lorsqu'elle est prolongée pendant huit heures environ. La rapidité de l'étouffage dépend aussi du degré de sécheresse de l'air ambiant; plus l'air est saturé d'humidité, plus vite l'animal est tué; mais dans la pratique on préfère agir avec de l'air sec autant que possible, afin d'éviter le ramollissement des cocons et les taches qui proviennent des chrysalides mortes antérieurement par suite de flacherie ou de grasserie.

Quand on opère sur de petites quantités de cocons, on peut les étouffer aussi en les enfermant pendant quelques heures dans un récipient avec un peu de sulfure de carbone ou de cyanure de potassium, ou enfin des morceaux de camphre, du

tabac à fumer, ou d'autres matières dégageant des vapeurs
toxiques pour les vers, à la condition, toutefois, que ces substances n'aient pas d'action nuisible sur la soie.

Sécrétions et excrétions. — C'est Galli Bibiena qui a mentionné le premier le gonflement singulier de l'œsophage dans la
chrysalide ; il se ramasse, dit-il, dans cette espèce de fiole une
lymphe limpide, qui sert au papillon pour baigner le bout du
cocon par lequel il doit sortir, et cette fiole ainsi vidée deviendra le sac à air (1). Maestri a répété la même observation en
1856 et reconnu que cette liqueur est alcaline. D'après M. Verson, une partie de cette liqueur, qui est sécrétée par le ver,
pourrait se rendre à l'estomac pour aider à la dissolution des
résidus qui s'y trouvent parfois. Ce qu'il y a de sûr, c'est que,
versée sur le cocon, elle a la propriété de décoller les replis
des fils soyeux, comme le ferait de l'eau bouillante ; il suffit
donc au papillon d'écarter à droite et à gauche ces replis à
l'aide de ses pattes et de sa tête, pour se frayer une ouverture
assez large et sortir ainsi du cocon.

La matière excrémentitielle qui se ramasse dans la poche
cæcale est sécrétée par les tubes de Malpighi et peut-être aussi
par les parois de la poche elle-même ; il n'est pas certain que
la poche stomacale puisse aussi y envoyer une partie de son
contenu. La couleur de cette matière est rougeâtre et quelquefois brune ; elle contient de l'urate d'ammoniaque en petits
granules microscopiques.

Le contenu de la poche stomacale est, dans le début, très
liquide, mais bientôt il s'épaissit en une matière gluante, rouge-
orangé, qui ressemble à de la résine. Cette matière est très
abondante chez les vers qui se sont chrysalidés sans faire de
cocons ; c'est pourquoi Maestri croit qu'elle peut venir de la
substance des glandes soyeuses.

Fréquemment aussi on y trouve des débris de feuilles non

---

(1) Beiti. — *Il baco da seta*. Vérone, 1765.

digérées et des ferments; mais, en ce cas, on a affaire à un sujet mal portant. Un ver en bonne santé doit, en effet, évacuer sa feuille en totalité avant de filer son cocon.

II. — Maladies de la Chrysalide

Chrysalides muscardinées. — Les mêmes altérations pathologiques qui se rencontrent chez les larves peuvent aussi exister chez les chrysalides.

Si, par exemple, peu de temps avant sa maturité, un ver est envahi par le Botrytis de la muscardine, il fait néanmoins son cocon, lequel est plus ou moins étoffé, suivant le degré plus ou moins grand de développement des glandes soyeuses. Mais, dans ce cocon, l'animal est invariablement tué par le champignon; son cadavre s'y dessèche, y devient dur comme un petit caillou ou une *dragée*, ce qui lui a valu ce nom. Si l'air n'est pas très sec, ce cadavre se revêt d'efflorescences d'une blancheur éclatante. Jamais le papillon n'arrive à naître.

Le cocon fait par une larve saine protège efficacement sa chrysalide contre le Botrytis; il faudrait faire exprès d'ouvrir le cocon et de semer des spores dessus pour communiquer la muscardine à l'animal dans cet état.

Dandolo a reconnu que, pour former un kilogramme, il faut jusqu'à 1.442 cocons muscardinés; sur ce poids, il y a 358 grammes de coques soyeuses, tandis que dans 1 kilogramme de cocons sains, pris au huitième jour de la montée, on n'en trouve que 154 grammes environ. Il y aurait donc, entre les valeurs de ces cocons, le rapport de 7 à 3. Mais il faut remarquer qu'au dévidage, les cocons muscardinés, à cause de leur extrême légèreté, font beaucoup de déchet, ce qui en diminue le prix.

Chrysalides pébrinées. — De même que la muscardine, la pébrine ne peut attaquer l'insecte à travers l'enveloppe du cocon; si donc une chrysalide a des corpuscules, c'est à l'état de larve qu'elle a contracté ce mal. Mais, malgré tout le développement que peut prendre le parasite, un très grand nombre de chrysalides, même dans les lots les plus infectés, arrivent au papillonnage. Les corpuscules peuvent ainsi se transmettre d'une génération à la suivante en passant dans les œufs. Pasteur a reconnu que quand l'envahissement des larves par les corpuscules remonte avant la 4ᵉ mue, les chrysalides en sont chargées dès le début ; un grand nombre des œufs des individus femelles sont, en ce cas, corpusculeux eux-mêmes. Si, au contraire, les vers n'ont ingéré les germes de la maladie que peu d'heures avant la montée, on a beaucoup de peine à reconnaitre l'existence des corpuscules dans les chrysalides avant un délai de 8 à 10 jours ; en pareil cas, lorsqu'on en aperçoit avant ce terme, ils ont en général la forme renflée en poire ; c'est alors un indice qu'on en trouvera dans la suite à profusion ayant la forme ovale, et chez un nombre de sujets dix fois plus considérable qu'au début ; cependant, les œufs seront relativement peu infectés, et un bon nombre, dans chaque sujet, ne le seront pas du tout. Cette circonstance explique comment des lots dont les papillons sont en grande majorité corpusculeux peuvent donner parfois des graines assez peu infectées, et d'autres fois, au contraire, des graines absolument détestables.

Nous verrons plus loin comment, par le grainage cellulaire et la sélection des papillons, on n'a pas à se préoccuper de ces différences et on se soustrait à toute incertitude sur la qualité des œufs.

Lors donc qu'on veut déterminer exactement, dans un lot de cocons, la proportion des sujets corpusculeux, il faut opérer sur des chrysalides âgées, proches du papillonnage, ou, mieux encore, sur des papillons ; ceci oblige, dans la pratique, à mettre à l'étuve le lot échantillon afin de hâter de 2 ou 3 jours le développement de ces insectes.

Les corpuscules n'ont pas de siège de prédilection dans les tissus ; on en trouve partout, absolument comme chez les larves.

Cocons fondus par grasserie. — La grasserie est une autre affection dont l'intensité peut être assez faible chez la larve pour ne pas l'empêcher de coconner et même de devenir chrysalide ; mais la vie de l'animal ne va pas plus loin ; ses téguments brunissent, puis se déchirent ; tout le corps est réduit en une bouillie noire qui tache le dedans du cocon. Cette variété de *fondus* se distingue de ceux fondus par flacherie, en ce que le microscope y montre les granules polyédriques caractéristiques de la grasserie, tandis que les fondus par flacherie sont remplis de germes de ferments et de vibrions.

Chrysalides affectées de flacherie. — *Surveillance des vers à la montée.* — Une quatrième maladie, la flacherie, peut se manifester chez les chrysalides. Il y a, en effet, dans les chambrées où cette maladie a fait des dégâts plus ou moins considérables, des individus plus robustes ou moins atteints par le mal, qui poursuivent le cours de leur existence ; ils font des cocons ; ensuite certains périssent avant ou après avoir revêtu la forme de chrysalide, donnant ainsi des cocons fondus ; d'autres vont jusqu'au papillonnage ; ils s'accouplent ; ils donnent des graines.

Or, l'expérience a appris que ces graines, élevées l'année suivante, ont rarement un bon succès ; les vers qui naissent de ces graines, bien que n'ayant aucune maladie caractérisée, sont, par suite de leur débilité constitutionnelle, prédisposés à contracter la flacherie ; ils peuvent même, selon certains savants, ainsi que nous l'avons dit, sortir de l'œuf avec les germes de cette maladie. C'est pourquoi, dès qu'on voit trace de la flacherie à la montée dans une chambrée, on doit l'exclure de la reproduction.

Indices de flacherie tirés de l'examen des chrysalides et des cocons. — Mais quand on n'a pu voir les vers à la montée, et qu'on dispose seulement des cocons, ne peut-on pas tirer de l'observation des chrysalides des indices certains sur l'état sanitaire de la chambrée? Oui, on le peut dans une certaine mesure.

D'abord, on constate qu'il y a dans le lot un nombre de fondus plus ou moins grand; le microscope y montre les organismes de la putréfaction; souvent la mauvaise odeur des cocons suffit à déceler leur présence.

Ensuite, on peut, comme l'a fait M. Guisquet, compter le nombre de fondus qu'il y a dans 500 cocons, au jour de la *récolte* d'abord, puis 8 ou 10 jours plus tard; si ce nombre a augmenté notablement, c'est que la flacherie existe dans le lot.

On peut encore, ainsi que l'a indiqué M. Bellotti, ouvrir un certain nombre de cocons et voir s'il y a une proportion plus ou moins forte de chrysalides ayant les étuis des ailes ou même tout le corps de couleur brune ou noire; cette couleur est un indice de la flacherie.

Enfin, on peut recourir à l'étude au microscope des matières contenues dans la poche stomacale des chrysalides. Pasteur a observé que, dans les lots où la flacherie a détruit une quantité de vers, beaucoup de chrysalides ont leur poche stomacale plus volumineuse qu'à l'état normal, et dans ce contenu on trouve en abondance des ferments en chapelets de grains; beaucoup plus rarement y a-t-il des vibrions. Les chrysalides à ailes noires notamment sont riches en organismes. Quand on trouve une forte proportion de chrysalides ayant ainsi des organismes, on peut à coup sûr préjuger qu'il y a eu flacherie dans la chambrée. Mais si l'on n'en trouve qu'en très petit nombre, ou pas du tout, on ne peut plus rien conclure. En effet, Pasteur et Raulin ont trouvé que dans d'excellents lots, dont la montée avait semblé irréprochable, il y avait quelques chrysalides à chapelets. Et d'autre part, dans des lots faiblement atteints, le plus grand nombre des chrysalides sont exemptes d'organismes; il s'est opéré chez elles une sorte de digestion ou résorption de ces organismes qui existaient certainement chez les vers. Ce dernier fait a été démontré par Pasteur, en étudiant les crottins émis par certains vers: il y a trouvé des ferments; et plus tard, ayant ensemencé dans un milieu de culture approprié une portion des matières de la poche stomacale des chrysalides, il n'y a eu aucun développement.

L'étude de l'estomac des chrysalides, au point de vue pratique, devient donc à peu près inutile, puisque le seul cas où elle serait concluante, celui d'une flacherie très intense, est facile à reconnaître sans l'aide du microscope.

Maladie de la mouche. — Nous avons dit (p. 170) que dans les contrées de l'Orient les vers à soie sont souvent la proie de certaines mouches qui vivent en parasites dans l'intérieur de leur corps. Lorsque le ver n'héberge qu'un ou deux de ces parasites, il peut arriver à faire son cocon et à se chrysalider. En ce cas, l'oudji pour sortir perfore le cocon et se laisse tomber à terre où il va se chrysalider dans quelque recoin. Le cocon étant percé ne peut plus servir pour le dévidage.

L'oudji, au Japon, est la cause de dégâts comparables en intensité à ceux que fait la flacherie dans nos contrées.

III. — Du Cocon (1)

Traitement industriel du cocon. — *Poids des cocons simples. Proportion de doubles.* — Sitôt que les cocons sont récoltés, ils doivent être succinctement débourrés, afin d'écarter les débris étrangers qui ont pu s'y attacher; en même temps, on enlève les écrasés et les fondus. En général, on ne trie pas les doubles, qui sont tolérés jusqu'à un nombre de 4 à 5 o/o pour les races indigènes, et 15 à 20 o/o pour les races japonaises. Ensuite les lots sont pesés et livrés au filateur. La pesée ne doit pas être différée, car chaque jour de retard occa-

---

(1) Nous renvoyons au chapitre du *Grainage* tout ce qui regarde les cocons destinés à la reproduction.

sionne une perte de poids des chrysalides et, par suite, des cocons.

Cent kilos de cocons, pesés au jour même de la récolte, et tenus à 22° centigrades environ, se réduisent, suivant Dandolo, aux poids suivants :

Après 1 jour à....	99^{k}1		Après 6 jours à...	96^{k}0
— 2 —	....	98 2	— 7 —	....	93 2
— 3 —	....	97 5	— 8 —	....	94 3
— 4 —	....	97 0	— 9 —	....	93 4
— 5 —	....	96 6	— 10 —	....	92 5

Ces chiffres sont sujets à varier quelque peu avec les races et aussi l'humidité de l'air.

Un cocon de grosseur moyenne, bien fourni, race milanaise, pèse environ 2 grammes : il en faut donc 500 au kilo ; pour les races à gros cocons, ce nombre descend jusqu'à 400 et au-dessous ; pour les races japonaises et chinoises, il s'élève à 800, et plus encore. Quand les vers n'ont pas été assez largement nourris, surtout après la 4e mue, on s'en aperçoit aux cocons qui pèsent moins ; par exemple, au lieu de 500 au kilo, il en faudra 600, ou davantage.

Richesse soyeuse. — M. Quajat a trouvé (1) que, à nombre égal de cocons, les femelles donnent plus de soie que les mâles, et, à poids égal de cocons, les mâles fournissent plus de soie que les femelles : le poids des coques soyeuses forme environ 14 à 16 o/o du poids des cocons mâles, et seulement 11 à 13 o/o du poids des cocons femelles.

Si donc on avait le moyen de trier les sexes dès le début de l'élevage, il y aurait avantage, dans une éducation en vue de la filature, à rejeter les femelles et à conserver seulement les mâles. Nous avons fait connaître (p. 110) le moyen de faire

---

(1) E. QUAJAT. — *Producono più seta i maschi ovvero le femmine ?* (*Boll. di bachi.* Padoue, 1883).

cette séparation après la 4ᵉ et même après la 3ᵉ mue; mais c'est déjà un peu tard et peu de cultivateurs se résigneraient à sacrifier des vers déjà gros et qui auraient bien marché jusquelà. Néanmoins, les circonstances sont encore nombreuses où cette séparation des deux sexes, quoique possible seulement après la 3ᵉ ou la 4ᵉ mue, rendra des services : ainsi l'éducateur, étant contraint, comme cela arrive quelquefois, de jeter, faute de feuilles pour les nourrir ou pour une autre raison, une portion plus ou moins grande de ses vers, aura tout intérêt, en vue de la qualité des cocons, à trier les femelles pour les sacrifier de préférence aux mâles, et à faire porter, au contraire, la réduction du nombre des vers sur les mâles s'il s'agissait d'un élevage pour la reproduction, le nombre de ces derniers n'ayant pas besoin d'être aussi grand que celui des femelles : un seul papillon mâle pouvant être employé pour plusieurs accouplements, comme nous le dirons plus loin.

Il est facile de prévoir d'autres cas où cette séparation deviendra utile : par exemple, dans l'élevage de vers de races différentes en vue d'un croisement entre ces races. Si les vers de l'une des races, comme cela arrive assez souvent, sont à évolution plus rapide que ceux de l'autre et que l'éleveur se propose d'accoupler les papillons femelles de la race la plus hâtive avec les papillons mâles de l'autre, il pourrait, après avoir séparé les sexes, mettre les larves femelles plus hâtives dans une chambre à part à une température un peu moins élevée et les larves mâles à évolution plus lente dans un local un peu plus chaud, afin que les sujets reproducteurs des deux races atteignent à peu près simultanément l'âge adulte. Les vers mâles de la première race et les vers femelles de la seconde, non destinés à la reproduction, continueraient à être soignés à la même température, et leurs cocons, sans emploi pour le grainage, pourraient être livrés à la filature en temps convenable.

D'après Dandolo, 100 kilos de cocons frais simples, de bonne qualité, race milanaise, se composeraient de :

Chrysalides.......................   84ᵏ200
Dépouilles...........................   0 450
Coques soyeuses 15 350

Sur ces 15 k. 350 de soie, les filateurs tirent environ 8, quelquefois 9, rarement 10 kilos de soie grège ; le reste demeure en
déchets, que l'on soumet au peignage, pour les filer ensuite à
la manière des autres textiles.

Étouffage, séchage et conservation des cocons. — Dès qu'on
a sujet de craindre le papillonnage des cocons, on les étouffe,
en les exposant à l'action de la chaleur, étalés dans des
corbeilles plates superposées, dans des étuves à air chaud,
avec ou sans introduction de vapeur d'eau. Dix minutes
de séjour à une température de 70 à 80° suffisent. Avec la
vapeur d'une chaudière, on arrive très vite à obtenir ce degré
dans toute l'étuve, tandis qu'avec l'air seul, il faut bien deux
heures de chauffage ; par contre, la vapeur a l'inconvénient de
ramollir les coques, ce qui occasionne des déchets lorsqu'il y
a des fondus.

M. Francezon a reconnu que les cocons étouffés par les acides
sulfureux et sulfhydrique, par le sulfure de carbone et par le
gaz ammoniac, donnent une soie défectueuse et sont d'un
mauvais rendement (1).

Dans le but d'éviter tout danger d'altération de la soie et
certains inconvénients inhérents au système ordinaire d'étouffage par la chaleur, on aussi tenté la substitution à ce système
de l'étouffage soit par le vide, soit par le froid.

Dans l'application du premier procédé, l'étouffage par le vide,

----

(1) M. Verson a signalé ce fait curieux, que les cocons peuvent séjourner
dix heures dans le vide pneumatique sans que les chrysalides périssent.
Il n'est pas moins curieux, comme l'a fait voir M. Francezon, qu'elles
résistent également bien à un séjour de dix heures dans l'oxyde de carbone
pur, de dix-huit heures dans l'acide carbonique, l'hydrogène, le protoxyde
d'azote, etc.

on s'est heurté à des difficultés d'ordre pratique qui l'ont fait rejeter, tout au moins pour les grandes quantités.

Les difficultés seraient moindres par l'emploi du froid ; toutefois elles sont suffisamment sérieuses pour qu'il y ait peu d'espoir de voir jamais ce système d'étouffage remplacer, si ce n'est exceptionnellement, l'étouffage par la chaleur. Le froid a été proposé soit pour tuer les chrysalides dans le cocon, ce que l'on obtient au moyen d'un séjour pendant un temps relativement très long (1)à des froids variant de 15 à 32° C. au-dessous de zéro, soit pour retarder simplement sa transformation en papillon pendant un espace de temps assez grand pour rendre possible le dévidage des cocons à l'état vivant à toute époque de l'année, résultat qui permettrait de réaliser, suivant MM. Pagès et Darbousse, la conservation des cocons à une température constante de 4 ou 5° C. au-dessus de zéro (2). Les cocons ainsi étouffés par des froids intenses, ou conservés vivants par des séjours à une température peu au-dessus de zéro jusqu'au moment du dévidage, donneraient à la bassine, tout en conservant leurs qualités naturelles, des rendements supérieurs d'au moins 10 o/o aux rendements obtenus avec les cocons traités par les procédés usuels.

Après l'étouffage vient le séchage, qui a lieu à l'air libre et à l'ombre sur des étendages de canisses. On y remue sans cesse les cocons afin de les sécher et de les préserver des dermestes (fig. 69). Au bout de quatre ou cinq mois, la perte de poids arrive à sa limite ; cent kilos de cocons frais, races jaunes,

---

(1) On a vu qu'un séjour de 48 heures à un froid de — 10° ne suffit pas pour tuer les chrysalides. M. de Loverdo a exposé pendant 15 jours consécutifs des cocons à un froid de —8° ; ayant ensuite placé ces cocons à un degré de chaleur convenable, les papillons sortirent dans la proportion de 10 o/o. DE LOVERDO. — *L'étouffage des cocons par le froid artificiel* (in C. R. de l'Ac. des Sc. Paris, 1904).

(2) PAGÈS et DARBOUSSE. — *Étouffage frigorifique des cocons de vers à soie ; — Conservation frigorifique des cocons de vers à soie.* Bre Paris, 1895.

sont alors réduits à 32 ou 33 kilos de secs, dont 3 k. 1 ou
3 k. 2 doivent rendre 1 kilo de fil grège.

Cette méthode, de sécher les cocons, nécessite un long temps,
des locaux vastes, des soins constants pendant plusieurs mois ;
aussi a-t-on cherché, dans ces derniers temps, à lui substituer le

A   B

Fig. 69. — Dermeste (*Dermestes lardarius*).
A. Larve. — B. Insecte parfait. — Grossissement : 4.

séchage rapide à l'aide d'appareils spéciaux, dans lesquels les
cocons sont soumis à l'action d'un courant d'air chaud et sec.
Dans ces conditions, quelques heures suffisent pour sécher à fond
les cocons après l'étouffage, ce qui permet de les enfermer dans
des sacs en toile, où ils sont conservés, jusqu'au moment de leur
emploi pour le dévidage, à l'abri des insectes nuisibles. Les expériences qui ont été faites, en Italie, de 1896 à 1898, avec les nouveaux appareils dits *étouffoirs-séchoirs* ou *séchoirs*, ont été des
plus favorables au séchage rapide : les cocons, ainsi desséchés
parfaitement, se sont bien dévidés ; ont pu être conservés longtemps sans altération et ils ont donné à la bassine un meilleur
rendement que les cocons séchés à l'air par le procédé habituellement en usage dans les filatures.

Les cocons secs sont enfin débourrés et assortis soigneusement suivant leurs qualités : fins, satinés, faibles, fondus,
doubles, percés, etc.

Structure du cocon. — On peut découvrir l'arrangement des
replis du fil soyeux, soit en observant le ver pendant qu'il travaille à son cocon, soit en dévidant ce cocon doucement dans
l'eau chaude, soit enfin en déchirant à sec un fragment de
coque soyeuse et le regardant au microscope. On reconnaît
ainsi que le fil forme de petits tas ou paquets dans lesquels les
sinuosités ont la figure d'un 8. Ce fil, ou *bave*, a l'aspect d'une

lanière plate dont la largeur égale trois à quatre fois l'épaisseur; cette lanière offre un sillon longitudinal, trace de la soudure des deux brins qui se sont accolés; çà et là le sillon est ouvert, les deux brins étant disjoints.

En ajoutant une goutte de potasse, toutes les baves se séparent et se dédoublent; l'alcali dissout, en effet, le grès ou écorce colorée et laisse à nu les axes de fibroïne.

M. Haberlandt a mesuré des baves soyeuses dans le sens de leur plus grande largeur; voici ses résultats:

Largeur en millimètres d'une bave soyeuse

RACES	COUCHES extérieures du cocon	COUCHES moyennes	COUCHES intérieures
Jaunes milanais................	0.030	0.040	0.025
— de France...............	0.025	0.035	0.025
Verts Japon.....................	0.030	0.040	0.020
Blancs Japon...............	0.020	0.030	0.017
Bivoltins verts.................	0.025	0.035	0.020

Dévidage des cocons. — *Conditions à réaliser pour un bon dévidage.* — Le *dévidage* ou *tirage* des cocons est en principe une chose facile; on trempe une poignée de cocons dans une bassine d'eau presque bouillante; cette eau ramollit le grès et permet par conséquent aux replis du fil de se décoller; on bat alors doucement ces cocons avec une vergette ou une brosse; on enlève ainsi sans peine les couches superficielles (*frisons*) et on dégage le fil net, qu'il n'y a plus qu'à dévider sur un tour. Mais quand il s'agit d'effectuer cette opération industriellement, c'est-à-dire avec assez de perfection et d'économie, le problème est plus compliqué, car d'abord on ne peut pas tirer le fil d'un seul cocon à la fois; un tel fil est trop délicat à manier et, de plus, son diamètre moyen devient très fin quand on arrive aux couches les plus intérieures; il faut donc associer plusieurs fils ou *baves*, par exemple 4, 5, 6 ou davantage, et avoir soin d'en mettre des neufs avec d'autres à demi-épuisés, afin que le faisceau ou *bout* ainsi formé, qu'on appelle *fil grège*, conserve toujours le même *titre*, c'est-à-dire le même poids, pour une longueur donnée. En outre, il faut que ce faisceau garde une forme cylindrique. Enfin, il faut que la chaleur de l'eau de la bassine et la vitesse de rotation du dévidoir soient combinées de sorte que les baves développent bien leurs sinuosités et qu'aucune ne garde de boucle ou repli, qui ferait sur le fil grège un défaut; ce défaut se présente assez souvent: on l'appelle *duvet* si la boucle est simple, et *bouchon* ou *coste* s'il forme un *paquet* plus apparent.

Machines à dévider. Filature à la Chambon. — Pour résoudre ces difficultés et obtenir un fil grège net et régulier, on emploie un appareil appelé *tour*. Celui qui est le plus usité en France est disposé pour fournir deux fils de grège à la fois. Il se compose d'une bassine en terre ou en métal remplie d'eau chaude et munie d'un robinet d'eau froide et d'un robinet de vapeur; puis de deux *filières* en agate situées peu au-dessus de l'eau, munies quelquefois d'un petit appareil rotatif appelé *jette-bout*, destiné à faciliter l'adjonction aux baves du faisceau de la bave du nouveau cocon; de deux *barbins* ou *porte-bouts*, espèces de crochets de verre placés à 80 centimètres environ plus haut; enfin d'un dévidoir appelé *volet* ou *asple*, sur lequel un *va-et-vient*, placé en avant, répartit les deux fils de grège. L'axe de ce volet est horizontal et porte un disque qui, en s'appuyant sur un tambour tournant, lui emprunte son mouvement: il suffit de soulever ce disque à l'aide d'un levier pour arrêter net le volet. Les cocons étant battus et les baves assemblées en nombre convenable pour faire deux fils de grège, on passe l'un de ces bouts dans la filière de droite, l'autre dans celle de gauche, puis on les entortille l'un autour de l'autre, de sorte qu'ils fassent jusqu'à 150 ou 200 tours de spire avant d'arriver aux *barbins*; c'est par cette *croisure* que la forme cylindrique est obtenue, et elle persiste parce que le grès se fige sur chaque faisceau. Des barbins, les fils vont à l'asple en pressant les guides du va-et-vient. Mais dans ce passage, on les croise encore une fois, afin que si l'un d'eux casse, le second soit rejeté sur l'axe du volet; en effet, l'écartement des barbins est un peu plus large que le volet ; sans cet artifice, le bout non cassé continuerait à s'enrouler en entrainant l'autre; cet accident, appelé *mariage*, entrainerait une perte de temps pour la recherche du bout cassé. En général, on maintient l'eau de 70 à 80° centigrades pendant le dévidage, et l'asple, qui a un périmètre de 2 mètres environ, tourne avec une vitesse de 80 à 120 tours à la minute.

Il faut qu'en arrivant sur l'asple, les bouts soient assez secs, sans quoi il y aurait des adhérences ou *gommures*; aussi met-on les asples assez loin des bassines; d'autres fois on les enferme dans une caisse où circule de l'air chaud.

Quand le cocon est épuisé, il coule à fond, et on le rejette, à l'aide d'une écumoire, parmi les rebuts qu'on appelle *bassinés*. La soie qui reste dans les bassinés s'appelle *télette* ou *estras* ; elle est utilisée, ainsi que les frisons, pour le peignage.

La chrysalide est séchée, pulvérisée et employée comme engrais. Ainsi séchée à l'air, elle contient, avec 7 à 8 o/o d'eau, les matières utiles suivantes: 8 à 9 o/o d'azote, 1 à 2 o/o d'acide phosphorique, 0,8 à 1 o/o de potasse; de la magnésie et de la chaux.

Le système de filature à deux bouts se croisant l'un sur l'autre, dont nous venons de donner la description, porte le nom de *système Chambon* (1).

_____

(1) Le nombre des ateliers de filature, qui était en 1885 d'environ 400, comprenant 18.000 bassines préparant 860.000 kilogrammes de grège, est actuellement de 250 avec 13.500 bassines livrant à la consommation environ 700.000 kilogrammes de grège, dont le prix est de 50 fr., tandis qu'il était à 60 fr. en 1885. La production de la grège n'a donc pas diminué en proportion de la réduction du nombre des ateliers de filature, ce qui s'explique, en partie, par l'accroissement de l'importance des ateliers en activité et en partie par les perfectionnements apportés au matériel ainsi qu'à une meilleure organisation du travail dans ces ateliers.

La plupart des ateliers de filature sont établis dans le Gard, la Drôme et l'Ardèche. Depuis 1898, il n'existe plus, dans ces ateliers, de bassines à

L'usage de confier le travail du battages des cocons et celui du nouage des bouts cassés à des ouvrières spéciales se répand, et l'ouvrière fileuse n'ayant plus à s'occuper du battage peut, comme dans le système de filature que nous allons décrire, surveiller le dévidage d'un plus grand nombre de bouts à la fois : 4, 6, ou même quelquefois 8 au lieu de 2.

En outre, dans un grand nombre de filatures, au battage à la main on a substitué le *battage mécanique*, dans lequel le même moteur qui fait tourner les asples actionne aussi les balais pour le battage des cocons. Le rôle de l'ouvrière chargée du battage se borne alors à préparer les cocons pour le battage, à remplacer par d'autres ceux qui ont été battus, à provoquer ou à suspendre, au moment opportun, le mouvement des balais : d'où économie de main-d'œuvre.

On a aussi apporté à la construction des tours un perfectionnement qui consiste dans la substitution à la filière ordinaire d'un petit appareil rotatif appelé *jette-bout* destiné à faciliter l'adjonction, aux baves du faisceau, de la bave d'un nouveau cocon et d'éviter en même temps le défaut qu'on appelle *mort-volant* qui se produit assez souvent dans le lancement de la bave à la main par le procédé habituel.

Filature à la lavelette. — Il y a un autre système de filature très répandu en Italie, et qu'on appelle *filature à la lavelle*. Chaque bassine est pourvue de 4, 5 et même 6 filières, devant fournir autant de bouts, et chacun de ces bouts prendra sa croisure sur lui-même. Pour cela, devant chaque filière est une petite potence munie de trois poulies légères ou *lavelettes* ou *machinettes* ; de la filière, le bout monte à une des poulies supérieures, redescend à la seconde qui est située plus bas, et ensuite, en se rendant à la troisième, se croise sur la première partie ascendante du fil. Une seule ouvrière surveille le tout,

---

2 bouts ; toutes sont à plus de 2 bouts. Les cocons récoltés en France font environ 85 o/o de leur approvisionnement ; le reste vient du Levant, de la Turquie, du Caucase, du Turkestan, de la Perse, pour la plus grande partie.

mais il faut, pour qu'elle y puisse suffire, qu'on lui fournisse, comme d'ailleurs dans la filature à la Chambon à plus de 2 bouts, les cocons tout battus, et que, de plus, les asples tournent beaucoup moins vite que dans le système Chambon à 2 bouts ; en revanche, le battage se faisant à part, il y a moins de frisons ; l'eau chaude est économisée, et le tirage peut s'effectuer à 50 ou 60 degrés seulement, ce qui laisse la soie plus chargée de grès et, par suite, plus pesante. Le système des tavelettes donne à une fileuse 25 à 28 grammes de soie par heure, tandis que le système Chambon n'en donne que 18 à 20, mais ce dernier fil est beaucoup plus net et plus cylindrique que l'autre (1).

Netteté de la soie grège. — Les qualités qu'on doit considérer dans une grège sont : la netteté, la régularité, le degré de finesse, le poids, la ténacité, l'élasticité, le brillant, la couleur, etc.

La netteté du fil consiste dans l'absence de duvets, bouchons, gommures, baves flottantes, baves non soudées, etc. La plupart des commerçants évaluent ces défauts par le déchet que fait la grège quand on la dévide sur de petites bobines en faisant glisser le fil entre les mors d'une pince garnie de drap (*purgeage*) ; ce déchet s'appelle *bourre de soie*. On note en même temps toutes les ruptures du fil pendant l'opération. D'autres font passer quelques centaines de mètres de fil devant une glace noire ou derrière une lentille grossissante et comptent les défauts visibles à l'œil ; ces défauts sont toujours assez nombreux ; même les plus belles grèges en ont encore 50 à 60 par 100 mètres.

Titrage et conditionnement. — On apprécie la finesse et la

---

(1) D'après M. Lagard (*Étude sur les conditions du travail dans la filature et le moulinage de la soie pendant l'année 1900*), sur 100 ateliers de filature, 70 emploient le système à la tavelette et 30 le système Chambon.

régularité de la grège en faisant son *titrage*; pour cela, on pèse exactement vingt échevettes d'égale longueur prélevées sur cette grège; on prend la moyenne et on voit si les écarts des pesées, en deçà et au delà de la moyenne, sont plus ou moins marqués. Pour préparer les échevettes, on se sert de petits dévidoirs appelés *tavelles mesureuses* ou *éprouvettes*, dont le périmètre a été mesuré avec soin : il est en général de 1 m. 25; de plus, l'axe porte un compteur permettant d'obtenir sans peine un nombre déterminé de tours.

Les échevettes sont tantôt de 400 *aunes* (476 mètres), tantôt de 500 mètres, et les poids s'expriment en *grains* (1 grain = 0 gr. 0531). Les nombres ainsi obtenus sont les mêmes que si on avait pesé des longueurs 24 fois plus grandes et évalué ces poids en *deniers* (1). C'est pourquoi on a conservé à ces nombres la dénomination de *titres en deniers*. Ainsi une grège de 10 deniers est une grège dont 400 aunes (d'autres fois 450 ou 500 mètres) pèsent 10 grains. Non seulement ces unités ont l'inconvénient d'être discordantes avec le système métrique, mais encore elles changent d'un pays à l'autre. Ainsi le grain usité à Lyon étant de 0 gr. 0531, celui de Milan est de 0 gr. 0510, celui de Turin 0 gr. 0533. Le Congrès de Bruxelles a proposé l'adoption d'unités internationales, qui seraient 500 mètres pour les longueurs et 0 gr. 0500 pour les poids. Depuis le Congrès de Bruxelles (1874), divers autres Congrès ont eu lieu : celui de Turin (1875) et ceux de Paris (1878 et 1900). Au Congrès de 1900 on a recommandé le titre usité déjà en Italie et adopté par la plupart des autres pays, lequel est basé sur une longueur de 450 mètres et un poids de 0 gr. 0500. Ce titre a été adopté par les principales Conditions européennes, et il a

---

(1) La livre de Charlemagne, livre des Arabes, ou *livre poids de table*, valant 367 gr. 128, était divisée en 12 onces, et 8 onces faisaient 1 marc. L'usage s'établit ensuite d'une livre de 2 marcs ou 16 onces, dite livre poids de marc, qui valait par conséquent 16 fois 30 gr. 594 ou 489 gr. 504. L'once se divisait toujours en 8 gros, le gros en 3 deniers, le denier en 24 grains.

été convenu entre les directeurs de ces établissements qu'à côté du titre établi sur ces bases figurerait le poids en grammes d'une longueur de 10.000 mètres, lequel exprime le numéro du fil.

Voici, par exemple, les chiffres donnés par la Condition des Soies de Lyon pour une grège verte du Japon :

1ʳᵉ flotte.	0ᵍʳ65	11ᵉ flotte.........	0ᵍʳ75
2ᵉ —	0.65	12ᵉ —	0.75
3ᵉ —	0.65	13ᵉ —	0.80
4ᵉ —	0.65	14ᵉ —	0.85
5ᵉ —	0.65	15ᵉ —	0.85
6ᵉ —	0.70	16ᵉ —	0.85
7ᵉ —	0.70	17ᵉ —	0.90
8ᵉ —	0.70	18ᵉ —	0.90
9ᵉ —	0.70	19ᵉ —	0.95
10ᵉ —	0.75	20ᵉ —	0.95

Poids des vingt flottes........ .... 15ᵍʳ350
Titre ordinaire (sur 500 mètres).................. 0.767
Poids conditionné........ .... 15.096
Titre conditionné............................... 0.750

On constate, dans cet exemple, des variations très notables dans les titres, ce qui dénote une soie peu régulière.

Il est indispensable d'effectuer ces pesées assez promptement pour que l'état hygrométrique de l'air n'ait pas le temps de varier d'une manière notable, car la soie, en passant du sec à l'humide, augmente beaucoup de poids.

Quand on veut opérer avec précision et avoir des titres comparables, il est donc nécessaire de sécher les échantillons à *l'absolu*, c'est-à-dire jusqu'à ce qu'ils cessent de perdre de l'eau, sans d'ailleurs subir aucune altération. Il suffit pour cela de les exposer dans une étuve à air sec, à une température de 110 à 120 degrés centigrades, et de les peser dans cette étuve même. En augmentant de 11 o/o le poids absolu d'une flotte de soie, on a sensiblement le poids qu'elle aurait dans un air de sécheresse modérée, et on est convenu de prendre cet état pour l'*état légal* de la soie dans les transactions commerciales. Le poids de la soie, dans cette condition, s'appelle son *poids conditionné*. Une telle convention était indispensable, car la soie, exposée dans un air plus humide, continuerait à augmenter de poids jusqu'à dépasser de 24 o/o le poids absolu. Le *titre conditionné* est donc le poids absolu de l'échevette, accru de 11 o/o.

Les ballots de soie mis en vente doivent être conditionnés. Il existe pour cela des établissements spéciaux, appelés *Conditions des soies* (1), où ce travail s'effectue comme il suit. On pèse le ballot brut et on en défalque le poids de l'emballage ; on a ainsi le poids *net* de la soie. Sur cette soie on prélève trois échantillons qu'on pèse aussitôt tels quels : l'un est mis de côté ; les deux autres portés à l'étuve et séchés là jusqu'à ce qu'ils ne perdent plus ; alors ils sont pesés. On connaît ainsi leur teneur en eau pour cent ; s'il y avait désaccord, on utiliserait le 3° échantillon. Cette teneur en eau, appliquée au ballot entier, permet d'en avoir le *poids absolu*, lequel, dans les transactions, est accru de la reprise légale de 11 o/o.

On voit donc qu'à l'état marchand, la soie contient 11/111 d'eau, ce qui fait, à très peu près, 10 o/o.

Des appareils spéciaux sont disposés dans les *Conditions* pour faciliter la dessiccation des échantillons et les pesées ; dans la plupart, l'air chaud est fourni par un grand calorifère et se rend dans une série d'étuves à double enveloppe : chaque étuve est surmontée d'une balance de précision dont le fléau porte, à l'un de ses bras, un plateau pour les poids, et à l'autre, un fil qui traverse le couvercle de l'étuve et supporte une couronne de crochets ; à ces crochets, on suspend l'échantillon à dessécher ; quand le fléau n'accuse plus de perte de poids, on tourne une clef pour arrêter un moment le courant d'air, et on effectue la pesée. Le thermomètre de l'étuve doit marquer de 110 à 120°.

---

(1) En France, les Conditions sont établies à Amiens, Aubenas, Avignon, Lyon, Marseille, Nîmes, Paris, Roubaix, Saint-Etienne, Valence et Saint-Chamond.

Le principe de ces appareils est dû à M. Léon Talabot, qui, en 1832, étudia cette question, à la demande de la Chambre de commerce de Lyon.

Recherches sur le titre des soies. — On doit à M. Robinet d'intéressantes recherches sur le titre des soies ; bien qu'il n'y ait pas apporté une rigueur absolue en ce qui regarde le conditionnement, pourtant il a eu égard, autant qu'il l'a pu, à l'état hygrométrique de l'air.

Il a trouvé que le titre du fil d'un cocon donné augmente de l'extérieur jusqu'à une certaine couche très peu profonde, et à partir de cette couche décroît jusqu'à l'intérieur. Exemple :

COCON MILANAIS ayant donné 4 o/o de frisons	POIDS de 120 mètres de fils
1re couche	44 milligrammes
2o —	52 —
3e —	49 —
4e —	43 —
5o —	37 —
6e —	31 —
7e —	27 —
8e —	23 —

Mais la loi de décroissement du titre varie beaucoup d'un cocon à un autre. En général, on ne trouve pas plus de 100 à 120 mètres de soie fine à la surface ; les 100 ou 200 mètres suivants sont formés du brin le plus fort, dont le titre, pour 120 mètres, surpasse le précédent de 4,63 milligrammes en moyenne ; ensuite le brin décroît progressivement, mais plus rapidement dans les soies grosses que dans les fines ; de 120 en 120 mètres, la réduction moyenne de poids est de 4,24 milligrammes ; elle n'est que de 3,7 pour les soies fines et s'élève à 5,6 pour les grosses ; néanmoins les soies fines donnent, à l'intérieur du cocon, des fils plus fins (titre 4,5) que les soies grosses (titre 7, pour 120 mètres).

M. Robinet a reconnu aussi que les gros cocons donnent une

soie d'un plus fort titre que les petits; toutes les circonstances qui agissent sur le volume des cocons agissent donc indirectement sur la finesse de la soie : ainsi, un bon régime, des circonstances favorables dans l'élevage, donneront des vers et, par suite, des cocons et un fil plus gros.

L'aspect extérieur du grain paraît sans rapport aucun avec le titre de la soie.

Les procédés de filature exercent au contraire une grande influence. M. Robinet a trouvé que les titres les plus fins sont obtenus en mettant les filières très près de l'eau, donnant au fil une croisure énergique, sous un angle très ouvert, et faisant tourner le dévidoir très vite; la soie subit donc un étirement proportionnel à la résistance que l'asple doit vaincre, et son titre diminue d'autant.

Plus le fil grège est gros, plus la compression de la croisure est énergique ; il doit donc en résulter une réduction plus forte du titre de chaque brin composant. On le vérifie, en effet, en filant des grèges par des procédés identiques, mais avec des nombres divers de cocons.

NOMBRE DES COCONS filés ensemble	TITRE POUR 500 MÈTRES	
	de la grège	du brin simple
	milligr.	milligr.
3	456.2	152.0
4	591.1	147.7
5	724.7	144.9
6	846.1	141.0
7	996.8	142.4
8	1135.7	141.9
9	1263.1	140.3
10	1436.0	143.6

Ténacité et élasticité. — Les propriétés mécaniques de la soie, notamment la résistance qu'elle offre à la traction et l'élasticité dont elle jouit à un si haut degré, sont aussi intéressantes à connaître que le titre.

Lorsqu'on charge un fil de soie grège d'un poids suffisant, trop faible cependant pour en déterminer la rupture, on constate que ce fil s'allonge. Cet allongement peut être divisé en deux parties : l'une, l'allongement *permanent*, qui subsiste après qu'on a ôté le poids; l'autre, l'allongement *élastique*, qui disparaît par le retrait naturel du fil sur lui-même. Voici, par exemple, des chiffres observés par M. Robinet :

LONGUEUR primitive du fil	ALLONGEMENT total en millimètres	ALLONGEMENT permanent	élastique
1 mètre	50	15	35
1 mètre	100	50	50

Ainsi, l'allongement permanent, qu'on peut prendre pour mesure de la *ductilité*, va en croissant avec la charge. C'est ce qu'on voit encore mieux par le tableau ci-après, dû à M. Persoz. La longueur primitive du fil était 50 centimètres.

TRACTION en grammes	ALLONGEMENT total en millimètres	ALLONGEMENT permanent	élastique
10	3	»	3
20	5	»	5
30	8	»	8
40	10	1	9
50	13	1	9
60	17	1	9
70	21	1	9
80	26	3	23
90	37	9	28
100	45	14	31
110	57	23	34
120	72	33	39
125	75	36	39
127	77	Rupture	»

Il importe de remarquer que les allongements permanents notés ci-dessus ont été observés aussitôt après suppression de la traction ; si on avait attendu quelques heures, ils se seraient

réduits de beaucoup. M. Persoz a trouvé que ce retrait peut
être obtenu immédiatement en mouillant le fil avec de l'eau : un
fil de 50 centimètres, allongé de 50 millimètres par une traction
de 40 grammes, n'a plus qu'un allongement de 25 millimètres
dès qu'on ôte le poids, et de 20 millimètres au bout d'une
demi-heure ; si, à ce moment, on mouille le fil, l'allongement
se réduit à 3 millimètres. Ainsi, l'humidité augmente l'élasticité ; elle fait contracter le fil qui a été distendu au delà d'une
certaine limite et, au contraire, elle augmente l'extensibilité
du fil quand il est à peu près à l'état naturel. En effet, que l'on
tende, comme l'a fait M. Robinet, un fil grège de 1 mètre par
un poids de 2 grammes seulement : dès qu'on mouillera le fil,
on le verra s'allonger d'environ 3 millimètres.

Ces faits montrent assez combien il est nécessaire de tenir
compte de l'état plus ou moins humide de la soie dans toutes
les études relatives à son élasticité. Dans la pratique, on néglige
d'observer les diverses phases de l'allongement du fil et on
pousse tout de suite la tension jusqu'au point de le rompre ; à
ce moment, on note la *tension* et l'*allongement par mètre* ; ces
deux quantités sont prises pour mesures de la *ténacité* et de
l'*élasticité* du fil.

Sérimètre. — Pour faciliter ces sortes de déterminations, le
même savant a imaginé un appareil spécial qu'il a appelé *sérimètre*. C'est une règle divisée, sur laquelle est fixé un petit
dynamomètre à ressort ; on attache à ce ressort, au moyen
d'une pince, le fil qu'on veut étudier ; une deuxième pince,
située à 50 centimètres ou 1 mètre de la première, sert à fixer
l'autre bout du fil et on peut exercer sur elle une traction
progressivement croissante, au moyen d'une chaîne sans fin,
sollicitée par un poids assez fort. Quand le fil se rompt, l'aiguille du dynamomètre indique la traction en grammes ; c'est
ce qui mesure la *ténacité*. La quantité dont s'est accrue la distance des deux pinces se lit sur la règle divisée, et on a par ce
moyen l'allongement pour un mètre, qui mesure ce que les

praticiens appellent l'*élasticité*. Quand il n'y a pas d'indication d'hygrométrie, il est entendu que l'air est à l'état de siccité moyen : une précision plus grande serait inutile lorsqu'il s'agit seulement de faire, sur une seule soie grège, une vingtaine d'observations, pour voir si le fil est plus ou moins régulier. Ainsi, voici des chiffres obtenus par M. Robinet sur 20 fils d'une grège de 6 cocons, titrant 768 milligrammes par 500 mètres :

Ténacité (en grammes): 54, 54, 52, 59, 57, 60, 63, 51, 52, 55, 53, 52, 50, 52, 50, 60, 63, 48, 52, 53. Moyenne, 54,5.

Élasticité (allongement en millimètres): 125, 90, 128, 91, 147, 130, 140, 138, 88, 83, 109, 134, 137, 179, 135, 173, 161, 150, 124, 133. Moyenne, 129.

Variations de la ténacité. — M. Robinet a mesuré le titre et la ténacité d'un très grand nombre de soies en se plaçant dans des conditions aussi comparables que possible, sans toutefois déterminer absolument ces conditions. Il a trouvé que, pour les soies faites avec un même nombre de cocons, la ténacité croît moins rapidement que le titre : c'est ce que montre le tableau ci-dessous :

SOIE GRÈGE	TITRE MOYEN	TÉNACITÉ
	millimètres	grammes
3 cocons	407	24.6
3 —	506	27.6
4 cocons	535	32.9
4 —	647	39.6
5 cocons	645	43.9
5 —	804	48.1
6 cocons	775	52.1
6 —	916	59.0

Pour des soies de même titre, mais formées de nombres divers de cocons, il a trouvé que la plus tenace est celle où il entre le plus grand nombre de cocons :

NOMBRE DE COCONS	TITRE	TÉNACITÉ
		grammes
3	437	26.0
4	562	36.2
5	686	46.0
6	816	55.6
7	957	68.4
8	1091	74.9
9	1211	81.2
10	1366	94.5

En moyenne, on peut admettre, d'après le même savant, qu'un fil du titre 100 (c'est-à-dire dont 500 mètres pèsent 100 milligrammes), peut porter 6 gr. 38; 1 mètre de ce fil pèserait donc 0 gr. 0002, et en supposant sa densité égale à 1,367, sa section aurait $\frac{2}{13670}$ millimètres carrés; un fil de 1 millimètre carré supporterait donc $\frac{6.38 \times 13670}{2}$ grammes ou 43 kilogrammes environ; c'est à peu près la même ténacité que le fer en barre et l'acier.

M. Francezon a perfectionné l'usage du sérimètre afin de comparer, avec une entière précision, des grèges différentes par le titre et par l'état hygrométrique. Pour évaluer l'état hygrométrique durant les essais, le flottillon à essayer est monté sur une éprouvette de 1 m. 25 de périmètre, puis coupé exactement en deux parties égales; l'une des moitiés est pesée telle quelle et repesée après dessiccation, ce qui donne le titre conditionné cherché, ainsi que la teneur en eau du flottillon, *avant les essais*; l'autre moitié sert en partie aux essais, et ce qui en reste est pesé tel quel, puis repesé après dessiccation, ce qui donne la teneur en eau *après les essais*; la moyenne des teneurs en eau est prise pour l'état hygrométrique cherché.

L'humidité, d'après lui, serait sans influence sur la ténacité. Quant aux relations de la ténacité avec le titre, elles correspondraient aux chiffres suivants :

NATURE DES SOIES	TITRE pour 500 mètres	TÉNACITÉ	
		excellente	médiocre
	grammes		
Japon vert 1ᵉʳ choix......	0.6 à 0.7	45 à 50	35 à 40
— —	0.7 à 0.8	50 à 59	40 à 45
— —	0.8 à 0.9	60 à 69	50 à 55
— —	0.9 à 1.0	70 à 80	60 à 65
Jaunes pays 1ᵉʳ choix....	0.6 à 0.7	50 à 60	40 à 45
— —	0.7 à 0.8	60 à 67	50 à 55
— —	0.8 à 0.9	70 à 79	60 à 69
— —	0.9 à 1.0	80 à 90	70 à 75

Variations de l'élasticité. — Pour mesurer exactement l'influence de l'eau sur l'élasticité de la soie, M. Francezon procède comme il suit. De chaque soie à étudier, il prend deux flottillons, l'un de 100 tours (sur une éprouvette de 1 m. 25 de périmètre), l'autre de 400 tours ; le premier est coupé en deux moitiés identiques ; le second accompagne successivement ces deux moitiés durant les essais sérimétriques auxquels on les soumet, et par ses variations de poids donne à chaque moment leur teneur en eau. Il suffit donc que les deux moitiés du flottillon n'aient pas même la teneur en eau pour que l'on trouve entre elles des différences d'élasticité qui n'auront pas d'autre cause.

En faisant un grand nombre d'observations de ce genre, M. Francezon a trouvé que, pour des teneurs en eau variant de 8 à 11 o/o, une variation de 1 o/o d'eau en plus ou en moins occasionnait une variation d'élasticité dans le même sens s'élevant à très peu près à 10 millimètres.

Les soies types qu'il a étudiées ont été classées à ce point de vue de la manière suivante :

	ÉLASTICITÉ CALCULÉE A 10 O/O D'EAU		
	excellente	bonne	médiocre
	millimètres	millimètres	millimètres
Soies du Japon 1ᵉʳ choix..	200 à 210	185 à 190	170 à 180
Soies jaunes pays 1ᵉʳ choix.	220 à 230	200 à 210	190

A l'aide des tableaux précédents, on peut apprécier la valeur d'une soie grège quelconque.

Supposons, par exemple, qu'il s'agisse de classer les trois grèges A, B, C, pour lesquelles on aura fait les déterminations :

	A	B	C
Titre à 500 mètres..	720	650	800
Ténacité............	52.5	47.5	55.0
Eau o/o.............	10.5	9.0	11.5
Élasticité..........	200	202	210

On calculera la ténacité pour un même titre, 1.000 par exemple, et l'élasticité pour la teneur 10 o/o, et on aura :

	A	B	C
Ténacité (titre 1000).	72.9	73.0	68.7
Élasticité (à 10 o/o).	195	212	195

résultats qui montrent décidément que la soie B est supérieure aux deux autres et que la soie A vient au second rang.

Sérigraphe. — L'étude directe du titre, aussi bien que celle de la ténacité et de l'élasticité d'une soie grège donnée, demande, comme on l'a vu plus haut, un assez grand nombre de manipulations fort délicates. Il était à souhaiter qu'on mît aux mains des praticiens un appareil permettant de juger plus aisément de la régularité de la soie. Depuis 1880 seulement, un tel appareil existe : c'est le *sérigraphe* de M. Serrell.

Le fil à éprouver vient s'enrouler une fois sur un tambour A (fig. 70), puis fait une anse en embrassant une poulie C, et revient sur le tambour B, qui est fixé solidairement avec A sur le même axe ; B a un périmètre supérieur de 5 o/o à celui de A ; par suite une traction est exercée sur le fil, qui est forcé de s'allonger de 5 o/o. Mais la poulie C fait corps avec un pendule, et l'écarte de la verticale jusqu'à ce que son poids fasse équilibre à la traction du fil. Quand une nouvelle portion du fil aura succédé à la première, le pendule prendra une nouvelle position d'équilibre, dépendant de la ténacité et de l'élasticité de cette

portion, et ainsi de suite. Il suffira donc d'enregistrer à l'aide
d'un crayon E sur un tambour tournant F les déviations du
pendule pour avoir une courbe dont les oscillations accuseront
les irrégularités du fil. Dans les appareils construits par M. Serrell, une révolution du tambour F correspond à un développe-

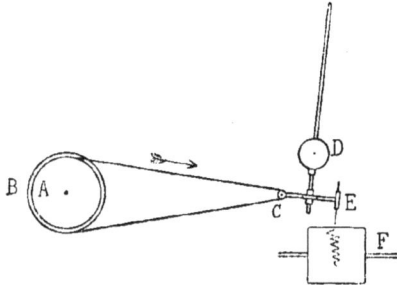

Fig. 70. — Principe du sérigraphe.

ment de 1,250 mètres de fil. Si une bave unique est présentée
à l'appareil, la courbe tracée sur F se réduit à une ligne droite
légèrement inclinée indiquant que la ténacité diminue peu à
peu à mesure que le cocon s'épuise.

Cet appareil a déjà reçu de son inventeur un autre usage non
moins ingénieux ; M. Serrell l'a employé pour régler automatiquement l'adjonction des baves à un bout de fil grège en fabrication, de sorte que ce bout conserve une résistance constante ;
c'est le principe d'un procédé de filature mécanique destiné
peut-être à révolutionner un jour cette industrie.

Soies ouvrées. — Les procédés industriels de titrage et
d'essayage que nous avons décrits ci-dessus pour les soies
grèges s'appliquent aux soies *ouvrées*, c'est-à-dire aux faisceaux
que l'on a formés de plusieurs fils de grège, quelquefois d'un
seul, et soumis à des torsions plus ou moins fortes.

Classification. — Un faisceau de 2 ou 3 fils grèges tordus ensemble, à raison de 75 à 100 tours par mètre courant, s'appelle
trame ; l'opération produisant cette torsion est appelée *filage*.
On appelle *ovale* une sorte de trame composée de beaucoup de

fils (de 13 à 16 fils); quelquefois c'est un fil grège que l'on a soumis à une torsion plus ou moins considérable; on le désigne sous le nom de *poil*.

Pour faire un *organsin*, il faut deux couples de fils grèges; chaque couple reçoit un *filage* ou premier apprêt qui consiste en une torsion de 500 à 600 tours par mètre; ensuite on assemble les deux couples en un faisceau unique, auquel on fait subir une torsion en sens contraire à la première, par exemple 400 à 500 tours par mètre; c'est ce qu'on appelle le *tors* ou *deuxième apprêt*.

Il existe plusieurs variétés d'organsins: la *floche* est un organsin à 2 bouts très forts; le *cordonnet*, un organsin à 3 ou 4 bouts ayant reçu une forte torsion au deuxième apprêt; l'*ondée*, est composée de 2 fils de grosseur inégale, le plus gros étant enroulé en spirale autour du plus fin; la *grenadine* est un organsin dont la deuxième torsion va jusqu'à 2.000 tours par mètre.

Moulins.— Ces apprêts, qui constituent l'*ouvraison* ou *moulinage* de la soie, s'effectuent à l'aide de machines spéciales: les *moulins à soie*, composés d'appareils tordeurs qui sont réunis sur des bâtis où ils reçoivent leurs mouvements d'un moteur commun par l'intermédiaire d'une roue, d'une courroie ou d'un arbre de transmission. Suivant la forme des bâtis servant de support commun aux appareils à tordre, on distingue trois sortes de moulins: les *moulins circulaires* (aujourd'hui abandonnés), dans lesquels les organes tordeurs reçoivent leur mouvement par l'intermédiaire d'une roue autour de laquelle ils sont rangés; les *moulins ovales*, où le mouvement est transmis par une courroie qui fait le tour du bâti et va d'un appareil tordeur au suivant; les *moulins rectangulaires*, dans lesquels chaque appareil de torsion prend son mouvement sur un arbre de transmission commun au moyen d'une corde sans fin qui le relie à l'arbre de transmission (1).

_____

(1) La France possède de 700 à 800 ateliers où l'on mouline la soie; ils sont situés la plupart dans l'Ardèche, la Drôme, la Loire, le Vaucluse, le

On croit généralement que la torsion augmente la ténacité des fils de soie; il n'en est rien: elle l'amoindrirait plutôt si on la poussait trop loin. Mais cette torsion est indispensable pour que les fils ne s'embrouillent pas dans les opérations subséquentes du décreusage, de la teinture et du tissage.

En outre, la torsion maintient les fils à des distances déterminées; le faisceau de ces fils est donc plus ou moins gonflé, ce qui n'est pas indifférent pour la teinture et le tissage. Enfin, plus la torsion est énergique, plus le brillant de la soie est amoindri; on peut donc, en variant les torsions des fils de chaîne et de trame, obtenir des étoffes différentes, aussi bien qu'en variant les combinaisons d'entrelacement des fils.

Compteur d'apprêt.— Il y a des appareils à l'aide desquels on compte le nombre de tours par mètre qu'a reçus au moulinage un fil donné: on les appelle des *compteurs d'apprêt*.

Ces appareils consistent en une planchette portant à l'une de ses extrémités une pince fixe et à l'autre une autre pince pouvant tourner sur elle-même au moyen d'une manivelle. Ces deux pinces sont éloignées l'une de l'autre de 0 m. 50 exactement. Lorsqu'on veut faire l'essai d'un fil, on prend un échantillon que l'on assujettit par ses deux extrémités aux deux pinces du compteur, de manière qu'il soit tendu. Ensuite on tourne la manivelle dans le sens contraire à celui de la torsion; les fils élémentaires tordus ensemble se détordent et se séparent; quand ils sont redevenus parallèles, l'opération est terminée. Le nombre de tours faits par la manivelle multipliés par 2 donne le nombre des tours de torsion par mètre reçus par le fil dans le moulinage. Cet instrument permet, en outre, de contrôler le nombre de bouts élémentaires dont le fil de trame ou d'organsin est composé.

Rhône, l'Isère et le Gard. Ces moulins ouvrent chaque année, non seulement la grège faite en France (700.000 à 800.000 kilogrammes), mais encore 2.500.000 kilogrammes de grège importée de l'étranger, soit au total 3.250.000 kilogrammes. Le prix moyen actuel des soies moulinées est d'environ 55 francs le kilogramme.

Décreusage. — Les soies grèges et moulinées doivent à la présence du grès un toucher dur et une certaine raideur ; en outre, elles n'ont pas de craquant et elles prennent mal la couleur ; la soie s'y trouve, comme l'on dit, à l'état *écru*. Mais les teinturiers savent depuis longtemps modifier ces qualités de la soie écrue en la faisant bouillir dans l'eau de savon, qui emporte le grès avec la couleur ; cette opération se nomme *décruage, décreusage* ou simplement *cuite*.

La soie acquiert, par le décreusage, un toucher doux, du craquant, de la souplesse, de la blancheur, du brillant ; elle devient apte à la teinture ; elle est un peu moins hygrométrique ; les deux brins de chaque bave et les baves de chaque bout se décollent, s'isolent, et rien ne les retient ensemble que la torsion donnée par le moulinage ; il en résulte que les fils de trame et d'organsin se gonflent, *s'ouvrent*, comme disent les teinturiers ; ce faisceau tout spongieux est admirablement disposé pour être chargé de toutes les couleurs possibles. D'autre part, ce fil a perdu 25 o/o de son poids, 14 o/o de sa ténacité, 24 o/o de son élasticité (ces chiffres sont, bien entendu, des valeurs moyennes). La teneur en eau, à l'état conditionné, qui est 9.91 pour la soie grège, n'est que 8.45 pour la soie décreusée : les chiffres de reprise après dessiccation à l'absolu sont, par conséquent, 11 o/o pour la grège et 9.25 o/o pour la soie décreusée.

La soie peut être décreusée en une seule cuite ; on la fait pour cela bouillir pendant trois ou quatre heures dans un bain de 20 à 30 parties de savon pour 100 de soie ; mais ce bain devenu coloré et malpropre laisse la soie grisâtre. Quand on veut l'avoir d'un beau blanc, on divise l'opération en deux : 1° le *dégommage*, qui consiste à la tenir un peu au-dessous de l'ébullition dans un premier bain à 30 o/o de savon, pendant une heure ; après quoi elle est égouttée, tordue, et mise dans des sacs de grosse toile ; 2° la *cuite*, qui consiste à faire bouillir la soie mise en sacs dans un bain de 15 o/o de savon pendant une heure. Souvent encore, on l'expose après cela à l'action du gaz acide sulfureux pour avoir un blanc parfait.

On a essayé de donner aux soies un décreusage partiel, limité à une perte de poids de 4 à 5 o/o ; c'est un travail délicat, qui se fait en exposant la soie à 90° dans une eau légèrement acidulée et pendant un temps convenable ; le produit obtenu, appelé *soie souple*, n'est qu'une contrefaçon du cuit, car il ne supporte pas les bains de savon chauds.

Fibroïne. — Pour isoler la fibroïne de la soie, on décreuse celle-ci aussi parfaitement que possible au savon, puis on enlève les dernières traces de grès en lavant la soie ainsi préparée, à l'acide acétique bouillant : deux immersions de cinq minutes chacune suffisent ; un traitement plus long désagrégerait la fibroïne (Francezon.) La composition de cette substance répond, d'après Cramer, à la formule $C^{30}H^{46}Az^{10}O^{12}$, où $C = 12$ et $O = 16$. On y remarquera l'absence du soufre. La fibroïne est soluble dans l'acide chlorhydrique concentré, le chlorure de zinc, les alcalis, les ammoniures de cuivre et de nickel, etc. ; elle ne l'est pas dans l'ammoniaque. Elle jouit d'un pouvoir absorbant très remarquable à l'égard de l'eau, de l'alcool, de l'éther, des matières salines, astringentes et colorantes, qui en pénètrent peu à peu toute la masse. Les matières salines qu'on y rencontre toujours lui sont peut-être incorporées de cette manière.

Grès. — Le grès, qui forme de 25 à 28 o/o du poids des coques soyeuses, est un assemblage de substances diverses qui sont loin d'être connues.

La majeure partie, représentant 21 à 23 o/o du poids des coques, est formée par une matière azotée attaquable par l'eau ; M. Schutzenberger l'assimile à l'*osséine* ; M. Francezon l'appelle matière *gélatigène* ; et, en effet, la solution aqueuse, qu'on n'obtient que par une ébullition très prolongée, donne par concentration et refroidissement une gelée qui est très facile à redissoudre. La soie qui reste n'est pas entièrement décolorée ; elle garde une teinte jaune chamois ; l'espèce de décreusage qu'elle a subi se manifeste déjà dans de moindres proportions pendant que les cocons baignent dans l'eau des bassines des filatures. La matière gélatigène est soluble dans les acides, les alcalis et un grand nombre de sels ; aussi existe-il un grand nombre de procédés pour décreuser la soie ; mais aucun corps ne donne pour cela d'aussi bons résultats, industriellement, que le savon.

Si, au lieu d'eau, c'est de l'alcool absolu et bouillant qu'on fait agir sur les coques, on en retire, d'après M. Francezon, environ 3 o/o de matières diverses, savoir : une espèce de cire neutre, un corps gras, enfin un acide jaune doué de l'odeur désagréale des cocons renfermés. Voici les poids de ces divers corps pour 100 de soie pesée à l'absolu :

	Coques jaunes	Coques blanches
Corps cireux neutre.....	0.78	0.75
Acide jaune.............	1.21	0.13
Corps gras grisâtre.....	1.28	1.21
Total......	3.27	3.09

Après le lavage à l'alcool, les coques retiennent encore une partie de la couleur jaune, protégée probablement par la substance gélatigène. Mais si l'on dissout d'abord celle-ci par l'eau, l'alcool emporte instantanément toute la couleur.

Cette couleur, dissoute par l'alcool, est d'un rouge-brun à l'état de concentration et jaune-verdâtre en dilution. La lumière la décolore entièrement. L'acide sulfureux, le chlorure d'étain agissent de même. M. Moyret a observé que la soie jaune, plongée dans un mélange d'acide chlorhydrique et d'éther, donne comme la chlorophylle deux couches colorées, l'une en bleu, l'autre en jaune ; il y aurait donc analogie de composition entre ces substances.

Le grès renferme enfin des sels qu'on peut doser par différence, en analysant les coques, puis la fibroïne.

La moitié environ des sels du grès sont dissous par l'eau des bassines, à la filature; c'est pourquoi il y a des différences de composition entre les coques soyeuses et la grège correspon-

dante. M. Francezon a obtenu, en opérant sur des cocons des
Cévennes :

		COQUES JAUNES	GRÈGE JAUNE	COQUES BLANCHES	GRÈGE BLANCHE
FIBROÏNE {	Matière organique..	72.16	74.96	74.28	76.32
	Sels...............	0.22	0.22	0.17	0.17
	Total.....	72.38	75.18	74.45	76.49
GRÈS ... {	Matière gélatigène..	22.89	22.82	21.67	21.46
	Extrait par l'alcool..	3.27	1.44	2.60	1.50
	Sels...............	1.46	0.56	1.28	0.55
	Total.....	27.62	24.82	25.55	23.51

Composition des cendres. — Les poids de cendres fournis
par la soie, la fibroïne et les coques sont :

Soie grège jaune............   0.75 à 0.78 o/o
Fibroïne...................   0.22   —
Coques de jaunes Cévennes....   1.68   —
Coques de verts Japon.......   1.25   —
Coques de jaunes bivoltins...   2.67   —

Les trois premiers chiffres ont été obtenus par M. Francezon
et les deux derniers par M. Quajat. Celui-ci a, en outre, fait une
analyse de cendres des coques de verts Japon, où il a trouvé
8 o/o de magnésie, 12 o/o de potasse et soude et 41 o/o de
chaux. Déjà en 1856, M. Guinon avait signalé la présence de la
chaux dans la soie, et l'utilité qu'il y aurait de faire précéder
les décreusages au savon par un lavage à l'acide chlorhydrique ;
cette précaution serait d'autant mieux justifiée que la soie peut
aussi emprunter de la chaux à l'eau des bassines des filatures
quand cette eau est trop calcaire ; en effet, M. Gabba, ayant
comparé les cendres des soies filées dans l'eau distillée ou dans
une eau calcaire, a trouvé dans les premières 0.46 o/o de carbonate de chaux et 0.66 o/o dans les autres.

Charge en teinture. — Lorsque la soie a été moulinée, elle
est généralement remise au teinturier, qui lui fait subir de

nombreuses manipulations avant qu'on l'emploie au tissage. Nous n'avons pas à considérer ici ni la préparation des couleurs, ni leur application sur la soie, mais seulement les modificales plus importantes que celle-ci subit par la teinture.

La soie, nous l'avons vu déjà, possède la propriété de se laisser pénétrer par les dissolutions de toute nature et se charge ainsi à volonté de quantités très notables de matières étrangères, organiques ou métalliques. Mais si l'on se borne à lui donner ainsi la matière tinctoriale utile pour arriver à la coloration voulue, le poids de cette couleur est presque insignifiant; dans ces conditions, une soie qui, à l'état grège, vaudrait 50 fr. le kilogramme, après avoir été décreusée à fond et teinte, se trouve avoir perdu environ 25 o/o de son poids, ce qui en porte le prix à 66 fr. (sans compter les frais des manipulations). On peut au contraire, par des bains appropriés, faire recouvrer à la soie ces 25 o/o et même, quand il s'agit de couleurs noires, la charger de matières tinctoriales au point de doubler ou tripler son poids primitif; la valeur du kilogramme de soie est réduite en proportion; d'autre part, les fils se gonflent beaucoup, et on peut par conséquent confectionner une étoffe de surface donnée avec un nombre moindre de fils; c'est ce qui permet de livrer à bas prix les soieries chargées.

Mais, tandis que la teinture sans charge produit sur la ténacité et l'élasticité de la soie une diminution assez faible et que le temps n'augmente pas sensiblement, la soie surchargée perd considérablement, et perd de plus en plus en vieillissant.

Voici quelques chiffres obtenus par M. Ponci, en opérant à à la température de 50° :

	Ténacité	Élasticité
	grammes	millimètres
1. Organsin de 30 à 32 deniers écru.....	116	230
— après décreusage...........	100	175
— après blanchiment au soufre.	98	174
— teint en couleurs fines......	93 à 99	119 à 170
— au bout d'un an............	93 à 99	119 à 170
2. Organsin de 22 deniers écru.........	80	170
— teint en noir, charge 48 o/o..	70	138
— au bout d'un an...........	50 (?)	(?)

Ainsi, au bout d'un an, ce dernier organsin, chargé pourtant à 48 o/o seulement, était trop peu tenace pour être utilisé ; que doivent être les fils chargés à 200 ou 300 o/o ? Ces charges exagérées ne sont possibles que pour les teintures en noir ; on les obtient par des séries de bains de tannin, de sels de fer, de cuivre, d'étain, de bois colorés ; on assouplit le fil avec le savon ou la soude ; on le fait reluire en le passant à l'huile ; une seule crainte arrête le teinturier, c'est que le fer et l'huile étendus sur ces fils très poreux ne s'enflamment spontanément ; cela arrive parfois. Pour les couleurs claires et les blancs, les limites de la charge se réduisent beaucoup ; on en voit pourtant de 25 o/o obtenues avec du bichlorure d'étain, du sucre, etc.

L'abus de la charge a été poussé si loin qu'une partie des consommateurs ont renoncé aux étoffes *dites de soie* ; pourtant, d'autre part, une réaction s'est produite pour demander des tissus *soie pure* ; mais il n'est pas toujours facile de distinguer à première vue si une étoffe possède réellement les qualités qu'on lui attribue.

Il y a heureusement un autre moyen de produire des soieries à bon marché, sans altérer les qualités de la fibre soyeuse : c'est d'utiliser les déchets de soie et d'y associer des textiles divers de moindre valeur (1).

Peignage et filature des déchets de soie. — Les déchets de

---

(1) Nos fabriques de soieries utilisent actuellement de 3.100.000 à 3.200.000 kilogrammes de soies ouvrées : Lyon en prend à lui seul environ 2.000.000 kilogrammes ; viennent ensuite Saint-Etienne et Saint-Chamond ; enfin Paris, Nîmes, Tours et les ateliers du Nord se partagent le reste. Outre cela, ces fabriques absorbent environ 1.250.000 kilogrammes de grège en nature, et 5.400.000 à 6.000.000 de kilogrammes de frisons, bourres et déchets divers (dont 4.500.000 kilogrammes rien que pour les tissus), d'où l'on tire 1.200.000 à 2.000.000 de kilogrammes de fils (dont plus de la moitié est employée par la fabrique de Lyon). La valeur totale de ces matières approche de 300 millions de francs et on peut évaluer à 600 millions de francs (dont 400 millions pour Lyon seul) celle des tissus, rubans, dentelles, etc., qui en proviennent et qui sont pour une bonne moitié destinés à l'exportation.

soie sont : les frisons, la bourre, la blase, les cocons bassinés, les percés de graine, les doubles, les tachés, etc. Ces déchets sont soumis à un décreusage partiel, effectué à l'aide d'une lessive alcaline, qu'on applique tiède ou bouillante, suivant la résistance des matières. Ensuite, les produits lavés, séchés, battus au besoin, pour éliminer les détritus étrangers, sont mis en nappe par une roue munie de pointes qui étirent les fils parallèlement; les nappes sont coupées par bandes de longueur déterminée, que l'on dispose entre des planchettes, de façon à les pincer à moitié; la partie flottante est exposée à l'action des peigneuses mécaniques; la partie fixée est à son tour rendue flottante et peignée. Les déchets peignés sont enfin renappés et filés comme le coton en fils simples pour trames, fils doubles pour chaînes, et fils retors pour la couture et la passementerie. Tous ces produits, soit peignés, soit filés, sont dénommés *fantaisies*.

Au lieu d'opérer la désagrégation des déchets de la soie par le décreusage, on peut encore obtenir ce résultat par le *rouissage*, sorte de fermentation qui détruit tout d'abord les matières organiques moins résistantes que la soie. On appelle *schappes* les produits ainsi traités, avec lesquels on fait des peignés et des filés analogues aux précédents.

Les schappes et les fantaisies ayant moins de valeur que les fils de grège s'emploient pour faire des étoffes de moindre prix; on les associe à la grège, à la laine, au coton et à d'autres textiles inférieurs. Ces étoffes mélangées ont presque l'apparence des soieries pures, et leur bas prix les fait rechercher par un grand nombre de consommateurs. Elles tiennent aujourd'hui une place importante dans la fabrication lyonnaise, comme on peut en juger par les chiffres suivants :

Production de la fabrique lyonnaise en millions de francs

	1899	1900	1901	1902	1903
Étoffes de soie et bourre de soie...	207	194	199	180	152
Étoffes de soie mélangée de coton, laine, etc....................	143	139	127	106	96
Crêpes, gazes, tulles, ornements...	100	107	113	158	165
	450	440	439	444	413

Titrage des fils de déchets. — Nous avons dit plus haut que le titre, ou grosseur, d'un fil de soie grège est le poids moyen de 20 longueurs de 450 ou 500 mètres de ce fil, et son numéro le poids de 10.000 mètres. Pour les fils de déchets de soie, le titrage ne se fait pas de la même manière ; pour ces fils, comme pour les fils de laine, de coton ou de lin, on prend pour titre non le poids d'une certaine longueur du fil, mais bien la longueur en mètres de ce fil qu'il faut pour faire le poids d'un kilogramme. Et le numéro, dans ce cas, au lieu d'être exprimé par le poids en grammes, d'une longueur de 10.000 mètres, est représenté par le nombre de 1.000 mètres contenus dans un kilogramme du textile : ainsi un fil de schappe du N° 150 est un fil dont une longueur de 150.000 mètres pèse 1 kilogramme. Parmi les fils de schappes que l'on fabrique actuellement, le plus fin porte le numéro 300, c'est-à-dire qu'il va 300.000 mètres de ce fil dans un kilogramme. La grège la plus fine que l'on prépare titre environ 371 milligrammes pour une longueur de 500 mètres ; une telle grège, titrée de la même façon qu'un fil de déchet, porterait donc le numéro 1331, c'est-à-dire qu'il faudrait 1.331.000 mètres de cette grège pour faire le poids de un kilogramme. Le brin d'un cocon titre en moyenne 2 deniers 1/4 ou 112 milligrammes 1/2 pour 500 mètres ; il entrerait donc, dans un kilogramme, une longueur de 4.444.444 mètres de ce fil élémentaire du cocon et son numéro, exprimé comme pour les fils de schappes, serait 4.444.

QUATRIÈME PARTIE

DU PAPILLON

I. — Anatomie et physiologie du Papillon

Sortie du cocon. — On reconnaît que le papillonnage est proche lorsque la couleur des yeux de la chrysalide devient très noire et la peau moins adhérente dans les joints des anneaux de l'abdomen. La sortie se fait généralement de 5 à 8 heures du matin.

En ouvrant quelques cocons avec des ciseaux, on parvient à voir comment l'animal s'échappe de sa dépouille, puis de sa prison soyeuse.

D'abord, la partie abdominale du papillon s'isole de la pellicule environnante; ensuite, par le gonflement de la partie thoracique, la pellicule se fend sur la ligne dorsale, dans les trois anneaux, et cette fente se prolonge à droite et à gauche en suivant les deux bords des étuis des ailes : le papillon n'a plus alors qu'à retirer ses pattes, ses antennes et ses ailes hors des étuis correspondants; toute la dépouille de chrysalide se trouve ainsi repoussée vers la région postérieure. Dans cette situation, la tête du papillon vient buter contre le bout supérieur du cocon.

C'est alors que l'animal émet de sa bouche deux ou trois gouttes d'un liquide qui, par sa nature alcaline, décolle les fils soyeux; avec ses pattes, le papillon écarte ces fils à droite et à gauche; il insinue sa tête, puis son thorax tout entier dans l'ouverture, et finit par sortir du cocon. Les fils soyeux ne sont pas coupés, mais seulement déplacés, et ils contractent, en se desséchant, de nouvelles adhérences entre eux ; avec beaucoup de patience et en s'aidant d'une solution alcaline, on parviendrait cependant à dévider chaque cocon percé en un fil continu.

Il arrive souvent que l'abdomen du papillon, surtout chez les femelles, ne passe que péniblement dans l'ouverture du cocon. La compression que subit alors la poche cæcale détermine l'évacuation par l'anus d'une partie de son contenu ; cette matière, rougeâtre ou même tout à fait brune, salit alors l'intérieur du cocon et aussi le pourtour de l'orifice ; ce pourtour, en effet, étant déjà mouillé par le liquide alcalin, s'imprègne aisément de la couleur excrémentitielle. Quand cet accident n'a pas lieu, l'évacuation de la matière susdite se fait peu après la sortie du cocon et précède presque toujours l'accouplement.

Description du papillon. — A sa sortie du cocon, le papillon est tout humide ; ses téguments sont mous, ses ailes épaisses, très courtes et pendantes ; mais, au bout d'un quart d'heure à peine, ses écailles sont devenues sèches et dures ; les lames des ailes se sont étendues en se déplissant, et ces ailes, ainsi amincies, sont très rigides ; cet effet est dû probablement à l'air que l'animal inspire par les stigmates du thorax et qu'il refoule dans les trachées des ailes.

Robinet (1838) a remarqué que le papillon, au sortir du cocon, se fixe de préférence sur un plan vertical, et que cette position se trouve être justement la plus favorable à l'animal pour sécher ses téguments : sur un plan horizontal, ou même seulement incliné, les ailes demeurent plus longtemps humides.

En même temps que les ailes s'étendent et que les téguments deviennent secs, le jabot, à l'intérieur du corps, vidé du liquide qu'il contenait, se gonfle d'air rapidement; aussi l'appelle-t-on *sac à air*. Les innombrables trachées qui se ramifient dans l'abdomen se remplissent aussi d'une grande quantité d'air.

Dans cette nouvelle phase de sa vie, l'animal a le corps tout couvert de poils écailleux, d'un blanc mat ou parfois un peu

bruns. Ces poils sont des prolongements des cellules épidermi-
ques ; ils ont eu, au début, la forme de petites ampoules allon-

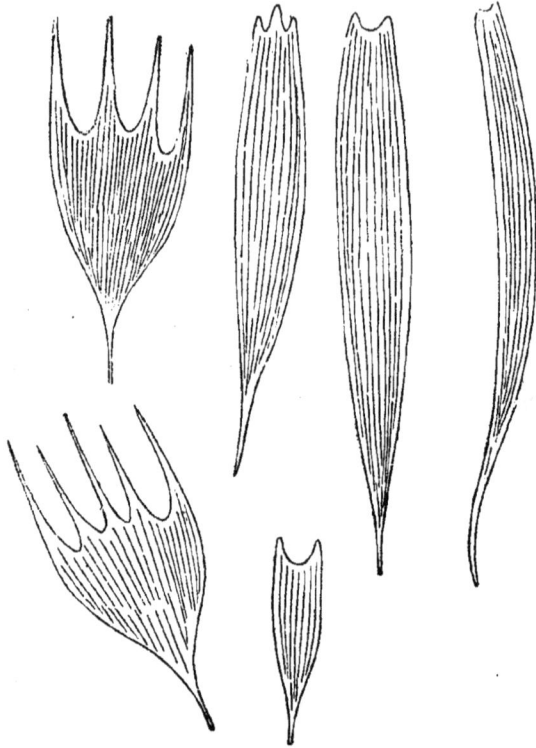

Fig. 71. — Ecailles de l'aile supérieure.— Grossissement: 200 diamètres.

gées ; puis ces ampoules se sont aplaties et sont devenues de
petites plaquettes chitineuses.

Ces plaquettes sont plus ou moins denticulées, surtout sur les
ailes (fig. 71), où elles s'imbriquent régulièrement comme
les tuiles d'un toit ; sur le reste du corps, leur distribution est
plus confuse.

Tête. Organes des sens. — La tête (fig. 72) a une forme

ovoïde ; deux gros yeux en occupent les faces latérales ; l'intervalle est revêtu de poils écailleux sous lesquels on découvre un petit repli transversal peu saillant, vestiges du labre ; puis, plus bas, deux grosses ampoules blanchâtres qui représentent, soit les mâchoires, soit les palpes maxillaires ; plus bas encore,

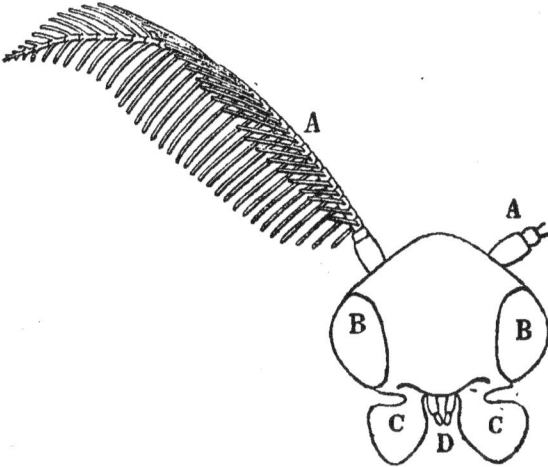

Fig. 72. — Tête d'un papillon, vue de face. — Grossissement: 10 diamètres.
A. Antennes. — B. Yeux. — C. Mâchoires. — D. Palpes labiaux.

deux très petits palpes biarticulés, qui tiennent la place des palpes labiaux. Au sommet de la tête, au-dessus et en arrière des yeux, s'insèrent les *antennes*, qui sont des tiges assez longues, un peu courbes, formées de trente à quarante articles diminuant peu à peu de grosseur ; les deux de la base sont très gros et sans appendices ; chacun des suivants émet au contraire une paire de prolongements creux, arqués, garnis de poils. Le canal formé par les articles des antennes possède des muscles, des trachées et un nerf spécial.

On considère les antennes comme l'organe de l'odorat ; en effet, les Bombyx, qui représentent le genre de papillons chez lesquels cet organe atteint le plus grand développement, ont la faculté de sentir certaines émanations à de grandes distances :

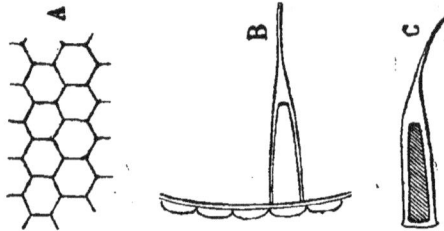

Fig. 73.— Fragment de l'œil du papillon.— Grossissement : 200 diamètres.
A. Vu de face.— B. Vu de profil, avec un seul cristallin.— C. Le cristallin arraché, avec sa gaine.

ainsi, les papillons mâles sont attirés de loin par l'odeur des

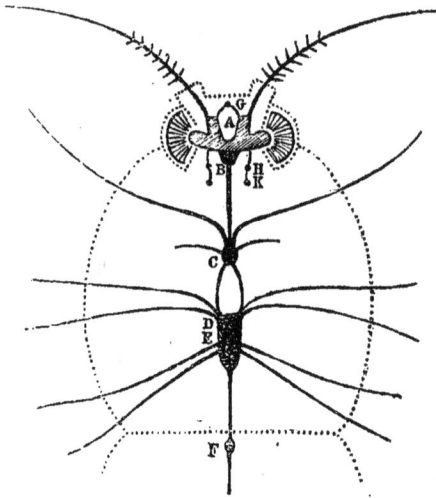

Fig. 74. — Partie antérieure du système nerveux du papillon, d'après CORNALIA.

A. Ganglion supraœsophagien. — B. Premier ganglion sous-œsophagien. — C. Deuxième ganglion sous-œsophagien. — D, E. Troisième ganglion sous-œsophagien. — F. Quatrième ganglion sous-œsophagien.— G. Ganglion frontal.— H, K. Autres ganglions du système nerveux splanchnique.

femelles ; Cornalia a constaté qu'ils perdent cette faculté par l'ablation des antennes.

Chaque œil est formé de plus de dix mille petites cornées
enchâssées dans autant d'hexagones réguliers juxtaposés ; le
diamètre de chaque cornée est de 1/35 de millimètre (fig. 73).
Sous chacune de ces cornées est ajusté un cône transparent
appelé *cristallin*, isolé des voisins par un pigment violacé. Au
sommet de chaque cristallin aboutit un filet nerveux émanant
d'une masse sous-jacente, la *rétine*; entre cette rétine et les
nerfs optiques s'étend une matière noire qui représente la
choroïde.

Les nerfs optiques sont relativement très gros ; ils forment
les parties latérales de la masse nerveuse supraœsophagienne ;
cette masse, qu'on appelle aussi le *cerveau*, émet, en outre :
1° en avant, deux proéminences d'où partent les nerfs des antennes, et deux petits filets aboutissant à un ganglion impair,
appelé *ganglion frontal* ; 2° en dessous, deux cordons très courts
qui passent de chaque côté de l'œsophage et lui forment un
collier étroit en se perdant dans le *premier ganglion sous-œsophagien* (fig. 74).

Thorax. Ailes. Vaisseau dorsal. — Le thorax, ou corselet, est
formé de la réunion de trois anneaux. Le premier, ou *prothorax*,
conserve une certaine mobilité propre ; il porte la première
paire de pattes et une paire de stigmates. Le *mésothorax* et le
métathorax sont au contraire étroitement soudés; chacun porte
une paire d'ailes et une paire de pattes, et on remarque que
dans ces pattes il n'y a pas de hanche distincte; cette pièce
s'est incorporée aux pièces fixes des deux anneaux, tandis que,
dans la première paire, la hanche est distincte et garde sa mobilité propre.

A part la hanche, on distingue ensuite dans chaque patte le
trochanter, le *fémur*, le *tibia*, puis les cinq articles du *tarse*, dont
le dernier est armé de deux petites griffes et porte entre ces
griffes une petite ampoule ou pelote, sur laquelle la patte s'ap-
puie. Les tibias de la première paire émettent chacun un appendice allongé, qui paraît une brosse pour les yeux ; les tibias des
autres pattes ont chacun deux petits ergots (fig. 75).

Les ailes, au repos, forment un toit très obtus, presque plat;
celles de la seconde paire sont alors situées sous les premières

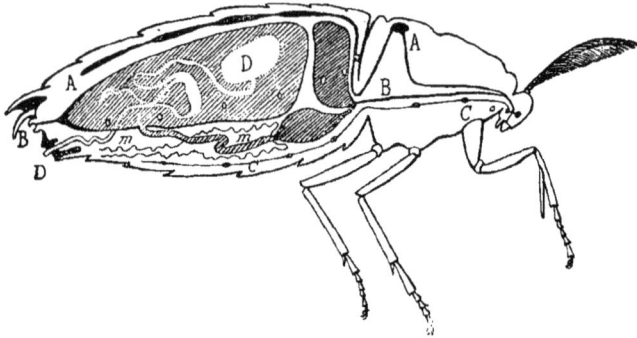

Fig. 75. — Coupe verticale du corps d'un papillon mâle, grossi 3 fois.
A, A. Vaisseau dorsal. — B, B. Tube digestif. — C, C. Système nerveux.
— D, D. Organes sexuels. — m, m. Tubes de Malpighi (2 seulement sont
figurés). — o, o, o, o, o. Situation des stigmates sur les flancs.

et les effleurent par le bord antérieur en les débordant de beaucoup en arrière. La forme des premières ailes est assez allongée, falquée dans le bout; à leur insertion sur le mésothorax,
on remarque une petite lanière courbe qui s'en détache et contourne cette insertion : ce sont les *paraptères*. La forme des ailes postérieures est plus arrondie; à la naissance de leur bord
costal, on voit un petit prolongement en forme de crin aigu
chez les mâles et de moignon arrondi chez les femelles (fig. 76).

La cavité du thorax est presque entièrement remplie par les
muscles moteurs des ailes et des pattes et ceux qui rattachent
le thorax à la tête et à l'abdomen. Le thorax est, en outre, traversé par deux canaux étroits, celui du vaisseau dorsal et celui
de l'œsophage; enfin il est traversé par la chaîne nerveuse, qui
présente dans le prothorax un assez grand ganglion, et dans le
mésothorax un ganglion énorme, provenant de la fusion des
deux qui existaient chez la larve dans les 2e et 3e anneaux.

Signalons, en passant, la marche du vaisseau dorsal : parti
de la tête, il longe l'œsophage jusque dans le mésothorax, et là

se relève pour aller s'ouvrir dans une poche assez large, qui remplit la cavité du *scutellum* ; cette poche, à parois musculeuses, a des pulsations comme un véritable cœur ; on peut les voir

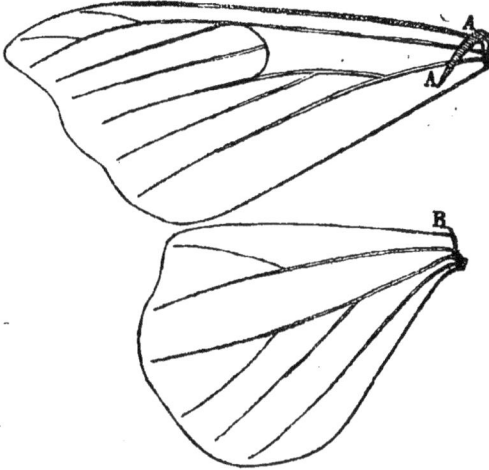

Fig. 76.— Ailes gauches d'un papillon mâle. — Grossissement : 3 diamètres.
A, A. Paraptère. — B. Crin.

La nervure (rameau récurrent) qui relie transversalement la nervure médiane à la sous-médiane dans l'aile supérieure, ainsi que la nervure qui part de cette nervure récurrente et vient se terminer au bord postérieur de l'aile, ne sont pas figurées sur l'aile inférieure. Ces nervures existent sur cette aile inférieure comme sur l'aile supérieure ; elles sont seulement moins apparentes.

du dehors, sur l'animal vivant, en dénudant cette partie de ses écailles ; le vaisseau dorsal continue sa route en plongeant brusquement vers l'isthme de l'abdomen, puis se relève encore, dans cette dernière région, pour suivre la ligne médiane du dos jusque dans le 6e segment.

Abdomen. Organes copulateurs. — L'abdomen est composé de neuf segments ou anneaux, dont les parties supérieures ou *tergales* sont légèrement coriaces, tandis que les flancs et les parties inférieures ou *sternales* sont des membranes moins résistantes ; chaque anneau est uni au suivant par une membrane encore plus délicate. Dans les mâles, le volume de l'abdomen est diminué par le chevauchement des anneaux, tandis que chez les femelles les anneaux sont écartés autant que le permet la distension des membranes, et cela par suite de l'énorme développement des œufs ; quand la ponte est effectuée, il n'y a plus aucune différence de volume entre les deux sexes.

Les sept premiers anneaux de l'abdomen sont pourvus de stigmates en forme de fente étroite, dont les bords sont contournés par une lame élastique ; cette lame, courbée comme une faucille, s'ouvre plus ou moins, par le jeu des muscles insérés sur ses bords et sur une sorte de queue qui la prolonge intérieurement.

Le premier anneau manque de parties sternales, et son tergum est membraneux, sauf à ses bords, où il forme deux arcs-boutants assez solides qui s'appuient contre le métathorax ; les stigmates de cet anneau sont sous ces arcs, très près du métathorax.

Le 2ᵉ et le 5ᵉ anneaux portent des demi-lunes noirâtres comme chez la larve.

Le 8ᵉ et le 9ᵉ anneaux n'ont pas de stigmates ; en outre, ils offrent des particularités remarquables, différentes suivant les sexes.

Chez les mâles, le 8ᵉ anneau a pour sternum une plaque chitineuse très dure, dont le bord est un peu arqué et muni de deux saillies aiguës ; en dedans, cette plaque est encore armée de deux petites dents tournées vers le dehors, comme les précédentes, de façon à protéger le 9ᵉ anneau. Celui-ci termine le corps et enclôt les organes de la copulation et l'orifice anal ; il peut se rétracter complètement dans la cavité du 8ᵉ anneau ; il présente, en haut, une pièce chitineuse bilobée qui correspond au tergum et abrite sous elle l'orifice anal ; cette pièce émet une sorte de mentonnière qui contourne cet orifice et le protège du côté opposé. Plus bas se trouve un second orifice, d'où s'élance la verge ; une ceinture osseuse représentant le sternum protège cet organe ; en outre, deux longues cornes rigides, appendices du sternum, se dressent en avant jusqu'à la hauteur de l'anus ; elles forment une sorte de pince et sont susceptibles de s'orienter dans divers sens.

Chez les femelles, le 8e anneau est soudé au 7e du côté tergal, mais demeure très distinct du côté sternal : les bords n'offrent rien de particulier. Le 9e anneau est lui-même assez régulier du côté tergal, mais son sternum se distingue par une forme spéciale : c'est une plaque très dure à bords denticulés, échancrée sur la ligne médiane ; en dessous, c'est-à-dire du côté du 8e anneau, cette plaque présente une cavité assez évasée, sorte de cornet qui conduit à la poche copulatrice; en dessus, la plaque se courbe en gouttière et va rejoindre la partie tergale. Dans l'espace circulaire ainsi délimité se loge un gros bourrelet charnu, conique, qui est la terminaison de l'oviducte; la pointe de ce cône est fendue verticalement et s'entre-bâille quand un œuf doit franchir cet orifice pour être pondu ; elle se referme aussitôt après. Au-dessus de cette fente, tout contre le bord de l'oviducte, débouche l'orifice anal; il n'y a pas de cloaque. Tout autour du bourrelet charnu que nous venons de décrire, la peau est très mince et très plissée, mais le sang peut la gonfler et produire ainsi deux masses turgides ampulliformes débordant de chaque côté de la pointe de l'oviducte; on observe toujours cette turgescence avant l'accouplement.

Organes intérieurs de l'abdomen. — La cavité abdominale renferme les organes de la reproduction ainsi que les parties postérieures des divers systèmes d'organes servant aux fonctions de nutrition et de relation.

Mentionnons d'abord, immédiatement sous la peau, les rubans musculaires qui vont d'un anneau au suivant. Puis à la face dorsale, le *vaisseau dorsal*, avec les appendices rameux qui le soutiennent et qui ont l'aspect de glandes; on les appelle les *ailes du cœur*. Ensuite à la face ventrale, la *chaîne nerveuse*, qui présente cinq ganglions logés dans les 2e, 3e, 4e, 5e et 6e anneaux.

En observant la chaîne nerveuse dans le papillon vivant, ce qui se fait aisément quand on a dénudé de ses écailles la face

ventrale de l'abdomen, on voit que cette chaîne oscille continuellement de droite à gauche et de gauche à droite ; les ondu-
lations qui se produisent ainsi semblent avoir quelque rapport
avec la circulation du sang dans le vaisseau dorsal situé à la face
opposée du corps. On s'explique du reste les mouvements de
cette chaîne, car un grand nombre de fibres musculaires transversales s'insèrent sur elle. Il n'y avait rien de semblable dans
la larve.

Entre le vaisseau dorsal et la chaîne nerveuse s'étend le tube
digestif. A son entrée dans l'abdomen, le canal œsophagien se
renfle en un gros sac plein d'air, le *sac à air*, dont les parois
sont musculeuses ; ce sac, en se gonflant de plus en plus, facilite l'expulsion des matières qui remplissent les organes géné-
rateurs et la poche cæcale. Tout de suite après, vient la poche
stomacale, dont les parois renferment de petites glandes par-
courues de rameaux trachéens. Le volume de cette poche est
fort réduit chez les sujets sains ; elle se ferme en arrière par
un sphincter, après lequel l'intestin commence.

De chaque côté de l'estomac se trouve une petite masse rougeâtre qui, au microscope, offre l'aspect d'un boyau ramassé
sur lui-même, contenant des globules d'un jaune-orangé ; c'est
tout ce qui reste des glandes soyeuses ; la filière et les tubes
sécréteurs ont disparu.

Dès son origine, l'intestin reçoit les deux conduits excréteurs
des six vaisseaux urinaires ou *tubes de Malpighi* ; ceux-ci sont
grêles, contournés comme une colonne torse, et s'étendent
jusqu'au bout de l'abdomen ; ils sécrètent des urates de soude,
d'ammoniaque, etc. Après un trajet assez long, le tube intestinal débouche dans une énorme poche pyriforme, à parois
musculeuses, logeant aussi des glandes spéciales : c'est la
poche cæcale, qui renferme, outre les urates en poudre grisâtre
amenés par l'intestin, un liquide clair d'un rouge-orange plus
ou moins foncé ; cette poche s'ouvre à l'anus.

D'innombrables ramifications trachéennes, émanant des quatorze stigmates abdominaux, se répandent sur tous ces organes
et les tiennent en place, en même temps qu'elles leur fournissent

l'air indispensable. D'autres rameaux supportent les lobules du tissu graisseux, qui garnissent encore fort abondamment les interstices de la cavité générale.

Organes reproducteurs. — Les organes reproducteurs ont déjà été succinctement décrits au chapitre de la Chrysalide.

Dans le papillon mâle, les testicules sont logés dans le 4e segment abdominal, à droite et à gauche de la poche cæcale ; ils sont réniformes ; leur longueur est d'environ 3 millimètres. Chacun émet de sa partie centrale un gros tube *déférent*, qui fait plusieurs replis, puis se renfle en forme de vésicule. Les deux vésicules séminales accolées ont 3 à 4 millimètres de long ; elles donnent naissance à un conduit *éjaculateur* unique, qui est grêle, tortueux et se termine par un bout rigide, saillant au dehors, le *pénis* ou *verge*. En outre, chaque vésicule séminale se prolonge latéralement en un long tube borgne qui sécrète un liquide spécial, destiné, selon toute apparence, à délayer le contenu des cellules spermatiques. Le pénis est un petit tube cylindrique de 1 millimètre à 1 millimètre 5 de long, de 1/5 de millimètre de diamètre, qui finit par un évasement en forme de triangle ayant son sommet le plus proéminent du côté dorsal.

Chez les femelles, les huit tubes ovariques sont, avant la ponte, distendus par les œufs, dont la formation est achevée jusqu'à une très petite distance des origines de ces tubes ; dans les culs-de-sac restants, on voit des îlots de cellules qui n'arriveront pas à se développer à l'état d'œuf. Il n'est pas rare de trouver 80, 90 et jusqu'à 100 œufs dans chaque tube ovarique ; mais chez des sujets provenant de vers qu'on a fait jeûner dans les derniers jours, ce nombre peut être fort réduit. Après la ponte, les ovaires sont souvent tout à fait vides, et on reconnaît très bien à leur couleur safranée les parties nées des capsules génitales, tandis que le reste des tubes est d'un blanc laiteux.

A 10 ou 15 millimètres de la pointe de l'abdomen, les huit tubes se groupent quatre par quatre en deux troncs fort rapprochés (fig. 77), qui, après un trajet de 2 ou 3 millimètres, s'unissent en un seul conduit, l'*oviducte*. Celui-ci est coudé du côté dorsal, et jusqu'à ce coude il reçoit trois canaux : 1° sur le flanc droit, le canal de la *poche copulatrice* ; 2° sur son flanc gauche, vis-à-vis le précédent, le canal d'une petite vésicule borgne, appelée *vésicule séminale accessoire*, analogue à la poche copulatrice, mais privée d'orifice extérieur ; du côté dorsal, un

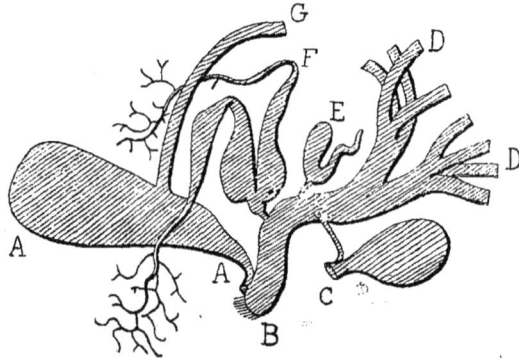

Fig. 77. — Organes génitaux femelles. — Grossissement : 4.
A. Poche cæcale. — B. Oviducte. — C. Poche copulatrice. — D. Tubes ovariques (coupés). — E. Poche accessoire. — F. Glandes du vernis. — G. Tube intestinal (coupé).

conduit très court qui amène le produit des deux glandes considérées comme *glandes du vernis*, parce que cette humeur visqueuse revêt chaque œuf à mesure qu'il vient d'être fécondé et qu'il franchit ce passage, *pour être pondu l'instant d'après.*

Fonctions de nutrition. Vitalité. — Les actes physiologiques de la vie du papillon sont mal connus. On sait seulement qu'il ne prend aucune nourriture ; il vit, par conséquent, aux dépens de ses réserves, notamment du tissu graisseux ; il respire activement et exhale de l'acide carbonique et de la vapeur d'eau ; il évacue des excréments riches en acide urique ; cette consommation de ses tissus le conduit fatalement à une mort rapide. Le froid et l'humidité ralentissent l'activité de ses fonctions, tandis qu'elles s'accélèrent dans un air chaud et sec ; aussi la durée de la vie du papillon souffre-t-elle des variations très grandes, soit que les sujets aient été d'abord à peu près identiques mais placés ensuite dans des conditions diverses, soit que, placés dans les mêmes conditions, ils diffèrent les uns des autres par l'état de santé ou l'abondance des réserves nutritives. En moyenne, cette durée est de douze jours ; elle peut tomber à moins de vingt-quatre heures, et dépasser d'autres fois vingt-cinq et même trente jours.

Fonctions de relation. — En décrivant les organes de la tête, on a mentionné le peu de notions qu'on ait sur leurs fonctions.

Quant aux mouvements généraux du corps, ils sont d'une grande vivacité ; les mâles surtout s'agitent en battant leurs ailes bruyamment ; toutefois ils ne peuvent pas voler (1) ; les femelles, qui ont le corps très lourd, se déplacent à peine.

Fonctions de reproduction. — *Accouplement. Fécondation.* — Sitôt que, de grand matin, les papillons sont sortis des cocons, les mâles recherchent les femelles ; ils tourbillonnent vivement autour d'elles, en recourbant leur abdomen pour les saisir avec leurs crochets copulateurs ; quand ils sont parvenus à rencontrer l'extrémité abdominale des femelles, ils s'y attachent étroitement, et l'accouplement a lieu. L'union se fait du reste au hasard, sans choix de la part du mâle, ni de la femelle. L'accouplement dure souvent huit heures, dix heures et même davantage ; d'autres fois, une heure et moins encore, et alors de nouveaux accouplements succèdent au premier. Dans ces rapprochements, la poche copulatrice des femelles se trouve remplie du liquide séminal des mâles ; la ponte ne tarde pas à commencer.

---

(1) On en rencontre cependant, mais exceptionnellement, qui volent très bien ; j'en ai observé un qui, parti d'une filane de cocons, a traversé d'un bout à l'autre d'un vol rapide, en s'élevant dans la direction du plafond, une salle de 10 mètres de profondeur (F. Lambert).

A mesure que les œufs défilent dans l'oviducte, ils sont entourés par les zoospermes qui sont sortis de la poche copulatrice par le canal étroit dont elle est pourvue, et la fécondation s'opère. Ensuite, le liquide gluant des glandes à vernis recouvre toute la coque, ferme le micropyle, et l'œuf est pondu. La partie de l'œuf qui sort la dernière de l'oviducte est précisément la plus pointue : c'est à son extrémité que se trouve la fossette du micropyle.

Ce qui prouve que la fécondation s'opère bien dans l'oviducte vis-à-vis le canal de la poche copulatrice, c'est que dans une femelle que l'on tue à cet effet, après qu'elle a subi l'accouplement, les œufs situés plus haut que ce canal se dessèchent en gardant la teinte jaune, tandis que ceux situés plus bas se colorent en gris et se développent d'une façon normale. Si la femelle n'a pas été fécondée, tous les œufs se dessèchent. Ces observations ont été faites par Malpighi.

Durée limite de l'accouplement. Ponte. — Au sujet de la durée de l'accouplement, divers observateurs ont fait des remarques intéressantes. Cornalia, qui a mis un soin extrême à l'étude anatomique des organes reproducteurs, a estimé à 20 millimètres cubes le volume de la poche copulatrice distendue par les zoospermes et à plus de 20 millions le nombre de ces derniers. Il en a conclu que des accouplements même peu prolongés pourraient fort bien être suffisants; et, en effet, il a eu des pontes bien fécondées en limitant cette durée à une heure et parfois même à demi-heure. Il a reconnu également qu'un seul mâle peut, avec des intervalles de repos convenable, féconder complètement plusieurs femelles. Avant Cornalia, Loiseleur-Deslongchamps (1) avait fait la même observation; il avait, en outre, remarqué que la longévité est diminuée chez les papillons non accouplés et que les mâles vivent, en moyenne, plus longtemps que les femelles.

---

(1) Loiseleur-Deslongchamps. — *Nouvelles considérations sur les vers à soie.* Paris, 1838.

M. Albert Lévi a reconnu que la durée de l'accouplement devait être dépendante de la température. A 20° R., une heure suffit; il faudrait de quatre à six heures pour obtenir le minimum des pontes nulles ou fécondes. L'accouplement illimité empêche un nombre notable de femelles de pondre leurs œufs, soit qu'elles périssent encore accouplées, soit qu'elles n'aient plus la force de déblayer leur oviducte des matières qui l'obstruent.

On voit donc que, dans la pratique, il convient d'effectuer le désaccouplement au bout de cinq à six heures; qu'en outre, on fait bien de réserver des mâles pour les faire servir le lendemain une seconde fois s'il était nécessaire.

On n'a pu observer aucune différence dans la qualité des graines qui proviennent d'accouplements illimités, ou limités à une durée suffisante pour que la fécondation ait lieu, si ce n'est que, d'après les expériences de MM. Verson et Quajat, les œufs de la première sorte pèseraient un peu plus (1).

Le nombre et l'arrangement des œufs sur les surfaces planes servant à la ponte n'ont pu fournir non plus aucun indice de leur qualité.

L'éclosion se ferait seulement un peu moins bien pour ceux qui ont été déposés en dernier lieu, selon M. Quajat (2).

Les croisements entre les races diverses, de toutes couleurs, se font sans difficulté. Les cocons qui en résultent appartiennent, les uns au type du mâle, d'autres au type de la femelle, d'autres enfin à un ou plusieurs types intermédiaires. Par

(1) E. Verson et E. Quajat. — Sull'Accoppiamento limitato e illimitato delle farfalle del filugello. Padoue, 1872.

(2) Dans des expériences faites par M. Quajat en 1902, un mâle a pu féconder complètement les nombres suivants de femelles :

Mâles de race indigène .... 3 à 15 femelles
— japonaise .... 5 à 15 —
— chinoise .... 10 à 14 —
— bivoltine............. 2 à 12 —

exemple, en accouplant des mâles jaunes indigènes et des femelles blanc-japon, on a des cocons jaunes, des cocons blancs, et des cocons jaune paille. Si on fait reproduire ces derniers, on a, l'année d'après, de nombreux retours aux types primitifs. Ces croisements, sur lesquels nous aurons à revenir plus loin, ont été surtout étudiés dans le but de créer des variétés très résistantes contre la flacherie.

Fécondation et développement de l'œuf. — Les phénomènes qui ont lieu dans l'intérieur de l'œuf depuis le moment où il descend le long du tube ovarique jusqu'à celui où il est pondu n'ont pas été tous observés dans notre Bombyx; mais, par analogie avec ce qui se passe chez d'autres insectes, on peut s'en faire une idée assez précise, ainsi qu'il suit:

Nous avons vu que dans la chrysalide on trouve l'œuf constitué par une vésicule germinative encore entourée de matière vitelline; une coque ou chorion ayant la composition chimique de la corne, sécrétée à la périphérie, entoure le tout; cette coque ne présente qu'une ouverture située à la pointe postérieure de l'œuf, c'est-à-dire du côté tourné vers l'origine du tube ovarique : c'est par ce *micropyle* que les zoospermes pénétreront.

Peu de temps avant que leur introduction s'effectue, l'amas de cellules vitellines qui était logé à la région micropylienne a fini par se résoudre en matière vitelline; en même temps, la vésicule germinative s'est rapprochée peu à peu de cette région, puis elle a subi des transformations spéciales. Elle s'est fondue, pour ainsi dire, dans le vitellus de l'œuf; celui-ci a séparé alors de sa masse des cellules spéciales, appelées *globules polaires*, qui, d'après M. Balbiani, formeront les corps reproducteurs du futur animal; le reste de l'œuf a acquis ensuite un noyau central, qu'on a appelé *pronucléus femelle*.

La pénétration des zoospermes dans l'œuf a pour effet de former un second noyau, le *pronucléus mâle*; la fusion des deux pronucléus en un seul noyau constitue l'acte intime de la fécondation. C'est par conséquent au moment même de la ponte ou dans les instants suivants que ce phénomène s'accomplit.

L'œuf est devenu ainsi apte à s'organiser ; à sa périphérie se forment des cellules dont l'ensemble représente une membrane mince : la membrane du *blastoderme* ; au dedans, de grandes cellules remplissent cette espèce de sac : c'est la matière nutritive ou *vitellus*.

La membrane blastodermique a d'abord le même aspect sur toute son étendue, mais bientôt elle devient mince et lisse partout, sauf sur une portion ayant la forme de *ruban* ou de *bandelette*, et qui représente les premiers rudiments du corps de l'animal (voir p. 38, fig. 1, et p. 64, fig. 10), la partie lisse, appelée *séreuse*, se boursoufle tout autour de cette bandelette, et les bords de la cavité ainsi formée se rejoignent, de sorte que la bandelette se trouve enfermée sous deux membranes : 1° celle du dedans de la cavité, qu'on appelle *amnios* ; 2° celle du dehors, qui enclôt tout l'œuf : c'est la *séreuse* déjà indiquée plus haut.

Le premier signe apparent de la fécondation de l'œuf est, comme on sait, sa coloration, qui vire du jaune clair au gris cendré. Cette coloration est due au pigment des cellules de la séreuse. Quand ce pigment apparaît, on peut être sûr que la bandelette germinative est formée. Chose curieuse : chez les races de vers à soie dites *annuelles*, depuis ce moment jusqu'au printemps suivant, plus rien ne change dans l'état de l'œuf ; il reste tel et même, en apparence du moins, que au huitième ou dixième jour après la ponte. Il présente par conséquent, en coupe, les parties suivantes :

1° La *coque*, dure dans ses couches extérieures, et plus molle, quasi gélatineuse, dans ses couches intérieures ;

2° Une mince *membranule* produite par l'œuf avant même l'apparition du blastoderme ;

3° L'*enveloppe séreuse*, membrane à grandes cellules polygonales pourvues de pigment et de noyaux. D'après M. Selvatico, elle est sans pigment dans le *Mylitta* et le *B. pyri* ;

4° Le *vitellus*, en forme de grandes cellules sphériques ayant un ou plusieurs noyaux ;

5° La *bandelette germinative* ou *embryon*, avec son *amnios*, située à l'opposite du micropyle ; la bandelette présente dix-sept reliefs légers, qui sont les indices des plaques musculaires.

Parthénogenèse. — Que la coloration de la séreuse et la formation de la bandelette germinative puissent avoir lieu sans que l'œuf ait subi l'influence des zoospermes, c'est ce que prétendent quelques observateurs, au nombre desquels M. de Siebold. Ils affirment même que le développement de l'œuf se poursuit, en pareil cas, jusqu'à une éclosion parfaite ; en d'autres termes, il y a *parthénogenèse*. Mais ce fait, en le supposant exact, est à coup sûr rare chez le Bombyx du mûrier. En Italie et aussi en France, ceux qui ont essayé d'obtenir des œufs parthénogénétiques ont constamment échoué. M. Verson (1) a, en outre, observé que les femelles vierges se délivrent difficilement de leurs œufs.

II. — Maladies du Papillon

Papillons muscardinés. — Aucun papillon ne peut éclore d'une chrysalide muscardinée. La muscardine n'offre donc pas de danger sérieux pour les papillons éclos. Toutefois il ne faudrait pas les mettre en contact avec des vers muscardinés, car les sporules de ceux-ci s'attacheraient aux papillons, germeraient rapidement, et en moins de trois jours arriveraient à les tuer.

Le cadavre du papillon muscardiné devient tout blanc à l'intérieur ; on y reconnaît aisément des filaments de mycélium de *Botrytis bassiana*, avec des spores adhérentes aux rameaux.

---

(1) *Sulla Partenogenesie nel Bombice del Gelso,* par Verson (Ann. de la Stat. bacol. de Padoue, 1872, p. 47).

Papillons pébrinés. Sélection au microscope. — La pébrine est extrêmement fréquente chez les papillons ; ici, l'origine de la maladie remonte jusqu'à l'état de larve ; les corpuscules ingérés avec la feuille se sont multipliés dans le corps du ver, ont continué à augmenter en nombre dans la chrysalide et enfin sont en nombre incalculable quand l'animal arrive à l'état de papillon. La Planche III représente l'aspect au microscope d'une gouttelette de la bouillie qu'on obtient en écrasant un tel papillon dans un mortier avec un peu d'eau.

Chez les sujets le plus profondément envahis, les ailes sont recroquevillées, gonflées d'ampoules de sang qui noircissent en se desséchant ; les flancs sont noirâtres ; l'accouplement et la ponte se font péniblement ou pas du tout ; parmi les œufs qu'ils pondent, un grand nombre sont corpusculeux.

Chez les sujets moins gravement malades, l'aspect extérieur ne décèle en aucune façon la présence des corpuscules parasitaires ; le microscope est pour cela indispensable. On peut obtenir des sujets de cette sorte en donnant des repas corpusculeux aux vers à la veille même de la montée ; on constate alors que beaucoup d'œufs, chez ces papillons, sont parfaitement sains ; les premiers œufs pondus, notamment, qui sont les plus anciennement formés, sont beaucoup moins corpusculeux que les derniers.

On a pris longtemps les corpuscules pour des éléments normaux de l'organisme des papillons. Tout papillon, croyait-on, se résolvait, en vieillissant, en ces petits corps par une dégénérescence des tissus. Cette idée fausse empêchait naturellement qu'on pût songer à rechercher des reproducteurs non corpusculeux : ainsi, en 1860, M. Cornalia déclarait impossible le choix des papillons au microscope. Cependant, en 1862, M. Cantoni eut l'idée de sélectionner les pontes des sujets non corpusculeux : les essais qu'il fit en 1864 réussirent, en effet, très bien : seulement ces essais, répétés en 1865, ne correspondirent plus à ses prévisions, de sorte que l'auteur abandonna sa méthode. Avec plus d'habileté et de persévérance, Pasteur,

précisément à cette époque, entreprit l'étude de la maladie
régnante ; de prime abord, il se convainquit que les corpuscules en étaient la cause ; que, cette cause éliminée, la santé des
sujets serait irréprochable ; que, par suite, la sélection des
pontes des papillons non corpusculeux devait être le remède
le plus radical et le plus simple qu'on pût employer. Il reprit
donc, sans l'avoir connue, l'idée abandonnée par M. Cantoni, et,
par deux années de longues et patientes recherches, il l'établit
sur des bases inattaquables. Elle lui appartient donc absolument.

Que l'on fasse donc des couples de papillons bien isolés les
uns des autres ; que les pontes provenant de chaque couple
soient conservées, et, avec ces pontes, les cadavres des couples correspondants ; il suffira d'étudier ces cadavres au mi_
croscope pour distinguer les couples malades (Pl. III) et les
couples qui sont exempts de corpuscules. Ce sont les œufs de
ces derniers que l'on devra considérer comme sains, et, par
suite, conserver à l'exclusion des autres. Tel est, *en ce qui
regarde la pébrine, le système de sélection Pasteur.*

Ce système est simple et assuré, car les manipulations qu'il
exige sont à la portée de tous, et il est absolument impossible
qu'aucun œuf ainsi trié contienne des germes de corpuscules.

Une seule circonstance semblerait, dans la pratique, devoir
causer quelque embarras : c'est l'obligation d'enfermer chaque
couple sitôt qu'il est formé, pour empêcher que les mâles ne
voyagent d'une femelle à une autre. Mais on y parvient sans
peine par l'usage des *cellules-sachets* en gaze légère. Bien plus,
cette petite difficulté peut encore être évitée, grâce à une observation faite par les praticiens : c'est que l'infection du mâle
ne peut exercer d'influence sur les œufs ; dès lors, l'examen
microscopique et, par suite, l'isolement pourront *ne porter que
sur les femelles.* MM. Bellotti et Crivelli en Italie, M. de Rodez
en France ont fait à ce sujet des observations qui paraissent
décisives quant à la nulle influence du mâle. M. Balbiani explique le fait par la structure de la poche copulatrice, qui est dépourvue de muscles ; il faut donc que ce soient les zoospermes

qui se glissent dans le conduit allant à l'oviducte : les corpuscules, étant inertes, ne peuvent effectuer ce trajet ; dès lors,
leur présence est indifférente.

Papillons flats. — Quand on examine les papillons d'un lot
de cocons sortant d'une chambre atteinte par la flacherie, on
observe que beaucoup meurent après deux ou trois jours seulement d'existence ; beaucoup ont l'abdomen lourd et pendant,
et la poche stomacale bien plus volumineuse qu'à l'état normal ; il y en a même chez qui on trouve des vibrions. Quand
ces caractères se présentent dans un lot, il convient évidemment de rejeter du grainage ce lot tout entier. Il ne faut pas
songer à faire de triage parmi les individus, en se fondant sur
ce que les uns vivraient plus que les autres ou auraient la
poche stomacale plus réduite, ou enfin seraient exempts d'organismes ; car, on ne saurait trop le répéter : *les sélections relatives à la flacherie portent sur les chambrées et non sur les individus*, parce que ce sont les chambrées tout entières qui ont
subi les influences déprimantes auxquelles on doit attribuer les
cas de flacherie survenus.
   Cela n'empêche pas que la longévité des papillons ne puisse
servir de base à une sélection utile ; on ne peut, en effet, se
défendre de considérer les plus vivaces comme plus robustes
que les autres ; seulement cette sélection n'a pas la haute importance qu'on serait tenté, *a priori*, de lui attribuer.

   En effet, bien des circonstances diverses, telles que la quantité
des réserves nutritives dans les tissus, la température, la durée
de l'accouplement, etc., peuvent agir sur la vie des papillons pour
l'abréger ou la prolonger.

   Quelques personnes croient aussi pouvoir effectuer un triage
sur les pontes, excluant celles des papillons qui offrent au microscope des signes de putréfaction. Or, l'état de conservation
des cadavres dépend essentiellement de la rapidité de la dessiccation après la mort ; si la dessiccation n'est pas rapide et
suffisante, les papillons, même les meilleurs, ne manqueront

pas de pourrir. La sélection faite d'après ce caractère est donc illusoire. D'ailleurs, s'il y avait lieu d'éliminer pour cause de flacherie, il faudrait *tout* éliminer, et non pas quelques pontes seulement.

Nous avons considéré ici la grande dimension de la poche stomacale comme un caractère pathologique. Il faut bien dire cependant que les pontes des sujets offrant ce caractère ont donné à plusieurs expérimentateurs les mêmes résultats que celles de papillons à estomac extrêmement réduit ; il y a donc à douter de sa vraie signification.

III. — Du Grainage

Importance du choix des graines. Hérédité. — Parmi toutes les questions qui intéressent les magnaniers, il n'en est pas de plus importante que celle de la confection des graines. Si, en effet, les insuccès sont dus bien souvent à quelque défaut dans l'éducation proprement dite ou à quelque vice d'installation de la magnanerie, plus souvent encore ils sont la conséquence fatale de la mauvaise qualité de la graine.

Cette influence considérable de la graine n'a rien qui étonne, quand on réfléchit à la propriété si remarquable qu'ont les êtres vivants de se répéter dans leurs descendants, et qu'on appelle loi d'*hérédité*. L'hérédité tend à conserver, outre les caractères de genre, d'espèce ou de race, ceux de variété, et même les plus petits détails de structure : bien plus, elle tend à conserver encore dans l'animal les instincts de ses parents et leurs facultés diverses. Ainsi, on peut dire que, dans le ver à soie, la figure des organes, leur volume, leur couleur, leur état de santé ou de maladie, la force ou la faiblesse des muscles, le degré de longévité, la puissance de reproduction, résultent pour une grande part de l'existence des mêmes qualités chez ceux d'où il descend ; il en est de même de ses instincts, par exemple de la manière dont il fait son cocon et le loge sur la bruyère.

La graine, c'est-à-dire l'œuf fécondé, représente virtuelle-
ment toutes ces qualités ; elle est la continuation des générations précédentes. Il n'y a donc rien d'étonnant à ce que les
individus qui en naîtront participent de ces qualités : qu'ils
soient sains et robustes si leurs ancêtres ont été tels ; qu'ils
soient au contraire infirmes et même incapables de vivre si
leurs ancêtres ont été affectés de quelque vice, et notamment
de maladies parasitaires.

De là, l'importance capitale du bon choix des graines qu'on
veut élever. Un bon régime, des soins intelligents durant
l'élevage, sont à coup sûr d'excellentes conditions de succès ;
mais, répétons-le encore, la bonne qualité des graines prime
tout.

**Caractères sur lesquels la sélection, en ce qui con-
cerne les maladies, peut être fondée. Méthode Vittadini.**
— A aucune époque, ces notions n'ont été entièrement
méconnues ; les graineurs soigneux ont toujours choisi les
vers, les cocons et les papillons qu'ils destinaient à la
reproduction. Mais cette sélection n'a pu, jusqu'à ces dernières années, reposer que sur des caractères d'une valeur fort
douteuse, caractères en général purement superficiels : ainsi
on se contentait le plus souvent de savoir qu'une chambrée
avait produit beaucoup de cocons, pour en conclure que ces
cocons pouvaient être livrés au grainage ; nous savons aujour-
d'hui à quel point cette règle est erronée. D'autres fois, on re-
produisait la graine au hasard et on l'étudiait ensuite : les uns,
comme M. Vasco et M. Darbalestrier, examinaient la mouche-
ture de la coque ; d'autres, comme M. Kaufmann, en faisaient
cuire une pincée pour voir la couleur plus ou moins violacée
qui en résulterait ; d'autres, avec M. Mitiflot, faisaient pondre
les femelles en cellules et rejetaient les pontes qui au bout
d'un certain temps n'étaient pas bien colorées. Ces procédés,
est-il besoin de le dire, n'avaient rien que de fort incertain.

Un progrès notable suivit l'observation, faite en 1857 par
MM. Vlacovich et Osimo, des corpuscules ovoïdes (*pébrine*)

dans les œufs: MM. Vittadini et Cornalia, voyant dans ces
corpuscules des produits pathologiques, fondèrent, en 1859,
sur l'exclusion des graines corpusculeuses une méthode de
sélection qui a rendu et même aujourd'hui rend encore de
grands services. On soumet à l'incubation, après l'hiver, un
échantillon de chacun des lots de graines qu'on veut étudier,
puis on observe au microscope les petits vers fraîchement
éclos : pour cela, on les écrase un à un, ou par groupe de deux
ou trois, avec très peu d'eau, sur des lames de verre ; on
couvre ces préparations avec des lamelles et on les examine.
Si l'on ne trouve pas des corpuscules, il y a probabilité, mais
non certitude, que la graine soit saine. Si l'on en trouve, la
graine est mauvaise, mais encore tolérable industriellement
si la proportion des sujets malades est inférieure à 5 o/o pour
les races jaunes et 10 o/o pour les races japonaises.

L'inconvénient de cette méthode est de ne s'appliquer qu'à
des graines déjà faites. Ce qu'il fallait, et ce que Pasteur, le
premier, a trouvé, c'est le moyen de n'en pas faire de mauvaises,
en faisant porter la sélection, non plus sur les graines, mais
sur les chambrées et les papillons qu'on destine à la reproduction. En effet, c'est une conséquence immédiate de la loi
d'hérédité, que la graine ne peut pas être saine si les papillons
qui l'ont produite ne sont pas exempts de toute maladie qui
lui soit transmissible; les règles de la confection des graines
dépendent donc étroitement de la connaissance des maladies
des vers à soie; elles sont un des plus beaux résultats des
recherches de Pasteur.

Méthode Pasteur. — Pasteur a démontré, en premier lieu,
comme nous l'avons dit plus haut, que les papillons corpusculeux ont une portion plus ou moins grande de leurs œufs infectée de corpuscules, ou, tout au moins, des germes de ces parasites. Il s'ensuit évidemment qu'on devra rejeter les pontes de
ces papillons, et ne conserver que celles des papillons absolument exempts de corpuscules.

Conséquences : faire le grainage en cellules ; et ultérieure-

ment, étudier les papillons au microscope pour opérer la sélection des pontes.

En second lieu, Pasteur a prouvé que les graines tirées
de chambrées atteintes de flacherie étaient beaucoup plus
sujettes que les autres à contracter cette même maladie ; en
d'autres termes, qu'il y avait transmission par hérédité
d'une certaine débilité dans l'organisation. D'après plusieurs
autres savants, des germes de la maladie pourraient même,
dans certains cas, se rencontrer dans les graines. En conséquence, on devra rejeter du grainage les chambrées suspectes
de flacherie.

Les deux règles que nous venons d'énoncer constituent *le
système Pasteur pour la confection des graines*. Elles doivent
évidemment s'appliquer dans l'ordre suivant : 1° *Sélection des
chambrées*, afin d'opérer l'exclusion des chambrées atteintes de
flacherie ; 2° *Sélection des papillons*, afin d'opérer l'exclusion
des pontes des sujets corpusculeux.

La première de ces sélections n'exige l'emploi d'aucun instrument pour l'inspection des vers ; il suffit de les voir à la
montée. La seconde se fait, comme on l'a dit, sur les papillons,
à l'aide du microscope. La première ne peut suppléer à la
seconde, ni la seconde à la première, car chacune a son but
spécial et distinct ; les graineurs doivent donc attacher à l'une
et à l'autre une grande importance et un égal soin.

Il n'y a pas d'autre sélection à opérer en ce qui concerne les
maladies, parce qu'on ne connaît pas d'autre maladie qui se
transmette des papillons aux œufs : ainsi, ni la muscardine,
ni la grasserie, ni même, autant qu'on le sache, la gattine, ne
peuvent passer d'une génération à la suivante.

Cela ne veut pas dire qu'on ne puisse faire attention à divers
caractères pathologiques des vers, des chrysalides et des papillons ; mais, dans l'étude de ces caractères, c'est toujours l'exclusion des chambrées affaiblies qu'on se propose ; par exemple, on rejettera les vers tachés, les papillons à flancs noirs, les
lots de cocons où la mortalité ne s'arrête pas, où les papillons
périssent rapidement, etc., etc. Ces particularités ont été déjà

mentionnées pour la plupart ; celles qui ne l'ont pas été n'ont probablement pas grande valeur.

Sélections en vue de la création de variétés meilleures et de la conservation des types de races. (Sélections zoologique et zootechnique). — A côté de la sélection relative aux maladies, que l'on pourrait, à cause de cela, appeler *sélection pathologique*, il y a la *sélection zoologique* ou *sélection naturelle*, ou encore *sélection conservatrice*, pour la conservation du type naturel des races, et la *sélection zootechnique*, que l'on appelle aussi *sélection économique*, *progressive*, *artificielle*, pratiquée en vue de la création d'une variété meilleure, supérieure aux variétés déjà existantes par la conformation, les qualités ou les aptitudes des individus qui la composent. Ces deux espèces de sélections ont leur fondement et leur justification dans l'hérédité normale ou naturelle, tandis que la sélection contre les maladies trouve les siens dans l'hérédité pathologique.

Les sélections zoologique et zootechnique, comme d'ailleurs la sélection contre la propagation des maladies, peuvent s'exercer sur le ver à soie aux différents états : d'œuf, de larve, de cocon (chrysalide et coque soyeuse), de papillon. Dans la sélection zoologique on se préoccupe uniquement des caractères zoologiques ou de race ; dans la sélection zootechnique on s'attache surtout aux particularités d'ordre économique, en d'autres termes aux caractères, qualités, propriétés, aptitudes que l'on juge avantageux, au point de vue économique, soit de propager et de développer, soit, au contraire, d'éliminer ou de réduire : ainsi on choisira comme reproducteurs les couples ou les groupes d'individus qui se rapprochent le plus, par leurs caractères zoologiques, du type de la race, qui soient autant que possible exempts des moindres vices ou défectuosités héréditaires et qui, en outre, possèdent à un degré éminent les qualités ou les aptitudes que l'on recherche chez un ver à soie, dans l'espoir que ces qualités, propriétés ou aptitudes, individuelles ou communes à un groupe d'individus, passeront, en se déve-

loppant de génération en génération, aux descendants de ces
individus ou de ce groupe d'individus.

Ces qualités ou ces aptitudes sont de deux sortes : 1° les
qualités propres à amener une diminution dans les frais de production des cocons et des graines, soit par une abréviation dans
les travaux d'élevage ou les opérations de reproduction du ver,
comme par exemple une réduction dans la durée ou le nombre des phases successives de développement ou période de
croissance (ce qui correspond à la *précocité* chez les grands animaux) ; 2° les propriétés ou les aptitudes de nature à déterminer soit un accroissement dans la quantité, soit un progrès
dans la qualité des produits : ainsi une plus grande vigueur correspondant à une plus grande force de résistance du ver aux
maladies ; des cocons plus lourds, d'une couleur ou d'une
nuance plus avantageuse, d'un meilleur rendement à la filature ; une soie plus forte, plus fine, plus nette, plus régulière ;
une plus grande prolificité des papillons.

Chambrées pour grainage. — *Leur organisation.* — Ayant
ainsi établi les principes du grainage, nous allons voir la suite
des opérations qu'il conviendra d'exécuter, pour mettre ces
principes en pratique.

La première chose à faire est de se procurer, comme point
de départ, une graine, de la variété que l'on désire, aussi
bonne que possible, et de la distribuer par petits lots entre
divers éducateurs, dans un rayon tel qu'on puisse visiter
fréquemment toutes ces petites chambrées. Chacune de ces
chambrées sera isolée, aussi exactement que possible, des
chambrées voisines, soit que l'isolement résulte des distances, soit qu'on obtienne les mêmes effets en commençant l'élevage une huitaine de jours avant les voisins ; dans
ce dernier cas, en effet, on n'a plus à craindre la contagion à
l'époque où elle serait plus active, à cause de la surabondance
des poussières et de la fréquence des visiteurs. Inutile de dire
que les vers devront avoir tout l'espacement désirable. On leur
choisira autant que possible pour nourriture une feuille excel-

lente, appropriée à leur âge. Enfin on ne hâtera pas à l'aide
d'une chaleur excessive la marche des vers ; une durée de
trente à trente-deux jours, de l'éclosion à la montée, semble
être le minimum qu'on doive fixer ; beaucoup d'éleveurs laissent volontiers ces sortes d'éducations durer trente-cinq, quarante jours et même plus, en ne faisant jamais de feu ; mais on
ignore encore si cette prolongation d'existence est réellement
avantageuse à la santé des vers.

*Sélection contre la flacherie. Détermination du degré de cor-
pusculosité d'un élevage.* — Lorsque les vers seront à la montée,
on pourra décider quelles chambrées conviennent ou ne conviennent pas au grainage, *en ce qui regarde la flacherie.*

Celles qu'on aura choisies seront alors soumises à une étude
spéciale, pour fixer exactement *quelle proportion de sujets corpusculeux elles renferment.* On possédera déjà une première
indication à ce sujet si l'on a eu la prévoyance d'examiner à la
montée les derniers vers traînards ; si quelques-uns d'entre
eux ont offert des taches de pébrine, il est certain qu'il y aura
une proportion très notable, 10 o/o au moins et souvent davantage, de sujets corpusculeux chez les papillons. Il y a donc lieu
de choisir, dès le principe, les chambrées où *pas un seul ver* n'a
offert de taches de pébrine dans les derniers jours. Mais, pour
être fixé d'une façon précise et certaine sur le nombre des
corpusculeux du lot de cocons, il faut étudier tout entier un
échantillon de ce lot, choisi de la manière suivante :

Trois ou quatre jours avant qu'on dérame les cocons, on
prélève çà et là, tant parmi les premiers montés que parmi les
derniers, quelques centaines de cocons, par exemple 500 pour
un lot de 40 kilos ; cet échantillon est porté dans une étuve ou
une chambre chaude, où l'on maintient jour et nuit une température de 30 à 35° centigrades et une assez forte humidité ; on
accélère ainsi la formation des papillons. Pendant ce temps, les
cocons du lot ne sont qu'à 20 ou 25°, et souvent même, pendant
la nuit, à des températures moindres ; on aura donc tout le

temps de les étouffer si le lot est rebuté, ou de les mettre en
filanes dans le cas contraire.

De deux jours en deux jours, on prend une dizaine de chrysalides de l'échantillon et on y recherche les corpuscules à
l'aide du microscope. Si l'on en aperçoit dans les huit ou dix
premiers jours, ne fût-ce qu'en nombre très faible, on peut être
sûr que la proportion des papillons corpusculeux sera considérable. Quand les chrysalides sont mûres, ce qu'on reconnaît
aisément à ce que les yeux deviennent noirs et les œufs plus
durs à écraser sous le pilon et aussi à ce que quelques-unes
sortent à l'état de papillons, on procède à l'examen définitif.
On écrase un à un les papillons sortis et les chrysalides qui
restent et on y recherche les corpuscules; le tant pour cent
qu'on trouve ainsi ne diffère pas de celui qui existera dans le
lot tout entier.

**Sélection des vers en vue de la conservation des races et de
la création de variétés plus avantageuses.** — Nous venons de
dire (p. 318 et 319) que, dans la sélection, on ne doit pas
seulement avoir en vue l'élimination des sujets malades, mais
aussi la conservation des caractères de races et surtout l'amélioration des produits par le choix des sujets les plus précoces,
les plus vigoureux, les plus aptes à la sécrétion soyeuse. Lorsqu'on examinera les vers d'une chambrée, on devra donc porter son attention sur les *indices de vigueur*: agilité, promptitude
à quitter la vieille cuticule, à changer de peau au moment des
mues, à grimper à la bruyère pour la formation du cocon, empressement à manger la feuille, etc.; sur les *signes de précocité*:
réduction de la durée des phases de développement; enfin, s'il
y a lieu, c'est-à-dire lorsqu'il s'agira d'une race pure, sur les
caractères distinctifs de cette race. Les sujets qui présenteront
ces indices de vigueur, ces signes de précocité et les caractères
essentiels de la race seront mis à part pour devenir le point de
départ d'une variété meilleure. Nous n'insisterons pas davantage sur cette sélection à laquelle nous consacrons plus loin, à
cause de son importance, un paragraphe spécial.

Triage des cocons. — Les lots de cocons acceptés définitivement sont mis en filanes et ces filanes suspendues dans une chambre bien aérée. La fumée de tabac, l'odeur de camphre, et généralement toutes les vapeurs odorantes doivent être exclues de ce local.

Choix des cocons qui conviennent le mieux pour le grainage. — Les graineurs les plus soigneux poursuivent sur les cocons la sélection commencée sur les vers, relative aux caractères de race, ainsi qu'aux particularités héréditaires qu'ils estiment avantageux de conserver et de développer chez les descendants ; ainsi ils excluent du grainage les *cocons faibles* et les *cocons doubles*, suspectant les premiers d'être produits par des sujets débiles, glandes soyeuses peu développées, et les seconds d'être capables de léguer par hérédité, à la génération suivante, une tendance à faire des doubles en grand nombre. Ces scrupules sont, *a priori*, très fondés et il est sage de suivre la même ligne de conduite. Cependant il faut bien avouer que Dandolo regarde ce triage comme inutile : la santé du ver est, d'après lui, entièrement indépendante d'un petit excédent ou d'un petit déficit dans le poids de la soie sécrétée ; en d'autres termes, un ver plus vigoureux qu'un autre peut faire parfois un cocon moins fourni que ce dernier. L'abbé de Sauvages va plus loin : il assure que des graines tirées de cocons très faibles, ou *peaux*, ont donné pendant plus de quinze ans de bons succès. Et quant aux doubles, il conseille, comme très économique, de les réserver pour le grainage. Nul doute que ce système ne soit économique ; mais est-il propre à fournir des sujets de choix ? Là est la vraie question, et nous ne croyons pas qu'aujourd'hui personne ose y répondre affirmativement.

En ce qui concerne les cocons faibles, notamment, non seulement on les écarte de la reproduction, mais on recherche, pour les faire servir au grainage, les mieux faits, les plus riches en matière soyeuse, dans l'espoir que les produits de la génération suivante possèderont aussi les mêmes qualités.

Triage des sexes. Appareils trieurs de sexes. Casiers isolateurs.

— Le triage des cocons peut encore se faire à un autre point de vue : la séparation des mâles et des femelles. On détermine d'abord le poids moyen d'un cocon simple, en divisant par 500 le poids total de 500 cocons ; on tare ensuite une balance pour ce poids moyen et on y jette successivement chaque cocon : les plus légers sont en majorité des mâles ; ceux, au contraire, qui font trébucher la balance sont en majorité des femelles. Dans le but de rendre ce triage spécial plus rapide, on construit, en France et en Italie, des appareils à bascule (appelés en Italie *ginecrino*, et qu'on pourrait appeler en français *trieurs de sexes*) dans lesquels cette séparation a lieu, pour ainsi dire, automatiquement avec une grande économie de temps.

On fait aussi usage d'*isolateurs*, *celluliers*, ou *casiers*, consistant en un cadre divisé, au moyen de lamelles de bois qui s'entre-croisent à angles droits, en petites cases ayant environ 4 centimètres de côté. Le fond du cadre est fait en gaze. Dans chaque case on met un cocon, et quand toutes les cases du cellulier sont garnies de cocons, on ferme celui-ci en rabattant par dessus un second cadre également garni de gaze et qui peut venir s'appliquer exactement sur le premier, auquel il est fixé d'un côté au moyen de charnières. Chaque cocon se trouve ainsi emprisonné dans sa case. De cette manière, quand des papillons sont sortis, on a tout le loisir de les cueillir avant qu'ils aient pu s'accoupler, étant chacun enfermé sans en pouvoir sortir dans sa cellule, et de mettre à part d'un côté toutes les femelles, de l'autre tous les mâles.

Mais un tel triage n'est utile que quand on a intérêt à tenir les sexes séparés en vue de croisements entre divers lots ou d'unions entre sujets qui possèdent en commun à un haut degré quelque caractère ou quelque utilité héréditaire, ou supposée telle, que l'on désire fixer et dont on veut augmenter les chances de transmission, par hérédité, aux descendants, comme, par exemple, une plus grande aptitude à la sécrétion de la soie.

Peut-être aussi cette séparation des sexes permettrait-elle

une petite économie de quelques cocons mâles, en faisant
servir plusieurs fois les papillons mâles conservés; mais le
travail des pesées rendrait cette économie bien faible. Dans la
pratique usuelle du grainage, on ne cherche pas du tout à
séparer les cocons de chaque sexe.

Graine industrielle. — On appelle *graine industrielle* celle
qui est obtenue en réunissant en masse, sur une ou plusieurs
grandes toiles, les femelles pondeuses. Si le lot de cocons d'où
ces femelles sortent a été étudié suivant la méthode Pasteur,
on en connaît d'avance le degré d'infection corpusculeuse; on
n'a par conséquent procédé au grainage que parce qu'on a jugé
ce degré tolérable.

Degré d'infection tolérable chez les papillons et la graine.
— Il n'y a pas encore bien longtemps qu'on n'hésitait pas à
faire grainer suivant cette méthode des lots à 10 o/o de sujets
corpusculeux. Mais aujourd'hui on est arrivé à restreindre la
maladie corpusculeuse à de telles limites qu'on trouve sans
peine, par exemple dans les Alpes, le Var, le Roussillon et tous
les pays de petite culture, des chambrées à 3 o/o, 2 o/o, 1 o/o
et même à zéro. Il n'y a pas de doute que la graine issue de ces
chambrées ne soit parfaitement suffisante pour récolter 40 kil.
de cocons à l'once; seulement l'infection corpusculeuse dans
ces cocons sera généralement assez intense; cela dépendra, du
reste, de l'isolement de la chambrée et de l'espacement donné
aux vers. Le véritable avantage de la graine faite industriellement par ce système est son bon marché. Rien n'est plus facile,
en élevant à part 4 ou 5 grammes de graine cellulaire pure,
d'obtenir 8 à 10 kilos de cocons assez sains pour donner en
graine une vingtaine d'onces; cette graine sera élevée l'année
suivante pour donner des cocons destinés à la filature.

Organisation du grainage sur grandes toiles. — Le grainage
des papillons en masse est extrêmement simple. On récolte
le matin les couples formés sur les filanes, et on les dépose
sr des toiles tendues horizontalement; il est commode d'avoir

à cet effet de petits châssis de 40 à 50 centimètres de côté,
sur lesquels on cloue un morceau de calicot. Pour les sujets non accouplés, on les réunit sur un de ces cadres, et, à
mesure que les couples se forment, on les retire pour les mettre sur un autre cadre. Dans le cours de ces manipulations, on
a soin de trier et de jeter tous les papillons de mauvais aspect,
notamment ceux dont les flancs sont tachés de plaques noires,
qui sont tous corpusculeux.

L'après-midi, on désaccouple, on jette les mâles ; ou bien, si
l'on craint d'en manquer, on les met à part pour le lendemain;
on pose les femelles sur une grande toile placée verticalement
ou très légèrement inclinée, ou même horizontale s'il s'agit
d'une race à graines non adhérentes. Au bout de deux jours,
la ponte est finie et on peut jeter aussi les femelles.

Graine cellulaire (système Pasteur). — La graine cellulaire
(système Pasteur) est faite en isolant tous les couples, ou au
moins tous les papillons femelles, et excluant rigoureusement,
après examen des papillons au microscope, les pontes des
sujets corpusculeux.

Cueillette des couples. Cellules fermées. Cellules ouvertes. —
Pour préparer la graine cellulaire pure avec isolement complet de chaque couple, le procédé le plus économique consiste
à surveiller de grand matin la sortie des papillons, afin de saisir chaque couple sitôt qu'il est formé, et de mettre ces couples
dans autant de sachets ou petites bourses, d'une étoffe légère
très perméable à l'air, comme la tarlatane, la mousseline, etc.;
ou dans autant de petits godets coniques, en papier parche-
miné, percés de petits trous pour l'aération. On éliminera, bien
entendu, les couples qui paraîtraient défectueux pour un motif
quelconque.

Chaque sachet, une fois fermé, reste suspendu à l'air; l'accouplement dure *ad libitum* ; la femelle pond, et les deux papillons périssent dans ce sac, d'où on les tirera plus tard pour les
étudier au microscope. Si l'on veut dans ce système pratiquer

l'accouplement limité, on sépare les papillons assez facilement
sans ouvrir le sac et on enferme le mâle dans un coin avec une
épingle; d'autres fois on le tue en lui pinçant la tête fortement;
mais alors on doit s'attendre à ce que ces cadavres pourriront
et donneront une très mauvaise odeur, il faudra donc une ventilation très énergique.

Au lieu de sachets ou de godets en papier, on peut aussi employer, comme l'a toujours fait Pasteur, des cellules *ouvertes*,
c'est à-dire des morceaux de toile ayant environ de 12 à 15 centimètres de long sur 8 à 10 de large, suspendus le long de cordes tendues sur de grands châssis; on y met les couples le

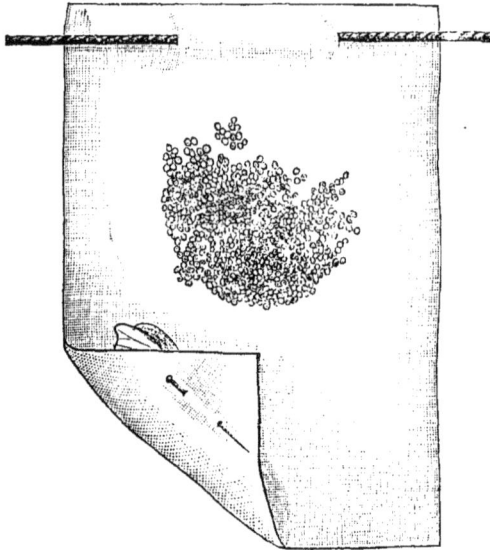

Fig. 78. — Toile-cellule Pasteur (isolement de la femelle seule).

matin; dans l'après-midi, on sépare les mâles et on enferme
chacun d'eux dans un repli de la toile correspondante ou dans
un cornet de papier attaché à cette toile; la femelle pond, et,
quand elle a fini, on l'enferme à son tour à l'autre angle de la

cellule. Ce système exige que les toiles-cellules soient assez espacées, afin que les papillons ne puissent pas voyager de l'une à l'autre; malgré toute la surveillance possible, cet accident arrive souvent; il y a aussi un certain déchet venant de ce que des papillons se perdent en tombant par terre. Dans ce système, l'accouplement illimité n'est pas praticable.

Lorsque l'isolement se borne aux femelles seules, ce qui est le cas le plus ordinaire, on procède en tout comme s'il s'agissait d'un grainage en masse, avec cette seule différence qu'au lieu de réunir après le désaccouplement les femelles sur une toile unique, on les met une à une sur autant de petites toiles (fig. 78) ou dans autant de sachets ou de godets.

Au lieu de toiles, de sachets ou de godets, quelques personnes emploient, pour l'isolement des papillons, des cases cylindriques ou coniques en fer-blanc, en zinc, en carton et même en terre cuite; ces cases sont posées les unes contre les autres sur une toile horizontale divisée en compartiments ou sur un papier disposé et divisé de la même façon : elles isolent soit les couples, soit les femelles seules; chaque ponte s'effectue donc sur un compartiment de la toile, ou du papier, où un numéro d'ordre est inscrit; le même numéro est reporté sur la boîte ou le cornet où sera conservé le cadavre du papillon. En Italie, on prépare exprès, pour cette conservation, des boîtes à casiers numérotés, dont l'usage facilite celui des cases ci-dessus mentionnées.

Si l'on a affaire à un lot peu corpusculeux, il est économique de se servir de sachets ou de toiles de dimensions un peu plus grandes que l'ordinaire, et de réunir deux et même trois femelles dans chaque cellule : l'examen au microscope porte sur les deux ou trois cadavres broyés ensemble, et on va ainsi plus rapidement; il est vrai que si l'un se trouve corpusculeux, la cellule entière est perdue.

Quand il ne s'agit que de préparer quelques centaines de pontes cellulaires, on peut adopter indifféremment tel ou tel genre de cellules, et il n'est pas bien difficile d'éviter toute confusion.

Mais si l'on se proposait de confectionner de très grandes
quantités de graine cellulaire, exigeant un nombre de cellules
considérable, on ne saurait mieux faire que d'imiter les dispositions imaginées à cet effet par M. Susani, qui permettent
de préparer de la façon la plus correcte environ quatre millions
de cellules.

Ici, la cellule-sachet est indispensable. On la fait d'un morceau de tarlatane de 9 centimètres sur 18, plié en deux ; les
côtés du sachet sont cousus avec des fils assez fragiles, afin
qu'on puisse les briser plus tard sans peine pour le lavage des
graines ; le fil qui doit fermer le sachet doit être au contraire
assez fort pour ne pas se rompre quand on fronce cette espèce
de bourse, afin d'y enfermer les papillons ; ce fil tiré forme une
anse.

Arrangement des cellules. — Pour tenir exposés au grand air
ces sachets remplis de papillons, il y a un grand nombre de
châssis très légers de 1 m. 80 sur 0 m. 90, supportant des ficelles
tendues à des intervalles de 18 centimètres environ ; sur chaque
ficelle, on a enfilé un certain nombre de petites boucles dont
les branches recourbées servent à suspendre les sachets par
les *anses* mentionnées tout à l'heure.

Chaque châssis garni de ses sachets, au nombre de 500 environ, porte un numéro d'ordre pareil à celui du lot de cocons
correspondant. Tous les châssis sont suspendus à des crochets,
avec un espacement suffisant, dans de vastes salles très aérées ;
on les visite tous les deux ou trois jours, afin d'examiner tous
les sachets sans exception et écraser les dermestes qu'on pourrait y apercevoir ; ces insectes, en effet, vont pondre leurs œufs
à proximité des cadavres des papillons, et plus tard les larves
qui sortent de ces œufs dévorent les papillons d'abord et les
graines ensuite ; il faut donc leur faire une chasse continuelle.

Sélection microscopique. — *Organisation du travail de sélection.* — Pour effectuer l'étude au microscope d'un si grand
nombre de cellules, M. Susani a organisé des ateliers qui peuvent servir de modèles sous tous les rapports. La division du

travail y est poussée aussi loin que possible. Une ouvrière
détache les cellules des cadres, jette au rebut.celles qui sont
vides de graines ou garnies de graines non fécondées, et place
les autres une à une dans les compartiments de boîtes faites
ad hoc, de sorte que chaque cellule est à côté du mortier où
ses papillons seront broyés et ne s'en séparera plus; toute
erreur est ainsi rendue impossible. D'autres ouvrières extraient
les papillons des sacs et les mettent dans les mortiers avec
très peu d'eau; un ou deux coups de pilon seulement suffisent pour humecter les cadavres. Quelques heures plus tard,
les plateaux chargés des boîtes en question arrivent aux mains
d'autres ouvrières, qui achèvent de piler les papillons et portent les plateaux à l'atelier des microscopes.

Ici, le jour est donné par des fenêtres basses, placées à la
hauteur des tables de travail; beaucoup plus haut, d'autres
fenêtres répandent dans la salle la clarté nécessaire. Chaque
microscopiste étudie une série des plateaux qu'on lui apporte,
les marque de son nom ou de son numéro d'ordre, et les envoie
à contrôler, après qu'elle a distingué par une marque particulière les mortiers trouvés corpusculeux.

Contrôle de la sélection. — Au contrôle, on met dans un grand
mortier conique une partie du contenu des petits mortiers
jugés comme étant exempts de corpuscules; on agite, et, après
quelques instants, le contrôleur prend au fond du grand mortier
un peu de la bouillie précipitée : s'il y trouve des corpuscules,
le plateau est renvoyé à l'ouvrière, qui doit recommencer son
travail; s'il n'en trouve pas, les cellules saines sont enlevées
et mises à part, et le prix du travail fait est porté en compte à
l'ouvrière microscopiste.

Pour certains lots, on fait même un deuxième contrôle, qui
porte sur les mortiers du premier contrôle, et qui a surtout
pour but d'obliger le premier contrôle à être absolument irréprochable.

Lavage, séchage, vannage et conservation de la graine. —

Les sachets reconnus sains sont ouverts par des ouvrières qui les jettent dans des baquets d'eau froide ; d'autres ouvrières les y dépouillent exactement de leurs graines en les triturant légèrement sous l'eau avec la main. Ces graines sont lavées ensuite sur un tamis par un courant d'eau venant frapper sous la toile du tamis, et se déversant ensuite par les bords supérieurs du récipient.

La graine lavée, puis séchée à l'ombre, est passée au ventilateur, et enfin répartie par lots de 25 grammes dans autant de sachets que l'on ferme à la cire et qu'on marque d'un numéro d'ordre. Ces sachets sont étalés sur des châssis à claire-voie dans des armoires de toile métallique que l'on pourra transporter, au moment voulu, dans la chambre d'hivernation.

Les microscopes à employer pour le travail précédent doivent donner un grossissement de 400 à 500 diamètres.

Description et emploi du microscope. — Quelques détails sur ces instruments, leur emploi et leur entretien ne seront peut-être pas inutiles.

Un microscope se compose (fig. 79) d'un tube T, muni à ses extrémités de systèmes de lentilles dont l'un A s'appelle *oculaire* et l'autre O *objectif*. Ce tube, qui doit être tiré dans toute sa longueur, glisse à frottement doux dans un anneau porté sur un pied C à potence ; une vis V permet d'élever ou d'abaisser la potence, et par suite le tube, d'un mouvement lent et régulier ; à cause de cela cette vis est appelée *vis micrométrique*.

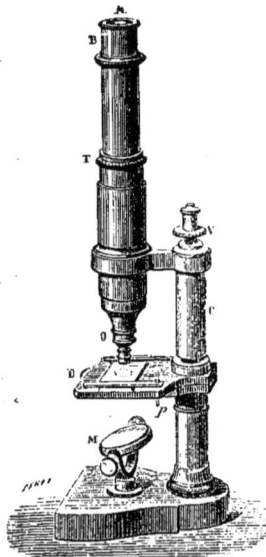

Fig. 79. — Microscope Nachet.

Un miroir réflecteur M renvoie la lumière du ciel ou d'une

lampe à pétrole sur l'objet à étudier, lequel est placé sur l'ouverture d'une plate-forme ou *platine* D ; un opercule, ou *diaphragme*, percé de trous est sous la platine et permet de limiter à volonté le faisceau lumineux qui éclaire l'objet.

On fabrique aujourd'hui, sous le nom de *diaphragme-iris*, un diaphragme très commode, avec une seule ouverture centrale. Cette ouverture est susceptible de varier de diamètre graduellement, grâce à la présence tout autour de lames de métal courbes imbriquées les unes sur les autres. A l'aide d'une manette on peut faire mouvoir ces lames de dehors en dedans, quand on veut diminuer l'ouverture du diaphragme, ou de dedans en dehors si on veut l'augmenter.

Le microscope se place sur une table basse, massive, devant une fenêtre munie de volets ou rideaux qui laissent entrer juste la lumière utile. L'observateur s'installe sur un tabouret solide, regarde dans l'oculaire, et fait mouvoir le miroir jusqu'à ce que le champ de la lunette soit assez éclairé ; cela fait, il met sur la platine la préparation à étudier.

Cette préparation a été faite comme il suit : Un aide a ouvert la cellule contenant avec les graines le papillon femelle (ou les papillons mâle et femelle), puis il a enlevé les ailes à ce papillon et broyé le corps avec un peu d'eau dans un petit mortier de façon à faire une bouillie assez claire.

L'observateur a reçu ce mortier accompagné de la cellule correspondante (ici les cases à deux compartiments sont très utiles) ; il a pris une lame de verre bien propre et déposé dessus, à l'aide du pilon, une très petite quantité de la bouillie du mortier, puis il a mis par dessus une lamelle mince (couvre-objet). Il est essentiel que cette lamelle appuyée sur la lame y reste collée et ne flotte pas sur un excès de liquide.

Mise au point. — La lame étant mise sur la platine, on descend à la main le tube du microscope jusqu'à ce que l'objectif touche presque la lamelle ; on met l'œil à l'oculaire et avec la vis micrométrique on tourne à droite et à gauche jusqu'à ce qu'on voie nettement les petits corps flottants dans le liquide de la préparation ; c'est ce qu'on appelle la *mise au point.*

Il vaut mieux, au lieu de mettre au point par la méthode précédente, c'est-à-dire en une seule fois, faire cette opération en deux fois.

On commence par approcher ou par éloigner l'objectif de la préparation en agissant directement sur le tube avec la main doucement, et avec précaution, pour ne pas s'exposer à briser la lamelle entre l'objectif et la lame, jusqu'à ce qu'on aperçoive plus ou moins nettement l'image de l'objet ; puis, saisissant la vis micrométrique, on achève la mise au point. De cette façon, on évite de faire faire à la vis un trop grand nombre de tours, soit à droite, soit à gauche, ce qui pourrait avoir dans la suite des inconvénients.

Quand on est familiarisé avec l'emploi du microscope, on peut facilement faire aller sur la même lame deux ou trois préparations, ce qui permet de gagner du temps et d'économiser les lames ; en outre, l'instrument étant mis au point, si on a la précaution de se servir toujours de lames et de lamelles de même épaisseur, il n'y aura presque plus besoin d'y toucher pendant toute la série des observations.

Il arrive parfois que l'objectif se mouille en rencontrant un peu de liquide : alors l'instrument paraît trouble ; il suffit d'essuyer avec un linge fin ou du papier de soie, jamais avec les doigts, la lentille malpropre pour le remettre en bon état.

Si ce sont des graines dont on veuille regarder le contenu au microscope pour y rechercher les corpuscules, on peut les piler, comme les papillons, dans un mortier avec une faible quantité d'eau et faire une préparation avec le liquide. S'il s'agit d'une seule graine, ou d'un petit nombre de graines (4 ou 5), on a plus vite fait de les mettre sur une lame (*porte objet*) et de les y écraser dans une goutte d'eau, en pressant dessus à l'aide d'une autre lame ; on écarte les débris des coques qui gêneraient dans la préparation ; il ne reste plus pour achever la préparation qu'à mêler le mieux possible la matière de l'œuf avec la goutte d'eau, de manière à obtenir un liquide très homogène qu'on recouvrira avec une lamelle avant de l'examiner au microscope.

Pour étudier des vers ou des chrysalides dans le but d'y rechercher les parasites ou les signes d'une maladie, on peut procéder comme pour l'examen des papillons, c'est-à-dire piler dans un mortier, contenant un peu d'eau, le corps tout entier, ou une partie du corps de l'animal, un organe par exemple, et faire ensuite une préparation avec le liquide ainsi obtenu. On se contente souvent, lorsque le sujet est vivant ou après sa mort lorsque le cadavre est encore suffisamment frais, de l'examen d'une goutte de sang.

Entretien du microscope. — Avant de s'en servir, et après s'en être servi, il faut passer un linge sec sur les diverses parties de l'instrument : les lentilles spécialement et le miroir doivent être d'une propreté irréprochable. C'est seulement à la condition de l'entretenir très propre qu'un microscope peut être conservé longtemps en bon état de fonctionnement.

Quand on ne s'en sert plus, cet instrument doit être placé sous une cloche de verre reposant sur une base souple, un carré d'étoffe de velours par exemple, ou, à défaut d'une cloche, dans sa boîte, à l'abri de la poussière.

En retirant l'objectif du tube à l'extrémité inférieure duquel il est ajusté, on pourrait le laisser tomber et risquer ainsi de l'abîmer. Comme c'est la pièce du microscope la plus difficile à construire et par conséquent celle qui coûte le plus cher, on a un très grand intérêt à éviter cet accident. Un bon moyen pour cela consiste à sortir le tube de sa douille, à saisir l'objectif entre le pouce et l'index de la main gauche, de manière à le maintenir immobile, puis, avec la main droite, à dévisser le tube en le faisant tourner sur lui-même. De même, lorsqu'il s'agit de le remonter sur le tube, on visse le tube sur l'objectif maintenu fixe, au lieu de visser l'objectif sur le tube.

Enfin, il faut, pour éviter autant que possible de se fatiguer la vue, quand on travaille au microscope, s'habituer à tenir les deux yeux ouverts et regarder tantôt avec l'œil gauche, tantôt avec le droit.

Nous pouvons recommander tout spécialement les microscopes (fig. 79, oculaire 2, objectif 7) que construisent, à Paris, MM. Nachet et fils, rue Saint-Séverin, 17 (1). Avec une distance focale assez grande pour permettre l'emploi de lamelles relativement épaisses, ils donnent des images d'une netteté suffisante pour l'usage auquel ils sont destinés chez les graineurs.

IV. — Des Races et des Croisements

Graines de diverses races. Croisements. — Celui qui prépare des graines de vers à soie ne se préoccupe pas seulement de les avoir exemptes de toute maladie. Il veut encore que les cocons qu'elles produiront soient d'un type estimé des filateurs.

Or, les filateurs recherchent les cocons qui se dévident bien sans trop de déchet, qui n'ont pas de doubles et donnent la plus belle soie en quantité la plus grande. Aussi, le choix des races, leur amélioration par la sélection des sujets les meilleurs sous ces divers rapports, leur croisement dans le but d'obtenir des produits supérieurs à quelque point de vue aux produits de races pures, sont-ils devenus, dans ces derniers temps, la préoccupation principale des graineurs, qui se sont aussi attachés à la recherche des conditions capables d'accroître la force de résistance des vers à la flacherie.

Races diverses du Bombyx mori. — En employant le mot race nous lui conservons le sens qu'il a dans le langage courant de ceux qui s'occupent de l'élevage et de la reproduction

---

(1) La maison Hartnack et Prazmowski, qui construisait des microscopes également très en usage parmi les graineurs, a été réunie, dans ces dernières années, à la maison Nachet. C'est à cette dernière qu'il faut s'adresser pour des réparations à ces microscopes.

des vers à soie, en déclarant que nous n'entendons nullement admettre au rang de *race véritable* les produits que l'on désigne vulgairement sous ce nom et que les prétendues *races de vers à soie* dont nous allons nous occuper sont, pour nous, de *simples variétés* dérivant vraisemblablement d'un type unique. de ver. Tout au plus pourrait-on considérer comme races distinctes quelques-uns des types de vers que nous décrivons plus loin et ceux qui produisent des cocons de couleurs différentes : jaune, verte ou blanche.

Les caractères des races sont empruntés aux différentes formes du ver : œuf, larve, chrysalide, cocon et papillon. Dans l'œuf on distingue : le poids, la couleur, l'adhérence ou la non adhérence aux objets sur lesquels il a été déposé par le papillon.

Chez la larve, le nombre des mues, l'ornementation de la peau, la taille du corps.

Chez le cocon, la couleur, la forme, le poids, la grosseur, la proportion de la matière soyeuse, la structure de la coque, etc.

Chez le papillon, la taille du corps, la couleur des téguments, la forme et l'ornementation des ailes. Enfin, ainsi que nous l'avons dit, on distingue aussi les races de vers en vers annuels, bivoltins et polyvoltins.

Ces caractères manquent plus ou moins de fixité : ce sont des caractères de variétés, non des caractères spécifiques ou de race. Les caractères les moins sujets à varier sous l'action des conditions de l'élevage sont : chez le cocon, la couleur ; chez la larve, la taille du corps et la couleur de la peau ; chez le papillon, la taille du corps et la forme des ailes. Au contraire, ce qui manque le plus de fixité, se modifie le plus vite quand on change le climat, l'alimentation, etc. ; c'est la grosseur, le poids, la forme du cocon, la structure de la coque et la richesse soyeuse, c'est-à-dire précisément les caractères d'où dépend principalement la valeur du produit.

Il y a des vers dont la larve, à son maximum de taille, n'a guère plus de 4 centimètres à 4 centimètres 1/2 de longueur et 7 à 8 millimètres de largeur ; tandis que chez certaines races la longueur de la larve dépasse 9 centimètres et la largeur 12 millimètres.

L'un des meilleurs caractères, tout au moins l'un des plus pratiques pour la distinction des races, est tiré de la couleur et des ornements en relief de la peau. La peau est blanche ou gris perle, quelquefois jaune soufre. Elle présente souvent des taches de diverses couleurs: noire, jaune, rose, qui, à la sur-

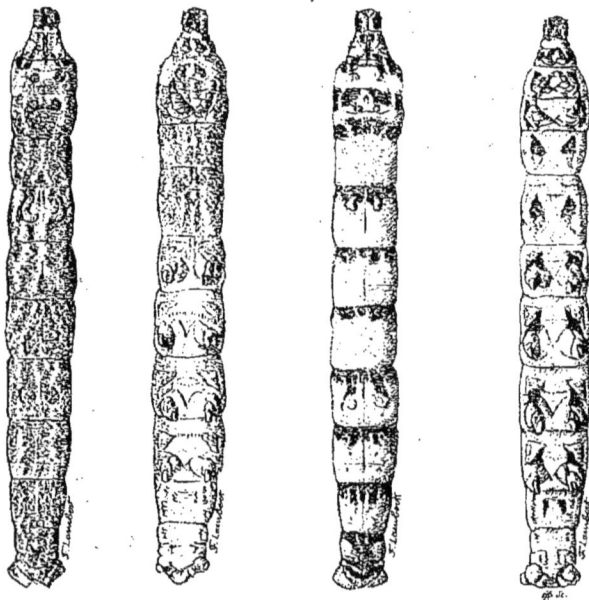

Fig. 80. — Ver type noir ou *moricaud*. Grandeur naturelle.

Fig. 81.— Ver type *blanc-rayé-noir* avec deux taches triangulaires noires ventrales par anneau. Grandeur naturelle.

face du corps du ver et sur certains anneaux, par leur association, forment des dessins variés, dont nous avons déjà parlé (p. 91 et suiv.): masque, lunules, ocelles, etc...

Chez les vers de certaines races, la peau est couverte de très petites taches noires tellement rapprochées qu'elle paraît d'un gris plus ou moins foncé (fig. 80): ce sont les vers noirs

ou *moricauds*. Il y a des vers chez lesquels la partie foncée
couvre seulement les jointures ou espaces interannulaires, et
s'étend très peu sur chaque segment du côté antérieur formant d'étroites bandes transversales noires qui donnent à la
larve un aspect rayé (fig. 81) : ces vers sont *rayés* ou *bariolés* ;
nous les appellerons vers blancs rayés de noir aux jointures.
Ils se distinguent, en outre, par la présence sur la face ven-

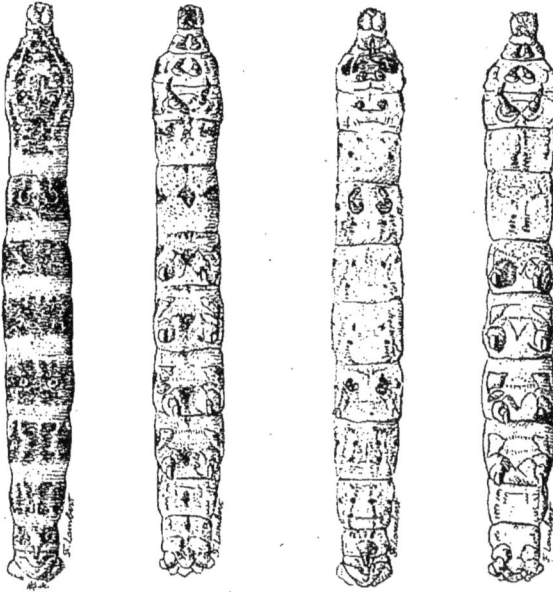

Fig. 82. — Ver type *noir-velouté
rayé-blanc,* avec une seule tache ventrale noire triangulaire
par anneau. Grandeur naturelle.

Fig. 83. — Ver *blanc* type *japonais,* avec masque très noir,
rayures longitudinales rouge-
vermillon, lunules très grosses,
très noires et 6 taches dorsales
punctiformes noires par anneau.

trale de chaque anneau de *deux taches noires* de forme triangulaire. Il existe une autre variété de vers rayés : ce sont
les vers à peau noire avec des bandes transversales blanches
aux jointures des anneaux. Ces vers (fig. 82) noir-rayé-blanc

aux jointures ont *une seule tache ventrale* triangulaire noire,
située sur la ligne médiane de chaque anneau (1). Cette variété
de vers n'est pas cultivée dans nos contrées. Les vers qui ne
sont ni moricauds ni rayés forment les *races à peau blanche*

Fig. 84. — Ver *blanc* type *ordinaire*, à masque, lunules et autres taches plus ou moins effacées. Grandeur naturelle.

Fig. 85. — Ver type à *peau bosselée (Long-Chiao)*, deux bosses dorsales par anneau. Grandeur naturelle.

qui sont les plus répandues dans les élevages européens. Ces
sortes de vers se partagent en vers ordinaires à peau blanche, sans taches punctiformes ou piquetures dorsales, avec

---

(1) Nous n'avons trouvé signalée nulle part dans aucun des ouvrages
de zoologie pure ou appliquée que nous avons pu consulter, la présence
de ces taches noires ventrales de forme triangulaire au nombre de deux
par anneau chez les vers *blanc-rayé-noir* et d'une seule chez les vers
noir-rayé-blanc (F. LAMBERT).

masque et lunules ou sans masque ni lunules (fig. 84), et en vers
à peau blanche avec 6 taches noires en forme de point au dos
de chaque anneau, avec masque et lunules très apparents. Ces
derniers vers (fig. 83) sont communs au Japon. Il y a aussi les
vers *à bosses* (fig. 85) et ceux qui sont ornés de *deux ocelles*
dorsaux par anneau et qu'on appelle en Chine *vers fleuris*.

En prenant pour base la couleur et les ornements de la peau,
on peut donc ramener les races de vers aux 8 ou 9 types
suivants :

1° Les vers d'*aspect ordinaire* à peau blanche sans piqueture
avec masque ou sans masque et lunules ;

2° Les vers *japonais* à peau blanche avec un masque sur le
mésothorax et six taches punctiformes noires sur le côté dorsal de chaque anneau ;

3° Les vers à peau blanche avec bandes noires aux jointures ou type *blanc-rayé-noir*, avec *2 taches ventrales noires*
par anneau ;

4° Les vers à *peau noire rayée de blanc* aux jointures ou
vers *noir-rayé-blanc* avec *1 seule tache ventrale* noire par anneau ; la partie noire, chez ces vers, est d'un beau noir foncé
velouté ;

5° Les vers *moricauds* à peau d'aspect gris plus ou moins
foncé ;

6° Les vers à *peau bleu clair* ou *gris perle* ;

7° Les vers à *peau verte* ou *jaune soufre* (couleur *céladon*) ;

8° Les vers *à bosses* ;

9° Les vers à ocelles ou *vers fleuris*.

En résumé, en utilisant les principaux caractères extérieurs,
ceux qui attirent davantage l'attention, dans l'œuf, la larve, le
cocon et le papillon, nous distinguerons :

Les vers

1· à œufs
- adhérents
  - toutes les races d'Europe
  - la plupart des races des autres pays
- non adhérents
  - races turques (Bagdad)
  - plusieurs races de la Perse, etc.
  - plusieurs races de la Chine

2· à larve à peau
- unie
  - *blanche* non rayée
  - — rayée de bandes noires avec deux taches noires ventrales
  - *noire* uniformément (moricauds, bouchards, etc.)
  - — rayée de bandes blanches avec une seule tache noire ventrale
  - *bleue* : races de Chine
  - *verte* : races de Chine
- bosselée : vers à bosses dorsales (2 par anneau abdominal) : races de Chine ....
  - colorées
  - non colorées

3· à cocons

blancs
- ovales et sphériques.......... : gros, moyens, petits → à grain (gros, moyen, fin) / satinés
- cylindriques................. : gros, moyens, petits → à grain (gros, moyen, fin) / satinés
- coniques et cylindro-coniques.. : gros, moyens, petits → à grain (gros, moyen, fin) / satinés

verts
- ovales (Chine)............... : gros, moyens, petits → à grain (gros, moyen, fin) / satinés
- cylindriques (Japon et Perse) .. : gros, moyens, petits → à grain (gros, moyen, fin) / satinés
- coniques................... : gros, moyens, petits → à grain (gros, moyen, fin) / satinés

jaunes
- ovales: Chine, Bengale (Europe : rares) .... : gros, moyens, petits → à grain (gros, moyen, fin) / satinés
- cylindriques : Europe (Chine : pas très nombreux)......... : gros, moyens, petits → à grain (gros, moyen, fin) / satinés
- coniques : Perse, Caucase, etc.. : gros, moyens, petits → à grain (gros, moyen, fin) / satinés
- cylindro-coniques : Chypre..... : gros, moyens, petits → à grain (gros, moyen, fin) / satinés

4· à papillons
- blancs à ailes
  - non rayées
  - rayées, c'est-à-dire ornées de bandes longitudinales de couleur noire ou grise plus ou moins foncée
- noirs, c'est-à-dire à peau couverte d'écailles de couleur grise plus ou moins foncée

D'après le nombre de générations qu'ils font dans la même année, on les partage en deux groupes :

1. Vers annuels (qui éclosent une seule fois chaque année)	Toutes les variétés d'Europe Les variétés du Levant Un grand nombre de variétés de Chine Une partie des variétés du Japon
2. Vers polyvoltins (qui éclosent deux fois ou plus de deux fois chaque année) ; ils se subdivisent en 3 sous-groupes.	A) *bivoltins* (qui éclosent deux fois) B) *trivoltins* (qui éclosent trois fois) c) *polyvoltins proprement dits* (qui éclosent plus de trois fois) — Une partie des races de Chine, du Japon, de l'Inde.

Dans la pratique, on donne ordinairement aux races les noms des contrées ou des régions où elles se sont formées sous l'influence des méthodes d'élevage ou des conditions naturelles des milieux. Quelquefois aussi elles reçoivent le nom de l'éleveur qui les a obtenues. On ne peut pas toujours attacher à ces dénominations une grande importance, car assez souvent on attribue des noms différents à des vers ayant les mêmes caractères et dont il est difficile de distinguer les produits.

A ce point de vue, c'est-à-dire suivant leur origine ou les pays où ils sont cultivés en grand, nous les diviserons en :

Vers		
	d'Europe (indigènes)	France Italie Espagne Autriche, etc.
	du Levant et de l'Inde	Turquie Perse Caucase Indes, etc.
	du Japon	
	de Chine	

Partant de cette dernière classification et dans le but de fixer les idées, nous allons maintenant donner la description sommaire de quelques-unes des principales races ou variétés des quatre groupes géographiques ci-dessus.

Ces races ont été reproduites et élevées simultanément sans

interruption pendant plusieurs années, presque toutes pendant plus de 15 années, et jusqu'à 18 et 19 années dans un même lieu du midi de la France. Nos descriptions ont été faites sur l'ensemble des produits de ces élevages. C'est également à ces produits que se rapportent les données numériques qui accompagnent les descriptions : elles n'ont rien d'absolu, mais toutes les sortes de vers ayant été élevées ensemble dans le même endroit, ayant reçu les mêmes soins toujours confiés aux mêmes personnes, ayant en outre reçu en nourriture les feuilles des mêmes mûriers, ces données ont cependant une certaine valeur comparative.

Races de Chine. — On trouve en Chine des vers à graines adhérentes et à graines non adhérentes, à larves de tous les types : à peau unie (blanche, bleuâtre, verte, noire et leurs sous-variétés) ; à peau bosselée ; des vers à cocons de toutes couleurs, formes et grosseurs ; des vers annuels, bilvotins et polyvoltins.

Nous donnons ci-dessous les descriptions de quelques races de ce pays avec quelques données numériques, relatives aux poids, dimensions, richesse soyeuse des cocons, aux poids de cocons qu'il est possible d'obtenir par once de graine.

Races annuelles de Chine. — *Pai-pi-ta-Chung*, de Yin-Chiang-Chiao (Chine). — Race annuelle à cocons blanc-verdâtre, à vers à 4 mues.

Il va 2.175 graines de cette race dans 1 gramme, soit 54.375 dans 25 grammes.

Les vers sont les uns à peau blanche sans taches, les autres à peau blanche avec masque, lunules et piquetures (type japonais) ; quelques-uns avec deux bosses dorsales par anneau sur les 7 premiers anneaux de l'abdomen. Au bout de la 4e ou de la 5e génération, ces quelques vers bossus ont disparu dans cette race.

La durée moyenne de l'élevage a été de 38 jours à la température de 22 ou 23° ; il y a eu deux cas de flacherie et deux cas de gattine dans une période de 15 années d'élevage dans le même lieu.

Le cocon est blanc ou verdâtre, de forme ovale ou cylindrique, chemisé ou non, à grain fin.

Longueur moyenne d'un cocon........... 31 millim.
Largeur   —   —   .... 17,4 —
Poids moyen d'un cocon.................. 1 gr. 133
  — maximum   —   .... 1 gr. 4
Rendement possible (1 gr. 1 × 54.375).... 59 kilog. 800
Richesse soyeuse moyenne.............. 0,14
     —   —   maximum.............. 0,17
Proportion de doubles.................. 8 o/o
     —   de rouillés.................. 1/2 o/o

Pai-pi-long-chiao tsan, de Yin-Chiang-Chiao (Chine). — Race annuelle, vers à 4 mues, à bosses dorsales, à cocons blancs.

La graine est adhérente ; il faut 1760 œufs en moyenne pour le poids d'un gramme ou 44.000 pour le poids de 25 grammes.

Les vers sont à peau blanche (*pai-pi*) ; ils présentent du côté dorsal, sur les 6 ou 7 premiers anneaux de l'abdomen, deux bosses violacées par anneau ; en Chine, on les appelle, à cause de cette particularité, «vers corne de dragon» (*Long-Chiao tsan: long*, dragon ; *chiao*, corne ; *tsan*, ver). Ces proéminences deviennent très fortes, surtout après la 3ᵉ mue. La durée de l'élevage est en moyenne de 34 jours à la température de 22 ou 23°. Ces vers réussissent mal dans nos contrées et perdent après quelques générations les bosses dorsales dont les anneaux de l'abdomen sont ornés.

Poids moyen d'un ver

A la sortie de 1ʳᵉ mue..................... 0 gr. 007
       —   3ᵉ   —   0   120
       —   4ᵉ   —   0   488
A la montée............................. 2   080

Les cocons sont blancs, ovales.

Longueur moyenne d'un cocon........ 27 1/2 millim.
Largeur   —   —   16   —
Poids moyen d'un cocon............... 1 gr. 05
Rendement moyen possible théorique-
   ment (1 gr. 05 × 44.000).............. 66 kilogr.
Richesse soyeuse moyenne............ 0,11
Proportion de doubles................ 12 o/o

Tché-Kiang (Chine) *à cocons blancs ovales.* - Race annuelle à 4 mues et à cocons ovales courts quasi sphériques ou ronds.

Le ver est blanc sans taches, assez sujet à la gattine et à la flacherie.

Poids d'un ver

A la sortie de 1ʳᵉ mue	0 gr.	005
— 2ᵉ —	2	023
— 3ᵉ —	0	100
— 4ᵉ —	0	400
Avant la montée....................	1	945
A la maturité.............................	1	760

L'élevage dure en moyenne 38 jours.

Le cocon est le plus souvent d'un beau blanc, quelquefois d'un blanc un peu verdâtre, de forme ovale courte, presque sphérique, à grain moyen fin.

Longueur moyenne d'un cocon..........	26 millim.
Largeur — —	17,8 —
Poids moyen d'un cocon...................	1 gr. 205
Richesse soyeuse moyenne des cocons....	0,13
Durée moyenne de la nymphose..........	13 jours
Proportion de doubles.........	4 o/o
Poids d'un cocon sec....................	0 gr. 489
Rapport du poids d'un cocon frais au poids d'un cocon sec...................	2,5
Rendement à la filature, pour 1 kilog. de cocons (2.040 cocons) secs (poids de soie grège tiré de 1 kilog. de cocons secs) (essais faits par M. Dusuzeau)..........	0 kil. 314
Soit pour 1 kil. de cocons frais $\dfrac{0,314}{2,500}$.....	0 kil. 127
Rentrée en cocons frais (poids de cocons frais employé pour préparer 1 kilogr. de soie grège)...........................	7 kil. 870

M. Tranquilli a fait l'élevage de vers de cette race du Tché-Kiang dans les Abruzzes (Italie); il les considère comme évoluant plus vite que les indigènes; l'état de chrysalide dure 6 jours de moins : 30 grammes de graines font 60 à 61 kil. de cocons; le poids de feuille employé est de 884 kil., soit 14 kil.

773 par kilogramme de cocons. 30 grammes de graines de vers indigènes donnent 80 kil. de cocons, mais la consommation de feuille est de 1292 kil., ce qui correspond à 16 kil. 225. Malheureusement, ces vers du Tché-Kiang sont très sujets à la *gattine* et on n'obtient pas souvent une réussite parfaite. 8 kil. 330 de ces cocons (à l'état frais) donnent 0 kil. 169 de cocons doubles, 1 kil. de soie grège et 0,130 de frisons.

Pai-pi-hoang-chiao, de Ssu-Chuang (Chine). — Race annuelle de Ssu-Chuang à 3 mues, à cocons blancs fusiformes.

Graines adhérentes.

Vers à 3 mues blancs sans taches ou blancs piquetés comme les vers de type japonais. Sur une période de 13 années d'élevage, ils ont été atteints une fois de la gattine. Quoique ces vers subissent seulement 3 mues, leur vie se prolonge au moins autant que pour les vers à 4 mues : la durée de l'élevage de l'éclosion à la montée est de 38 jours, en moyenne, à la température de 22 ou 23° centigrades.

Le cocon est blanc crème ou blanc-verdâtre, ovale très allongé *fusiforme,* souvent faible de pointe, à grain fin. Parmi les cocons blancs, on en rencontre assez souvent quelques-uns de couleur jaune pâle (de la même nuance que les cocons jaunes indigènes).

Longueur moyenne d'un cocon.........	34 millim.
— maximum —	38 —
Largeur moyenne —	14 1/2 —
— maximum —	17 —
Poids moyen d'un cocon...............	1 gr. 055
— maximum d'un cocon............	1 gr. 375
Richesse soyeuse moyenne............	0,12
— — maximum............	0,14
Proportion de doubles.................	3 o/o

Pai-pi tsan. — Race de Chine annuelle à vers blancs rayés de noir aux jointures, à cocon jaune-rosé.

Nous avons tiré cette race d'une race chinoise, à cocons blanc-verdâtre, en 1894.

Les graines sont adhérentes.

Les vers sont tous blancs avec bandes transversales noires interannulaires ; ils ont été atteints deux fois de la flacherie en

12 années d'élevage ; cependant ils paraissent robustes. L'élevage dure 39 jours à 22 ou 23° ; ils se développent donc lentement.

Le cocon est joli, rosé, plutôt petit, cylindrique, légèrement cintré, à bouts ronds, à grain moyen ou moyen fin selon les années. Ce petit cocon chinois se rapproche par sa taille, sa forme, sa structure du *Bione* d'Italie.

Longueur moyenne d'un cocon......... 35 millim.
Largeur   —   —   19   —
Poids moyen d'un cocon.................. 1 gr. 787
  — maximum d'un cocon .... 2 gr. 34
Rendement possible :
Richesse soyeuse moyenne 0,14
  —   —   maximum 0,15

Cette race de Chine ressemble, à s'y méprendre, à une race européenne ; le principal caractère qui permet de la distinguer est la remarquable fixité des rayures et la durée prolongée de l'état larvaire. Le cocon, petit, rappelle le cocon Bione.

Autres races annuelles de Chine. — Les races de Chine sont extrêmement nombreuses ; nous en avons étudié, dans ces dix-huit dernières années, environ 300 de diverses provenances, dont les vers ont été élevés simultanément en même temps que des vers de races indigènes ou étrangères de différents pays. Les vers de ces races appartiennent aux types 1, 2, 3, 4, 5, 7, 8 et 9 (p. 339). Les vers à bosses perdent leur caractère, deviennent à peau unie après 7 ou 8 générations ; les vers noir-velouté-rayé-blanc et fleuris finissent aussi par perdre leurs couleurs distinctives : ils commencent par devenir blancs ; les ocelles persistent le plus longtemps et on a alors des vers blanc-fleuri.

La plupart de ces races, dans les premières années d'élevage dans nos pays, sont à cocons *ovales* ; quelques-uns quasi sphériques ; dans la suite, ils tendent à devenir cylindriques plus ou moins cintrés, c'est-à-dire à prendre la forme de cocons européens; ils deviennent, en même temps, plus gros et moins fins. Ils sont de trois couleurs : blanche (la couleur blanche domine), verte ou jaune.

Parmi les races à cocons blancs, il y en a dont la culture serait aussi avantageuse que celle des races indigènes de même nuance comme poids de cocons récoltés pour une once de graines et dont la soie est de qualité supérieure.

Voici l'énumération de quelques-unes des races annuelles de Chine que nous avons étudiées :

Pai-pi-hoang-chiao tsan, de Hou-tchéou, province de Tche-Kiang, à cocons jaunes ovales ou à peine cintrés (*Pai*, blanc ; *pi*, peau ; *Hoang*, jaune; *chiao*, pied): vers à peau blanche et à pieds jaunes ; *Pai-pi tsan*, de Yu-hang Tche-Kiang (*B. cathayanus*, de M. Moore), à cocons blancs ovales ou cylindriques ; *Pai-pi*, de Tien-taï, à cocons blancs ronds ; *Pai-pi-long-chiao*, de Chen-hai: vers bossus (corne de dragon), à gros cocons blancs ; *Pai-pi*, d'Amoy (Fou-Kien), à gros cocons jaunes ; *Man-cha tsan*, de Fou-tchéou (Fou-Kien), à cocons petits blancs ; *Hung-mao-chung*, de Chu-chi, à cocons blancs, ovales, allongés ; *Ta-kien-chung*, de Chu-chi, à cocons blancs, fusiformes ; *Hei-pi-chè tsan*, de Yang-chiao ta (*Hei*, noir; *pi*, peau): vers moricauds, à cocons petits blanc-verdâtre, fusiformes ; *Hua-pi-chè tsan*, de Wang-chia-ta (*Hua*, tacheté ou marqué ; *pi*, peau): vers à peau tachetée, à cocons blancs ovales ; *Pai-pi-sain-mien tsan*, de Nan-tsing, à 3 mues ; *Pai-pi tsan*: vers à 3 mues, à cocons verdâtres ; *Pai-pi tsan*, de Kia-ting (province de Se-Tchouan): vers à 3 mues, à cocons blancs fusiformes et à cocons verts ; *Pai-pi tsan*, de Ssu-Chuang : vers blancs sans taches, à 3 mues, à cocons jaunes en forme de fuseau ; *Pai-pi-hoang-chiao tsan*, de Ssu-Chuang: vers à 3 mues, à cocons blancs, à cocons couleur crème et à cocons jaunes fusiformes ; *Hua-pi tsan*, de Fou-tchéou (province de Fou-Kien): vers à peau noire veloutée, rayé-blanc (*Hartii*, de M. Moore); *Pai-pi-siao-chung*, de Ying-chung-chiao (*B. m. siling-chiae*, de M. Moore): vers à 4 mues blancs, à cocons ovales blanc pur ; *Pai-pi-long-chiao*, de Chen-hai (*B. m. rondotii*, de Frédéric Moore): vers à peau bosselée (2 bosses dorsales par anneau abdominal), à cocons blancs gros, ovales ou cylindriques, très jolis ; *Chung-chung-pai-pi-hoang-chiao* (*B. m. imperialis*, de M. Frédéric Moore): vers d'aspect ordinaire à 4 mues, à cocons jaunes en fuseau ; *Pai-pi-hoang-chiao* (*B. m. confucii*, de M. Moore): vers blancs sans taches, à 4 mues, à cocons ovales jaunes; *Pai-pi tsan*, de Hseï-chia-weï (près Chang-haï): vers blancs sans taches, à 4 mues, à cocons blancs cylindriques cintrés, de type européen, etc.

Races polyvoltines de Chine.—*Pai-pi-tou-cul tsan tzu*, de Hon-
joa (ou Hou-Keou) (Chine). — Race bivoltine, à vers blanc-
bleuâtre ou gris perle, à 4 mues, à cocons blancs de la Chine.

Les graines sont adhérentes ; il en faut 2.151 pour peser un
gramme, ce qui correspond à 53.775 œufs pour l'once.

Les vers sont à peau blanche bleuâtre quand ils commencent à
être déjà gros ; petits comme les vers de toutes les races bivoltines ou polyvoltines ; ils ont sur le métathorax un masque d'un
noir foncé, des lunules également très noires et six taches punctiformes dorsales par anneau de l'abdomen.

Ils ont été atteints deux fois de flacherie déclarée en 15 années
d'élevage, soit en 39 générations.

La durée de l'élevage pour la 1re génération est en moyenne de
29 jours. Celle de la 2e génération est de 33 jours.

> Poids d'un ver à maturité.............   2 gr. 43
> Poids des lobes soyeux........... ...   0   52
> Couleur   —   ....   blanche

Les cocons sont d'un beau blanc, parfois d'un blanc légèrement
verdâtre, petits, cylindriques, peu cintrés, bien arrondis à l'une
des extrémités, un peu atténués à l'autre. Le grain est très fin ;
on en rencontre cependant certaines années qui sont satinés ; ils
sont légers et très peu fournis de soie.

Longueur moyenne d'un cocon de 1re génération. .   27,6 millim.
   —   maximum   —   —   ...   29 »   —
   —   moyenne   —   2e   —   ...   29,7   —
   —   maximum   —   —   ...   30 »   —
Largeur moyenne   —   1re   —   ...   15,5   —
   —   maximum   —   —   ...   16,3   —
   —   moyenne   —   2e   —   ...   14,6   —
   —   maximum   —   —   ...   15,5   —
Poids moyen d'un cocon de 1re génération........   0 gr. 838
   — maximum   —   —   0   971
   — moyen   —   2e   —   0   913
   — maximum   —   —   1   142

Rendement moyen théoriquement possible :

A la 1re génération (0 gr. 838 × 53.775)..............   45 kilogr.
    2e   —   (0 gr. 913 × 53.775).............   49   —

Richesse soyeuse moyenne des cocons de 1re génération .. 0,09
—   —   maximum   —   —   0,11
—   —   moyenne   —   2e   —   0,11
—   —   maximum   —   —   0,14

Nous venons de dire que cette race donne deux générations de chenilles et par conséquent deux récoltes de cocons chaque année. Sous nos climats, l'élevage des vers de la 1re génération a lieu à la même époque que l'élevage des vers annuels, il dure en moyenne 29 jours, et celui de la seconde se fait en été, à la température ordinaire, sans chauffage, il dure 33 jours. Depuis la montée à la bruyère des vers de la 1re génération jusqu'à l'éclosion des larves de la 2e génération, éclosion qui se fait naturellement sous l'action de la chaleur du soleil, il s'écoule environ un mois (27 jours en moyenne). Les vers de la 2e génération réussissent ordinairement mieux que ceux de la 1re ; en 15 années d'élevages consécutifs de cette race, nous n'avons pas rencontré un seul cas de flacherie intense parmi les vers de 2e génération. Les cocons sont plus gros, surtout plus longs, mieux étoffés, plus lourds que ceux de 1re génération.

Autres races bivoltines. — Il existe plusieurs autres races bivoltines ou polyvoltines ; elles diffèrent par la couleur ou l'ornementation de la peau des larves et par la couleur des cocons. Les sept premiers types de larves précédemment décrits (p. 336 et suiv.) se rencontrent chez ces races ; on y trouve en outre un type à *peau verte (jaune soufre)* couleur *céladon* et un à *peau bleue* ou *bleuâtre* ; nous n'avons rencontré le type à peau verte dans aucune des nombreuses races annuelles indigènes ou étrangères, anciennes ou nouvelles que nous avons eu l'occasion d'observer. Ce ver à peau verte est avec masque ou sans masque, avec lunules ou sans lunules, avec taches ou sans taches punctiformes.

Les cocons des races polyvoltines sont blancs ou jaunes ou verdâtres, cylindriques plus ou moins cintrés ou ovales. Les papillons sont à ailes blanches sans rayures ou avec rayures.

Ces races sont surtout remarquables par la vigueur des vers et leur résistance exceptionnelle aux maladies accidentelles, notamment à la flacherie. Voici l'énumération de quelques-unes de ces races.

Ché-shu : vers polyvoltins à peau blanche rayée de noir et à peau blanche sans taches, se nourrissent de feuilles de l'arbre *Ché* (*Cudrania triloba*), cocons blancs cylindriques petits comme tous les cocons des polyvoltins ; *Pai-pi tsan* : polyvoltins, à vers gris bleu (couleur bleu acier), à cocons blancs et blanc-verdâtre ; *Hua-pi tsan*, de Teng-hua : vers à peau de couleur verte (nuance *soufre* ou *céladon*), à cocons blancs, etc., *Ho-hang-pi tsan* (B. *kleinwachterii*), de M. Moore.

Race Corée, à cocons blancs. — L'origine de cette race est incertaine. Elle est très estimée dans la Vénétie (Italie) et dans le Trentin (Autriche) et les croisements de cette race avec les races indigènes à cocons jaunes sont très appréciés des cultivateurs de ces pays à cause de la vigueur des vers. Ces vers de croisement corée sont tellement robustes que M. Bellinato (1) n'a pas craint de dire qu'*il faut les écraser sous les pieds pour les faire mourir* ; ils donnent, ajoute M. Bellinato, un bon produit même aux plus négligents éleveurs.

Selon M. Quajat (2), il va 51.000 œufs de cette race dans 25 grammes.

Le ver est à 4 mues ; il est des plus vigoureux, des plus prompts à franchir les phases successives de son développement : la durée de l'élevage oscille entre 25 et 28 jours, selon M. Quajat, à la température ordinaire des élevages.

Le cocon est blanc à reflet légèrement verdâtre (pas d'un blanc très pur), cylindrique, légèrement cintré ; il ressemble à un petit Bagdad.

Longueur moyenne d'un cocon.........	30 millim.	
Largeur — —	15 —	
Richesse soyeuse —	0,15	
Poids moyen —	1 gr. 50	
Rendement théoriquement possible :		
(1 gr. 5 × 51.000)	76 kil.	

---

(1) *Industria serica*. Année 1902.

(2) *Razza corea* (in Boll. mens. di Bachi. Padoue 1892) et *Studio sperimentale sulle principali razze*. Padoue 1902. — *Dei Bozzoli più pregevoli*. Padoue, 1904.

Avantages et inconvénients des races de Chine. — Les cocons de la plupart des races de Chine sont plus petits et pèsent moins que ceux des races d'Europe ou du Levant. Malgré cette infériorité de poids, ces races sont cependant susceptibles de donner des bons rendements, ainsi qu'on vient de le voir, parce que la petitesse des cocons est compensée par le nombre des graines qui dépasse d'environ 1/4 ou 25 o/o celui des graines indigènes pour le même poids. Toutefois, ces races donnent rarement dans nos contrées des rendements pleinement satisfaisants. Soit que l'éclosion se fasse mal, soit qu'une proportion plus ou moins considérable de vers se perde pendant la durée de l'élevage, on aboutit finalement avec ces vers à des récoltes de cocons de 35 ou 40 kilogr. par once de 25 grammes, lorsque à côté les vers d'Europe donnent, pour le même poids de graines, des produits de 60 à 70 kilogr. de cocons de qualité supérieure.

Il serait cependant possible par la sélection de tirer de ces races, dont plusieurs sont bien distinctes par les caractères de la larve, du cocon et même du papillon, de bonnes variétés très productives en magnanerie, à cocons aussi lourds que ceux des races d'Europe et d'un bon rendement en filature. Ainsi parmi les races à cocons blancs, il en est dont le cocon est aussi gros, presque aussi lourd, de forme irréprochable tout en étant bien supérieur à celui de nos races indigènes blanches par sa nuance du blanc le plus pur : on ne trouve jamais parmi les cocons de ces races, qui sont bien pures, la plus petite proportion de cocons jaunes ou jaunâtres, verts ou verdâtres. Il en est de même des races à cocons jaunes ; il sera facile de tirer de ces races, dont quelques-unes sont du type jaune le plus pur, des variétés aussi avantageuses pour le poids et la qualité du cocon que nos races indigènes et supérieures à celles-ci par la netteté et la fixité des caractères dans la larve, le cocon et le papillon.

Races du Japon. — Les vers du Japon sont très résistants à la flacherie et on les emploie dans les endroits où les races d'Europe échouent fréquemment.

Les races du Japon sont annuelles ou bivoltines. Ces dernières n'ont aucun intérêt pour nous. Les races annuelles sont à cocons verts et à cocons blancs. Les races à cocons verts sont peu estimées des filateurs à cause de la grande quantité de déchets que ces cocons donnent au dévidage.

Voici la description de 2 ou 3 de ces races annuelles :

Shiro-ko-ishi-maru, de Shinano (Japon), *à cocons blancs.* — Race annuelle à 4 mues, à cocons blancs, du Japon.

Les graines sont adhérentes ; il en va 2.075 dans 1 gramme ou 51.875 à l'once de 25 grammes.

Les vers appartiennent au type japonais, c'est-à-dire à peau blanche avec masque, lunules complexes, avec six taches dorsales punctiformes sur chacun des 7 premiers anneaux de l'abdomen. Parmi ces vers, il s'en trouve de type effacé, c'est-à-dire à peau blanche, sans piquetures, avec masque ou sans masque. La durée de l'élevage est à peu près comme pour les vers de races européennes. Ces vers sont vigoureux.

Le cocon est blanc ou blanc-verdâtre, de type japonais, c'est-à-dire court, étranglé, à extrémités arrondies en boule, à grain fin ou moyen fin.

Longueur moyenne d'un cocon......... 29 millim.
   —   maximum   —   33   —
Largeur moyenne   —   16   —
   —   maximum   —   19   —
Poids moyen d'un cocon................ 1 gr. 47
   —   maximum d'un cocon .... 1 gr. 75
Rendement moyen possible théoriquement (1 gr. 47 × 51.875).............. 76 kil.
Richesse soyeuse moyenne...... 0,14
   —   —   maximum.... 0,16
Proportion de doubles .... 7 o/o
   —   de tachés de rouille......... 8 o/o

Kiuseï ou *Kiséi,* de Shinano (Japon), *à cocons verts (B. japonicus,* Moore). — Race annuelle à vers à 4 mues, à cocons verts, du Japon.

La graine est adhérente ; il en faut en moyenne 2.032 pour faire
1 gramme ou 50.800 pour une once de 25 grammes.

Les vers sont de type japonais ordinaire. Durée de l'élevage :
34 jours environ à la température de 23° centigrades.

Les cocons sont de couleur verte, de même forme et structure
que les *Shiro-ko-ishi-maru*.

Longueur moyenne d'un cocon . . . .   29 millim.
Largeur   —   —   15   —
Poids moyen d'un cocon. . . . .   1 gr. 5
Récolte possible (moyenne) théorique-
    ment (1 gr. 5 × 50.800). . . .   .   76 kil.
Richesse soyeuse.   0,13

Races diverses du Japon. — Il existe au Japon différentes autres
races, les unes annuelles, les autres bisannuelles ; les plus cultivées sont à cocons blancs du type *Shiro-ko-ishi-maru* (*Shiro*,
blanc ; *ko*, petit). Voici les noms de quelques-unes de ces variétés :
Aka-jiku-tchû-su, d'Iwashiro (*Aka*, rouge ; *jiku*, mûr ; *tchû-su*,
moyen): vers ornés de bandes longitudinales couleur vermillon
à cocons de grosseur moyenne ; *Ao-jiku-tchû-su*, d'Iwashiro (*Ao*,
bleu): vers à peau bleuâtre ; *Ki-hime*, de Shinano, etc.

M. A. Ishiwata (1) compare entre elles ces deux races avec une
autre du même pays appelée *Tsunomata*. Voici quelques-uns des
chiffres qu'il a recueillis sur l'élevage et le produit des vers de
ces races élevées simultanément :

	Ao-ji-ku	Ko-ishi-maru	Tsunomata
Durée de l'élevage.	34 jours	34 jours	34 jours
Quantité de feuille mangée.	905 kil.	913 kil.	784 kil.
Récolte pour 25 grammes de graines..	69 kil.	69 kil. 1/2	60 kil. 7
Quantité de cocons secs pour obtenir 1 kil. de soie.	3 kil. 111	3 kil. 286	2 kil. 183

Sur la valeur des races du Japon. — Les réflexions que nous
avons faites sur les qualités avantageuses et les défectuosités

---

(1) S. Ishiwata. — *Sur les trois meilleures races des vers à soies du mûrier au Japon*. Tokio, 1904.

des races de Chine sont en partie applicables à celles du Japon.
En ce qui concerne la vivacité des vers, la rapidité d'évolution,
la résistance à la flacherie, bien peu parmi les races que nous
connaissons peuvent rivaliser avec celles du Japon, si ce n'est
la race dite *Corée*.

Mais aucune race du Japon ne donne dans nos pays des produits de cocons aussi bons pour la quantité et pour la qualité
que ceux de nos races d'Europe dans les milieux qui leur conviennent, et le prix élevé des cocons jaunes ou blancs du pays
doit nous engager à élever ces races, de préférence, partout où
elles sont susceptibles de donner des réussites à peu près régulières.

Spécialement en France, nous avons dans le Languedoc, le
Vivarais, le Roussillon, le Dauphiné et la Provence des milieux
tellement favorables à la réussite des vers que nous n'avons
guère besoin de recourir, dans ces milieux, aux races japonaises, ou à leur croisement, si ce n'est en quelques rares situations basses de l'Ardèche, de la Drôme ou du Gard, où la flacherie est fréquente.

Ailleurs, la culture de nos variétés indigènes du Roussillon,
des Cévennes, du Var, des Alpes, de la Corse, ou les croisements de ces variétés, est préférable à tous égards.

Races de l'Inde et du Levant. — *Races de l'Inde.* — Les unes
sont à cocons jaune doré, les autres à cocons blancs ou blanchâtres ; ces cocons sont petits, de forme ovale ou conique,
très duveteux. La plupart de ces races sont polyvoltines ; elles
se prêtent mal à l'élevage dans nos climats.

Race Bagdad (Turquie). — Parmi les races du Levant, l'une des
plus répandues est la race turque dite de Bagdad, à gros cocons
blancs verdâtres, à graines non adhérentes, il en faut en
moyenne 1.335 pour un gramme ou 33.375 pour une once de 25
grammes.

Les vers de cette race sont gros, à peau blanche comme la
plupart de ceux des races européennes avec masque ou sans
masque.

Leur élevage dure 36 jours, en moyenne. Dans l'espace de 5 années ils ont été atteints une fois de la flacherie ; ils sont, quoique gros, assez robustes.

Voici le poids d'un ver aux différents âges :

A la sortie de 1re mue.	0 gr. 011	
— 2e —	0 gr. 048 à 0 gr. 057	
— 3e —	0 gr. 258	
— 4e —	1	06
Au maximum de taille........... .	4	35
Ver à maturité..................	3	00

Le cocon est cylindrique cintré, à bouts arrondis, quelquefois un peu atténués, de couleur blanche verdâtre, à gros grain. On rencontre parfois quelques cocons jaune paille ou doré (1 o/o) de même forme et structure parmi les blancs. Voici quelques chiffres relatifs aux cocons, à la durée de la nymphose et du papillonnage :

Longueur moyenne d'un cocon..............	39 millim.
— maximum —	45 —
Largeur moyenne —	19 1/2 —
— maximum —	21 —
Poids moyen d'un cocon........	2 gr. 25
— maximum —	3 »
Rendement moyen théoriquement possible (2 gr. 25 × 33.375)...................	75 kilg.
Richesse soyeuse moyenne........	0 kil. 15

Race de Chypre à cocons jaunes. — La race de Chypre est à gros cocons jaunes cylindro-coniques.

Les œufs sont adhérents ou non adhérents ; il en faut environ 1200 (1236) pour un gramme, soit 30.900 pour l'once de 25 grammes.

Les vers sont vigoureux, à peau blanche avec masque ou sans masque, sans piquetures, quelquefois mêlés de moricauds. Voici le poids d'un ver aux différents âges :

Poids d'un ver

A la sortie de 1re mue	0 gr.	01
— 2e	»	»
— 3e	0	31
— 4e	1	24
Un ver tournant à la maturité............ ...	4	23

L'élevage dure en moyenne 40 jours.

Le cocon est jaune safran (doré), jaune paille, parfois rosé, cylindro-conique (l'extrémité postérieure terminée en pointe), cintré, à gros grain, parfois satiné. Parmi les cocons jaunes on rencontre quelquefois des blancs de même forme et structure. Ces cocons sont défectueux à cause de leur forme ; souvent faibles, quelquefois ouverts à l'extrémité terminée en pointe.

Longueur moyenne d'un cocon............	53,2 millim.
— maximum —	56 —
Largeur moyenne —	25 —
— maximum —	27 —
Poids moyen d'un cocon.................	2 gr. 86
— maximum —	3 gr. 4
Rendement moyen possible théoriquement (2 gr. 86 × 30.090).	88 kil.
Richesse soyeuse moyenne..............	0,167
— — maximum........... ..	0,18
Durée de la nymphose.............	20 jours

Pas de doubles ou en très faibles proportions. Cette race est susceptible de donner de *très forts rendements* et des cocons très fournis de soie.

Race Sebzevar (Perse). — Les vers Sebzevar sont à cocons jaunes, vert clair et blancs verdâtres. Les graines sont adhérentes ou pas adhérentes ; il en va 1.176 au gramme ou 29.400 à l'once de 25 grammes.

Les vers sont très gros, d'aspect ordinaire avec ou sans masque ; très lents à évoluer. L'élevage dure en moyenne 47 jours et jusqu'à 51 jours à la température ordinaire des magnaneries dans nos pays.

Les cocons sont de couleur jaune doré ou paille, vert clair, ou blanc-verdâtre, presque de la *grosseur d'un œuf de poule*, très satinés, à coque ordinairement peu épaisse et spongieuse.

	Sebzevar jaune	Sebzevar vert clair et blanc-verdâtre
Longueur moyenne d'un cocon....	49,71 millim.	52 millim.
— maximum —	53 —	59,2 —
Largeur moyenne —	27,75 —	28,18 —
— maximum —	31 —	31 —
Poids moyen d'un cocon..........	2 gr. 93	3 gr.
— maximum —	3 gr. 14	4 gr.
Produit moyen théoriquement possible pour une once de 25 gram.	86 kil.	88 kil.
Richesse soyeuse moyenne des cocons.......	0,14	0,13
Durée de la nymphose (état de chrysalide)....................	24 jours	24 jours
Proportion des doubles..........	3 ou 4 o/o	3 ou 4 o/o

Cette race perd assez vite, dans nos climats, ses qualités distinctives : déjà, à partir de la 3e ou de la 4e année, la taille et le poids des cocons commencent à diminuer.

Races du Khorassan (Turbath et Malvalane) (Perse), *à cocons blancs, jaunes et verts.* — Les graines de ces races du Khorassan sont adhérentes, il en faut environ 1.930 pour le poids de 1 gramme ou 47.250 pour l'once de 25 grammes.

Les vers de ces 3 races se ressemblent, ils ont la peau de couleur grisaille clair, avec masque, lunules et taches punctiformes comme dans le type japonais, ou bien avec masque sans piquetures ou encore sans masque ni piquetures. Ils évoluent très lentement : en moyenne, il s'écoule 40 jours depuis l'époque de leur naissance jusqu'à celle de leur montée à la bruyère. Malgré cette lenteur d'évolution, ces vers sont robustes. Le poids d'une larve à maturité est de 2 gr. 55.

	POIDS D'UN VER	
	Khorassan jaune	Khorassan vert
A la sortie de 1re mue	0gr005	0gr0025
— 2e —	0 022	0 027
3e —	»	0 100
— 4e —	0 493	0 43
Au maximum de taille	4 4	3 2
A maturité.................	3 6	2 3

MAILLOT-LAMBERT ; *Ver à soie.* 23

Le cocon est cylindrique, de couleur blanche, jaune orange ou verte ; ces cocons sont à grain fin ou moyen.

	Khorassan blanc	Khorassan jaune	Khorassan vert
Longueur moyenne d'un cocon..	31,9^{mm}	35,4^{mm}	31,9^{mm}
— maximum — ..	34	41,4	32,5
Largeur moyenne d'un cocon...	16,6	17,9	15,1
— maximum — ...	18	20,9	16
Poids moyen d'un cocon.	1^{gr}45	1^{gr}38	1^{gr}4
Rendement moyen possible....	68 k. 1/2	65 k.	66 k.
Richesse soyeuse moyenne....	0,12	0,14	0,13
— — maximum...	0,15	0,15	0,16
Proportion de doubles p. 100..	»	12 ou 13	14 ou 15

Race d'Hérat (Afghanistan). — Les vers d'Hérat, comme ceux de Sebzevar, donnent des cocons de couleurs différentes : jaune clair ou doré, blanche et verte. Leur forme est conique.

Les œufs ne sont pas adhérents.

Les vers sont des types japonais et ordinaire mêlés, à peau couleur grisaille ; ils évoluent lentement : leur élevage dure en moyenne 38 jours ; ils sont, malgré cette lenteur, de tempérament vigoureux.

	POIDS D'UN VER	
	Hérat jaune	Hérat blanc-verdâtre
A la sortie de 1re mue	0^{gr}008	0^{gr}009
— 2e —	0 03	0 03
— 3e —	0 120	0 128
— 4e —	0 540	0 570
Au maximum de taille......	3 4	4 0
A la maturité	2 9	3 10
Lobes soyeux (réservoirs et sécréteurs)	»	1 10

Le cocon est gros, irrégulier, souvent asymétrique dans le sens de la longueur (aplati, comme comprimé longitudinalement sur une des faces, renflé en bosse arrondie sur les autres), conique (pyriforme), non cintré, satiné, plus ou moins duveteux.

	Hérat conique jaune	Hérat conique blanc-verdâtre
Longueur moyenne d'un cocon...	39,5mm	38,8mm
Largeur — — ...	20,45	20,4
Poids moyen d'un cocon	1 gr. 54	1 gr. 57
Richesse soyeuse d'un cocon....	0,13	0,13
Proportion de doubles	20 o/o	28 o/o
Durée de la nymphose	16 jours	14 jours
— du papillonnage..........	2 à 5 jours	2 à 5 jours

D'autres vers d'Hérat donnent des cocons cylindriques : les uns rappellent par la taille et la couleur les cocons Bagdad (longueur 46 millimètres, largeur 27 millimètres, poids 2 gr. 3, richesse soyeuse 0,14) ; les autres ressemblent beaucoup aux japon verts, avec cette différence que la forme est *longue* au lieu d'être courte, les extrémités plus ou moins atténuées au lieu d'être sphériques, le milieu déprimé plutôt qu'étranglé (longueur 28,5 millimètres, largeur 14 millimètres, poids 1 gr. 7, richesse soyeuse 0,15, doubles 6 o/o).

Autres races du Levant. — Il existe dans le Caucase, le Turkestan, la Perse, l'Asie centrale des races annuelles de presque tous les types : vers blancs, type indigène ; vers blancs, type japonais ; vers noir-velouté-rayé-blanc avec une tache ventrale ; vers moricauds. Les cocons de ces vers sont variés : cylindriques, coniques, ovales ; de couleur blanche, jaune (de diverses nuances), verte ; à grain gros ou moyen, souvent satinés. Les graines sont adhérentes ou non adhérentes. Quelques-unes de ces races (à cocons blancs ou à cocons verts) évoluent plus rapidement que nos races indigènes.

En général, les œufs des races du Levant, de la Chine et du Japon éclosent plus tôt et plus facilement que ceux des **races** indigènes et évoluent plus vite ; mais il y a des exceptions, et, parmi les races de Chine et du Levant, il s'en rencontre dont les vers sont tardifs, lents, paresseux et franchissent avec une grande lenteur leurs phases successives de développement.

Races d'Europe. — Les races d'Europe, vulgairement appelées indigènes, sont toutes annuelles, à cocons de couleur jaune ou de couleur blanche. Presque toutes sont à vers blancs

sans piquetures ; quelques-unes ont des vers blancs rayés de
noir aux jointures, d'autres des vers moricauds.

On ne connaît pas actuellement de races dont la culture soit
plus avantageuse que celle des races européennes à cause des
rendements élevés qu'on en retire et de la qualité des cocons.
Aussi on les choisit de préférence aux autres, à moins que les
conditions de l'élevage ne leur soient par trop défavorables. On
reproche aux vers indigènes l'insuffisance de leur résistance à
la flacherie. Par suite, dans les pays où cette maladie est fréquente, on a recours à des races moins productives, à cocons
de qualité moins bonne, mais dont la réussite est plus assurée
à cause de la robusticité des vers, comme les races du Japon,
certaines races de la Chine, ou à des produits de croisements
de ces races avec des races européennes.

Races de France. — En France, les races les plus renommées sont celles des régions montagneuses des Cévennes, des
Pyrénées, des Alpes et de la Corse ; en Italie, celles du Piémont, des collines du Milanais, des Apennins.

Race des Cévennes à cocons jaunes (France). — Le berceau de
cette race est la région montagneuse du département du Gard. Il
faut en moyenne 1.431 graines de cette race pour faire le poids de
1 gramme ou 35.775 pour une once de 25 grammes.

Les vers appartiennent au type ordinaire à peau blanche, les
uns avec masque, les autres sans masque. La durée moyenne de
l'élevage, à la température de 22 ou 23 degrés, est de 35 jours.
Ces vers sont de tempérament robuste ; pendant une période de
16 années de reproduction et d'élevage dans le même milieu,
nous avons constaté 2 cas de grasserie et un seul cas de flacherie.

Les cocons sont de couleur jaune pâle, ou rosé, à grain moyen
ou moyen fin, à peine cintrés.

Longueur moyenne d'un cocon..............	35 millim.	
— maximum —	38 1/2 —	
Largeur moyenne —	18 —	
— maximum —	19 —	

Poids moyen d'un cocon............. .... 1 gr. 829
   — maximum — .... 2 gr. 310
Rendement moyen théoriquement possible
  en cocons frais, par once de 25 grammes
  (1,8 × 35.775)............................ 64 kil.
Richesse soyeuse moyenne................. 0,14
  —   — maximum............... 0,16

Race des Cévennes à cocons blancs (France). — Dans un gramme de graines de cette race, il entre en moyenne 1.454 œufs, ce qui fait 36.350 pour le poids de 25 grammes.

Les vers sont du type à peau blanche sans masque ; les cocons sont blancs, cylindriques, légèrement cintrés.

Longueur d'un cocon........................ 36 millim.
Largeur   — .... 18 —
Poids   -- .... 1 gr. 8
Richesse soyeuse d'un cocon............... 0,16
Rendement possible en théorie............ 65 kil.

Race du Roussillon ou des Pyrénées-Orientales (France). — Il va 1.537 œufs de cette race dans le gramme, soit 38.425 à l'once de 25 grammes.

Les vers sont d'aspect ordinaire, c'est-à-dire à peau blanche, à ornements plus ou moins effacés, avec masque ou sans masque sur le thorax. La durée moyenne de la vie larvaire est de 35 jours à la température de 22 ou 23 degrés. Dans une période de 17 années de reproduction et d'élevage dans le même lieu, il y a eu un cas de flacherie.

Les cocons sont jaune-rosé ou jaune pâle (le plus souvent rosés), plutôt petits et *courts*, à grain fin ou moyen, très peu cintrés.

Longueur moyenne d'un cocon.............. 34 millim.
  — maximum — .... 37 —
Largeur moyenne   — .... 18 —
  — maximum — .... 19 —
Poids moyen d'un cocon.................... 1 gr. 813
  — maximum — .... 2 gr.

Rendement moyen théoriquement possible
en cocons frais, par once de 25 grammes
(1 gr. 8 × 38.425)........................ 70 kil.
Richesse soyeuse moyenne................. 0,14
—   —   maximum................ 0,19

Les cocons de la race du Roussillon sont parfois d'une richesse soyeuse très élevée.

Race des Alpes (France). - Le nombre des œufs de cette race nécessaire pour faire le poids de un gramme est à peu près le même que pour la race des Cévennes, à cocons jaunes ; ce nombre est en moyenne de 1 434, ce qui correspond au chiffre de **35.850** pour le poids de 25 grammes.

Les vers sont blancs avec masque ou sans masque. La durée de l'élevage, comptée du 1er jour de l'éclosion jusqu'à celui du *démamage*, à la température ordinaire de 22 ou 23 degrés, est de **36** jours. Ce ver est d'un bon tempérament, vigoureux.

Le cocon est plutôt long, jaune pâle et jaune-rosé, quelquefois jaune paille, à grain moyen. Voici les résultats moyens des mesures prises sur les cocons de 17 générations :

Longueur moyenne d'un cocon............ 35,5 millim.
—   maximum   —   38,3   —
Largeur moyenne   —   18   —
—   maximum   —   19   —
Poids moyen d'un cocon................. 2 gr. 834
—   maximum   —   .... 2 gr. 270
Rendement théoriquement possible en cocons frais, par once de 25 grammes
(2 gr. 8 × 35.850)........................ 64 kil. 500
Richesse soyeuse moyenne................ 0,14
—   —   maximum................ 0,16
Proportion de doubles.................... 2 ou 3 o/o

Cette race est l'une des meilleures sous tous les rapports.

Race du Var (France). — Le nombre de graines au gramme est en moyenne 1.408 dans la race du Var, il y a donc 35.800 œufs dans 25 grammes de cette graine. Mais dans la race du Var, comme d'ailleurs dans la plupart des autres races, on distingue

des variétés à gros, à moyens et à petits cocons et les œufs de
ces variétés diffèrent aussi quelque peu de grosseur.

On trouve dans cette race des vers de trois types ; type ordinaire (à peau blanche, avec masque ou sans masque) ; type rayé
ou bariolé (fig. 81) (à peau blanche, avec rayures transversales
noires sur les jointures) ; type moricaud (fig. 80) (à peau grise
ou noirâtre). Les vers à peau blanche (fig. 84) sont les plus communs. Les types rayé et moricaud se rencontrent d'ailleurs aussi
dans les autres races des Cévennes, des Alpes, du Roussillon, etc.
L'élevage de ces vers dure en moyenne 36 jours, à la température de 22 ou 23 degrés.

Poids moyen d'un ver

A la sortie de 1re mue...................... 0 gr. 008
— 2e — 0 04
Au maximum de taille 4 7
A maturité 2 6

Les cocons sont de couleur jaune-pâle ou rosée, à grain varié :
gros, moyen, moyen fin et fin.

Longueur moyenne d'un cocon........... 35,3 millim.
— maximum — .... 37,6 —
Largeur moyenne — .... 18 —
— maximum — .... 19 —
Poids moyen d'un cocon................. 1 gr. 857
— maximum — .... 2 gr. 2
Rendement théoriquement possible (1 gr.
857 × 35 800)...................... 66 kil. 1/2
Richesse soyeuse moyenne.............. 0,16
— — maximum.............. 0,17
Proportion de doubles.................. 2 o/o

Races d'Italie. — *Gran-Sasso* (Abruzzes) (Italie). — Race à
cocons jaunes à forme longue grande.

Il va 1.525 œufs de cette race dans un gramme, ce qui fait
38.125 pour 25 grammes.

Les vers sont du type ordinaire, sans masque ; parfois, parmi
les vers ordinaires on en trouve qui appartiennent au type moricaud. La durée de l'élevage, qui est en moyenne de 36 ou 37 jours,
se prolonge jusqu'à 40 ou 41 jours à la température de 22 ou 23°

centigrades. Cette race est donc à évolution lente. Il y a eu deux cas de flacherie en 14 années consécutives d'élevage dans le Midi de la France; un ver au maximum de taille pèse 4 gr. 7 ; un ver mûr pèse 2 gr. 6.

Les cocons sont de couleur jaune pâle, quelques-uns de couleur jaune paille : la forme de ces cocons est grande, longue, le grain est moyen gros.

Longueur moyenne d'un cocon............ 35,9 millim.
— maximum — .... 36,8 —
Largeur moyenne — .... 18 —
— maximum — .... 19 —
Poids moyen d'un cocon.................. 1 gr. 94
— maximum — .... 2 gr. 17
Rendement moyen théorique (1 gr 94×38.125) 74 kil.
Richesse soyeuse moyenne................. 0,139
— — maximum.............. 0,17
Durée moyenne de la nymphose.......... 21 jours
Du papillonnage....................... 6 jours

Papillons à ailes blanches, rayées ou *non rayées*.

Race de Toscane (Italie). — Race à cocons jaunes. Il faut 1.527 graines pour un gramme ou 38.175 pour l'once de 25 grammes.

Le ver est d'aspect ordinaire, avec masque ou sans masque. L'élevage dure 37 jours en moyenne.

Le cocon est de couleur jaune pâle, ou jaune paille, de forme ordinaire, à gros grain.

Longueur moyenne d'un cocon............ 35,4 millim.
Largeur — — .... 29,1 —
Poids moyen d'un cocon..... .... 2 gr.
Rendement moyen théorique (38.175 × 2).. 76 kil.
Richesse soyeuse moyenne des cocons.... 0,16
Durée moyenne de la nymphose.......... 19 jours
— — du papillonnage.......... 4 jours
Proportion de doubles.................... 3 ou 4 o/o

Fossombrone (Italie ; dans les Marches). — Race annuelle à cocons jaunes.

Le nombre de graines pour 1 gramme est 1.303 ou 32.575 pour l'once de 25 grammes.

Les vers sont d'aspect ordinaire, avec masque bien marqué, très gros. L'élevage dans nos pays dure environ 34 jours à la température de 22 ou 23° centigrades.

Les cocons sont jaune-rosé, mêlés parfois de jaune paille ; longs, gros, de forme ordinaire des européens.

Longueur moyenne d'un cocon.........	35,8 millim.
Largeur — —	18 —
Poids moyen d'un cocon......	2 gr. 14
Rendement moyen théorique possible (2 gr. 14 × 32.575)...................	69 kil. 7
Richesse soyeuse moyenne des cocons.	0,13
— — maximum — .	0,15
Proportion de doubles	4 ou 5 o/o

Selon les observations de M. Verson (1), cette race est susceptible de varier beaucoup ; en un mot, ses *caractères* sont *peu stables* en dehors de son pays d'origine. Elle est donc peu susceptible d'extension ; son aire géographique de culture sera donc probablement toujours restreinte. On a des récoltes de cocons allant depuis 30 jusqu'à 70 kilogrammes par once sans mortalité sensible. Il en est de même pour le rendement à la bassine. La conclusion est qu'il ne faut pas élever cette race dans des conditions de milieu qui s'éloignent trop de celles de son pays d'origine.

Autres races d'Italie. — Nous signalerons, en outre, les races suivantes d'Italie :

Bione (Milanais) : race à vers d'aspect ordinaire et à vers blancs avec espaces interannulaires noirs, à cocons jaunes, à petite forme, à grain fin, d'un bon rendement en filature ; on s'en sert souvent pour des croisements. Le *Gubbio* (dans l'Ombrie) : race à gros vers et à gros cocons jaunes ; les vers de cette race sont souvent élevés en vue de la fabrication du crin de Florence en Espagne. *Novi* (Ligurie), à beaux cocons blancs, cylindriques. Race d'*Ascoli*, type à ver agile, à cocons jaune paille rosé, réputés comme contenant très peu de doubles et donnant beaucoup

---

(1) *Boll. mens. di Bach.* Padoue 1892.

de soie ; c'est une race cultivée surtout en plaine. Race de *Reggio Emilia* (Emilie), à cocons jaunes, cylindriques cintrés, légèrement étirés en pointe à l'une des extrémités, arrondis à l'extrémité opposée. Celle de *Reggio Calabre* (en Calabre), etc.

Races d'Espagne, d'Autriche, etc. — L'Espagne produisait autrefois des graines très estimées. Olivier de Serres conseille de se procurer chaque année quelques onces de nouvelle semence d'Espagne qu'il considère comme meilleure ; il parle aussi avec avantage de la graine de Calabre à cause de l'abondance de son produit, Il a constaté que la graine d'Espagne commence à changer de couleur, à devenir plus grosse et à dégénérer, en France, à partir de la 5e ou de la 6e année : la graine perd sa nuance foncée d'origine, devient plus claire et plus grosse ; les cocons qui étaient rosés (couleur de chair) deviennent orangé ou jaune doré au bout d'un certain temps de culture dans les Cévennes et le Languedoc (1).

Aujourd'hui, il n'est plus guère question des graines d'Espagne. Des anciennes races de cette contrée, ce qui peut en subsister encore demeure cantonné dans le pays.

Duseigneur-Kléber (2) décrit cinq ou six de ces races dans son livre sur les cocons :

La race *Catalane*, à cocon jaune, à grain fin, à papillon prolifère ; la *Sierra Segura*, au sud de la province de Valence, à gros cocons de forme du cocon Fossombrone ; la race *Madrid*, à cocon *ovale renflé*, à grain plutôt gros ; la race *Cordoue*, dont le cocon ressemble à celui de la *Catalogne*, etc.

On cultive dans quelques parties d'Italie une race d'origine espagnole, appelée *Sierra Morena*. D'après M. Verson, cette race se rapproche par les caractères de son cocon (grain, forme, taille) de la race Fossombrone d'autrefois.

---

(1) OLIVIER DE SERRES. — *La cueillete de la soye*, etc. (édition Matthieu Bonafous. Paris. 1843).

(2) DUSEIGNEUR-KLÉBER. — *Le cocon de soie.* Paris, 1875.

En Autriche (dans le Trentin), il y avait autrefois une race d'*Istrie*; il ne reste plus que quelques familles de vers de cette race sur le littoral Adriatique : le cocon était autrefois plus riche en soie; mais le ver de la race actuelle est robuste et à vie relativement courte. Cette race peut être rangée parmi celles avantageuses à la fois pour l'éducateur et le filateur (1).

Croisemeⱼts. — Aucune des races pures n'est complètement irréprochable aux yeux des éducateurs ni des filateurs : à côté d'avantages particuliers ou d'avantages possédés en commun avec d'autres races, chaque race a des défauts plus ou moins graves. Ainsi les races d'Europe sont supérieures aux races du Japon, de Chine et d'autres races Asiatiques par les qualités du produit estimé des filateurs; elles donnent, en outre, un poids de cocons plus grand dans les milieux qui leur sont favorables; mais elles sont inférieures à ces races sous le rapport de la robusticité ainsi que de la résistance des vers à la flacherie.

Aussi a-t-on cherché, en croisant les races dont il s'agit à vers plus vigoureux avec les races indigènes à produit supérieur, à obtenir des sujets qui, en donnant des cocons aussi bons que ceux des races indigènes, soient susceptibles de réussir encore passablement dans les endroits défavorables à l'élevage de ces dernières.

Les produits de croisements, quand ils sont réussis, sont effectivement plus vigoureux que ceux des races pures; ils résistent mieux aux maladies accidentelles, donnent des récoltes assez satisfaisantes, quelquefois très bonnes, en cocons qui peuvent être excellents; mais il faut que le croisement soit réussi. Il peut ne pas l'être et on ne sait pas encore prévoir avec certitude s'il le sera, surtout lorsque les reproducteurs appartiennent à des races à cocons de caractères très dissemblables. On est alors exposé à obtenir des cocons de couleur, de forme ou de

---

(1) E. VERSON, in *Boll. di Bachi.*, 1896.

grosseur trop diverses, ce qui les déprécie aux yeux des filateurs.

L'idée de croiser les races dans l'espoir d'avoir des vers plus robustes ou des cocons meilleurs n'est pas d'aujourd'hui.

En 1760, Constant du Castelet, dans son *Art de multiplier la soie* (1), conseille, pour rendre aux races en partie dégénérées, après une culture prolongée dans le même milieu différent de ceux de leur pays d'origine, leur vigueur et les qualités primitives de leurs cocons, de croiser entre eux des papillons issus de cocons doubles et des papillons provenant de cocons blancs, simples.

Dans sa notice sur les éducations faites en 1841 dans la Vienne, Robinet (2) parle d'un double croisement que Mᵐᵉ Cora Millet avait fait avec des vers de race Loudun et des vers de race Turin : mâle Turin avec femelle Loudun et mâle Loudun avec femelle Turin. Le produit de ce double croisement Loudun et Turin fut le *Cora*.

Les deux races étaient à cocons jaunes. Les cocons de la race Loudun étaient gros (480 pour le kilo), à richesse soyeuse très élevée (0,18 ou 18 o/o de soie), mais de forme défectueuse, qui tendait à en restreindre le rendement en soie grège. Ceux de race Turin ou Milanais étaient, au contraire, de forme parfaite et d'un bon dévidage.

Le cocon *Cora*, produit du croisement des deux races précédentes, bénéficia de la grande richesse des Loudun sans avoir les défectuosités de forme de ces cocons. La rentrée à la filature fut de 9 kil. 5 de cocons frais pour 1 kilogramme de soie grège, tandis que la rentrée des Loudun et celle des Turin ou Milanais était de 10 kilogrammes pour 1 kilogramme de soie.

Plus tard, d'autres essais de croisement ont été faits, en

---

(1) C. C. (CONSTANT DU CASTELET). — *L'Art de multiplier la soie.* Aix, 1760.

(2) ROBINET. — *Notice sur les éducations de vers à soie faites en 1841* par MM. Millet et Robinet et Mᵐᵉ Millet.

Italie, avec des japonais *à cocons verts* : ils ont donné des vers à soie extrêmement robustes, bien résistants à la flacherie, mais les cocons étaient de formes et de couleurs très diverses, d'un classement difficile pour la filature ; il y avait, en outre, 12 à 15 o/o de doubles.

On eut ensuite l'heureuse idée d'employer des *japons blancs* au lieu de japons verts : le croisement avec les jaunes indigènes donna alors des cocons *jaune paille* très jolis, mêlés avec quelques blancs et jaunes des types d'origine ; le triage de ces sortes est très facile, et la filature tire de tous trois un excellent parti. En effet, la soie des cocons jaune paille est très belle : M. Francezon, qui l'a étudiée en 1880, a trouvé que, comparativement à une des plus belles grèges Cévennes, elle donnait :

	Cévennes	Croisés
Défauts dans 100 mètres...	68	51
Longueur examinée.......	24000ᵐ	28000ᵐ
Titre à 500 mètres........	0.720	0.890
Élasticité à 10 o/o d'eau...	0.223	0.208

Les coques et la grège lui ont présenté une composition intermédiaire entre les produits similaires des types d'origine :

		Jaunes pays	Blancs Japon	Croisés
Coque	Gomme.....	28.05	24.20	26.00
	Fibroïne....	71.95	75.80	74 00
Grège	Gomme.....	24.78	22.00	23.00
	Fibroïne....	75.22	78.00	77.00

Malheureusement la proportion des doubles dépasse encore 12 o/o, ce qui annule presque entièrement les avantages qu'on obtiendrait de ces cocons. On ne peut atténuer cette tendance à faire des doubles que par des croisements répétés avec des jaunes indigènes ; mais alors, au bout d'un certain nombre de générations, la vigueur tend à décroître.

Quand on fait reproduire les *jaunes paille* entre eux, on a, l'année suivante, encore les trois types : jaune paille, jaune pays et blancs Japon.

Enfin, depuis quelques années, aux races du Japon ont été adjointes des races de Chine à cocons blancs ou à cocons jaunes et des blancs Corée.

Avantages et inconvénients des croisements entre races très différentes. — L'avantage principal de ces croisements est de donner des vers très vigoureux, très robustes, qui résistent mieux à la flacherie que les races indigènes à cocons jaunes ou à cocons blancs et donnent encore une récolte passable dans des endroits où les races d'Europe donneraient rarement une récolte moyenne; en outre, ils sont plus précoces et forment leurs cocons plus tôt.

À côté de ces avantages, ces croisements ont l'inconvénient de donner des vers et des cocons le plus souvent dissemblables qui tiennent tantôt plus d'une race, tantôt plus de l'autre, et si on fait reproduire les métis, on a dans les produits une diversité plus grande encore. Il est donc prudent de s'en tenir à l'élevage des vers issus directement du croisement et de recommencer celui-ci chaque année. Pour cela, il faut nécessairement faire aussi chaque année les élevages des deux races pures dont on se propose de croiser les papillons. Ce sont autant d'inconvénients ou de complications.

En outre, comme, après un certain nombre de générations dans un milieu différent de son milieu d'origine, une variété perd les qualités ou les aptitudes ou une partie des qualités ou des aptitudes qui la distinguaient à l'origine, il est indispensable de changer de temps en temps les semences des races pures, en important directement du pays d'origine de ces races des graines nouvelles.

Voici quelques exemples de croisements, avec leurs principaux caractères comparés à ceux des races pures correspondantes:

Croisement Hua-pi tsan tzu mâle, de Fou-tchéou, *à cocons blancs*, et *Pai-pi femelle à cocons blancs et jaunes à reflet verdâtre* (deux races de Chine). — Les vers de la race mâle sont du type à peau

noir-velouté (*Hua*, noir ; *pi*, peau) fleurie et espace interannu-
laire blanc (peau noir-velouté-rayé blanc avec une tache ventrale) (fig. 82). Ceux de la race femelle sont du type à peau blanche (*Pai*, blanc ; *pi*, peau) (fig. 84). Les cocons des deux races
sont blancs ; dans les *Pai-pi*, parmi les blancs il se rencontre
quelquefois des jaunes.

Le croisement a donné des vers du type *Pai-pi* qui ont évolué plus rapidement que les vers des deux races pures (35 jours
au lieu de 42 et 43 jours); ils ont produit des cocons blancs
(80 o/o) et des jaunes (20 o/o) ; la proportion des doubles a été
moindre que parmi les cocons des races pures (1 o/o au lieu de
2 et 6 o/o); le poids des cocons récoltés a été plus élevé que pour
les races pures (1/3 de plus que pour les *Pai-pi* et 2 fois 1/2 plus
que pour les *Hua-pi*) ; la richesse soyeuse des cocons a été la
même que celle des cocons de la race femelle (0,14) et plus élevée
que celle des cocons de la race mâle (0,13). Le nombre des tachés
et des défectueux a été moindre que parmi les cocons de deux
races pures. La nymphose a duré de 6 à 9 jours de moins. Une
partie des graines pondues par les papillons était adhérente, une
partie non adhérente comme la graine des papillons *Pai-pi*.

En résumé: vie larvaire plus courte, meilleure récolte, richesse
soyeuse plus élevée chez les produits du croisement.

Croisement Pai-pi (Chine) *mâle à cocons cylindriques blanc-
verdâtre, et Pai-pi, de Ssu-Chuan* (Chine), *femelle, à cocons fusiformes blanc crème.* — Les vers de la race femelle à cocons fusiformes, de Ssu-Chuan, sont blancs sans taches ; ceux de la race
mâle, à cocons cylindriques, sont blancs sans taches et blancs
avec masque et piquetures (type japonais) (fig. 83 et fig. 84,
p. 337). La graine des premiers ne se colle pas ; celle des derniers
(à cocons cylindriques) est adhérente. L'élevage de la race *Pai-
pi, à cocons cylindriques*, verdâtres, a duré 43 jours l'année qui a
précédé l'élevage du croisement et seulement 36 jours l'année de
cet élevage ; l'élevage du *Pai-pi*, de Ssu-Chuan, *à cocons fusiformes blancs*, a duré 44 jours l'année avant l'élevage du croisement et 35 jours l'année même de l'élevage du croisement.

Les vers du croisement sont presque tous blancs sans taches;
quelques-uns seulement blancs avec masque. Leur élevage a
duré 39 jours, c'est-à-dire 3 ou 4 jours de plus que ceux des vers

de race pure élevés en même temps. Une partie de la graine pondue par les papillons du croisement était adhérente et tenait par conséquent de la femelle ; une partie n'était pas adhérente et par suite tenait en cela du mâle.

Le poids de la récolte de cocons de croisement a été le double de celui de la race pure fusiforme femelle et a dépassé de un tiers celui des cocons de la race mâle. Une partie des cocons du croisement sont blanc-verdâtre ; une partie sont blanc crème.

Voici les résultats des mesures prises sur les cocons du croisement et sur ceux des races pures.

	Croisement	Pai-pi cylindrique verdâtre	Pai-pi fusiforme blanc crème
Longueur d'un cocon..........	34^{mm}	34^{mm}	39^{mm}
Largeur —	17	18	17
Poids d'un cocon..............	1 gr. 3	1 gr. 5	1 gr. 1
— de la coque.............	0 gr. 25	0 gr. 21	0 gr. 18
Richesse soyeuse.............	0,19	0,13	0,13
Proportion de doubles	2 o/o	»	1 o/o

Il y a eu amélioration dans le poids et la qualité des cocons récoltés, mais prolongation de la vie larvaire ; en outre, les cocons du croisement étaient à grain moyen.

Croisement Pai-pi-la-choung, de Yin-Chiang-Chiao (Chine), *mâle, à cocons verdâtres, et Pai-pi femelle, à cocons blancs*. — Les vers des deux races se ressemblent (type japonais et type blanc sans taches). Les cocons de la race femelle sont blancs, ceux de l'autre race (mâle) verdâtres. Les cocons du croisement étaient presque tous *verts* (92 o/o); il y avait, en outre, quelques blanc-verdâtre (5 o/o) et quelques jaunes (3 o/o). Voici les autres données numériques recueillies sur les cocons :

	Croisement	Pai-pi cocons verdâtres	Pai-pi cocons blancs
Longueur d'un cocon..........	37^{mm}	33^{mm}	35^{mm}
Largeur —	18	17	18
Poids d'un cocon..............	1 gr. 9	1 gr. 5	1 gr. 6
— de la soie (coque).......	0 gr. 3	0 gr. 18	0 gr. 2
Richesse soyeuse.............	0,16	0,13	0,14
Proportion de doubles	6 ou 7 o/o	13 o/o	6 o/o

Le produit du croisement a bénéficié d'une réduction dans la durée de sa vie larvaire, d'une augmentation du poids et de la richesse en soie des cocons ainsi que de la récolte. La proportion des doubles a été la même que pour les cocons de la race femelle.

Croisement Long-chiao, de Hing-Kiang-Kiao (Chine), *mâle, à cocons blancs,* et *Pai-pi* (Chine) *femelle, à cocons blancs.* — Les graines du *Long-chiao* sont adhérentes ; celles du *Pai-pi* ne le sont pas. Les vers de la première sorte sont blancs sans taches ; ceux de la seconde (race femelle) sont blancs avec masque et six taches punctiformes et blancs sans taches. Les cocons des deux races sont blancs avec parfois quelques jaunes parmi les Pai-pi (femelle) et quelques jaunes et quelques verts parmi les Long-chiao mâle.

Les vers du croisement sont tous blancs sans taches, les cocons sont presque tous blancs (84 o/o), mêlés de quelques jaunes (16 o/o), aucun vert. L'élevage du croisement a duré 4 jours de moins que celui des vers des races pures (34 jours au lieu de 38). Voici les résultats numériques relatifs aux dimensions, poids, richesse soyeuse des cocons et aux proportions de doubles et de rouillés.

	Croisement	Long-chiao (mâle)	Pai-pi (femelle)
Longueur moyenne d'un cocon..	36ᵐᵐ	33ᵐᵐ	35ᵐᵐ
Largeur — — ..	19	17	18
Poids moyen d'un cocon...... .	1 gr. 8	1 gr. 7	1 gr. 60
— de la coque soyeuse......	0 gr. 3	0 gr. 21	»
Richesse soyeuse	0,14	0,13	»

Les vers du croisement ont évolué plus vite que ceux des races pures (la montée a eu lieu 4 jours plus tôt) ; les cocons ont été plus gros, plus lourds, plus fournis en soie ; mais la récolte a été un peu inférieure en poids : de 30 o/o sur celle des vers de la race mâle (*Long-chiao*) et 15 o/o sur celle des vers de la race femelle pure (*Pai-pi*).

Les œufs pondus par les papillons du croisement étaient tous adhérents comme ceux des papillons de la race mâle (*Long chiao*).

Croisement Pai-pi (Chine) *mâle, à cocons blancs,* et *Long-chiao,* de Hing-Kiang-Kiao (Chine), *femelle, à cocons blancs* (inverse du précédent). - Les vers du croisement sont, comme dans le croisement inverse, blancs sans taches. La durée de l'élevage de ces vers a été, comme dans le croisement inverse, moins longue que celle des vers des deux races pures (3 jours de différence). Le poids total de la récolte des cocons a été aussi, comme dans le croisement précédent, inférieur à ceux des récoltes des deux races pures : de 7 o/o sur celui de la race mâle (*Pai-pi*) et 25 o/o sur celui de l'autre race (*Long-chiao*).

	Croisement	Pai-pi (mâle)	Long-chiao (femelle)
Longueur moyenne d'un cocon..	34mm	35mm	33mm
Largeur — — ..	17	18	17
Poids moyen d'un cocon........	1 gr. 9	1 gr. 6	1 gr. 70
— d'une coque.......	0 gr. 3	»	0 gr. 21
Richesse soyeuse............ ...	0,15	»	0,13
Proportion de doubles..........	7 ou 8 o/o	6 o/o	1/2 à 1 o/o
— des tachés de rouille.	4 o/o	5 o/o	2 ou 3 o/o

Les cocons étaient presque tous de couleur blanche ; il y avait seulement 8 jaunes et 8 verts pour 1000 ; ils étaient plus lourds que ceux des deux races pures.

Croisement Long-chiao, de Hing-Kiang-Kiao (Chine), *à cocons blancs, mâle*, et *indigène Alpes* (France), *femelle, à cocons blancs.* — Les vers de la race de Chine sont blancs sans taches ; ceux de la race indigène sont les uns d'aspect ordinaire, les autres de type à piqueturcs, mêlés de quelques moricauds. Les cocons des deux races sont blancs.

Les cocons du croisement étaient blancs, mêlés de 1 o/o de cocons verts ; ils étaient plus lourds que ceux de Chine et un peu moins lourds que les cocons indigènes et tous cylindriques comme les indigènes.

Voici les résultats des pesées, des mesures et les proportions de doubles et de tachés de rouille :

	Croisement	Long-chiao (mâle) à cocons blancs	Alpes à cocons blancs
Longueur moyenne d'un cocon..	36mm	33mm	36mm
Largeur — —	18	17	18
Poids d'un cocon (moyen).......	1 gr. 8	1 gr. 70	2 gr.
— d'une coque (moyen)	0 gr. 24	0 gr. 21	0 gr. 25
Richesse soyeuse.............	0,13	0,13	0,12
Proportion de doubles...	4 ou 5 o/o	1/2 à 1 o/o	1 o/o
— de rouillés	»	2 ou 3 o/o	»
Durée de la nymphose..........	21 jours	13 jours	23 jours
— du papillonnage..........	2 jours	5 jours	6 jours

Croisement Chine bivoltin (Zai-eul tsan, de Yü-Han), *à cocons blancs mâle* et *Inde* (Bengale) *à cocons jaune doré femelle.* — Les vers sont blancs sans taches comme ceux des races pures ; à la 1re génération, les cocons sont tous de couleur jaune doré et de forme conique comme ceux de la race du Bengale ; à la 3e et à la 4e génération, ils sont blancs et ovales.

Croisement Inde (Bengale) *mâle à cocons jaunes et Chine annuel femelle à cocons blancs* (Pai-pi tsan, de Yü-hang). — Les vers du Bengale sont blancs sans taches, à cocons très petits, coniques, jaune doré, duveteux; ceux de Chine sont blancs tachetés de gris, à cocons blanc-verdâtre, ovales. A la 1re génération, les cocons du croisement sont tous ovales de couleur jaune doré et les vers à peau blanche sans taches.

Croisement Alpes (France) *mâle à cocons jaunes et Chine annuel* (Chung-Chung-pai-pi-hoang-chiao tsan) *femelle à cocon jaune.* — Les vers des Alpes sont d'aspect ordinaire. à cocons jaune pâle cylindriques ; ceux de Chine sont de type Japon (blancs avec masque, lunules très colorées et à taches punctiformes), à cocons jaune doré, ovales, très allongés (fusiformes), mêlés de cocons blancs de même forme.

Les cocons du croisement, à la 1re génération, sont tous de couleur jaune doré, les vers tous du type japonais.

Croisement perse Sebzevar jaune avec indigène jaune. — Les vers produits d'un croisement mâle Sebzevar jaune doré avec femelle Cévennes (Ardèche) jaune ont donné 96 o/o de cocons jaune doré de type Sebzevar et 4 o/o jaune pâle de type Cévennes. Voici les données relatives à la dimension, au poids et à la richesse soyeuse de ces cocons :

Longueur moyenne d'un cocon............ 51 millim.
Largeur   —   —   27   —
Poids moyen d'un cocon.................... 3 gr.
Richesse soyeuse des cocons.............. 0,15

La graine pondue par les papillons de ces cocons n'était pas adhérente. L'élevage a duré 45 jours.

Croisement Gubbio (Italie) *mâle jaune et Bagdad* (Turquie) *blanc.* — Les vers Gubbio sont à peau blanche avec masque et piquetures ou sans piquetures avec masque ou sans masque; les cocons de cette race sont de couleur jaune pâle. Les vers de Bagdad sont semblables aux Gubbio, mais le cocon est blanc-verdâtre et les graines ne sont pas adhérentes, tandis que celles du Gubbio sont adhérentes.

A la 1re génération, les vers du croisement sont semblables à ceux des races pures : les cocons sont mêlés : jaunes et blancs, en nombre à peu près égal, savoir :

130 cocons jaunes simples.
 12 —   —   doubles (12 o/o).
125 —   blanc-verdâtre simples.
  2 —   —   —   doubles (2 o/o).

	POIDS DES COCONS		
	Croisement	Gubbio	Bagdad
Poids moyen d'un cocon jaune.	2 gr. 38	2 gr. 22	»
— — — blanc.	2 gr. 27	»	2 gr. 64

Les papillons du croisement ont pondu des graines non adhérentes; ces graines élevées ont donné des cocons jaunes et blancs.

Dans cet exemple de croisement, un égal nombre de sujets ont fait retour, dès la 1re génération, aux types purs, en ce qui concerne la couleur des cocons. Relativement au poids, le cocon de croisement tient le milieu entre ceux des deux races pures.

Croisement Bagdad mâle à cocons blancs (Turquie) *et Alpes* (France) *femelle à cocons jaunes*. — L'élevage du croisement a duré 40 jours, celui des Bagdad purs 43 jours, tandis que l'élevage des Alpes a duré 39 jours.

Les cocons sont tous jaunes.

Croisement Bagdad mâle et indigène (France) *femelle à cocons jaunes*. — Les vers du croisement sont d'aspect ordinaire. La durée de l'élevage a été de 36 jours ; celle de l'élevage du Bagdad a été de 43 jours et celle de l'élevage de la race indigène de 38 jours. Les vers du croisement ont donc évolué plus rapidement que les vers des deux races pures.

Les cocons sont tous jaunes.

Voici les poids et la richesse soyeuse de ces cocons et de ceux des races pures élevées en même temps.

	Croisement	Bagdad	Indigène (Languedoc)
Poids moyen d'un cocon.....	1 gr. 74	1 gr. 10	1 gr. 49
Richesse soyeuse moyenne..	0,13	0,10	0,13

Les cocons du croisement sont plus pesants et aussi riches en soie que ceux des races pures.

Croisement Corée blanc avec indigènes. — On dit beaucoup de bien de ce croisement et on s'en montre très satisfait dans quelques parties de l'Italie (Vénétie) et de l'Autriche (Trentin).

En croisant cette race avec une race indigène à cocons jaunes, on a à la 1re génération des cocons jaunâtres ; ceux du croisement mâle jaune et femelle Corée sont un peu plus petits que ceux du croisement inverse. De bons résultats ont été obtenus du croisement de cette race avec le Var [1] (75 kil. de cocons par once). Les vers sont réputés les plus robustes de tous les vers de croisements faits jusqu'à présent.

Suivant la robusticité des vers, M. Favero [2] classe les croisements dans l'ordre suivant :

En première ligne : les *croisements Corée* qu'un cultivateur du pays a appelé «le croisement des pauvres» à cause de sa réussite quasi assurée et de l'abondance du produit ; en seconde ligne : les *croisements Japon* ; en troisième ligne : les *croisements indigènes mâle avec Chine femelle jaune ou blanc*.

Comparaison entre les races pures et les croisements en ce qui concerne les rendements. — Les cocons de races pures de Chine ou du Japon sont plus petits et moins lourds que ceux des races d'Europe ; mais le nombre des graines nécessaires pour le poids de l'once étant plus grand, on a aussi à l'éclosion un nombre de vers plus grand, et si chaque ver donnait un cocon on réaliserait avec ces races de Chine ou du Japon des rendements aussi élevés qu'avec les races indigènes. En pratique, dans nos pays, il n'en est pas ainsi et, en moyenne, dans les milieux favorables à l'élevage des vers indigènes, les vers

---

(1) E. QUAJAT. — *Studi su alcuno razze* (in Boll. di Bachi Padoue, 1898).
(2) P. FAVERO. — *Contributo allo studio delle Razze di bachi da seta coltivate nel Trentino*. Trente, 1902.

de race pure de Chine donnent des rendements inférieurs de 30 à 50 o/o et ceux du Japon des rendements moins inférieurs, mais encore inférieurs cependant (d'environ 25 o/o), aux rendements des races d'Europe. Dans les milieux où l'on obtient avec ces dernières des rendements de 65 et 70 kil. de cocons par once de 25 grammes, les races de Chine ou du Japon donnent des poids de 40, 45 kil. de cocons, rarement plus.

Les vers de croisement donnent des résultats meilleurs que les races pures asiatiques, mais ces rendements sont toujours inférieurs à ceux des vers des races indigènes, dans les endroits où celles-ci sont susceptibles de donner un plein produit. En d'autres termes, dans ces conditions, les vers de croisement donnent des poids de cocons qui tiennent le milieu entre les rendements des races pures asiatiques et ceux des races pures d'Europe.

Dans les milieux défavorables à l'élevage des vers de races indigènes, partout où ces vers sont souvent atteints par la flacherie, il est, au contraire, préférable d'élever les vers de croisement qui peuvent donner une récolte assez satisfaisante là où les vers de races indigènes ne donneraient même pas une récolte passable.

Donc, à l'exception des endroits où par suite de l'insalubrité du milieu, de son peu de convenance pour l'élevage, de la mauvaise disposition des magnaneries, etc., les races d'Europe seraient trop exposées à la flacherie, on doit encourager l'élevage de ces dernières, de préférence à l'élevage des races asiatiques ou des produits de croisements de ces races, qui donnent un produit moins abondant, moins homogène et de qualité inférieure.

Effets du croisement. — En résumé, les produits d'un croisement, même lorsque les papillons employés pour celui-ci appartiennent à des races très voisines, sont plus vigoureux, plus productifs et plus féconds ; le mâle et la femelle ont rarement une influence égale sur le produit : si on accouple un papillon mâle à graine adhérente et un papillon femelle à graine non adhérente, il y a plus de chance pour que la graine produite par les métis ne soit pas adhérente : dans le croisement inverse, le contraire arrive le plus souvent. Si on croise une race à cocons jaunes de forme cylindrique grande à gros vers et à développement lent avec une race à cocons blancs ovales, de dimension plus réduite, à vers de petite taille et à vie courte, on aura, à la première génération, des cocons jaunes et des cocons blancs de l'un et de l'autre type, tantôt en nombres à peu près égaux, tantôt beaucoup plus des uns que des autres ; les vers différeront de ver à ver : les uns seront du type de la race mâle, à vers gros et à vie longue ; les autres du type de la race femelle, à vers petits et à vie courte ; il pourra s'en rencontrer qui auront des caractères des deux races. Ainsi dans un croisement de vers à peau blanche avec des vers à peau noire on rencontre quelquefois des sujets qui ont une moitié du corps avec la peau de couleur noire, l'autre moitié avec la peau de couleur blanche dans le sens de la longueur.

Parmi les croisements entre races à cocons de couleurs différentes, le plus avantageux, celui qui offre le plus de garanties relativement à l'homogénéité du produit en cocons, à la qualité et à la quantité de ce produit, serait le croisement mâle jaune avec femelle blanche. On ne peut rien affirmer en ce qui concerne la transmission de la tendance qu'ont les vers de certaines races, comme les races du Japon et plusieurs races de Chine, à se réunir deux ou plusieurs dans le même cocon, à faire ce qu'on appelle des cocons doubles ; il semblerait, toutefois, que sous ce rapport le métis tiendrait plus souvent de la femelle que du mâle.

Enfin si on fait reproduire les métis entre eux, on aura dans les vers et les cocons une diversité de taille, de forme, de couleur beaucoup plus grande que parmi les descendants directs des sujets croisés et la grande diversité dans les cocons les dépréciera beaucoup aux yeux des filateurs.

Dans le nord de l'Italie, la Lombardie, la Vénétie ; en Autriche dans le Trentin, on élève surtout de la graine qui provient de croisements de races jaunes indigènes et de races à cocons blancs de la Chine ou du Japon et de la Corée. Les cocons verts ne sont plus employés que très exceptionnellement. On se dit, dans ces régions, fort contents des résultats que l'on obtient par l'élevage de ces graines, qui sont réputées réussir plus sûrement que les races indigènes pures : où ces dernières échouaient le plus souvent misérablement, les vers issus de croisements donnent habituellement une récolte satisfaisante, tout au moins passable.

En France, les races indigènes réussissent suffisamment bien presque partout pour que l'usage des graines de croisements entre races de types très différents soit une exception. On croise une race indigène avec une autre race indigène à cocons de même couleur, par exemple une race des Alpes avec une race des Cévennes ou des Pyrénées ; ou une race à vers blancs avec une autre à vers rayés ou moricauds ; ou encore une race à papillons noirs avec une autre à papillons blancs.

Au moyen de ces croisements entre types rapprochés, on a des vers peut-être moins vigoureux qu'avec les croisements entre types plus éloignés ; mais en compensation, on n'est pas exposé à faire des récoltes de cocons de qualité médiocre ou mauvaise.

Changement de milieu et accouplement entre sujets de même race, mais de pays différents. — Une autre pratique connue dans l'industrie du grainage consiste à ne pas élever plusieurs années de suite la même graine dans le même lieu et d'accoupler des papillons issus de cocons récoltés dans un pays avec les papillons de même race ou d'une race voisine, mais tirés de cocons obtenus dans un autre pays plus ou moins éloigné du premier.

L'emploi combiné des croisements entre races indigènes à cocons de même couleur, du changement fréquent des milieux d'élevage et des accouplements entre sujets de même race, mais de provenance différente, est considéré par ceux qui s'occupent avec le plus de succès de la production des graines comme l'un des meilleurs moyens de conserver aux vers leur vigueur et de maintenir aux cocons leurs qualités.

V. — Sélection dans le but de conserver les races et de créer des variétés meilleures

Buts divers de la sélection. — L'un des moyens les plus recommandés pour l'amélioration des races est la sélection. Cette méthode, quoique très recommandable, n'est pas, dans la pratique, d'une application aussi commode au ver à soie qu'aux autres animaux domestiques. Les vers sont des animaux très fragiles et il suffirait d'un accident pour perdre en quelques heures le fruit d'un travail de plusieurs années si l'on ne possédait qu'une seule éducation de la variété dont on a en vue l'amélioration.

Par la sélection on se propose ordinairement les buts suivants : éviter les maladies, améliorer les cocons, abréger la durée de l'élevage par le choix de vers qui évoluent le plus rapidement.

La méthode de sélection contre les maladies a été décrite, nous n'avons pas à y revenir.

Nous nous occuperons donc seulement de la sélection en vue de la création de variétés meilleures, plus avantageuses à exploiter sous certains rapports, ou de la conservation dans toute la pureté de leurs caractères des races et des variétés déjà existantes, c'est-à-dire de la sélection zootechnique et de la sélection zoologique desquelles nous avons déjà dit quelques mots.

Ces deux sélections doivent porter, ainsi que nous l'avons expliqué, sur le ver aux différents états d'œuf, de larve, de chrysalide et de cocon, de papillon.

Sélection sur les graines. — Les graines de la plupart des races sont adhérentes, c'est-à-dire qu'elles se collent aux objets sur lesquels elles ont été appliquées par le papillon qui les a pondues. Il existe cependant des races dont les graines n'adhèrent pas (race de Bagdad, plusieurs races de Perse, de

Chine, etc.); pour recueillir ces œufs non adhérents, on est obligé de faire pondre les papillons sur des surfaces horizontales ou dans des sachets. Cette particularité des œufs de certains vers est considérée comme un inconvénient par les uns, comme un avantage par les autres. En Europe, on préfère les œufs adhérents; en Turquie, on estime plus avantageux d'avoir des graines non adhérentes qu'il n'est pas besoin de détacher des toiles. D'ailleurs, il est rare que parmi les graines pondues par des papillons de races à graines non adhérentes, il ne se trouve pas une certaine proportion d'œufs adhérents qui pourront, par la sélection, devenir le point de départ de la création, dans une race à graines non adhérentes, d'une variété à graines adhérentes. Nous avons pu créer ainsi, par la sélection, des variétés de ce genre dont toutes les graines sont adhérentes, quoique ces variétés appartiennent à des races dont les œufs ne se collent pas.

Il paraît exister une relation entre la couleur des œufs et celle des cocons et même peut-être entre l'aspect tantôt blanc, tantôt verdâtre ou jaunâtre des coques après l'éclosion, et la couleur ou la nuance du cocon. La couleur des œufs peut donc aussi devenir la base d'une sélection utile.

Il en est de même de leur grosseur ou de leur poids ou même de leur forme; de leur nombre dans une même ponte.

Sélection zoologique et économique sur les vers. — Parmi les vers on peut trier les plus hâtifs, les plus agiles et les plus vigoureux, ceux chez lesquels les fonctions physiologiques s'accomplissent d'une manière irréprochable, etc.

En ce qui concerne la précocité notamment, il n'est pas nécessaire d'insister sur les avantages d'avoir des vers à périodes larvaires de durée réduite, des vers à vie rapide, plus agiles, des vers qui, suivant l'expression vulgaire, soient plus prompts à se dépouiller de leur vieille cuticule aux époques des mues et plus habiles à monter aux branchages pour la formation de leurs cocons.

Les vers élevés ensemble dans la même magnanerie sur

la même claie, même lorsqu'ils sont de race pure, n'évoluent pas toujours avec la même rapidité : il peut s'en trouver qui soient plus précoces, dont la croissance soit plus rapide, chez lesquels les mues se succèdent à intervalles moins longs, qui soient plus prompts aux mues ainsi qu'à la montée ; c'est une supériorité qu'ils ont sur les autres et qui peut devenir l'objet d'une sélection utile aux époques des mues et au moment de la montée en mettant à part les plus hâtifs : les premiers sortis à chaque mue ou les premiers montés à la bruyère.

Cela ne suffit pas, toutefois, et on devra aussi, si on veut conserver une race dans la pureté de ses caractères, ou une variété dans l'intégrité de ses propriétés, se préoccuper de rechercher parmi les vers ceux qui possèdent tous les caractères de la race en même temps que les particularités ou les signes qui distinguent la variété.

Si les vers de la race sont du type à peau unie blanche avec rayures noires et deux taches ventrales de même couleur, on triera tous les vers qui ne présentent pas ce caractère pour les écarter ; si les vers sont du type à peau bosselée, on rejettera tous ceux qui seraient dépourvus des deux bosses dorsales caractéristiques sur les anneaux de l'abdomen ; s'il s'agit d'une race de vers à 3 mues, on surveillera attentivement le développement des larves, afin de rejeter toutes celles qui se dépouilleraient une quatrième fois. Ces caractères de couleur ou de forme ne sont pas les seuls qui puissent être le point de départ d'une sélection avantageuse : la taille, le poids, les habitudes, l'empressement à manger une feuille plutôt qu'une autre (1), etc., sont autant de particularités que l'on pourrait avoir intérêt à développer dans une variété.

---

(1) En Chine, dans Se-tchouan, il existe une race de vers du mûrier qui se nourrissent aussi des feuilles de cudrania. Ces vers sont à 3 mues, à cocons *en fuseau* blancs ou jaunes, mangeant volontiers la feuille de *ché* (*pai-pi-ché tsan*) ou *Cudrania triloba*, tandis que les vers de races ordinaires refusent ces feuilles.

Les Chinois nourrissent, dans les premiers âges, les vers de cette race

Sélection sur les cocons. — Sur les cocons, la sélection a principalement pour but d'écarter tous ceux qui ont quelque défaut apparent de forme, de couleur, de structure, défaut qui pourrait passer aux descendants, et de choisir, au toucher et à la vue, dans les cocons réservés, les mieux faits et les plus riches en soie dévidable.

L'appréciation d'un cocon en ce qui concerne sa richesse soyeuse, c'est-à-dire la proportion de soie qu'il contient et son aptitude au dévidage, s'est faite jusqu'à présent à la vue et au

---

avec des feuilles de *Cudrania triloba*. En 1893, M. Minemura, qui se trouvait dans ces contrées en voyage d'études, expédia de Chine à M. Sasaki des œufs de cette race à vers susceptibles d'être alimentés avec le cudrania. En 1894, M. Sasaki fit à Tokio l'élevage de ces vers en même temps que celui de vers d'une race japonaise, la race *Awobiki*. Jusqu'à la 4e mue, les vers de la race de Chine reçurent tous des feuilles de cudrania en nourriture, ils mangèrent très bien ces feuilles ; à la sortie de la 4e mue, ces vers furent partagés en deux groupes, A et B : les vers du groupe A continuèrent à recevoir en alimentation des feuilles de cudrania jusqu'à la montée ; ceux du groupe B furent, au contraire, à partir de cette époque, nourris avec des feuilles de mûrier. Les vers des deux groupes continuèrent à prospérer et ils donnèrent des cocons de qualité à peu près semblable : il y avait un peu plus de soie dévidable dans les cocons du groupe B (14 mètres de plus par cocon) et la soie de A était un peu plus duveteuse.

La durée de l'élevage des vers de Chine fut de 32 jours, tandis que celle des vers *Awobiki* fut de 33 jours.

M. Sasaki a noté des différences dans la nuance de la peau entre les larves nourries jusqu'à la fin de feuilles de cudrania et celles ayant reçu du cudrania jusqu'à la 4e mue et ensuite des feuilles de mûrier : les larves du premier groupe (A) étaient à peau blanche-*jaunâtre*, tandis que celles du second groupe (B) étaient à peau blanche-*bleuâtre*. Une autre observation intéressante de M. Sasaki est que les vers nourris tout le temps avec de la feuille de cudrania ont été complètement épargnés des atteintes de la mouche *oudji*; aucun de ces vers n'a été attaqué par le parasite, tandis que ceux du groupe B, nourris avec le cudrania jusqu'à la 4e mue, puis avec le mûrier pendant le reste du temps, en ont été plus ou moins infestés. Cette observation est une preuve de plus que le parasite pénètre dans le corps du ver avec la feuille du mûrier. (CH. SASAKI. — *On the feedins of silkworms wif the Leaves of Cudrania triloba, Hance*. Tokio, 1904).

toucher. C'est une méthode imparfaite, mais elle a l'avantage d'être rapide.

Depuis quelques années, on s'ingénie à trouver un moyen qui permette d'avoir sur les qualités dont il s'agit des indications précises. Ceci n'est pas facile.

Sélection relative à l'aptitude au dévidage des cocons. — La proportion de soie dévidable dans un cocon dépend de la richesse soyeuse et de la manière de se comporter au dévidage de ce cocon : deux cocons peuvent avoir la même richesse soyeuse et donner des quantités de soie grège différentes ; un cocon qui dévide bien peut même donner à la filature un poids plus grand de soie qu'un autre cocon à richesse soyeuse plus élevée, mais qui dévide mal. On comprend de quelle importance serait pour l'éducateur et le filateur la possession d'un moyen simple et sûr de prévoir, d'après la vue ou le toucher d'un cocon, comment ce cocon se comportera au dévidage ; s'il donnera une quantité de déchets faible, moyenne ou élevée. Il y a bien la forme et aussi le grain dont on peut tirer des indications précieuses à ce point de vue, mais cependant insuffisantes.

Les cocons bien faits, légèrement cintrés, à bouts bien ronds, également fournis de soie en tous les points de l'étendue de leur coque, dévident mieux avec moins de déchets, et entre deux cocons parfaits de formes, celui à grain le plus fin est supérieur à l'autre, parce qu'ordinairement à un grain plus fin correspond une coque à structure plus dense, d'un meilleur rendement à richesse soyeuse égale.

M. Serrell, qui a déjà inventé des instruments utilisables dans l'industrie séricicole, travaille depuis déjà plusieurs années à chercher les relations qui peuvent exister entre l'impression du toucher de la surface d'un cocon et sa manière de se comporter au dévidage. L'impression que l'on ressent quand on palpe la surface d'un cocon qui dévidera bien n'est pas la même que celle que l'on ressent au toucher d'un cocon qui sera d'un mauvais dévidage. C'est un premier point que M.

Serrell croit avoir précisé. Restait à trouver le moyen de reconnaître facilement, sans se tromper, la différence au toucher de deux cocons dont l'un devra mieux dévider que l'autre. M. Serrell pense le trouver dans la comparaison du toucher des cocons à celui d'une poudre, par exemple au toucher de la poudre d'amidon. Quoique cette méthode soit à l'état d'ébauche et que le problème demeure toujours des plus complexes et entouré d'obscurité, M. Serrell ne désespère cependant pas d'arriver à le résoudre, et, si ses espérances se réalisent, peut-être lui serons-nous bientôt redevables d'un moyen de pouvoir sans difficulté, avec une certitude suffisante, juger, d'après l'aspect et le toucher, si un cocon sera d'un dévidage bon, passable ou mauvais et, par conséquent, donnera peu, assez ou beaucoup de déchet au filage.

Sélection en vue de l'amélioration de la richesse soyeuse. — Au simple toucher et suivant la résistance que la coque oppose aux extrémités sous la pression des doigts, on peut estimer si un cocon est beaucoup ou peu fourni de soie; mais entre un cocon à coque très épaisse et un cocon à coque très faible, entre un bon cocon et une *peau*, il y a des degrés. Comment les apprécier ? En outre, ce n'est pas là un moyen de déterminer d'une façon même approximative ce que nous appelons la *richesse soyeuse*, c'est-à-dire le rapport de la quantité de soie au poids du cocon. Le moyen le plus simple que nous connaissions de faire cette détermination d'une manière sûre en même temps que rapide, c'est celui qui est appliqué depuis bien longtemps, qui l'a été probablement de tout temps et qui consiste à peser le cocon avant et après en avoir extrait la chrysalide ; le rapport du second poids au premier donne la richesse soyeuse. C'est le moyen que Robinet employait pour se rendre compte de la richesse des cocons en soie, et bien d'autres avant lui l'avaient probablement employé.

Mais personne jusqu'à présent n'avait songé à l'appliquer au choix des cocons les plus riches pour employer ces cocons au grainage dans le but de la création d'une variété à cocons de richesse soyeuse supérieure à celle des cocons de variétés communes. M. Coutagne (1), le premier, a eu la pensée d'utiliser ce moyen d'appréciation au choix des cocons pour graines. Ses premiers essais remontent à 1888. M. Coutagne s'est fait sans doute ce raisonnement *à priori* irréprochable : de l'accouplement de papillons mâle et femelle sortis des cocons à richesse soyeuse maximum ou très élevée sortiront des vers dont la plupart ou tout au moins quelques-uns hériteront des qualités de leurs parents en ce qui concerne la sécrétion de la soie et le développement des glandes soyeuses et produiront à leur tour des cocons aussi riches ou plus riches que les cocons de leurs ascendants ; de génération en génération, si on choisit toujours pour la reproduction les cocons les plus riches parmi les plus riches, la richesse soyeuse montera toujours davantage chez les descendants.

Voici comment M. Coutagne procède. Il commence par diviser les cocons en cocons mâles et en cocons femelles (cette répartition pourrait maintenant être faite sur les larves par le procédé de M. Ishiwata), ensuite il détermine la richesse soyeuse de chacun des cocons mâle et femelle jugés les meilleurs au toucher et à la vue, puis il accouple ensemble les papillons issus des cocons ayant la richesse soyeuse estimée convenable.

Il a réussi, en faisant toujours reproduire des sujets à richesse soyeuse plus élevée, à améliorer considérablement, et au bout d'un petit nombre de générations en ce qui concerne les rendements en soie, les cocons des vers dont il s'est servi pour ses expériences.

---

(1) GEORGES COUTAGNE. — *Sur l'amélioration des races européennes de vers à soie.* Lyon, 1891. — *Nouvelles recherches sur l'amélioration des races européennes de vers à soie.* Lyon, 1895. — *Sélection des vers à soie pour l'amélioration du rendement en soie des cocons.* Lyon, 1895. — *Des progrès à réaliser en sériciculture.* Lyon, 1895. — *Recherches expérimentales sur l'hérédité chez les vers à soie.* Paris, 1902.

En effet, en dix années, M. Coutagne est parvenu, en choisissant ainsi à chaque génération pour les faire reproduire les sujets issus des cocons les plus riches, à accroître de 35 o/o la richesse soyeuse de cocons d'une variété indigène de vers. En 1888, les cocons mâle et femelle les plus fournis en soie avaient une richesse soyeuse de 0,15 ou 15 o/o en moyenne ; dix ans après, cette richesse des meilleurs cocons atteignait 0,23 ou 23 o/o.

Mais, en même temps qu'il reconnaissait ainsi l'efficacité de ce système de triage des reproducteurs pour l'amélioration de la richesse soyeuse des cocons, il en constatait les inconvénients graves en ce qui concerne la robusticité et ensuite la réussite des vers: presque partout les descendants des vers ainsi sélectionnés échouèrent complètement ou donnèrent des récoltes faibles. Le produit total de 1074 grammes de graines, soit environ 43 onces de 25 grammes, divisés en 41 chambrées, fut de 1237 kilogrammes, ce qui correspond à un rendement par once de 25 grammes de 29 kilogrammes à peine (1).

Nous avions nous même remarqué que l'éclosion des graines des vers ainsi sélectionnés par M. Coutagne laissait à désirer, que les vers eux-mêmes périssaient successivement pendant l'élevage et qu'on en perdait ainsi un grand nombre ; que finalement la récolte de cocons se trouvait fort réduite. Nous avions en outre constaté de l'inégalité parmi ces vers : une partie restaient petits et la plupart des retardataires finissaient par périr. Enfin nous avions observé que les cocons des vers qui se développaient normalement n'étaient pas en moyenne plus riches que les cocons des vers de variétés ordinaires; les vers qui demeuraient petits ou plus exactement qui se développaient moins vite donnaient au contraire des cocons un peu meilleurs (2).

---

(1) G. COUTAGNE. — *Rapport sommaire sur les travaux exécutés à la Station de Rousset-en-Provence.* Marseille, 1893.

(2) F. LAMBERT. — *De l'emploi de la balance dans la sélection des cocons pour le grainage.* Paris, 1898.

A quelle cause faire remonter ces insuccès ? M. Coutagne est d'avis qu'il convient de les attribuer à un vice dont les vers étaient déjà atteints au début des expériences ou qu'ils auraient acquis par la suite à cause du mode d'élevage suivi : petites, éducations par pontes isolées, sélection annuelle d'un très petit nombre de reproducteurs, reproduction en consanguinité toujours plus ou moins étroite, plutôt qu'à l'accroissement de la richesse soyeuse. Le procédé n'y serait-il pas lui-même pour quelque chose ?

Le traitement qu'on est contraint de faire subir à la chrysalide : extraction de la coque, séjour hors de la coque pendant qu'on effectue la pesée de celle-ci, réintégration de la chrysalide dans son cocon, etc.; ce traitement que subit la chrysalide n'est-il pas capable de l'affaiblir quelque peu, de gêner le travail de transformation qui est en train de s'accomplir à l'intérieur de son corps ? Il se passe dans le corps du ver à l'état de fève des modifications profondes, des changements complets dans la structure des organes : certains organes de la larve se détruisent complètement, leurs éléments se séparent et redeviennent libres ; après s'être séparés, isolés, ces éléments se réunissent de nouveau, se groupent pour constituer, sur un plan différent de celui des organes de la larve, les organes adultes du papillon. D'autres organes ne font que se modifier, sans se détruire complètement. Ce double travail de démolition des organes de la larve et de construction ou de formation des organes du papillon qui se passe dans la chrysalide n'exige-t-il pas pour s'accomplir convenablement que l'état de repos et de tranquillité de la chrysalide à l'abri dans son cocon soit respecté ?

Les manipulations que subit le cocon, l'extraction de la chrysalide de sa coque, son exposition à l'air pendant un temps quelque réduit soit-il en dehors de la coque, etc., ne sont-elles pas capables de troubler ce double travail d'histolyse et d'histogenèse dont le corps du ver est le siège à cette époque ; par suite, d'altérer, ne serait ce que très peu, la santé même du ver ? Si le ver, pendant la nymphose, éprouve le besoin de s'entourer d'une coque protectrice, pour s'y abandonner ensuite dans un état de repos et d'immobilité presque absolu, c'est bien que probablement cet état de repos, d'immobilité et de tranquillité à l'abri du contact direct de l'air, et, dans une certaine mesure, des changements brusques de température, lui sont utiles à cette époque de transition entre l'état de larve et celui de papillon. Il y a aussi l'inconvénient qui peut résulter pour l'organisme, du développement exagéré que prend un organe par rapport aux autres : le résultat est un monstre et les monstres ont peu de chance de prospérer et de se propager.

Il faudrait, pour éviter cet inconvénient, provoquer, en même temps que le développement de l'appareil producteur de soie, celui des autres appareils (digestif, circulatoire, respiratoire, reproducteur) ; mais, alors, tous les organes se développant proportionnellement, on manquerait par cela même le but que l'on s'était proposé ; car en même temps que le poids absolu de soie sécrété deviendrait plus grand, celui du corps du ver, qui représente dans le cocon la partie inutile, augmenterait dans le même rapport et il n'y aurait plus accroissement de la richesse soyeuse.

Ceux qui, à la suite de M. Coutagne, ont essayé le même procédé de sélection des cocons les plus riches ont éprouvé les mêmes inconvénients.

En 1898, M. Laurent de l'Arbousset, après avoir mis en pratique ce procédé, conclut que toute augmentation de la richesse soyeuse au delà d'une proportion de 15 o/o de matière soyeuse dans le poids total d'un cocon correspond à un affaiblissement de la vigueur du ver (1). M. Mozziconacci reconnaît aussi le danger de l'emploi du système de sélection pour la santé du ver quand la sélection est poussée trop loin (2) ; il faut se con-

---

(1) LAURENT DE L'ARBOUSSET. — *Le procédé Coutagne et ses résultats.* Alais, 1898.

(2) A. MOZZICONACCI. — *La richesse soyeuse des cocons.* Alais, 1903.

tenter de cocons contenant 15 o/o de soie. M. Brandi confesse
également d'une façon implicite le peu de vigueur des vers au
bout d'un certain nombre de générations par suite de la sélection continue par ce procédé ; mais il paraît convaincu de la
possibilité de combattre victorieusement ce défaut de vigueur
au moyen de croisements convenables (1). Quant à M. Raulin (2), sans dire ce qu'il pense de l'effet possible sur la santé
des vers du moyen proposé par M. Coutagne pour l'amélioration de la richesse soyeuse des cocons, il se demande si l'aptitude individuelle à produire des cocons plus riches est héréditaire ; les résultats numériques semblent indiquer que l'influence de la sélection serait réelle quoiqu'elle ne persiste pas
dans les générations successives, l'influence de la race étant
peut-être prédominante. Toutefois, ces conclusions auraient
besoin d'être appuyées sur de nouvelles expériences. En effet,
M. Raulin a remarqué que *le poids et la beauté des cocons dimi-
nuent par cette sélection au lieu de s'accroître.* La sécrétion de
la soie est sous la dépendance de beaucoup de causes ; elle
diffère notamment de variété à variété, et c'est peut-être dans
les croisements qu'il faudrait rechercher en partie, suivant cet
auteur, la solution du problème.

Nous venons de dire que la sécrétion de la soie est sous la
dépendance de causes nombreuses et diverses. Nous avons cité
les observations de M. Verson sur l'influence des conditions
extérieures de l'élevage (3).

Les faits relevés par M. Verson montrent que les vers de la
même race donnent des cocons dont les richesses soyeuses
diffèrent quelquefois de près de 40 o/o, suivant les lieux d'élevage de ces vers. Ainsi, des vers de la race de Pérouse élevés

---

(1) D. BRANDI. — *Instructions pratiques sur la sélection rationnelle du
ver à soie.* Manosque, 1901.

(2) J. RAULIN. — *Relations entre les propriétés des cocons du Bombyx
mori.* Lyon, 1895.

(3) E. VERSON. — *Loc. cit.*

à Casenza, en Calabre, donnent des cocons dont 1 kilo renferme 150 grammes de soie; les vers de la même race de Pérouse, cultivés à Mantoue (Lombardie), produisent des cocons dont 1 kilo contient 93 grammes de soie : différence entre les richesses soyeuses de ces cocons de la même race 38 o/o.

Robinet avait déjà signalé l'influence du degré hygrométrique de l'air sur cette qualité des cocons; il y a aussi celle de la température, de la feuille (précisée, en ce qui concerne les mûriers greffés et les mûriers non greffés, par Dandolo et par bien d'autres), etc....

Signalons pour terminer les expériences dont M. Lafont (1) vient de publier les résultats. Ces expériences de sélection s'étendent sur une période de 7 années (de 1897 à 1903); elles ont été faites sur des vers d'une race des Alpes. M. Lafont ne s'est pas contenté, comme ses prédécesseurs l'avaient fait, d'élever les vers de cocons les plus riches; il a aussi élevé les vers de la même famille provenant de cocons choisis simplement au toucher et, en outre, les vers issus de cocons les plus pauvres, sélectionnés par le même moyen employé par M. Coutagne, mais dans un but inverse, c'est-à-dire en vue d'avoir des cocons de plus en plus pauvres en soie. Ces trois catégories de vers ont toujours été élevées simultanément et ont toujours reçu les mêmes soins donnés par les mêmes personnes dans le même endroit. Les résultats de M. Lafont sont des plus curieux et viennent à l'appui de l'opinion de Raulin en même temps qu'ils sont une confirmation des résultats obtenus par B. de Sauvages, d'après lesquels, assure-t il, des graines tirées de cocons très faibles, ou *peaux*, ont donné pendant plus de quinze ans de bons succès; Dandolo considérait aussi le triage des cocons comme sans utilité; il est vrai que ces auteurs se plaçaient au point de vue de la santé du ver. Voici les conclusions auxquelles M. Lafont a été conduit par les résul-

---

(1) F. LAFONT. — *Essais d'amélioration de la richesse soyeuse des cocons.* Montpellier, 1905.

tats de ses expériences. De l'élevage comparé pendant sept années consécutives de vers à cocons les plus riches, de vers à cocons de richesse moyenne et de vers de même race les plus pauvres, il ressort que les vers issus de cocons relativement très riches, moyennement riches (de richesse soyeuse ordinaire) ont donné des cocons de richesse soyeuse, en moyenne, peu différente de la richesse soyeuse des cocons formés par les vers provenant des cocons les plus pauvres en soie (sélectionnés en vue de l'appauvrissement en richesse soyeuse), et après six années de sélection continue, la richesse soyeuse des cocons des vers sélectionnés en vue de l'enrichissement est à peine de 1/2 o/o supérieure à la richesse soyeuse du lot initial.

Dans la pratique, on ne s'est pas non plus montré complètement satisfait de ce procédé ; on lui reproche d'être d'un emploi difficile lorsqu'il s'agit de préparer une quantité un peu considérable de graines, et de ne pas toujours donner des résultats aussi bons que ceux sur lesquels on avait cru pouvoir tout d'abord compter à la suite des expériences du début, surtout en ce qui regarde le rendement en magnanerie qui s'est souvent rencontré trop inférieur à celui que donnent les bonnes graines préparées par les procédés ordinaires de sélections au toucher et à la vue. Ce dernier inconvénient est grave, c'est à le surmonter qu'il faudrait maintenant travailler.

Il y a un autre moyen d'améliorer la richesse soyeuse des cocons qui ne présenterait probablement pas les mêmes dangers que celui que M. Coutagne a proposé d'utiliser dans ce but. Ce moyen consiste à placer les vers, pendant l'élevage, sous l'influence réunie de toutes les conditions ou circonstances capables de favoriser la sécrétion de la soie et d'en éloigner, autant que possible, celles des conditions ou circonstances reconnues contraires. Le malheur est que ces conditions ou circonstances, défavorables ou favorables, nous sont encore mal connues. Il faudrait donc les rechercher, puis les faire agir, chacune successivement indépendamment des autres, sur les vers d'une même race et dans la même saison, afin de déterminer leur qualité, bonne ou mauvaise, et de mesurer le degré de leur influence sur les vers en ce qui concerne la sécrétion de la soie. Quand on sera parvenu à classer les circonstances de l'élevage capables d'agir sur la sécrétion soyeuse en ces deux groupes : circonstances à influence favorable et circonstances à influence défavorable, et qu'on sera exactement renseigné sur le degré relatif d'influence de chaque circonstance favorable, on se trouvera en possession d'un bon instrument d'amélioration, si ce n'est le meilleur de tous. Il ne serait pas nécessaire de faire ce travail sur les vers de toutes les races, car il est probable que les causes qui agissent sur la sécrétion de la soie, soit pour l'augmenter, soit pour la diminuer, sont les mêmes pour les vers de toutes les races.

Sélection des chrysalides et des papillons. — La sélection des chrysalides a principalement pour objet le triage de celles qui se transforment le plus rapidement en papillon. Ce triage est facile à faire au moment de la sortie des papillons.

Enfin, la sélection des papillons peut se faire à deux points de vue : 1° au point de vue zoologique pour conserver à la race ses caractères : telles que la forme des ailes, leur couleur, leur étendue, la forme du corps, sa taille, sa couleur ; 2° à un point de vue plus spécialement économique, comme la longévité, ou vitalité (l'utilité de la sélection à ce point de vue a été discutée plus haut), l'abondance des graines produites ou prolificité.

Influence du milieu et des conditions météorologiques. — Il a déjà été question de l'influence du climat sur le ver et sur les cocons dans l'introduction et à propos de l'amélioration de la richesse soyeuse des cocons. Nous croyons utile d'insister de nouveau sur cette influence à cause de l'action considérable qu'elle exerce sur les vers et sur leurs produits.

Les caractères par lesquels on distingue les diverses sortes de vers manquent plus ou moins de fixité ; ils peuvent dis-

paraître, s'atténuer, être remplacés par d'autres, devenir plus
apparents, suivant les conditions de l'élevage. Nous savons
que sous nos climats, malgré la sélection, les vers à bosses
perdent au bout de quelques générations leur principal caractère distinctif; il en est de même des vers japonais, dont
les caractères distinctifs tendent à s'effacer après un certain
nombre d'années de reproduction dans nos pays ; les couleurs
deviennent moins vives, les bandes rouges sont les premières
à disparaître. Le polyvoltinisme n'a guère plus de persistance ;
les races polyvoltines de l'Extrême-Orient deviennent bientôt
bivoltines et celles-ci tendent à devenir annuelles. Il en est de
même pour le nombre des mues. Le climat a aussi vraisemblablement une influence sur le tempérament du ver : les vers
originaires des régions montagneuses sont considérés comme
plus robustes.

C'est le cocon qui change le plus sous l'influence des conditions de l'élevage. Les cocons d'une race peuvent se modifier
dans leur grosseur, leur poids, leur forme, la structure de leur
coque, leur richesse soyeuse, au point de devenir quasi mécon-
naissables, suivant l'endroit où les vers de cette race ont été
élevés ; la couleur seule persiste, elle est le caractère le plus
solide du cocon.

Suivant le milieu où elle est élevée, une race peut donner
des cocons plus lourds ou moins lourds, plus riches ou moins
riches en soie, d'un bon dévidage ou d'un mauvais dévidage.

La même race peut donner des cocons de poids et de qualités
très différents suivant qu'elle est élevée dans une localité ou
dans une autre (1), ou, pour la même localité, suivant les condi-

----

(1) Cette influence est quelquefois tellement grande qu'il peut arriver que
le poids ou le nombre de cocons pour 1 kilogramme de deux élevages de
vers de la même race soient entre eux dans le même rapport que 1 à 2 ;
c'est-à-dire que les cocons d'une race peuvent être deux fois plus lourds
quand les vers sont élevés dans certains milieux ou certaines conditions
que lorsqu'ils sont élevés dans d'autres conditions ou d'autres milieux: les

tions météorologiques de l'année pendant l'élevage. Nous voulons dire que si on élève deux races R R' en diverses localités A, B, C, D ; en A, les cocons R pourront être moins lourds que les cocons R', lesquels pourront être de même poids que ces derniers en B, ainsi qu'en D, tandis qu'en C ils seront, au contraire, plus lourds que les cocons R'. En outre, il peut arriver que les cocons d'une race préférables en ce qui concerne la richesse soyeuse à ceux d'une autre race dans un pays leur soient inférieurs, relativement à cette même qualité, dans une autre localité. Donc une race réputée mauvaise dans une localité pourra être excellente dans un milieu différent, les résultats pourront même varier, dans le même pays, de magnanerie à magnanerie, suivant la température entretenue dans le local de l'élevage, l'état hygrométrique, la variété des mûriers cultivés, la nature du sol, la tenue des vers (1), etc... Ainsi

---

nombres de cocons pour 1 kilogramme de 2 races à cocons jaunes, la race de Pérouse et celle de Fossombrone, sont les suivants pour des élevages dans des localités différentes :

Nombre de cocons

Race de Pérouse élevée à { Mantoue........	397 cocons pour 1 kilo de soie
{ Cosenza (Calabre).	869　—　　—
—　Fossombrone — { Ascoli Piceno....	420　—　　—
{ Reggio en Calabre	943　—　　—

La richesse soyeuse peut être aussi très diverse :

Lieu de l'élevage	Poids de soie pour 1 kilo de cocons
Race de Pérouse { Mantoue...............	93 grammes
{ Cosenza.................	110　—
{ Gallarate...............	146　—

(E. VERSON. — *Influenza delle condizioni esterne*, etc.).

(1) F. LAMBERT. — *Hérédité des caractères acquis chez les vers à soie*. Paris, 1895. — *Influence d'une faible diminution de la chaleur dans les derniers jours de l'élevage sur les cocons*. Montpellier, 1899. — *Les variations atmosphériques et l'élevage des vers à soie*. Paris, 1902. — *Sur l'espacement des vers*. Paris, 1895; — F. LAFONT. — *De l'espacement des vers à soie*. Montpellier, 1902.

l'influence du milieu et celle du régime sont considérables; celle du milieu notamment est quelquefois plus puissante que l'hérédité, puisqu'il suffit d'un élevage de vers d'une variété dans un milieu très différent du milieu d'origine de cette variété pour faire perdre à ces vers et à leurs produits dès la première génération les caractères qui distinguent cette variété.

On est loin de pouvoir dire avec certitude lesquelles de ces conditions influent le plus pour donner leurs caractères aux vers et aux élevages d'une région ou d'une localité ou d'une magnanerie. Si les vers étaient partout élevés de la même façon et le climat qu'on leur fait dans les magnaneries partout le même, on pourrait affirmer que ce sont les conditions extérieures qui agissent le plus. Mais les vers ne sont pas partout soignés de la même façon.

Le milieu extérieur peut agir lui-même sur les vers directement par l'air qui pénètre dans la magnanerie ou indirectement par la *feuille*: pour la même sorte de mûrier cultivée de la même façon, la qualité de la feuille dépend du climat et du sol; c'est vraisemblablement surtout par la feuille que le milieu extérieur agit.

La conclusion est qu'il n'y a pas de race qui soit la meilleure pour tous les pays, et de même qu'on ne peut regarder une race ou un croisement comme supérieurs parce qu'ils réussissent bien dans une région, on ne peut non plus considérer comme mauvaise une race ou un croisement comme le pire de tous parce que les vers de cette race ou de ce croisement donnent des résultats moins bons que ceux d'une autre race ou d'un autre croisement dans un milieu déterminé. Il faudrait rechercher pour chaque localité la variété qui convient le mieux.

VI. — Limites de la culture industrielle des vers à soie

Du prix de revient des cocons. — S'il ne s'agissait, en élevant des vers à soie, que d'obtenir *à tout prix* des récoltes de cocons très élevées, approchant même de la limite infranchissable qui est établie par le nombre des œufs mis à éclore, nous pouvons dire qu'aujourd'hui le problème serait complètement résolu. Avec les graines bien sélectionnées, bien conservées et les méthodes d'élevage que nous possédons, on peut dépasser sans trop de peine le chiffre de 50 kilos, et même de 60, à l'once de 25 grammes.

Mais il y a un élément de la question qu'on ne peut passer sous silence : c'est le *prix de revient*. Les dépenses de feuille et surtout de main-d'œuvre empêchent qu'on ne doive poursuivre trop loin l'élévation du poids de la récolte ; au delà d'un certain poids, le surplus qu'on tenterait d'obtenir entraînerait à des frais hors de proportion avec sa valeur vénale. Il peut même arriver que des considérations de cette nature obligent les agriculteurs à renoncer à l'élevage des vers à soie. Aujourd'hui surtout que le bas prix des cocons et le haut prix de la main d'œuvre agissent simultanément pour diminuer les bénéfices de cette industrie, il importe de considérer de près les moyens dont on peut disposer pour augmenter autant que possible les recettes, avec des quantités de feuille et de travail déterminées d'avance.

Économie sur la graine. — En ce qui concerne la production et la conservation de la graine, on peut opérer très économiquement. Que chaque cultivateur élève à part 4 ou 5 grammes de graine saine : le produit lui fournira à peu de frais une vingtaine d'onces d'excellente graine. Cela vaudra infiniment mieux que d'acheter toujours bien cher des graines de qualité incertaine. Quant aux locaux d'hivernation, ils sont faciles à

trouver dans les pays froids ou même dans les usines frigorifiques qu'on trouve aujourd'hui partout dans les villes, et ces
locaux, si on les organise convenablement, suffisent à héber-
ger les approvisionnements des contrées séricicoles environnantes.

Economie sur la feuille. — Les dépenses vraiment importantes, dans l'élevage des vers, sont celles de la feuille et de la
main-d'œuvre. Celui qui saura les réduire assez trouvera du
profit dans cette industrie ; celui, au contraire, qui n'y aura pas
pris garde sera fort exposé à perdre, même avec une belle récolte de cocons. Le plus simple calcul suffit à le prouver.

En effet, le prix de la feuille de mûrier est très variable,
étant, comme tous les prix, gouverné par le rapport de l'offre à
la demande. Souvent, sur le marché, on paye la feuille 15 fr.
les 100 kilos. Sur pied et d'avance, elle s'achète de 5 à 6 fr. Au
propriétaire qui l'utilise lui-même, elle ne coûterait guère que
ce que coûterait un fourrage quelconque que la terre porterait
aux lieu et place du mûrier, c'est-à-dire 8 à 9 fr. les 100 kilos à
l'état sec ; or, 100 kilos secs représentent environ 300 kilos de
feuilles fraîches, ce qui porte le prix de cette dernière à 2 fr. 60
ou 3 fr. les 100 kilos. On voit quel avantage possède le propriétaire de la feuille pour produire des cocons à bas prix. En supposant qu'il en fasse utiliser par ses vers à soie 1000 kilos, il
aura dépensé :

Valeur de la feuille estimée............	30 fr.
Cueillette, à 1 fr. 50 les 100 kil.........	15 —
TOTAL........	45 fr.

L'acheteur aurait payé :

Feuille achetée de 5 à 10 fr. les 100 kil.	50 à 100 fr.
Cueillette, à 1 fr. 50.................	15 à 15 —
TOTAL........	65 à 115 fr.

Nous n'avons pas mentionné le prix du transport de la feuille ;
s'il se fait à de grandes distances, par chemins de fer, le prix

de revient des cocons se trouve grevé d'autant. Il n'y a donc guère que le propriétaire de cette feuille qui puisse se permettre cette dépense. Ajoutons que c'est pour lui une excellente manière d'utiliser sa feuille, en disséminant ses vers à soie dans plusieurs petites éducations. En Italie, ce système est très pratiqué; à l'époque des éducations, les chemins de fer sont encombrés de feuille qui voyage. En France, on n'a pas beaucoup tiré parti des grandes plantations hors d'un rayon très limité, et une fois qu'on n'a plus trouvé dans ce rayon l'emploi de la feuille, on a arraché mal à propos une foule de mûriers.

Economie sur la main-d'œuvre. — Les diverses catégories d'éducateurs dépensent aussi des sommes fort inégales pour la main d'œuvre. Ceux qui payent des journaliers doivent compter, pour les quinze ou seize premiers jours de l'élevage, au moins huit journées par once (en supposant qu'un ouvrier soigne 2 onces), et plus tard quinze ou seize autres journées pour terminer cet élevage, ce qui fait, au prix le plus réduit :

Par once, 24 journées à 1 fr. 25 . . . . .   30 fr.

Dans bien des localités, la dépense pour le même travail sera supérieure :

Par once, 24 journées à 2 fr . . . .   48 fr.

Supposons, d'autre part, le cas d'une famille de paysans où, dans un coin de cuisine, les femmes et les enfants soignent à temps perdu quelques claies de vers; la main-d'œuvre ici est absolument sans valeur et ne devient appréciable que dans les quatre ou cinq derniers jours de l'élevage :

4 à 5 journées à 2 fr . . . .   8 à 10 fr.

On voit, par ces considérations, que l'élevage des vers à soie se fera de la manière la plus économique : 1° par les possesseurs de mûriers; 2° par les familles disposant de travailleurs à vil prix.

Ces deux conditions se trouvent réunies lorsque le propriétaire de grandes plantations de mûriers s'associe avec un grand nombre de petits éducateurs auxquels il fournit la graine et la feuille, tandis qu'ils donnent le local et la main-d'œuvre ; le partage de la récolte se fait par moitié ; la totalité des dépenses par once en pareil cas n'atteint pas 80 francs ; la recette arrive aisément au double et dépasse même le double de cette somme.

60 kilos de cocons à 3 fr.............. .....   180 fr.

Il y a peu de travaux agricoles qui donnent en si peu de temps autant de bénéfice (voir pour le détail d'un compte d'élevage, pages 19 et 20).

Mais un tel système n'est pas applicable partout ; la réparti-tion de la population agricole, le mode de tenure des terres, la facilité des communications, ne sont pas toujours conciliables avec lui.

Causes qui limitent la culture des vers à soie, d'après M. de Gasparin. — Dans un savant Mémoire publié en 1840, M. de Gasparin a étudié les diverses causes qui limitent dans une région si restreinte de la France la culture des vers à soie. Elle ne peut pas être lucrative, dit-il, dans les pays où la feuille des mûriers gèle habituellement au printemps, ni dans ceux où ces arbres ne supportent pas la taille annuelle, ni dans les localités sujettes aux orages, aux pluies printanières, à certains miasmes : il reconnaît en outre à cette culture des limites imposées par des raisons d'un autre ordre : dans le Midi, on ne plante plus de mûriers s'ils ne font pas rendre à la terre 50 o/o en plus du loyer ordinaire ; on ne veut pas de vers à soie dans les pays constitués en grandes fermes, parce que la population agricole y est trop peu nombreuse ; on les repousse aussi des pays voués à des cultures spéciales, telles que les vignes, les prairies, les oliviers, etc.; les terres exploitées par des fermiers n'y sont pas non plus bien propices à cause du mauvais vouloir de ceux-ci, tandis que les métayers s'y inté-ressent plus aisément ; enfin, l'éducation des vers à soie ne peut pas subsister avec les assolements alternes, qui emploient beaucoup de travaux au printemps. Voilà de nombreuses raisons pour que les grands domaines soient en général incompatibles avec les vers à soie. Dans les petites exploitations, au contraire, cette industrie s'allie à merveille avec tous les genres de culture.

Ces conclusions, assez complexes, se résument en somme par cette simple proposition : *La culture des vers à soie n'est lucrative que là où on peut avoir la feuille de mûrier et la main-d'œuvre à des prix suffisamment modérés, dont l'élévation est subordonnée au prix de vente des cocons.*

Distinction entre les grandes et les petites éducations. Avantages de ces dernières. Leur extension possible hors des limites fixées par M. de Gasparin. — Cette proposition, évidente *a priori*, est vraie pour les plus petites éducations comme pour les plus grandes, et ce sont ces dernières seulement que M. de Gasparin a considérées. Il ne paraît pas avoir porté son attention sur celles de quelques grammes seulement ; cependant nous avons reconnu qu'elles présentent sur les grandes des avantages considérables sous le rapport de l'économie et aussi des chances de succès. Les petits élevages, par conséquent, peuvent être conservés dans bien des cas où les éducations de 2 onces et au-dessus ne seraient plus lucratives. L'expérience l'a du reste démontré (1).

Dans combien de fermes et de maisons de paysans n'y a-t-il pas de bras oisifs, ne fût-ce que quelques heures par jour ?

(1 La ruine des grandes éducations a entraîné l'abandon de l'industrie séricicole dans plusieurs départements où elle pourrait renaître par le système indiqué ci-dessus. Ainsi, en 1808, l'Indre-et-Loire produisait 30.000 kilogrammes de cocons ; la Loire, 31.000 kilogrammes ; l'Hérault, 517.000 kilogrammes ; le Var, 1.102.000 kilogrammes ; l'Allier, 3 000 kilogrammes. Sans doute d'autres cultures, la vigne par exemple, ont supplanté le mûrier ; mais est-il possible de croire qu'il n'y ait plus du tout de place pour celui-ci ? Les sociétés agricoles devraient y songer, d'autant plus que la situation économique de la viticulture est loin d'être brillante actuellement.

Serait-il bien pénible à des femmes, voire à des enfants, de cueillir quelques poignées de feuilles à des haies de mûriers plantées autour d'un jardin et de les répandre sur une claie de vers? Les cocons obtenus dans ces conditions ne coûteraient presque rien.

On objecte que le bénéfice réalisé de cette manière dans chaque ménage ne serait qu'une petite somme. Mais que cent mille ménages récoltent cette petite somme, chose parfaitement possible, le total de ces sommes fera un revenu important, nullement à dédaigner pour le bien-être de toute la population.

On assure qu'en Chine c'est de cette façon que les vers à soie sont traités. Pas de cabane de paysan qui n'en élève quelques claies. Il en est de ces insectes comme des animaux de basse-cour dans nos campagnes. En cela, nous croyons que l'exemple des Chinois pourrait être suivi utilement par nos concitoyens.

Associations coopératives d'agriculteurs pour l'étouffage, la conservation, la vente ou la filature des cocons. — Il a été question plus haut des associations entre propriétaires de mûriers et éleveurs de vers et on a fait ressortir les avantages qui peuvent résulter pour les uns et les autres de telles unions, dont il existe depuis longtemps des exemples dans l'Italie du Nord (1), tant au point de vue de la réduction des frais de production que de l'augmentation des rendements de cocons.

Dans ces dernières années, afin de permettre aux agriculteurs de n'être plus complètement, comme par le passé, à la discrétion des acheteurs de cocons et des spéculateurs sur le marché, on a proposé l'organisation d'associations d'éleveurs de vers pour l'étouffage, la conservation en commun des cocons en vue de leur vente aux filateurs, à un moment jugé le plus opportun. Quelques tentatives d'organisations de ce genre ont été faites en France et en Italie. Ainsi à Crémone, il existe une Société coopérative des producteurs de cocons, sur le fonctionnement et les résultats de laquelle M. Antonio Sansone (2) nous donne d'intéres-

---

(1) Voir Rondot. — *La soie.* Paris, 1885-87.

(2) Dr Antonio Sansone. — *Gli essicatoi cooperativi da bozzoli.* Casale-Monferrato, 1903; — Voir aussi : Gino Glerici — *I bachicoltori in consorzio, egli essicatoi per bozzoli* (Mémoire présenté au VII° Congrès international d'agriculture, tenu à Rome en 1903).

sants détails. Toutefois ces associations sont encore trop peu nombreuses pour qu'il soit actuellement possible de les juger dans leurs résultats et d'augurer de leur avenir.

Certains se sont aussi demandé s'il n'y aurait pas avantage à la fois pour l'agriculteur producteur de soie et le fabricant d'étoffe, consommateur de ce textile, à créer des filatures coopératives. Selon M. Charles Lallemand (1), qui est l'auteur d'un projet d'organisation d'associations de ce genre en France, on pourrait utiliser pour la création de telles filatures les ateliers abandonnés, ainsi que l'ancien personnel de ces ateliers, ce qui permettrait de tenter sans retard l'essai de la nouvelle organisation. A la récolte, les membres de l'association livreraient à la filature de la société leurs cocons, ceux-ci seraient payés comptant aux sociétaires à un prix minimum établi en se basant sur le prix actuel des soies. Ce prix minimum initial des cocons frais serait d'ailleurs susceptible de majoration après la vente des soies filées, majoration plus ou moins considérable suivant que le prix de vente des soies produites par le dévidage des cocons aurait été plus ou moins élevé. Il y aurait, en un mot, participation des associés aux bénéfices réalisés ultérieurement par la vente des soies filées. Grâce à cette organisation de la filature, l'agriculteur redeviendrait, comme jadis en Europe, à la fois producteur de cocons et de soie filée ; au lieu de vendre des cocons à un industriel qui retient, avec raison, une part plus ou moins importante du profit résultant du travail industriel de la soie, il vendrait des grèges ou des moulinées directement au consommateur, c'est-à-dire au fabricant de soieries.

A en croire les initiateurs, ce mouvement de réorganisation, sur de nouvelles bases, de la filature en France et en Italie, réorganisation dont l'effet immédiat serait le rapprochement de l'agriculteur producteur de soie, du fabricant d'étoffes consommateur de ce produit, tournerait certainement à l'avantage de l'un et de l'autre. Sans compter que du même coup se trouverait conjuré le danger de disparition des établissements de filature en France avec les conséquences malheureuses que cette disparition entraînerait fatalement avec elle, si elle se produisait.

_____

(1) Charles Lallemand. — *L'organisation coopérative de la filature de la soie.* Alais, 1904.

CINQUIÈME PARTIE

DU MURIER

I. — Espèces et variétés

Le mûrier est le seul aliment qui convienne parfaitement aux vers. — On a essayé de nourrir les vers avec les parties foliacées de divers végétaux autres que le mûrier: le maclure (*Maclura aurantiaca*) (fig. 91), l'arbre *ché* (*Cudrania triloba*) (fig. 92)(1), le Broussonetier (*Broussonetia papyrifera*) (fig. 90), la ramie (*Bœhmeria nivea, utilis*, etc.) (fig. 93), la scorsonère (*Scorzonera hispanica*), etc...

Les résultats n'ont été entièrement satisfaisants avec aucune de ces plantes dans la pratique des élevages industriels. La meilleure d'entre elles et l'une des plus voisines du mûrier, le *Maclura aurantiaca*, dont la feuille est, dit-on, utilisée pour la nourriture des vers à soie aux Etats-Unis d'Amérique, ne vaut pas la feuille de mûrier de la plus mauvaise espèce. Le mûrier est l'aliment essentiel du ver à soie, le seul qui lui convienne complètement ; c'est aussi un arbre des plus robustes, facile à multiplier, s'accommodant des sols les plus divers, résistant à des froids de plus de 20°, supportant bien l'effeuillage, se prêtant admirablement à la taille répétée, pro-

---

(1) Il existe en Chine une variété du ver à soie qu'on peut nourrir avec la feuille du Cudrania (voir, ce que nous avons dit sur cette race, page 583).

MAILLOT-LAMBERT : *Ver à soie.* 26

duisant en abondance une feuille commode à ramasser, feuille qui n'est attaquée par aucune autre chenille que celle du ver à soie, et peut être conservée facilement plusieurs jours sans flétrir.

En outre, cette feuille constitue un bon aliment pour le bétail : vaches, moutons, chèvres, etc., la mangent avec avidité fraîche ou sèche, crue ou cuite. A cause de la facilité avec laquelle on peut lui faire prendre par la taille la forme voulue, on peut aussi employer le mûrier comme arbre d'avenue.

Ce n'est pas seulement parce que sa feuille sert pour nourrir les vers que cet arbre est précieux, toutes ses parties : les racines, le bois, l'écorce, le fruit, sont susceptibles d'emplois variés dans l'industrie ou l'économie domestique.

Bien peu d'arbres offrent un tel ensemble d'avantages, au point de vue de la culture, tout en donnant des produits aussi variés. On peut dire que le mûrier est aussi supérieur aux plantes par lesquelles on a tenté de le remplacer dans l'élevage des vers, que le Bombyx mori l'est aux autres espèces de Bombyx.

Mais de même que les vers de toutes les races soignés dans la même magnanerie ou que les chenilles d'une variété placées dans des conditions d'élevage différentes ne donnent pas les mêmes quantités de cocons, ni des cocons de la même qualité, de même aussi le produit d'un mûrier dépend de la variété à laquelle l'arbre appartient, et de la façon dont il est cultivé. Et comme l'influence de la qualité de la feuille est grande sur les vers ainsi que sur la quantité et la qualité de leurs produits, l'éducateur, s'il veut se livrer avec toute la sécurité et le succès possibles à l'élevage de ces animaux, doit savoir, parmi les nombreuses variétés de mûriers, choisir les meilleurs, et parmi les procédés de culture, les modes de taille de ces arbres, discerner ceux qui s'adaptent le mieux aux variétés choisies.

Place du mûrier dans la classification botanique. Plantes voisines du mûrier. — Le mûrier appartient à la grande divi-

sion des plantes dont l'embryon porte deux appendices foliacés ou *cotylédons*.

Les fleurs sont à *périanthe* (enveloppe florale) simple, c'est à-
dire qu'elles ont un calice et pas de corolle ; elles sont, en
outre, unisexuées, ou *diclines*, c'est-à-dire que les unes ont
des *étamines* (organes mâles) et pas de *pistil* (organe femelle) ;
les autres ont un pistil et pas d'étamines. Chez le mûrier il
n'y a donc pas dans la même fleur, sur le même réceptacle
floral, comme cela existe chez les plantes dites *hermaphrodites*, à la fois des étamines et un pistil.

De plus, ces fleurs unisexuées se trouvent tantôt réunies sur
le même arbre, et le mûrier est alors *monoïque* ; tantôt elles
sont placées sur des pieds différents, et dans ce dernier cas on
a des arbres *dioïques*, c'est-à-dire des arbres dont les uns, les
mâles, ne portent que des fleurs à étamines et jamais de fruits ;
dont les autres, les femelles, ne portent que des fleurs femelles
et produisent des mûres.

En résumé, les mûriers sont des plantes dicotylédones, à
fleurs *apétales*, unisexuées, monoïques ou dioïques.

Leurs caractères les ont fait ranger dans la grande famille
des URTICACÉES, à côté des *orties*, des *ormes*, des *figuiers*, des
chanvres, etc.

Certains botanistes ont même fait du mûrier le type d'une
famille particulière, la famille des MORÉES. Mais nous préférons
ne pas séparer ces arbres des *Urticées* et des autres plantes dont
le feuillage peut, comme celui du mûrier, quoique moins avan-
tageusement, être employé pour la nourriture des vers et qui
se rapprochent par les caractères bromatologiques de leurs
parties foliacées.

La famille des URTICACÉES (ULMACÉES de quelques auteurs)
comprend un certain nombre de séries ou de tribus qui constituent pour beaucoup de botanistes autant de familles distinctes
et dont voici les principales : les ORMES (*Ulmées* ; les MURIERS
(*Morées*) ; les ARTOCARPES (*Artocarpées*) ; les CHANVRES (*Cannabinées*) ; les ORTIES (*Urticées*).

Ormes (*Ulmées*). — Les ormes, comme les mûriers, sont des plantes arborescentes, à feuilles alternes distiques, simples ; à fleurs hermaphrodites ou polygames (c'est-à-dire portant sur le même pied des fleurs hermaphrodites et des fleurs unisexuées), à calice gamosépale, c'est-à-dire (à sépales soudés entre eux sur une partie de leurs longueurs), à cinq divi-

Fig. 86. — Mûrier blanc (*Morus alba*). Fleur mâle. — Grossissement : 8.
A. Avant l'épanouissement. — B. Fleur mâle épanouie. — s. Sépales. —
ét. Étamines.

sions ; à *androcée* composé de 5 étamines ; à *gynécée* consistant en un ovaire dicarpellé, surmonté d'un style à deux branches. L'ovaire est à deux loges, dont le plus souvent une seule est fertile et on a un seul ovule. Le fruit est une *samare*, c'est-à-dire un fruit sec pourvu d'un prolongement membraneux périphérique en forme d'aile. Parmi les genres qui composent la série des ormes, nous citerons : l'orme (*Ulmus*) et le micocoulier (*Celtis*). Ce sont des arbres à suc non laiteux et à fleurs disposées en *cymes*. Dans la préfloraison, les filets staminaux sont dressés.

Mûriers (*Morées*). — Le type de la tribu des morées est le mûrier. Les plantes de cette série sont comme celles de la série précédente des arbres à feuilles alternes distiques, entières ou lobées ; mais elles s'en distinguent par leur suc qui est *laiteux* et leurs fleurs qui sont unisexuées, monoïques ou dioïques. Les fleurs mâles sont formées d'un calice à quatre sépales *libres* et de quatre étamines opposées aux pièces du calice. Les filets des étamines, au lieu

Fig. 87. — Mûrier blanc. Inflorescences mâles. — Réduction : 1/2.

d'être dressés dans le bouton, comme dans les plantes du groupe précédent, sont ployés ; ces filets, d'abord incurvés comme nous venons de le dire, se redressent ensuite plus tard au moment de l'épanouissement de la fleur (fig. 86, B). Dans les fleurs femelles, il y a comme dans les fleurs mâles un calice à quatre sépales libres. Ce calice entoure un gynécée (organe femelle) consistant en un ovaire dicarpellé et biloculaire au

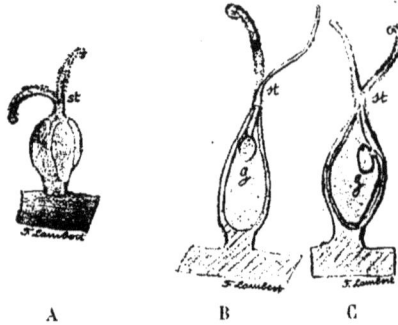

Fig. 88. — Mûrier blanc. Fleur femelle. — Grossissement: 8.
A. Pistil entouré des 4 sépales du calice. — *st* Style. — B. Coupe verticale de l'ovaire montrant l'ovule *g* vu de face.— C. Coupe verticale de l'ovaire montrant l'ovule *g* vu de profil.

début, comme chez les ormes. Cet ovaire devient aussi unilo-

Fig. 89. — Mûrier blanc. Inflorescences femelles. — Réduction : 2/3.

culaire dans la suite par avortement de l'une des loges ; il est

surmonté toujours, comme chez les ormes, d'un style bifide
(fig. 88). En se développant, l'ovaire donne naissance à un fruit
charnu qui est une *drupe*. Ce fruit est en outre entouré de quatre sépales étroitement rapprochés qui ont persisté et sont, en
même temps, devenus charnus.

Les fleurs, mâles ou femelles, sont disposées en petites
cymes ou glomérules réunis eux-mêmes le long d'un axe commun plus ou moins allongé, avec lequel elles constituent une
inflorescence amentacée (en forme de *chaton*) ou *spiciforme* (en
forme d'épi). Il y a donc dans les mûriers des chatons mâles,
c'est-à dire composés de fleurs mâles, et des épis ou chatons
femelles formés de fleurs femelles. Toutefois on rencontre
quelquefois des chatons qui portent à la fois des fleurs mâles
et des fleurs femelles.

La série des mûriers comprend vingt genres, parmi lesquels

Fig. 90. — Broussonetier *(Broussonetia papyrifera)*. — Portion de rameau.
Réduction : 2/3.

le mûrier (*Morus*) ; le *Broussonetier* (*Broussonetia*) (fig. 90) ou
mûrier à papier (ainsi nommé parce que avec ses fibres libériennes on fabrique du papier) ; le maclure *(Maclura)* ou *mûrier des osages* (ainsi appelé parce que son fruit a la forme et la

grosseur d'une orange); on l'appelle aussi *bois d'arc* (fig. 91).
Cet arbre est épineux. On a découvert, dans ces derniers
temps, une variété sans épines (*inerme*) (1). D'ailleurs, les vieux
pieds de Maclura sont inermes.

ARTOCARPES (*Artocarpées*). — Le type de la série des ARTOCAR-
PES est l'arbre appelé vulgairement *Jaquier* ou *arbre à pain*,

Fig. 91.   Fig. 92.

Fig. 91. — Maclure orangé (*Maclura aurantiaca*). Portion de rameau. —
Réduction : 2/3.
Fig. 92. — Cudrania (ou Cudranus) (*Cudrania aurantiaca*). Portion de
rameau. — Réduction : 2/3.

dont le fruit contient une pulpe blanche et farineuse qui a le
goût de la mie de pain frais. Parmi les 32 genres de cette tribu,

---

(1) ANDRÉ. — *Le Maclura aurantiaca inermis* (Bull. de la Soc. nat. d'agric.
Paris, 1896).

nous en citerons deux : le *Cudrania* (fig. 92), dont la feuille est
utilisée en Chine, notamment dans le *Se-tchouan*, pour la nourriture des vers quand ils sont jeunes (voir page 383), et le
figuier (Ficus).

Ce sont, comme les mûriers, des arbres à *suc laiteux*, à feuilles alternes, simples, entières ou lobées. Mais les fleurs mâles
sont à *filets staminaux dressés* dans le bouton, tandis que les
étamines de ces mêmes fleurs, chez les mûriers, sont à *filets
incurvés* dans la préfloraison. En somme, les Artocarpées diffèrent des Morées par un caractère d'importance assez minime.

CHANVRES (*Cannabinées*). — Les chanvres sont des herbes
odorantes à fleurs dioïques, à graines sans albumen, tandis que
l'embryon dans les graines des séries précédentes est entouré
d'un albumen plus ou moins abondant. Il y a deux genres dans
les *Cannabinées* : le genre chanvre (*Cannabis*) à tige dressée, et
le genre houblon (*Humulus*) à tige volubile.

Fig. 93. — Ramie ou ortie de Chine (*Bœhmeria nivea*). Portion de tige. —
Réduction : 1/2.

ORTIES (*Urticées*). — Les orties (*Urticées*) sont des plantes
herbacées, quelquefois suffrutescentes, c'est-à-dire ayant le

port des *sous-abrisseaux*, chargées de poils sur toutes leurs parties. Leurs fleurs sont unisexuées, monoïques ou dioïques, comme les fleurs des mûriers. Le périanthe (calice) est, comme celui des fleurs de mûriers, formé de 4 sépales. Les fleurs mâles sont à 4 étamines oppositisépales ; les femelles ont un pistil qui est *unicarpellé* au lieu d'être dicarpellé, comme chez les mûriers. L'ovaire est surmonté d'un style très court. Le fruit est un *achaine* ou (*akène*) et appartient, par conséquent, à la catégorie des fruits dits *secs*, tandis que le fruit du mûrier est classé dans les fruits *charnus*, comme nous l'avons dit. Les principaux genres sont l'ortie (*Urtica*) ; la ramie (*Bœhmeria*) (*Ma* des Chinois ; *China-Grass* ou *gazon de Chine* des Anglais ; *Chanvre ou Ortie de Chine* des Français) ; la pariétaire (*Parietaria*).

Les feuilles de ramie (fig. 93) ont été essayées avec quelque succès pour alimenter les vers.

Nous avons résumé sous forme de tableau les caractères différentiels des cinq tribus dont nous venons de donner la description succincte.

Caractères distinctifs des tribus de la famille des Urticacées

Graines renfermant un embryon	entouré d'un albumen charnu plus ou moins abondant ; végétaux à suc	laiteux (à *latex*) ; plantes *arborescentes*	Tribu des MURIERS (*Morées*)
		non laiteux ; végétaux *herbacés*	Tribu des ORTIES (*Urticées*)
	sans albumen ; végétaux à suc	*laiteux*	Tribu des ARTOCARPES (*Artocarpées*)
		non laiteux à fleurs : hermaphrodites ou polygames ; *arbres*	Tribu des ORMES (*Ulmées*)
		non laiteux à fleurs : dioïques ; herbes	Tribu des CHANVRES (*Cannabinées*)

Dans le tableau ci-dessous ont été réunis les caractères distinctifs et essentiels des genres principaux des cinq séries ci-dessus de plantes urticacées.

Caractères distinctifs des genres des séries précédentes de la famille des Urticacées

Séries ou tribus des

- **MÛRIERS (Morées)** Fleurs femelles à inflorescences
  - spiciformes ou amentacées → genre **Mûrier** (*Morus*)
  - globuliformes (en boule ou sphérique); fleurs femelles à calice
    - gamosépales (à sépales soudés) feuilles très polymorphes → genre **Broussonetier** (*Broussonetia*)
    - dialysépale (à sépales indépendants) → genre **Maclure** (*Maclura*)
- **ORTIES (Urticées)** Herbes à fleurs
  - unisexuées (diclines); fleurs femelles à calice
    - dialysépale : genre **Ortie** (*Urtica*)
    - gamosépale : genre **Ramie** (*Bœhmeria*)
  - polygames (fleurs hermaphrodites et fleurs unisexuées sur le même pied) → genre **Pariétaire** (*Parietaria*)
- **ARTOCARPES (Artocarpées)** Arbres à fleurs groupées sur un réceptacle commun
  - sphérique (en forme de boule) → genre **Cudrania** (*Cudrania*)
  - en forme de *sac* → genre **Figuier** (*Ficus*)
- **ORMES (Ulmées)** Arbres à fruit
  - sec (samare aplatie à bords prolongés en forme d'aile) → genre **Orme** (*Ulmus*)
  - charnu (drupe) → genre **Micocoulier** (*Celtis*)
- **CHANVRES (Cannabinées)** Fleurs mâles à filets staminaux
  - dressés tout le temps; plantes à tige dressée → genre **Chanvre** (*Cannabis*)
  - d'abord dressés, puis décombants par suite de leur grand allongement; plantes à tige volubile → genre **Houblon** (*Humulus*)

Espèces de mûriers. — Ainsi que nous venons de le dire, les mûriers (genre *Morus* de Tournefort) ont des fleurs mâles et des fleurs femelles, disposées en glomérules ou petites cymes groupés en épis distincts : les épis mâles sont en forme de chatons allongés cylindriques ou un peu comprimés longitudinalement ; les épis femelles sont cylindriques, courts, ou ovales. Tantôt on trouve les deux sortes de fleurs réunies sur le même pied, tantôt elles sont sur des pieds différents. Dans le premier cas, les arbres sont dits *monoïques*, ayant à la fois des chatons mâles non fructifères et des chatons femelles qui deviendront des *mûres ;* dans le second, ils sont *dioïques*, c'est-à-dire que les uns n'ont que des fleurs mâles et sont *stériles,*

tandis que les autres ne portent que des fleurs femelles et sont
fructifères.

Les fleurs mâles se composent d'un réceptacle portant un
calice à 4 divisions (sépales), quatre étamines (organes mâles)
superposées aux pièces du calice; elles n'ont pas d'ovaire et
tombent quelques semaines après la floraison. Les fleurs femelles ont un calice à 4 sépales, comme les fleurs mâles, un
ovaire bien développé et point d'étamines.

Les sépales des fleurs femelles persistent, deviennent épais,
charnus, et donnent, avec l'ovaire qu'ils entourent étroitement, une petite drupe renfermant une seule graine subglo-
buleuse. Les drupes d'un même épi étroitement rapprochées
(pressées les unes contre les autres) constituent le fruit composé, mamelonné, charnu, qu'on appelle vulgairement *mûre*.

Le genre mûrier renferme 5 espèces: le *Morus nigra*, le
Morus alba, le *Morus rubra*, le *Morus celtidifolia*, le *Morus
insignis*; ces 3 dernières d'origine américaine.

Mûrier noir (*Morus nigra*) (fig. 94). — Le mûrier noir est le
mûrier le plus anciennement connu en Europe. C'est un arbre
pouvant atteindre 10 ou 12 mètres de hauteur, parfois davantage.

Le tronc a souvent plus de 5 mètres de circonférence; il est
recouvert d'une écorce épaisse, crevassée, de couleur noirâtre.

On le dit originaire de la Perse septentrionale, de l'Arménie,
où il vit à l'état sauvage, ainsi que dans la Crimée, le midi du
Caucase et sur les bords de la mer Caspienne. Il est naturalisé
çà et là en Italie, en Grèce et en Espagne. Il serait inconnu dans
les Indes et au Japon; mais des voyageurs l'auraient observé
en Chine, notamment au sud de Chang-haï. La patrie primitive
de ce mûrier est moins étendue que celle du mûrier blanc,
dont le berceau embrasse toute l'Asie orientale.

Cette espèce est caractérisée par ses jeunes pousses, courtes,
grosses, velues; par ses feuilles grandes, fermes, épaisses, cor-
diformes, rudes au toucher dessus et dessous, moins polymorphes que celles du mûrier blanc, bordées de dents inégales.

Leur couleur est d'un vert foncé sombre sur la face supérieure; d'un vert glauque sur la face inférieure. Elles sont portées à l'extrémité d'un pétiole court, gros, cylindrique, non canaliculé (ou à peine); le pétiole est accompagné à sa base de deux stipules rougeâtres. Les épis femelles sont sessiles ou

Fig. 94. — Mûrier noir (*Morus nigra*). Portion de rameau.— Réduction : 2/3.

presque. Le fruit composé (fig. 95) qui succède à l'inflorescence femelle est gros, *noir* à maturité, de saveur sucrée-acidulée, agréable au goût. Il est porté à l'extrémité d'un pédoncule très court (7 ou 8 millimètres de longueur), pubescent.

Ce mûrier est à croissance lente; il préfère, comme l'espèce suivante, les sols meubles, sains, profonds et frais. Il pousse plus tardivement et, par suite, il est moins exposé aux gelées printanières tardives que le mûrier blanc.

Son bois parfait, *jaune clair* à l'état frais, devient *jaune foncé* dans la suite; l'aubier est blanc, peu abondant. Le bois du mûrier noir, comme d'ailleurs celui des autres espèces de mûriers, ressemble beaucoup à celui du robinier (*faux acacia*) par sa structure anatomique, sa couleur et ses propriétés. C'est un bois nerveux, qui résiste bien aux alternatives de

Fig 95. — Mûrier noir (*Morus nigra*). Fruit. — Réduction : 1/5.

sécheresse et d'humidité, et qui est à cause de cela susceptible d'emplois variés dans les industries du charronnage, de la boissellerie, de la tonnellerie, des constructions navales pour la fabrication des gournables, de la menuiserie, etc.

C'est aussi un bon bois de chauffage qui vaut presque le chêne pour la chaleur émise ; mais il a, comme le châtaignier, l'inconvénient d'*éclater* au feu, quoiqu'à un moindre degré.

De son écorce, surtout de l'écorce du mûrier blanc, on tire une filasse avec laquelle on fabrique des cordes solides et même des étoffes.

Enfin l'écorce de sa racine est âcre, amère ; elle a des propriétés vermifuges bien connues ; on l'emploie en poudre ou en décoction. D'après M. Mathieu, la densité du bois de ce mûrier varie de 0,672 à 0,820.

Le mûrier noir est connu dans le midi de l'Europe depuis les temps les plus reculés. Les anciens auteurs grecs et latins le comparaient au figuier sycomore (*Ficus sycomorus*), avec lequel ils le confondaient même à l'origine.

Au temps des Romains, il était beaucoup cultivé en Italie pour son fruit qui est agréable à manger en même temps que rafraîchissant (il se rapproche sous ce rapport de la groseille), diurétique, adoucissant. On l'emploie sous forme de sirop, le *sirop de mûre*, contre les maux de gorge. Il est très recherché des volailles.

Par la fermentation, on tire de ce fruit une liqueur alcoolique qui peut être utilisée directement comme boisson ou bien

servir, par la distillation, à préparer de l'eau-de-vie que M.
Bosc ne craint pas de qualifier bonne et, par l'acétification, du
vinaigre qui serait excellent selon le même auteur. Enfin les
mûres du mûrier noir peuvent aussi servir comme colorant
pour la coloration des vins.

Pendant longtemps, avant l'introduction ou la propagation,
dans les cultures, du mûrier blanc, les feuilles du mûrier noir
ont servi en Europe et dans le Levant pour nourrir les vers
à soie. Elles sont encore actuellement utilisées dans ce but en
Sicile et dans quelques contrées de l'Espagne, où les mûriers
blancs seraient exposés trop souvent à souffrir des gelées printanières.

Olivier de Serres dit que la feuille provenant des mûriers
noirs fait de la soie *grossière*, *forte*, *pesante*, bonne seulement,
selon Cabanis, pour faire des galons ; au contraire, la feuille
des mûriers blancs est *fine*, *légère*. Loiseleur-Deslongchamps,
à la suite d'expériences comparatives d'alimentation des vers
qu'il fit avec les deux espèces de feuilles, trouva que les cocons
formés par les vers nourris avec la feuille de mûrier noir
étaient moins gros et moins pesants que ceux des vers qui
avaient reçu des feuilles de mûrier blanc. D'autres affirment,
au contraire, que les cocons du mûrier noir sont plus gros et
plus lourds.

Un autre défaut du mûrier noir est la lenteur de sa croissance et sa faible production. Olivier de Serres dit, au sujet
de la croissance du mûrier noir, que «plus d advancement font»
les mûriers blancs en deux ans que «les noirs en six». Ces
derniers supporteraient en outre moins bien la taille fréquente
que les premiers. Enfin, le mûrier blanc donne des feuilles 15
jours avant le mûrier noir ; mais, ainsi que nous venons de le
dire, c'est là un défaut plutôt qu'un avantage pour les pays où
les gelées tardives sont à craindre.

En résumé, il faut, sans hésiter, préférer le mûrier blanc
pour l'élevage des vers partout où les conditions de milieu ne
sont pas trop défavorables à la culture de cet arbre.

Variété : *M. noir à feuilles lobées* (*M. nigra laciniata*).

Dans quelques pays, le mûrier noir est appelé vulgairement *mûrier d'Espagne*.

Mûrier blanc (*Morus alba*). — Le berceau du mûrier blanc est l'Asie orientale (Chine, Inde, Japon peut-être). De l'Asie orientale où il pousse spontanément, ce mûrier est passé, en même temps que le ver à soie, dans le pays du Khotan (Asie centrale) au V⁰ siècle de notre ère (419) ; de là, vraisemblablement, à Constantinople au VI⁰ siècle (552) ; de Constantinople il a été porté en *Syrie* (1) et en Grèce ; puis, enfin, dans toute l'Europe méridionale et tempérée. Dans cette propagation du mûrier blanc en Europe, les Arabes ont joué, du VII⁰ au XII⁰ siècle, un rôle prépondérant.

C'est vers le IX⁰, d'autres disent vers le XI⁰ siècle, que le mûrier blanc apparaît en Calabre ; au XII⁰, peut-être même comme en Calabre du IX⁰ au XI⁰ siècle, il est introduit en Sicile. Il est porté à Venise au XIII⁰ siècle (1204), à Bologne de 1280 à 1290.

En Provence, il a fait sa première apparition probablement à la même époque (XIII⁰ siècle). Dans le Dauphiné, il aurait été importé d'Italie en 1495, selon Olivier de Serres.

En Espagne, il a été porté par les Arabes vers le IX⁰ ou le X⁰ siècle (à Cordoue en 910).

L'aire actuelle d'habitation de cette espèce est très vaste. En dehors de la Perse, de l'Asie mineure et de la Russie méridionale où il est naturalisé, on le trouve en plantations plus ou moins étendues et nombreuses dans les régions chaudes ou tempérées de toutes les parties du monde : l'Europe, l'Afrique, l'Amérique et l'Océanie.

En *Europe*, nous le rencontrons par toute l'Allemagne (le premier mûrier blanc planté en Europe le fut, dit-on, en 988, dans le jardin de l'abbaye de Braunweiler ; mais c'est au XVIII⁰ siècle, sous l'empereur Frédéric II (dit *le Grand*), que les plantations prirent dans ce pays leur plus grande extension. Ce

---

(1) La Syrie a été, selon M. RONDOT, le principal foyer de l'acclimatation, dans les pays occidentaux, du ver à soie et du mûrier blanc.

monarque fit planter partout en Prusse des mûriers (le long des routes, sur les places publiques, dans les parcs des châteaux). On le trouve en Russie (par tout le territoire compris au sud-ouest d'une ligne allant de Saint-Pétersbourg au littoral de la mer Caspienne, en passant au nord de Moscou et de Saratov) ; dans la Suisse, l'Autriche, dans les îles Britanniques, en Belgique (où il a été introduit au XVIe siècle), en Hollande, en Suède (jusque vers le 64e degré de latitude nord).

Il existe en *Afrique*: dans l'Égypte, la Tripolitaine, la Tunisie (où il a été porté par les Arabes vers le Xe siècle), l'Algérie, le Maroc jusqu'au cap de Bonne Espérance, au Natal et dans l'île de Madagascar. En *Océanie*, il prospère dans l'archipel Indien et les îles Philippines ; il serait indigène (?) à Sumatra et à Java. Dans les îles Philippines, il a été importé à deux reprises : une première fois en 1593 dans l'île Luçon par le P. jésuite Sedeño ; il y fut négligé et disparut au bout d'un certain temps. Une deuxième fois, en 1780, dans la même île, par le P. Manuel Galiana, des Augustins, qui apporta de la Chine méridionale la variété dite *multicaule* ou *lou*. L'acclimatation fut prompte cette fois. C'est de l'île Luçon qu'ont été tirés les multicaules qui sont en Europe et qu'on appelle aussi, à cause de cela, *mûriers des Philippines* (1). Il y a aussi des plantations de cet arbre dans les Amériques où il est d'importation relativement récente (XVIIIe et XIXe siècles) : dans l'Amérique du Nord (le Canada, les États-Unis, les Antilles), dans l'Amérique centrale (le Mexique, le Guatémala, Cuba, la Jamaïque, la Guadeloupe), dans l'Amérique méridionale (la Colombie, la République de l'Equateur, le Pérou, le Chili, le Brésil, etc). Enfin, le mûrier blanc est cultivé en Australie.

Selon de Gasparin (2), l'aire de culture du mûrier blanc pour l'élevage des vers devrait être restreinte aux pays où la température ne descend pas habituellement au-dessous de —15° centigrades, où les gelées blanches, spécialement les gelées

---

(1) N. RONDOT. — *L'art de la soie.* Paris, 1885-87.

(2) DE GASPARIN. — *Essai sur l'histoire de l'introduction du ver à soie en Europe* (in Recueil de Mémoires d'agriculture. Paris, 1841).

MAILLOT-LAMBERT: *Ver à soie.*   27

printanières, sont peu fréquentes, où la température demeure pendant un temps suffisant (3 mois au moins) au-dessus de 12°5, ou 13° centigrades au-dessus de zéro après la cueillette des feuilles (1), où le climat est sain, ni humide, ni brumeux, dans lequel le mûrier est susceptible de produire des feuilles saines renfermant le tiers au moins de leur poids en matières solides, et où enfin la main-d'œuvre est abondante.

Le mûrier blanc est un arbre qui atteint, dans de bonnes conditions, de 15 à 18 mètres de hauteur, quelquefois c'est un arbrisseau (*multicaule*) ne dépassant guère 5 mètres de hauteur. Il se plaît, comme le mûrier noir, dans les sols frais, meubles et profonds.

Le port des variétés de grande taille quand on laisse l'arbre se développer en liberté est comparé, avec raison, par Robinet à celui du noyer. Sa tête est assez bien fournie de branches divariquées (voir fig. 96).

Quand il se développe dans des conditions largement favorables, son tronc peut acquérir de 1 mètre à 1 m. 50 de diamètre (3 mètres à 4 m. 50 de circonférence) à 1 mètre du sol (2). Son écorce est grise-brunâtre, épaisse, largement gerçurée, subécailleuse. Le liber, comme dans le mûrier noir, est formé de faisceaux de fibres déliées, qu'on peut isoler facilement parce qu'ils ne sont ni groupés, ni anastomosés, et qui peuvent être

---

(1) Pour que, après la taille, les arbres aient encore assez de temps pour développer suffisamment et aoûter leur nouveau bois avant l'arrivée des premiers froids de l'hiver.

(2) *Bonafous parle d'un mûrier planté en 1650 qui existait à Nice en 1843*, il était alors, par conséquent, âgé de 193 ans, dont la tige mesurait à cette époque 4 m. 20 de circonférence au niveau de la surface du sol, 3 m. 30 à 1 m. de hauteur au-dessus du sol et 4 m. 10 à l'endroit de la greffe (à 3 m. du sol) ; il avait produit à une époque jusqu'à 1500 *kilog. de feuilles et au temps de Bonafous sa production était encore de 900 à 1.000 kilogr. de feuilles.*

Nous avons vu à Sainte-Tulle (Basses-Alpes), en 1905, deux mûriers qui remontent vraisemblablement à l'époque d'Henri IV et dont les troncs mesurent 4 m. 60 et 4 m. 80 *de circonférence à 1 mètre du sol.*

employés comme matière textile pour faire des cordages et
même des tissus. On en fait aussi une pâte pour la fabrication
du papier.

Les caractères différentiels pour cette espèce, comme d'ail-

Fig. 96. — Mûrier blanc (*Morus alba*) au Jardin des Plantes de Montpellier
(d'après une photographie prise en 1903 par M. Lafont).
Hauteur totale de l'arbre: 16 mètres. — Circonférence du tronc au niveau
de la surface du sol: 2 m. 27. — Circonférence à 0 m. 85: 2 m. 25.

leurs pour les autres espèces de mûriers, sont tirés principalement des rameaux, des feuilles, des fleurs et du fruit.

Les jeunes pousses sont déliées, à entre-nœuds longs (plus
longs que ceux des pousses du mûrier noir), glabres ou légère-

ment pubescentes. Les feuilles sont fines, entières, diversement dentées (à dents inégales) ou lobées ; d'un vert clair
souvent luisant en dessus, d'un vert plus pâle et non lustré en
dessous ; glabres sur les deux faces, excepté aux nervures et à
l'aisselle des nervures qui sont pubescentes surtout à la face
inférieure. Elles sont douces au toucher ou légèrement ru-

Fig. 97. — Mûrier blanc (*Morus alba*). Portion de rameau avec fruit (blanc).
Grandeur naturelle.

gueuses et portées à l'extrémité d'un pétiole long, supra-
canaliculé (c'est-à-dire creusé en gouttière sur la face supérieure), accompagné de deux stipules latérales caduques.

Les inflorescence sont axillaires : les mâles, de forme cylindrique allongée ; les femelles, ovales ou oblongues, rarement
cylindriques.

Le fruit est ordinairement plus petit que celui du mûrier noir; il est porté à l'extrémité d'un pédoncule de même longueur ou plus long que le fruit qui est de trois couleurs : blanche, rouge, noire. La maturité a lieu de juillet à septembre.

La croissance de ce mûrier est plus rapide que celle de l'espèce précédente ; sa multiplication est aussi plus facile et il se prête mieux à la taille souvent répétée. Il entre en végétation au printemps environ 15 jours plus tôt, ce qui expose davantage ses jeunes pousses et ses feuilles encore tendres aux gelées tardives. Aussi dans les pays où celles-ci sont fréquentes lui préfère-t-on le mûrier noir.

Les feuilles du mûrier blanc sont celles, de toutes les diverses espèces de mûriers, qui conviennent le mieux pour la nourriture des vers et la production de la soie : elles sont plus digestibles, et les vers qui en ont été nourris produisent une soie plus fine, plus nette. D'ailleurs, ces animaux préfèrent cette feuille à celle du mûrier noir et des autres espèces de mûriers. Aussi le mûrier blanc est-il surtout cultivé pour la production de feuilles en vue de l'alimentation des vers, et partout, ou presque, il a remplacé le mûrier noir qui a d'abord été, comme il vient d'être dit, utilisé dans ce but dans le Levant et les pays occidentaux.

Le bois de ce mûrier est presque tout à fait semblable à celui de l'espèce précédente, dont il a la couleur, la texture, et les autres qualités. Excepté toutefois qu'en vieillissant il brunit moins, il demeure plus jaune que celui du mûrier noir et du mûrier rouge, ce qui est un avantage. Comme le bois du mûrier noir, et d'ailleurs des autres espèces de mûrier, le bois du mûrier blanc est utilisé en tonnellerie (pour la fabrication des douves), dans les constructions navales, le charronnage, la menuiserie, l'ébénisterie, etc. On s'en sert pour faire des échalas qui sont très bons. Il est aussi quelquefois employé pour la fabrication des crosses de fusil, et les tourneurs s'en servent pour la confection d'objets imitation buis. Enfin les branches et les rameaux qui sont retranchés au moment de la taille des arbres sont utilisés dans les campagnes comme combustible et brûlés dans les cuisines ou pour le chauffage des fours.

Sa densité est un peu inférieure en moyenne à celle du bois de mûrier noir. Elle varie, pour le bois séché à l'air, de 0,583 à 0,772 selon M. Mathieu (1).

Le fruit du mûrier blanc n'est pas agréable à manger à cause de sa saveur fade sucrée. Les volailles et les porcs le recherchent et il peut, comme le fruit du mûrier noir et des autres espèces de mûriers, servir pour préparer une boisson fermentée, fabriquer de l'alcool ou des vinaigres.

Les variétés et sous-variétés du mûrier blanc sont nombreuses ; nous les étudions plus loin.

Mûrier rouge (*Morus rubra*). — Le mûrier rouge est un mûrier de l'Amérique du Nord. On le trouve à l'état sauvage dans toutes les contrées depuis le Canada jusqu'au Mexique. C'est un bel arbre souvent monoïque, atteignant 20 à 25 mètres de hauteur. Sa tige mesure 2 mètres ou 3 mètres de circonférence, quelquefois 6 mètres. Elle est recouverte d'une écorce gerçurée lamelleuse.

Les rameaux de ce mûrier sont longs, grêles; les jeunes pousses sont glabres ou légèrement pubescentes. Les feuilles sont ovalo-elliptiques, cordées, dentées sur les bords. Leur face supérieure est rugueuse (scabre); l'inférieure *blanche-veloutée* dans le jeune âge. Elles sont portées à l'extrémité d'un pétiole grêle, cylindrique, pubescent, creusé en dessus d'un étroit sillon. Ce pétiole est accompagné à sa base de deux stipules latérales rougeâtres, parfois blanchâtres, longues de 5 ou 6 millimètres.

Les inflorescences sont cylindriques, *pendantes*, tomenteuses : les mâles longues (3 à 5 centimètres); les femelles beaucoup plus courtes (7 à 15 millimètres).

Le fruit est cylindrique, *pendant, rouge-noirâtre* à la matu-

---

(1) A. MATHIEU. — *Flore forestière*, 3ᵉ édit. Paris, 1877.

rité (longueur : 1 centimètre 1/2) ; de saveur légèrement aigre-
lette. Il est porté à l'extrémité d'un pédoncule long d'environ
1 centimètre, grêle, pubescent.

Le bois de ce mûrier est en tout semblable à celui du mûrier noir. Il est d'une texture serrée, d'un grain fin. Il résiste
longtemps aux alternatives de sécheresse et d'humidité, aussi
est-il recherché aux États-Unis pour les constructions navales.
On en fait des pieux et des échalas qui valent ceux du robinier. C'est en outre un très bon bois de charpente et de menuiserie.

Ses feuilles, selon Loiseleur-Deslongchamps, sans être absolument impropres à l'alimentation des vers, ne vaudraient
guère mieux que celles du *Broussonetia papyrifera* pour la
nourriture de ces insectes qu'elles feraient périr en grand
nombre. Elles seraient, en outre, très peu favorables à la
sécrétion soyeuse.

Deux variétés : *M. rubra tomentosa*, *M. rubra incisa*.

Morus celtidifolia. — Le principal caractère distinctif du
Morus celtidifolia est tiré des inflorescences femelles qui sont
très lâches et ne portent qu'un petit nombre de fleurs.

Le *Morus celtidifolia* est une espèce qui habite l'Amérique
centrale et équatoriale. On le trouve dans l'île de Cuba, l'archipel des Antilles, dans le Texas, le Mexique, le Guatémala, au
Pérou, dans le Chili.

Ses feuilles sont ovales, de dimensions très diverses (2 à 15
centimètres de longueur sur 1 1/2 à 9 de largeur) ; elles sont
finement dentées sur les bords, et finissent au sommet en
forme de pointe allongée. Leur face supérieure est rugueuse,
parsemée de poils appliqués qui tombent de bonne heure ; leur
face inférieure est pubescente le long des nervures. Le pétiole
est accompagné de deux stipules latérales, lancéolées, poin-
tues, pubescentes, longues de 5 à 10 millimètres.

Les inflorescences femelles (longueur 2 ou 3 centimètres)
sont lâches et ne portent qu'un petit nombre de fleurs (*pauci-
flores*).

Les mûres (7 à 15 millimètres de longueur) sont portées par un pédoncule pubescent de même longueur que le fruit.

Morus insignis. — Le *Morus insignis* est, comme les deux précédentes espèces, d'origine américaine. C'est un grand arbre qui habite le Pérou, la Nouvelle-Grenade et la Colombie.

Il est principalement caractérisé par la longueur des stipules qui accompagnent le pétiole de ses feuilles (2 centimètres) et par son *fruit cylindrique long* (3 à 5 centimètres).

Ce mûrier est un arbre atteignant une hauteur d'environ 16 mètres. Ses rameaux sont bruns, tortueux, tomenteux quand ils sont jeunes. Les feuilles sont de forme ovale ou ovale-lancéolée, inéquilatérales à la base, penninervées (à nervures secondaires plus ou moins dressées); elles sont munies de dents aiguës sur les bords et terminées au sommet en pointe aiguë. Leur face supérieure est rugueuse; l'inférieure couverte d'un *tomentum blanchâtre*. Les espaces parenchymateux compris dans le réseau de nervures des feuilles sont concaves au-dessous, convexes en dessus. Le pétiole est court (1 centimètre), parcouru par un sillon dorsal étroit; il est accompagné de deux *stipules longues*, à face dorsale tomenteuse, à bords scarieux.

Les inflorescences sont cylindriques, longues; d'abord érigées, elles deviennent ensuite *pendantes*. Elles sont portées par un pédoncule court. Le pistil, chez les fleurs femelles, est surmonté d'un style à stigmate sessile filiforme.

Le fruit est cylindrique, long de 3 à 5 centimètres, porté à l'extrémité d'un pédoncule court.

Variétés du mûrier blanc. — Sur ces cinq espèces, trois sont connues depuis longtemps et peuvent être considérées comme les principaux types du genre, ce sont : le mûrier noir (*Morus nigra*), le mûrier blanc (*Morus alba*) et le mûrier rouge (*Morus rubra*).

Les quelques caractères suivants, basés sur les caractères des feuilles et des fruits et les dispositions des inflorescences, permettront de les distinguer :

INFLORESCENCES	Non pendantes (feuilles vertes en dessous)	Feuilles d'un vert foncé, rugueuses ; pétiole cylindrique non canaliculé ; fruit gros à pédoncule court.	*M. nigra*
		Feuilles d'un vert clair lisses ; pétiole à section ovale, creusé en gouttière en dessus ; fruit petit, à pédoncule long (comme le	*M. alba*
	Pendantes (feuilles blanchâtres en dessous).............		*M. rubra*

Deux de ces espèces sont utilisées pour la nourriture des vers : le mûrier blanc et le mûrier noir, encore ce dernier, autrefois d'abord employé, est-il à peu près délaissé aujourd'hui pour le mûrier blanc qui lui est préférable à cause de sa croissance plus rapide, de sa multiplication plus facile, de ses feuilles meilleures pour les vers. Cette espèce, actuellement très répandue et cultivée dans les milieux les plus divers, a produit des variétés nombreu-es. Avec M. Bureau (1), nous grouperons ces variétés de la façon suivante, d'après la longueur des épis femelles et les dimensions des styles des fleurs mâles :

ÉPIS FEMELLES	Globuleux ou ovoïdes ; styles	Nuls ou presque nuls (6 variétés)	1. *Vulgaris.* 2. *Italica.* 3. *Pyramidalis.* 4. *Constantinopolitana* 5. *Bungeana.* 6. *Venosa.*
		Plus ou moins longs (9 variétés)	7. *Mongolica.* 8. *Serrata.* 9. *Nigriformis.* 10. *Indica.* 11. *Cuspidata.* 12. *Stylosa.* 13. *Arabica.* 14. *Atropurpurea.* 15. *Latifolia.*
	Cylindriques longs.......................		16. *Lœvigata.*

(1) DE CANDOLLE. — *Prodomus systematis naturalis regni vegetabilis,* t. XVII. Paris, 1873.

Des 16 variétés décrites par M. Bureau, 4 ou 5 présentent plus d'intérêt que les autres pour les éducateurs de nos pays, ce sont les *Morus alba : vulgaris, constantinapolitana, italica, mongolica* et *latifolia*.

Mûrier blanc vulgaire (*M. alba vulgaris*). — Le mûrier *blanc vulgaire*, ou *mûrier blanc commun*, comprend les formes de mûrier blanc communément cultivées : le *M. alba vulgaris tenuifolia* (mûrier sauvageon), le *M. alba vulgaris rosea* (mûrier rose), le *M. alba vulgaris colombassa* (mûrier colombasse).

Mûrier sauvageon (M. alba vulgaris tenuifolia). — Le mûrier

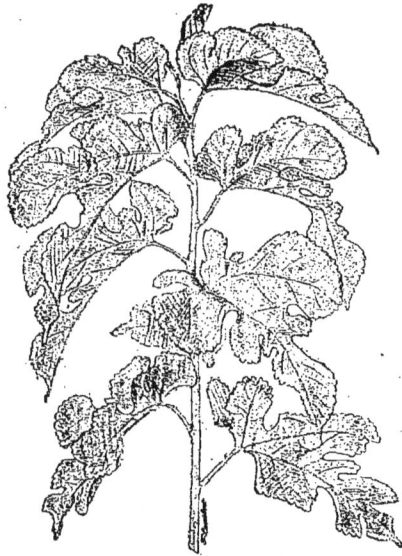

Fig. 98. — Mûrier blanc sauvageon *(M. alba vulgaris tenuifolia)*. Portion de rameau. Réduction : 2/3.

sauvageon (fig. 98) est le mûrier venu de semis ; sa feuille est fine, lobée, un peu rude au toucher. C'est la meilleure variété pour la santé des vers et la production de la soie, mais l'arbre est peu productif à cause de la petitesse de la feuille, qui est

en outre difficile à cueillir. On le cultive franc de pied en basse
tige ou en haie, rarement en haute tige. La feuille du sauvageon
est donnée aux vers dans les premiers âges (les 3 ou 4 premiers)
parce qu'elle se développe avant la feuille des variétés greffées
et qu'elle durcit plus vite. Les mûres sont blanches, roses
ou noires.

Mûrier rose (M. alba vulgaris rosea). — Le *mûrier rose* est avec
la *Colombasse* et la *Colombassette*, qui lui ressemblent beaucoup,
celle des variétés améliorées propagées au moyen du greffage
qui se rapproche le plus du sauvageon par les qualités de ses
feuilles, tout en étant productif. Il est caractérisé par ses feuilles, dont le pétiole est
rose, dont le limbe est
ovale (ressemblant par
sa forme à une foliole
de rosier), à face supé-
rieure *lustrée*, comme
vernie, à tissu *ferme*, ce
qui le rend *cassant*. En
outre, ces feuilles sont
rapprochées sur le ra-
meau auquel elles tien-
nent faiblement.

Ce mûrier ne craint
pas la sécheresse ; il
convient pour les sols
plutôt maigres et les
climats du Midi ; dans
les terrains trop fertiles
et dans le Nord, la feuille
s'épaissit trop.

Le fruit est blanc ou
rouge, rarement noir.

Fig. 99. — Mûrier Colombasse (*M. alba
Columbassa*). Portion de rameau. — Réduction : 2/3.

D'après Audibert, les arbres de cette variété entreraient pour 5
o/o dans les plantations du Midi de la France.

Mûrier Colombasse (M. alba vulgaris columbassa). — La *Colom-basse, colomba* ou *blanquette* (fig. 99) a les feuilles moins grandes, plus écartées sur le rameau, un peu moins fermes et plus sujettes à se froisser quand on les comprime dans les sacs servant au ramassage. Le fruit est de couleur cendrée ou bleuâtre. L'arbre est à croissance plus rapide. C'est une variété *tardive*, ne craignant pas les gelées du printemps, ce qui la fait très apprécier dans les montagnes des Cévennes; donc elle est à conseiller pour les climats froids, les sols frais et fertiles, où elle donne tout ce qu'elle peut donner sans perdre beaucoup de ses avantages. A rapprocher de cette variété la *langue de bœuf* à feuille allongée, la *serotina* de Burdin, la *blanquette* de divers auteurs.

Colombassette (M. alba vulgaris columbassetta). — La *Colombette* ou *colombassette* a la feuille un tiers plus petite que celle de la Colombasse. Cette feuille est très bonne pour les vers et très soyeuse. L'arbre est assez productif, malgré la petitesse de la feuille, à cause de ses rameaux nombreux et longs.

Ce mûrier est recommandable pour les plantations dans les bons fonds, riches, frais et les climats plutôt froids où il produit beaucoup sans présenter pour les vers les inconvénients des variétés à grandes feuilles. Cette variété et la précédente sont les plus estimées dans les parties montagneuses des Cévennes.

Le fruit est jaune.

Rebalaïre (M. alba vulgaris rebeleira). — Une autre forme des Cévennes est la *rébalaïre* ou *traineuse*, ainsi nommée parce que l'arbre encore jeune a les pousses ordinairement pendantes, qui se dirigent vers la terre ; son bois est tendre et facile à tailler. Le fruit est blanc (*Amoura blanca*, Languedoc); les feuilles sont plus larges, plus épaisses que celles des deux formes précédentes et plus sujettes à la *rouille* (*Septisporia mori*). Ce mûrier serait un peu moins productif que les Colomba, d'après certains. On le cultive de préférence sur les hauteurs et dans les lieux découverts, dans les endroits où, par suite de la sécheresse de l'air, la rouille est moins à craindre.

Mûrier romain (M. alba vulgaris romana). — Le mûrier qu'on rencontre le plus communément (il formait à lui seul au temps d'Audibert le 90 o/o des plantations) dans le Midi de la France est le mûrier dit *romain*. Sa feuille est grande, assez adhérente aux rameaux et difficile à détacher, sujette à la rouille. Le fruit est gris-rosé ou lilas. Le mûrier romain est très productif, mais souvent son bois nouveau s'aoûte mal ; aussi ne convient-il pas pour les climats à hiver précoce ; sa feuille, surtout si le climat est humide et le sol riche et frais, est inférieure pour la santé des vers à celle des variétés précédentes. On la donne aux vers de préférence quand ils sont gros, c'est-à-dire après la 4ᵉ mue. Il a l'avantage, apprécié des pépiniéristes, de donner de belles pousses et d'atteindre plus vite, dans la pépinière, après le greffage, les dimensions voulues pour la plantation à demeure. Il faut réserver ce mûrier pour les plantations dans les climats chauds à hiver tardif, non humide, et les sols maigres secs, bien ensoleillés ; ailleurs, sa culture donnerait des résultats désavantageux, à cause de la délicatesse de son jeune bois et de la nature charnue de ses feuilles.

Autres formes du mûrier blanc ordinaire. — A côté des quatre variétés précédentes, on peut ranger les variétés suivantes : en France : la *fourcade* ou *fleur de lys* (trilobée), la *langue de bœuf* (feuille ovale allongée), la *meyne* (à feuille arrondie), le *mûrier à feuille de pommier* (*poumaou*), l'*amoura grisa* (mûre grise) ou *gangeole*, le *mûrier à feuille d'amandier* ou *amella*, l'*aureia de cabra* (oreille de chèvre). En Italie : la *ghiacciola* ou *giazzola* (à feuilles lustrées), variété très appréciée cultivée en Italie ; la *limoncina* (à feuille de citronnier) ou mûrier stérile, autre variété italienne, robuste, résistante aux gelées, supportant bien la taille à cause de son bois dur, à feuille substantielle ; c'est un mûrier qui ne porte que des fleurs mâles et, par conséquent, ne produit pas de fruits ; la *doppia* (double), à feuilles fermes, assez rapprochées sur les rameaux, mais pénibles à ramasser, à cause de la grande adhérence de leurs pétioles aux rameaux; son fruit est blanc. Cette variété se plaît dans les terrains frais et fertiles.

Mûrier à grandes feuilles ou *mûrier Moretti* (M. alba vulgaris macrophylla). — Le mûrier à *grandes feuilles* de *Moretti* (fig. 100) a été obtenu en 1815 par Moretti, qui était professeur

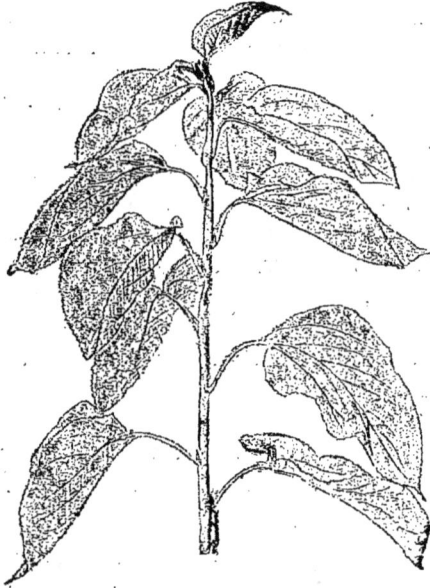

Fig. 100. — Mûrier Moretti (*M. alba vulgaris macrophylla*). Fragment de rameau de l'année. — Réduction: 2/3.

d'agriculture à l'Université de Pavie, dans un semis de graines de mûriers reçues de l'Inde orientale. Ce mûrier a les feuilles très grandes, ovales, rondes, larges à la base, faiblement cordées, à sommet obtus terminé par une pointe aiguë, très distantes les unes des autres sur le rameau. Ces feuilles sont d'un vert foncé, non lobées, garnies sur les bords de grosses dents. Le mûrier Moretti est très précoce et craint beaucoup le froid; ses pousses ne supportent pas un abaissement de température de 4 ou 5° au-dessous de zéro (Gaillard). Ses fruits sont gros, *rouge-rosé*. Cette variété reprend facilement de bouture. Certains la considèrent comme relativement résistante au pourridié et conseillent de s'en servir comme porte-greffe. Les plants venus de semis ont ordinairement les caractères du type. Cette variété pourrait servir pour faire des haies. Son principal avantage est de reprendre de bouture facilement.

Les feuilles du mûrier Moretti tiennent fort au rameau par leur pétiole et par suite sont difficiles à détacher. Pour cette raison, on appelle vulgairement ce mûrier *écorche-main* dans quelques pays d'élevage.

On peut rapprocher de cette variété le mûrier appelé *primitif Cattaneo* qui est aussi une forme à très grandes feuilles introduit en Italie en 1865 par M. Cattaneo.

Le *mûrier Tôkwa* ou *Tôkoua* est un mûrier du Japon ; le *mûrier de Tartarie* ressemble au mûrier sauvageon, dont il a les qualités et les défauts.

Mûrier d'Italie. Mûrier pyramidal. Mûrier fibreux. — Le *mûrier d'Italie* a l'aubier rougeâtre lorsque l'arbre est en sève ; sa feuille est fine, semblable à celle du sauvageon.

Dans le *mûrier pyramidal*, les rameaux sont dressés comme ceux du peuplier d'Italie ; c'est une forme ornementale craignant le froid.

Le *mûrier fibreux* (M. alba venosa) est aussi plutôt une variété ornementale de jardin, quoique ses feuilles soient bonnes pour les vers. Cette variété est caractérisée par ses feuilles polymorphes à nervures nombreuses, fortes, très saillantes, obliques, ascendantes et de couleur blanchâtre. Le fruit est petit, blanc.

Il y a dans les feuilles de ce mûrier, qu'on appelle aussi quelquefois *mûrier à feuilles d'ortie*, à cause de l'aspect particulier de ses feuilles (voir fig. 103), peu de parties utiles par suite de l'abondance et de la grosseur des nervures, et, quoique bonnes pour la nourriture des vers, elles ne sont pas employées pour l'alimentation de ces insectes.

Mûrier de Constantinople (*M. alba constantinopolitana*). —
Le *mûrier de Constantinople* est un petit arbre de 3 à 5 mètres de hauteur caractérisé par son tronc noueux, ses rameaux
gros, courts, d'aspect contourné sur lesquels les feuilles sont
tellement rapprochées (pressées) qu'elles paraissent disposées
en touffes sur l'arbre. Des vers nourris avec cette feuille ont
donné à Loiseleur-Deslongchamps, dans deux expériences, des
cocons plus gros et plus pesants que ceux de vers alimentés
avec des feuilles de mûrier commun. On reproche à ce mûrier
sa croissance lente, la fragilité de ses rameaux dont le rapprochement gêne le ramassage, sa faible productivité due à la
petitesse de sa taille, la grossièreté de la soie donnée par les
vers qui ont été nourris avec ses feuilles coriaces. M. Devin-
cenzi a obtenu de ce mûrier des résultats satisfaisants en le
greffant sur le Moretti : ses pousses se sont allongées, sans
cesser de donner des feuilles belles, nombreuses, très serrées,
peu sujettes aux altérations qui endommagent souvent celles
des variétés communes. Ainsi cultivé, ce mûrier est, dit-on,
très en faveur auprès des cultivateurs des environs de Teramo
(Italie).

Mûrier à larges feuilles ou mûrier multicaule (*M. alba latifolia*). — Une des formes les plus employées pour l'alimentation
des vers dans la Chine méridionale est le *mûrier multicaule* ou
mûrier à larges feuilles, encore appelé m`rier de Chine et *mûrier
des Philippines* (fig. 101). Il a été introduit de la Chine à Manille,
importé de Manille dans la Guyane française en 1821, puis
apporté en France par Perrottet. C'est un arbuste de 5 à 7 mètres de hauteur, à racines longues et traçantes, d'où s'élèvent
ordinairement plusieurs tiges rameuses, de là est venu le nom
de *multicaule*, c'est-à-dire à tiges multiples. Le fruit est noir
à maturité ; les feuilles sont larges, flasques, bombées en
forme de capuchon, cloquées, comme gaufrées en dessus,
tendres, dentées-crénelées sur les bords, fortement attachées

aux rameaux et très écartées les unes des autres sur les branches.

Ce mûrier se plaît dans les bons fonds, les terres fraîches, humides même, plutôt légères, profondes ; dans les sols secs,

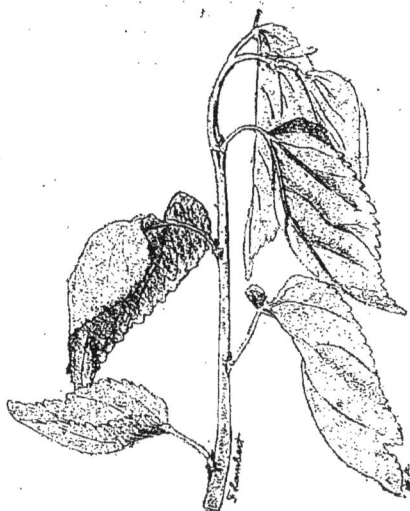

Fig. 101. — Mûrier multicaule *(M. alba latifolia)*. Fragment de rameau de l'année. — Réduction : 2/3.

maigres, il donne beaucoup de fruit, peu de feuilles et dure peu. Il craint le froid et, comme il entre de bonne heure en végétation, il perd souvent ses jeunes pousses au printemps. En outre, ses feuilles tendres sont facilement et souvent déchirées et flétries par les vents, les rameaux cassés. Il faut le placer dans des endroits chauds, abrités. Un autre inconvénient du multicaule est que ses feuilles sèchent difficilement en temps de pluie et retiennent les poussières à cause de leurs boursouflures, de plus elles flétrissent très vite après la cueillette.

A côté de ces inconvénients, ce mûrier a des avantages : il est facile à multiplier par boutures et par marcottes ; sa tendance continuelle à pousser du pied rend ce dernier procédé de multiplication très pratique. Le multicaule est précoce et

il ne craint pas l'humidité et prospère même en ayant les racines submergées; il donne bientôt après la cueillette de nouvelles pousses. C'est une forme à cultiver en haie, comme le
Moretti, dans des situations à l'abri du froid et des vents.

Il peut avec la sous-variété suivante rendre des services
dans les milieux humides, à sous-sol imperméable, comme
porte-greffe. On le dit relativement résistant au *pourridié*.

Fig. 102. — Mûrier lou (ou *lou-sang*). Fragment de rameau de l'année.
Réduction : 2/3.

Le mûrier *lou* ou *lou-sang* (fig. 102) a été obtenu par Camille
Beauvais d'un semis de graines qui lui avaient été données en
1834 par un Hollandais qui les avait lui-même apportées directement de Chine. C'est une forme de *multicaule*. Sa tige
principale est moins garnie de branches à la base, ses feuilles
également grandes sont plus planes, plus fermes et ne se dé-

chirent pas au moindre vent comme celles de la variété précédente ; elles sont aussi plus rapprochées sur les branches.
Cet arbre supporte mieux les froids de l'hiver et craint moins
les gelées au printemps que le vrai multicaule. On le considère, avec ce dernier, comme moins sujet au pourridié que

Fig. 103. — Mûrier fibreux dit aussi à feuile d'Ortie *(M. alBa vinosa).*
Fragment de rameau de l'année. — Réduction : 2 3.

les variétés communes. Dans les pays où cette maladie fait
des ravages, il a donné de bons résultats en servant de porte-
greffe pour les variétés du pays. Il en est de même du mûrier
propagé par Emile Nourrigat sous le nom de *mûrier du Japon*
ou *Nangasaki,* auquel on attribue également une certaine immu-
nité contre les maladies des racines. Ce mûrier du Japon paraît
aussi être une sous-variété du *multicaule.*

II. — Multiplication

Moyens de multiplication du mûrier. — On multiplie les végétaux par *graines* ou par *fragmentation* (c'est-à-dire par *marcottes*, par *boutures* et par *greffes*). Ces divers moyens de propagation peuvent être employés pour la multiplication du mûrier. C'est par les graines que les végétaux se reproduisent naturellement; le *marcottage*, le *bouturage* et le *greffage* sont des procédés artificiels de reproduction.

Par le bouturage et par le marcottage, on arrive plus rapidement à former des sujets bons pour la plantation à demeure; mais les arbres issus de graines sont considérés comme meilleurs, plus vigoureux et plus vivaces, tandis que ceux provenant de marcottes ou de boutures sont regardés comme presque toujours plus ou moins défectueux; ils durent moins, n'atteignent jamais un développement aussi considérable que les pieds venus de semis. Aussi, donne-t-on la préférence aux plants venus de graines pour les plantations en hautes tiges.

Reproduction par graines. Semis. — Le succès de la multiplication par graines dépend de plusieurs conditions : la qualité des graines, le semis, les soins aux jeunes plants dans la pépinière.

Essai de germination. — Il faut avant tout que les graines soient *capables de germer.* Les graines de mûrier ne sont pas toujours bonnes, et celles qui ont un embryon bien constitué ne conservent pas longtemps leur faculté germinative: 2 ou 3 ans (1). Quand on fera usage de graines qu'on n'aura pas soi-

---

(1) D'après PATHE (*Maulbeerbaumzucht und Seidenbau*. Berlin, 1865), la graine de mûrier pourrait conserver pendant 3 ou 4 ans sa faculté de germer ; Robinet fixe à 2 ans la durée de la faculté germinative de cette graine.

même récoltées et dont on ignorera l'âge, on devra toujours les
soumettre à l'épreuve de la germination. Pour cela on prend
un nombre déterminé de graines, on sème ces graines dans
un pot à fleurs, ou on les met dans une assiette entre deux
morceaux de drap, qu'on arrose de temps en temps. On place
l'assiette ou le pot dans une chambre à une température de 15
à 20°. On attend la germination, et quand elle s'est produite,
on compte combien de graines sur 100 ont germé.

Récolte et préparation des graines. — Le moyen le plus sûr
d'avoir des graines de bonne qualité est de les récolter soi-
même. On choisit un mûrier produisant des mûres, qui ne soit

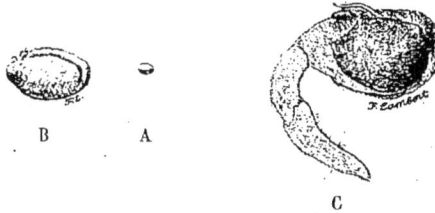

Fig. 104. — Graine de mûrier blanc.
A. Graine grandeur naturelle. — B. Graine grossie 6 fois. — C. Graine en
germination (on voit la radicule) grossie 7 fois.

ni trop jeune, ni trop vieux, c'est-à-dire âgé de 10 à 20 ou 30
ans, bien développé, qui soit de préférence planté en terre
profonde, en exposition chaude, bien ensoleillée. On ne l'effeuille ni le taille, et, quand les fruits sont bien mûrs (ce qui a
lieu, sous nos climats, ordinairement en juillet), qu'ils commencent à tomber, on les récolte; on choisit les plus beaux, on les
met dans un récipient avec de l'eau, on les malaxe bien pour
séparer les graines et les débarrasser de la pulpe qui les entoure. Les graines séparées tombent sur le fond du vase, la
pulpe surnage près de la surface de l'eau, il suffit de renouveler le liquide jusqu'à ce qu'il coule limpide.

Les graines bien propres, on les met à sécher à l'ombre.
Quand elles sont sèches, si on ne veut pas les semer de suite,
on les conserve dans un lieu sec, enfermées dans des sa-

chets, des boîtes, ou des flacons bouchés, ou bien dans des vases en terre cuite, ou en stratification dans du sable sec, jusqu'au moment de l'emploi.

Quelques personnes recommandent, avant de triturer les mûres sous l'eau pour en extraire les graines, de retrancher l'extrémité des fruits, prétendant que les semences du sommet de la mûre, qui sont les dernières formées, sont moins propres à la reproduction.

Semis à la corde. — Quand on veut semer de suite après la cueillette des fruits, on peut prendre une poignée de mûres fraîches qu'on écrase en les frottant contre des bouts de corde; quand les cordes sont bien garnies de graines mêlées de pulpe, on les couche dans des raies tracées à l'avance à la distance voulue et on les recouvre d'une mince couche de terre fine. Ce procédé a des inconvénients : au moment des binages et des éclaircissages, en arrachant un plant on risque d'ébranler les autres.

Préparation du sol pour le semis. — La terre qui convient le mieux pour un semis de graines de mûriers est une terre franche, meuble, fraîche, de préférence irrigable, située en un endroit à l'abri des vents. Cette terre devra avoir été fumée l'année précédente, ou enrichie l'année même avec de l'engrais de ferme bien décomposé, appliqué en quantité modérée. Dans l'hiver de l'année précédente, ou au commencement du printemps de l'année où l'on se propose de semer, on donne à la terre un bon labour de 35 à 40 centimètres (à la profondeur d'un fer de bêche), après l'avoir épierrée si c'est nécessaire.

Avant de semer, on laboure de nouveau le sol légèrement pour compléter l'ameublissement et achever de l'approprier en le débarrassant des mauvaises herbes.

Le terrain ameubli, engraissé convenablement et net de mauvaises herbes, on en égalise bien la surface au moyen d'un râteau de jardinier et on y trace des plates-bandes d'une largeur de 1 mètre à 1 m. 30, telle qu'on puisse sarcler les jeunes plants et les éclaircir en se tenant sur le sentier sans être obligé de marcher au milieu des planches de semis, la lon-

Fig. 105. — Pépinières de semis de mûrier.

A GAUCHE (A C F D) : *Semis en planches* et en rayons A B E D, E B C F. Planches (largeur 1 mètre). — 1, 2, 3, 4, 5, 6. Rayons ou lignes de semis (distance : 0 m. 15 ; profondeur des raies : 2 ou 3 centimètres).

A DROITE : U V I L. *Semis en ados.* P 1, O O. Sillons ou rigoles d'arrosage. — *b b', c c'*. Ados ou billons destinés à recevoir la semence sur les faces *b c, c'* (tournées au midi) (largeur 0 m. 30) — *a b d e.* Face du sillon tournée au nord non semée (largeur 0 m. 18). — P I, P' I'. Rives d'un canal transversal d'amenée de l'eau d'arrosage. — O O. Rigole séparant deux ados, mise en communication avec le canal P' P' d'amenée de l'eau par la destruction de la digue de ce canal vis-à-vis la rigole. La terre provenant de la portion de digue détruite a servi pour établir, en aval, le petit barrage *m n*, à travers le canal P' P', pour arrêter l'eau et l'obliger à changer de direction pour pénétrer dans la rigole O O, suivant la direction des flèches.

gueur peut être quelconque (fig. 105). Ces plates-bandes ou planches de semis seront séparées par des sentiers de 30 centimètres

Exécution du semis. — On répand les graines sur les plates-bandes en lignes espacées de 15 à 25 centimètres, à raison de 2 ou 3 grammes par mètre carré (1). On recouvre d'une faible épaisseur de terre fine (2 à 3 centimètres), de terreau ou de curures de fossés, qu'on répand par dessus ; on tasse légèrement et on arrose à l'aide d'un arrosoir à pomme percé de petits trous (2). On devra répéter les arrosages quotidiennement en été, pendant les fortes chaleurs, ou mieux chaque fois que la terre paraîtra sèche à la surface, et de préférence le soir au coucher du soleil. Il faut éviter qu'il se fasse à la superficie du sol une croûte qui gênerait la levée du plant ; pour cela on fera bien de recouvrir le semis d'un paillis. Pour que l'ensemencement soit plus facile, on mêle quelquefois aux graines du sable ou de la terre pulvérisée fine. On recommande aussi, pour hâter la germination, de faire tremper les grains 24 heures dans l'eau pure, ou additionnée de chaux ou de cendre. On peut aussi répandre les graines à la volée à la surface du sol bien unie et les recouvrir ensuite d'une mince couche de terre fine. Ce système de semis est toutefois moins usité que le semis en ligne, qui facilite les soins d'entretien et la bonne venue du plant.

Semis en ados. — Quand on a la faculté de pouvoir arroser par immersion, au lieu de disposer le terrain, pour le semis, en planches, on le dispose en *ados* ou *billons* sur l'une des faces desquelles la graine est semée en lignes ou répandue à la volée (fig. 105).

Après l'exécution du semis on fait l'arrosage du sol en inon-

---

(1) Dans 1 gramme il y a près de 600 graines, 571 d'après Dunder.

(2) Il paraîtrait que l'arrosage des semis avec une solution à 1/1000° d'acide formique (acide dont les propriétés toni-musculaires remarquables viennent de faire l'objet d'intéressants travaux par M. le Dr Clément, de Lyon, et par M. le Dr Huchard) hâterait beaucoup la germination des graines : celles-ci lèveraient, quand on les arrose avec cette solution, trois fois plus vite qu'avec les arrosages à l'eau ordinaire.

dant successivement chacun des sillons ou rigoles qui séparent les ados. Pour cela, on s'y prend de la façon suivante :

L'eau d'arrosage est amenée, de la prise d'eau principale à la pépinière, au moyen de canaux ouverts perpendiculaires à la direction des sillons. Quand on veut inonder un sillon, le sillon OO, par exemple, on ouvre, à l'aide de la pelle ou de la houe, la digue du canal d'amenée de l'eau à l'extrémité du sillon, et avec la terre de cette portion de la digue on ferme le canal en aval (en *mn*). L'eau qui vient par le canal P'P' dans la direction des flèches entre dans le sillon OO, qu'elle remplit peu à peu. Pendant que l'eau envahit le sillon OO, on met en communication le sillon suivant (ou l'un des sillons suivants) PL avec le canal d'alimentation et on ferme ce canal en aval. Cela fait, on détruit le barrage provisoire *mn*, dont la terre sert à refermer l'entrée du sillon OO, précédemment inondé, et l'eau pénètre en PL, suivant la direction des flèches. On recommence la même manœuvre pour la submersion du sillon qui vient après, et ainsi de suite jusqu'à l'extrémité du champ de semis la plus éloignée de la prise d'eau.

On établit les ados de manière que l'une des faces, celle qui doit recevoir la graine, ait plus de largeur (et soit, par suite, en pente plus douce) que l'autre ; on donne à la face (de semis) 30 centimètres environ et seulement 18 à 20 centimètres à la face opposée. Sur la face d'ensemencement, on répand la graine à la volée ou bien on la sème sur deux lignes dont la plus basse est à 10 ou 12 centimètres du fond de la rigole. Cette dernière manière d'opérer est conseillée par l'abbé de Sauvages (1) de préférence à la première.

Les ados doivent être, autant que possible, orientés de l'est à l'ouest, de façon que la surface ensemencée soit tournée vers le sud, c'est-à-dire du côté le plus ensoleillé.

Les sillons ou rigoles d'arrosage, qui séparent les billons,

---

(1) Abbé BOISSIER DE SAUVAGES. — *De la culture des mûriers*. Nimes, 1763.

servent en même temps de sentiers pour donner au semis, puis aux jeunes plants, après la levée, les soins de culture nécessaires.

Époques des semis. — La levée a lieu 15 à 20 jours après l'ensemencement, qu'on fait à deux époques : 1° en été, après la chute des fruits (en juillet dans nos pays) ; 2° au printemps, quand les gelées ne sont plus à craindre et que le thermomètre marque environ 12° centigrades au-dessus de zéro (avril ou mai dans nos climats). En été, la levée est plus rapide, mais les plants souffrent parfois de la sécheresse, il faut arroser souvent et le jeune plant peut être détruit par les gelées du commencement de l'hiver, quand l'hiver est précoce, mais on gagne deux ou trois mois. Ordinairement on sème au printemps, l'opération est plus sûre à cette époque de l'année.

Soins d'entretien. Éclaircissage. — Les travaux à donner aux jeunes plants dans l'année qui suit la levée consistent à sarcler, biner deux ou trois fois, éclaircir s'il y a lieu, quand les plants ont 5 feuilles, soit quinze jours ou un mois après la levée, de manière à ce qu'il existe entre un pied et les pieds voisins des intervalles d'au moins 5 centimètres.

La veille du jour où l'on veut éclaircir, on arrose. Si la végétation est languissante, on peut additionner l'eau d'arrosage de nitrate de soude, à raison de 1 gramme par litre.

Repiquage et transplantation. — *Époque du repiquage.* — Au bout de l'année qui suit l'époque à laquelle le semis a été effectué, dans l'automne, après la chute des feuilles ou au printemps suivant (en mars), on repique les jeunes plants, dans le but de donner à chacun un plus grand espace pour se développer, étendre ses racines, former sa tige. Ils ont alors une tige ayant la grosseur d'un fort tuyau de plume et une hauteur de 30 à 40 centimètres ; le pivot a de 50 à 80 centimètres de longueur. Ceux qui n'ont pas la grosseur voulue sont laissés en place ou replantés dans un endroit à part, et leur

tige est coupée à quelques centimètres au-dessous de la surface
du sol.

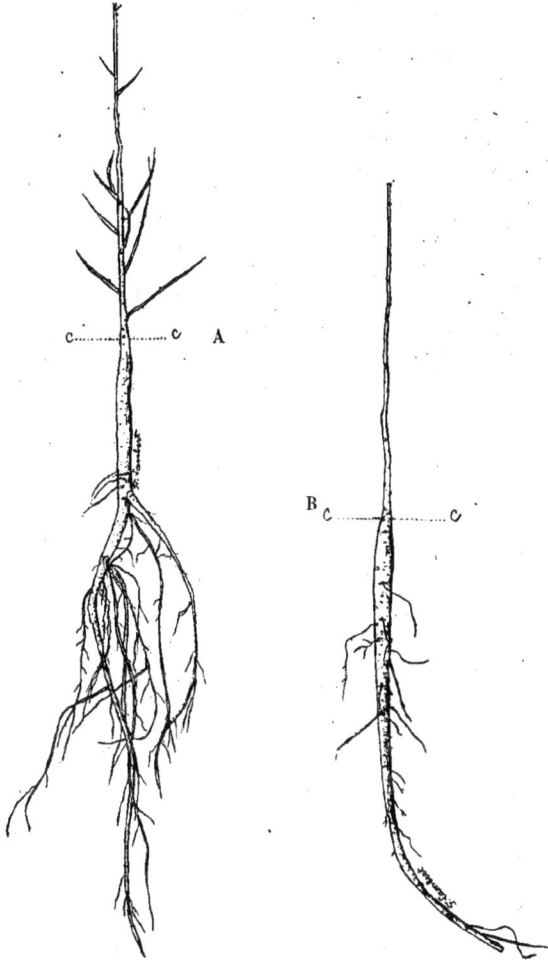

Fig. 106. — Pourettes d'un an. — Réduction : 1/7.
A. Pourette de mûrier blanc ordinaire.— B. Pourette de mûrier blanc Moretti.

Le petit plant de semis non encore repiqué est appelé vulgairement, dans le Midi, *pourette*. Voici quelles sont les dimensions moyennes d'une pourette d'un an (fig. 106) :

Longueur de la tige .... 0^m35
Longueur de la racine principale ou pivot..... $0\ 65$

Longueur totale du plant.. .... 1^m00

Diamètre de la tige au voisinage du collet. 0^m005 ou 0^m006

Choix du sol. Préparation. Fumure. — On choisit pour faire le repiquage des jeunes plants un sol semblable à celui du semis, plutôt léger que fort : une bonne terre franche, abritée des vents, convient très bien. Les sols forts, argileux sont difficiles à travailler, se fendent et déchirent les racines des jeunes plants ; les sols siliceux trop légers se dessèchent vite et se laissent trop facilement traverser par les matières fertilisantes. Le terrain devra être convenablement préparé : ameubli à 45, 50 ou 60 centimètres (50 centimètres en moyenne) de profondeur, 3 ou 4 mois avant la transplantation. Il aura été en outre débarrassé des mauvaises herbes, fumé avec du fumier de ferme (2 centimètres de hauteur) bien décomposé. M. Trentin (1) conseille de mélanger à ce fumier, avant de le répandre et de l'enfouir, 6 à 8 kilogrammes de superphosphate de chaux et 8 à 10 kilogrammes de sulfate de potasse par mètre cube.

Repiquage. Préparation du plant. Mise en place. — Après avoir uni la surface du sol ainsi préparé et fumé, on y trace au cordeau des lignes parallèles, distantes de 1 mètre, le long desquelles on plante les pourettes à 50 centimètres les unes des autres sur la ligne en quinconce ; d'autres préfèrent planter en carré à 50 centimètres en tous sens en tirant, à cette distance, des lignes parallèles qui s'entre-croisent à angles droits : on plante un petit mûrier à chacune des intersections des lignes entre elles. On peut aussi se contenter pour planter en

_____

(1) L. TRENTIN. — *Il gelso.* Casale-Monferrato, 1900.

carré de tracer sur le terrain des lignes dans un seul sens et se
servir, pour mettre les plants à la distance voulue sur les
lignes, d'un bâton coupé à la longueur convenable (à 50 centimètres ou 1 mètre, suivant l'intervalle que l'on veut donner). Dans le repiquage en file, on donnera aux lignes de préférence l'orientation nord-sud, pour qu'elles ne se fassent pas
ombrage.

Il faut, en déracinant la pourette, prendre garde de ne pas
abîmer les racines ; il vaut mieux faire cette opération à l'aide

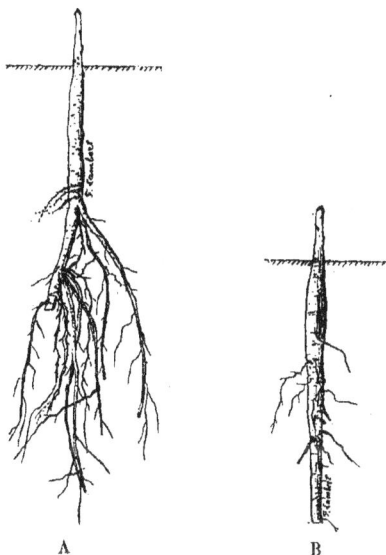

Fig. 107. — Pourettes préparées pour la transplantation en pépinière
d'attente. — Réduction : 1/7.
A. Pourette de mûrier blanc ordinaire.— B. Pourette de mûrier blanc Moretti.

d'une bêche ou d'une fourche que d'arracher à la main par traction, comme cela se pratique généralement. Quand les jeunes
plants sont arrachés, il faut les repiquer le plus tôt possible ou
les mettre en jauge, c'est-à-dire les enterrer par paquets jusqu'au-dessous du collet, si on est obligé d'attendre pour faire
la transplantation.

Avant de repiquer le plant, on le prépare. La préparation du plant consiste (fig. 107) à raccourcir à 15 ou 20 centimètres la racine principale, ou pivot, dont la longueur est d'environ 60 centimètres, à rafraîchir les racines secondaires, qui ont été froissées, déchirées ou cassées, en les coupant au-dessous de la lésion, puis à couper la tige sur 2 ou 3 yeux. On fait ordinairement le raccourcissement de la tige après la plantation.

Dans le but de faire mieux adhérer la terre autour des radicelles, quelquefois on fait subir au plant l'opération du *pralinage*, qui consiste à tremper les racines dans une bouillie composée d'un mélange d'excréments de vaches et d'argile délayé dans de l'eau.

On repique à deux époques, en automne après la chute des feuilles, ou en hiver, et au printemps de février en mars; dans les pays chauds, on peut repiquer en automne ou en hiver, mais dans les climats froids ou tempérés, le printemps est préférable. Il faut choisir pour ce travail un temps calme, sans vent, et attendre que la terre soit sèche.

Pour mettre en place les petits plants, on ouvre à la bêche, en suivant les lignes tracées dans l'une des directions, des petites tranchées, et à chaque intersection, avec une des lignes tracées en direction perpendiculaire ou à la distance marquée en se servant d'un bâton coupé à la longueur voulue, on plante une pourette.

Formation de la tige. — Le plant est resté 1 an ou 2 ans dans la pépinière de *semis*; il demeure de 2 ans à 5 ans dans celle de transplantation ou *d'attente*. Avant ou après le repiquage, on coupe, ainsi que nous l'avons dit, toutes les tiges de manière à laisser subsister sur chacune seulement 2 ou 3 bourgeons, qui se développeront. Quand ces 2 ou 3 bourgeons auront 4 à 5 centimètres, on en conservera un seul, le plus bas ou le plus près du collet, et on supprimera les autres; certains veulent qu'on laisse tous les bourgeons s'accroître librement la première année, en vue de favoriser, disent-ils, la multiplication et le développement des racines.

M. Trentin veut qu'après l'hiver, quand la terre est dégelée, on déchausse les petits arbres et qu'on les fume avec du fumier de ferme.

Quel que soit le système auquel on aura donné la préférence, on greffera, l'année après au printemps, si on doit greffer, ou on recèpera de nouveau, s'il y a lieu, à quelques centimètres au-dessus du sol les plants qui doivent rester francs de pied pour donner des *sauvageons*.

On greffe quelquefois en écusson à œil poussant dès le mois d'août qui suit l'époque où la transplantation en pépinière a été faite, ou à œil dormant en septembre.

Sélection des meilleurs sujets de semis pour être plantés à demeure sans être greffés. — La plupart des jeunes plants venus de semis de graines de mûriers de variétés ordinaires se rapprochent plus ou moins du type sauvage primitif et ne reproduisent pas exactement les arbres qui ont fourni les semences. Ils ont souvent une cime touffue, un aspect buissonneux, des feuilles petites, rugueuses, profondément et diversement découpées, chez lesquelles le parenchyme est peu abondant.

Parmi ces sauvageons, il s'en rencontre cependant quelquefois qui se distinguent des autres par leurs pousses vigoureuses, la forme régulière, arrondie ou ovale, l'aspect luisant et l'abondance de leurs feuilles, qui ressemblent aux autres feuilles de variétés améliorées. Il faut quand on en rencontre, ce qui arrive rarement, avoir soin de marquer ces sujets précieux, toujours en petit nombre (1 ou 2 o/o), qui présentent les caractères des variétés améliorées déjà existantes, ou même valent quelquefois mieux, pour les reconnaître dans la suite au moment de l'opération du greffage qu'ils ne devront pas subir. Quand ces plants auront acquis une hauteur de tige et une grosseur suffisantes, on les plantera à demeure sans les greffer et ils donneront des arbres qui, tout en produisant en abondance une feuille excellente, seront de plus belle venue et plus vivaces que les arbres greffés.

Ainsi cette propriété de variation des plants de semis est un inconvénient ou un avantage : un avantage, si les descendants sont supérieurs ou tout au moins équivalents aux bonnes variétés améliorées déjà existantes ; un inconvénient dans le cas contraire.

Certaines variétés à grandes feuilles se reproduisent assez bien par le semis avec leurs qualités propres sans qu'il soit nécessaire de les améliorer par le greffage. Il en est ainsi pour le mûrier Moretti, par exemple : la plupart des sujets issus d'un semis de graines d'un arbre de cette variété possèdent les propriétés du pied-mère.

Quoi qu'il en soit très rarement de même, lorsqu'on sème des graines de mûriers ordinaires, il sera toutefois toujours préférable de prendre des semences sur des arbres appartenant aux variétés les plus estimées et les meilleures, au mûrier rose par exemple. On augmentera ainsi le petit nombre de chances que l'on a d'obtenir par le semis des plants réunissant les qualités d'un bon mûrier.

On commencera la sélection des plants dans la première année du semis parmi les pourettes et on la continuera dans la deuxième année, c'est-à-dire dans l'année qui suit le repiquage ou *pépinière d'attente*.

Pour faire cette sélection des plants d'élite qui n'ont pas besoin d'être greffés, on parcours la pépinière et on examine avec attention les petits mûriers un après l'autre. Quand on en rencontre un qui a les caractères voulus (tige forte, bien développée ; feuilles entières, d'un beau vert clair luisant, pas trop petites) on y fait une marque qui permette de le distinguer facilement des plants communs (caractérisés par leur aspect ébouriffé, leurs feuilles petites profondément échancrées, un peu rugueuses) qui devront recevoir la greffe. Les sujets qui ont été l'objet d'un premier triage ne seront pas perdus de vue. L'année suivante, on les examinera à nouveau pour éliminer et greffer ceux chez lesquels les caractères qui les avaient fait tout d'abord distinguer l'année avant n'auraient pas persisté.

Dans les deux cas, que l'on greffe ou non, on conservera sur chaque jeune plant une seule pousse, qu'on laissera s'allonger pour former plus tard le tronc.

Greffage. — Le *greffage* est le moyen le plus sûr pour la multiplication des variétés ou des formes améliorées du mûrier commun (*M. alba vulgaris*). On peut employer comme sujets le mûrier noir ou le mûrier blanc. On greffe presque toujours sur le mûrier blanc, et de préférence *sur sauvageon*; dans quelques cas, par exemple pour les plantations dans les terres humides, imperméables, dans les endroits favorables au développement du *pourridié*, on greffe aussi sur Moretti, multicaule, lhou et autres variétés analogues s'accommodant des milieux humides.

On fait le greffage en pépinière (de *semis* ou d'*attente*), et au pied du jeune plant, ou quand l'arbre a été planté à demeure, et dans ce cas à la tête. Les uns préfèrent le premier mode, les autres aiment mieux le second. Le plus souvent, on greffe en pépinière.

Par rapport à la partie du sujet choisie pour recevoir le greffon, on distingue le *greffage à la tête* et le *greffage au pied* de l'arbre. Les deux systèmes ont leurs partisans. Certains aiment mieux le *greffage à la tête*, disant que le tronc sauvageon résiste davantage aux intempéries et que la greffe est plus à l'abri des gelées; d'autres donnent la préférence au greffage au pied de l'arbre dans le voisinage du collet, un peu en dessus ou un peu en dessous, prétextant que l'opération, dans ces conditions, réussit généralement mieux, que les jeunes pousses de la greffe sont moins exposées à être cassées ou endommagées par les vents, qu'enfin, de cette façon, on évite les difformités de l'arbre causées par l'inégalité entre le développement du greffon et celui du porte-greffe, d'où résulte un bourrelet à l'endroit de la soudure. En France, dans les Cévennes, et en Italie, dans le Piémont, on greffe à la tête chacune des branches conservées sur le sauvageon pour former la charpente de l'arbre; mais, si une ou plusieurs greffes échouent, l'arbre se trouve déséquilibré. En général, ailleurs, on fait le greffage au pied de l'arbre.

Dans la pépinière de semis avant le repiquage, on greffe au pied en *écusson* les petits plants ayant la grosseur d'un tuyau de plume. Pour cette opération, on choisit les mois d'août ou de septembre, après le semis. Au printemps suivant, en avril ou mai, les sujets sur lesquels l'opération n'a pas réussi l'été précédent ne sont pas repiqués et sont de nouveau greffés en *écusson*, cette fois *à œil poussant*. On applique aussi aux jeunes sujets de semis la greffe en *flûte*, ou en *sifflet*, mais plus rarement et surtout quand il s'agit de plants pour basses tiges.

On greffe *à la tête* en *flûte* ou en *couronne* dans les *pépinières d'attente*.

Époque du greffage. — Le moment pour exécuter le greffage est quand le mûrier est en sève, c'est-à-dire lorsque les cellules de la *zone génératrice* ou *cambium* (endroit situé entre le bois et l'écorce, où se forment les nouveaux tissus) sont en état de multiplication active ; l'écorce, à cette époque, pouvant être facilement détachée du bois. Il y a deux saisons dans l'année où ces conditions se réalisent : le *printemps*, à la montée de la sève, d'avril en mai ; l'*été*, de juillet à septembre. Il faut préférer, pour l'exécution de cette opération, la matinée d'une journée sans vent.

Choix, cueillette, conservation et préparation du greffon. — On cueille les branches destinées à fournir les greffons pendant l'hiver ou à la sortie de l'hiver, après les froids (en février ou mars), sur des arbres sains qu'on aura eu le soin de ne pas effeuiller et de ne pas tailler dans le mois de juillet de l'année précédente. On retranche de ces branches 10 centimètres de la pointe et autant de la base où les bourgeons sont ou herbacés, ou mal formés ; on les groupe par petits paquets (de 25) qu'on stratifie avec du sable dans un lieu à l'abri : une cave, un hangar ; ou bien encore on les met en jauge près d'un mur, pour qu'ils ne développent pas leurs bourgeons avant l'écussonnage.

On applique au mûrier, ainsi que nous venons de le dire, le greffage en *écusson*, en *anneau* ou en *flûte*, et en *couronne*.

Greffage en écusson. — Le greffage en écusson consiste à insérer sous l'écorce du sujet, ou à la place d'une partie d'écorce enlevée sur le sujet, un œil ou bourgeon détaché d'une branche de l'arbre que l'on veut multiplier (1). Avec l'œil on emporte un peu de l'écorce environnante à laquelle on donne la forme d'un écusson ; de là est venu le nom de greffe en *écusson*.

Époque. — On fait le greffage en écusson à deux époques : au *printemps*, en avril et mai ; en *été*, de juillet à septembre. La greffe en écusson faite au printemps est dite à *œil poussant*, parce que l'œil prend de suite son développement après la soudure : pour que la pousse ait le temps de s'aoûter avant les froids, il faut greffer le plus tôt possible, quand le sujet et le greffon sont à moitié sève. La greffe en écusson exécutée en été, ou vers la fin de l'été, est appelée greffe à *œil dormant* parce que le bourgeon, après l'agglutination, demeure en repos pendant l'hiver et ne pousse qu'au printemps suivant. On greffe en écusson à œil dormant le plus tard possible, c'est-à-dire quand le végétal est encore assez en sève pour que la greffe prenne, mais assez tard cependant pour que son développement ne puisse commencer avant les froids. Cette greffe, après s'être soudée avant l'hiver et s'être reposée pendant toute cette saison, donne ensuite au printemps un jet plus fort, plus vigoureux ; aussi la préfère-t-on à la greffe à *œil poussant*, et cette dernière n'est-elle employée que si la première a échoué.

Prélèvement de l'œil greffon. — Pour les greffes à *œil pous-*

---

(1) On *propage* un végétal par semis, c'est-à-dire par génération ; on le *multiplie* par division, c'est-à-dire par le marcottage, le bouturage ou le greffage.

sant, on prélève les écussons sur des branches de grosseur moyenne de l'année précédente, qu'on a coupées en hiver ou vers la fin de l'hiver, conservées dans une cave, stratifiées dans du sable ou en jauge au pied d'un mur ; pour celles à *œil dormant*, les écussons sont pris sur des pousses nouvelles de l'année, *corsées*, c'est à-dire en partie lignifiées, dont on retranche les feuilles en les coupant sur le pétiole, un peu au-dessous du limbe. Cette suppression du limbe retarde l'évaporation, et la portion de pétiole qui reste attachée au rameau facilite les manipulations de l'écusson, protège l'œil et servira plus tard à reconnaître si la greffe a réussi ou n'a pas réussi.

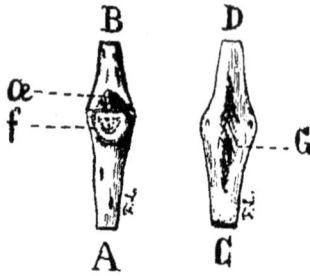

Fig. 108. — Ecusson (ou œil greffon).
A B. Ecusson vu de face. — *œ*. Œil ou bourgeon. — *f*. Cicatrice du pétiole — C D. Ecusson vu à l'envers (du côté de la coupe). — G. Germe ou axe du bourgeon qui en est comme la racine. Il est préférable, pour éviter d'*éborgner* l'œil (c'est-à-dire de le priver de son germe), de détacher avec l'écusson une petite portion du bois sous-jacent.

Pour conserver quelques heures les branches destinées à servir pour le greffage à œil dormant, on les plonge dans l'eau par la base ou dans de la mousse humide. Il faut choisir sur la branche des bourgeons bien formés, bien nourris, plutôt brunis par l'insolation que verdâtres. C'est dans la portion moyenne de la branche qu'il faut les rechercher ; près du sommet, le bois est grêle, les bourgeons y sont trop mous, herbacés ; à la base, ils sont insuffisamment développés.

On détache l'œil en pratiquant avec la lame du greffoir une incision transversale à 1 centimètre ou 1 centimètre 1/2 au-dessus, et une autre à 1 centimètre 1/2 ou 2 centimètres au-dessous. Ensuite, avec la main gauche, on saisit le bourgeon, pendant qu'avec la droite on coupe de haut en bas, en attaquant un peu au-dessus de l'incision supérieure, avec la lame qu'on incline légèrement, de manière à la faire pénétrer jusqu'à l'aubier ; puis on fait glisser peu à peu la lame sous l'écorce jusqu'à l'incision inférieure, en suivant l'ondulation du bois. De cette manière, on emporte l'œil entouré d'une petite portion de l'écorce en forme d'écusson (fig. 108), avec un peu de bois au revers sous le bourgeon. Il est prudent de conserver cette parcelle de bois afin d'éviter d'*éborgner* l'œil. Mais si l'on veut en débarrasser l'écusson, il faut le retirer en agissant par traction de haut en bas ; en tirant en sens inverse, ou en soulevant cette esquille par sa base, on *viderait l'œil*, c'est-à-dire qu'on emporterait son axe ou germe qui est comme la *racine* du bourgeon et sans lequel l'écusson pourrait se souder, mais ne pousserait pas ; on peut encore détacher l'œil avec son germe en passant entre les deux parties l'écusson et le bois, un fil de soie ou un crin.

Préparation du sujet. Pose de l'écusson. — Avant ou après la levée de l'écusson, de préférence avant, on choisit sur la tige du sujet, à quelques centimètres du sol, un endroit où l'écorce soit lisse et saine ; ensuite on pratique en cet endroit,

Fig. 109. — Greffe en écusson. — Préparation du sujet.

c, d. Fente transversale à travers l'écorce. — *b, a.* Fente longitudinale. Ces fentes doivent être pratiquées au-dessous d'un œil *œ¹*. — *l, l'* Lèvres de l'incision soulevées pour l'insertion de l'écusson. — *œ²*. Œil secondaire.

dans l'écorce, une incision en travers allant jusqu'au bois, et une deuxième incision longitudinale perpendiculaire à la première, partant du milieu de celle-ci ayant une lon-

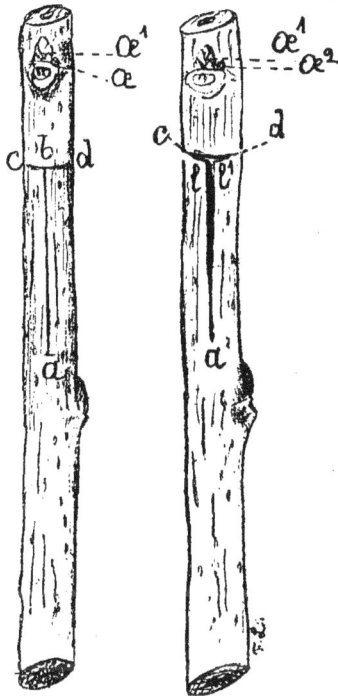

gueur égale à environ deux fois la longueur de l'incision transversale, de manière que cette double fente figure un T (fig. 109).
On a eu soin auparavant de débarrasser le sujet de ses ramifications ou de les réunir, en les liant au-dessus, autour de la
tige pour qu'elles ne gênent pas l'opération. Cela fait, en
même temps qu'on tient l'écusson avec la main gauche, on
ouvre avec la spatule du greffoir, qu'on tient avec la main

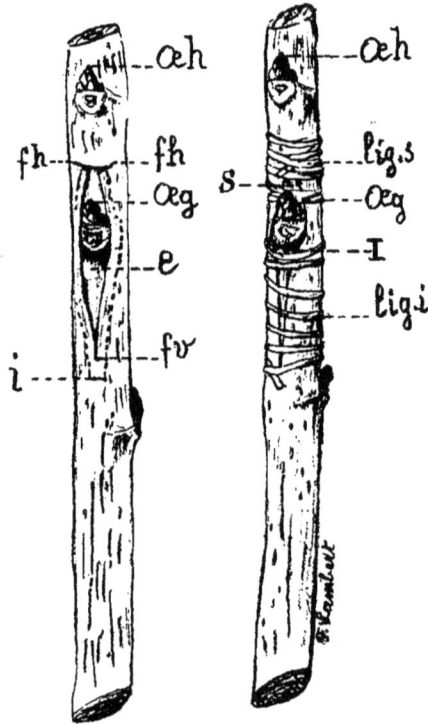

Fig. 110. — Écussonnage.

e. Écusson logé sous l'écorce et entre les deux lèvres de l'incision rabattues par dessus à droite et à gauche de l'œil *œg.* — *œg.* OEil de l'écusson. — *fv.* Extrémité de la fente verticale. — *i.* Point correspondant à
l'extrémité inférieure de l'écusson.— *lig i. lig s.* Ligatures.

droite, les lèvres de l'incision longitudinale à son point de
jonction avec l'horizontale, en insérant la spatule du greffoir

entre l'écorce et le bois; ensuite, avec la main gauche, on glisse l'écusson sous les bords soulevés de l'écorce ; en le poussant, on le fait descendre jusqu'à ce qu'il soit entièrement recouvert, excepté à l'endroit de l'œil, qui devra ressortir entre les bords de la plaie rabattus à droite et à gauche.

Ligaturage. — L'écusson logé, et les lèvres de la plaie du sujet rabattues sur l'écusson, on entoure le tout d'une bonne ligature élastique (fig. 110), peu sensible à l'influence des changements d'état hygrométrique de l'air, tels que la *laine carde* ou le coton grossièrement filés ; les fibres libériennes du tilleul (filasse, tille) ; les *carex*; les *typhex*, qu'on rencontre dans les marais. On coupe les *carex* ou les *typhex* en août; on les conserve dans un grenier, et, au moment de s'en servir, on les trempe dans l'eau. On emploie aussi les feuilles de massette (*Typha latifolia*), de rubanier (*spargonium*), le jonc, le raphia tadigœra.

On exécute la ligature en faisant faire au lien, en commençant par le haut pour ne pas chasser l'écusson, quatre tours rapprochés de spires au-dessus et au moins six au-dessous de l'œil. Le lien devra être suffisamment tendu pour que l'écusson soit maintenu bien en contact avec le bois du sujet par toute sa surface. On serrera un peu plus au voisinage de l'œil, en dessus ou en dessous, suivant la force de la sève: au-dessous si le sujet est fort en sève, au-dessus dans le cas contraire.

Huit jours après, on examine les greffes; si la ligature est trop serrée et pénètre dans l'écorce, on coupe le lien; si elle ne l'est pas assez et qu'elle se détache, on la refait.

Signe de reprise. — Si la greffe a été faite en été à *œil dormant*, la portion de pétiole (fig. 111) conservée permettra de reconnaître si l'opération a réussi ou non: elle a réussi lorsque, 8 ou 10 jours après le greffage, le pétiole se détache facilement ; au bout de 10 ou 12 jours, il se détache de lui-même et tombe spontanément; s'il résiste lorsqu'on exerce sur lui une légère traction ou qu'il flétrisse, se dessèche et demeure adhérent, la reprise n'a pas eu lieu et il faut recommencer le greffage.

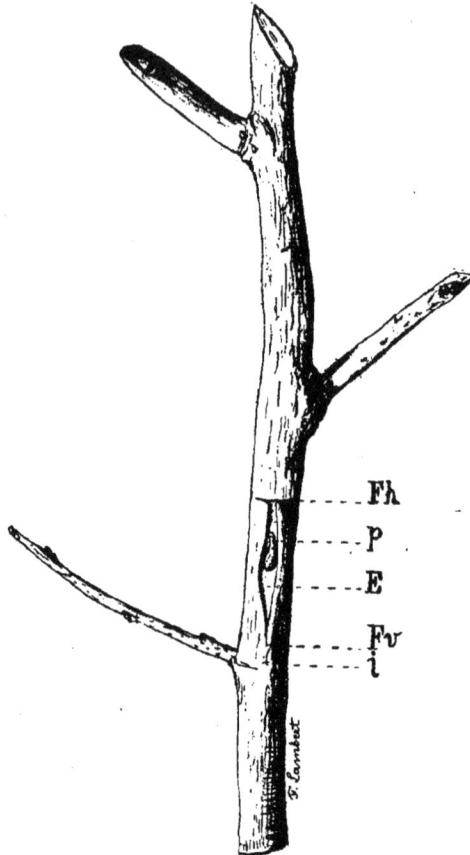

Fig. 114. — Écussonnage à œil dormant.
Fh. Incision horizontale. — E. Écusson — Fv. Incision verticale. — i. Point correspondant à l'extrémité inférieure de l'écusson. — P. Pétiole de l'écusson.

Taille du sujet après la reprise de la greffe. — **Quand** l'agglutination a eu lieu, on détruit la ligature, puis on taille le sujet. Cette taille consiste à rabattre sa tige à quelques centimètres au-dessus de la greffe (10 centimètres) et à la débarrasser de ses rameaux. Après avoir rabattu la tige et l'avoir dépouillée de ses rameaux, on défait la ligature de la greffe. Ces deux opérations sont exécutées 15 jours ou 3 semaines après le greffage; dans la greffe à œil dormant, on délie avant l'hiver, et on ne taille le sujet qu'au printemps suivant. La portion de la tige conservée au-dessus de la greffe devra porter 2 ou 3 yeux d'*appel* qui faciliteront la reprise de la greffe en attirant la sève. On appelle *mognon*, *onglet* ou *chicot*, cette partie de tige conservée au-dessus de la greffe. Plus tard, elle servira de tuteur à la jeune pousse de l'écusson, Quand celle-ci a atteint environ 15 centimètres de longueur, on l'attache au chicot au moyen d'un brin de jonc. Dans le courant de l'hiver qui suit l'époque à laquelle ce palissage a eu lieu, on *déson-glette*, c'est-à-dire qu'on retranche l'onglet ou chicot d'un coup de serpette ou d'un coup de sécateur, en faisant une section suivant un plan incliné dont la base commence en face du talon ou angle inférieur de la pousse du greffon, et dont le sommet va finir vis-à-vis la gorge ou angle supérieur de la même pousse.

La greffe en écusson présente plusieurs avantages ; elle n'exige pas l'ablation complète des rameaux ou de la tige du sujet au moment du greffage, ce qui permet de recommencer l'opération lorsque celle-ci n'a pas réussi une première fois. La reprise par ce système de greffage est facile, et en opérant convenablement, on n'a guère plus de 5 à 10 o/o de manquants.

Greffe en anneau ou en flûte. — La greffe en anneau est encore appelée greffe en *chalumeau*, en *flûte*, ou en *sifflet*.

Définition. Conditions de succès. — La *greffe en sifflet* ou en *flûte* consiste à enlever sur un sujet jeune ou sur une branche jeune d'un sujet vieux un manchon A B (fig. 112) d'écorce sur une certaine longueur (3 à 6 centimètres) et à adapter à la place une portion d'écorce de forme tubulaire de même dimension, pourvue de 1 ou 2 yeux de la variété que l'on veut multiplier. Les conditions nécessaires de réussite sont : 1° que l'anneau-greffon vienne s'appliquer exactement par sa face interne contre le bois (aubier) du sujet qui doit y entrer juste ; 2° qu'aucune partie nue ne demeure à découvert ; 3° d'opérer par une belle journée, un temps calme, et de préférence dans la matinée ; 4° que l'œil ou les yeux du tuyau-greffon soient bien formés et pourvus de leur axe ou germe ; pour cela, le germe doit être enlevé nettement du bois où il doit laisser une fossette ; si l'œil est vidé, il y a à la base de l'œil, sur l'anneau-greffon, une cavité à la place de la petite saillie que l'axe du bourgeon doit y former.

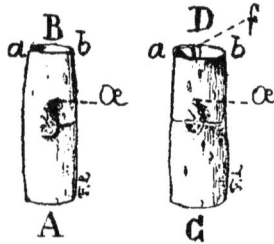

Fig. 112. — Greffe en flûte : anneaux-greffons.

A B. Anneau-greffon continu. — *a*, *b*. Bord supérieur.— *œ*. OEil à 2 ou 3 centimètres des bords supérieur et inférieur de l'anneau. — C D. Anneau *fendu*. — *f*. Fente.

Pour que l'anneau-greffon s'adapte parfaitement sur la partie du bois du porte-greffe mise à nu, il faut qu'il soit de même dimension : si le tube du greffon est trop gros par rapport à celui du porte-greffe, on le fend dans le sens de sa longueur, et on lui enlève une bande longitudinale d'une largeur convenable ; au contraire, s'il est trop étroit, on le fend également et on conserve sur le sujet une portion d'écorce, pour qu'il n'existe pas d'espace non recouvert sur le sujet entre les deux lèvres de la fente de l'anneau. S'il existe des parties à nu, on les recouvre avec du mastic ou de la glaise, pour les soustraire au contact de l'air.

Exécution. Préparation du sujet. — On exécute la greffe en flûte de deux façons : *en tête*, à l'extrémité du sujet, ou au-dessous *en un point quelconque de sa longueur* entre sa base et son sommet. Dans la greffe en flûte en tête, on coupe net le sujet, tige ou branche, à la hauteur où l'on veut établir la greffe ; à cet endroit on met le bois à nu par l'un des moyens indiqués plus loin et on met à la place l'anneau-greffon détaché le plus souvent d'*une seule pièce*, ou quelquefois *refendu* longitudinalement comme il a été dit. Dans l'autre système, encore appelé *greffe Jefferson* (1), on met le bois à nu en un endroit du sujet entre sa base et son sommet; dans ce cas, on s'arrange pour que l'œil de l'anneau-greffon soit au-dessous

Fig. 113.   Fig. 114.

Fig. 113. — Greffe en flûte ordinaire. — Porte-greffe préparé par l'enlèvement d'un manchon d'écorce *a, b, c. d*, à l'extrémité du sujet.

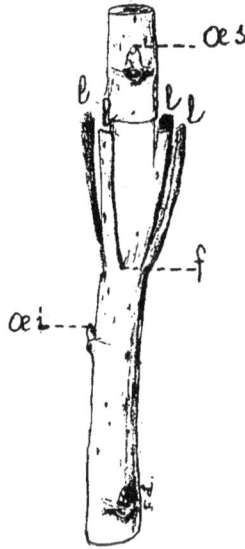

Fig. 114. — Greffe en flûte de Faune. — Porte-greffe préparé en découpant, à l'endroit de la greffe, l'écorce en lanières *l, l, l, l*, jusqu'à *f*.— *œi*. OEil inférieur d'appel.

d'un bourgeon du sujet qui servira de bourgeon d'*appel*. Cette manière de greffer en flûte est aujourd'hui la plus pratiquée; dans ce cas, l'anneau-greffon doit nécessairement être fendu pour pouvoir être inséré. La partie du sujet conservée au-

_____

(1) *Maison rustique*, t. IV, p. 9.

dessus de la greffe est supprimée plus tard, quand la greffe a repris.

Pour préparer sur le sujet la place que devra occuper l'anneau d'écorce servant de greffon, on peut procéder de deux façons : 1° enlever (fig. 113) un cercle d'écorce semblable à l'anneau-greffon ; 2° ou bien, au lieu d'enlever un manchon d'écorce, découper celle-ci (fig. 114) de haut en bas en bandes (ou lanières) longitudinales étroites que l'on rabat en bas autour du sujet au moment de mettre l'anneau en place, et que l'on relève ensuite quand la greffe est exécutée. La greffe exécutée et les bandes d'écorce relevées autour d'elle, on les maintient solidement à l'aide d'une bonne ligature tout autour de la partie greffée. Cette forme de la greffe en flûte est aussi appelée *greffe de Faune* (1). Dans ce cas, on s'arrange pour que l'anneau-greffon entre un peu par son bord inférieur sous l'écorce non refendue du sujet. Cette manière de préparer sur le sujet la place qui doit recevoir l'anneau-greffon est la plus usitée ; on augmente ainsi un peu les chances de succès.

Levée du greffon. — Pour lever un anneau-greffon d'*une seule pièce*, on pratique au moyen de la lame du greffoir une incision circulaire à 2 ou 3 centimètres au-dessus d'un œil, et à 2 ou 3 centimètres au-dessous du même œil ou de l'œil inférieur si on en conserve deux (fig. 112, A B) ; ensuite, après avoir retranché l'extrémité de la branche à l'endroit de l'incision supérieure, par un mouvement de torsion en pressant doucement avec ménagement, on détache l'anneau et on le retire. L'anneau retiré, on examine si l'œil a conservé son axe. Pour que l'écorce puisse être enlevée, il faut que le rameau soit bien en sève ; on diminue l'adhérence de l'écorce et on rend l'opération plus facile, lorsque les rameaux ont été conservés, en les plaçant à un endroit chaud, et en les laissant pendant deux jours entourés d'un chiffon humecté.

---

(1) *Maison rustique*, t. IV.

Le prélèvement de l'*anneau fendu* (fig. 112, C D) est plus facile. Dans ce cas, comme lorsqu'il s'agit d'enlever l'anneau tout d'une pièce, on commence par isoler l'œil au moyen de deux incisions circulaires : une au-dessus, l'autre au-dessous ; ensuite on relie ces deux incisions par une fente perpendiculaire,

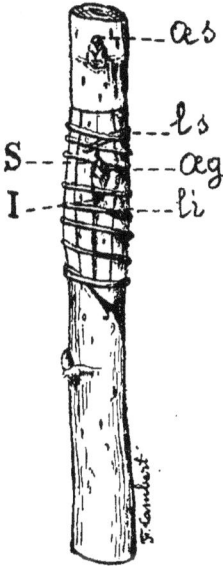

Fig. 115.   Fig. 116.

Fig. 115. — Greffe en fente de Faure terminée. — *OEg*, OEil de l'anneau-greffon autour duquel les lanières du sujet ont été rabattues. — *ts, li*. Ligature.

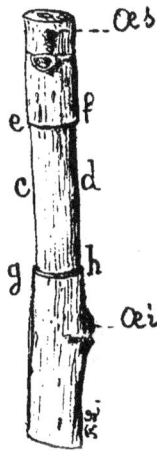

Fig. 116. — Greffe en flûte à anneau *fendu*. — Préparation du sujet pour recevoir un anneau-greffon *fendu*. — *gh, cd, ef*. Place du greffon. — *OEs*. OEil d'appel.

f, faite du côté opposé à celui où se trouve l'œil. Cela fait, il est facile d'enlever la rondelle d'écorce, en s'aidant de la spatule du greffoir. L'anneau fendu a l'avantage de pouvoir être adapté aux dimensions du sujet, même lorsque la grosseur du bois de ce dernier n'est pas en rapport avec l'ouverture de la cavité du premier, et de permettre de conserver l'extrémité du sujet (fig. 116).

On peut greffer en *flûte* les jeunes plants dans la pépinière de semis, c'est-à-dire avant le repiquage en pépinière d'attente et au pied ; ou bien après la plantation à demeure sur les branches conservées pour servir de base à la formation de la tête de l'arbre.

Aujourd'hui, la greffe en flûte, qui était autrefois la plus employée pour le mûrier, est presque abandonnée partout par les pépiniéristes, qui préfèrent la greffe en *écusson*, ou la greffe en *couronne* faite le plus souvent au pied de l'arbre.

Greffe en couronne. — Pour exécuter le greffage en *couronne*, on coupe le sujet à l'endroit où l'on veut établir la greffe, puis on insère le greffon ou les greffons entre le bois (aubier) et l'écorce du porte-greffe.

On fait la greffe au pied ou en tête. On greffe au pied les jeunes sujets dans la deuxième année de séjour dans la pépinière d'attente. On emploie un seul greffon, rarement deux. Dans le premier cas, on déchausse le sujet P fig. 118, p. 469), et on tronçonne obliquement la tige dans le voisinage du collet de celui-ci, un peu au-dessus ou un peu au-dessous. Le sujet étant ainsi préparé, on place le greffon au sommet de la section inclinée, en l'insérant entre le bois et l'écorce, comme il a été dit. Dans le second cas, lorsqu'on met deux greffons, on coupe la tige horizontalement et on les place vis-à-vis l'un de l'autre, aux extrémités du même diamètre ; plus tard, si les deux greffons poussent, on en supprime un.

On prépare la place que doivent occuper les greffons en détachant sur le sujet sectionné l'écorce du bois à l'aide d'une spatule étroite ou d'un petit coin en bois dur ou en os que l'on glisse entre l'écorce et le bois du sujet ; on l'enfonce de quelques centimètres (3 à 4 centimètres).

Choix, cueillette et conservation des greffons pour la greffe en couronne. — Le greffon est un morceau de branche avec deux bourgeons (yeux) bien formés ; on pourrait se contenter d'un, mais pour plus de sécurité il vaut mieux en conserver deux.

Le greffon est *taillé* en forme de *bec de plume* (biseau, *pied-*

de-biche, bec de flûte, fig. 117, A B, *e a p b*). La section commence en face de l'œil inférieur, pénètre presque perpendiculairement à l'axe du rameau (jusqu'aux deux tiers du diamètre) pour former en cet endroit un *cran*, traverse le bois obliquement et va se terminer à l'écorce, de manière à obtenir un biseau plat, mince, ayant 3 à 4 centimètres de longueur.

M. Bellair conteste l'utilité du cran que l'on ménage en haut du biseau dans le but d'asseoir le greffon sur l'aire de la plaie du sujet, en vue d'augmenter la solidité de la greffe et d'accroître les chances de soudure. Ce qu'il y a de plus certain, d'après lui, c'est que les greffons ainsi préparés cassent facilement sous l'action d'un coup de vent ou d'un faible choc.

Les rameaux greffons destinés aux greffes du printemps sont coupés, en hiver, entre deux gelées, sur des arbres sains, vigoureux, présentant très nettement dessinés les caractères particuliers (ceux des feuilles spécialement) que l'on veut reproduire. D'après M. Bellair, cueillir les rameaux greffons juste au moment de greffer est défectueux : à ce moment, étant en sève, leurs tissus sont devenus plus tendres, leurs yeux se sont gonflés, ils sont dans de mauvaises conditions pour résister à la dessiccation. «L'essentiel pour un greffon, ajoute M. Bellair, n'est pas d'avoir beaucoup de sève, mais qu'il la retienne assez pendant la période de jeûne pour que les tissus ne se dessèchent pas avant que l'agglutination ait eu lieu » (1).

Ces rameaux doivent être des rameaux de l'année précédente ; âgés de deux ans, ils donneraient des pousses moins vigoureuses. En outre, leurs tissus devront être suffisamment lignifiés, les yeux bien apparents, l'écorce saine. C'est sur la partie moyenne de la branche qu'on a le plus de chance de trouver ces qualités réunies ; au sommet, le tissu est trop herbacé pour résister à l'action desséchante de l'air ; à la base, les bourgeons ne sont pas suffisamment accentués. On donne aux rameaux une longueur de 40 à 50 centimètres. Pour les conserver, on

---

(1) GEORGES BELLAIR. — *Traité d'Horticulture pratique*. Paris, 1892.

les étiquette, puis on les stratifie avec du sable dans une cave, ou bien on les enfouit dans la terre au pied d'un mur exposé au nord, ou encore on les pique tout près de l'arbre sur lequel on les a pris.

Mise en place du greffon. — Le greffon taillé en biseau sur un seul côté, comme il vient d'être dit, est logé sur le porte-greffe

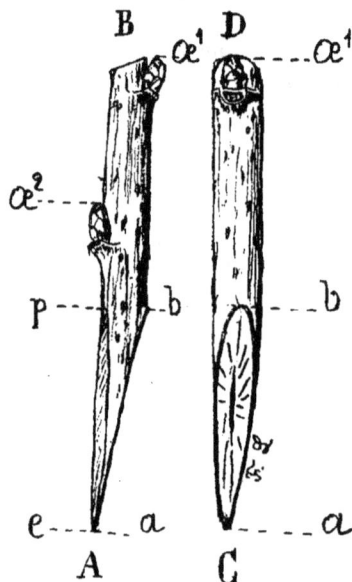

Fig. 117. — Greffe en couronne. — Préparation du rameau-greffon.
A B. Greffon vu de profil. — C D. Greffon vu de face du côté de l'entaille. — Œ¹. OEil supérieur — OE². OEil inférieur. — a, b. Partie entaillée du biseau.— p, l. Partie du biseau (opposée à l'entaille) dont on a enlevé l'épiderme jusqu'à la partie verte de l'écorce.

décapité, et dont l'écorce a été détachée du bois au moyen d'une spatule ou d'un coin en bois, à l'endroit qu'il doit occuper, la partie coupée appliquée contre l'aubier du sujet.

Dans le nord de l'Italie, en Vénétie, cette greffe est très employée pour le mûrier, mais avec une légère modification qui consiste, après avoir enlevé une étroite bande de l'épiderme

brunâtre de l'écorce du biseau, de façon à mettre à nu la partie
verte sous-jacente sur une largeur de 2 ou 3 millimètres et
une longueur de 2 centimètres, à placer le greffon de manière que la partie entaillée du biseau soit tournée extérieurement contre l'écorce (liber) la partie opposée recouverte
de son écorce contre le bois du sujet (fig. 117 et fig. 118).

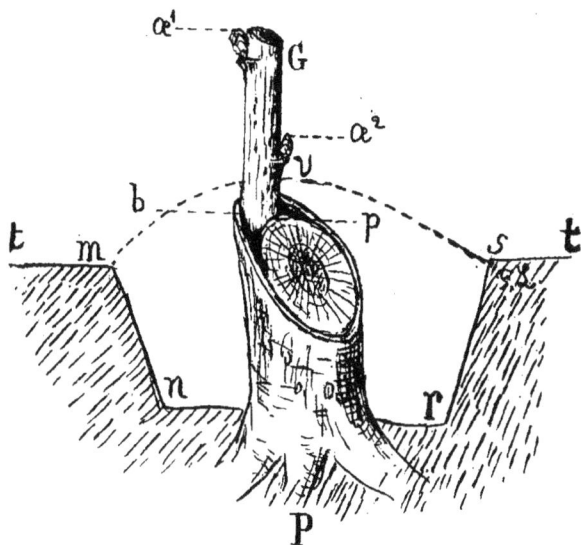

Fig. 118. — Greffe en couronne : pied déchaussé.

D'après les pépiniéristes italiens, cette greffe en couronne
ainsi modifiée reprend très facilement et la soudure est rapide
et parfaite.

Age du sujet. Epoque du greffage. — On greffe de cette manière soit au pied, au voisinage du collet, un peu au-dessus ou
au-dessous, les jeunes sujets en pépinière d'attente au printemps de la deuxième année qui suit le repiquage, ou au printemps suivant de la troisième année ; ou *en tête* les sujets
plus forts dans la troisième année de séjour dans la pépinière
d'attente, ou encore au printemps de la deuxième année qui

suit celle de la plantation à demeure. Dans ce cas, on décapite
le sujet horizontalement et il faut consolider et protéger l'endroit greffé par une ligature et un engluement.

Dans la greffe au pied, on ne fait ni ligature, ni engluement ;
il suffit de recouvrir avec de la terre, de manière à ne laisser
dehors qu'un seul des deux yeux, le supérieur, *o*[1].

D'après M. Trentin(1), un ouvrier peut exécuter de 800 à 1000
greffes de ce genre dans sa journée. Quand on greffe en tête on
met deux ou trois greffons, au lieu d'un, suivant la grosseur
du sujet, en observant qu'entre chacun d'eux il faut un espace
d'au moins 5 centimètres.

On fait aussi la greffe en couronne de la façon suivante : à
l'endroit qui doit recevoir le greffon, l'écorce est fendue verticalement et puis soulevée d'un seul côté (le côté gauche par
exemple), le greffon est taillé en bec de plume allongé comme
pour la greffe en couronne ordinaire ; puis, sur le côté droit
du greffon, on enlève une languette d'écorce et de bois. Ensuite
on introduit le greffon ainsi préparé sous l'écorce soulevée du
sujet, de façon que la portion d'écorce du greffon mise à nu
dans toute son épaisseur vienne s'appliquer contre l'écorce non
soulevée du sujet. La greffe faite, on la ligature et on recouvre
les plaies avec du mastic à greffer. La reprise est plus sûre
avec cette manière de greffer en couronne qu'avec l'ancienne.

On greffe en couronne au printemps, aussitôt que l'écorce se
détache facilement du bois, du mois de mars jusqu'au mois de
mai.

Bouturage. — La pratique du bouturage repose sur ce fait
que certaines parties détachées d'un végétal peuvent développer, quand on les place dans des conditions de milieu convenables, des racines et des bourgeons adventifs de manière à
constituer une plante nouvelle capable de vivre par elle-même.

Toutes les variétés de mûrier peuvent être multipliées par

(1) Trentin. — *Loc. cit.*

boutures, mais le multicaule, le Moretti, et les formes qui se rapprochent de ces variétés, sont celles qui s'y prêtent le mieux; elles sont à peu près les seules que l'on propage de cette façon.

On fait des boutures avec les divers organes de la plante, branches, racines, feuilles et même pétioles de feuilles; les boutures de branches ou de rameaux sont les seules employées pour le mûrier.

Conditions de succès. — Pour que le bouturage réussisse, il faut que la bouture, ou fragment de rameau détaché de la tige ou de la branche qui le porte, se conserve vivante jusqu'à ce qu'elle soit suffisamment pourvue de racines pour puiser dans le sol les éléments propres à la nourrir. La bouture se conservera vivante tant que ses tissus ne seront pas altérés ou desséchés. Donc il faut s'efforcer, pour effectuer avec succès l'opération du bouturage, d'éviter le dessèchement et l'altération des tissus de la bouture en favorisant en même temps son enracinement.

Pour retenir le suc nourricier, il faut modérer l'évaporation et pour cela piquer la bouture en terre assez profond, de manière à ne laisser sortir qu'un œil ou deux, arroser sans excès pour ne pas provoquer la pourriture des tissus et enfin éviter l'action directe du soleil sur la bouture en l'abritant contre les vents secs (surtout le vent du nord).

Pour favoriser l'émission et le développement des racines, il faut exciter la végétation par la chaleur, l'air, la lumière et un substratum convenable. La lumière doit être diffuse, c'est-à-dire sans soleil. On obtient la diffusion de la lumière au moyen d'abris : paillassons, claies, toiles, etc. : cette privation de la lumière directe du soleil doit cesser dès que la bouture a repris. L'air est aussi nécessaire à la reprise et à la pousse des racines, ce qui le prouve c'est que sur la bouture trop enterrée la partie supérieure porte des racines, la partie inférieure, la plus profonde, en est dépourvue. L'air stagnant est préférable à l'air en mouvement trop desséchant. Le meilleur substratum est une terre poreuse, douce, légère, s'échauffant facilement, ou encore le terreau, ou la terre de bruyère.

Espèces de boutures. — On distingue les boutures de rameaux ligneux en *boutures simples*, *boutures à talon* et *boutures en crossette*. Cette dernière n'est pas employée pour la multiplication du mûrier et on fait rarement usage de la bouture à talon.

La *bouture simple*, ou bouture de rameau ordinaire dégarnie de feuilles, est la plus employée pour le bouturage du mûrier ; c'est une pousse d'un an (de la dernière période végétale) bien aoûtée, c'est-à-dire bien lignifiée, coupée sur l'arbre à multiplier quand les feuilles sont tombées, et avant les grands froids. M. Tamaro (1) conseille de les récolter sur le mûrier vers la fin de l'hiver, un peu avant que le mûrier entre en végétation. Elles devront être choisies parmi les rameaux bien *sains*, les mieux nourris et les plus vigoureux. M. Eugène Robert veut que la bouture ait la grosseur du *doigt*. La bouture peut être le sommet d'une branche, elle est alors pourvue d'un œil terminal, le plus souvent on rejette cette extrémité ordinairement faible, mal aoûtée. Il faut aussi rejeter toutes les parties fatiguées ou altérées. A la base, on coupe la bouture par une section horizontale nettement au-dessous et tout près d'un bourgeon ; à l'extrémité opposée, on fait la section également tout près d'un œil, mais au-dessus. La longueur de la bouture dépend de l'écartement des bourgeons sur la branche : elle sera telle qu'il y ait sur la bouture 5 ou 6 yeux bien constitués.

Lorsque la bouture est réduite à un simple petit tronçon de bois long de 3 ou 4 centimètres, muni d'un seul œil, on l'appelle *bouture par œil* ou par *tronçon*. Ce système de bouture a été employé avec succès, d'après Loiseleur-Deslongchamps, pour la multiplication rapide du mûrier multicaule et du mûrier *lou*.

Dans la bouture à *talon*, on enlève avec le rameau son em-

---

(1) D. TAMARO. — *Gelsicoltura.* Milan, 1894.

base, c'est-à-dire une portion de vieux bois de faible épaisseur. Sur l'embase du rameau qui correspond à son insertion sur la tige, il existe une sorte de bourrelet qui émet plus facilement des racines que les autres parties.

La bouture *en crossette* porte à sa partie inférieure une portion de vieux bois plus ou moins longue (ordinairement 2 ou 3 centimètres). Cette espèce de bouture n'est pas employée pour la multiplication du mûrier.

La présence à la base de la bouture d'une portion du vieux bois d'où elle a été détachée favorise la reprise. Il existe d'autres moyens employés par les jardiniers pour favoriser l'émission des racines adventives le long de la partie enterrée de la bouture ou à son extrémité inférieure. Ce sont :

1° Le *bourrelet* : hypertrophie provoquée (par strangulation, cassement partiel ou incision annulaire) sur le rameau destiné à servir de bouture, avant qu'il soit détaché de l'arbre qui le porte. On pratique l'opération destinée à provoquer la formation du bourrelet en été (juillet-août);

2° La *torsion*, consistant à tordre la base de la bouture, de manière à déchirer l'écorce, tout en ménageant l'aubier ;

3° L'*incision* de l'extrémité inférieure du rameau qui consiste à faire sur la section de la base du rameau une fente en forme de croix ;

4° La *décortication* ;

5° Le *trempage* qui consiste à plonger dans l'eau par le pied les rameaux. On les laisse tremper 4 ou 5 jours, ce qui provoque l'apparition de nombreux mamelons qui seront le point de départ des petites racines.

Époque du bouturage. — La période de l'année *la plus favorable* pour le bouturage est pendant le repos de la végétation, c'est-à-dire, dans nos climats, depuis le mois de novembre jusqu'au mois d'avril. On fait le bouturage à deux époques principales, dans cette période : 1° *en automne*, quand les feuilles sont tombées ; 2° *au printemps*, après les froids, et avant le départ de la végétation.

On bouture en automne dans les climats chauds dans les sols sableux, légers (siliceux) qui craignent la sécheresse du printemps. On bouture au printemps dans les terrains pesants, compacts, humides, les climats froids.

Dans le bouturage en automne, on met les boutures en terre aussitôt après les avoir détachées de l'arbre qui les portaient.

Les boutures destinées à être plantées au printemps sont coupées en hiver, mises en bottes et enterrées dehors en un endroit ombragé, tout en étant accessibles aux pluies. M. Baltet recommande de les placer en jauge la tête en bas et, dans cette position, de les recouvrir entièrement avec de la terre ou du sable. Au moment de les planter, les boutures seront munies autour de leur base (gros bout) d'une couronne de mamelons radicellaires.

Choix du sol. Mise en terre des boutures. — On plantera les boutures dans une terre de pépinière douce, meuble, fraîche, aérée. Il y a trois manières de planter : 1° enfoncer les boutures dans la terre avec force, comme l'on enfonce un pieu, mais on risque d'abîmer les yeux et d'endommager l'écorce ; 2° faire un trou avec le plantoir, y placer la bouture, faire ensuite couler de la terre émiettée tout autour de la bouture, en pressant doucement ; 3° ouvrir une jauge ou tranchée avec un talus oblique *t a i b h* (fig. 119) et y placer les boutures *b b b* dans une position légèrement inclinée, dans le but de modérer l'évaporation. Ce dernier procédé est le meilleur. On comble la tranchée avec la terre de la tranchée suivante ouverte parallèlement. On couvre les boutures *a b*, de manière à laisser dehors un seul œil ou deux *c c c*, ou même on les butte complètement, en recouvrant leur extrémité d'une mince couche de terre meuble. On devra tasser la terre contre les rameaux. Ceux-ci seront plantés sur la ligne à au moins 10 centimètres de distance, et les lignes espacées de 25 ou 30 centimètres, disposées par planches de 4 ou 5 rangées séparées par des sentiers de 50 centimètres, pour permettre de donner aux boutures les soins d'entretien.

M. Hocquart (1) veut que la distance entre les boutures soit

Fig. 119. — Bouturage — Préparation du terrain et plantation des boutures de rameaux. *f g, f g, d e, d' e'.* Tracé des tranchées sur le terrain. — *b a, b b.* Tranchées. — *a b.* Boutures disposées sur l'un des côtés de la tranchée, à 10 centimètres de distance les unes des autres. — A gauche : boutures enterrées non buttées. — A B. Rangées de boutures buttées. — De A en C, les boutures ont été complètement enterrées. — *c c c.* Boutures buttées jusqu'au-dessous de l'œil terminal.

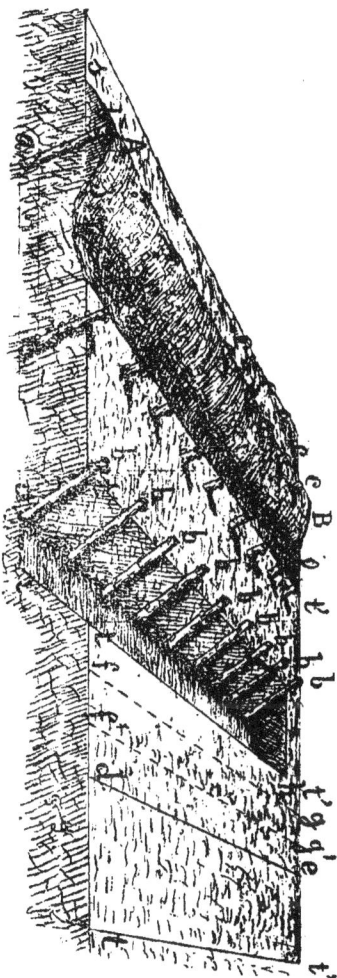

assez grande pour pouvoir les enlever de terre pour les mettre

_____

(1) E. HOCQUART. — *Le Jardinier pratique.* Paris, 1847.

en place sans les démotter. Les boutures plantées, on paille
la terre, ou on la recouvre de fumier, et au besoin on entre-
tient le sol humide par des *arrosages*, surtout dans les premiers temps, au moment de l'émission des racines.

Bouture par œil. — On fait aussi quelquefois des *boutures
d'yeux* ou *boutures semées*, dans lesquelles les boutures consistent en des fragments de branches extrêmement réduits, munis seulement d'un œil. La longueur de bois conservée est de
1 ou 2 centimètres au-dessus et autant au-dessous de l'œil.

On sème ces petits tronçons en rigoles au printemps et on
les recouvre d'une faible épaisseur (1 centimètre) de terre
fine. Il faut avoir soin d'entretenir le sol humide. Quelquefois,
au lieu de les coucher à plat sur le fond de la rigole, on les
pique dans la terre à une très faible profondeur.

Marcottage. — Le multicaule, le mûrier Moretti et les formes analogues sont les seules que l'on reproduise par boutures.
Les autres variétés reprennent trop difficilement pour que
l'emploi de ce procédé de multiplication leur soit applicable
dans la pratique.

Toutes les variétés, au contraire, se prêtent au marcottage ;
dans ce procédé, la branche destinée à donner un nouveau sujet est mise dans la terre pour qu'elle prenne racine avant
d'être détachée du pied-mère. C'est la différence essentielle
entre la bouture et la marcotte que dans la première la branche est séparée du pied-mère avant l'émission des racines,
tandis que dans la marcotte on ne fait cette séparation du
rameau qu'après l'enracinement de celui-ci.

Il faut commencer par avoir des pieds-mères qui se prêtent
par leur forme au couchage : la tête de l'arbre doit être
suffisamment basse pour qu'on puisse coucher les branches.
On plante à demeure dans un espace séparé, ou en bordure le
long d'un champ, un certain nombre d'arbres de la variété ou
des variétés que l'on veut propager. Dans la deuxième ou la
troisième année après la plantation, on coupe les tiges de ces
arbres à quelques centimètres de terre (à 5 ou 6 centimètres)

(fig. 120, A¹) : plusieurs rameaux *a, d, m, z, z, z, z* se développant sur le tronçon, on conserve les 2 ou 3 plus beaux *a, d, m,* et on supprime les autres. Ces 2 ou 3 rameaux réservés sont inclinés vers le sol, recourbés en arc, enterrés à 7 ou 8 centimètres dans le fond d'une rigole où ils sont au besoin retenus au moyen d'une petite fourche *f*, enfoncée à l'endroit le plus bas de la courbure. On laisse hors de terre l'extrémité *b* de la branche, et on coupe cette extrémité en *c* au-dessus d'un œil ou deux yeux. On palisse en L la partie conservée contre un tuteur TT. Il faut supprimer les bourgeons situés sur la portion de la marcotte comprise entre son point d'attache à la souche-mère et l'endroit où elle pénètre dans le sol pour les empêcher de pousser et d'affamer la marcotte.

Au lieu du marcottage en archet, dont il vient d'être parlé, on peut employer le *marcottage chinois*, qui consiste à coucher dans toute sa longueur une branche *d e, m n* dans le fond d'une petite tranchée creusée dans le sol à proximité de la souche-mère (à 15 centimètres de profondeur). On retient la branche dans cette position au moyen de petits crochets *f, f, u, u* qu'on enfonce à cheval sur elle. Lorsque les bourgeons commencent à gonfler et à pousser au printemps, on les recouvre d'un peu de terre fine, et quand les jeunes pousses ont 20 centimètres de longueur, on achève de combler la tranchée. A la base des nouvelles pousses, des racines *r, r* se développent ; et à la fin de l'année, on a autant de nouveaux plants que de bourgeons s'étant développés sur la branche couchée.

On peut aussi pratiquer sur le mûrier le marcottage *par cépée*. Les arbres ayant été rabattus en automne à environ 15 centimètres de terre, au printemps après on butte les tronçons, de manière à les recouvrir d'une épaisseur de terre de 20 à 30 centimètres, qu'on arrose de temps en temps pour entretenir une humidité convenable. Le long des tronçons, des bourgeons poussent, traversent la terre et sortent au dehors, en même temps qu'ils développent des racines à leur base. L'année suivante, on défait la butte et on retranche du pied-mère les rameaux enracinés qui constituent autant de nouveaux plants.

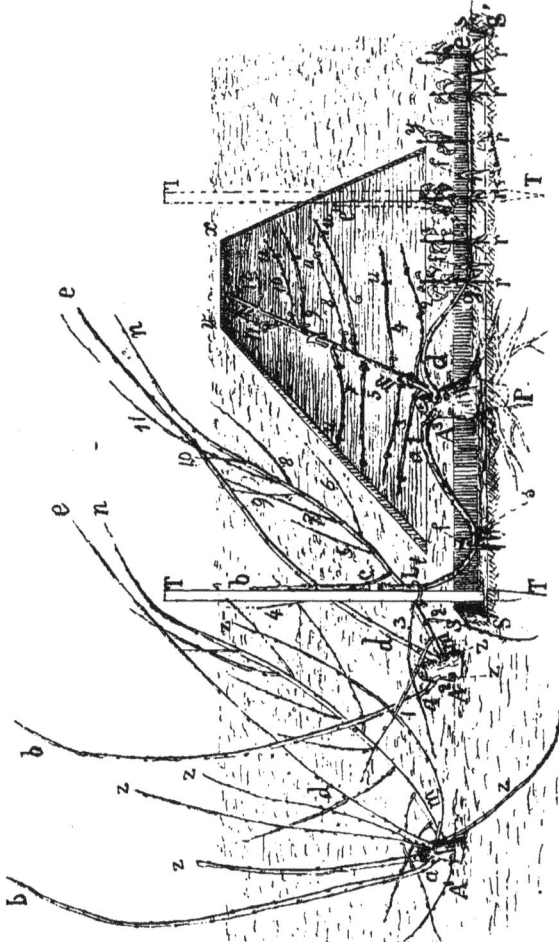

Fig. 120. — Marcottage ou provignage.

A¹. Pied de mûrier dont la tige a été coupée à 5 ou 6 centim. au-dessus du niveau du sol. — *a, d, m, z, z, z, z.* Rameaux qui ont poussé sur le tronçon ou souche du mûrier.

A². La même souche de mûrier sur laquelle on a choisi les plus beaux rameaux et les mieux placés *a, d, m,* pour servir au provignage. Tous les autres (plus ou moins défectueux) *z, z, z, z* ont été supprimés en les coupant sur leur base au raz du tronc.

A³. Souche de mûrier disposée pour le provignage. — *a, b. Provignage ordinaire* en *archet* : rameau d'un an recourbé en S et fixé au fond, d'une fosse S'S', au moyen d'un crochet ou petite fourche *f*. — T. Tuteur planté contre l'extrémité du rameau, relevée hors du sol. La partie *c, b* de l'extrémité de la branche a été retranchée en *c*, et la portion conservée hors de terre a été palissée contre le tuteur T T, au moyen d'un lien **L.** — *d, e. Marcottage chinois.* Branche d'un an, de *g* en *e*, sur le fond d'une fosse peu profonde. Des bourgeons se sont développés tout le long de la branche, et de la base de ces bourgeons sont parties des racines adventives *r, r, r,* qui se sont développées. Au bout d'un an, on a autant de jeunes plants qu'il s'est formé de pousses le long de la branche couchée en terre. — *m, n.* Branche de deux ans couchée tout entière, de la même façon que la branche précédente, avec ses ramifications 1, 2, 3.....12, dans le fond de la fosse *t, v, x, y.* — *s.* Incision sur la branche provignée *a b,* exécutée dans le but de favoriser en cet endroit l'émission des racines.

On laisse la souche se reposer un an; après ce temps, on pourra s'en servir de nouveau en opérant de la même façon.

Les moyens employés pour favoriser la pousse des racines sur les boutures sont aussi applicables pour rendre plus facile et plus sûr l'enracinement des marcottes ; le plus employé est l'incision *s* (fig. 120) du rameau en dessous à l'endroit où on le recourbe, presque à angle droit, pour faire sortir sa pointe en dehors ; c'est alors autour de la plaie que les racines se forment.

Dans le courant de l'été qui suit le provignage, les bourgeons de l'extrémité des marcottes donnent des jets ; on en conserve un seul, que l'on palisse sur le tuteur. S'il se produit des pousses latérales, on les rabat au-dessus de la 2e ou de la 3e feuille par le pincement.

Lorsque les marcottes se montrent vigoureuses et qu'elles sont pourvues d'une quantité suffisante de racines, on les sèvre, c'est-à-dire qu'on les sépare de la souche-mère ; on peut quelquefois faire le sevrage au printemps de la deuxième année (1), après le provignage ; mais ordinairement on attend pour faire cette opération jusqu'à la fin de la deuxième année (en automne) ; il faut avoir soin, avant de sevrer le plant, de s'assurer qu'il est bien enraciné. Dans ce cas, souvent, au lieu de faire

---

(1) D'après M. Forsyth (*Traité de la culture des arbres fruitiers*), traduit de l'anglais par Pictet-Mallet, la marcotte a généralement assez de racines à la fin de la 1re année pour être séparée.

la séparation d'un seul coup, on prépare le sevrage en pratiquant dans le printemps de la première année, après le couchage, une incision jusqu'à moitié épaisseur de la branche, un peu au-dessus de l'endroit où elle pénètre dans le sol ; à l'automne suivant (ou au printemps), on achève la séparation.

Un moyen de rendre le marcottage ordinaire plus facile consiste à planter les mûriers-mères dans le fond d'une tranchée peu profonde, de manière à placer le sommet des tronçons au niveau du sol environnant. Il suffit alors de faire subir aux branches poussées sur les tronçons une légère inclinaison pour les enterrer le long des bords de la fosse.

Il faut ménager entre les pieds un espace suffisant pour pouvoir coucher les branches et donner aux marcottes les soins nécessaires ; cet espace doit être de 1 m. 50 au moins en tous sens. Avec un petit nombre de pieds de mûriers, une dizaine, dit M. Eug. Robert, on pourra produire chaque année, ou chaque deux années, un nombre de jeunes plants suffisant pour faire disparaître les lacunes qui se produisent toujours en plus ou moins grand nombre dans une plantation.

Une fois les rameaux couchés, on laisse pousser sur le pied-souche de nouvelles branches, qui serviront l'année suivante ou dans deux ans pour un nouveau marcottage.

Le meilleur moment pour faire le marcottage est le printemps, un peu avant le départ de la végétation. On peut également opérer en automne, après la chute des feuilles. Il faut choisir des rameaux aoûtés et âgés d'un an ou de deux ans, et choisis parmi les plus vigoureux.

Les soins d'entretien sont les mêmes que pour les boutures : pailler s'il y a lieu, arroser au besoin, sarcler.

Il est bon de laisser de temps en temps les souches-mères se reposer une année ; cette année-là, on leur donne une fumure convenable.

Les marcottes, séparées du pied-mère, sont plantées en pépinière d'attente, et quand elles y ont acquis une grosseur convenable et une longueur suffisante, au bout de la première ou de la seconde année, on les plante à demeure.

III. — Plantation, formation de l'arbre

Choix du terrain. — Quand le jeune mûrier, après avoir été transplanté et avoir séjourné un certain temps en pépinière d'attente, se trouve pourvu d'une hauteur et d'une grosseur convenables, on l'arrache, ou plutôt on le déplante, pour le replanter à demeure.

Le mûrier n'est pas difficile en ce qui concerne le sol ; il s'accommode des terrains les plus médiocres. Mais si planté dans des terres de mauvaise nature, impropres à la culture de la plupart des autres plantes utiles, il donne encore dans ces conditions un produit acceptable, ce n'est cependant que dans les terrains d'une certaine qualité que sa culture est le plus avantageuse.

La terre qui convient le mieux au mûrier est la *terre franche*, c'est-à-dire une terre composée en parties à peu près égales des principaux minéraux qui entrent dans la composition du sol : silice, calcaire et argile. Un terrain profond, meuble, perméable à l'air et l'eau, plutôt chaud, qui ne craint pas trop la sécheresse, à sous-sol perméable, est celui dans lequel le mûrier prospère le mieux. Les sols qui lui conviennent le moins sont les sols humides ou les terres à sous-sol compact, argileux, retenant l'eau. Dans ces sortes de sols, les racines s'altèrent et l'arbre ne vit pas longtemps. Les sols crayeux ne conviennent guère mieux au mûrier que les terrains humides.

Tout en étant perméable, le sous-sol devra cependant retenir assez l'humidité, pour que l'arbre ne soit pas exposé à souffrir de la sécheresse. La présence dans le sol ou dans le sous-sol des pierres en fragments n'est pas un obstacle, pourvu qu'entre les pierres il se trouve assez de terre fine : car les racines, en s'insinuant dans les intervalles entre les pierres, viendront puiser les éléments nutritifs. En creusant la fosse, on fera bien de déplacer les pierres, de manière à ménager entre elles des espaces pour le passage des racines.

Un emplacement à mi-coteau bien ensoleillé, à l'abri des
vents forts, des brouillards, des gelées tardives, est le meilleur.
Dans les plaines, dans le fond des vallées, le long des cours
d'eau, la végétation est plus vigoureuse, mais la feuille moins
bonne ; au voisinage des bois, des eaux stagnantes, où, l'air
étant plus humide, les brouillards sont plus fréquents, les maladies cryptogamiques et les gelées sont à craindre. Au sommet des coteaux, sur les plateaux découverts, les arbres sont
exposés aux coups de vent. Il faut enfin éviter la proximité des
bois et des eaux stagnantes (marais, étangs, etc.).

On plantera dans les plaines ou les terrains bas des variétés
tardives et des hautes-tiges, qui craignent moins les gelées ; à
mi-coteau, il pourra y avoir avantage à mettre des mi-tiges,
si la sécheresse est à craindre. On réservera les basses-tiges
ou nains, qui redoutent moins les vents et sont plus exposées
aux gelées, pour les plateaux, le haut des collines et les
endroits exposés aux vents.

On peut planter à toutes les expositions ; il est même préférable de planter à toutes les expositions, ou tout au moins au
nord et au *midi*. Les mûriers exposés au midi entrent plus tôt
en végétation au printemps, ce qui permet de commencer les
élevages plus tôt et de les terminer avant les grandes chaleurs,
ce qui est une chance de succès : mais leurs nouveaux bourgeons sont plus exposés à être détruits par le froid au printemps. Les arbres placés au nord entrent tardivement en végétation, et les jeunes pousses peuvent plus facilement échapper aux gelées tardives. Le mieux est donc d'avoir des plantations aux deux expositions: au nord et au midi.

Préparation du sol. — Le terrain ayant été choisi, on devra
l'ameublir, le remuer assez profondément, l'amender convenablement et le fumer s'il y a lieu.

Il faut remuer le terrain, le briser, pour permettre : 1° aux racines de s'étendre, de se développer en profondeur et en surface ; 2° à l'air, à la chaleur, à l'eau de pénétrer la terre. Théoriquement, on devrait ameublir la terre, par tout l'espace que

les racines de l'arbre envahiront, quand il aura atteint le maximum de son développement. Dans la pratique, un pareil travail n'est pas toujours possible.

Le défoncement ou ameublissement du sol que l'on veut planter en mûriers est *total* ou *partiel*. Dans le défoncement total, on remue la surface tout entière du champ à planter; le défoncement partiel consiste à ameublir seulement une partie plus ou moins grande du champ. Le défoncement partiel se subdivise en défoncement partiel *par bandes* et en défoncement partiel *par trous*.

On défonce le sol totalement pour les plantations de massifs ou vergers en *basses-tiges* (ou nains) ou pour les *cultures dites en prairies*; partiellement, on défonce: *par bandes* pour les plantations en *mi-tige* (ou mi-vent), et *par trous* lorsqu'il s'agit d'installer à demeure des *hautes-tiges* (plein vent) ou des arbres *isolés*.

Le *défoncement en plein* peut être effectué à l'aide des charrues défonceuses partout où la disposition de la surface du sol ou sa configuration et la nature du terrain le permettent; dans les autres cas, on défonce à la pioche ou à la bêche.

Pour le *défoncement partiel par bandes*, on s'y prend de deux façons. On commence par tirer les lignes le long desquelles les arbres devront être plantés; chacune de ces lignes sera l'axe d'une bande plus ou moins large: si la bande doit avoir 1 m. 50, on la délimitera en traçant deux lignes, une à droite et une à gauche de la ligne de plantation, à 75 centimètres de cette ligne.

Les bandes, ou planches, délimitées sur le terrain, on ouvre à l'extrémité de la première planche une jauge ayant la profondeur que l'on veut donner au défoncement; on retire la terre sur une largeur suffisante (0 m. 70) et on la porte à l'autre bout de la planche; ensuite on fouille la terre devant soi à l'aide de la pioche, et avec une pelle on la rejette dans la fosse pour combler les vides; arrivé à l'extrémité opposée, on achève de combler la tranchée avec la terre extraite en commençant et portée en cet endroit. Lorsqu'on a plusieurs tranchées à creuser, on peut, au lieu de porter la terre que l'on a retirée d'une extrémité à l'autre de la première tranchée, déposer cette terre à côté, près de l'extrémité de la deuxième tranchée. Arrivé au bout de la première tranchée, on ouvre de ce côté la deuxième tranchée et on se sert de la terre extraite en cet endroit pour combler le vide de la planche précédente ; la terre accumulée du côté où l'on a commencé à creuser la première tranchée sera employée pour finir de remplir la deuxième. Après avoir défoncé cette deuxième bande, on attaque la troisième et, comme on a fait pour la première, on accumule tout près la terre retirée ; elle servira pour finir de combler la fosse qui s'achèvera du côté où l'on a commencé d'ouvrir la troisième.

Dans le défoncement partiel par trous, on commence par marquer au moyen de jalons les places des arbres. A chacun de ces endroits où un arbre doit être planté, on creuse une fosse M, O, Q, N (fig. 121) ayant les dimensions voulues en profondeur et en surface.

Quand le sol est de bonne qualité sur toute la profondeur défoncée, on mélange la terre du fond avec celle de la surface, avant de combler la fosse ou le trou. Si la terre du fond est de qualité inférieure, il est préférable de mettre au fond la bonne terre de la superficie et à la surface la terre qui était au fond. Quand on fait le défoncement partiel par trous, on met sur un côté la bonne terre végétale et sur le côté opposé la terre du sous-sol médiocre retirée du fond du trou. On laisse celui-ci ouvert jusqu'au moment de planter, soit pendant 15 jours ou 3 semaines, ou davantage, pour donner à la terre le temps de s'aérer et de subir l'influence des agents atmosphériques. Si le sol est humide, on fera bien de jeter dans le fond du trou des pierrailles.

La profondeur du défoncement dépend de la nature et de la richesse du sol, de la variété du mûrier et de la forme que l'on veut donner aux arbres. Il faut défoncer et remuer le sol d'autant plus profondément et sur une plus grande étendue qu'il est moins fertile. Les dimensions de la fosse ou du trou dépendent aussi du plant ; il les faut assez grandes pour loger les racines aisément. M. Bellair estime qu'elles doivent être, en

M N O Q. Fosse ou trou de 1 m. à 2 m. de côté et de 35 centim. à 1 m. de profondeur. — U V X. Monticule de terre meuble sur lequel on arrange les racines de l'arbre. — C. Collet de l'arbre. Il doit se trouver au niveau du sol après la plantation. — A B. Règle placée en travers du trou pour marquer le niveau du sol sur la tige de l'arbre. — C V. Distance du niveau du sol aux premières racines indiquée par la règle A B. — T T. Tuteur en châtaignier, acacia, pin ou mûrier. Son extrémité appointée doit pénétrer de quelques centimètres dans e sol non fouillé du fond du trou. — L¹. Premier lien, en forme de ∞, à 30 centim. du sommet D de l'arbre. — L². Deuxième lien, semblable au premier, au moyen duquel l'arbre a été palissé à so tuteur dans le milieu de sa longueur. Les liens sont disposés de manière à se croiser entre l'arbre et son tuteur en forme de ∞, pour éviter que la tige de l'arbre ne soit trop serrée contre l'échalas. — S S S. Endroits où les racines endommagées ont été coupées pour l'habillage. Les sections doivent être faites de manière à s'appliquer sur la terre. — R. Section du pivot à environ 30 centim. du collet.

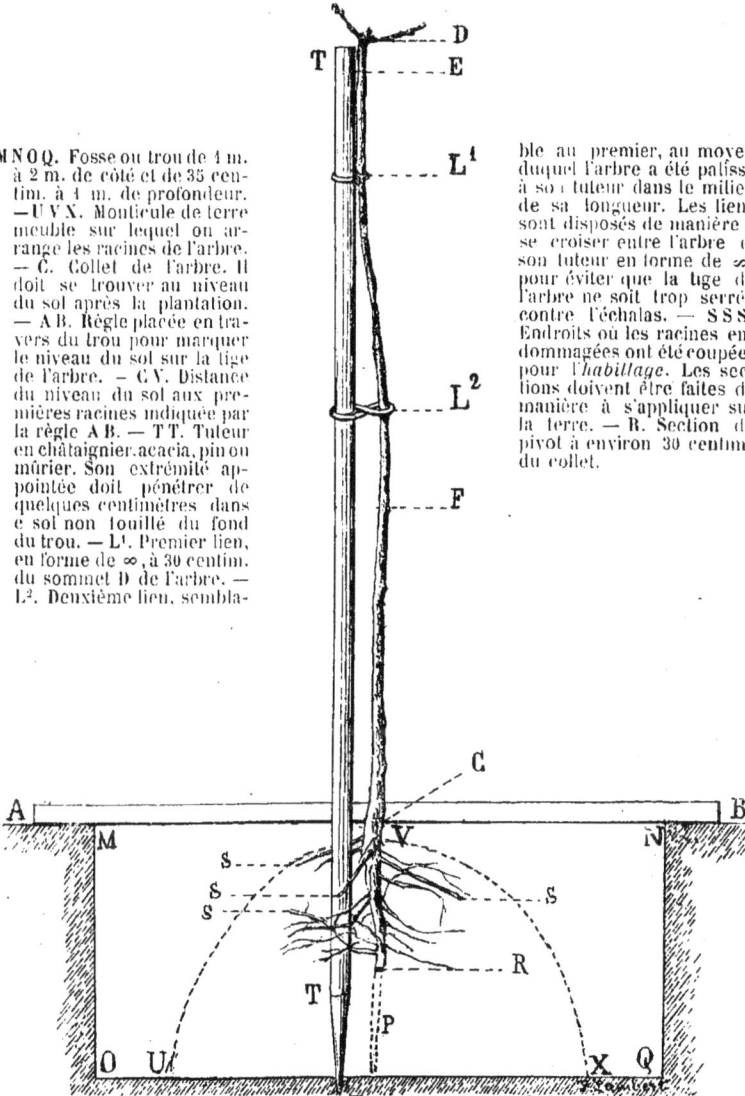

Fig. 121. — Plantation d'un arbre.

MAILLOT-LAMBERT : *Ver à soie*.

hauteur et en largeur, égales au double de l'étendue des racines.
Certains font un défoncement par fosses ou par jauges, ayant
juste la largeur nécessaire pour le logement des racines, puis
ils ameublissent chaque année à droite et à gauche une bande
parallèle de terre, et finissent ainsi par défoncer peu à peu le
terrain sur toute son étendue : les racines trouvent de cette
manière, à mesure qu'elles s'allongent et se multiplient, de la
terre meuble favorable à leur développement.

La profondeur du défoncement varie entre 35 centimètres
et 1 mètre (en moyenne 65 centimètres). On l'exécute quelque
temps avant la plantation pour laisser à la terre le temps de
s'aérer : un mois ou deux avant de planter ; 2 ou 3 semaines
tout au moins ainsi que nous l'avons dit. L'opération se fait en
août ou septembre pour les terres destinées à être plantées
en automne, et en hiver pour celles que l'on veut planter au
printemps (février-mars).

Choix et préparation des plants. — Il faut préférer les arbres
venus dans une pépinière à sol fertile, ni trop humide ni trop
sec. Quand le sol est trop sec, l'écorce se gerce, l'arbre se développe lentement et avec difficulté. Certains veulent, au contraire, que les jeunes mûriers aient été élevés dans un sol
plutôt maigre que riche et fertile ; mais un arbre extrait d'un
bon fond, où il a poussé vigoureusement, dont les racines
sont pourvues d'un abondant chevelu, implanté dans une terre
de mauvaise qualité, est mieux armé pour se défendre qu'un
plant chétif tiré d'un mauvais sol. Si, au contraire, au lieu
d'être mis en place dans une terre de mauvaise nature, il est
planté dans un terrain de bonne qualité, il continuera à prospérer.

On choisira des arbres sains à écorce lisse ; dépourvue de
végétations parasitaires (mousse, lichen), d'altérations microbiennes ; à bourgeons bien développés sur les branches. L'âge
dépend de la forme que l'on veut donner ; d'une façon générale,
il faut donner la préférence aux arbres plutôt jeunes : l'arbre
jeune est plus facile à déplanter avec toutes les racines, la re-

prise est plus assurée, sans compter que les frais de production sont moins élevés. Pour les formes basses ou demi-bas-
ses, on prendra des baguettes, c'est-à-dire des scions ou plants
d'un an de greffe autant que possible ; pour les plantations en
haute tige C D (fig. 121), on attendra que la tige ait atteint la
hauteur et la grosseur voulues. D'après M. Clerici, un certain
nombre ont les dimensions convenables à la fin de la seconde
année de greffage (la 4 du séjour en pépinière d'attente) ; ces
dimensions doivent être de 4 à 5 centimètres de diamètre (12 à
15 centimètres de circonférence) en F, à 1 mètre du sol ;
quelquefois on se contente de plants ayant une grosseur de
tige de 2 1/2 ou 3 centimètres de diamètre, et ce ne sont pas
toujours ceux qui réussissent le moins bien. Le jet de la
greffe atteint souvent 2 m 50 et jusqu'à 3 mètres au bout de
l'année. On le coupe en D, au printemps, à 1 m. 60 ou 2 mètres du sol. A cette hauteur, on laisse se développer les bourgeons les mieux placés à l'extrémité tronquée du fût (tige), et
on supprime les autres ; on peut planter dans l'automne ou au
printemps suivant.

Exécution de la plantation. — Les arbres doivent être mis en
place le plus tôt possible après la déplantation. On devra faire
celle ci en évitant de rompre les racines, de les mutiler
ou de les déchirer. Pour cela, autour de l'arbre, on enlève
avec la bêche la terre jusqu'aux racines ; ensuite, à l'aide d'une
fourche en fer, on les dégage en évitant avec grand soin de
les abîmer ; les racines dégagées, on soulève l'arbre en le
tirant doucement par la tige. Il ne faut, autant que possible,
arracher que la quantité d'arbres que l'on peut planter dans
un jour.

Pour l'exécution de la plantation, on commence par creuser
des trous M, N, Q, O aux endroits où les arbres doivent être
plantés. On creuse les trous plus ou moins grands suivant la
longueur des racines. Pour les hautes-tiges, on ouvre des fosses
de 2 mètres de côté. On garnit le fond avec la terre meuble que
l'on dispose en forme de monticule arrondi U, V, X, à la suface
de laquelle on étendra les racines au moment de la plantation·

Avant de planter l'arbre, on examine ses racines ; on supprime celles qui sont abîmées, on retranche aussi les parties meurtries ou blessées, contusionnées, brisées, écorchées, etc., en les coupant au-dessus des parties endommagées. Il faut tailler nettement les racines à l'aide d'une serpette et de manière que les sections S, S, S viennent s'appliquer par leur surface sur le sol : de cette façon, les radicelles qui prendront naissance autour de la plaie s'enfonceront dans la terre directement sans se recourber. S'il y a lieu, le pivot P sera raccourci en R à quelques centimètres du collet : par le sectionnement du pivot, on provoque l'émission et le développement d'un abondant chevelu. C'est ce qu'on appelle l'*habillage des racines*.

Surtout pour les arbres âgés, on se trouvera bien de faire le *pralinage*, qui consiste à mouiller les racines ou à les tremper dans une bouillie composée d'argile ou terre grasse délayée dans l'eau additionnée de bouse de vache et d'engrais chimiques. On praline quelquefois aussi la tige, ou on se contente d'un badigeonnage de l'écorce au lait de chaux ; quelquefois on l'entoure d'une gaine en toile de sac.

L'arbre préparé, il reste à le loger dans la fosse creusée pour le recevoir. L'arbre doit être placé dans le trou ni trop bas ni trop superficiellement ; il sera planté assez profond pour que les racines n'aient pas à souffrir de la sécheresse, pas trop pour ne pas faire obstacle à l'arrivée de l'air.

Si l'arbre est greffé au pied, la place de la greffe ne devra pas être enterrée ; le bourrelet sera à la surface ou un peu au-dessus. On enterre plus dans les terres légères, sablonneuses, sèches et dans les climats chauds ; moins dans les sols compacts, humides et dans les climats froids. Dans les terrains légers, les racines les plus voisines du collet seront recouvertes de 8 à 10 centimètres de terre, et seulement de 5 à 6 centimètres dans les terres humides.

On procède à la mise en place de la façon suivante : on commence par installer l'arbre sur le dôme de terre, où on le maintient à l'aide d'une main, tandis qu'avec l'autre on distribue et étend les racines tout autour dans leur position naturelle.

On marque la distance C V du niveau du sol aux premières racines au moyen d'une règle A B qu'on place en travers sur le trou contre la tige C. On soulève ou on abaisse l'arbre, s'il y a lieu. Cela fait, on arrange les racines et on les recouvre avec la main de terre meuble, fine, mêlée, quand on le peut, de terreau dans les proportions de 1 partie de cette substance pour 4 de terre. Il faut faire tomber la terre sur les racines, puis la faire glisser avec la main ou un bout de bois entre les racines, de manière à ne laisser aucun espace non garni de terre entre les ramifications.

Afin de ne pas replier les racines, il ne faut ni soulever l'arbre de bas en haut, ni l'ébranler en l'inclinant de droite à gauche. Il ne faut pas non plus presser fortement avec le pied la terre contre les racines : il suffit de comprimer un peu le sol avec la main, puis, pour achever de favoriser l'adhérence de la terre aux radicelles, de verser avec un arrosoir au pied de l'arbre de l'eau en la laissant tomber d'un peu haut ; en tombant, l'eau entraîne la terre entre les radicelles. Les racines bien étalées et bien recouvertes, on achève de remplir le trou en accumulant la terre assez au-dessus du sol pour compenser le tassement qui est estimé en moyenne au 1/10 de la profondeur de la fosse.

Thomé recommande de donner aux trous 30 centimètres de plus de profondeur dans les sols sujets à retenir l'eau et de remplir ce surplus de profondeur avec des *cailloux* ou des broussailles placés au fond du trou. Un bon drainage de tout le terrain vaut infiniment mieux.

Il faudra avoir soin de munir chaque pied haute-tige d'un tuteur ou échalas T T (1) qu'on enfoncera à 60 centimètres dans

---

(1) Verri recommande de ficher le tuteur en terre dans le fond du trou avant de planter l'arbre, afin de pouvoir l'enfoncer plus facilement et d'éviter de blesser les racines. Tamaro conseille de planter le pieu, d'accumuler la terre autour, de poser l'arbre sur le monceau de terre et de l'attacher au pieu.

la terre du trou. Ce tuteur en châtaignier, en acacia ou en pin aura 18 à 20 centimètres de circonférence (6 à 7 centimètres de diamètre). La longueur dépend de la hauteur de la tige de l'arbre ; si la tige de l'arbre a 2 mètres, on donnera au pieu une longueur de 2 m. 60 pour que, étant fiché en terre, son extrémité arrive juste au sommet de l'arbre.

Les arbres seront attachés à leurs tuteurs par deux liens en osier: un L¹ à 30 centimètres du sommet de la tige, l'autre L² vers le milieu de sa longueur. Ces liens ne devront pas être tellement serrés que l'arbre ne puisse céder à la traction de haut en bas qu'exerce sur lui la terre en se tassant: il pourrait en résulter un arrachage partiel, tout au moins un dérangement des racines. Certains préfèrent ne pas *palisser* du tout, afin d'éviter plus sûrement l'inconvénient des liens trop serrés.

Epoque de la plantation. — On fait la p'antation en automne, en hiver ou au printemps : en automne, dans les sols légers craignant la sécheresse et dans les climats chauds ; dans les climats plus au nord et les terrains compacts, il est préférable de planter au printemps (février ou mars). Les arbres p'antés en automne de bonne heure ont le temps de pousser des radicelles et de se fixer au sol, et quand arrive le printemps ils partent de suite en végétation. Thomé dit que cet avantage n'existe pas pour le mûrier, et, pour éviter l'effet des gelées sur les racines en terre nouvellement remuée, il préfère *planter au printemps.*

Quelle que soit l'époque choisie pour la plantation, on ne devra jamais l'exécuter en sol mouillé ; il ne faut pas non plus planter quand les gelées sont à craindre.

Fumure. — Le terrain destiné à être p'anté devra être fumé ; on fera cette opération au moment du défoncement. Si l'on fait le défoncement total, on répartit le fumier uniformément à la surface du sol et on l'enfouit en fouillant la terre, au fur et à mesure que l'on exécute l'opération. Si c'est un défoncement partiel par bandes, on mélange le fumier à la terre à mesure que l'on creuse la tranchée Dans le défoncement par trous, les trous devant rester ouverts jusqu'au moment de planter, on attend la plantation pour répandre le fumier au pied de l'arbre. Dans aucun cas, le fumier ne devra être mis en contact direct avec les racines.

On fume au fumier de ferme et avec toutes sortes de débris organiques, mêlés ou non d'engrais chimiques. M. Trentin conseille le mélange suivant par hectare :

Scories de déphosphoration (Thomas) . 500 à 600 kilos
Sulfate de potasse. .... 75 à 125 —
Fumier de ferme bien décomposé .... 10 à 15 m. cubes

La potasse peut être donnée au sol au moyen de la *kaïnite*, qui est un sulfate naturel de potasse hydraté, renfermant 26 pour 100 d'eau, de 23 à 24 pour 100 de sulfate de potasse, et des chlorures

Les engrais organiques à décomposition lente, par exemple un compost, fait avec des matières végétales. des rognures de matières animales (peau. poils, laine, sang desséché, etc.), mêlées avec de la chaux vive; les chiffons et la bourre de laine, les balayures et les tourteaux, sont les plus convenables. D'ailleurs, selon M. Eug. Robert, quand on fait une plantation en bonne terre fertile, il n'est pas nécessaire de fumer.

Orientation des plants. — Certaines personnes croient utile d'orienter les arbres dans la plantation définitive de la même façon que dans la pépinière ; c est pourquoi certains pépiniéristes font sur le plant de mûrier une marque pour indiquer le côté tourné dans la pépinière. Ce soin de placer le sujet dans la plantation de manière qu'il occupe la même position par rapport aux points cardinaux que dans la pépinière paraît peu important. Il faut seulement avoir soin de tourner du côté le mieux ensoleillé (au midi par conséquent) la partie la moins développée, la plus faible s'il en existe une.

Disposition des plantations. Forme des arbres. — Dans une plantation, en dehors de la mise en place des arbres, il y a deux choses à distinguer: 1° La distribution des arbres, les uns

par rapport aux autres, à la surface du sol; 2° La forme à
donner à l'arbre d'où dépend en partie la distance à observer
d'arbre en arbre.

On dispose les plantations de mûriers en *massifs, allées, bordures* ou *cordons*, ou par *pieds isolés*.

Dans le *massif, plantation en plein*, ou *vergers*, les arbres
occupent entièrement le terrain où ils sont plantés, à l'exclusion de toute autre culture: c'est la culture spécialisée du
mûrier. On n'utilise généralement, de cette façon, que des pièces de terre impropres aux cultures annuelles, ou qui se prêtent mal à ces cultures, soit à cause de leur situation écartée ou
d'accès difficile, de leurs emplacements près d'un cours d'eau
où elles sont exposées à des inondations périodiques; soit à
cause de leurs dimensions réduites ou de leur forme irrégulière,
qui les rendent difficiles à travailler économiquement à l'aide

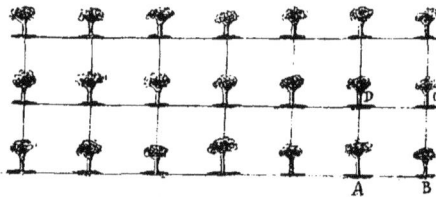

Fig. 122. — Plantation en massif : Disposition des arbres en carrés ou
échiquier. Dans cette disposition, chaque arbre A, B, C, D, occupe un des
angles d'un carré.

des machines; soit à cause de leur nature sèche et pierreuse à
l'excès, qui fait que les arbres sont seuls capables d'y végéter
convenablement, en allant, avec leurs racines longues, puiser
dans les profondeurs du sous-sol les éléments nutritifs et la
fraîcheur dont ils ont besoin pour prospérer.

A la surface du sol, dans les massifs, les arbres sont répartis
régulièrement les uns par rapport aux autres et ordinairement
de deux façons:

1° En *carré;* 2° en *triangle*.

Dans la disposition en *carré* ou *échiquier* (fig. 122), le sol est
divisé en carrés au moyen de lignes qui se coupent à angle
droit et chaque arbre occupe un des angles d'un carré; dans la

disposition en *triangles*, le terrain est partagé en triangles, dont les angles marquent la place des arbres.

Dans ce dernier genre de plantation en triangles, on distingue : la plantation en triangles *isocèles*, qui est ce que les anciens appelaient le *quinconce*, et la plantation en triangle, *équilatéraux*.

Dans la plantation par *triangle équilatéral* (fig. 123), chaque arbre est entouré de six autres placés aux six angles d'un hexagone régulier et qui sont par conséquent équidistants entre eux et avec l'arbre qui se trouve planté au centre de l'hexagone. La plantation par triangles équilatéraux est celle qui permet de réaliser l'utilisation la plus complète de la surface de culture et du sol et de loger sur un hectare de terrain le nombre d'arbres le plus grand ; mais cela ne peut nécessairement avoir lieu qu'aux dépens de l'aération et de l'ensoleillement des plantes. Comme, en outre, le tracé de la plantation en *carrés* ou *échiquier* est plus facile, ce dernier système de plantation est de beaucoup le plus répandu et nous croyons qu'en ce point particulier, ainsi qu'en beaucoup d'autres d'ailleurs, la pratique a trouvé la solution la plus convenable.

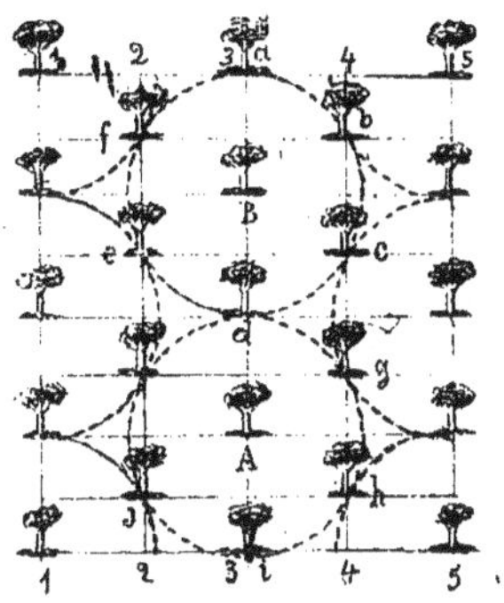

Fig. 123. — Plantation en massif : Disposition des plants par triangles équilatéraux. Dans cet arrangement, chaque arbre A, B, est entouré de 6 autres *a*, *b*, *c*, *d*, *e*, *f*, équidistants entre eux et avec l'arbre du milieu A, B.

Les *allées* sont des plantations d'arbres en *files parallèles*. Ordinairement, les allées sont disposées de manière à couper les champs en *planches* ou *oullières*, sur lesquelles on cultive des plantes annuelles ou temporaires : grains, racines ou tubercules, plantes fourragères, etc.

La plantation par allées est la plus ordinaire pour les mûriers. Les espaces entre les files d'arbres varient depuis quelques mètres, 7 ou 8 mètres ou même moins, jusqu'à 25 ou 30 mètres. Sur les allées, les mûriers sont plantés de manière que les arbres d'une rangée se trouvent vis-à-vis ceux des rangées voisines. Rarement on les dispose en quinconce.

Une *bordure* ou un *cordon* est une rangée d'arbres qui entoure un champ entier ou une partie d'un champ, ou qui borde une route, un chemin, une avenue.

On rencontre des mûriers *isolés*, principalement près des habitations, dans le milieu ou aux angles d'une cour, où ils croissent en liberté et acquièrent souvent un très beau développement. Le mûrier noir est fréquemment cultivé ainsi. Les mûres, à mesure qu'elles tombent de ces arbres, sont mangées par les porcs et les volailles qui en sont très friands et qu'elles engraissent. Il y a même des pays où le mûrier est plus spécialement cultivé dans ce but; on laisse alors ses branches s'étendre librement sans jamais les tailler. Sous cet aspect, et vu d'une certaine distance, le mûrier ressemble, à s'y méprendre, à un noyer.

La *distance* à laquelle les mûriers doivent être plantés dépend tout d'abord et principalement de la *forme* qu'on se propose de leur imposer; elle varie aussi pour une même forme avec la nature du sol (en sol riche, on plante plus espacé), le climat (dans les climats chauds, on peut planter plus serré), la position, l'orientation du terrain, la répartition des plants à la surface du sol, les uns par rapport aux autres. Nous en reparlerons plus loin.

La classification des formes employées pour le mûrier est basée sur la hauteur à laquelle on arrête la tige et sur la direction que l'on fait prendre aux branches de charpente pour la formation de la tête. Nous avons résumé cette classification dans le tableau ci-dessous:

ARBRES	avec une tige arrêtée à une hauteur de............	1ᵐ50 à 2 mètres au-dessus du sol.. *Pleins-vents, tiges* ou *hautes-tiges.*
		0ᵐ70 à 1ᵐ50.................. *Mi-vents* ou *mi-tiges.*
		0ᵐ30 à 0ᵐ70.................. *Nains* ou *basses-tiges.*
	privés de tiges; à tige tenue coupée au ras du sol....	.... *Taillis, prairies.*

Chacune de ces formes, sauf la forme en taillis ou en prairies,

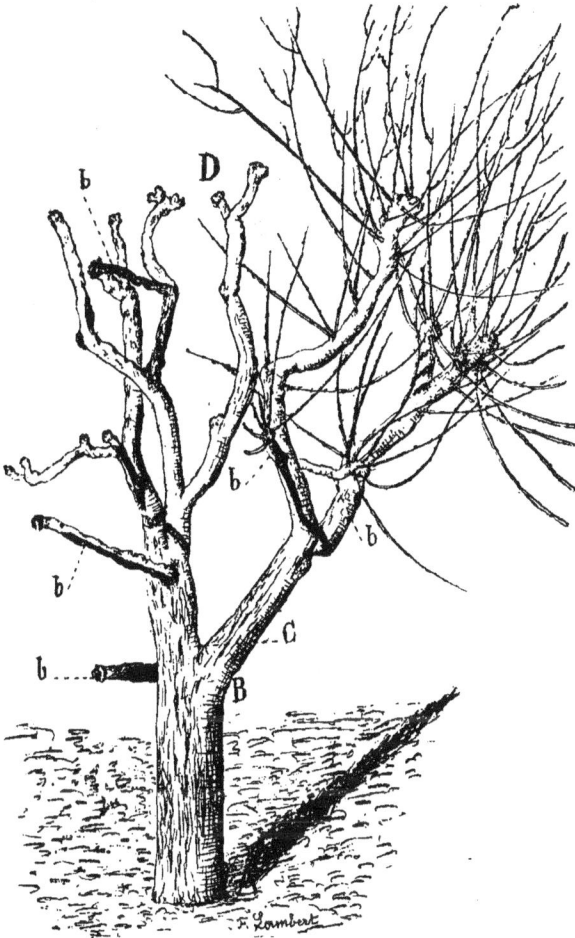

Fig. 124 — Mùrier très grande forme monté sur deux maîtresses branches irrégulièrement ramifiées. Taille de production en *tête de saule*. Circonférence du tronc : 2 mètres. Hauteur du tronc de A en C : 2 mètres. Hauteur totale de l'arbre de A en D : 5 mètres. - *b, b b*. Branches latérales de production ménagées le long des branches principales de charpente.

Dans la taille de production qui se renouvelle périodiquement chaque 2. 3, 4 ou 5 ans, on coupe les rameaux à leur base au raz des branches principales, comme on le voit sur la figure, à gauche.

est complétée par une tête ou couronne que l'on établit au sommet de la tige; selon la direction que l'on fait prendre aux branches de charpente pour la formation de la tête et selon la position relative de ces branches entre elles et par rapport à la tige, on distingue :

LES FORMES A TÊTE	*ovale ou arrondie;* branches disposées tout autour de la tige.	sans symétrie .... *forme naturelle.*	
		symétriquement; branches dirigées de manière à faire prendre à la tête la forme	d'un cône droit (forme rarement usitée pour le mûrier)......... } *pyramide quenouille.*
			d'une sphère pleine... *boule.*
			d'un cône renversé évidé dans le milieu... } *vase, gobelet.*
	aplatie; branches disposées sur deux côtés, symétriquement .... (Formes rarement employées pour le mûrier)	appliquées et fixées sur l'une des faces d'un mur.............. } *espalier.*	
		fixées à des traverses supportées par des pieux ou à des fils de fer tendus horizontalement........ } *contre-espalier.*	

Forme naturelle. — Le mûrier qu'on laisse pousser en liberté prend une forme arrondie-ovoïde (fig. 96). On rencontre quelquefois, le plus souvent près des habitations, des mûriers isolés qu'on laisse, ainsi que nous l'avons dit, croître à leur fantaisie. Un mûrier blanc peut dans ces conditions s'élever à 15 ou 20 mètres de hauteur, avec une cime relativement très développée. Un arbre isolé ayant acquis le maximum de la taille qu'il est susceptible d'atteindre peut produire 200 kilogrammes de feuilles et davantage.

Quand on veut conserver au mûrier sa forme ordinaire et les dispositions naturelles de ses branches, il vaut mieux le maintenir dans des limites convenables par une taille appropriée, ayant pour but de l'empêcher de s'élever trop haut en se dégarnissant par le bas. Voici, d'après M. Passerini, comment on peut s'y prendre. Après la plantation, on coupe l'arbre à 2 m. 50 au-dessus du sol. Le long de la tige, les yeux se développent; on supprime tous les bourgeons jusqu'à la hauteur d'environ 2 mètres, et on laisse pousser librement ceux qui sont au-dessus, soit sur une longueur de 50 centimètres à partir du sommet. L'année après, on taille à 50 centimètres le rameau le mieux placé pour prolonger la tige en direction verticale. Il

Fig. 125. — Mûrier grande forme, à tête sphérique ou boule, dite encore
à *tête d'oranger*.

La taille de production figurée est celle décrite par B. de Sauvages. Elle
consiste en un *émondage* et un *élagage* répétés chaque année en été après
la récolte des feuilles et en une taille proprement dite, qui est plutôt une
taille de rapprochement qu'une véritable taille de production. Elle revient
le moins souvent possible et son but principal est d'empêcher la tête de
l'arbre de s'étendre trop loin et de rendre les feuilles plus accessibles
aux ramasseurs.

L'*émondage* est un *nettoyage* : il consiste à supprimer, en les coupant à
leur base, les chicots de bois mort, les ergots, ce que les spécialistes appellent les *allumettes*, les branches cassées, meurtries ou tordues ; celles
dont l'écorce a été déchirée au moment du ramassage des feuilles : en un
mot, tous les rameaux défectueux à quelque égard.

L'*élagage* est une demi-taille ayant pour but : 1º de faire entrer de l'air
et de la lumière du soleil dans la tête de l'arbre ; 2º de faciliter la récolte
des feuilles. Il comprend deux opérations : l'*éclaircissage* et le *raccourcissement* des rameaux ou des jeunes branches. L'*éclaircissage* des rameaux
consiste à supprimer une partie des pousses pour donner un écartement convenable à ceux qui seront conservés. Cet écartement doit être de
25 à 30 centimètres. Il faut avoir, suivant la recommandation de B. de Sauvages, la précaution dans cette opération de couper, autant que possible,
immédiatement au-dessus d'une *fourchure*, c, c, c..... et de toujours choisir cet endroit pour supprimer le rameau le plus vieux qui est dans une
d rection droite avec la branche principale et de conserver la ramification
latérale, b, b, b,.... la plus jeune qui pousse dans une direction oblique
par rapport à celle de la branche principale. — Le *raccourcissement* des
rameaux ou des jeunes branches consiste, comme le mot l'indique, à réduire la longueur d'un rameau ou d'une jeune branche en coupant ce rameau ou cette branche à une certaine distance.

faut avoir soin de couper immédiatement au-dessus d'un bourgeon opposé à celui qui a donné naissance au rameau destiné à prolonger la tige. Pendant la deuxième année, les yeux sur ces rameaux se développeront, ainsi que l'œil terminal au-dessus duquel on a taillé. A la fin de cette dernière année ou au commencement de la troisième, on raccourcira le rameau terminal à 50 centimètres en coupant au-dessus d'un œil situé du côté opposé à celui où était le bourgeon conservé l'année précédente On continue ainsi de manière à prolonger la tige de 50 centimètres environ d'année en année par le moyen d'une branche latérale, en faisant attention que l'œil terminal au-dessus duquel on sectionne les branches de prolongement soit une année d'un côté, l'année suivante de l'autre côté, afin que la tige du mûrier monte dr it.

Les mûriers ainsi conduits vivent longtemps, mais il est difficile de ramasser la feuille sur de tels arbres dont les branches prennent, lorsque le sol et la situation s y prêtent, des dimensions exagérées. Il faut avoir soin, par des élagages convenables, de supprimer les branches qui prennent une mauvaise direction, s'entre-croisent, se gênent, et d'éclaircir les ramifications qui sont trop serrées.

Forme en pyramide ou quenouille. Forme en boule. — La forme en pyramide ou quenouille est aussi défectueuse que la précédente et pas recommandable.

La forme en boule encore appelée à tête d'oranger (fig. 125). sans être aussi commode pour la cueillette de la feuille ni aussi favorable à l'aération et à l'ensoleillement que la forme en *gobelet* ou *vase* dont nous allons parler, se rencontre cependant assez fréquemment dans certains pays. Elle est caractérisée, comme son nom l'indique, par la forme sphérique de la tête, dont l'espace est, en dedans, partout uniformément garni de branches, comme sur la périphérie.

Forme gobelet ou vase. — Le *gobelet* ou entonnoir est la forme la plus répandue et qui convient le mieux pour faciliter

le ramassage et permettre l'entrée dans le milieu de l'arbre de
l'air et de la lumière favorables
à la végétation et à la qualité de
la feuille.

Voici comment on s'y prend
généralement pour former le
gobelet :

Après la plantation des arbres,
on les étête à la hauteur voulue
(fig. 126 et 127). Quand les bour
geons ont poussé, on conserve
les 4 ou 5 les mieux placés près
du sommet de la tige. et on supprime, par pincement, tous les
autres situés au-dessous.

On ne doit pas faire cette
suppression en une seule fois,
mais par degrés : on commence
par la suppression des bour-

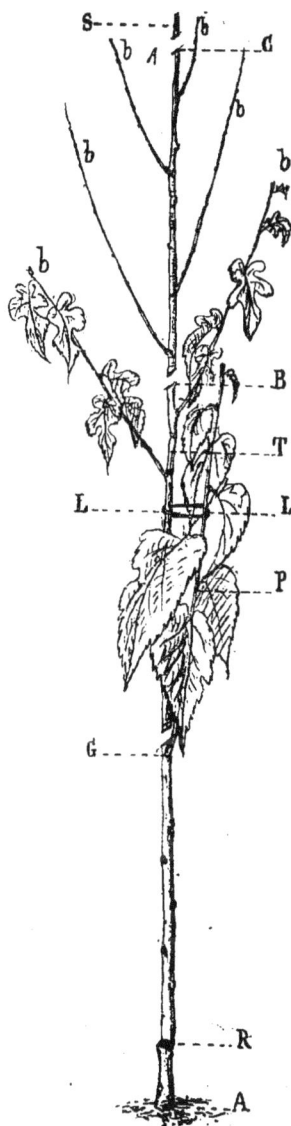

Fig. 126 — Formation de la tige du
    mûrier avec greffage en écusson au
    pied de l'arbre.

La première année. le jeune sujet est
coupé en R, à 4 ou 5 centimètres du
sol ; du tronçon conservé partent plusieurs jets On en conserve un seul, le
plus beau R S.

L'année suivante. on greffe. en écusson s'il y a lieu, ce rameau en G à 15
ou 20 centimètres au-dessus de terre.
Après avoir greffé, on supprime l'extrémité de la tige en R. à 25 ou 30 centimètres au dessus du point de greffage.
Quand la greffe a poussé et qu'elle a 5
ou 6 feuilles. on la palisse en L sur l'onglet ou tronçon R. Si le sujet n'est pas
destiné à recevoir le greffage, au lieu
de greffer on arrête la tige en C à la
hauteur voulue, 1ᵐ70 ou 2ᵐ pour les
hautes-tiges. 1ᵐ pour les mi-tiges, 0ᵐ50
.pour les nains.

geons sur le tiers ou la moitié inférieure de la tige ; puis, un peu plus tard, on enlève le reste jusqu'à la hauteur voulue.

A la fin de la première année ou au commencement de la deuxième, on choisit parmi ces 4 ou 5 rameaux les trois *a*, *b* *c* (fig. 127) disposés le plus symétriquement, sans s'attacher à ce que ces rameaux partent exactement du même point, afin que lorsque les branches se seront développées, elles ne forment pas à leur point d'insertion un godet qui retienne l'eau et introduise la pourriture dans l'arbre et cause la carie du tronc. Ces trois branches conservées pour constituer la base de la charpente de l'arbre devront autant que possible se diriger obliquement, en faisant avec l'horizon un angle d'environ 45°. On donnera à ces branches une longueur d'environ

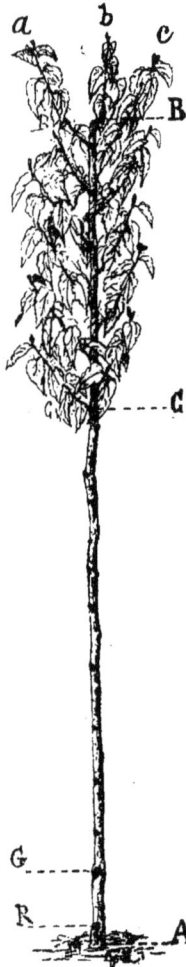

Fig. 127. — Formation de la tête de l'arbre.

Jeune arbre au printemps qui suit l'époque à laquelle la tige a été coupée en B à la hauteur voulue. Tout le long de la tige les bourgeons se sont développés. Quand ces bourgeons ont 4 ou 5 feuilles, on enlève par la *taille en vert* les 3 ou 4 les plus rapprochés du sol ; un peu plus tard, dans une seconde opération, on supprime les 3 ou 4 suivants, et ainsi de suite. Quand on arrive près de l'endroit où l'on se propose d'établir la tête, on s'arrête. En cet endroit, on coupe à leur base les bourgeons mal placés, ainsi qu'une partie de ceux qui partent ensemble du même point et on en conserve 5 ou 6 des plus beaux en même temps que des mieux placés. Ce sera parmi ces 5 ou 6 bourgeons conservés au sommet de la tige qu'on choisira les trois *a*, *b*, *c* destinés à donner les trois maitresses-branches de la future tête (sur lesquelles on asseoira la tête de l'arbre), les autres seront retranchés au raz du tronc.

30 centimètres ou davantage. Si l'arbre a végété avec force et qu'il ait donné des pousses ayant au moins 2 centimètres de diamètre, on pourra donner d'un seul coup aux branches la longueur voulue ; mais, si les rameaux sont grêles, il faut tailler plus court sur 2 ou 3 yeux (9 à 10 ou 15 centimètres du tronc) ; l'année suivante, on conservera sur chaque tronçon un rameau de prolongement à l'extrémité de chaque branche, et on coupera le nouveau bois également à 10 ou 15 centimètres ; c'est-à-dire que, suivant la force de végétation de l'arbre, on emploiera un an deux ans ou même trois ans si c'est néces-saire pour faire prendre aux maîtresses branches leur longueur définitive de 30, 35 centimètres ou davantage.

Après avoir taillé les trois branches, conservées à l'extrémité du tronc, à la longueur voulue, on conservera près de l'extré-mité de chacune d'elles 2 rameaux choisis parmi les mieux placés pour former le gobelet. Ordinairement, au bout de l'année ou au printemps de l'année suivante, on coupe les 6 ra-meaux secondaires à 20 ou 30 centimètres au-dessus de leur point d'insertion sur les branches de 1er ordre qui les portent. Ces rameaux se garnissent de pousses dont on conserve les deux les plus voisines du sommet et ayant une direction convenable à droite et à gauche ; on a alors 12 branches tertiaires (ou de 3e ordre) qu'on raccourcit, comme les six branches de 2e ordre, à 20 ou à 30 centimètres environ de leur base. La tête du mûrier est alors formée. Ordinairement, on ne pousse pas plus loin la bifurcation des branches avant de commencer d'uti-liser les feuilles. Souvent même on s'arrête pour la formation de l'arbre aux branches de 2e ordre, et, à partir de ce moment, on commence à soumettre l'arbre à la taille de production.

Si l'une des branches réservées pour la formation de la charpente était un peu faible, on conserverait à son extrémité un seul rameau de prolongement au lieu de deux : c'est-à-dire qu'on ne la bifurquerait pas cette année là.

Formes plates. -- Il y a toujours avantage à avoir quelques pieds de mûriers en *espalier* le long d'un mur à l'exposition du

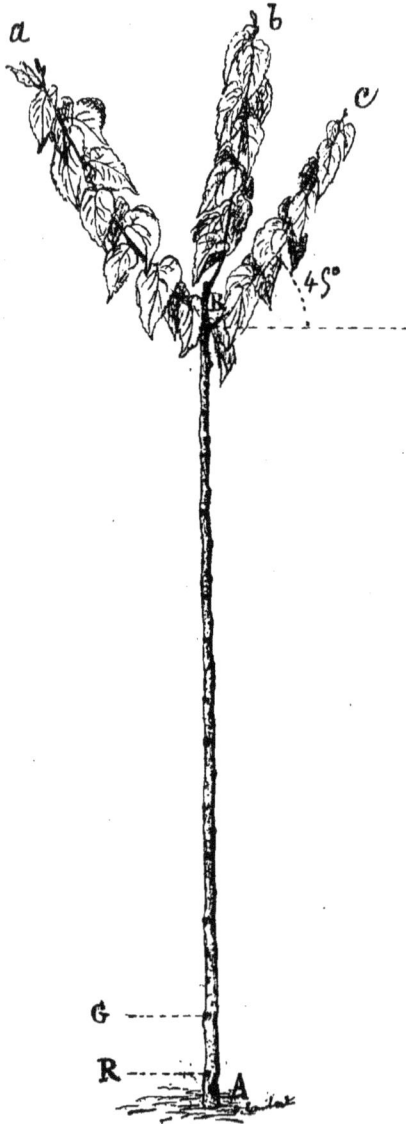

midi pour avoir des
feuilles de bonne heu-
re, ce qui permet de
commencer l'élevage
quelques jours plus
tôt.

Voici, d'après M. Ta-
maro, comment on
procède pour obtenir
des mûriers de cette
forme : les arbres mis
en place le long d'un
mur (à 1 mètre ou 2
mètres de distance),
on coupe les tiges à
20 centimètres de hau-
teur ; on a 6 à 8 jets
que l'on palisse con-
tre le mur en les ré-
partissant à égale dis-
tance l'un de l'autre.

Fig. 128. — Jeune mûrier
dans l'été de la première
année de formation de
la tête.

a. b. c. Les trois bour-
geons terminaux destinés
à devenir les trois maî-
tresses branches sur les-
quelles on montera la tête
du nouvel arbre.
Ces rameaux doivent
être inclinés à environ 45°
sur l'horizon.
R Cicatrice de l'endroit
où la tige a été rabattue
l'année avant le greffage.
— G. Point où l'arbre a
été greffé.

Fig. 129. — Jeune mûrier dans l'hiver de la première année de formation de la tête. Les rameaux *a, b, c* destinés à donner les maîtresses-branches ont été coupés en *e*, de 30 à 50 centimètres au-dessus de leur point d'insertion sur la tige. Tous les bourgeons qui se sont développés l'été suivant le long des tronçons ont été retranchés, à l'exception de deux *f, f'* les plus près du sommet et les mieux placés pour former le gobelet.

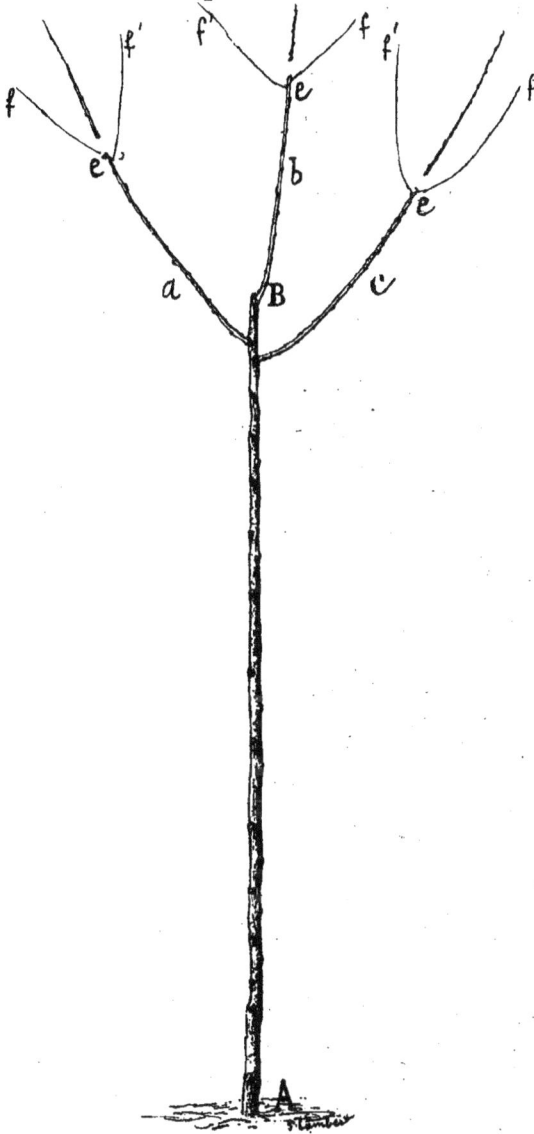

La feuille cueillie, on coupe les rameaux sur 2 yeux : on aura
l'année suivante 12 ou 16 rameaux. Ceux-ci seront à leur tour
taillés sur 2 yeux après la cueillette, de manière à obtenir
24 ou 32 baguettes quand on ramassera la feuille l'année suivante ; on continue ainsi jusqu'à ce que la surface du mur se
trouve entièrement couverte par les rameaux.

Le *contre-espalier* sert à former des *haies*; nous en parlons
au paragraphe relatif à ce mode de plantation.

Forme en tête de saule. — En Perse et en Turquie, où l'on
élève les vers aux rameaux, les mûriers sont taillés en *tête de
saule* (ou têtard). Après la plantation, les tiges sont coupées à
70 centimètres ou 1 mètre de hauteur. Chaque année, on taille
près de leur base les rameaux qui ont poussé autour de l'extrémité et le long du tronc, pour les donner aux vers. La distance entre les arbres est de 2 à 4 mètres. En Perse et dans le
Ghilan, d'après M. Alexandre Chadzko (1), les mûriers sont
plantés en échiquier à 1 mètre de distance en tous sens l'un
de l'autre, et les tiges coupées à 1 m. 50 de hauteur au maximum, de manière à pouvoir couper les rameaux sans être
obligé de grimper sur l'arbre. Chaque année, on coupe à l'aide
d'une serpette les nouvelles pousses qui se sont développées
l'année précédente.

D'après M. Dufour (2), on procède à peu près de la même
façon en Turquie. Les arbres sont plantés de 75 centimètres à
1 mètre de distance, suivant le degré de fertilité du terrain. On
élève la tige peu à peu et, lorsqu'elle a atteint 4 centimètres de
diamètre (environ 12 centimètres de circonférence), on étête
l'arbre à 1 m. 50 de hauteur. Le tronc se garnit de rameaux :
on coupe sur chaque arbre d'abord les rameaux inférieurs pour
la nourriture des vers dans les premiers âges, et on réserve pour
les vers déjà gros les longues pousses de 40 à 60 centimètres
du sommet des tiges. Quand la tête, par suite de la taille suc-

---

(1) *Magasin pittoresque*, 1854, p. 315.
(2) B.-J. DUFOUR. — *Sériciculture simplifiée*. Paris et Lyon, 1868, p. 69.

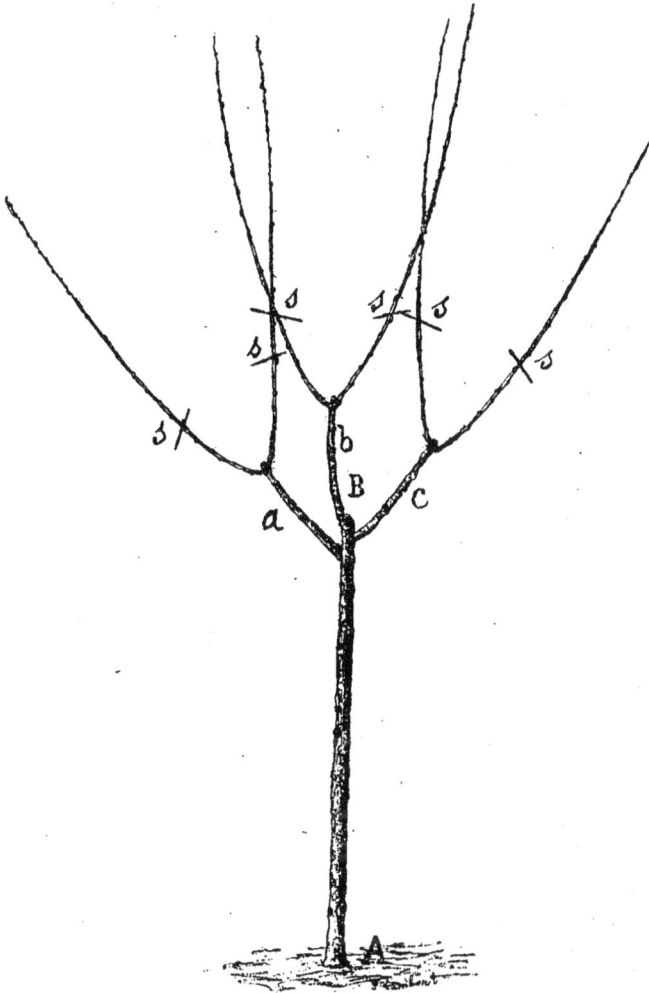

Fig. 130. — Jeune mûrier dans l'hiver de la deuxième année de formation
de la couronne de l'arbre.

Les deux bourgeons conservés à l'extrémité des trois jeunes maîtresses-branches sont devenus des rameaux qu'on a coupés en s, au-dessus de
deux yeux convenablement situés sur ces rameaux à 35 ou 40 centimètres
de leur insertion à l'extrémité des branches a, b, c.

cessive des rameaux, est devenue trop noueuse et ne donne plus que des pousses faibles, on la fait sauter d'un seul coup de hache ; l'année suivante, parmi les rameaux qui ont poussé le long du tronçon, on en réserve un, deux ou trois des plus beaux près de l'extrémité, suivant la vigueur de l'arbre et la fertilité de la terre. Au printemps suivant, on coupe les branches terminales sur une certaine longueur, de manière à ramener à 1 m. 50 la hauteur totale de l'arbre. On a ainsi un têtard à 2 ou 3 branches.

Les arbres ainsi traités ne vivent guère au delà de 40 à 50 ans.

Dans le Frioul, où l'élevage aux rameaux est également pratiqué, on donne au mûrier la forme ordinaire en gobelet, sur haute, moyenne ou basse tige, et chaque année on coupe les jeunes rameaux tout près de leur insertion aux branches principales, comme on le voit en D sur la figure 124.

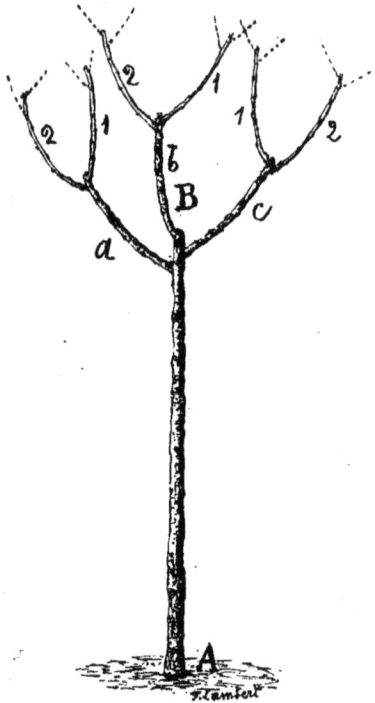

Fig. 131. — Le même arbre que celui de la figure précédente, représenté après le raccourcissement des rameaux 1, 2, formant des bifurcations au sommet des branches a, b, c, et destinés à fournir les branches de charpente de 2ᵉ ordre.

Distances des arbres. Frais de plantation et de culture. Produits. — Les diverses formes que nous venons d'examiner

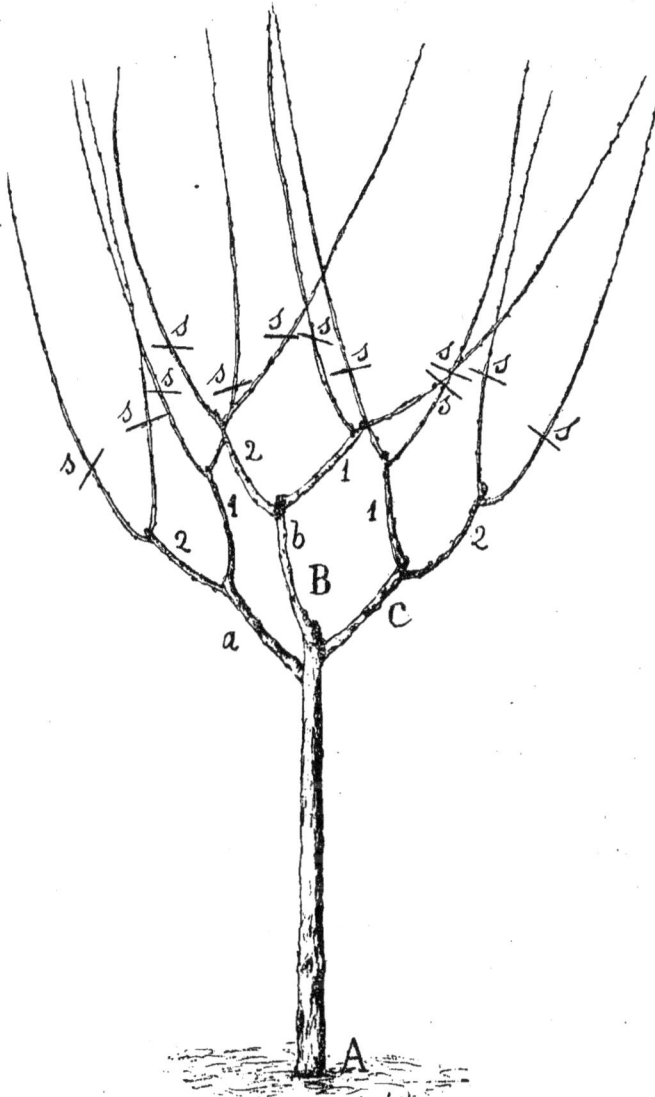

Fig. 132. — Mùrier dans l'hiver de la troisième année de formation de la tête. La couronne, cette année-là et à cette époque, se compose de 3 maitresses-branches ou branches de charpente de 1ᵉʳ ordre *a, b, c*, disposées régulièrement autour du sommet B de la tige, de 6 branches de charpente secondaire ou de 2ᵉ ordre, pourvues chacune à leur extrémité de 2 rameaux, qui seront coupés en *s*, sur une longueur de 30 à 40 centimètres, en février ou mars.

pour le mûrier se prêtent toutes plus ou moins aux différents modes de disposition des plantations en massifs, allées, bordures, que nous avons décrits.

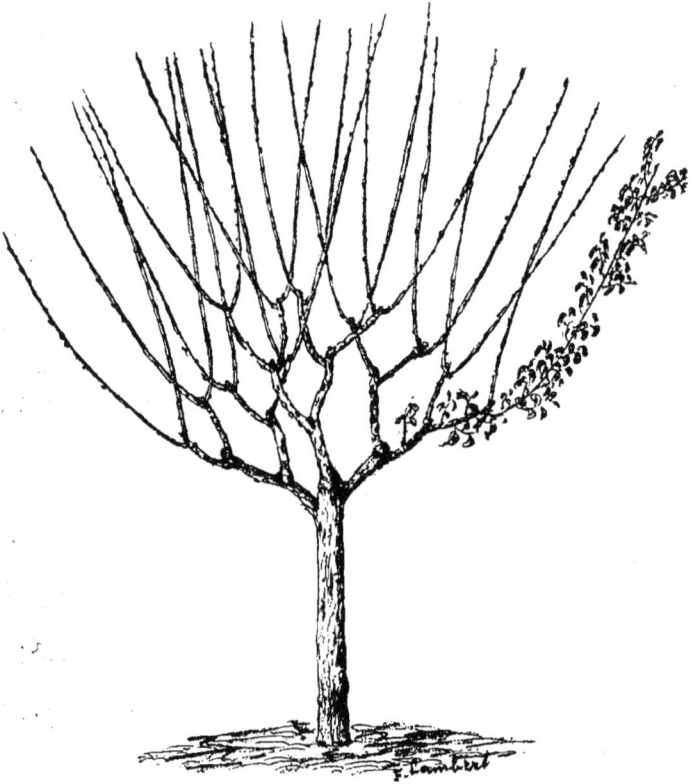

Fig. 133. — Mûrier au printemps de la cinquième année de formation de la tête.

Au sommet des branches de charpente de 3ᵉ ordre, on a laissé subsister, l'année précédente (4ᵉ année), seulement deux bourgeons qui se sont développés en rameaux. A la fin de la quatrième année, la tête de l'arbre se compose donc de :

3 maîtresses-branches ou branches de charpente de 1ᵉʳ ordre.
6 branches de charpente secondaire ou de 2ᵉ ordre.
12 branches de charpente tertiaire ou de 3ᵉ ordre.
24 rameaux.

Cette année est la première de l'effeuillage de l'arbre.

Les distances à observer de mûrier à mûrier, selon la taille et la forme que l'on se propose de faire prendre aux arbres et selon le mode de répartition ou de groupement auquel on s'est arrêté, sont approximativement les suivantes :

PLANTATIONS

	Massif ou verger	Allées	Bordure ou cordon
Hautes-tiges ou pleins vents	5 à 10 mètres	10 ou 12 mètres	10 ou 12 mètres
Mi-tiges ou mi-vents	2 à 4 mètres	2 à 4 mètres	2 à 4 mètres
Basses-tiges ou nains	0 m. 50 à 2 m.	0 m. 90 à 2 m.	0 m. 30 à 2 m.
Taillis et prairies	Taillis... 2 mètres Prairies. 0 m. 05 à 0 m. 30.	1 m. sur 3 m.	

Les frais de plantation, de culture, d'entretien et les produits des mûriers cultivés en massif sont établis comme suit, par de Gasparin, selon les formes adoptées pour les arbres, pour un hectare de terre.

Plantation de pleins vents à 7 mètres de distance

Frais de plantation et de culture jusqu'à la 1ʳᵉ année d'utilisation des feuilles

Préparation d'un hectare de terre................... 120 »
Valeur de 204 mûriers à 0 fr. 35 (1) 71 40
Plantation, à 0 fr. 10 par pied.................... 20 40
Culture pendant trois ans .... 360 »
Rente du terrain pendant trois ans................ 210 »

Total......................... 781 80

---

(1) Le plant de mûrier de plein vent, greffé, se vend dans les pépinières 1 fr. 25 à 2 fr.; aux cultivateurs qui le produisent, il revient à 0 fr. 35.

Frais annuels de culture pendant une période de 60 ans
de production

Amortissement des frais de plantation et mise en état
de production................................... 32 91
Cultures annuell s 73 71
Taille, à 0 fr. 125 par arbre................... 25 50
Engrais .... 256 »
Rente de la terre............................... 70 »
                          Total................ 458 12

Produit moyen annuel

Poids de feuilles fraîches de printemps: 13.990 kil.,
qu'il faut diminuer de 5 o/o pour chances de pertes,
reste: 13.291 kil. à 7 fr. les 100 kil. 930 37
                          Bénéfices........... 472 25

Plantation de nains à 4 mètres

Frais de plantation et de mise en état de production

Préparation du sol d'un hectare................. 120 »
Valeur de 625 nains à 0 fr. 25 (1)............. 156 25
Plantation, à 0 fr. 20 par pied................ 125 »
Culture pendant trois ans. .... 360 »
Rente du terrain.............................. 210 »
                          Total.......... 971 25

Frais annuels de culture

Amortissement................................. 54 12
Cultures annuelles............................ 73 71
Taille, à 0 fr. 10 par arbre................... 62 50
Engrais .... 256 »
Rente de la terre .... 70 »
                          Total 516 33

_____

(1) Les nains et les mi-vents se vendent 1 franc la pièce dans le commerce ; l'agriculteur peut les obtenir lui-même à 25 centimes.

Produit moyen annuel

Poids de feuilles fraîches de printemps: 30 kil. 63
par arbre, soit pour 625 arbres 11.043 kil., quantité qu'il faut diminuer de 28 o/o pour chances de
pertes, ce qui réduit le produit à 13.711 kil., à
7 fr. les 100 kil........ .... 1159 77

                             Bénéfice.......... 643 44

Plantation de nains à 2 mètres

Frais de plantation et de mise en état de production

Préparation du sol pour la plantation .... 120 »
Valeur de 2500 mûriers à 0 fr. 25 l'un............. 625 »
Plantation, à 0 fr. 20 par arbre................... 500 »
Culture. .... 360 »
Rente du terrain..... ... . 210 »

                             Total.......... 1815 »

Frais annuels de culture

Amortissement 169 40
Cultures d'entretien............. .... 73 71
Taille des arbres, à 0 fr. 10 par pied. .... 250 »
Fumure............................ .... 256 »
Rente de la terre.. .... 70 »

                             Total.......... 819 11

Produit annuel moyen

Poids de feuilles fraîches de printemps à raison de
12 kil. 25 par arbre: 30.625 kil., quantité qu'il faut
diminuer de 28 o/o pour chances de pertes, ce qui
réduit le produit à 8 kil. 82 par arbre, soit pour
l'hectare: 22.050 kil., à 7 fr. les 100 kil......... 1543 50

soit un profit de............................. 721 39

Le même auteur estime la production par hectare des *prairies de mûriers* à 24.000 kil. de feuilles de printemps dans un terrain maintenu frais et dès la première année après le semis,

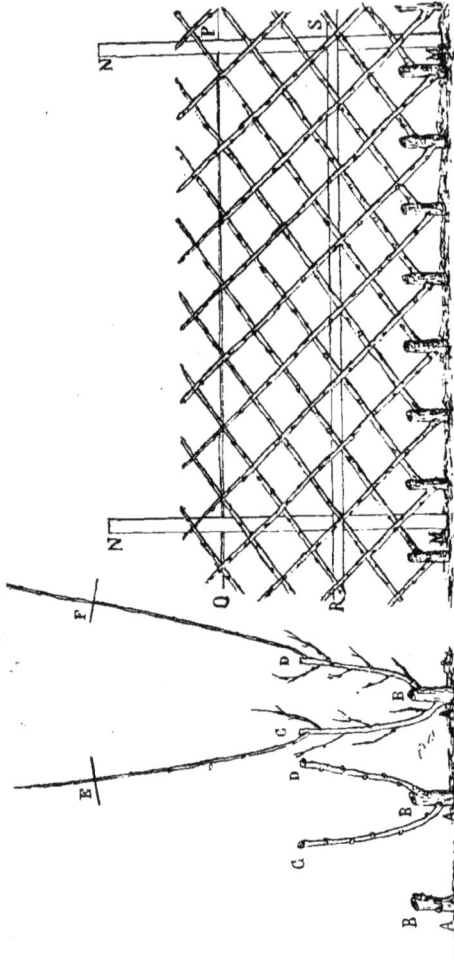

Fig. 134. — Formation d'une haie de mûriers en *contre-espalier*.

A, B. Jeunes mûriers dont les tiges ont été rabattues à 10 ou 15 centimètres au-dessus du niveau du sol. Sur ces tronçons, plusieurs bourgeons se sont développés; on en a conservé seulement deux, les plus vigoureux, sur deux côtés opposés. Ces bourgeons ont donné deux rameaux. Au printemps de la deuxième année, ces deux rameaux opposés ont été coupés en C, D, au 1/3 de leur hauteur. Pendant le printemps et l'été suivant, les bourgeons se sont formés le long des deux tronçons C, D. On les supprime tous pendant l'été, par la taille en vert, sauf les deux terminaux E, F, que l'on raccourcit au printemps suivant (3e année) du 1/3 de leur longueur. Ces deux branches ainsi formées sur chaque tronçon sont palissées en V sur des traverses R, S ou sur des fils de fer tendus horizontalement O, P, de manière à former des carrés par leur entre-croisement.

ce qui fait 2 kil. 4 par mètre carré. Mais la période de production de ces taillis n'est que de cinq années. Les jeunes

plants occupent chacun une surface de 90 centimètres carrés,
ce qui correspond à 111 pieds au mètre carré ou 1.110.000 pieds

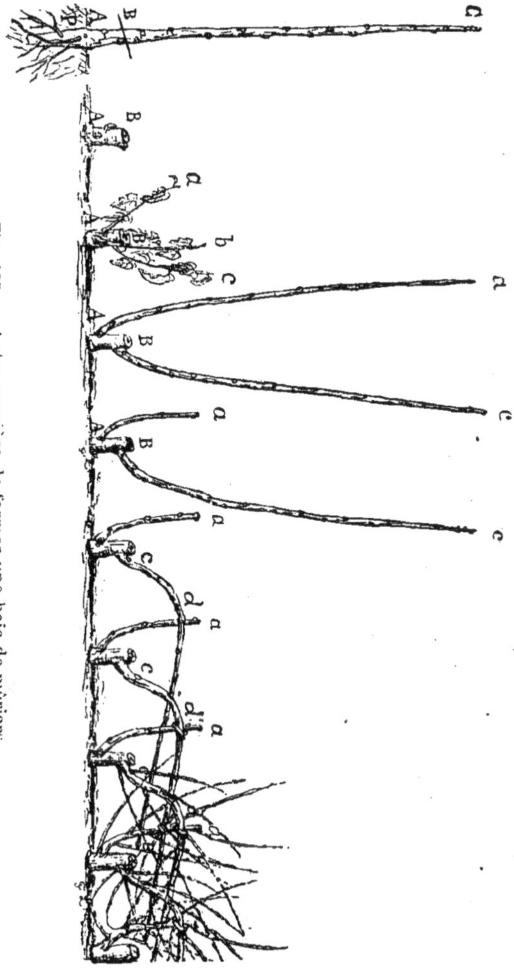

Fig. 135. — Autre manière de former une haie de mûriers.

Les jeunes plants sont tronçonnés comme pour la formation du contre-espalier, représenté sur la figure précédente. Ils poussent de bourgeons *a*, *b*, *c*. On en conserve deux *a*, *c*. L'hiver après, l'un des rameaux conservés *a* est raccourci à 10 centimètres de sa base : l'autre est conservé dans toute sa longueur, puis incliné vers le sol par son extrémité et assujetti à la branche courte de l'arbre suivant.

à l'hectare. Ces sortes de plantations, essayées en Europe au
siècle dernier, sont aujourd'hui complètement abandonnées.

Les plantations en *allées* ou en *bordures* faites en mûriers nains plantés serrés, taillés en buissons ou disposés en contre-espalier, prennent le nom de *haies de mûriers*.

Pour ce genre de plantations, on emploie des sujets non greffés (sauvageons) ou des sujets greffés. Dans ce dernier cas, on choisit des plants ayant un an de greffe. On s'y prend de différentes façons pour établir une haie de mûrier. La meilleure consiste à disposer les arbres en *contre espalier*. On peut s'y prendre de deux manières. La plus simple consiste à ouvrir sur le bord du champ une tranchée de 60 centimètres de largeur sur 50 de profondeur, dans le milieu de laquelle on place les jeunes plants distants les uns des autres de 20 à 25 centimètres, inclinés à 45° sur le sol et en direction opposée, de

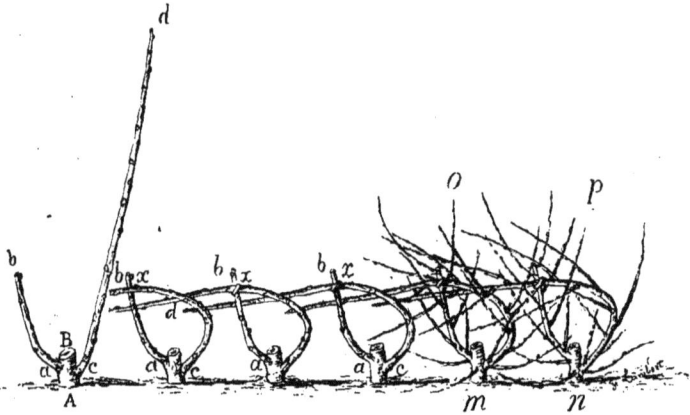

Fig. 136. — Autre façon de former une haie de mûriers en inclinant des rameaux longs et en les palissant sur des rameaux courts. Dans cette méthode, le rameau long *c, d* de chaque pied est palissé sur le tronçon *a, b* du même pied.
De ces rameaux ainsi disposés partent des bourgeons qui s'entre-croisent en losanges.

manière à constituer une espèce de treillis. Aux points d'insertion, on attache les tiges au moyen d'un lien d'osier et on coupe leur extrémité à 1 mètre du sol. On consolide le tout par deux fils de fer tendus l'un dans le milieu, l'autre près du sommet du treillage, l'autre dans le milieu, ou par une perche **trans**-versale fixée à des pieux enfoncés de distance en distance.

Une autre méthode consiste à planter les jeunes mûriers ver-ticalement à 30 ou 35 centimètres l'un de l'autre dans le fossé préparé comme précédemment. La plantation terminée, on rabat les tiges à 10 ou 15 centimètres au-dessus du sol ; on laisse subsister les deux yeux les plus près du sommet de chaque tronçon et on supprime les autres. Ces deux yeux donnent chacun une branche. Au printemps de l'année sui-vante, on palisse sur deux traverses horizontales ou sur deux fils de fer tendus les deux rameaux de l'année précédente, de manière à dessiner un V en les inclinant à 45° ; on a ainsi un treillage semblable au précédent (fig 134), mais plus solide-ment établi.

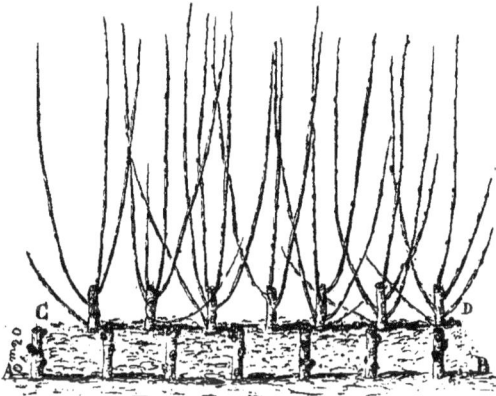

Fig. 137. — Formation d'une haie ordinaire composée de deux rangées de mûriers plantés rapprochés et coupés à 20 centimètres de hauteur au-dessus du niveau du sol. De ces tronçons sortent des baguettes plus ou moins longues, dont on ramasse les feuilles et que l'on taille chaque année en été, après la récolte, en les coupant court près de leur base.

Pour établir une haie ordinaire (fig. 137), on plante des ba-guettes sur deux lignes AB, CD, écartées à 50 ou 55 centimètres de distance; on se sert ordinairement, pour cela, de sauva-geons ; on coupe ensuite les tiges à 10 centimètres de hauteur au-dessus du niveau du sol. De ces tronçons sortent des jets plus ou moins vigoureux, dont on ramasse les feuilles. Souvent, au lieu de rabattre les tiges à 10 centimètres du sol, on les arrête à 50 ou à 70 centimètres de hauteur et on les exploite en têtard. Dans ce cas, on plante à 50 centimètres ou davantage sur la ligne.

Quand la haie est destinée à servir de clôture, il vaut mieux faire un treillis. Mais il faut alors défendre par un fossé les haies elles-mêmes contre les bestiaux qui sont très avides de ce feuillage.

Verri décrit une autre forme de *haie* ainsi disposée : on plante sur une file à 50 centimètres (1 pied 1/2), on coupe les tiges à 10 centimètres sur terre, on laisse se développer 2 yeux opposés autant que possible ; au printemps suivant, on taille un des rameaux à 30 centimètres et on conserve à l'autre toute sa longueur, on incline ce dernier en direction horizontale, et on fait de même pour tous ceux de la rangée. Le long de ces rameaux, tronçonnés ou conservés dans toute leur longueur et inclinés, poussent des bourgeons qui s'entre-croisent en losanges et constituent ainsi une bonne défense.

IV. — Taille. Culture d'entretien

Dans la culture du mûrier adulte, c'est-à-dire du mûrier dont la tête est formée et qui est en état d'être soumis à l'effeuillage, on peut distinguer : la taille des arbres, les façons à donner au sol et la fumure.

Taille de production. — Le but de la taille est de faire produire à l'arbre la plus grande quantité de feuilles de la meilleure qualité, faciles à ramasser, et de réduire au contraire le plus que l'on peut la production des mûres. On arrive à ce résultat en provoquant la naissance sur les branches principales de rameaux longs dégarnis, autant que possible, de ramifications latérales.

Dans la pratique, la taille des mûriers est faite de façons très diverses et cette opération se répète (suivant les climats, les sols et les habitudes) tantôt chaque année après la récolte de la feuille, tantôt chaque deux, trois, quatre ou cinq ans ; quelquefois plus rarement encore. Certains ne font même jamais une véritable taille ; ils se contentent d'un émondage et d'un élagage ayant pour objet de débarrasser l'arbre du bois mort, des chicots, des branches trop maigres ou trop fortes ; puis lorsque le ramassage est devenu presque impossible ou trop dangereux à cause du développement exagéré des branches, ils font la taille proprement dite, afin de ramener la tête de l'arbre à des dimensions plus réduites.

L'époque à laquelle on fait la taille, dans les pays où le mûrier est taillé régulièrement, est aussi variable : si l'opération a lieu chaque année, on la fait en été, après la cueillette ; si elle se renouvelle seulement tous les deux, trois, quatre ou cinq ans on l'exécute le plus souvent vers la fin de l'hiver, en février ou mars ; à ce moment, la sève n'est pas encore

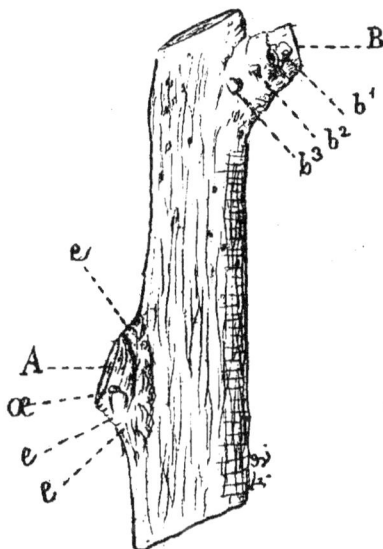

Fig. 138. — Taille.

A. Retranchement d'une branche sur son empattement, tel qu'il doit être exécuté. Dans le retranchement d'une branche ou d'un rameau sur sa base, il ne faut jamais *blanchir la plaie*, c'est-à-dire couper trop ras sur la tige ou la branche principale. — B. Retranchement d'une branche sur *2 yeux* de la base, dans la taille courte.

en mouvement et les arbres sont moins exposés à souffrir du froid après la taille que si on effectue cette opération en automne ou en plein hiver. Dans ce cas, l'année où l'on taille on ne cueille pas.

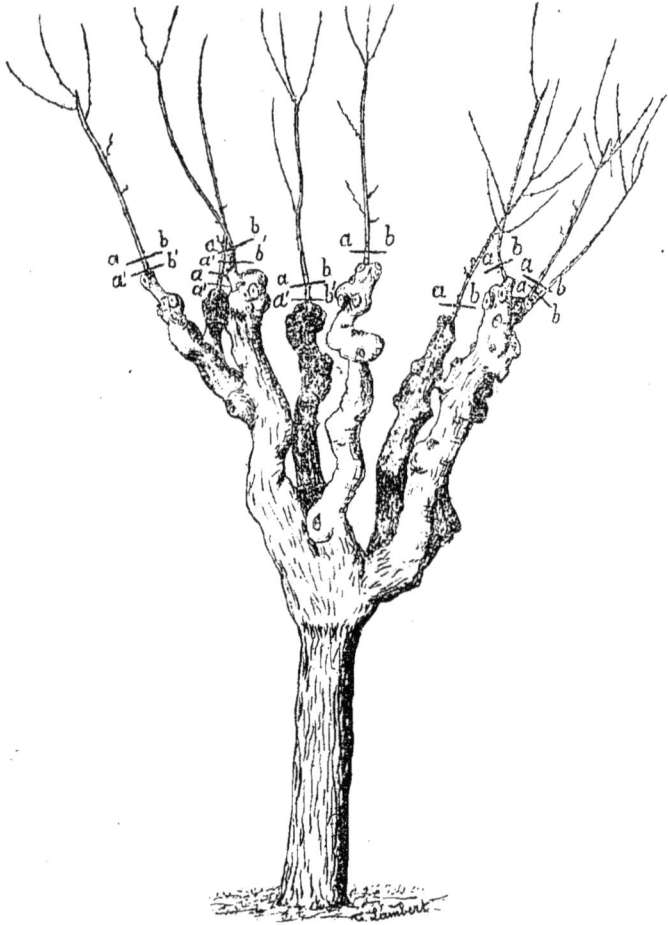

Fig. 139. — Taille courte sans crochets de prolongement, et taille courte avec crochets de prolongement.

Dans la taille courte *sans crochets* de prolongement ou en *tête de saule*, toutes les branches sont coupées (voir aussi fig. 124) sur 2 yeux près de leur base, en *a' b'*.

Dans la taille courte *avec crochets* de prolongement, tous les rameaux sont coupés au voisinage de leur base sur 2 yeux, excepté au sommet de chaque branche de charpente, où l'on conserve une branche placée sur le prolongement de la branche de charpente et que l'on taille à 15, 30 ou 35 centimètres de sa base (sur 4 ou 5 yeux bien formés). Sur ce tronçon, 4 ou 5 rameaux se développent. À la prochaine taille, on choisit celui de ces 4 ou 5 rameaux le mieux développé et le mieux placé parmi ceux qui sont le plus rapprochés de la base. Ensuite pour en former de nouveau celle de l'ancien crochet au-dessus de l'insertion du nouveau.

Différents modes de taille. — Les différentes manières de tailler le mûrier peuvent se ramener aux quatre systèmes suivants :

1° La *taille très courte sans crochets de prolongement ou en têtard* ; 2° la *taille avec crochets de prolongement* au sommet des branches terminales de charpente ; 3° la taille avec *crochets de prolongement* au *sommet* et *crochets latéraux* ; 4° la *taille à long bois* avec *élagage*.

Taille en tête de saule. — Dans le premier système, tous les rameaux d'un an, deux ans, trois ans, etc., suivant la périodicité adoptée pour la taille, sont uniformément coupés sur leur empattement, au voisinage de leur base (fig. 139 *a' b'* et fig. 124). De cet endroit, tout autour de la section, partent des bourgeons qui se développent et donnent naissance à des rameaux nouveaux. Si ces rameaux sont trop rapprochés les uns des autres, on en supprime un certain nombre.

Dans le Levant et dans tous les pays où l'on pratique l'élevage aux rameaux, les mûriers sont ainsi taillés chaque année au printemps et en été pendant la période de l'élevage des vers. L'arbre est souvent réduit, comme nous l'avons dit, à un tronc terminé en forme de tête de saule. D'autres fois, la tige est pourvue à son extrémité de deux ou trois branches-mères ramifiées ou non, qui se garnissent de rameaux que l'on coupe chaque année à leur insertion sur la maîtresse branche.

Le système de taille en tête de saule n'est pas seulement usité dans les régions où l'on pratique l'élevage aux rameaux, mais aussi dans des contrées où les vers sont alimentés avec des feuilles détachées. Mais dans ces pays elle est alors rarement exécutée chaque année ; elle ne revient ordinairement que tous les 4 ans ou tous les 5 ans (fig. 124), et on l'effectue en février ou en mars de préférence. Dans ce cas, au lieu de couper les rameaux d'un an, ce sont de jeunes branches de 4 ans ou de 5 ans que l'on retranche.

La taille très courte devrait être exécutée non pas comme on le fait ordinairement en coupant les jeunes branches ou les rameaux au ras des branches principales qui les portent, mais sur deux yeux bien apparents (fig. 138) et de la façon suivante, décrite par Du Breuil:

Fig. 140.— Jeune branche de *trois ans* A, B. — Cette branche est dépourvue de feuilles, excepté vers le sommet et sur les ramifications. Sur la figure sont indiquées la longueur des ramifications, et celle des extrémités de rameaux non aoûtées avant l'hiver et tuées par les froids.

«Aussitôt après la cueillette (la première année de production) on coupe toutes les branches, qui portaient les bourgeons

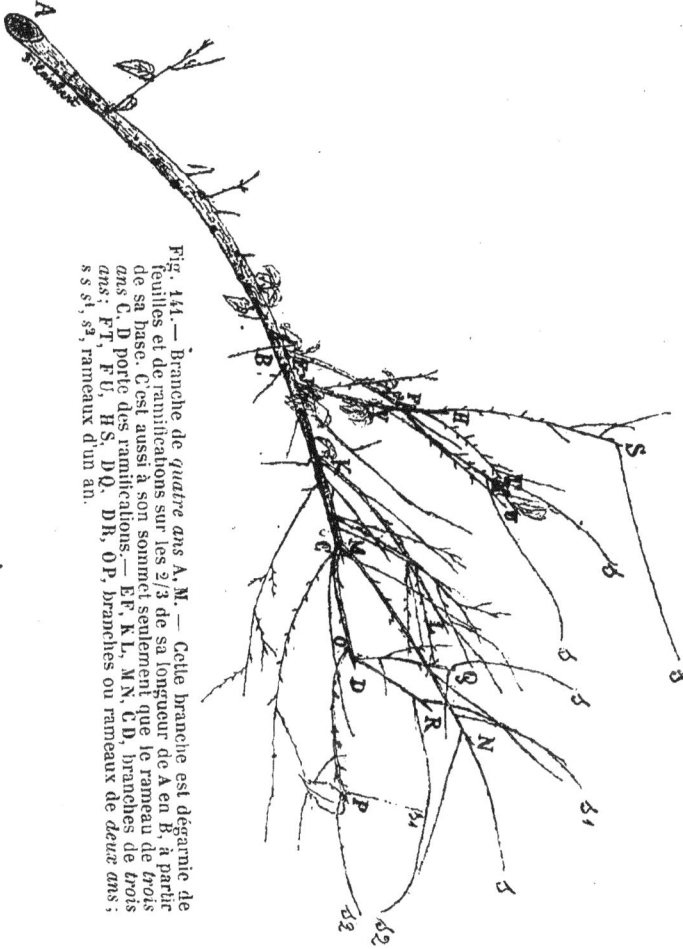

Fig. 141.— Branche de *quatre ans* A, M. — Cette branche est dégarnie de feuilles et de ramifications sur les 2/3 de sa longueur de A en B, à partir de sa base. C'est aussi à son sommet seulement que le rameau de *trois ans* C, D porte des ramifications.— EF, KL, MN, CD, branches de *trois ans*; FT, FU, HS, DQ, DR, OP, branches ou rameaux de *deux ans*; s s s¹, s², rameaux d'un an.

effeuillés, au-dessus des deux boutons les plus rapprochés de la base. Bientôt on voit apparaître de nouveaux bourgeons à la base de ces branches et sur divers autres points. On les laisse tous se développer librement. Au printemps suivant, on supprime tous les rameaux maigres, chétifs ou trop rapprochés les uns des autres; on coupe aussi avec soin tous les chicots de bois sec.

Fig. 142. — Taille courte.

Branche de charpente, avant la taille, garnie de rameaux de 2 ans. *c c c* rameaux défectueux (tronqués, cassés, tordus, mal placés, trop rapprochés, etc.) à supprimer à leur base par l'*émondage*. A, *crochet* de prolongement ou *prolonge* de la dernière taille; *s s*, trait indiquant sur le rameau conservé pour former le *nouveau crochet* l'endroit où ce rameau sera *taillé*; S, endroit où la partie de l'ancien crochet située au-dessus de l'insertion du nouveau devra être supprimée.

»On récolte les feuilles sur tous les bourgeons que développent les rameaux conservés, et ceux-ci sont de nouveau soumis à la taille d'été. Cette seconde taille ne diffère de la pre-.

Fig. 143. — Taille courte.

Branche de charpente après la taille, sur leur base, de tous les rameaux dont elle était chargée, à l'exception, du rameau qui doit fournir la nouvelle *prolonge* ou *crochet*. Ce rameau sera coupé en *a b* au-dessus de 4, 5, 6 yeux.— *c a*, cicatrices de plaies anciennes ; *c*, nouvelles sections de rameaux à leur base ; *œ*, yeux de la base des rameaux au-dessus desquels les rameaux ont été coupés ; *α*, yeux sur le nouveau crochet de prolongement ; *m*, tronçons de branches conservés le long de la branche et constituant des *crochets latéraux*. On donne ordinairement à ces prolonges latérales une longueur plus grande que celles qui sont indiquées sur la figure.

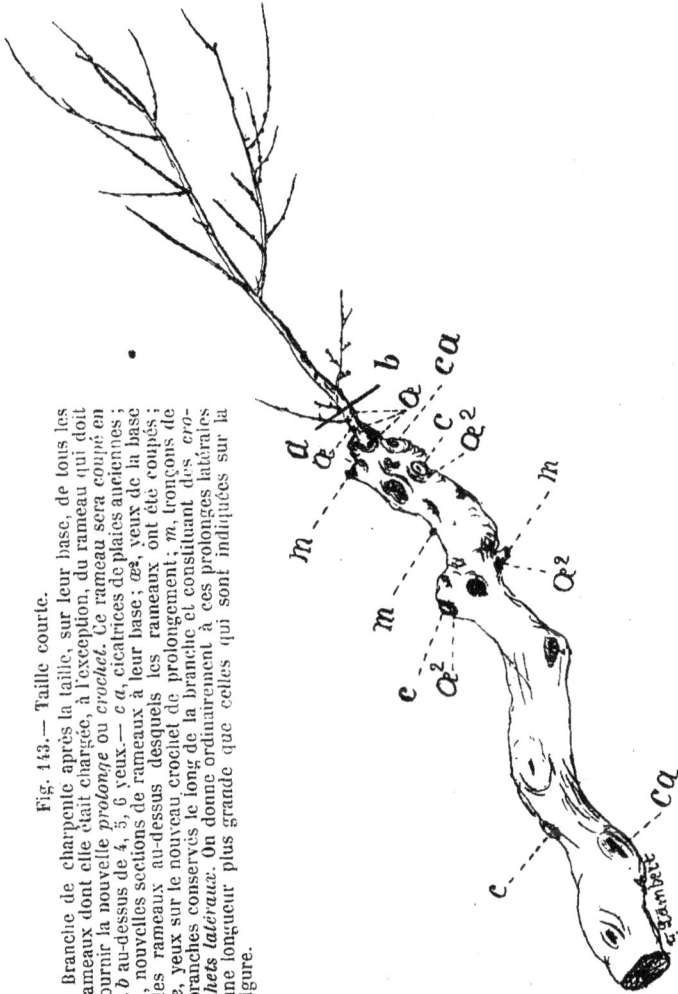

mière qu'en ce que, la plupart des branches à tailler naissant deux à deux au même point, on supprime complètement celle qui est la plus éloignée de la branche principale, tandis que l'autre est coupée, comme l'année précédente, au-dessus des deux boutons les plus rapprochés de la base ; cette opération est ensuite répétée chaque année».

Si, au lieu de tailler chaque année en été, on taille tous les deux ans, tous les trois ans ou tous les quatre ans, on procède d'une manière analogue, avec cette différence toutefois qu'on retranche des branches de 2, 3 ou 4 ans au lieu de tailler des rameaux de l'année. Voici, d'après Du Breuil, comment on exécute la taille bisannuelle :

«Après la première récolte des feuilles, les bourgeons effeuil- lés développent vers leur sommet un certain nombre de bourgeons anticipés, d'où naissent de nouvelles feuilles qui tomberont à l'automne. Au printemps, les branches qui ont produit les bourgeons effeuillés sont coupées à leur base au- dessus de deux boutons. Pendant l'été suivant, on voit naître des bourgeons vigoureux à la base de chacune de ces branches et sur divers autres points ; on les laisse se développer tous librement et on ne les effeuille pas. Au printemps qui suit la naissance de ces rameaux, on supprime les plus faibles et ceux qui feraient confusion, puis on fait la cueillette sur les bour- geons auxquels ils donnent lieu. Cette seconde récolte n'est faite, comme on le voit, que deux ans après la première. L'ar- bre est alors abandonné à lui-même jusqu'à la fin de l'hiver suivant. C'est à ce moment, c'est-à-dire deux ans après la pre- mière taille, qu'on le soumet de nouveau à cette opération. Cette taille ne diffère de la première que par la suppression complète de l'une des branches lorsqu'il en naît deux au même point, comme cela a souvent lieu. On procède ensuite de la même façon chaque année, c'est-à-dire que la taille et la récolte n'ont lieu que tous les deux ans, en faisant alterner ces deux opérations de façon que la cueillette soit toujours faite pendant l'année qui précède la taille».

Si l'espace de temps entre deux tailles qui se suivent est de

trois ans, la cueillette est faite deux années de suite et les
arbres sont taillés au printemps de la troisième année. Cette
année-là ils ne sont pas effeuillés. Lorsque les arbres sont taillés
chaque quatre ans, on les effeuille pendant trois ans de suite
et, au printemps de la quatrième année, on les taille et on ne
cueille pas la feuille cette année-là. Si la taille revient seulement tous les cinq ans, on fait la cueillette pendant quatre ans
de suite ; on taille au printemps de la cinquième année et l'ar
bre cette année-là n'est pas dépouillé de ses feuilles.

Fig. 144. — Taille.
Mûrier à tête en gobelet ayant subi la taille courte avec *crochets
terminaux* de prolongement.

Taille en crochets. — Dans le deuxième système de taille on
conserve à l'extrémité de chaque branche terminale de charpente un crochet ou tronçon de rameau ou de jeunes branches
de 15 à 25 ou 30 centimètres (fig. 139, 142, 143, 144 et 145) et

on supprime tous les autres rameaux d'un an (s'il s'agit de la
taille annuelle) ou toutes les autres branches de 2, 3 ou 4 ans
(si la taille a lieu chaque 2, 3 ou 4 ans) à leur insertion c, c, c
(fig. 143 et 145) sur le bois plus âgé.

Cette taille se rapproche beaucoup de la précédente ; elle en
a les inconvénients, quoique à un degré un peu moindre.

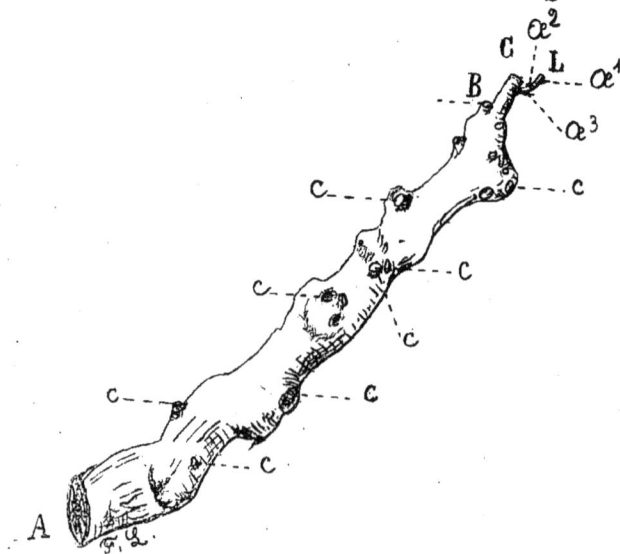

Fig. 145. — Branche de charpente ayant subi la taille courte avec crochet
terminal ou de prolongement ; c, section des rameaux ou des jeunes
branches taillés près de leur base ; C, ancien crochet sectionné au-dessus
de l'insertion du nouveau L ; L, nouveau crochet terminal ou prolonge ;
α^1 α^2 α^3, yeux sur le crochet.

Dans certains pays, dans le Vivarais, dans certaines localités des Alpes, on conserve aux extrémités des branches de
charpente un *crochet terminal* de prolongement et en plus, le
long de ces branches principales, un certain nombre de *crochets latéraux*, m (fig. 143), que l'on renouvelle à chaque taille.
Cette taille est préférable à la précédente.

Taille longue. — La taille avec crochets latéraux tient le

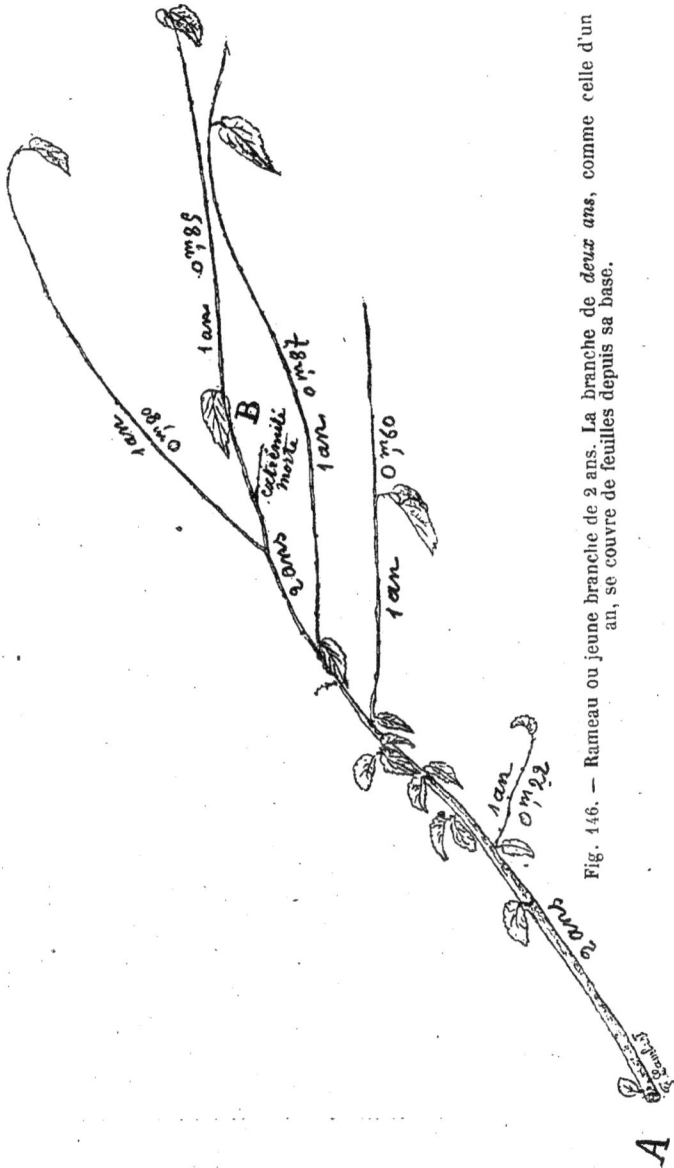

Fig. 146. — Rameau ou jeune branche de 2 ans. La branche de *deux ans*, comme celle d'un an, se couvre de feuilles depuis sa base.

milieu entre la taille très courte et la taille longue dont nous allons parler maintenant.

Après avoir, par l'*émondage*, débarrassé l'arbre de tout le bois inutile *c, c, c* (fig. 142) (branches desséchées), rameaux cassés ou froissés pendant la cueillette, pousses faibles ou malades) et qu'il ne reste plus, garnissant les branches de charpente, que des rameaux bien développés et sains, on éclaircit ces rameaux restants, s'ils sont trop serrés, par la suppression, au ras de la branche qui les porte, d'un certain nombre d'entre eux. Cela fait, on raccourcit, du cinquième, du tiers ou de la moitié de leur longueur, les rameaux conservés.

Voici comment, d'après M. Tamaro, cette taille est pratiquée en Italie, dans les provinces de Vérone, Brescia, Bergame et Côme.

La première année de production, après avoir récolté les feuilles, on enlève au mûrier une partie de ses pousses d'un an de manière à ménager entre les rameaux conservés un écartement d'au moins 25 centimètres de rameau à rameau. Les rameaux restés sur l'arbre et qui sont destinés à fournir l'année suivante la récolte de feuilles sont ensuite taillés de façon à réduire leur longueur d'environ un cinquième.

La deuxième année, toujours en été la cueillette étant terminée, on commence par rabattre sur la moitié de leur longueur les rameaux de deux ans ; on supprime ensuite une partie des rameaux d'un an, ayant poussé le long des branches de deux ans ou ailleurs, afin que les rameaux restants se trouvent séparés l'un de l'autre par un espace de 25 centimètres au minimum. Ces rameaux d'un an sont ensuite eux-mêmes taillés de façon à diminuer leur longueur de 1/3 environ. Après la troisième récolte, quelquefois après la quatrième seulement, on fait subir à l'arbre une taille ayant pour objet de réduire, ou à peu près, la tête aux dimensions qu'elle avait à l'origine, c'est-à-dire la première année que l'arbre a été soumis à l'effeuillage.

On exécute cette taille en été, après la récolte de la feuille. On peut aussi l'appliquer en hiver (en février ou mars) ; mais, dans ce cas, la production de la feuille se trouve réduite de beaucoup.

En France, notamment dans plusieurs localités de la région

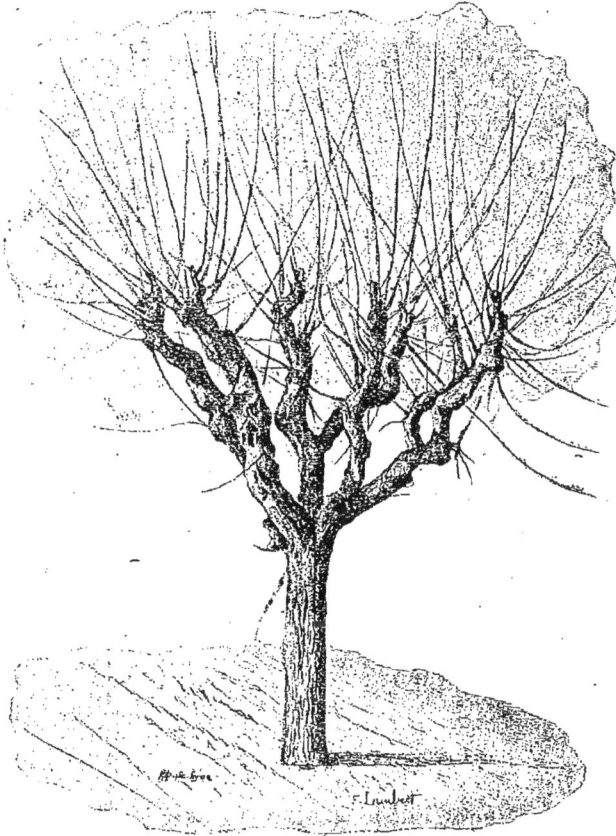

Fig. 147. — Mûrier avec tête en gobelet montée sur trois maîtresses-branches. Sur les branches de charpente, autour des sections de taille des anciens rameaux et des crochets terminaux de prolongement, des pousses se sont développées.

des Alpes et une partie de la Provence, on taille tous les 4, 5 ou 6 ans, ou quelquefois plus rarement encore. Mais chaque année après la cueillette (quelquefois en hiver), on soumet les arbres à un émondage soigné ; puis, par un élagage, on retranche à leur base une portion des rameaux et on épointe l'extrémité des autres pousses de manière à réduire leur longueur à 70 centimètres environ et à faire prendre à la tête du mûrier, suivant les cas, la forme régulière d'une sphère ou celle d'un cône renversé. De cette façon, les ramifications terminales qui portent les feuilles sont moins éloignées du centre de l'arbre et le feuillage est rendu plus facilement accessible au cueilleur. Ce mode de taille se rapproche beaucoup, comme on le voit, de celui qui est décrit par M. Tamaro.

Taille irrégulière. — Enfin, dans certains pays on ne taille pas ; on se borne à émonder et élaguer les arbres, à couper tout à fait ou sur une partie de leur longueur les branches qui s'étendent trop par rapport aux autres et, après un certain nombre d'années, à réduire, quand c'est nécessaire, par une taille qui prend alors le caractère d'une taille de rapprochement, la tête de l'arbre lorsque la cueillette, par suite du développement des branches, est devenue par trop difficile ou par trop dangereuse pour les cueilleurs.

Instruments de taille. — Les instruments en usage pour la taille du mûrier sont: la *hache* ou *cognée*, la *serpe*, la *serpette*, le *sécateur* et la *scie à main* ou *égohine*.

La forme de la *hache* ou *cognée* est bien connue, et ne diffère dans les divers pays que par des détails secondaires.

On donne à la *serpe* des formes plus variées. La plus commune consiste en une forte lame en acier, recourbée en crochet à son extrémité et fixée à un manche en bois. Dans le Midi, on fait usage pour la taille des mûriers d'une serpe moins massive, par conséquent plus facile à manier, à lame moins longue et à deux tranchants dont l'un forme un crochet très accentué, tandis que l'autre est court, droit et assez longuement saillant. Il y a aussi la serpe dite *couperet* à lame à extrémité droite, renforcée en son milieu, ce qui la rend plus pesante et par conséquent plus énergique. La serpe en couperet est très employée pour les élagages dans les forêts.

Cet instrument doit être entretenu très tranchant et très propre, tant pour sa conservation en bon état que pour la netteté et la bonne exécution des coupes.

La *serpette* est un instrument tranchant à lame plus ou moins arquée ; c'est le meilleur instrument de taille ; mais il exige de la part de celui qui l'emploie une certaine habitude et de l'habileté pour bien s'en servir sans se blesser. Le degré de courbure de la lame de la serpette du côté du tranchant n'est pas indifférent. Cette courbe doit aller s'allongeant régulièrement de la pointe au talon sans former de crochet ni changer brusquement de direction. La lame, en outre, ne doit pas être trop épaisse ; sa longueur varie de 8 à 10 centimètres. Le manche doit avoir une grosseur suffisante pour remplir la main et ne pas la fatiguer ; sa longueur est d'environ 12 centimètres et sa surface est tantôt lisse, tantôt rugueuse. Les uns aiment mieux les manches rugueux, en corne de cerf, parce que la main les tient plus facilement avec le même effort ; d'autres préfèrent les manches lisses en buis, en poirier ou en buffle, aux manches en corne de cerf dont les aspérités, disent-ils finissent par fatiguer la main. L'essentiel est que le manche soit assez gros pour être «bien en main». On se sert de la serpette concurremment avec le sécateur pour tailler ou retrancher les jeunes branches ou les rameaux et pour *aviver* ou *parer*, c'est à dire pour égaliser et polir les sections faites avec la scie, le sécateur, en un mot avec les outils de taille qui ne font pas des coupes parfaitement nettes.

Le *sécateur* (fig. 148) est une sorte de ciseaux qui se compose de quatre parties : la *lame*, le *crochet*, les *branches* ou *poignées*, et le *ressort*. Comme la forme de la serpe et de la serpette, la forme du sécateur varie selon les constructeurs et c'est surtout à l'usage qu'on peut juger de la valeur de cet instrument : le meilleur est celui qui mâche le moins le bois et donne les coupes les plus nettes. On indique comme longueurs les plus pratiques 18 à 20 centimètres. La lame doit être solide, avoir le

tranchant bombé, arrondi, terminé en pointe pour permettre
de saisir les rameaux aux endroits difficiles, comme aux bifurcations et à leurs insertions aux branches principales. Le crochet, contre lequel la lame glisse à frottement, est en forme de

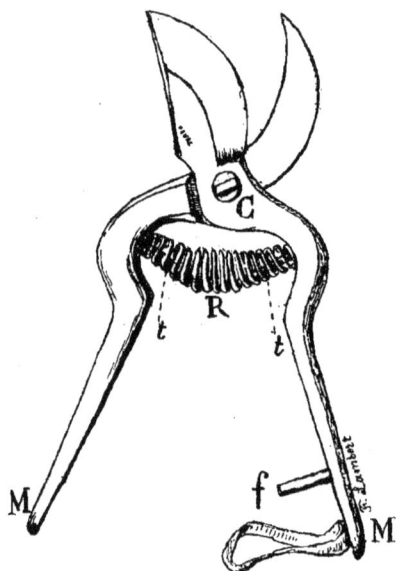

Fig. 148. — Sécateur.

M M. Branches ou poignées articulées en C. — R. Ressort qui tient écartées
la lame et le crochet quand on cesse de presser sur les branches M M.—
t t. Tiges de fer par lesquelles le ressort R est tenu en place. — f. Petite
tige de fer fixée sur l'une des branches pour en limiter la fermeture.

croissant, avec la concavité tournée du côté de la lame; il
doit être *bien ajusté* contre celle-ci. La lame et le crochet sont
aux extrémités de deux branches qui servent de poignée et
sont articulées sur un axe C. Entre les deux branches M, M, se
trouve un ressort R, dont la fonction est de tenir écartés la
lame et le crochet quand on cesse de presser sur les branches.
Le ressort doit agir doucement, sans fatigue pour l'opérateur,
quand celui-ci presse avec la main sur les branches.

Cet instrument a presque supplanté la serpette pour la taille

ou la suppression du jeune bois. Il fournit un travail plus
expéditif, il est d'un maniement plus facile, plus commode et
moins dangereux pour l'opérateur que la serpette. On lui reproche de donner des coupes moins nettes que la serpette et de
produire, près de la plaie, sur l'un des côtés de la branche sec-
tionnée un écrasement des tissus corticaux causé par la pression du crochet en cet endroit. Nous verrons plus loin comment on peut en partie éviter cet inconvénient par un bon
affûtage et un maniement convenable de l'instrument.

La *scie à main* ou *égohine* se compose d'une lame denté fixée
à un manche. On fait des scies à main qui se ferment comme
un couteau, d'autres qui ne se ferment pas. On distingue aussi
les scies à main *à tirer* dites *pistolets*, dont les dents sont tournées vers le manche, et les scies *à pousser* dont les dents sont
dirigées du côté de la pointe de la lame; il y a, en outre, la
scie *à dents droites*. Quelle que soit la forme adoptée, une scie
pour être bonne doit réaliser quelques conditions essentielles.
La lame se terminera en *pointe allongée* pour pouvoir passer
entre les branche serrées; elle sera plus mince sur le dos que
du côté des dents; celles-ci devront être bien évidées afin de
couper promptement; bien ouvertes ou écartées alternativement à droite et à gauche pour tracer la voie large au passage
de la lame, laquelle devra en outre être assez longue pour ne
pas trop augmenter le va-et-vient.

La *scie* est employée pour enlever les branches ou les portions de branches trop fortes pour être coupées avec la serpette
ou le sécateur. La plaie faite par la scie n'est pas unie; cet instrument ne tranche pas les tissus, il les déchire en quelque
sorte plutôt qu'il ne les coupe. Dans ces conditions, les poussières s'accumulent sur les sections, l'eau y séjourne, la cica-
trisation est plus lente, plus difficile. C'est pour ces raisons
qu'il faut toujours, après s'être servi de la scie pour sectionner
une branche, rafaîchir la coupe, la parer à l'aide de la serpette,
afin de la rendre plus nette, plus unie pour que l'eau et les
poussières n'y séjournent pas. Quand on a fini de se servir
d'une scie, il faut, après l'avoir nettoyée, la graisser légère-

ment et la mettre dans un endroit sec pour éviter qu'elle ne se rouille.

Manière de se servir des outils de taille. — C'est la pratique qui apprend à se servir avec sécurité de la hache et de la serpe. Pour tailler avec la serpette une branche, il faut prendre le rameau à poignée, avec la main gauche, sur la portion à conserver. On applique le talon de la serpette contre le bois, puis on tire à soi comme si on voulait scier la branche, en faisant couper toute la longueur de la lame en allant du talon à la pointe. Si c'est une branche à retrancher à sa base et qu'on ne puisse, à cause de sa grosseur, trancher d'un seul coup, on saisit le rameau avec la main gauche et on tire à soi la branche, de bas en haut, avec cette main, pendant qu'avec la droite on applique le talon de la serpette en arrière et on coupe en faisant glisser la lame comme dans le cas précédent, de manière à la faire agir sur toute la longueur du tranchant. Celui qui taille avec la serpette doit toujours se poster sur l'arbre de façon à se trouver plutôt au-dessus qu'au-dessous de la branche à retrancher.

Quand c'est le sécateur qu'on emploie pour faire la taille ou l'élagage, il faut manier cet instrument de façon à meurtrir le moins possible la partie du rameau ou de la branche conservée, c'est-à-dire qu'il faut s'arranger pour que la partie du crochet taillée en biseau presse sur la portion à retrancher et qui doit tomber, non sur la partie conservée. Afin d'éviter qu'il s'encrasse et se rouille et dans le but d'obtenir des plaies nettes et propres, on devra entretenir la lame et le crochet du sécateur bien affilés et dans un état de propreté irréprochable.

Les instruments de taille, quand ils sont malpropres, peuvent, en effet, devenir des moyens de propagation de certaines maladies, notamment des maladies microbiennes. On devra donc toujours entretenir très propres les outils de taille. En outre, une bonne précaution, à ce point de vue du danger de propagation de certaines maladies, consistera à commencer autant que possible les opérations de taille par les arbres sains et à les terminer par ceux qui sont malades ou suspects de maladie.

M. de Mortillet recommande, quand on se sert de la scie pour retrancher ou raccourcir une branche, de ne jamais détacher celle-ci complètement avec cet instrument, de crainte de déchirer l'écorce, On scie la branche sur la plus grande partie de son épaisseur, et quand il ne reste plus qu'une petite portion de bois, on abandonne la scie et on achève la section à la serpette dont on se sert ensuite pour unir et polir la plaie.

Modes de coupes. — On peut sectionner une branche au-dessus de l'*œil terminal de taille* de deux façons : *perpendiculairement* ou *obliquement* à la direction de l'axe du rameau.

Verri préfère les coupes rondes, c'est-à-dire faites perpendiculairement à l'axe : parce que la coupe ronde ayant moins d'étendue est plus facile à cicatriser. D'après cet auteur, c'est une erreur de croire que la pluie nuit aux blessures des arbres, et la règle établie de couper obliquement pour faire couler la pluie n'est d'aucune utilité (1). La plupart des auteurs sont d'un avis contraire, et l'opinion généralement reçue est qu'il faut couper obliquement du *côté opposé à l'œil* terminal de taille. Dans ces conditions, l'œil se trouvant de l'autre côté de la plaie, la sève qui s'en échappe, la pluie, la neige, le verglas fondu coulent du côté opposé et ne viennent pas altérer le bouton.

La coupe ne doit être ni trop droite, ni trop inclinée. La distance à observer de la section à l'œil dépend de la variété de l'arbre et de la grosseur de la branche. Dans les espèces à bois durs, l'amputation doit être faite le plus près possible d'un œil, mais de manière toutefois à ne pas risquer de l'endommager (voir fig. 149, A). Dans ce cas, on place la lame de la serpette sur la partie de l'écorce *a*, opposée au bouton, à la hauteur du point où il prend naissance, et on coupe de manière à

---

(1) Comte CHARLES VERRI. — *L'Art de cultiver les mûriers* (traduction de Philibert Fontaneilles). Lyon, 1826.

former une section oblique, ou onglet, qui vienne prendre fin
en *d* au niveau du sommet de l'œil. En opérant ainsi, l'œil
n'est pas exposé à souffrir d'une trop grande proximité de la
coupe et on n'a pas de chicot de bois mort. Sur les espèces à

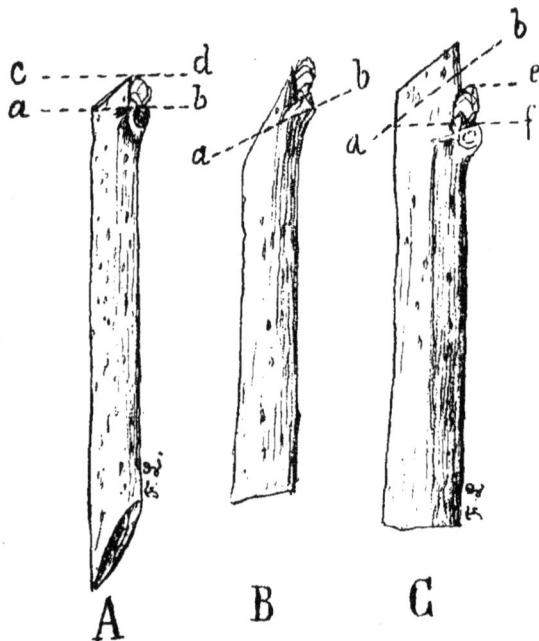

Fig. 149. — Modes de coupes.

A. Coupe telle qu'elle doit être faite théoriquement. — B. Coupe trop longue
et *trop rapprochée* de l'œil ; ce dernier risque d'être *éventé*, c'est-à-dire
abîmé tout à fait ou gêné dans son développement. — C. Coupe trop au-
dessus de l'œil. Le bois se desséchera jusqu'à la ligne *a b* et il en résultera
un chicot.

bois tendre et à moelle abondante, il faut laisser un onglet
d'un centimètre au-dessus du bouton. Quoique le mûrier puisse
être considéré comme une essence à bois dur, il sera prudent,
surtout pour les variétés à moelle abondante : le multicaule,
le lou et les formes analogues, de couper 2 millimètres au-
dessus de l'œil terminal de taille (fig. 150, D).

La distance à observer entre la surface de coupe et le bouton dépend d'ailleurs aussi du climat où l'on se trouve: dans

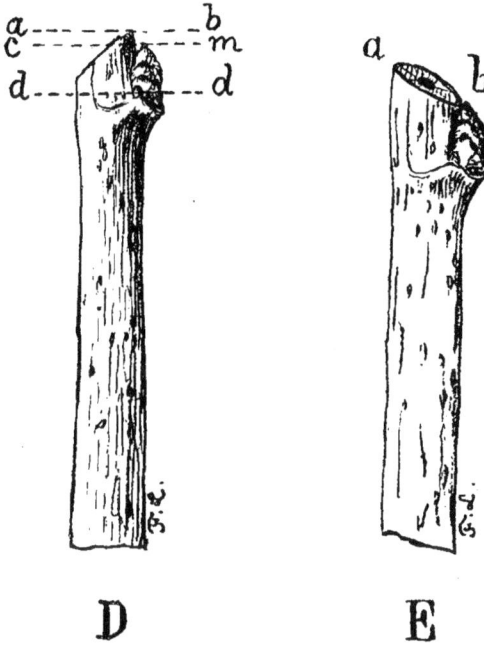

D

E

Fig. 150. — Modes de coupes.

D. Coupe telle qu'elle doit être faite sur le mûrier (à 2 millimètres au-dessus de l'œil). — E. Coupe très vicieuse, avec inclinaison dirigée vers l'œil.
Dans ces conditions la sève, l'eau de pluie, la neige, le verglas fondu,
viennent couler sur l'œil et l'altérer.

les climats froids, il ne faut pas tailler aussi près du bouton
que dans les climats chauds.

Revêtement ou obturation des plaies et blessures. — Après
la taille, les sections, ou plaies, de quelque étendue, devront
être mises à l'abri de l'action desséchante de l'air et de la pénétration des maladies parasitaires ou microbiennes, au moyen
d'un revêtement ou engluement protecteur convenable.

On emploie, dans ce but, différentes substances ou composés tels que : *goudron* (végétal ou minéral), *sel d'oseille*, divers *mastics* ou cires, *onguent de Saint-Fiacre.*

L'*onguent de Saint-Fiacre* est un des plus anciens engluements et des plus connus, employés pour recouvrir les coupes ou les blessures et envelopper les greffes.

Il consiste en un mélange par égales parts de bouse de vache et de terre glaise que l'on délaie dans l'eau ; on malaxe bien de façon à obtenir une pâte assez épaisse et parfaitement homogène. On conseille d'additionner d'acide chlorhydrique l'eau dans laquelle on fait le mélange ; quelquefois aussi, on ajoute au mélange du foin coupé menu.

Au lieu du classique onguent de Saint-Fiacre, on trouve aujourd'hui plus commode l'emploi des compositions spéciales appelées *mastics*, qu'on trouve toutes préparées dans le commerce. Il y en a de deux sortes : le *mastic à chaud*, qui s'emploie *tiède* ; et le *mastic à froid*, qui n'a pas besoin d'être chauffé pour être utilisé.

Voici quelques compositions de mastics :

Mastic à employer à chaud (d'après **M. S. Mottet**) (1)

Résine......................	3 parties
Cire jaune....	3 —
Suif..........................	2 —

Faire fondre dans un pot en fer et laisser refroidir le mélange.

Autre formule (d'après **M. Baltet**)

Résine...........................	1ᵏ250
Poix blanche.......................	0 750
Suif.............................	0 250
Ocre rouge	0 500

---

(1) In *Dictionn. d'horticulture et de jard.* de Nicholson (trad. de l'anglais par S. Mottet. Paris, 1892-99).

Faire fondre ensemble, en les chauffant, la résine et la poix blanche ; faire fondre, en même temps, séparément le suif et verser celui-ci, bien fondu, sur le mélange, également en fusion, de résine et de poix ; agiter fortement le mélange ; ajouter ensuite, par petites portions, l'ocre rouge en agitant toujours.

Le *mastic à chaud* nécessite le transport avec soi d'un fourneau pour chauffer le composé et le maintenir dans un état convenable de malléabilité pendant qu'on en fait l'application.

L'avantage du *mastic à froid* est d'être malléable à la température ordinaire et de ne pas nécessiter le transport d'un appareil de chauffage ; mais on reproche à ce genre de mastic de se laisser plus facilement pénétrer que le mastic à chaud par les grands froids de l'hiver, à cause de sa consistance plus molle.

La composition du mastic à froid diffère essentiellement de celle du mastic à chaud par l'adjonction, aux substances énumérées ci-dessus, de matières destinées à rendre le composé suffisamment mou à la température ordinaire. Ces matières sont la colophane, l'axonge ou saindoux, l'alcool, la térébenthine.

Voici une formule d'un *mastic pour employer à froid* (d'après M. Hardy) :

Cire jaune grasse..............	500 parties
Térébenthine	500 —
Poix blanche de Bourgogne.......	250 —
Suif.......................	100 —

On fait avec cette pâte des bâtons qu'on entoure de papier ; au moment de s'en servir on pétrit quelque peu ces bâtons dans la main pour les ramollir. Il arrive souvent que cette cire colle aux doigts ; pour éviter cet inconvénient, il faut avoir la précaution de se mouiller les mains de temps en temps avec de l'eau avant de la toucher.

Un autre procédé de préparation d'une composition de ce genre est le suivant (d'après M. Bellair) : on pèse 500 gram-

mes de résine demi-liquide du commerce et on fait fondre
cette résine sur un feu très doux, en y mélangeant 180 grammes d'alcool à 90°. Il faut conserver ce mastic dans des flacons
bien fermés, ou des boîtes en fer parfaitement closes afin
d'éviter l'évaporation de l'alcool. Si, malgré cette précaution,
le mastic devenait trop dur, on lui rendrait le degré convenable de malléabilité en y ajoutant de l'alcool. L'un des meilleurs mastics à employer à froid est celui qui est connu dans
le commerce sous le nom de mastic *Lhomme-Lefort* (du nom
de celui qui l'a inventé).

Les mastics servent surtout comme engluements pour les
greffes ; on les applique soit à l'aide d'un pinceau, soit au
moyen d'un tampon de chiffon fixé à l'extrémité d'un manche,
soit à l'aide d'une spatule de bois.

Pour le revêtement des sections, résultant de la taille, ou
l'obturation des blessures accidentelles subies par l'arbre, on
se sert ordinairement de *goudron minéral* ou coaltar, ou mieux
de *goudron végétal*, qu'on étend à l'aide d'un pinceau sur les
parties de tissus mises à nu.

On recommande aussi, dans ce but, le *sel d'oseille* (mélange
de bioxalate et de quadroxalate de potasse). Cette substance
constituerait un préservatif meilleur que les goudrons. On en
fait l'application en frottant, avec le sel réduit en poudre, la
plaie jusqu'à ce qu'étant fondu au contact de l'humidité qui
suinte des tissus, il pénètre la surface des coupes. Comme
cette substance est corrosive et dangereuse, il faut, pour
l'étendre sur les plaies, se servir d'un linge ou d'un morceau
de peau.

Avant d'appliquer sur les plaies l'un des revêtements ordinaires dont nous avons parlé, on les mouille quelquefois avec
des solutions antiseptiques de sulfate de fer ou de sulfate de
cuivre.

Epoques de l'émondage, de l'élagage et de la taille. — On
exécute les opérations ci dessus d'émondage et de taille à deux

époques: *en été* immédiatement après la cueillette, et *au prin-temps* ou vers la fin de l'hiver (en février ou mars).

Dans les climats où la chaleur se prolonge assez longtemps après la récolte pour que les nouveaux bourgeons qui se développeront après la taille aient le temps de s'allonger suffisamment et de s'aoûter avant les froids, on exécute cette opération en été, ce qui permet de cueillir la feuille chaque année.

Dans les pays froids du Centre ou du Nord, et dans le Midi aux altitudes élevées, où la température favorable à la végétation ne persiste pas assez, où les nouvelles pousses n'auraient pas le temps de se développer suffisamment par suite de la trop courte durée d'une température convenable et de mûrir ensuite leur bois avant les froids, on ne taille pas après la récolte chaque année parce qu'on obtiendrait, dans ces conditions, une production trop faible de feuilles et que les arbres dépériraient rapidement.

Dans ce cas on taille seulement tous les deux ans, tous les trois ans et plus rarement encore, par exemple chaque quatre ou cinq ans. Cette opération est alors exécutée le plus souvent en hiver, vers la fin de cette saison, quand les mûriers sont sur le point d'entrer en végétation ; cette année-là les arbres ne sont pas dépouillés de leurs feuilles, on les abandonne à eux-mêmes et ce n'est qu'au printemps de l'année suivante qu'ils seront de nouveau soumis à l'effeuillage.

La taille annuelle peut être appliquée partout où la durée de la période de végétation depuis la fin des éducations jusqu'aux premiers froids est d'environ quatre mois ; c'est-à-dire, dans nos pays partout où les éducations sont terminées vers le premier juin et où les froids ne commencent qu'en novembre. De Gasparin (1) estime que pour que les nouvelles pousses aient le temps de se développer et de s'aoûter, il faut que la température moyenne reste au-dessus de 12°5 C. pendant au moins

(1) *Sur les moyens de déterminer la limite de la culture du mûrier.* (In *Cours d'agric. et Recueil de Mémoires*).

trois mois depuis l'époque de la taille jusqu'aux premiers froids.

Il est également préférable de ne pas soumettre à la taille annuelle, même dans les climats favorables, les arbres plantés dans les terrains secs où ils ne donneraient après la taille

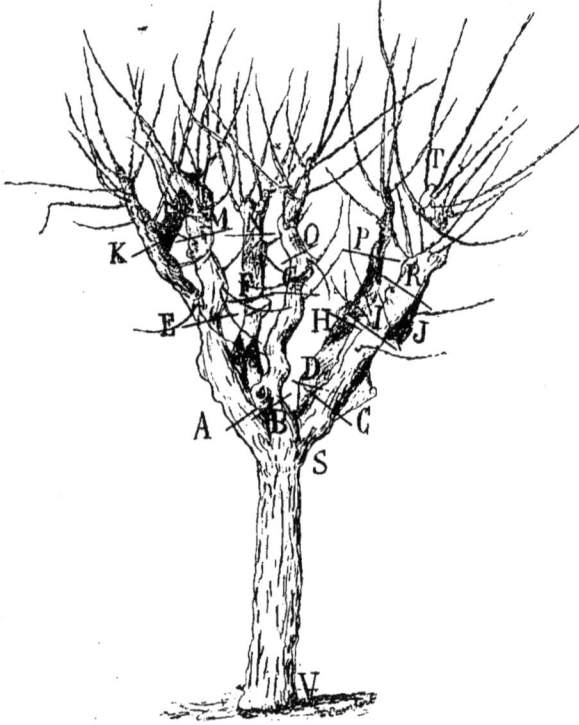

Fig. 151. — Mûrier languissant (à pousses maigres et courtes) destiné à être soumis à la taille de rajeunissement. Réduction : 1/40.
K M N O P,R. Raccourcissement des branches de charpente sur les 2/3 de leur longueur à partir de la base de ces branches. — E F G H I J. Raccourcissement sur la moitié de leur longueur des mêmes branches. — A B C D. Suppression des branches à une faible distance du tronc.

qu'un petit nombre de pousses maigres et courtes, qui ne produiraient l'année suivante qu'une faible quantité de feuilles.

Taille de rapprochement ou de rajeunissement. — Lorsqu'on s'aperçoit que les arbres commencent à dépérir (fig. 151) et que leur production diminue, on les soumet à la taille dite de rapprochement ou de rajeunissement ; cette taille a pour effet de leur rendre une portion de leur vigueur primitive et d'arrêter la diminution de leur produit pour un certain temps.

La taille de rajeunissement consiste à couper (fig. 152), à la fin de l'hiver, les branches principales de charpente à la moitié ou aux deux tiers de leur longueur à partir de leur base. Pendant l'été, des rameaux se développent sur les portions de branches conservées ; on réserve les plus beaux jets parmi ceux qui sont situés près de l'extrémité de chaque branche raccourcie (fig. 153) et on supprime tous les autres. L'année suivante on choisit parmi ces quelques rameaux réservés le plus gros et le mieux placé dans le prolongement de la branche-mère et on retranche les autres à leur base.

Les rameaux conservés aux extré-

Fig. 152. — Mûrier venant de subir la taille de rajeunissement. Réduction: 1/40.

mités et dans le prolongement des branches anciennes raccourcies sont ensuite taillés. à la hauteur voulue pour rétablir ces branches avec leur longueur primitive (fig. 154); après quoi on débarrasse les rameaux ainsi taillés de leurs ramifications secondaires s'il en existe. Ces opérations ont lieu vers la fin de l'hiver. Au printemps, des bourgeons se développent le long des parties conservées des jeunes branches ; pendant l'été on supprime ces bourgeons, à l'exception toutefois des deux les mieux placés vers l'extrémité pour former une bifurcation et rétablir la tête de l'arbre telle qu'elle était auparavant. Les années suivantes,

chaque année ou chaque deux ans (si on veut ménager davantage l'arbre), on répète la même taille sur le nouveau bois,
de la même façon, c'est-à-dire en laissant chaque fois se développer deux bourgeons à l'extrémité de chaque nouvelle
branche de charpente.

Lorsque le mûrier a sa couronne entièrement reconstruite,
on le soumet de nouveau à l'effeuillage.

Cueillette ou effeuillage — Lorsque, dans une plantation, on
a des mûriers sauvageons et mûriers greffés, on commence la
cueillette par les mûriers sauvageons dont la feuille, ordinairement plus précoce, en même temps que plus digestible et
plus nutritive, devient aussi plus rapidement dure et se charge
plus vite de matières minérales éliminées par les vers (chaux
et silice).

Il faut aussi ramasser tout d'abord les feuilles des mûriers
qui ont, pour une raison quelconque, le plus besoin de ménagements afin qu'ils aient plus de temps pour former de nouveaux rameaux avant les froids. Thomé conseille d'effeuiller
au début les arbres qui ont été dépouillés de leurs feuilles en
dernier lieu l'année avant et de réserver les autres pour la fin.

Les mûriers taillés chaque année en été produisent avant
l'hiver de longues verges qui se garnissent de feuilles au printemps suivant. La cueillette de ces feuilles sur ces rameaux
d'un an dépourvus de ramifications latérales est facile et
rapide. Il suffit, pour emporter en une seule fois toutes les
feuilles d'une de ces jeunes branches, de faire couler la main à
demi-fermée tout le long du rameau depuis la base jusqu'au
sommet : non dans le sens inverse, car si l'on ramassait en glissant la main du sommet à la base du rameau, on risquerait de
déchirer l'écorce et d'endommager ainsi plus ou moins les
jeunes pousses. Une femme, d'après de Gasparin (1), ramasse

_____

(1) *Cours d'agric.*, t. IV, p. 724.

dans sa journée sur des mûriers ainsi taillés jusqu'à 330 kilog. de feuilles.

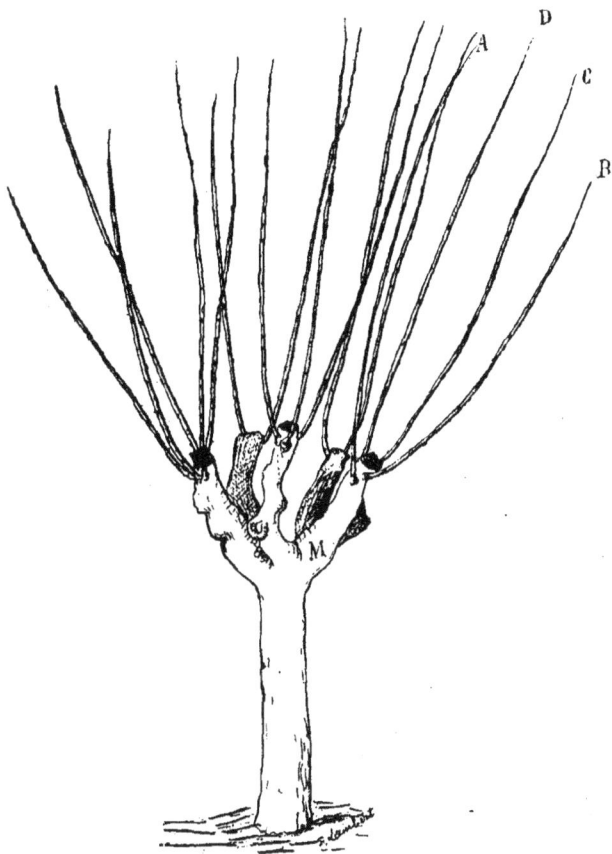

Fig. 153. — Mûrier à la fin de la première année depuis la taille de rajeunissement. Tous les rameaux ayant poussé sur les tronçons de branches anciennes ont été supprimés, sauf les 4 ou 5 plus beaux A B C D, situés à l'extrémité des tronçons.

Lorsque les mûriers sont soumis à la taille chaque deux, trois, quatre ou cinq ans et à plus forte raison quand ils sont

seulement élagués sans être jamais soumis à une véritable
taille, la cueillette est plus ou moins difficile et exige un
temps plus long. Sur de tels arbres ce ne sont plus de simples rameaux qu'il faut dépouiller, mais des branches plus ou
moins garnies de ramifications. Il faut alors détacher les feuil-

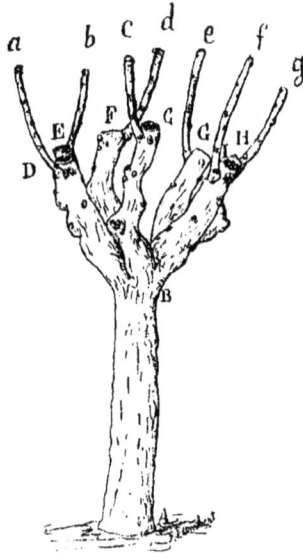

Fig. 154. — Mûrier à la fin de la deuxième année depuis la taille de raje-
nissement. Une seule pousse, *a b c d e f g* a été conservée à l'extrémité
de chaque tronçon C D E F G H I. Les rameaux conservés dans le prolongement de ces branches anciennes ont été ensuite taillés à la longueur
voulue (25, 30 ou 40 centimètres).

les une à une ou tout au plus par bouquets. Mais il est vrai que
dans ce cas la difficulté de la récolte est en partie compensée
par la qualité des feuilles qui sont plus fines, plus nutritives et
plus digestibles.

Le ramassage doit être fait avec précaution en évitant de
briser les branches en les recourbant d'une façon exagérée,
ou de les meurtrir, surtout s'il s'agit de mûriers jeunes. Il faut

aussi prendre garde d'abîmer les bourgeons latéraux et de déchirer l'écorce.

Quand on a commencé d'effeuiller un arbre, on doit achever de le dépouiller de toutes ses feuilles : s'il en restait en quelque partie de l'arbre, à plus forte raison si on laissait des branches entières sans les effeuiller, la sève s'y porterait, au préjudice des autres parties de branches ou des autres branches de l'arbre.

Quand on a des mûriers de différentes formes (haute, moyenne, basse-tige, haies), on commence la cueillette par les haies, les basses ou les moyennes tiges et l'on termine la récolte par le plein vent ou haute-tige en débutant toujours, dans chacune de ces catégories, par les plus jeunes et par ceux qui à cause de l'état de leur végétation ont le plus besoin de ménagements.

Instruments de ramassage ou de récolte des feuilles. — Pour ramasser les feuilles sur les arbres nains, les taillis, et même sur les mi-vent, on n'a pas besoin d'échelles. C'est un avantage des formes basses sur les formes hautes. Il n'en est pas de même, lorsqu'il s'agit d'arbres de plein vent. Pour arriver aux branchages sur de tels arbres, le cueilleur est obligé de se servir d'*échelles*. Il y en a de diverses formes : l'*échelle simple ordinaire* ; le *rancher* ou échelle simple avec un seul montant ; l'*échelle à pied* qui est une échelle simple munie d'un troisième montant ou pied grâce auquel cette échelle peut se tenir en équilibre sur le sol sans être appuyée contre l'arbre ; l'*échelle double*.

L'*échelle double* (dite aussi *échelle de jardin* et *échelle de tapissier*) et l'*échelle à pied* sont préférables aux échelles simples : avec l'échelle simple on risque en effet d'abîmer les branches en appuyant cet instrument contre elles et d'endommager l'arbre s'il est jeune. Mais on ne peut se servir de l'échelle double ou de l'échelle à pied pour les arbres de très grande taille. Dans ce cas, on est bien forcé d'employer les échelles simples qui sont, en outre, moins encombrantes, moins lourdes et plus commodes à transporter. Leur emploi offre peut-être aussi plus de sécurité parce qu'il est plus facile de les assujettir solidement en les appuyant contre l'arbre. Dans certains pays on emploie, au lieu de l'échelle ordinaire à deux montants, des échelles à un seul montant garni de chevilles servant d'échelons. Ces échelles à un seul montant sont appelées *ranchers*; elles sont aussi désignées vulgairement dans quelques pays sous le nom d'*écharassons*. Dans le but d'augmenter la stabilité de cette échelle et de l'empêcher de tourner, le montant repose par son extrémité inférieure sur le sol, par l'intermédiaire d'un pied fourchu appelé *talon*.

Les autres instruments que l'on emploie pour la cueillette sont des récipients (*sacs* et *draps*, ou *corbeilles*).

Les *sacs* pour la cueillette sont quelquefois disposés de manière à pouvoir être assujettis autour de la ceinture, au moyen d'une attache, comme un *tablier*. Le plus ordinairement ce sont des sacs ordinaires en grosse toile munis d'un cerceau en bois de châtaignier ou de coudrier autour de l'ouverture, pour maintenir celle-ci béante. Un crochet attaché par l'extrémité de son manche à une corde fixée en travers au cerceau sert à suspendre le sac à une branche de l'arbre. L'ouvrier détache les feuilles et les place dans le sac ainsi suspendu à sa portée.

Quand le sac est rempli de feuilles, il le vide sur un *drap* placé à l'ombre ; puis il recouvre les feuilles d'un autre drap. Quand le drap est plein, on le noue par les quatre coins pour le porter à la magnanerie.

Ce transport se fait soit à dos d'homme, ou à dos de mulet ; soit à l'aide de chariots légers quand l'endroit est accessible aux véhicules.

On fait le ramassage à deux moments de la journée : le matin, le plus tôt possible *après* que la rosée a disparu sur les feuilles ; le soir, le plus tard possible *avant* la chute du serein ou rosée du soir. Dans le milieu de la journée, la feuille est trop chaude, ce qui la ferait fermenter plus vite quand elle serait accumulée.

Dans les sacs et les draps, les feuilles se trouvent quelquefois entassées et comprimées à l'excès ; par l'emploi de *corbeilles* pour le ramassage, on éviterait cet inconvénient ; mais les corbeilles sont trop incommodes pour que leur emploi puisse être recommandé et devienne habituel.

Dans les pays où l'élevage aux rameaux est pratiqué au lieu de détacher les feuilles des branches, comme on le fait pour l'élevage par la méthode ordinaire, on coupe sur l'arbre les jeunes pousses d'un an qui garnissent les branches principales et couvrent quelquefois même une portion plus ou moins grande de la tige ; puis on les transporte par *brassées* à la magnanerie. Ou bien on en forme des charges qui sont ensuite portées, soit à dos de mulet, soit sur des chariots jusqu'au magasin.

Culture du sol. Labours et binages. — Le sol autour des arbres doit être entretenu meuble et autant que possible net de toute végétation étrangère sous les arbres sur une largeur plus ou moins grande, suivant l'étendue des branchages, au moyen de labours et de binages. On donne ordinairement deux labours : un au printemps au moment où la végétation est sur le point de partir, l'autre en été après la récolte des feuilles ; ces labours alternent avec des binages, un ou deux, exécutés à propos dans le courant de l'été.

Les travaux donnés au sol pendant la végétation ont non seulement pour objet la destruction des mauvaises herbes, mais aussi pour but de favoriser l'accès de l'air et de l'eau et de combattre en outre la sécheresse en entretenant meuble la surface de la terre.

Pour donner ces façons on doit choisir un moment propice, c'est-à-dire un moment où le sol ne soit ni trop mouillé ni trop sec. On se sert pour l'exécution des labours d'une charrue, d'un araire, de la bêche ou d'une houe à main, ou de la pioche ; les binages sont exécutés à l'aide d'une houe à cheval ou à main.

Fumure. — *Éléments enlevés au sol par le mûrier.* — Le mûrier puise dans le sol, par ses racines, la plus grande partie

des principes dont il se nourrit qui servent à la formation ou
à l'entretien de ses tissus : le bois, les feuilles, les fruits.

Quand on dépouille cet arbre de ses feuilles pour en nourrir
les vers, et qu'on coupe ensuite ses branches, on enlève au
terrain une partie des substances utiles aux plantes qu'il tenait
en réserve. Si toujours on tire de ces substances sans jamais
les remplacer par une fumure appropriée, la terre finit par
s'appauvrir, par devenir stérile et les arbres, à la fin, dépérissent. Pour entretenir les mûriers en bon état de production
et de développement, il est donc indispensable de restituer au
sol, par des fumures, les substances qui lui sont enlevées par
la cueillette et par la taille.

Si un certain nombre d'arbres succombent aux maladies, il
est bien probable qu'une non moins grande proportion meurent parce qu'ils ne trouvent plus dans le terrain où ils sont
plantés les éléments nutritifs nécessaires à leur existence.

Pour rendre au sol les éléments qui lui sont enlevés avec les
feuilles par la cueillette et avec le bois par la taille, il faut tout
d'abord savoir quels sont ces éléments renfermés dans les
feuilles, les fruits et le bois.

Cent kilogrammes de feuilles fraîches de mûrier contiennent
en moyenne et en chiffres ronds :

> Eau .... 70 kilogr.
> Matières sèches .... 30 —
> Azote.......................... 1 —

D'après Péligot, 100 parties de matières sèches renferment
en moyenne : 11,6 de cendres, ou 3,48 pour 100 de feuilles
fraîches.

Les cendres, selon le même auteur, ont la composition
centésimale suivante :

> Silice........................... 17,6
> Acide carbonique 18,6
> — phosphorique 10,3
> — sulfurique 1,6

Chlore 0,8
Oxyde de fer 0,6
Chaux............................. 26,2
Magnésie 5,8
Potasse..................... 18,4

D'après ces chiffres, 100 kilogr. de feuilles fraîches contiendraient les proportions suivantes de matières minérales :

Silice .... 0.176 $\times$ 3.48 = 0,61
Acide phosphorique .... 0.103 $\times$ 3.48 = 0,35
    — sulfurique.......... 0.016 $\times$ 3.48 = 0,05
Chlore .... 0.008 $\times$ 3.48 = 0,03
Oxyde de fer 0,02
Chaux.......... 0,91
Magnésie 0,20
Potasse 0,64

D'après Berthier (1), 100 kilogr. de bois séché à l'air renfermerait 1,60 de cendres ayant la composition centésimale suivante :

Silice........ 2,90
Acide phosphorique 1,80
    — sulfurique 8,30
Chaux...................... 46,10
Magnésie 4,60
Potasse....................... 5,20
Soude..... 8,10

soit pour 100 kilogr. de bois :

Silice................. .. 0.029 $\times$ 1.6 = 0.04
Acide phosphorique....... 0.018 $\times$ 1.6 = 0.03
    — sulfurique......... 0.083 $\times$ 1.6 = 0.13

(1) P. BERTHIER. — *Analyses comparatives des cendres d'un grand nombre de végétaux.* Paris, 1853.

Chaux................... $0.461 \times 1.6 = 0.74$

Magnésie............... $0.046 \times 1.60 = 0.07$

Potasse .... $0.052 \times 1.60 = 0.08$

Soude .... $0\,081 \times 1.60 = 0.12$

Cent kilogrammes de bois contiennent en outre environ 1 kilogr. d'azote.

Il n'y a pas lieu de se préoccuper de la silice ; cette substance est toujours en quantité plus que suffisante dans le sol. Les éléments dont il est nécessaire de s'inquiéter pour les remplacer au besoin sont: l'*azote*, l'*acide phosphorique*, la *potasse*, la *chaux* et la *magnésie*.

Le poids des feuilles qu'un arbre peut produire dans un milieu déterminé est extrêmement variable ; il dépend tout d'abord du développement de l'arbre, de son âge, de la variété à laquelle il appartient, du système de taille, de la disposition de la plantation sur le terrain, de la nature du sol, du climat, etc. De Gasparin admet comme production moyenne d'un mûrier haute-tige aux environs du Vigan, 54 kil. 9 (en chiffres ronds 55 kil.), ce qui fait, à raison de 208 arbres par hectare, un produit moyen de 11419 kilogr. de feuilles par an. La production des mûriers cultivés *en prairies* s'élèverait d'après le même auteur à 24.000 kilogr. de feuilles par hectare, ce qui fait 2 kil. 4 par mètre carré.

Le poids du bois emporté au moment de la taille n'est pas plus facile, peut-être encore plus difficile à établir. Dans une expérience pour trouver le rapport du poids du bois frais enlevé par la taille, au poids de la feuille produite, j'ai trouvé les chiffres suivants pour une branche :

Poids de la feuille (le 10 juin 1904) .... 95 gr.

Poids du bois (rameaux d'un an et rameaux
    de l'année)................ ... . 80 gr.

D'après ces chiffres, 100 de feuilles fraîches correspondraient à 84 de bois frais (rameaux d'un an et rameaux de l'année réunis).

M. Tamaro estime à 30 kilogr. le poids du bois enlevé par la taille annuelle sur un arbre produisant en moyenne 59 kilogr. de feuille par an, cela revient à 60 kilogr. de bois pour 100 kil. de feuilles ; mais dans ces 60 kilogr. le poids des rameaux de l'année emportés en grande partie avec les feuilles au moment de la cueillette n'entre probablement pas en ligne de compte.

Lorsque la taille est faite plus rarement, le rapport du poids de la feuille à celui du bois n'est plus le même. D'après M. Passerini, des mûriers taillés seulement chaque 6 ans, produisant en moyenne 60 kil. de feuilles par an, donnent à la taille 54 kil. de bois par arbre, soit 9 kil. par an. Si l'on admet que l'opération de la taille soit exécutée au printemps, comme cela se pratique ordinairement, et que l'année de la taille les mûriers conservent leurs feuilles, on récolterait 5 années sur 6 ou 60 kil. $\times$ 5 = 300 kil. de feuilles. Dans ce cas, le rapport du poids de la feuille récoltée au poids du bois serait $\dfrac{54}{300} = 0,18$ ou 18 kil. de bois pour 100 kil. de feuilles.

Si l'on prend la moyenne de ces différents rapports, on arrive à une proportion de 54 kil. de bois pour 100 kil. de feuilles récoltées.

En admettant ce rapport de 54 kil. de bois vert pour 100 kil. de feuilles récoltées comme étant assez approché de la vérité, on retirerait donc chaque année d'un mûrier adulte les produits suivants, sans tenir compte des mûres :

	Par arbre	Par hectare
	kil.	kil.
Feuilles fraîches..............	54,09	11,419
Bois vert 0,54 $\times$ 55............	29,70	6,177

contenant en azote, acide phosphorique, potasse et chaux les quantités suivantes :

	Feuilles	Bois	Totaux par arbre	Totaux par hectare
	kil.	kil.	kil.	kil.
Azote..............	0,549	0,297	0.846	175,968
Acide phosphorique.	0,19	0,0089	0,1989	41,371
Potasse...........	0,35	0,0237	0,3737	77,729
Chaux	0,499	0,219	0,718	149,344

Une récolte de 54 à 55 kil. de feuilles et de 29 à 30 kil. de bois enlèverait donc au sol : 846 grammes d'azote, 198 grammes d'acide phosphorique, 373 grammes de potasse et 718 grammes de chaux, qu'on doit lui rendre si on veut lui conserver sa fertilité. On peut faire cette restitution au moyen du fumier de ferme, de matières organiques diverses, de matières minérales, d'engrais chimiques.

Fumure au fumier de ferme. — Dans 100 kil. de fumier de ferme il y a en moyenne (1) :

	kil.
Azote	0,47
Acide phosphorique.	0,30
Potasse	0,52
Chaux	0,66
Magnésie.	0,15

Si l'on voulait restituer intégralement au sol les 846 grammes d'azote qui lui sont enlevés par les feuilles et le bois récoltés sur un mûrier haute-tige, il faudrait donc appliquer à chaque arbre produisant de 54 à 55 kil de feuilles et de 29 à 30 kil. de bois frais $\frac{100 \times 0.846}{0,470} = 179,352$ kil de fumier de ferme ou $179,352 \times 208 = 37,305$ kil. par hectare et par an, soit près de 40.000 kil. de fumier.

Dans la pratique, même pour les terrains peu fertiles, on se contente de quantités beaucoup plus modérées. Certains estiment d'ailleurs qu'il ne faut pas donner aux mûriers des fumures trop abondantes ; les mûriers abondamment fumés produisent des feuilles en grande quantité, mais ces feuilles seraient, d'après eux, de qualité médiocre.

Débris organiques divers. Matières minérales. — Les engrais qui conviennent le mieux pour le mûrier sont des engrais à décomposition lente qui abandonnent peu à peu au sol les

(1) MUNTZ et GIRARD. — *Les Engrais*, t. I, p. 245.

principes utiles qu'ils renferment. Tels sont parmi les matières animales : les rognures de cuir, les débris de laine, les rognures de corne, les os, etc. ; parmi les matières végétales :
les feuilles mortes, les rameaux de buis, de genêt, les tourteaux de colza, etc. ; parmi les matières minérales : les débris
de démolition, les plâtras, auxquels on peut ajouter les curures de fosses, les cendres, etc. Les litières des vers peuvent
être un bon engrais pour les mûriers, mais il faut employer
ces débris en quantité modérée, car elles sont très riches en
azote : une partie de ces matières équivalant à environ 8 parties de fumier.

L'engrais le plus ordinairement employé pour le mûrier est
le fumier de ferme. On l'applique le plus souvent dans les terrains de moyenne fertilité, à raison de 100 ou 150 kilogrammes
par arbre de haute-tige, ou de 20 à 30.000 kilogrammes à l'hectare tous les trois ans. Lorsque les mûriers occupent seuls le
terrain, on répand le fumier par toute la surface du sol et on
l'enterre à la charrue ; s'ils sont disposés en files au milieu du
champ ou en bordure, on fume sous les arbres une bande de
terre d'une largeur proportionnelle à l'étendue des branchages
(2 mètres ou 3 mètres pour les mûriers de haute-tige) ou bien
ils profitent des fumures données aux autres cultures. S'il s'agit
d'arbres isolés ou de mûriers de haute-tige disposés et plantés
sur les lignes à grandes distances, on creuse autour du tronc
une fosse circulaire de 1 mètre à 1 m. 50 de rayon, suivant la
longueur des branches, profonde d'environ 30 centimètres, sur
le fond de laquelle on étale le fumier ; on le recouvre ensuite
avec la terre extraite du trou. Lorsque le sol est en pente un
peu forte, au lieu d'un trou circulaire, on creuse en amont au
pied de l'arbre une cuvette en demi-cercle pour y enfouir
l'engrais.

Engrais chimiques. Fumures mixtes. — On peut aussi faire
usage, pour fumer les mûriers, des engrais chimiques. Ces
engrais ont été, jusqu'à présent, très exceptionnellement employés. Il faut s'en servir surtout comme complément du fu-

mier de ferme ou des engrais organiques; l'emploi exclusif de ces sortes d'engrais serait une faute. On peut faire alterner l'application des engrais chimiques avec celle du fumier ou de tout autre engrais organique d'origine animale ou végétale.

Avec les engrais chimiques, la dose nécessaire d'*azote* peut être donnée au moyen du *nitrate de potasse* ou de *soude* (1) et du *sulfate d'ammoniaque* (plus rarement sous cette dernière forme); celle d'*acide phosphorique* par des *phosphates tribasiques* de chaux ou des *scories de déphosphoration* dans les sols humides et pauvres en matière calcaire; ou bien par des *phosphates acides* (superphosphates) de chaux dans les terrains calcaires; la *potasse* et la *chaux* sont apportées à l'état de combinaison avec d'autres substances utiles : la potasse avec l'azote dans le *nitrate de potasse*, la chaux avec l'acide phosphorique dans les phosphates riches en chaux (phosphates tribasiques et scories de déphosphoration). On peut aussi apporter au sol, quand cela est utile, ces éléments au moyen de sels spéciaux : pour la *potasse* par le chlorure de potassium, par le sulfate de potasse pur, ou par la *kaïnite* (sulfate de potasse naturel mêlé de chlorures); pour la *chaux* avec du plâtre ou du sulfate de chaux, ou bien au moyen de la chaux ordinaire (2).

---

(1) Dans un essai comparé, fait ces dernières années par M. G. Pasqualis, de fumure de mûriers avec divers engrais chimiques (phosphoriques, potassiques, azotés), c'est le *nitrate de soude* qui a donné les résultats les meilleurs au point de vue de la richesse soyeuse des cocons ainsi que de la quantité et des qualités physiques de la soie tirée de ces cocons. (Dʳ GIUSTO PASQUALIS. — *Influenza della concimazione dei gelsi sul prodotto degli allevamenti.* Vittorio, 1903).

(2) L'adjonction du fer sous forme de sulfate de fer peut aussi, comme nous le dirons plus loin, avoir son utilité dans quelques cas. MM. le Dʳ Bertrand-Lauze et L. Bouvier conseillent notamment, pour assurer le succès des plantations nouvelles sur des terrains ayant déjà porté des mûriers, outre les précautions ordinaires à prendre en pareil cas, de jeter au fond des trous de plantation quelques pelletées de ce sel et d'en mélanger à la terre remuée 5 à 10 kilog. par trou de 2 mètres de côté sur 0 m. 80 de profondeur, soit de 1 kil. 1/2 à 3 kil. par mètre cube de terre. (Dʳ A. BERTRAND-LAUZE et L. BOUVIER. — *Étude sur le mûrier.* Alais, 1896).

Il n'est pas possible de donner une formule d'engrais chimiques universellement applicable ; les substances chimiques à
employer et leurs doses dépendent, en effet, non seulement
de la composition des feuilles et du bois, mais de la composition du sol et de l'état sous lequel les matières utiles aux
plantes se trouvent dans le terrain associées aux autres substances. Les formules ci-dessous n'ont donc rien d'absolu ; elles
sont données à titre d'indication et devront être modifiées suivant les cas et après expérience : lorsque l'un des éléments se
trouvera en quantité suffisante dans le sol, on devra diminuer
sa dose dans l'engrais ou le supprimer tout à fait.

M. Tamaro conseille l'essai des quantités suivantes d'engrais
chimiques ayant donné de bons résultats sur des sols de quatre
natures différentes :

NATURE DES ENGRAIS	Sols légers de fertilité moyenne	Sols compacts et humides	Sols riches en potasse	Sols calcaires
	kilos	kilos	kilos	kilos
Superphosphate de chaux à 16 o/o.	1.000	»	1.000	1.000
Scories de déphosphoration à 16 o/o.	»	2.000	»	»
Chlorure de potassium à 50 o/o....	1.000	1.000	0.500	1.000
Azote de soude à 15 o/o	0.500	0.500	0.500	0.500
Plâtre (sulfate de chaux)..	2.000	»	2.000	»

Dans les terrains acides, on pourrait remplacer les scories
par des phosphates ordinaires tribasiques de chaux ; on pourrait aussi substituer la chaux au plâtre et, dans certains sols,
employer le sulfate d'ammoniaque à la place de l'azotate de
soude ; on pourrait encore faire usage du nitrate de potasse dans
les sols qui ont à la fois besoin de potasse et d'azote.

M. Trentin conseille d'appliquer chaque quatre ans une
fumure de 40 à 60.000 kilogr. par hectare avec du fumier de
ferme bien décomposé, et de faire alterner cette fumure avec
la fumure ci après en engrais chimiques appliquée à chaque
arbre :

Superphosphate de chaux . . . . .   0 k. 400 à 1 k. 200
Sulfate de potasse. . . . .   0 k. 200 à 1 k.
Nitrate de soude. . .   . .   0 k. 100 à 0 k. 250
Plâtre. . . . .   1 k.   à 1 k. 500

Dans les terrains acides, on remplacera le superphosphate
de chaux par des scories de déphosphoration à la dose de
0 k. 600 à 1 k. 800 par arbre.

Engrais verts. — Les engrais verts conviennent très bien
pour les mûriers. On peut employer dans ce but une des légu-
mineuses suivantes: lupin, vesce d'hiver, féverole, trèfle, que
l'on sème sous les arbres ; on leur applique, pour les faire
pousser plus vigoureusement, des engrais phosphatés, des engrais à base de potasse, du plâtre. Quand les plantes sont en
pleine floraison, on les enfouit par un labour au pied des
arbres.

V. — Maladies et altérations

Le mûrier est sujet, comme les autres arbres, à diverses
maladies. Il est même plus exposé que les autres arbres aux
maladies, par suite de la cueillette qui le dépouille de ses
feuilles, et de la taille énergique à laquelle il est soumis chaque année ou tous les 2, 3 ou 4 ans.

On peut distinguer dans les *maladies* des mûriers : 1° les maladies proprement dites non parasitaires, dites aussi maladies
physiologiques, à cause pas bien définie ; 2° les *altérations dues
à des causes diverses*: blessures accidentelles dues aux instruments de culture, destruction ou altération des éléments des
tissus par la gelée, la grêle, l'humidité persistante, etc. ; 3° les
altérations causées par des parasites végétaux ou animaux ; 4° les
maladies microbiennes.

Maladies physiologiques. — Parmi les maladies d'ordre physiologique, on peut ranger l'affection dite *hydropisie* ou *pléthore*, la *chlorose*, le *miellat*.

Hydropisie. Chlorose. — L'*hydropisie* ou *pléthore* paraît due à une surabondance de sève qui se fait quelquefois jour à travers l'écorce du tronc ou des branches par des fentes, d'où elle s'écoule le long de la tige ou des branches sous l'aspect d'un liquide noir. L'arbre atteint de pléthore dépérit lentement : ses feuilles deviennent petites, elles jaunissent de bonne heure et tombent avant celles des arbres sains, en automne.

Le remède indiqué consiste à favoriser l'écoulement du liquide surabondant au moyen d'incisions ou de trous pratiqués un peu au-dessus du collet, à travers l'épaisseur de l'écorce et du bois et arrivant jusqu'à la moelle.

La *chlorose* est une sorte d'épuisement de l'arbre qui se manifeste par le jaunissement des feuilles et des bourgeons. Cette maladie est attribuée à diverses causes : pauvreté du sol en composés ferrugineux assimilables, excès d'humidité, influences atmosphériques, etc. Il faut rechercher la cause de la maladie et la combattre. Si c'est le manque de fer, on arrose avec une solution de sulfate de fer (1 ou 2 grammes par litre d'eau) qu'on peut aussi faire absorber par les sections de taille ; si c'est l'excès d'humidité, on y remédie en favorisant l'écoulement de l'eau par un drainage ou autrement. On pourra aussi essayer de ranimer la végétation par une bonne fumure.

Miellat. - Le *miellat* des feuilles est caractérisé par la présence d'un enduit sirupeux formant tantôt comme une sorte de vernis sur les faces du limbe, tantôt disposé en gouttelettes jaunâtres.

M. Boyer et moi avons rencontré sur des feuilles de mûriers des amas jaunâtres squamiformes ayant l'aspect et la consistance de la cire jaune. Ces amas sont comme des colonies du *Bacterium mori* (Boyer et Lambert) ; ils ont vraisemblablement une relation étroite avec le *miellat*. La substance sucrée du miellat constitue un bon milieu de culture pour les microbes, et sans doute le *Bacterium mori* trouve dans ce liquide un milieu favorable à sa multiplication, à moins que le miellat ne vienne à la suite du microbe au lieu de le précéder. La cause de ce phénomène est loin d'être connue, les uns l'attribuent à des influences atmosphériques, d'autres le considèrent comme une sécrétion d'insecte, certains le regardent comme une sécrétion des cellules de l'épiderme.

Quelle que soit la cause du miellat, les praticiens ont constaté que les feuilles atteintes de miellat ont une mauvaise influence sur la santé des vers qu'elles font mourir. Il y a lieu de penser et nous croyons que les microbes du mûrier pour lesquels ces matières constituent un bon milieu de multiplication ne sont pas étrangers à cette action nuisible.

Altérations dues à des causes diverses. — Parmi ces altérations, nous distinguerons celles dues aux influences atmosphériques (carie du tronc, destruction des bourgeons ou des feuilles par les gelées, altérations dues à la grêle).

Carie du tronc causée par l'eau de pluie. — L'eau de pluie qui coule le long des trois ou quatre branches qui partent du sommet de la tige vient se réunir à leur point de jonction où elles forment comme un godet à l'extrémité du tronc. En cet endroit il finit par se produire des infiltrations de l'eau, sous l'influence desquelles le bois s'altère et le tronc se carie, c'est-à-dire se creuse peu à peu (fig. 155). Maxime Cornu fait observer que tant qu'aux causes atmosphériques ne viennent pas se joindre les actions des champignons parasites, l'arbre peut vivre longtemps avec la partie centrale de son tronc détruite, quoique l'activité végétative ne subsiste que dans sa partie corticale.

Gelées. Grêle. — Parfois les nouvelles pousses sont détruites au printemps par les gelées tardives. Suivant les cas, ce sont tantôt les plantations situées dans les bas-fonds, tantôt celles des plateaux non abritées qui sont atteintes. Lorsque le mal est grave on conseille la suppression, au moyen d'une taille appropriée, des parties de rameaux les plus profondément endommagées. Il faut réserver pour les planter dans les

Fig. 155. — Mûrier atteint de la carie du tronc.

endroits exposés aux gelées du printemps les variétés tardives.

Si c'était la *grêle* qui en tombant sur les arbres ait déchiré l'écorce des branches, blessé ou cassé les jeunes pousses, il faudrait le plus tôt possible après l'accident couper toutes les parties abîmées ; si le mal est grave et que l'arbre n'ait pas été effeuillé, on lui conservera ses feuilles.

Blessures. — Les *blessures* faites au tronc, aux branches ou aux racines par les instruments aratoires sont plus ou moins préjudiciables aux mûriers quand elles se répètent ; elles peuvent en outre favoriser l'envahissement de l'arbre par les parasites ; il faut donc, avec grand soin, éviter d'atteindre les arbres avec la charrue ou les autres instruments de culture du sol et les mettre à l'abri de la dent des animaux. Le pansement consiste à unir la plaie à l'aide d'une serpette bien tranchante, puis à l'enduire de goudron ou de mastic (voir page 537 ce que nous avons dit sur le revêtement des plaies).

Parasites végétaux. — *Pourridié.* — Le mûrier est atteint par plusieurs parasites végétaux, le principal d'entre eux et le plus dangereux est l'agaric de miel (*Agaricus melleus* ou *Armillaria mellea*). Ce champignon est chez le mûrier la cause la plus ordinaire de la maladie vulgairement appelée *pourridié*. L'*Agaricus melleus* vit sur les racines du mûrier aux dépens des tissus, dont il se nourrit et qu'il finit par tuer

Fig. 156. — Pourridié.
Fragments de racines de mûrier avec mycélium en forme de cordon (*rhizomorphe*) et de feutrage de l'agaric de miel (*Agaricus melleus*).

Ce champignon « émet, dit Maxime Cornu, un feutrage épais et rayonnant entre le bois et l'écorce dans la partie où affluent les principes nutritifs et qu'on nomme *cambium* (encore appelée *zone génératrice*) (fig. 156). Il épuise toute la plante, suit les ramifications souterraines jusque dans leurs branches les plus ténues ; il demeure tantôt à l'état de feutrage blanc, tantôt il se couvre d'une pellicule noire plus dure, plus solidifiée que la partie centrale. Il émet souvent des cordelettes de mycélium qui, lorsqu'elles s'éloignent des points gorgés de nourriture, durcissent leur couche périphérique et deviennent semblables à des racines ; on considérait autrefois cette forme (en cordelette) comme un champignon autonome et on lui

avait donné le nom de *Rhizomorpha* (en forme de racine) à
cause de son apparence (fig. 156).

»Ces cordelettes, fermes ou non, se ramifient dans le sol
de côté et d'autre ; elles l'envahissent en entier et peuvent y
demeurer vivantes pendant plusieurs années ; après un temps
de repos, elles peuvent devenir un centre de prolifération qui
émet des filaments dans toutes les directions..... Quand un arbre
meurt...., les arbres de la rangée et parfois des rangées voisines sont atteints à leur tour ; les feuilles jaunissent prématurément, les rameaux peuvent ne pas s'allonger, ils émettent

Fig. 157.   Fig. 158.

Fig. 157. — Touffe d'Agarics de miel (état jeune). Réduction : 1/3. —
Fig. 158. — Touffe d'Agarics de miel (état adulte). Réduction : 2/3.

souvent des feuilles petites et souffreteuses ; fréquemment le
feuillage se dessèche avant la fin de la saison. Quelquefois une
partie seulement de l'arbre est atteinte parce que les racines
ne sont que partiellement envahies ; un seul côté du système
souterrain est détruit ; mais l'année suivante, le mûrier ne repousse pas, il est mort pendant l'hiver.

»La maladie s'étend en cercle, comme le mycélium qui la
produit. Les jeunes arbres plantés sur le lieu où les autres ont
succombé succombent à leur tour en deux ou trois ans».

L'appareil fructifère ou reproducteur du champignon est bien connu. Il apparaît en automne au pied des arbres atteints par le mycélium; son chapeau (fig. 157 et fig. 158) est de forme légèrement convexe, un peu proéminent vers le centre, et de couleur jaune de miel à sa partie supérieure; à la partie inférieure il est garni de lamelles blanches qui portent les spores ou semences du champignon. Le pied à l'extrémité duquel se trouve le chapeau est cylindrique, un peu renflé vers sa base au voisinage de son point d'insertion; sa couleur est blanche; sa structure fibreuse; il est pourvu en haut d'une collerette au niveau du bord du chapeau (fig. 158).

Le mycélium et le réceptacle fructifère de l'*Agaricus melleus* ont l'odeur agréable du champignon de couche (*Agaricus campestris*); ils présentent en outre la particularité d'être *phosphorescents*, c'est-à-dire lumineux dans l'obscurité.

L'*Agaricus melleus* s'attaque non seulement au mûrier, mais à beaucoup d'autres espèces d'arbres: noyer, châtaignier, pêcher, amandier, etc. Il est comestible.

Lorsqu'on s'aperçoit qu'un mûrier est attaqué par le *pourridié*, il faut l'arracher et prendre des mesures pour empêcher la propagation du mal. Les moyens employés dans ce but sont: 1° l'isolement des arbres atteints en creusant tout autour dans le sol, à une distance suffisante de la base du tronc, un fossé profond; 2° l'extirpation des racines de l'arbre malade et leur incinération; 3° la destruction dans le sol à la place de l'arbre du mycélium par le feu au moyen de l'écobuage, par le mélange à la terre d'une forte quantité de chaux vive, une application à haute dose du sulfure de carbone par mètre cube, ou d'une solution de sulfate de cuivre à 10 o/o; 4° destruction des champignons dès qu'on en aperçoit et avant leur épanouissement, la propagation du parasite pouvant avoir lieu non seulement par le mycélium, mais aussi, quoique plus rarement, par les spores; 5° si les mûriers sont plantés rapprochés, arracher les plus voisins de ceux qui sont malades ou tout au moins les isoler des autres plus éloignés par un fossé. C'est ordinairement dans les fonds humides, les sols irrigués que les mûriers sont attaqués par le pourridié, surtout si l'eau demeure stagnante autour des racines (1).

Le mûrier multicaule et les formes qui s'en rapprochent (le

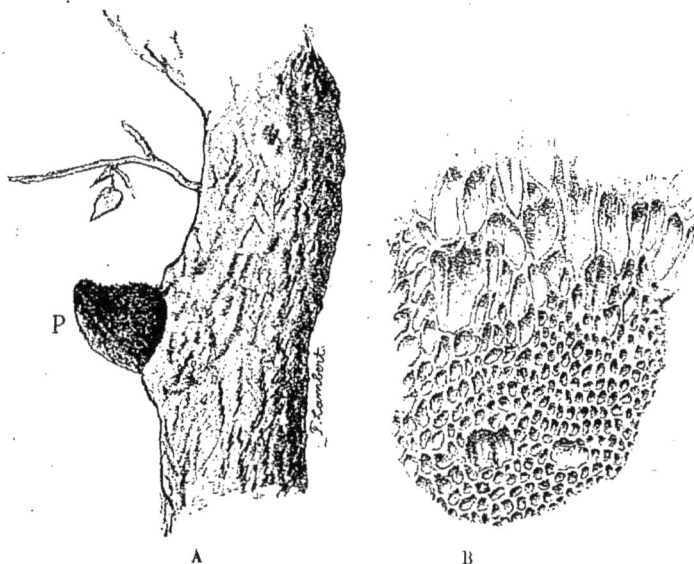

Fig. 159. — Amadouvier (*Polyporus hispidus*).
A. Branche de mûrier portant un *amadouvier* (Polyporus hispidus, P.). Réduction : 1/7. — B. Tubes fructifères du polypore (grossi 8 fois) à l'intérieur desquels les spores du champignon se forment.

mûrier lou, le mûrier dit du Japon (ou Nangasaki), le mûrier Moretti, le mûrier Cattaneo, sont considérés comme résistant assez bien au pourridié.

Le pourridié du mûrier peut être aussi causé, mais plus ra-

(1) M. U. Brizi conseille de plonger pendant demi-heure les racines des plants de mûriers avant de les mettre en place, dans une *bouillie bordelaise* concentrée à 5 o/o, afin de désinfecter les voies de pénétration des parasites (blessures, sections de taille) et de les mettre en même temps à l'abri de l'envahissement par les germes qui se trouvent dans le sol.

rement, par deux autres champignons : le *Rosellinia aquila* et le *Dematophora necatrix* qui se développent aussi sur les racines.

Carie de nature parasitaire. — La *carie* des branches et du tronc, qui peut se produire, ainsi que nous l'avons dit, sous l'influence des agents atmosphériques, est plus souvent déterminée par un champignon appartenant à la catégorie des *Polypores*, l'amadouvier (*Polyporus hispidus*) (fig. 159), qui se développe sur les branches et le tronc. Le polypore se montre à l'automne sous la forme d'un gros champignon,

Fig. 160.

Fig. 161.

Fig. 160.— Feuille de mûrier avec des taches de *rouille* (*Septisporia mori*). — Fig. 161. — Branche de mûrier avec l'écorce chargée d'*écailles* (femelles) et de *coques* (mâles) de la cochenille du mûrier (*Diaspis pentagona*).

à chapeau arrondi (fig. 159, P), dépourvu de pied, mou et spongieux, de couleur marron en dessus, jaune orangé en dessous

quand il est jeune ; en vieillissant, il devient dur, noir et cassant. A sa face inférieure, le chapeau est garni de tubes
(fig. 159, B) à l'intérieur desquels les semences du champignon, ou spores, se forment.

L'envahissement a lieu par le moyen des spores qui s'échappent à l'automne des tubes placés en-dessous du chapeau, et
tombent sur les blessures ou sur les plaies humides où elles
trouvent facilement des conditions favorables à leur germination. Le mycélium gagne le cœur du bois dont il attaque les
éléments. Les tissus sont peu à peu détruits de dedans en
dehors par le parasite qui se nourrit et se développe à leurs
dépens. Si c'est une branche qui a été infectée, elle se dessèche, puis se carie ; si c'est le tronc qui est d'abord atteint, il se
creuse également peu à peu et l'arbre finit par périr après un
temps plus ou moins long.

Le remède consiste à enlever les parties envahies par le
champignon. S'il s'agit d'une branche, on la supprime en empor-
tant une portion de la partie saine ; si c'est le tronc, on enlève
par une entaille assez profonde toute la partie altérée et un
peu du bois paraissant intact en dessous. Les parties de tissu
altérées se reconnaissent à leur couleur d'un brun plus ou
moins foncé. Il faut opérer par un temps chaud et sec et non
pendant l'automne qui est la saison de la fructification du champignon. On étendra sur la plaie une couche de goudron ou de
mastic. MM. Prillieux et Delacroix (1) conseillent de badigeonner la plaie avec une solution de sulfate de fer à 50 o/o, additionnée de 1 o/o d'acide sulfurique avant de la recouvrir. On
devra en outre détruire les chapeaux du champignon dès qu'ils
se montreront au printemps ou au commencement de l'été et
ne pas attendre pour cette opération qu'ils aient fructifié.

Rouille des feuilles. — Parmi les champignons parasites qui
attaquent le mûrier, l'un des plus communs est le *Septoria mori*
(qu'on appelle encore *Phleospora, Cheilaria, Fusisporium, Sep-*

---

(1) PRILLIEUX et DELACROIX. — *Maladies du mûrier.* Paris, 1894.

togloeum mori), qui détermine en se développant sur les feuilles la maladie appelée *rouille des feuilles*. La rouille (fig. 160)
se manisfeste par la présence sur les feuilles de taches d'un
brun rougeâtre piquetées de blanc. Cette altération a pour
conséquence en détruisant le parenchyme de réduire plus ou
moins la proportion des parties utilisables de la feuille. L'humidité favorise la maladie ; elle se montre plus abondante dans
les années pluvieuses que dans les années sèches, elle est aussi
plus commune dans les bas-fonds et les endroits humides ; en
outre, *certaines variétés de mûriers y sont plus sujettes.*

**Altérations causées par des parasites animaux. Diaspis pen-
tagona.** — Dans les pays de l'Extrême-Orient et, depuis une
vingtaine d'années, dans le nord de l'Italie, les mûriers sont
attaqués par une petite cochenille, le *Diaspis pentagona* (fig.
162 à 167), qui appartient, comme le phylloxera, à l'ordre des
Hémiptères.

Les jeunes branches, les rameaux des vieux mûriers et le

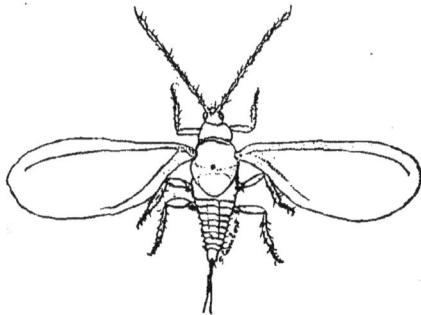

· Fig. 162. — *Diaspis pentagona* mâle (côté dorsal). Grossissement : 20.

tronc des mûriers jeunes envahis par la cochenille du mûrier
se montrent couverts par place d'amas d'une croûte grisâtre
sous lesquels ces petits insectes se trouvent dissimulés (fig.
161) : la femelle (fig. 167) est de couleur jaune-orangé, dépourvue d'ailes ; elle est dissimulée sous une écaille arrondie de

couleur blanc-grisâtre, ayant environ 1 millimètre de diamètre (fig. 165 et 166) ; les mâles (fig. 162 et 163) ont deux ailes
et sont logés à l'intérieur d'une sorte de petite coque ou étui

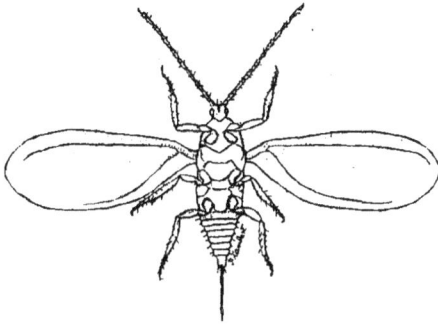

Fig. 163. — *Diaspis pentagona* mâle (côté ventral). Grossissement : 20.

cylindro-conique de couleur blanche, longue de 4 à 5 millimètres (fig. 164 et 165).

Ces petits insectes se multiplient rapidement ; ils peuvent
produire jusqu'à trois générations dans l'année. Ils se nourrissent aux dépens des sucs de l'arbre, qu'ils pompent au moyen
de leur bec à travers l'épaisseur de l'écorce ; peu à peu, sous
l'action de ces piqûres innombrables d'insectes, le mûrier dépérit et finit par mourir épuisé.

Le traitement consiste, après avoir taillé les arbres et brûlé
les bois provenant de la taille, à badigeonner les troncs et les
branches des mûriers avec l'une des préparations suivantes :

<pre>
    I. Huile lourde de goudron (densité 1,052).....   0 k. 900
       Carbonate de soude anhydre (soude Solway)..   0 k. 450
       Eau ....   10 litres

   II. Pétrole noir (densité 0,970)...............   0 k. 900
       Huile de poisson.......................   0 k. 200
       Carbonate de soude anhydre..............   0 k. 100
       Eau ....   10 k.
</pre>

III. Huile lourde de goudron (densité 1,052)..... 1 k.
　　　 Huile de poisson.......................... 0 k. 050
　　　 Carbonate de soude anhydre.. .. .. 0 k. 050
　　　 Eau............:..... .... 10 litres

Pour préparer le premier de ces mélanges, on commence par dissoudre le carbonate de soude dans l'eau, puis on verse l'huile de goudron dans la solution en agitant celle-ci continuellement.

　　　　Fig. 164.　　　　　　　　　　Fig. 165.

Fig. 164. — *Diaspis pentagona* (coque de mâle. Grossissement : 40. — Fig. 165. — *Diaspis pentagona* (écaille de femelle et coque de mâle). Grossissement : 7.

Pour les 2me et 3me mélanges, on réunit d'abord, d'une part, dans un récipient l'huile de poisson avec le pétrole ou avec l'huile de goudron; d'autre part, on dissout dans l'eau le carbonate de soude; ensuite on verse dans la solution de carbonate de soude soit le mélange de pétrole et d'huile de poisson s'il s'agit de la 2me préparation, soit celui d'huile de poisson et d'huile de goudron s'il s'agit de la 3me formule, toujours en remuant continuellement le liquide.

Brunissure ou maladie microbienne des rameaux et des feuilles. — Souvent on rencontre des arbres dont les jeunes rameaux présentent des altérations qui se manifestent exté-

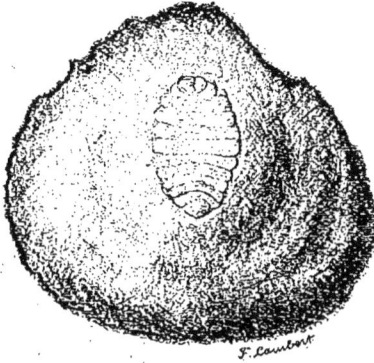

Fig. 166. — *Diaspis pentagona* (une écaille de la femelle). Grossissement : 40.

rieurement par des taches jaunâtres, brunâtres ou de couleur noire, sur les feuilles et sur les rameaux. Ces altérations sont

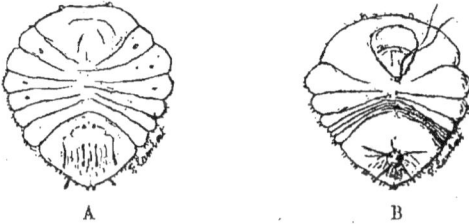

A   B
Fig. 167. — *Diaspis pentagona* femelle.
A. Face dorsale. — B. Face ventrale. — Grossissement : 20.

remplies de microbes qui paraissent en être la cause (1). Si on prend avec la pointe du canif un peu de la matière noirâtre

(1) BOYER et LAMBERT. — *Sur deux nouvelles maladies du mûrier*. (C. R. Ac. des sc., 21 août 1893).

pulvérulente, plus ou moins mollasse, qui se trouve à l'extérieur et dans l'épaisseur du rameau sur les parties les plus
profondément altérées, et qu'on examine cette petite quantité
de matière noire ou brunâtre sous le microscope avec un grossissement suffisant (500 diamètres), on la trouvera remplie de
microbes, ou bactéries, très petits, un peu plus longs que larges
(fig. 169). Si au lieu de cette matière noire, prise dans la partie

la plus complètement désor-
ganisée, on étudie une parcelle du tissu environnant
qui paraisse encore sain à
l'œil nu, on retrouvera, dans
ce tissu qui, vu à l'œil nu,
semblait inaltéré, les mêmes
bactéries rencontrées en si
grand nombre dans les ré-
gions les plus endomma-
gées. Ces microbes paraissent donc bien être la cause
vraie des lésions dont il
s'agit. Très fréquemment,

Fig. 168   Fig. 169

Fig. 168.— Rameau de mûrier atteint de brunissure (*Maladie microbienne*).
Réduction : 2/3.— Fig. 169.— Microbe de la brunissure du mûrier (*Bacterium mori*, Boyer et Lambert).— Grossissement : 500.

les altérations débutent par le sommet des rameaux (fig.
168) qui semblent alors carbonisés sur une longueur de
quelques centimètres à plusieurs décimètres et se courbent en
forme de crosse. Sur les feuilles, les taches des nervures se
creusent comme celles des rameaux. Sur le parenchyme, elles
sont moins étendues et très rapprochées ; elles forment, en se

réunissant, des lésions de dimensions variables, que nous avons pu, M. Boyer et moi, reproduire artificiellement par des inoculations et qui passent d'une couleur rouille à une teinte noire.

Déjà en août 1890, l'un de nous avait remarqué des lésions de ce genre sur des branches de mûrier multicaule. Des inoculations faites, sur des rameaux de mûrier Moretti, avec des matières extraites de ces lésions, puis diluées dans l'eau, reproduisirent des altérations de même aspect remplies des mêmes microbes; mais toutefois ces altérations demeurèrent plus localisées que les altérations primitives. Nous n'avons pas réussi jusqu'à présent, M. Boyer et moi, dans nos tentatives de reproduction artificielle de la maladie, à obtenir des lésions aussi étendues et aussi profondes que celles que l'on observe dans le cas naturel, sauf cependant sur les feuilles où les lésions produites par inoculation prennent rapidement une grande extension, surtout si l'on opère sur des feuilles détachées et qui se trouvent par conséquent dans un état anormal et plus ou moins souffreteux. Peut-être faut-il que le rameau, ou la feuille, ou le bourgeon atteints soient déjà préparés par quelque cause météorologique prédisposante, tel qu'un abaissement brusque de la température, l'excès d'humidité de l'air, etc., pour que les microbes aient prise sur les tissus. Il se passerait, dans ce cas, pour le mûrier atteint de la maladie microbienne, quelque chose d'analogue à ce qui se passe pour le ver à soie dans la maladie de la flacherie.

Des altérations de cette nature causées par des microorganismes analogues, sinon identiques, ont été signalés (sur les feuilles) en 1890 en Italie, par MM. G. Cuboni et A. Garbini (1), ensuite par M. Macchiati et par M. Peglion.

Depuis, M. Boyer et moi, nous avons eu l'occasion de rencontrer, certaines années surtout, sur des feuilles de nombreux

(1) G. CUBONI et A. GARBINI. — *Sopra una malattia in rapp. colla flaccidezza dei bachi da seta* (in Rend della R. Acc. dei Lincei, 1890).

mûriers des amas de substance ayant la consistance et la couleur de la cire jaune, substance qui provient peut-être du *miellat*. Ces amas, ayant l'aspect du miellat *condensé et soli-difié*, constituent de véritables colonies de microbes, identiques à ceux que l'on rencontre dans les altérations décrites ci-dessus.

Quand on fait manger à des vers des feuilles salies avec des produits de cultures pures de ces microbes, ainsi que nous l'avons expérimenté avec M. Boyer, une partie de ces animaux meurent à la suite de l'ingestion de ces organismes microscopiques. Si ces amas cireux ont pour point de départ le miellat servant de milieu de culture aux microbes, il n'y a rien d'étonnant que les feuilles couvertes de miellat soient dangereuses pour la santé des vers qui les consomment. Il pourrait aussi se faire que les amas cireux, au lieu d'être la conséquence du miellat, en soient l'origine ; on peut, en effet, parfaitement admettre que ce sont ces amas microbiens qui, en se dissolvant au contact de l'eau de rosée ou de pluie, donnent naissance à ce liquide de saveur sucrée qui recouvre la surface des feuilles et qu'on a appelé *miellat*, parce qu'il ressemble au miel par son aspect jaunâtre, sa consistance épaisse, sa saveur sucrée.

La maladie microbienne cause souvent des dommages considérables aux jeunes arbres dans les pépinières.

Le seul remède consiste à couper à leur base les tiges ou les rameaux atteints ou tout au moins à enlever par une taille convenable, pratiquée en dessous et à une distance suffisante des dernières lésions visibles, les portions altérées. Les parties retranchées devront être brûlées.

Flétrissement et desséchement des rameaux. — Il arrive quelquefois, au printemps, que des jeunes pousses flétrissent tout à coup, meurent et se dessèchent avec leurs feuilles sans que l'on sache exactement par quelle cause. Parfois c'est une portion du rameau à partir du sommet qui se dessèche ; le plus souvent c'est le rameau tout entier jusqu'à sa base qui est frappé de mort ; parfois aussi l'altération ne se limite pas à la pousse de l'année, mais gagne les branches plus âgées, dont

elle désorganise et tue les tissus sur une plus ou moins grande
étendue. Le mal débute, il paraît du moins débuter le plus
souvent au sommet du rameau ; quelquefois, au contraire, son
point d'origine sur la branche paraît être la base du pétiole
d'une feuille ; l'altération dans ce cas commencerait par les
organes foliacés.

Quelle que soit la façon dont elle débute, et son point de
départ, la lésion s'arrête à l'extérieur brusquement, suivant
une ligne nettement démarquée par une dépression autour de
la branche et un changement de couleur de la partie atteinte.
Mais en dedans, sous l'écorce, le long de la zone génératrice et
dans les tissus qui avoisinent cette zone du côté du bois et de
l'écorce, elle se prolonge plus ou moins loin au delà de l'endroit où elle s'arrête à l'extérieur et pénètre plus ou moins
profondément.

Il faut retrancher toute la partie altérée de la branche, partie
que l'on reconnaît à sa teinte brunâtre, en coupant dans les
tissus sains; ou mieux encore, supprimer la branche à sa base.
On badigeonnera les sections avec des solutions antiseptiques
et, si elles sont étendues, on les recouvrira d'une couche de
goudron ou avec de l'onguent de Saint-Fiacre ou avec toute
autre composition en usage, en pareil cas, pour protéger les
plaies contre l'action nuisible des agents atmosphériques et
les mettre à l'abri des poussières ou des germes de maladies.

Il faudra, comme dans la maladie précédente, incinérer les
branches ou les parties de branches retranchées.

VI. — Divers emplois du mûrier en agriculture, industrie, économie domestique, etc.

Enfin nous voudrions, pour terminer, insister encore sur les
emplois variés dont les diverses parties du mûrier sont susceptibles en agriculture, industrie, médecine, économie domestique et sur son utilisation comme arbre d'agrément.

Emploi des feuilles comme fourrage. — Nous avons déjà dit
que les feuilles de mûrier sont un bon aliment pour toute
sorte de bétail : bovidés, ovidés, suidés, etc.

On les ramasse à l'automne quand elles commencent à jau-
nir sous l'effet des premiers froids et à tomber. Séchées
ensuite à l'ombre, puis conservées dans un grenier ou sous un
hangar, elles constituent pour l'hiver une précieuse provision
de fourrage ; on les donne à manger aux porcs, aux brebis ou
aux vaches, après les avoir ébouillantées à l'eau chaude ; quelquefois aussi on les fait consommer crues par les troupeaux
sous les arbres à mesure qu'elles tombent ou quand elles
viennent d'être ramassées et qu'elles sont encore fraîches. Le
poids de cette seconde récolte de feuilles est à peu près le
même que celui de la récolte de printemps.

**Utilisation du bois comme combustible et pour la fabrication
des échalas.** — Cultivé en *taillis*, il peut, après avoir avec ses
feuilles servi, au printemps, à nourrir les vers et contribué, en
hiver, à l'alimentation des bestiaux, fournir par ses branches
des échalas d'une assez longue durée. On en fait aussi des
pieux excellents, des tuteurs, des perches à treillages.

C'est aussi un bon bois à brûler. Certains vont jusqu'à le
comparer au chêne à ce point de vue ; mais il nous paraît y
avoir de l'exagération dans cette appréciation. Il a en commun
avec celui du châtaignier, mais à un degré moindre, le défaut
de pétiller au feu. On peut en tirer du charbon.

Dans beaucoup d'endroits, les fagots de baguettes ou de
brindilles provenant de la taille des arbres servent spécialement au chauffage des fours à cuire le pain et sont même très
appréciés pour cet usage.

Nous avons vu qu'un mûrier de plein vent taillé chaque
année produit un poids de rameaux frais presque égal au poids
des feuilles et que le même arbre taillé chaque 5 ou 6 ans
rend de 50 à 55 kilos de branchages. Des mûriers de haute-tige
âgés de 30 ans, soumis à la taille bisannuelle, nous ont donné
des quantités de brindilles dont les poids ont varié depuis 18

jusqu'à 45 kilos, soit 31 kil. 1/2 en moyenne. La production
en bois (branches de 2 ans et rameaux d'un an) de 136 arbres
nains, ayant 30 ans d'âge, a été de 518 kilos, ce qui correspond
à 4 kilos (3 kil. 808) par arbre.

La perte de poids de ces branches par la dessiccation a été
de 40 o/o au bout de 7 mois et de 31 à 32 o/o après 6 mois
d'exposition à l'air sous un hangar.

Emploi des fibres libériennes de l'écorce comme textile. —
Dans l'écorce du mûrier, les fibres libériennes sont fines et
déliées; elles s'étendent parallèlement dans le sens de la longueur des rameaux, et ne sont ni groupées ni anastomosées;
on peut, en les séparant des tissus environnants, par rouissage
ou au moyen de traitements appropriés physiques, chimiques
et mécaniques, en tirer une filasse ou étoupe qui, peignée,
puis filée à la façon du chanvre ou du lin, peut être employée
comme textile dans la fabrication des étoffes.

Olivier de Serres, dans son *Théâtre d'agriculture*, insiste
complaisamment sur ce moyen ingénieux de tirer parti de
l'écorce de cet arbre qu'il appelle *«la seconde richesse du mûrier»*.

Selon Duponchel, qui les a étudiées comme textile, les
fibres du mûrier l'emportent sur celles du coton et du lin par
l'éclat, la blancheur et la solidité. Cette dernière a été estimée
dix fois supérieure à celle du coton d'Amérique. Elles prennent
très bien la teinture et s'incorporent les diverses matières colorées qu'elles retiennent ensuite avec force après s'en être impré-
gnées. L'écorce est à la brindille dans la proportion de un à dix,
et de 100 kilos d'écorce sèche, qui reviennent à 10 fr., on tire
environ 20 kilos d'étoupe, ou le cinquième de son poids.

La préparation des fibres du mûrier pour être employées au
tissage comprend plusieurs opérations qui sont :

1° La séparation de l'écorce du bois ;

2° L'isolement des fibres ;

3° Le battage, le broyage et le peignage de la filasse ;

4° Le filage de l'étoupe.

Séparation de l'écorce du bois. Isolement des fibres de

l'écorce. — Pour séparer l'écorce du bois, on choisit ordinairement le moment où l'arbre est en pleine sève. Il est alors très facile de détacher des rameaux l'écorce qui les recouvre. Quand les rameaux ne sont pas en sève, on peut encore les écorcer après les avoir laissés tremper pendant un certain temps dans l'eau chaude.

L'isolement des fibres consiste dans la destruction du tissu parenchymateux qui les entoure dans le liber et les réunit entre elles et aux autres parties de l'écorce et du bois. Cette destruction s'obtient soit par le *rouissage*, soit au moyen de traitements chimiques ou physiques.

Rouissage. — Dans le *rouissage*, la destruction du tissu conjonctif serait l'œuvre d'un ferment spécial, le *Bacillus amylobacter*, dont l'action sur la cellulose a été étudiée par MM. Trécul et V. Tieghem. Ce microorganisme s'attaque d'abord au tissu cellulaire conjonctif qui est formé d'éléments moins résistants, puis ensuite, si la fermentation se prolonge, aux fibres elles-mêmes. Il suit de là que l'action du ferment doit être surveillée afin d'être arrêtée au moment convenable, c'est-à-dire quand le tissu conjonctif est détruit et avant que les fibres ne soient attaquées. L'opération du rouissage exige donc pour être conduite convenablement une certaine habileté, afin d'éviter l'altération des faisceaux fibreux.

On ne s'attend pas, sans doute, à ce que nous entrions dans le détail des opérations de rouissage. Nous dirons seulement que l'on en distingue diverses espèces suivant que l'opération a lieu *dans l'eau* ou *sur un pré à la rosée*.

Rouissage dans l'eau. Utilisation des eaux des routoirs. — Dans le *rouissage à l'eau*, les écorces (quelquefois les rameaux non écorcés), réunies en bottes, sont plongées dans l'eau, au-dessous du niveau de laquelle on les retient complètement immergées au moyen de pieux et de traverses. On les y laisse jusqu'à ce que le rouissage soit complet, ce que l'on reconnaît à ce que les faisceaux fibreux sont devenus faciles à séparer de l'écorce, laquelle est douce au toucher et flexible. Olivier de Serres estime à 4 ou 5 jours le temps pendant lequel les écorces doivent demeurer sous l'eau. Ce temps varie d'ailleurs selon l'âge des écorces et des rameaux (celles des sommets des rameaux exigent un temps moins long) ; selon la température, selon le temps qu'il fait pendant l'immersion (un temps d'orage favorise beaucoup l'opération et la rend plus rapide). Enfin le rouissage a lieu plus rapidement dans l'eau stagnante que dans l'eau courante.

On distingue, en effet, deux sortes de rouissages dans l'eau : le *rouissage dans l'eau courante* ou *en rivière*, et le *rouissage dans l'eau stagnante*. Le rouissage dans l'eau courante s'effectue en faisant tremper les écorces dans l'eau d'une rivière. Il nécessite, ainsi que nous venons de le dire, un temps plus long que le rouissage dans l'eau stagnante ; mais ce mode de rouissage est réputé donner des résultats meilleurs ; il présente en outre l'avantage d'être moins insalubre et moins dangereux pour la santé des ouvriers. Mais, à côté de ces avantages, il a l'inconvénient grave d'empoisonner les poissons dans les cours d'eau où il est effectué sur une certaine étendue.

Pour le *rouissage dans l'eau stagnante*, on a des fosses de 1 m. 50 de profondeur creusées dans l'argile et remplies d'eau. Ces fosses, appelées *routoirs*, sont munies de petites vannes pour l'amenée de l'eau et d'autres destinées à l'évacuation du liquide. Dans ces fosses, les bottes d'écorces doivent être disposées et fixées horizontalement de manière à ne toucher ni le fond ni les bords de la fosse. Dans le rouissage en rivière, les bottes sont également assujetties horizontalement et disposées de manière que leur longueur se trouve dans le sens du courant.

Dans l'eau stagnante, la fermentation est plus active et le rouissage plus rapide par conséquent, mais aussi plus difficile à bien conduire. En outre, dans le rouissage en eau dormante, il se dégage des fosses des odeurs très désagréables.

Les eaux des routoirs sont très bonnes pour l'irrigation, et les débris de substances organiques ou minérales, provenant des matières rouies, qui s'accumulent au fond des fosses ou dans le lit des rivières sont un excellent engrais.

Après le rouissage, les écorces sont retirées du routoir, lavées à l'eau claire et étendues sur l'herbe d'un pré pour y être exposées pendant un certain temps à l'action de la pluie et de la rosée. Olivier de Serres recommande pour cela de les étendre le soir, puis de les enlever le matin afin qu'elles ne soient pas exposées à l'action du soleil.

Rouissage à la rosée. — Les eaux acides provenant des tourbières, des bois ou des marais ; les eaux séléniteuses, c'est-à-dire chargées de plâtre ; les eaux calcaires à l'excès, sont impropres au rouissage. La meilleure eau est l'eau potable, c'est-à-dire limpide, douce, et faisant mousser le savon. Quand on n'a pas à sa disposition des eaux de qualité convenable, on fait le rouissage à la rosée ou sur un pré, encore appelé *rosage* et *rorage*.

Pour ce mode de rouissage il faut disposer d'un sol recouvert d'une végétation herbacée courte et serrée : une prairie naturelle ou artificielle récemment fauchée, un pâturage conviennent très bien pour cet objet. On prend les écorces et on les étend sur le sol en les disposant en ondins peu épais. On les laisse ainsi pendant plusieurs semaines exposées à l'action combinée de l'air, du soleil, de la rosée et de la pluie jusqu'à ce qu'il soit possible d'en dégager les fibres. Il faut avoir la précaution de retourner de temps en temps les écorces, afin que toutes les parties subissent également l'action des agents atmosphériques et météorologiques jusqu'à ce qu'elles soient complètement rouies. L'inconvénient de ce mode de rouissage est que l'opération dans ces conditions marche avec beaucoup de lenteur.

Isolement des fibres par les procédés chimiques ou physiques. — On peut aussi isoler les fibres en attaquant et détruisant les tissus qui les entourent, ou en modifiant leur constitution cellulaire, soit au moyen de réactifs tels que alcalis et acides, soit à l'aide de la vapeur d'eau sous pression. Toutefois ces

procédés ne semblent pas jusqu'à présent avoir donné pleine
satisfaction à ceux qui ont voulu les employer (1).

Battage, broyage et peignage. — Après le rouissage, on lave
les écorces à l'eau claire, on les redresse et on les fait sécher.
Ensuite on les *bat* au moyen d'un maillet et on les *broie* pour
débarrasser les fibres de leurs impuretés les plus grosses.
Après ce premier traitement, la filasse est encore un peu rigide
et plus ou moins souillée de matières étrangères, de poussières
et de débris minéraux ou organiques, et ses filaments enchevê-
trés. Pour paralléliser et achever de nettoyer les fibres, on fait
subir à l'étoupe l'opération du *peignage* au moyen de peignes
semblables à ceux dont on se sert pour peigner le lin. Les
fibres nettoyées et peignées sont ensuite *filées* à la manière du
chanvre ou du lin.

Le travail des écorces de mûriers pour en extraire les fibres
libériennes textiles présente donc avec celui des déchets de
soies des analogies frappantes. Ce sont, de part et d'autre, les
mêmes traitements successifs: rouissage, ou décreusage, ayant
pour objet l'isolement de la fibre ou filament textile; battage et
peignage dans le but de nettoyer et de rendre parallèles ces
mêmes fibres ou filaments.

Cordes et liens.— Enfin, avec la seconde écorce, ou liber, des
jeunes pousses on peut, de même qu'avec la *tille* ou *teille* du
tilleuil, préparer des cordes solides; fabriquer des nattes; confectionner, comme cela se pratique en Grèce, les semelles des
espadrilles. On fabrique aussi avec cette seconde écorce des
liens qui servent à lier les gerbes des céréales, les bottes de
foin, attacher les vignes, palisser les arbres, ligaturer les greffes, etc.

---

(1) Cependant, grâce à des procédés chimiques particuliers et à l'emploi
de machine spécialement appropriée au travail des écorces de mûriers, M.
Pasqualis, de Vittorio (Italie), serait parvenu à obtenir des résultats satisfaisants.

MAILLOT-LAMBERT, *Ver à soie.*   37

Fabrication du papier. — Au moyen de cette même écorce, réduite en pâte, on fabrique en divers pays, notamment en Chine et au Japon, un papier réputé des meilleurs. L'un des procédés employés en Chine pour cette fabrication consiste à plonger les rameaux dans l'eau bouillante. Au bout d'un certain temps d'ébouillantage on retire les rameaux, on les bat pour détacher l'écorce qu'on pile ensuite dans un mortier pour la réduire en pâte. Il ne reste plus pour transformer cette pâte en papier, ou en carton, qu'à la faire sécher après l'avoir étendue en couches d'épaisseur convenable.

Enfin, après en avoir enlevé l'écorce, on peut encore tirer du bois un *produit amylacé* utilisable, et même, par la fermentation, de l'*alcool*. De 100 kilogrammes de bois, M. Charles Ménard a tiré 2 litres d'alcool (1).

Emplois en médecine et en économie domestique. — La racine elle-même est susceptible d'être utilisée dans l'industrie. Elle renferme en effet un principe colorant que l'on extrait et au moyen duquel on prépare une *couleur jaune*, capable d'être fixée solidement aux textiles par la teinture. L'écorce de cette même racine est âcre, amère, purgative et vermifuge. Cette dernière propriété l'a fait longtemps préconiser et aujourd'hui encore on l'utilise avec succès pour combattre le tænia. Elle doit être récoltée, dans ce but, un peu avant la maturité des fruits et employée à la dose de 10 à 15 grammes qu'on fait bouillir dans 1/4 de litre d'eau.

Les *mûres* mangées fraîches passent pour diurétiques, rafraîchissantes et légèrement laxatives. Les plus agréables à manger sont celles du mûrier noir. Leurs propriétés sont analogues à celles des groseilles. Elles servent surtout à préparer un *sirop* qu'on dit très efficace contre les maux de gorge légers. On en fait aussi des *limonades* rafraîchissantes utiles dans les

---

(1) F. CABANIS. — *Le mûrier; ses avantages et son utilité dans l'industrie.* Paris, 1866.

affections inflammatoires. Les mûres noires sont quelquefois utilisées en économie domestique et en confiserie pour colorer des liqueurs, des confitures, des vins, etc.

Les fruits du mûrier sont sucrés et on en tire par la fermentation un liquide vineux qu'on utilise comme boisson dans certains pays. Ce liquide s'aigrit facilement et on peut alors l'utiliser comme *vinaigre*. Enfin, par la distillation on obtient de cette liqueur alcoolique une *eau-de-vie* que certains considèrent comme assez bonne.

Les mûres sont en outre une bonne nourriture pour les volailles et les porcs, qu'elles excellent à «mettre en chair» et préparer pour l'engraissement. On rencontre même quelquefois des champs cailloux et secs, peu propres à d'autres cultures, plantés de mûriers qu'on laisse croître et se développer sans jamais les tailler et dont les fruits servent spécialement pour nourrir et engraisser ces animaux.

Utilisation du bois dans l'industrie et les constructions navales. — Le bois de mûrier est solide, peu attaquable par les insectes, très résistant aux alternatives de sécheresse et d'humidité. Son grain fin assez serré, sa couleur jaune, la possibilité de lui faire prendre un beau poli, rendent ce bois susceptible d'emplois variés en *menuiserie*, *ébénisterie*, *tournerie*. On en fabrique des meubles et des ustensiles divers. Il est en outre très propre à la *boissellerie*, au *charronnage*. Comme il peut résister longtemps sous l'eau, il convient bien pour établir des pilotis. Il entre aussi dans la construction des navires, spécialement pour la fabrication des *gournables*.

Enfin il est recherché en tonnellerie pour la fabrication des tonneaux destinés à loger le vin, auquel il communiquerait un goût agréable qu'on a comparé à celui de la violette et qui est, dit-on, très apprécié des gourmets.

Emploi comme arbre d'agrément. — Le mûrier n'est pas seulement un arbre d'utilité, c'est encore un arbre d'ornement qui a sa place indiquée dans les jardins et autour des maisons

Selon M. Mottet (1), le mûrier serait même un arbre très *décoratif* à cause de son port touffu et de son feuillage abondant et vert sombre, restant intact jusqu'aux premières gelées blanches. Il a sur beaucoup d'autres essences l'avantage de posséder une feuille qui n'est attaquée, dans nos climats, par aucun insecte. Comme il s'accommode facilement de la taille, on peut l'obliger à prendre, sans difficulté, toutes les formes qu'on désire. Il est par suite très propre à la formation des rideaux ou des salles de verdure et d'ombrage et il fait très bien isolé sur des pelouses. Il peut être planté comme arbre d'avenue et le long des routes. C'est sous ce rapport un arbre précieux, principalement dans les contrées méridionales, où il peut remplacer le charme, le hêtre et les arbres résineux qui n'y réussissent pas.

Nous conclurons donc en nous appropriant les réflexions de Cabanis, imitées elles-mêmes de celles par lesquelles Olivier de Serres clôt son livre sur le mûrier, que cet arbre est pour l'homme l'un des plus utiles qui existent: il lui donne des feuilles qui lui font récolter le plus précieux et le plus beau de tous les filaments ; un fruit qu'il peut manger et qui sert à nourrir les animaux ; une écorce dont il tire de quoi se vêtir. Et après tous ces produits, son bois sert encore à le réchauffer et à cuire ses aliments.

---

(1) G. NICHOLSON. — *Diction. prat. d'hortic. et de jardin.* (Traduit de l'anglais par S. Mottet). Paris, 1892-1899.

INDEX ALPHABÉTIQUE

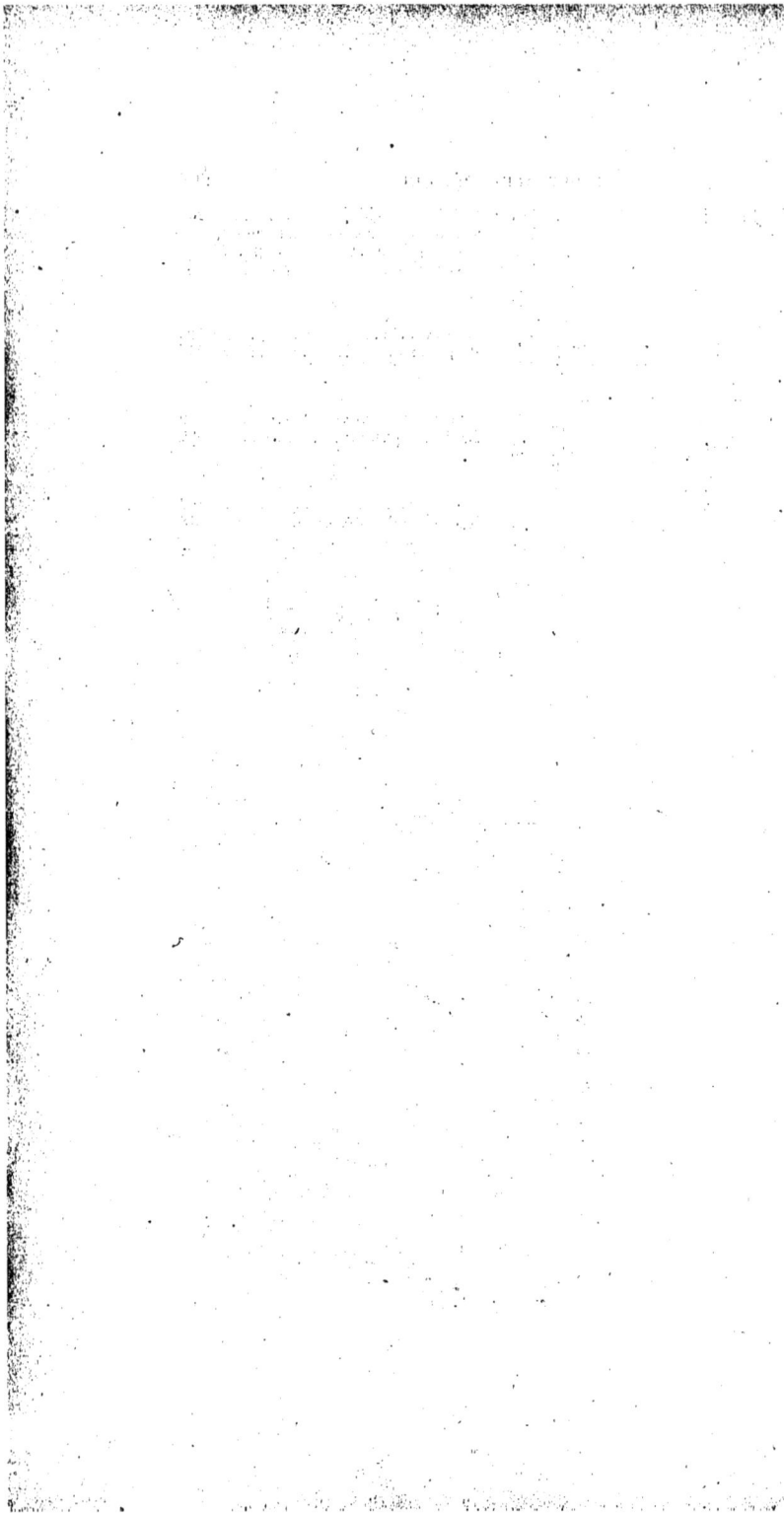

TABLE MÉTHODIQUE DES FIGURES

TABLE MÉTHODIQUE DES MATIÈRES

PREMIÈRE PARTIE. — De l'Œuf

I. — ANATOMIE ET PHYSIOLOGIE DE L'ŒUF. SA CONSERVATION

Notions générales sur les graines ou œufs de vers à soie. — Structure
de l'œuf. (La coque, le vernis ; autres parties de l'œuf). — Origine
des parties de l'œuf. Formation du germe. (Ovaire ; cellules germinatives ; membrane blastodermique ; formation du germe et de ses
enveloppes). — Composition chimique de l'œuf. — Maladies et altérations des œufs. (Corpuscules de pébrine ; tendance à la flacherie ; graines avariées ; œufs morts). — Influence de l'air. Respiration
des œufs. (Variation de l'activité respiratoire ; perte de poids des
œufs). — Résistance des graines à l'asphyxie. Capacités nécessaires
pour leur conservation sur place ou leur transport en vases clos. —

Montpellier. — Imp. Serre et Roumégous, rue Vieille-Intendance, 5.

PUBLICATIONS DE LA LIBRAIRIE COULET ET FILS, ÉDITEURS

BERNARD (Fr.). — **Les Systèmes de culture**. Les spéculations agricoles. Principes d'économie rurale, par Fr. BERNARD, professeur à l'École nationale d'agriculture de Montpellier. 1 vol. in-8 écu. Prix, 4 fr. Franco poste .... 4 fr. 60

BERNE (A). — **Manuel d'Arboriculture fruitière,** par A. BERNE, jardinier en chef à l'École nationale d'agriculture de Montpellier. 1 vol. in-8 écu, avec 147 figures dans le texte et hors texte. Prix, 5 fr. Franco .... 5 fr. 50

CAMBELL (A.). — **Les Primes à la sériciculture et à la filature de la soie.** 1 vol. gr. in-8. Prix, 4 fr. Franco .... 4 fr. 50

CAZALIS (Dr Frédéric). — **Traité pratique de l'Art de faire le vin,** par le Dr Frédéric CAZALIS, directeur du *Messager agricole*, président de la Société centrale d'agriculture de l'Hérault. 2e édition. 1 vol. in-8 écu, avec 68 figures dans le texte. Prix, 6 fr.; franco .... 6 fr. 60

CHAUZIT et CHAPELLE. — **Traité d'agriculture méridionale,** par CHAUZIT et CHAPELLE, professeurs départementaux d'agriculture. Deuxième édition, revue et très augmentée. 1 vol. in-12. Prix; 3 fr. 50. Franco...... 4 fr.

LAGATU (H.) et SICARD (L.). — **Guide pratique et élémentaire pour l'analyse des terres et son utilisation agricole,** par H. LAGATU, professeur de chimie, et L. SICARD, chimiste à l'École nationale d'agriculture de Montpellier. 1 vol. in-8 écu, avec 5 planches lithographiques hors texte et 13 figures dans le texte. Prix, 6 fr. Franco .... 6 fr. 50

LAMBERT (F.). — **Désinfection des magnaneries et de leur mobilier,** par F. LAMBERT, directeur de la Station séricicole à l'École d'agriculture de Montpellier. 1 broch. in-8. Prix, 0 fr. 50. Franco .... 0 fr. 60

LAURENT DE L'ARBOUSSET. — **Cours de Sériciculture pratique.** 1 vol. in-12, 2e édition. Prix, 3 fr. franco .... 3 fr. 40

MAILLOT (E.). — **Nouvelles races de vers à soie du mûrier.** 1 broch. grand in-8. Prix, 1 fr. 50. Franco .... 1 fr. 70

MALPIGHI. — **Traité du ver à soie.** Texte original, traduit en français avec des notes, par Eugène MAILLOT, directeur de la Station séricicole de Montpellier. 1 vol. in-4 jésus, avec 12 planches lithographiques. Prix, 10 fr. Franco .... 11 fr.

MAYET (V.). — **Les Insectes de la vigne et les moyens de les combattre,** par Valéry MAYET, professeur à l'École nationale d'agriculture de Montpellier. 1 vol. in-8, avec 4 planches, dont 3 en chromolithographie nombreuses figures dans le texte. Prix, 10 fr. Franco poste .. 11 fr.

SEMICHON (L.). — **Traité des Maladies des vins.** Description, Étude, Traitement, par L. SEMICHON, ingénieur agronome, directeur de la Station œnologique de l'Aude. 1 vol. in-8 carré de 655 pages, avec 13 planches hors texte et 116 figures dans le texte. Prix, 10 fr. Franco poste .... 11 fr.

MONTPELLIER — IMPRIMERIE SERRE ET ROUMÉGOUS, RUE VIEILLE-INTENDANCE

www.ingramcontent.com/pod-product-compliance
Lightning Source LLC
Chambersburg PA
CBHW060841220326
41599CB00017B/2355